国外名校最新教材精选

U0719683

计算统计
Computational Statistics

Geof H. Givens，Jennifer A. Hoeting

〔美〕 杰夫 · H · 吉文斯　珍妮弗 · A · 赫特 著
周丙常 孙 浩 译

第2版
second edition

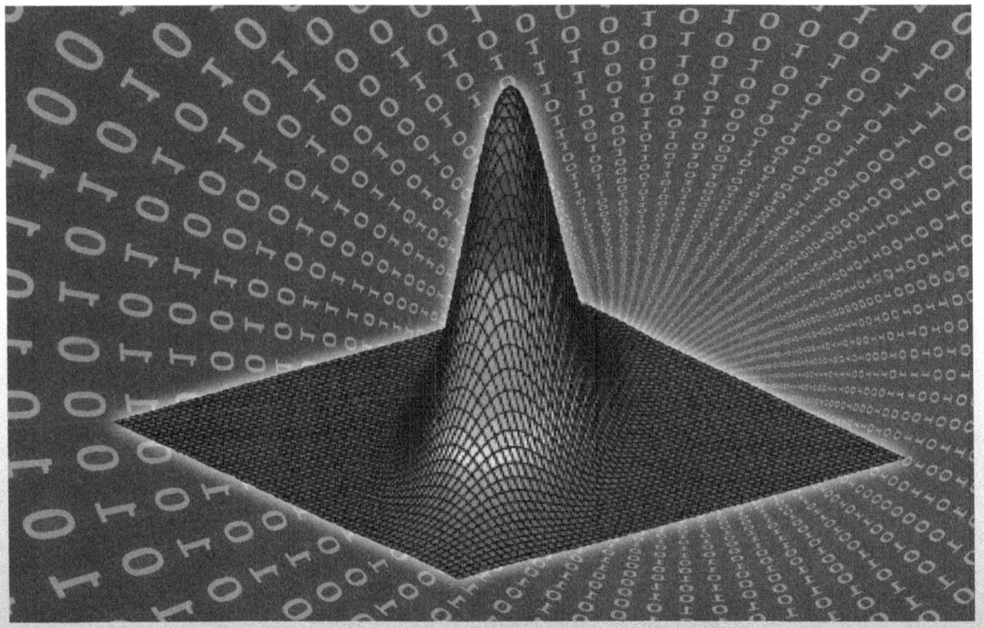

西安交通大学出版社
XI'AN JIAOTONG UNIVERSITY PRESS

Computational Statistics, 2nd ed. /Geof H. Givens and Jennifer A. Hoeting
ISBN：978-0-470-53331-4

陕西省版权局著作权合同登记号：25-2013-018

图书在版编目（CIP）数据

计算统计 / (美)杰夫·H·吉文斯（Geof H. Givens），（美）珍妮弗·A·赫特（Jennifer A. Hoeting）著；周丙常，孙浩译.
—2 版—西安：西安交通大学出版社，2017.12（2019.10 重印）
（国外名校最新教材精选）
书名原文：Computational Statistics (second edition)
ISBN 978-7-5693-0258-5

Ⅰ. ①计… Ⅱ. ①杰… ②珍… ③周… ④孙… Ⅲ. ①数理统计－计算方法 Ⅳ. ①O212

中国版本图书馆 CIP 数据核字(2017)第 291379 号

书　　名　计算统计（第 2 版）
著　　者　[美]杰夫·H·吉文斯　珍妮弗·A·赫特
译　　者　周丙常 孙浩

出版发行　西安交通大学出版社
（西安市兴庆南路 1 号　邮政编码 710048）
网　　址　http://www.xjtupress.com
电　　话　(029)82668357　82667874(发行中心)
(029)82668315 (总编办)
传　　真　(029)82669097
印　　刷　西安日报社印务中心

开　　本　787 mm×1092 mm　1/16　印 张　26.75　字 数　640 千字
版次印次　2017 年 12 月第 1 版　2019 年 10 月第 2 次印刷
书　　号　ISBN 978-7-5693-0258-5
定　　价　118.00 元

读者购书、书店添货如发现印装质量问题，请与本社发行中心联系、调换。
订购热线：（029）82665248　（029）82665249
投稿热线：（029）82665397
读者信箱：banquan1809@126.com

第 2 版译者序

自2013年的大数据元年开始，大数据的概念被国内外越来越多的专家学者认可、接受和研究，在国家层面上也开始利用大数据关注民生，服务经济生活。大数据科学集多种学科知识于一身，促进了多种学科特别是统计学的发展。计算统计是统计学里引人入胜并且相对较新的领域，计算统计主要依据数据说话，可以为大数据科学的发展保驾护航。同时大数据科学的发展实现了对数据进行多维度的展示，同时也促进了计算统计的繁荣。

目前国内很多高校把计算统计作为统计学本科专业的一门重要基础课程，而且越来越多的相关专业本科生或者研究生也都选修此课程。本书包含了现代计算统计中的大多数内容，主要包括优化方法、积分和模拟、自助法、密度估计以及光滑技术。本书的读者对象为统计和相关专业的研究生、统计学家和其他领域作定量分析的科学工作者。对读者的数学水平的要求不超过泰勒级数和线性代数。要求的统计知识仅限于一年级研究生所学的统计和概率论内容。为了方便读者自学，第 1 章是基础知识回顾，所以很适合于自学或者作为教材使用。另外本书作者网站给出了全书使用的 R 语言代码以及数据集，读者可以自行下载使用，并可以根据代码和数据重现书上的图形和表格。

本书基于中文的第 1 版进行翻译。第 1 版的翻译工作由南开大学王兆军老师、刘民千老师、邹长亮老师和杨建峰老师完成。感谢在第 2 版的翻译过程中王兆军老师提供的帮助。全书由周丙常统稿。

感谢西安交通大学出版社李颖编辑精心而细致的工作以及在本书翻译过程中给予我们的大力支持和帮助，使得该书能够顺利出版。

感谢 2017 年西北工业大学“双一流”研究生核心课程及教学团队建设项目 (17GZ030112) 的支持。

由于译者的中英文水平及专业知识有限，翻译之中的不当之处欢迎广大读者批评指正。第一译者采用 TEX 排版全文，所以第一译者对所有的笔误负责。欢迎读者针对本书内容进行沟通指正。

译者

2017 年 12 月西安

第 1 版译者序

统计计算不仅是统计学本科专业的一门重要基础课程，而且越来越多的理工学院、商学院、经济学院、医学院等某些专业本科及研究生也都选修此课程。虽然国内关于统计计算的教材已有若干本，但这些教材介绍的多是传统的、经典的统计计算方法。近些年，随着计算机的快速发展和统计方法的丰富，统计计算方法已得到了很快的发展和重视，产生了许多实用的且得到广泛应用的统计计算方法，如 EM 算法、Bootstrap 方法、MCMC 方法、模拟退火方法等。然而，到目前为止，国内还没有一本系统介绍这些新方法的统计计算教材或专著，而这本由 Wiley 出版社出版的《计算统计》恰好是这方面的补充与完善。

本书既包含了一些经典的统计计算方法，如非线性方程组的求解方法、传统的 Monte-Carlo 方法等，也详细地介绍了近些年发展起来的许多常用统计计算方法，如模拟退火算法、遗传算法、EM 算法、MCMC 方法、Bootstrap 方法及某些光滑技术。

该书在讲述方法的同时，还注重这些方法在金融、优化等方面的应用，且给出了非常丰富的参考文献。虽然该书内容较丰富，但因其所需的概率统计知识相对较少，所以很适合作为低年级本科生自学或教材用书，而且其中某些内容也可供统计专业的本科生、研究生参考学习。

我们很高兴能有机会将该书推荐给国内的读者，也非常感谢人民邮电出版社的明永玲老师在此书中译本出版过程中给予我们的大力支持和帮助。

本书的翻译工作是由 4 名译者合作完成的，其中第 1 至 3 章由王兆军翻译，第 4 至第 6 章由刘民千翻译，第 7 至 9 章由邹长亮翻译，第 10 至 12 章由杨建峰翻译，全书由王兆军、刘民千统校。

由于译者无论是英文、中文水平还是统计及其他专业知识都很有限，翻译之中难免会有不妥之处，欢迎广大读者批评指正。

译者

2008 年 8 月南开园

前　言

本书包含了现代计算统计中需要全面深入发展的大多数内容。我们力求让读者高效地使用现代统计方法并从实际角度理解如何使用现有方法及其存在的原因。由于许多新方法都源自于现有技术，所以我们的最终目的是为科学家在此领域贡献新思想提供具体的工具。

科学中一个不断增加的挑战是虽然有如此多的方法，但是寻找重要的新方法和精炼已有方法并从众多的思想中进行合理组织与提取仍然是人们追寻的目标。我们尝试着这样做。我们选择的论题反映了我们认为什么是计算统计进化领域的重要组成部分以及什么是读者感兴趣并且有用的。

我们在应用“现代”这一形容词时，面临如下棘手的潜在问题：本书不可能包括所有最新和最重要的技术方法，我们也从未如此尝试过。我们仅努力提供一个此宽广领域主要内容的近期概况，而把其多样性留给读者。

本书包含了优化与数值积分中的基础内容。包含这些经典内容的原因是:(i)它们是频率学派和贝叶斯推断的基石;(ii) 某些实用软件的程序经常难于处理此类难题;(iii)它们经常是其他统计计算算法的二级组成部分。考虑到高性能软件的实用性，我们省略了本领域过去或现在的某些重要研究内容。例如，伪随机数的产生是一经典论题，但我们倾向于给学生一个可靠的软件。最后，我们简单涉及了一些有意思的且能为其他常见问题提供不同想法的论题(例如主曲线和 tabu 搜索)。也许后来的研究者能从这些论题中发现新的思想并设计出有创意且高效的新算法。

在第 2 版中，我们更新并拓宽了范围，而且我们提供了计算机代码。例如，我们增加了新的 MCMC 论题以反映该热门领域的不断发展。在广度方面明显增加的内容是包含了更多与统计有关的方法，例如分块自助法和序列重要抽样。第 2 版新增加了对 R 的支持。特别地，本书例子的代码可以从本书网站 `www.stat.colostate.edu/computationalstatistics`上获取。

本书的读者对象为统计和相关专业的研究生、统计学家和其他领域作定量分析的科学工作者。我们希望这些读者在应用标准方法和研发新方法时能用到本书。

本书对读者数学水平的要求不超过 Taylor 级数和线性代数，数学训练的广度比深度更有用。第 1 章为基础知识回顾，较高级读者可以在与指定内容相关的多种书籍中找到更多的数学细节，书中已介绍了相关的参考文献。对分析细节较少关心的读者可能会更倾向于关注我们对算法和例题的描述。

本书要求的统计知识仅限于一年级研究生所学的统计和概率论内容。理解极大似然方法、贝叶斯方法、基本渐近理论、马氏链和线性模型是非常重要的，其中多数内容的回顾见第 1 章。

至于计算机编程，我们感到好学生能按步就班地去学。然而，适当应用一种语言的能力有助于更快地学习本书的思想，但我们抛弃那些指定语言的例子、算法和程序。对于那些在学习本书的同时又想学习语言的人，我们建议他们选择一个高级的交互式软件包（此软件包可对图形显示进行灵活地设计并包括基本的统计与概率函数）例如 R 和 MATLAB[1]。当研究人员开发新的统计计算技术时，他们经常应用这些软件，并且，这些软件也适合运行我们提出的多数方法(某些非常复杂的问题除外)。我们使用 R 并推荐它。尽管一些低级语言如 C++ 也可以使用，但是它们更适合于当研究人员把方法精炼好后，专家级别的人员去执行该算法。

本书共分四个主要部分：优化（第 2，3 和 4 章）、积分和模拟（第 5，6，7 和 8 章）、自助法（第 9 章）和密度估计以及光滑技术（第 10，11 和 12 章）。每章的内容都是独立的，所以该课程可以按照所选定的内容去讲授。对于一个学期的课，我们将讲述第 2，3，6，7，9，10 和 11 章的主要内容。如果想放慢教学速度或者详细讲述所选内容，则较上述内容少选些也可以轻松地讲述一学期。不论人们希望去教授任何补充内容，我们都有足够多的作为一个学年的教学内容。

每章后面都有很多课后习题，某些是简单的，某些则要求学生对所学模型或方法达到完全理解、要求学生仔细且清晰地编制适用方法的程序及要求学生注重对结论的解释。一些习题需要对方法和思想进行开放式的探索。我们有时会接到索要习题解答的请求，但是我们倾向于拒绝他们以便保持习题对将来的学生或者读者的挑战性。

本书正文及习题中所涉及到的数据集可在本书的主页：`www.stat.colostate.edu/computationalstatistics`上找到，R 代码也在该网站提供。最后，勘误表也可在此主页上找到。我们对所有错误负责。

[1]R 可以从网站 www.r-project.org 自由获取。关于 MATLAB 的信息可以参考网站 www.mathworks.com。

致　谢

从 1994 年起，基于本书内容的课程，我们已在克罗拉多州立大学讲授多年。感谢那些多年来长期忍受煎熬并半自愿听课的学生。我们也感谢统计系同事们的不断支持，还要特别感谢我们职业生涯最初几年的导师 Richard Tweedie。

我们从 Adrian Raftery 那里学到了很多知识。专门致谢他并不仅仅是由于他的教学与建议，而且是由于他坚定的支持和取之不尽的好想法。另外，我们要感谢在华盛顿大学统计系有影响的导师和教师，包括 David Madigan，Werner Stuetzle 和 Judy Zeh。当然，本书的每一章内容都能被拓展成一本标准长度的书，并且一些学者已这样做了。由于我们这门课的讲授及本讲义的编写都依赖于这些学者的努力，故我们应感谢他们。

第 1 版的部分内容是在新西兰达尼丁的奥塔哥大学数学与统计系完成的，我们感谢全体教员在我们于2003年的学术休假期间的热情款待。第 2 版的许多工作完成于 2009—2010 年学术休假，当时我们访问了澳大利亚联邦科学与工业研究组织，由该组织的数学、信息和统计部门担保，位于澳大利亚因杜鲁皮利(Indooroopilly) 的 Longpocket 实验室做为东道主。感谢他们对我们的接待与支持。

John Bickham，Ben Bird，Kate Cowles，Jan Hanning，Alan Herlihy，David Hunter，Devin Johnson，Michael Newton，Doug Nychka，Steve Sain，David W. Scott，N. Scott Urquhart，Haonan Wang，Darrell Whitley 及八位匿名审稿者的建设性意见极大地改进了原稿。我们也感谢在勘误里由慧眼读者提供的建议和修正。本书的出版还得到了本书编辑 Steve Quigley 及 Wiley 出版社的编辑们的支持与帮助。我们要感谢 Nélida Pohl 允许我们在第 1 版采用她设计的封面。感谢 Melinda Stelzer 允许使用她的 2001 年的油画“champagne circuit” 作为第 2 版的封面。更多关于她的艺术品可以访问 www.facebook.com/geekchicart。我们还要特别感谢 Zude (又名 John Dzubera)使我们的计算机正常运转。

本书第一作者感谢国家自然科学基金 (NSF)CAREER (资助号为#SBR-9875508)在第 1 版写作过程中给予的大力支持，也感谢在阿拉斯加北斯路普自治市野生动植物管理部门(Nor-th Slope Borough，Alaska)的同事与朋友们的长期研究的支持。第二作者还十分感谢由美国环保局（EPA）奖予克罗拉多州立大学的 STAR 研究助理协议 CR-829095 的支持。上述仅是作者个人的想法，这里所提到的产品或商业服务并没有得到 NSF 和 EPA 的核准。

最后，我们要将此书献给我们的父母，感谢他们有能力并且支持我们学习，感谢他们带给我们的韧力，这些韧力是研究生阶段、获取终身职位及出版本书所必须的。第 2 版献给我们的孩子，Natalie 和 Neil，他们不断地让我们了解到生活中孰轻孰重。

Geof H. Givens

Jennifer A. Hoeting

目　录

第 1 章　回 顾

本章回顾一些有关数学、概率与统计中的记号和背景资料。读者可以跳过本章直接阅读第 2 章，而当需要时再返回阅读本章。

1.1　数学记号

为与一个常变量 x 或常数 M 相区别，我们用黑体表示向量 $\boldsymbol{x}=(x_1,\cdots,x_p)$ 或矩阵 $\boldsymbol{M}$。在点 $\boldsymbol{x}$ 取值的向量函数 $\boldsymbol{f}$ 也是黑体，即 $\boldsymbol{f}(\boldsymbol{x})=(f_1(\boldsymbol{x}),\cdots,f_p(\boldsymbol{x}))$。以 $\boldsymbol{M}^{\mathrm{T}}$ 表示矩阵 $\boldsymbol{M}$ 的转置。

除非特别指出，所有向量均为列向量。例如，一个 $n\times p$ 阶矩阵可以写成 $\boldsymbol{M}=(\boldsymbol{x}_1,\cdots,\boldsymbol{x}_n)^{\mathrm{T}}$。以 $\boldsymbol{I}$ 表示单位矩阵，$\mathbf{1}$ 和 $\mathbf{0}$ 分别表示全是 1 和 0 的向量。

如果对所有非零向量 $\boldsymbol{x}$ 有 $\boldsymbol{x}^{\mathrm{T}}\boldsymbol{M}\boldsymbol{x}>0$，则称对称方阵 $\boldsymbol{M}$ 是正定的。正定的等价条件是其所有的特征根为正。如果对所有非零向量 $\boldsymbol{x}$ 有 $\boldsymbol{x}^{\mathrm{T}}\boldsymbol{M}\boldsymbol{x}\geqslant 0$，则称 $\boldsymbol{M}$ 非负定或半正定。

函数 f 在点 x 的导数值记为 $f'(x)$。当 $\boldsymbol{x}=(x_1,\cdots,x_p)$ 时，函数 f 在点 $\boldsymbol{x}$ 的梯度为

$$\boldsymbol{f}'(\boldsymbol{x})=\left(\frac{\mathrm{d}f(\boldsymbol{x})}{\mathrm{d}x_1},\cdots,\frac{\mathrm{d}f(\boldsymbol{x})}{\mathrm{d}x_p}\right)$$

函数 f 在点 $\boldsymbol{x}$ 的 *Hessian* 矩阵记为 $\boldsymbol{f}''(\boldsymbol{x})$，其第 (i,j) 个元素为 $\mathrm{d}^2f(\boldsymbol{x})/(\mathrm{d}x_i\mathrm{d}x_j)$。负 Hessian 阵在统计推断中具有重要的应用。

令 $\boldsymbol{J}(x)$ 表示一对一映射 $\boldsymbol{y}=\boldsymbol{f}(\boldsymbol{x})$ 在点 $\boldsymbol{x}$ 处的 *Jacobian* 矩阵，其第 (i,j) 元素为 $\mathrm{d}f_i(\boldsymbol{x})/\mathrm{d}x_j$。

一个泛函就是一个函数空间中的实值函数。例如，如果 $T(f)=\int_0^1 f(x)\mathrm{d}x$，则泛函 T 为可积函数到一维实数的映射。

如果 A 成立，示性函数 $1_{\{A\}}$ 等于 1 ，否则等于 0。一维实空间记为 $\mathfrak{R}$，p 维实空间记为 $\mathfrak{R}^p$。

1.2 Taylor 定理和数学极限理论

为了描述函数收敛的相对阶数，我们首先定义记号 $\mathcal{O}$ 与 o。设 f,g 为两个定义在同一区间(区间可能无限)上的函数，z_0 为此区间内或边界(即 $-\infty$ 或 ∞)上一点。我们要求在 z_0 的一个邻域内对所有的 $z \neq z_0$ 有 $g(z) \neq 0$。如果存在一个常数 M 使得当 $z \to z_0$ 时有 $|f(z)| \leqslant M|g(z)|$，则称

$$f(z) = \mathcal{O}(g(z)) \tag{1.1}$$

例如，当 $n \to \infty$ 时，$(n+1)/3n^2 = \mathcal{O}(n^{-1})$。如果 $\lim_{z\to z_0} f(z)/g(z) = 0$，则称

$$f(z) = o(g(z)) \tag{1.2}$$

例如，如果 f 在 x_0 点可微，则当 $h \to 0$ 时，$f(x_0+h)-f(x_0) = hf'(x_0)+o(h)$。如取 $f(n) = x_n$，则当 $n \to \infty$ 时关于序列 $\{x_n\}$ 的收敛性，同样有上述记号。

*Taylor 定理*给出了一个函数 f 的多项式近似。设 f 在区间 (a,b) 上具有有限的 $(n+1)$ 阶导数，同时在区间 $[a,b]$ 上有连续的 n 阶导数，则对于任意一个不同于 x 的 $x_0 \in [a,b]$，函数 f 在点 x_0 的 Taylor 级数展开为

$$f(x) = \sum_{i=1}^{n} \frac{1}{i!} f^{(i)}(x_0)(x-x_0)^i + R_n \tag{1.3}$$

其中 $f^{(i)}(x_0)$ 为函数 f 的 i 阶导数在点 x_0 处的值，且

$$R_n = \frac{1}{(n+1)!} f^{(n+1)}(\xi)(x-x_0)^{n+1} \tag{1.4}$$

其中 ξ 是由 x 与 x_0 构成的区间内的点。注意到当 $|x-x_0| \to 0$ 时，$R_n = \mathcal{O}(|x-x_0|^{n+1})$。

多元的 Taylor 定理是类似的。设 f 是 p 元变量 $\boldsymbol{x}$ 的一个实值函数，它在包含 $\boldsymbol{x}$ 和 $\boldsymbol{x}_0 \neq \boldsymbol{x}$ 的一个开的凸集中具有 $n+1$ 阶连续偏导数，则

$$f(\boldsymbol{x}) = f(\boldsymbol{x}_0) + \sum_{i=1}^{n} \frac{1}{i!} D^{(i)}(f; \boldsymbol{x}_0, \boldsymbol{x}-\boldsymbol{x}_0) + R_n \tag{1.5}$$

其中

$$D^{(i)}(f; \boldsymbol{x}, \boldsymbol{y}) = \sum_{j_1=1}^{p} \cdots \sum_{j_i=1}^{p} \left\{ \left(\frac{\mathrm{d}^i}{\mathrm{d}t_{j_1} \cdots \mathrm{d}t_{j_i}} f(\boldsymbol{t})|_{\boldsymbol{t}=\boldsymbol{x}} \right) \prod_{k=1}^{i} y_{j_k} \right\} \tag{1.6}$$

$$R_n = \frac{1}{(n+1)!} D^{(n+1)}(f; \boldsymbol{\xi}, \boldsymbol{x}-\boldsymbol{x}_0) \tag{1.7}$$

其中 $\boldsymbol{\xi}$ 在由点 $\boldsymbol{x}$ 和 $\boldsymbol{x}_0$ 连成的直线段上。当 $|\boldsymbol{x}-\boldsymbol{x}_0| \to 0$ 时，$R_n = \mathcal{O}(|\boldsymbol{x}-\boldsymbol{x}_0|^{n+1})$。

*Euler-Maclaurin 公式*在渐近分析中很有用。如果 f 在 [0,1] 上具有 $2n$ 阶连续导数，则

$$\int_0^1 f(x)\mathrm{d}x = \frac{f(0)+f(1)}{2} - \sum_{i=0}^{n-1} \frac{b_{2i}(f^{(2i-1)}(1) - f^{(2i-1)}(0))}{(2i)!} - \frac{b_{2n} f^{(2n)}(\xi)}{(2n)!} \tag{1.8}$$

其中 $0 \leqslant \xi \leqslant 1$, $f^{(j)}$ 是 f 的 j 阶导数，$b_j = B_j(0)$ 由下列迭代关系确定

$$\sum_{j=0}^{m} \binom{m+1}{j} B_j(z) = (m+1)z^m \tag{1.9}$$

其初值是 $B_0(z) = 1$ 。此结论可重复应用分部积分证明 [376]。

最后，我们注意到有时需要利用有限差分来数值近似一个函数的导数。例如，函数 f 在点 $\boldsymbol{x}$ 处梯度的第 i 个分量可以近似地表示为

$$\frac{\mathrm{d}f(\boldsymbol{x})}{\mathrm{d}x_i} \approx \frac{f(\boldsymbol{x}+\epsilon_i\boldsymbol{e}_i) - f(\boldsymbol{x}-\epsilon_i\boldsymbol{e}_i)}{2\epsilon_i} \tag{1.10}$$

其中 ϵ_i 是一个任意小的数， $\boldsymbol{e}_i$ 是第 i 个坐标方向的单位向量。一般地，人们可从 $\epsilon_i = 0.01$ 或 0.001 开始，采用逐步减少 ϵ_i 的序列来近似得到所求导数。且这种近似方法一般均可逐步得到改进，直到当 ϵ_i 非常小时导致计算退化且计算完全由计算机的四舍五入误差所控制。关于此方法的介绍和可以得到较高精度的 Richadson 外推法请见文献 [376]。有限差分法也可用来近似函数 f 在 $\boldsymbol{x}$ 处的二阶导数如下：

$$\begin{aligned}\frac{\mathrm{d}f(\boldsymbol{x})}{\mathrm{d}x_i\mathrm{d}x_j} \approx\ & \frac{1}{4\epsilon_i\epsilon_j}\left(f(\boldsymbol{x}+\epsilon_i\boldsymbol{e}_i+\epsilon_j\boldsymbol{e}_j) - f(\boldsymbol{x}+\epsilon_i\boldsymbol{e}_i-\epsilon_j\boldsymbol{e}_j)\right.\\ & \left.-f(\boldsymbol{x}-\epsilon_i\boldsymbol{e}_i+\epsilon_j\boldsymbol{e}_j) + f(\boldsymbol{x}-\epsilon_i\boldsymbol{e}_i-\epsilon_j\boldsymbol{e}_j)\right)\end{aligned} \tag{1.11}$$

它仍可用类似的 ϵ_i 序列来改进近似精度。

1.3 统计记号和概率分布

我们用大写字母表示随机变量，如 Y 或 $\boldsymbol{X}$；用小写字母表示随机变量的取值，如 y 或 $\boldsymbol{x}$。记 f 和 F 分别为 X 的概率密度函数和累积分布函数。我们以记号 $X \sim f(x)$ 表示 X 的密度函数为 $f(x)$。一般地，以一个竖线，如 $f(x|\alpha,\beta)$ 表示密度函数 $f(x)$ 依赖于一个或多个参数。由于本书涉及论题较多，故我们需要注意区分 $f(x|\alpha)$ 是表示密度函数还是此密度函数在点 x 处的取值。当所用记号的含义不清楚时，我们则加以区别，例如用 $f(\cdot|\alpha)$ 表示此函数。当有多个随机变量的密度需要加以区别时，我们通过增加下标的方式以区别具体的随机变量，即分别用 f_X 和 f_Y 表示 X 和 Y 的密度函数。在离散随机变量和贝叶斯的内容中，我们对分布函数使用同样的记号。

给定 $Y = y$ 时 X 的条件密度记为 $f(x|y)$ 或 $f_{X|Y}(x|y)$，此时也称 $X|Y$ 具有密度 $f(x|Y)$。为了记号简单，我们允许密度函数由其变量所决定，于是，我们可以用同一个记号，如 f 表示不同的函数，例如方程： $f(x,y|\mu) = f(x|y,\mu)f(y|\mu)$。最后，$f(X)$ 和 $F(X)$ 均是随机变量，它们分别表示密度函数和累积分布函数在随机自变量 X 处的取值。

$E\{X\}$ 表示随机变量的期望。除非特别指出，求期望所用的分布均指 X 的分布或者可以很容易地从上下文看出。我们以 $P[A] = E\{1_{\{A\}}\}$ 表示事件 A 的概率，用 $E\{X|y\}$ 表示 $X|Y = y$ 的条件期望。当 Y 未知时，$E\{X|Y\}$ 是依赖于 Y 的随机变量。关于 X 和 Y 的其他分布

特征有 $\mathrm{var}\{X\}, \mathrm{cov}\{X,Y\}, \mathrm{cor}\{X,Y\}$ 和$\mathrm{cv}\{X\} = \mathrm{var}\{X\}^{1/2}/E\{X\}$，它们分别表示 X 的方差、X 和 Y 的协方差和相关系数以及 X 的变异系数。

*Jensen*不等式是关于期望的一个有用结果。设 g 在一个可能无限的开区间 I 内是一凸函数，则对于所有的 $x, y \in I$ 和 $0 < \lambda < 1$，有

$$g(\lambda x + (1-\lambda)y) \leqslant \lambda g(x) + (1-\lambda)g(y) \tag{1.12}$$

Jensen不等式指出，如果随机变量 X 满足 $P[X \in I] = 1$，则 $E\{g(X)\} \geqslant g(E\{X\})$。

表 1.1、1.2 和 1.3 给出了本书中用到的多个离散和连续随机变量的相关信息。我们有如下常用的组合数:

$$n! = n(n-1)(n-2)\cdots(3)(2)(1)\ (\text{注意 } 0! = 1) \tag{1.13}$$

$$\begin{pmatrix} n \\ k \end{pmatrix} = \frac{n!}{k!(n-k)!} \tag{1.14}$$

$$\begin{pmatrix} n \\ k_1 \cdots k_m \end{pmatrix} = \frac{n!}{\prod_{i=1}^m k_i!},\ \text{其中 } n = \sum_{i=1}^m k_i \tag{1.15}$$

$$\Gamma(r) = \begin{cases} (r-1)!, & \text{如果 } r = 1, 2, \cdots, \\ \int_0^\infty t^{r-1}\exp\{-t\}\mathrm{d}t, & \text{如果 } r > 0. \end{cases} \tag{1.16}$$

注意到 $\Gamma(1/2) = \sqrt{\pi}$，且对于任意的正整数 n，$\Gamma(n+\frac{1}{2}) = 1 \times 3 \times 5 \times \cdots \times (2n-1)\sqrt{\pi}/2^n$。

统计中许多常用的分布都属于指数分布族。一个具有 k 个参数的指数分布族密度函数可表示成

$$f(x|\boldsymbol{\gamma}) = c_1(x)c_2(\boldsymbol{\gamma})\exp\left\{\sum_{i=1}^k y_i(x)\theta_i(\boldsymbol{\gamma})\right\} \tag{1.17}$$

其中 c_1, c_2 为非负函数；向量 $\boldsymbol{\gamma}$ 为分布族参数，如 Poisson 分布中的 λ 及二项分布中的 p；实值的 $\theta_i(\boldsymbol{\gamma})$ 为自然参数或典则参数，它常是 $\boldsymbol{\gamma}$ 的变换；$y_i(x)$是典则参数的充分统计量。容易证明

$$E\{\boldsymbol{y}(X)\} = \kappa'(\boldsymbol{\theta}) \tag{1.18}$$

$$\mathrm{var}\{\boldsymbol{y}(X)\} = \kappa''(\boldsymbol{\theta}) \tag{1.19}$$

其中 $\kappa(\boldsymbol{\theta}) = -\log c_3(\boldsymbol{\theta})$，这里的 $c_3(\boldsymbol{\theta})$ 是由 $c_2(\boldsymbol{\gamma})$ 通过典则参数 $\boldsymbol{\theta} = (\theta_1, \cdots, \theta_k)$ 与 $\boldsymbol{\gamma}$ 的变换得到的，$\boldsymbol{y}(X) = (y_1(X), \cdots, y_k(X))$。这些结果可以用原始参数 $\boldsymbol{\gamma}$ 重新表示为

$$E\left\{\sum_{i=1}^k \frac{\mathrm{d}\theta_i(\boldsymbol{\gamma})}{\mathrm{d}\gamma_j} y_i(X)\right\} = -\frac{\mathrm{d}}{\mathrm{d}\gamma_j}\log c_2(\boldsymbol{\gamma}) \tag{1.20}$$

和

$$\mathrm{var}\left\{\sum_{i=1}^k \frac{\mathrm{d}\theta_i(\boldsymbol{\gamma})}{\mathrm{d}\gamma_j} y_i(X)\right\} = -\frac{\mathrm{d}^2}{\mathrm{d}\gamma_j^2}\log c_2(\boldsymbol{\gamma}) - E\left\{\sum_{i=1}^k \frac{\mathrm{d}^2\theta_i(\boldsymbol{\gamma})}{\mathrm{d}\gamma_j^2} y_i(X)\right\} \tag{1.21}$$

表 1.1 某些常用离散随机变量的记号和描述

名称	记号和参数空间	密度和样本空间	均值与方差
伯努利	$X \sim B(p)$	$f(x)=p^x(1-p)^{1-x}$	$E\{X\}=p$
	$0 \leqslant p \leqslant 1$	$x=0$ 或 1	$\mathrm{var}\{X\}=p(1-p)$
二项	$X \sim B(n,p)$	$f(x)=\begin{pmatrix} n \\ x \end{pmatrix} p^x(1-p)^{n-x}$	$E\{X\}=np$
	$0 \leqslant p \leqslant 1, n=1,2,\cdots,$	$x=0,1,\cdots,n$	$\mathrm{var}\{X\}=np(1-p)$
多项	$\boldsymbol{X} \sim MB(n,\boldsymbol{p})$	$f(\boldsymbol{x})=\begin{pmatrix} n \\ x_1,\cdots,x_k \end{pmatrix} \prod_{i=1}^k p_i^{x_i}$	$E\{\boldsymbol{X}\}=n\boldsymbol{p}$
	$\boldsymbol{p}=(p_1,\cdots,p_k), 0 \leqslant p_i \leqslant 1$	$\boldsymbol{x}=(x_1,\cdots,x_k), x_i=0,1,\cdots,n$	$\mathrm{var}\{X_i\}=np_i(1-p_i)$
	$\sum_{i=1}^k p_i=1, n=1,2,\cdots$	$\sum_{i=1}^k x_i=n$	$\mathrm{cov}\{X_i,X_j\}=-np_ip_j$
负二项	$X \sim NB(r,p)$	$f(x)=\begin{pmatrix} x+r-1 \\ r-1 \end{pmatrix} p^r(1-p)^x$	$E\{X\}=r(1-p)/p$
	$0 \leqslant p \leqslant 1, r=1,2,\cdots$	$x=0,1,\cdots$	$\mathrm{var}\{X\}=r(1-p)/p^2$
泊松	$X \sim P(\lambda)$	$f(x)=\frac{\lambda^x}{x!}\exp\{-\lambda\}$	$E\{X\}=\lambda$
	$\lambda > 0$	$x=0,1,2,\cdots$	$\mathrm{var}X=\lambda$

表 1.2 某些常用连续随机变量的记号和描述

名称	记号和参数空间	密度和样本空间	均值与方差
贝塔	$X \sim Beta(\alpha, \beta)$	$f(x) = \frac{\Gamma(\alpha+\beta)}{\Gamma(\alpha)\Gamma(\beta)} x^{\alpha-1}(1-x)^{\beta-1}$	$E\{X\} = \frac{\alpha}{\alpha+\beta}$
	$\alpha > 0, \beta > 0$	$0 \leqslant x \leqslant 1$	$\text{var}\{X\} = \frac{\alpha\beta}{(\alpha+\beta)^2(\alpha+\beta+1)}$
柯西	$X \sim Cauchy(\alpha, \beta)$	$f(x) = \frac{1}{\pi\beta\left[1+\left(\frac{x-\alpha}{\beta}\right)^2\right]}$	$E\{X\}$不存在
	$\alpha \in \Re, \beta > 0$	$x \in \Re$	$\text{var}\{X\}$不存在
卡方	$X \sim \chi^2_\nu$	$f(x) = \Gamma(\nu/2, 1/2)$	$E\{X\} = \nu$
	$\nu > 0$	$x > 0$	$\text{var}\{X\} = 2\nu$
狄利克雷	$\mathbf{X} \sim Dirichlet(\boldsymbol{\alpha})$	$f(\boldsymbol{x}) = \frac{\Gamma(\alpha_0)\prod_{i=1}^k x_i^{\alpha_i-1}}{\prod_{i=1}^k \Gamma(\alpha_i)}$	$E\{\mathbf{X}\} = \boldsymbol{\alpha}/\alpha_0$
	$\boldsymbol{\alpha} = (\alpha_1, \cdots, \alpha_k)$	$\boldsymbol{x} = (x_1, \cdots, x_k), 0 \leqslant x_i \leqslant 1$	$\text{var}\{X_i\} = \frac{\alpha_i(\alpha_0-\alpha_i)}{\alpha_0^2(\alpha_0+1)}$
	$\alpha_i > 0, \alpha_0 = \sum_{i=1}^k \alpha_i$	$\sum_{i=1}^k x_i = 1$	$\text{cov}\{X_i, X_j\} = \frac{-\alpha_i\alpha_j}{\alpha_0^2(\alpha_0+1)}$
指数	$X \sim Exp(\lambda)$	$f(x) = \lambda \exp\{-\lambda x\}$	$E\{X\} = 1/\lambda$
	$\lambda > 0$	$x > 0$	$\text{var}\{X\} = 1/\lambda^2$
伽玛	$X \sim Gamma(r, \lambda)$	$f(x) = \frac{\lambda^r x^{r-1}}{\Gamma(r)} \exp\{-\lambda x\}$	$E\{X\} = r/\lambda$
	$\lambda > 0, r > 0$	$x > 0$	$\text{var}\{X\} = r/\lambda^2$

表 1.3　其他一些常用连续随机变量的记号和描述

名称	记号和参数空间	密度和样本空间	均值与方差
对数正态	$X \sim LN(\mu, \sigma^2)$ $\mu \in \mathfrak{R}, \sigma > 0$	$f(x) = \frac{1}{x\sqrt{2\pi\sigma^2}} \exp\left\{-\frac{1}{2}\left(\frac{\log\{x\}-\mu}{\sigma}\right)^2\right\}$ $x \in \mathfrak{R}$	$E\{X\} = \exp\{\mu + \sigma^2/2\}$ $\mathrm{var}\{X\} = \exp\{2\mu + 2\sigma^2\}$ $- \exp\{2\mu + \sigma^2\}$
多元正态	$\boldsymbol{X} \sim N_k(\boldsymbol{\mu}, \boldsymbol{\Sigma})$ $\boldsymbol{\mu} = (\mu_1, \cdots, \mu_k) \in \mathfrak{R}^k$ $\boldsymbol{\Sigma}$ 正定	$f(\boldsymbol{x}) = \frac{-\exp\{(\boldsymbol{x}-\boldsymbol{\mu})^{\mathrm{T}}\boldsymbol{\Sigma}^{-1}(\boldsymbol{x}-\boldsymbol{\mu})/2\}}{(2\pi)^{k/2}\lvert\boldsymbol{\Sigma}\rvert^{1/2}}$ $\boldsymbol{x} = (x_1, \cdots, x_k) \in \mathfrak{R}^k$	$E\{\boldsymbol{X}\} = \boldsymbol{\mu}$ $\mathrm{var}\{\boldsymbol{X}\} = \boldsymbol{\Sigma}$
正态	$X \sim N(\mu, \sigma^2)$ $\mu \in \mathfrak{R}, \sigma > 0$	$f(x) = \frac{1}{\sqrt{2\pi\sigma^2}} \exp\left\{-\frac{1}{2}\left(\frac{x-\mu}{\sigma}\right)^2\right\}$ $x \in \mathfrak{R}$	$E\{X\} = \mu$ $\mathrm{var}\{X\} = \sigma^2$
学生氏	$X \sim t_\nu$ $\nu > 0$	$f(x) = \frac{\Gamma((\nu+1)/2)}{\Gamma(\nu/2)\sqrt{\pi\nu}}(1 + x^2/\nu)^{-(\nu+1)/2}$ $x \in \mathfrak{R}$	$E\{X\} = 0(\nu > 1)$ $\mathrm{var}\{X\} = \frac{\nu}{\nu+2}(\nu > 2)$
均匀	$X \sim U(a, b)$ $a, b \in \mathfrak{R}, a < b$	$f(x) = \frac{1}{b-a}$ $x \in [a, b]$	$E\{X\} = (a + b)/2$ $\mathrm{var}\{X\} = (b - a)^2/12$
威布尔	$X \sim Weibull(a, b)$ $a > 0, b > 0$	$f(x) = abx^{b-1} \exp\{-ax^b\}$ $x > 0$	$E\{X\} = \frac{\Gamma(1+1/b)}{a^{1/b}}$ $\mathrm{var}\{X\} = \frac{\Gamma(1+2/b)-\Gamma(1+1/b)^2}{a^{2/b}}$

例 1.1 (Poisson) 令 $c_1(x) = 1/x!, c_2(\lambda) = \exp\{-\lambda\}, y(x) = x, \theta(\lambda) = \log \lambda$，则 Poisson 分布属于指数分布族。为得到由 θ 表示的矩，我们有 $\kappa(\theta) = \exp\{\theta\}$，故 $E\{X\} = \kappa'(\theta) = \exp\{\theta\} = \lambda, \mathrm{var}\{X\} = \kappa''(\theta) = \exp\{\theta\} = \lambda$。注意到 $\mathrm{d}\theta/\mathrm{d}\lambda = 1/\lambda$，故由式 (1.20) 和 (1.21) 可得到相同的结论。比如，式 (1.20) 给出 $E\{X/\lambda\} = 1$。 □

知道随机变量变换后的分布如何改变是很重要的。设 $\boldsymbol{X} = (X_1, \cdots, X_p)$ 是一个具有连续密度函数 f 的 p 维随机变量，又设

$$\boldsymbol{U} = g(\boldsymbol{X}) = (g_1(\boldsymbol{X}), \cdots, g_p(\boldsymbol{X})) = (U_1, \cdots, U_p) \tag{1.22}$$

其中 $\boldsymbol{g}$ 是从 f 的定义域满足 $f(\boldsymbol{x}) > 0$ 的所有 $\boldsymbol{x}$ 到 $\boldsymbol{u} = g(\boldsymbol{x})$ 空间的一一映射。为由 $\boldsymbol{X}$ 得到 $\boldsymbol{U}$ 的概率分布，我们需要应用 Jacobian 矩阵。变换后随机变量的密度为

$$f(\boldsymbol{u}) = f(\boldsymbol{g}^{-1}(\boldsymbol{u}))|\boldsymbol{J}(\boldsymbol{u})| \tag{1.23}$$

其中 $|\boldsymbol{J}(\boldsymbol{u})|$ 是 $\boldsymbol{g}^{-1}$ 的 Jacobian 矩阵在 $\boldsymbol{u}$ 点取值的行列式的绝对值，它的第 (i,j) 个元素为 $\mathrm{d}x_i/\mathrm{d}u_j$，这里假设上述导数在 $\boldsymbol{U}$ 的定义域上连续。

1.4 似然推断

假设 $\boldsymbol{X}_1, \cdots, \boldsymbol{X}_n$ 为来自密度函数为 $f(\boldsymbol{x}|\boldsymbol{\theta})$ 的独立同分布 (简记为 i.i.d.) 样本，其中 $\boldsymbol{\theta} = (\theta_1, \cdots, \theta_p)$ 为 p 维未知参数，则联合似然函数为

$$L(\boldsymbol{\theta}) = \prod_{i=1}^{n} f(\boldsymbol{x}_i|\boldsymbol{\theta}) \tag{1.24}$$

当数据不是独立同分布时，联合似然函数仍可表示成联合密度 $f(\boldsymbol{x}_1, \cdots, \boldsymbol{x}_n|\boldsymbol{\theta})$，它仍是 $\boldsymbol{\theta}$ 的函数。

数据 $\boldsymbol{x}_1, \cdots, \boldsymbol{x}_n$ 可能是在参数 $\boldsymbol{\theta}$ 下多个不同观测值的实现，于是它们最有可能组成参数 $\boldsymbol{\theta}$ 的极大似然估计。换句话说，如果 $\hat{\boldsymbol{\vartheta}}$ 是极大化 $L(\boldsymbol{\theta})$ 的关于 $\boldsymbol{x}_1, \cdots, \boldsymbol{x}_n$ 的函数，则 $\hat{\boldsymbol{\theta}} = \hat{\boldsymbol{\vartheta}}(\boldsymbol{X}_1, \cdots, \boldsymbol{X}_n)$ 是 $\boldsymbol{\theta}$ 的极大似然估计量 (MLE)。由于 MLE 具有变换不变性，故 $\boldsymbol{\theta}$ 的一个变换的 MLE 就等于 $\hat{\boldsymbol{\theta}}$ 的该变换。

人们经常应用对数似然函数简化运算

$$l(\boldsymbol{\theta}) = \log L(\boldsymbol{\theta}) \tag{1.25}$$

由于对数是严格单调函数，故对数似然与原来的似然函数有相同的最大值点。另外，由于在对数似然中加上任何仅依赖于 $\boldsymbol{x}_1, \cdots, \boldsymbol{x}_n$ 而与 $\boldsymbol{\theta}$ 无关的常数都不影响最值的位置或针对不同 $\boldsymbol{\theta}$ 的对数似然的差，故它可以从对数似然中去掉。注意到求 $L(\boldsymbol{\theta})$ 的极大值等价于解方程组

$$\boldsymbol{l}'(\boldsymbol{\theta}) = \boldsymbol{0} \tag{1.26}$$

其中

$$\boldsymbol{l}'(\boldsymbol{\theta}) = \left(\frac{\mathrm{d}l(\boldsymbol{\theta})}{\mathrm{d}\theta_1}, \cdots, \frac{\mathrm{d}l(\boldsymbol{\theta})}{\mathrm{d}\theta_p}\right)$$

称为得分函数。得分函数满足

$$E\{\boldsymbol{l}'(\boldsymbol{\theta})\}=\mathbf{0} \tag{1.27}$$

其中期望是关于 $\boldsymbol{X}_1,\cdots,\boldsymbol{X}_n$ 的分布求取的。有时由式 (1.26) 的解析解可求得 MLE。当MLE 并不能由式 (1.26) 解析求得时，本书将给出多种求取 MLE 的方法。但我们注意到也存在 MLE 不是得分方程的解或 MLE 不唯一的病态情况，例子见文献 [127]。

由于 MLE 依赖于随机变量 $\boldsymbol{X}_1,\cdots,\boldsymbol{X}_n$ 的观测值，故它有抽样分布。MLE 可能是 $\boldsymbol{\theta}$ 的有偏或无偏估计，但当 $n\to\infty$ 时且在很一般的条件下，它是渐近无偏的。MLE 的抽样方差依赖于对数似然的平均曲率: 当对数似然非常尖时，其最值的位置可以较精确地确定。

为确定此精度，以 $\boldsymbol{l}''(\boldsymbol{\theta})$ 记 (i,j) 元素为 $\mathrm{d}^2\boldsymbol{l}(\boldsymbol{\theta})/\mathrm{d}\theta_i\mathrm{d}\theta_j$ 的 $p\times p$ 阶矩阵，则定义 *Fisher* 信息矩阵为

$$\boldsymbol{I}(\boldsymbol{\theta})=E\{\boldsymbol{l}'(\boldsymbol{\theta})\boldsymbol{l}'(\boldsymbol{\theta})^{\mathrm{T}}\}=-E\{\boldsymbol{l}''(\boldsymbol{\theta})\} \tag{1.28}$$

上式中的期望是关于 $\boldsymbol{X}_1,\cdots,\boldsymbol{X}_n$ 的分布求取的。注意到式 (1.28) 中的最后一个等式需要的条件较弱，比如指数分布族满足此条件。有时为与观测到的 *Fisher* 信息量 $-\boldsymbol{l}''(\boldsymbol{\theta})$ 加以区别，也称 $\boldsymbol{I}(\boldsymbol{\theta})$ 为期望的 *Fisher* 信息量。观测的 Fisher 信息量之所以非常有用，其原因有二：首先当式 (1.28) 的期望难于计算时，此值仍可以计算；其次它是 $\boldsymbol{I}(\boldsymbol{\theta})$ 的一个很好的近似，且当 n 增加时，这种近似越来越好。

在正则条件下，MLE $\hat{\boldsymbol{\theta}}$ 的渐近协方差阵为 $\boldsymbol{I}(\boldsymbol{\theta}^*)^{-1}$，其中 $\boldsymbol{\theta}^*$ 为 $\boldsymbol{\theta}$ 的真值。事实上，当 $n\to\infty$ 时，$\hat{\boldsymbol{\theta}}$ 的极限分布是 $N_p(\boldsymbol{\theta}^*,\boldsymbol{I}(\boldsymbol{\theta}^*)^{-1})$。由于参数真值未知，故为估计 MLE 的协方差阵，我们必须估计 $\boldsymbol{I}(\boldsymbol{\theta}^*)^{-1}$，一个明显的估计是 $\boldsymbol{I}(\hat{\boldsymbol{\theta}})^{-1}$。另一个合理的估计为 $-\boldsymbol{l}''(\hat{\boldsymbol{\theta}})^{-1}$。因此，每一个参数的 MLE 的标准误差都可以用估计 $\boldsymbol{I}(\boldsymbol{\theta}^*)^{-1}$ 相应对角线上的元素的平方根来估计。关于极大似然理论的较详细介绍和关于 $\boldsymbol{I}(\boldsymbol{\theta}^*)^{-1}$ 的各种估计的优点，详见文献 [127, 182, 371, 470]。

偏似然 (profile likelihood) 给我们提供了一种绘制高维似然曲面、推断部分参数而把其余参数看作冗余参数以及处理各种优化问题的有效途径。偏似然是由全似然求取部分参数约束下的极大值而得到的。如果 $\boldsymbol{\theta}=(\boldsymbol{\mu},\boldsymbol{\phi})$，则关于 $\boldsymbol{\phi}$ 的偏似然为

$$L(\boldsymbol{\phi}|\hat{\boldsymbol{\mu}}(\boldsymbol{\phi}))=\max_{\boldsymbol{\mu}}L(\boldsymbol{\mu},\boldsymbol{\phi}) \tag{1.29}$$

这样，对于每一个可能的 $\boldsymbol{\phi}$ 值，有一个相应的 $\boldsymbol{\mu}$ 值极大化 $L(\boldsymbol{\mu},\boldsymbol{\phi})$。因此 $\boldsymbol{\mu}$ 的最优值是 $\boldsymbol{\phi}$ 的函数。于是，偏似然是 $\boldsymbol{\phi}$ 的函数，而此函数把 $\boldsymbol{\phi}$ 映射到全似然在 $\boldsymbol{\phi}$ 及其相对应的最优 $\boldsymbol{\mu}$ 处的取值。注意到极大化偏似然 $L(\boldsymbol{\phi}|\hat{\boldsymbol{\mu}}(\boldsymbol{\phi}))$ 的 $\hat{\boldsymbol{\phi}}$ 也是由极大化全似然 $L(\boldsymbol{\mu},\boldsymbol{\phi})$ 得到的 $\boldsymbol{\phi}$ 的 MLE。有关偏似然方法请见文献 [23]。

1.5 贝叶斯推断

在贝叶斯推断中，由于参数被看作随机变量，故概率分布是参数与似然的联合。在参数空间中用来定义参数的主观相对概率的概率分布反映着人们对参数不确定性的认知。

假设 $\boldsymbol{X}$ 的分布包含参数 $\boldsymbol{\theta}$，以 $f(\boldsymbol{\theta})$ 表示获得观测数据前关于 $\boldsymbol{\theta}$ 的密度，则称其为先验分布。它可能是基于以前的数据和分析 (比如实验研究) 得到的，也可能纯粹是个人的主观信息，或想选取一个对最终推断影响有限的分布。

在本书中，我们以 $L(\boldsymbol{\theta}|\boldsymbol{x})$ 表示导出 Bayes 推断的似然。当有了 $\boldsymbol{\theta}$ 的先验分布和用来提供有关 $\boldsymbol{\theta}$ 信息的观测数据后，人们的先验信息必须进行更新，以反映包含在似然中关于 $\boldsymbol{\theta}$ 的信息，其更新机制即为 Bayes 定理：

$$f(\boldsymbol{\theta}|\boldsymbol{x}) = cf(\boldsymbol{\theta})f(\boldsymbol{x}|\boldsymbol{\theta}) = cf(\boldsymbol{\theta})L(\boldsymbol{\theta}|\boldsymbol{x}) \tag{1.30}$$

其中 $f(\boldsymbol{\theta}|\boldsymbol{x})$ 被称为 $\boldsymbol{\theta}$ 的*后验密度*，而 $\boldsymbol{\theta}$ 的后验分布被用来做关于 $\boldsymbol{\theta}$ 的统计推断。上式中的常数 c 等于 $1/\int f(\boldsymbol{\theta})L(\boldsymbol{\theta}|\boldsymbol{x})\mathrm{d}\boldsymbol{\theta}$，且经常难于直接计算，但在某些推断中我们并不需要 c。本书将给出多种进行 Bayes 推断的方法，包括 c 的估计。

以 $\tilde{\boldsymbol{\theta}}$ 表示 $\boldsymbol{\theta}$ 的后验众数，$\boldsymbol{\theta}^*$ 表示 $\boldsymbol{\theta}$ 的真值。在正则条件下，当 $n \to \infty$ 时，$\tilde{\boldsymbol{\theta}}$ 的后验分布收敛于 $N(\boldsymbol{\theta}^*, \boldsymbol{I}(\boldsymbol{\theta}^*)^{-1})$，这与 $\boldsymbol{\theta}$ 的 MLE 的极限分布相同。因此，后验众数作为 θ 的一个一致估计有着特殊的意义。由此收敛可以看出，当 $n \to \infty$ 时，观测数据淹没了任何先验。

假设检验的 Bayes 评价依赖于如下的 *Bayes 因子*。在两个假设或模型 H_1, H_2 下的后验概率之比为

$$\frac{P[H_2|\boldsymbol{x}]}{P[H_1|\boldsymbol{x}]} = \frac{P[H_2]}{P[H_1]}B_{2,1} \tag{1.31}$$

其中 $P[H_i|\boldsymbol{x}]$ 为后验概率，$p[H_i]$ 为先验概率，且

$$B_{2,1} = \frac{f(\boldsymbol{x}|H_2)}{f(\boldsymbol{x}|H_1)} = \frac{\int f(\boldsymbol{\theta}_2|H_2)f(\boldsymbol{x}|\boldsymbol{\theta}_2, H_2)\mathrm{d}\boldsymbol{\theta}_2}{\int f(\boldsymbol{\theta}_1|H_1)f(\boldsymbol{x}|\boldsymbol{\theta}_1, H_1)\mathrm{d}\boldsymbol{\theta}_1} \tag{1.32}$$

其中 $\boldsymbol{\theta}_i$ 为在第 i 个假设下的参数。量 $B_{2,1}$ 就是 Bayes 因子，它表示的含义为：当给定数据后，用先验机会比乘此量就可得到后验机会比。至于似然比方法，我们要求假设 H_1, H_2 不能相互嵌套。关于 Bayes 因子的计算和解释请参见文献 [365]。

Bayes 区间估计经常依赖于 95% *最大后验密度* (highest posterior density，HPD) 区域。一个参数的 HPD 区域是指满足如下条件的总长度最短的区域：参数落入此区域的后验概率为 95%，且此区域内任一点的后验密度均不小于此区域外任一点的密度值。当后验为单峰时，HPD 就是包含 95% 后验概率的最窄区间。*可信区间* (credible interval) 是 Bayes 推断中更一般的区间估计。$100(1-\alpha)\%$ 可信区间是介于后验分布的 $\alpha/2$ 和 $1-\alpha/2$ 分位数间的区域。当后验密度对称且单峰时，HPD 与可信区间相同。

Bayes 推断方法的一个基本优点就是它的可信区间和其他推断易于解释，人们可以说参数落入某区域的后验概率。当然也有关于 Bayes 方法理论基础的研究，见文献 [28] 中的介绍。Gelman 等在文献 [221] 中给出了有关 Bayes 理论和方法的综述。

最好的先验分布都基于先验数据。一个便于代数运算的策略就是寻找共轭的先验。*共轭先验* (conjugate prior) 分布就是那些能导致后验与先验共属同一分布族的先验分布。指数族就是天生的具有共轭先验分布的唯一分布族。

当先验信息很少时，要保证所取的先验分布对后验推断影响不大是非常重要的。受到先验强烈影响的后验被称为对先验的高**敏感性**。现有多种可减少敏感性的方法。一种最简单的方法就是取在一个比参数区域更广的区域中的均匀分布作为先验，另一种更正规的方法是应用 Jeffrey 先验，见文献 [350]。对于单参数情形，Jeffrey 先验是 $f(\theta) \propto I(\theta)^{-1/2}$，其中 $I(\theta)$ 为 Fisher 信息量，此方法也可推广到多参数情形。在某些情形下，可以考虑应用不规范先验 $f(\boldsymbol{\theta}) \propto 1$，此先验可能导致不规范的后验 (如不可积)，也可能无法给问题里的参数提供任何信息。

例 1.2 (正态–正态共轭 Bayes 模型) 考虑基于独立同分布的随机变量 $X_1, \cdots, X_n$ 的 Bayes 推断，其中 $X_i|\theta \sim N(\theta, \sigma^2)$ 且 σ^2 已知。对于此时的似然，正态先验是共轭的。假设 θ 的先验为 $\theta \sim N(\mu, \tau^2)$，则后验密度为

$$f(\theta|\boldsymbol{x}) \propto f(\theta)\prod_{i=1}^{n} f(x_i|\theta) \tag{1.33}$$

$$\propto \exp\left\{-\frac{1}{2}\left(\frac{(\theta-\mu)^2}{\tau^2} + \frac{\sum_{i=1}^{n}(x_i-\theta)^2}{\sigma^2}\right)\right\} \tag{1.34}$$

$$\propto \exp\left\{-\frac{1}{2}\left(\theta - \frac{\frac{\mu}{\tau^2}+\frac{n\overline{X}}{\sigma^2}}{\frac{1}{\tau^2}+\frac{n}{\sigma^2}}\right)^2 \Bigg/ \left(\frac{1}{\frac{1}{\tau^2}+\frac{n}{\sigma^2}}\right)\right\} \tag{1.35}$$

其中 $\overline{X}$ 为样本均值。注意到式 (1.35) 仍具有正态分布的形式，故我们有 $f(\theta|\boldsymbol{x}) = N(\mu_n, \tau_n^2)$，其中

$$\tau_n^2 = \frac{1}{\frac{1}{\tau^2}+\frac{n}{\sigma^2}} \tag{1.36}$$

$$\mu_n = \left(\frac{\mu}{\tau^2} + \frac{n\overline{x}}{\sigma^2}\right)\tau_n^2 \tag{1.37}$$

于是，θ 的 95% 的后验可信区间为 $(\mu_n - 1.96\tau_n, \mu_n + 1.96\tau_n)$。由于正态分布是对称的，故它也是 θ 的后验 95% 的 HPD。

对于固定的 σ，下面考虑增大 τ 的值。当 $\tau^2 \to \infty$ 时，θ 的后验方差收敛于 σ^2/n。这就是说，当先验方差增大时，先验对后验的影响在逐步消失。又注意到

$$\lim_{n\to\infty} \frac{\tau_n^2}{\sigma^2/n} = 1$$

此式说明，当样本容量增加时，θ 的后验方差与 MLE $\hat{\theta} = \overline{X}$ 的样本方差渐近相等，即 τ 的影响被消除。

作为共轭先验的替补，我们考虑非规范先验 $f(\theta) \propto 1$。此时，$f(\theta|\boldsymbol{x}) = N(\overline{x}, \sigma^2/n)$，且 95% 的后验可信区间就是由频率方法得到的标准的 95% 的置信区间。 □

1.6 统计极限理论

尽管本书最关心的是各种方法如何工作及是否有效的验证，但有时更精确地讲述由某些方法产生的估计的极限行为是非常有益的。下面我们将回顾概率统计中几个基本的收敛概念。

称一个随机变量序列 $X_1, X_2, \cdots$，依概率收敛到随机变量 X，如果对于任意的 $\epsilon > 0$，$\lim_{n\to\infty} P[|X_n - X| < \epsilon] = 1$。称此随机变量序列几乎处处收敛到 X，如果对于任意的 $\epsilon > 0$，$P[\lim_{n\to\infty} |X_n - X| < \epsilon] = 1$。称此随机变量序列依分布收敛到 X，如果在 $F_X(x)$ 的任一连续点 x，都有 $\lim_{n\to\infty} F_{X_n}(x) = F_X(x)$。称一个随机变量 X 几乎处处具有性质 A，如果 $P[A] = \int 1_{\{A\}} f_X(x)\mathrm{d}x = 1$。

在统计中，大数定律与中心极限定理是最有名的收敛定理。对于一维的 i.i.d. 随机变量序列 $X_1, \cdots, X_n$，记 $\overline{X}_n = \sum_{i=1}^n X_i/n$。弱大数定律指出：如果 $E\{|X_i|\} < \infty$，则 $\overline{X}_n$ 依概率收敛到 $\mu = E\{X_i\}$。强大数定律指出：如果 $E\{|X_i|\} < \infty$，则 $\overline{X}_n$ 几乎处处收敛到 $\mu = E\{X_i\}$。在某些较严格但易验证的条件下，如 $\mathrm{var}\{X_i\} = \sigma^2 < \infty$，上述两个结论均成立。

如果 θ 是一个参数，T_n 是一个基于 $X_1, \cdots, X_n$ 的统计量，则称 T_n 是 θ 的弱或强相合估计，如果 T_n 分别依概率或几乎处处收敛到 θ。如果 $E\{T_n\} = \theta$，则称 T_n 是无偏的，否则其偏差为 $E\{T_n\} - \theta$。如果当 $n \to \infty$ 时，其偏差趋于 0，则它是渐近无偏的。

下面给出中心极限定理的简单形式。假设 i.i.d. 随机变量序列 $X_1, \cdots, X_n$ 具有均值 μ 和有限方差 σ^2，且 $E\{\exp\{tX_i\}\}$ 在 $t = 0$ 的一个邻域内存在。则当 $n \to \infty$ 时，随机变量 $T_n = \sqrt{n}(\overline{X}_n - \mu)/\sigma$ 依分布收敛到标准正态随机变量。中心极限定理的形式对于不同的情况有不同的版本。一般地讲，方差有限的条件是关键的，而在独立同分布的情形下该条件可以放松。

1.7 马氏链

本节我们简单介绍一下单变量的离散时间及离散状态空间的马氏链。第 7 章和第 8 章将应用马氏链，有关马氏链的全面介绍见文献 [556]，更高层次的研究请见文献 [462，543]。

考虑一个随机变量序列 $\{X^{(t)}\}, t = 0, 1, \cdots$，其中每一个 $X^{(t)}$ 均可能取有限或可列个数值中的一个，这些值被称为状态。记号 $X^{(t)} = j$ 表示此过程在时刻 t 处于状态 j。随机变量 $X^{(t)}$ 的所有可能取值的集合 $\mathcal{S}$ 被称为状态空间。

从概率角度完全刻划 $X^{(0)}, \cdots, X^{(n)}$ 就是作为随机变量历史值的条件分布之积的联合分布，或

$$P\left[X^{(0)}, \cdots, X^{(n)}\right] = P\left[X^{(n)}|x^{(0)}, \cdots, x^{(n-1)}\right] \times P\left[X^{(n-1)}|x^{(0)}, \cdots, x^{(n-2)}\right] \times \times \cdots \times P\left[X^{(1)}|x^{(0)}\right] P\left[X^{(0)}\right] \tag{1.38}$$

在独立性假设下，式(1.38)可被简化为

$$P\left[X^{(t)}|x^{(0)}, \cdots, x^{(t-1)}\right] = P\left[X^{(t)}|x^{(t-1)}\right] \tag{1.39}$$

此时，观测到的下一个状态仅依赖于当前状态，这就是马氏性，有时也称为一步记忆。在

这种情况下

$$P\left[X^{(0)},\cdots,X^{(n)}\right]=P\left[X^{(n)}|x^{(n-1)}\right]\times P\left[X^{(n-1)}|x^{(n-2)}\right]\times \\ \times\cdots\times P\left[X^{(1)}|x^{(0)}\right]P\left[X^{(0)}\right] \tag{1.40}$$

以 $p_{ij}^{(t)}$ 记从 t 时刻状态 i 转移到 $t+1$ 时刻状态 j 的概率。如果对所有的 $t=0,1,\cdots$ 和$x^{(0)}$, $x^{(1)},\cdots,x^{(t-1)},i,j\in\mathcal{S}$，有

$$\begin{aligned}p_{ij}^{(t)} &= P\left[X^{(t+1)}=j|X^{(0)}=x^{(0)},X^{(1)}=x^{(1)},\cdots,X^{(t)}=i\right]\\ &= P\left[X^{(t+1)}=j|X^{(t)}=i\right]\end{aligned} \tag{1.41}$$

则称序列 $\{X^{(t)}\},t=0,1,\cdots$ 是一个马氏链，且称 $p_{ij}^{(t)}$ 为一步转移概率。如果一步转移概率不随 t 改变，则称此链为时齐的，且 $p_{ij}^{(t)}=p_{ij}$。如果一步转移概率随时间 t 在变化，故称此链为非时齐的。

一个马氏链的性质由转移概率矩阵所决定。不失一般性，假设状态空间 $\mathcal{S}$ 中的 s 个状态均取整数，则以 $\boldsymbol{P}$ 记一个时间齐性马氏链的 $s\times s$ 的转移概率阵，其 (i,j) 元素为 p_{ij}。$\boldsymbol{P}$ 中的每个元素都必须介于 0 和 1 之间，且每行之和等于 1。

例 1.3 (旧金山气候) 我们考虑旧金山的日降雨量。表 1.4 给出了 1814 对相继两天的降雨结果 (见文献 [488])，这些数据取自的月份是从 11 月到 3 月，开始于 1990 年的 11 月，结束于 2002 年 3 月。旧金山在这些月份中的降雨量占据了全年的 80%。我们把每天考虑成两种情形：如果记录到一天的降雨量多于 0.01 英寸[1]，则称之为有雨；否则就称为无雨。于是，$\mathcal{S}$ 有两个元素：有雨与无雨，以随机变量 $X^{(t)}$ 表示第 t 天的状态。

表 1.4 例 1.3 中的旧金山的降雨数据

	今天有雨	今天无雨
昨天有雨	418	256
昨天无雨	256	884

在假设时间齐性的条件下，$X^{(t)}$ 的转移概率矩阵的估计值为

$$\hat{\boldsymbol{P}}=\begin{bmatrix}0.620 & 0.380\\ 0.224 & 0.775\end{bmatrix} \tag{1.42}$$

显然，旧金山有雨与无雨的天气状态不是独立的，其原因为：有雨后很有可能仍有雨，而无雨后仍无雨的可能性最高。 □

马氏链的极限理论对本书多数方法的讨论是非常重要的，现在我们简单介绍其中的一些基本结论。

[1] 1英寸= 25.4毫米。——编者注

我们称能以概率 1 返回的状态为常返的，称一个平均返回时间有限的常返状态为非零常返的。如果状态空间有限，其常返状态都是非零常返的。

称一个马氏链是不可约的，如果从其任一状态 i 经有限步后都可到达任一状态 j，也就是说，对于任两个状态 i, j，都存在 $m > 0$ 使得 $P[X^{(m+n)} = i|X^{(n)} = j] > 0$。称一个马氏链是周期的，如果经过某些周期性步长后可能达到状态空间的某部分。称状态 j 具有周期 d，如果由状态 j 经非 d 整数倍步到达 j 的概率为 0。如果一个马氏链的每一个状态的周期都为 1，则称此链为非周期的。如果一个马氏链是不可约的、非周期的，且其所有状态都是非零常返的，则称之为遍历的。

以 $\boldsymbol{\pi}$ 记和为 1 的概率向量，且其第 i 个元素 π_i 表示 $X^{(t)} = i$ 的边际概率，则 $X^{(t+1)}$ 的边际概率分布为 $\boldsymbol{\pi}^{\mathrm{T}}\boldsymbol{P}$。任一离散概率分布 $\boldsymbol{\pi}$，若它满足 $\boldsymbol{\pi}^{\mathrm{T}}\boldsymbol{P} = \boldsymbol{\pi}^{\mathrm{T}}$，则称之为 $\boldsymbol{P}$ 或转移概率矩阵为 $\boldsymbol{P}$ 的马氏链的平稳分布。如果 $X^{(t)}$ 服从一个平稳分布，则 $X^{(t)}$ 和 $X^{(t+1)}$ 的边际分布相同。

如果一个时间齐性的马氏链满足

$$\pi_i p_{ij} = \pi_j P_{ji},\ \forall\, i, j \in \mathcal{S} \tag{1.43}$$

则 $\boldsymbol{\pi}$ 是此链的平稳分布，且称此链为可逆的，这是因为此链的正向或反向观测值序列的联合分布是相同的。也称方程 (1.43) 为细致平衡 (detailed balance) 条件。

如果一个转移概率矩阵为 $\boldsymbol{P}$，平稳分布为 $\boldsymbol{\pi}$ 的马氏链是不可约的且非周期的，则 $\boldsymbol{\pi}$ 是唯一的，且满足

$$\lim_{n\to\infty} P\left[X^{(t+n)} = j|X^{(t)} = i\right] = \pi_j \tag{1.44}$$

其中 π_j 是 $\boldsymbol{\pi}$ 的第 j 个元素，且满足如下方程组：

$$\pi_j \geqslant 0, \sum_{i\in\mathcal{S}} \pi_i = 1,\ 且\ \pi_j = \sum_{i\in\mathcal{S}} \pi_i p_{ij},\ \forall\ j \in \mathcal{S} \tag{1.45}$$

我们重述并推广式 (1.44) 如下：如果 $X^{(1)}, X^{(2)}, \cdots$ 是一个不可约、非周期的平稳分布为 $\boldsymbol{\pi}$ 的马氏链值，则 $X^{(n)}$ 依分布收敛到分布为 $\boldsymbol{\pi}$ 的随机变量，且对任一函数 h，当 $E_{\boldsymbol{\pi}}\{|h(X)|\}$ 存在，且 $n \to \infty$ 时，几乎处处有[605]

$$\frac{1}{n}\sum_{t=1}^{n} h(X^{(t)}) \to E_{\boldsymbol{\pi}}\{h(X)\} \tag{1.46}$$

这就是作为强大数定律推广形式的遍历定理。

本节仅考虑了离散状态空间的马氏链，我们将在第 7 章和第 8 章把上述思想推广到连续状态空间的情形。对于连续状态空间和多元随机变量的原理和结果都与这里讨论的类似。

1.8 计算

如果你对计算机编程不熟悉或希望学习一种新语言，则最好立刻去学。**R** (可以免费在网站 `www.r-project.org` 上获取) 是学习或教授统计计算的首选语言，但我们尽量避免在本书

内容中指定某种语言。本书中的多数方法都很容易由其他的用于数学和统计的高级计算机语言来实现，例如 MATLAB。编程也可用 Java 及其他低级语言，如 C++ 和 Fortran 等。在高级语言的易于计算与低级语言的计算速度间进行权衡是指导选择的标准。本书的主页给出了上述和其他有用软件包的链接，也给出了本书某些方法的代码库。

从完美的角度看，一个人的计算机编程能力包括对计算机运算的基本理解，即在计算机的二进制世界里如何去实现一个实数及数学运算。虽然本书侧重高级计算问题，但是一丝不苟地运行我们描述的算法需要考虑计算机运算难以预测的情形，或者使用已有程序时是否有能力处理此类问题。对此有兴趣的读者请参见文献 [383]。

第一部分

优　化

统计中我们需要优化许多函数，包括似然函数和其他的一般形式，包括贝叶斯后验分布、熵以及拟合问题。这些都是描述观测数据的信息。最大化这些函数可以解决一些推断问题。

如何最大化一个函数依赖于很多准则，包括函数的特性以及实际中要做什么。你可以任意输入一个值到你的函数并最终发现一个很好的选择，或者你可以更好地做一个有指导意义的搜索。优化过程可以帮助进行有指导意义的搜索，一些过程利用更多的数学定理，另一些过程更多地采用启发式算法。选择的方法依赖于导数、无导数方法和启发式策略。接下来的三章，我们讲述包含优化问题的统计内容并且给出解决它们的各种方法。

第 2 章我们考虑优化光滑非线性方程的基本方法。该方法可以应用到连续函数，比如计算一个连续函数的最大似然估计。第 3 章我们考虑组合优化的各种方法。这些算法解决的是离散函数问题并且通常比较复杂，比如在多元回归分析中从很多潜在的解释变量的集合中寻找最优的预测变量集合。第 2 章和第 3 章的方法来自于数学和计算机科学，但是在统计里有广泛的应用。第 4 章的期望最大化 (EM) 描述统计推断中经常遇到的问题:当有一些数据丢失时如何最大化似然函数?当然这个强大的算法也可以解决许多其他的统计问题。

第 2 章　优化与求解非线性方程组

极大似然估计是统计推断的核心，学习 MLE 的理论表现及其解析形式的导出都需要若干时间，然而，当面临没有解析形式的复杂似然时，多数人都不知如何处理。

多数函数都没有解析形式的优化解，比如，当通过令其导数等于 0 在求解函数 $g(x) = \log x/(1+x)$ 的最大值时，可能会导致 $1 + 1/x - \log x = 0$ 没有代数解析解的僵局。实际上，许多实际的统计模型导出的似然函数都无法得到解析解，于是，一个较现实的方法就是减少对解析最优解的依赖。

除极大似然外，统计学家也面临着其他的优化问题，如在 Bayes 决策问题中的最小风险、非线性最小二乘问题的求解、许多分布的最高后验密度区间的求取和其他一些包含最优化的问题等。上述求解都属于如下的一般问题：一个实值函数 g 关于其 p 维自变量 $\boldsymbol{x}$ 的最优化。在本章，将仅限于考虑 g 关于 $\boldsymbol{x}$ 为光滑的且可微的情形，在第 3 章我们将考虑 g 在离散区域上的优化问题。由于一个函数的最大化等价于其负值的最小化，故区别最大化与最小化的意义不大。于是作为惯例，我们一般考虑求取最大值的算法。

对于极大似然估计，g 是似然函数 l 的对数函数，$\boldsymbol{x}$ 对应着参数向量 $\boldsymbol{\theta}$。如果 $\hat{\boldsymbol{\theta}}$ 是MLE，则它最大化其对数似然函数，即 $\hat{\boldsymbol{\theta}}$ 是得分方程

$$\boldsymbol{l}'(\boldsymbol{\theta}) = \boldsymbol{0} \tag{2.1}$$

的解，其中

$$\boldsymbol{l}'(\boldsymbol{\theta}) = \left(\frac{\mathrm{d}l(\boldsymbol{\theta})}{\mathrm{d}\theta_1}, \cdots, \frac{\mathrm{d}l(\boldsymbol{\theta})}{\mathrm{d}\theta_n}\right)^{\mathrm{T}}$$

$\boldsymbol{0}$ 是元素为 0 的列向量。

我们容易看出，优化问题与求解非线性方程组密切相联。于是，将本章内容理解为方程组求解比优化更合理，如求取 MLE 就相当于求解得分方程的根，g 的最大值就是方程 $\boldsymbol{g}'(\boldsymbol{x}) = \boldsymbol{0}$ 的解 (相反，人们也可以通过极小化 $|g'(x)|$ 把单变量的求解问题转换成优化问题，其中 g' 是一个需要求其根的函数)。

当方程组 $\boldsymbol{g}'(\boldsymbol{x}) = \boldsymbol{0}$ 没有解析解时，求其解很困难。此时，多数方程组是非线性的。求解线性方程组比较容易，然而有另外一类难的优化问题，目标函数本身是线性的并且有线性不等式的限制条件。这样的线性方程组可以利用线性规划方法，如单纯形法[133,198,247,497]和内

点法[347,362,552]来求解，而本书不包括这些方法。

我们可以利用多个畅销的数值优化软件来解决非线性光滑函数的优化问题，其中多数程序都是非常有效的。于是，本书将不再重点考虑这些能利用现有软件便能很好解决的优化问题。例如，虽然均匀随机数在统计计算中具有很重要的作用，但由于它容易由高级软件预先打包的常规程序求得，故本书将不再讲述它的产生问题。那什么样的优化问题被认为是与众不同的？时刻都需要优化软件处理一个新的优化函数的问题就是与众不同的。如对于一些较难处理的似然，即使最好的优化软件也经常无法直接应用，而要略作修改才可以求解。因此，用户必须充分理解优化如何进行才能顺利地解决此类问题。

我们先研究单变量的优化问题，2.2 节将其推广到多变量问题，离散空间上的优化问题见第 3 章、第 4 章涉及到缺失数据的特殊情况。

关于优化方法的相关参考文献包括 [153，198，247，475，486，494]。

2.1 单变量问题

本节将要讨论的一个简单单变量数值优化问题就是求取函数

$$g(x) = \frac{\log x}{1+x} \tag{2.2}$$

关于 x 的最大值。由于不存在解析解，故我们借助于迭代方法以求得其近似解。由图 2.1 给出的 $g(x)$ 的图像可以看出其最大值点在 3 附近。于是，我们有理由选取 $x^{(0)} = 3.0$ 作为迭代的初值。如当前值为 $x^{(t)}(t = 0, 1, 2, \cdots)$ 时，则由*更新方程*得到一个更新 $x^{(t+1)}$，直至迭代结束。此时的更新可由求方程

$$g'(x) = \frac{1 + 1/x - \log x}{(1+x)^2}$$

的根得到，也可由其他合理方法得到。

下面以*二分法* (bisection method) 为例来说明迭代求根过程。如果 g' 在区间 $[a_0, b_0]$ 上连续，且 $g'(a_0)g'(b_0) \leqslant 0$，则由中值定理[562]知，至少存在一个 $x^* \in [a_0, b_0]$，使得 $g'(x^*) = 0$，即 x^* 是 g 的局部最优值。为求得最优解，把区间 $[a_0, b_0]$ 缩短至 $[a_1, b_1]$，再到区间 $[a_2, b_2]$ 依次类推，其中 $[a_0, b_0] \supset [a_1, b_2] \supset [a_2, b_2] \supset \cdots$。

设 $x^{(0)} = (a_0 + b_0)/2$ 为初值，则更新方程为

$$[a_{t+1}, b_{t+1}] = \begin{cases} [a_t, x^{(t)}], & \text{如果 } g'(a_t)g'(x^{(t)}) \leqslant 0 \\ [x^{(t)}, b_t], & \text{如果 } g'(a_t)g'(x^{(t)}) > 0 \end{cases} \tag{2.3}$$

且

$$x^{(t+1)} = \frac{1}{2}(a_{t+1} + b_{t+1}) \tag{2.4}$$

如果 g 在初始区间内的根多于 1 个，则易知二分法将找到其中一个，而找不到其余的。

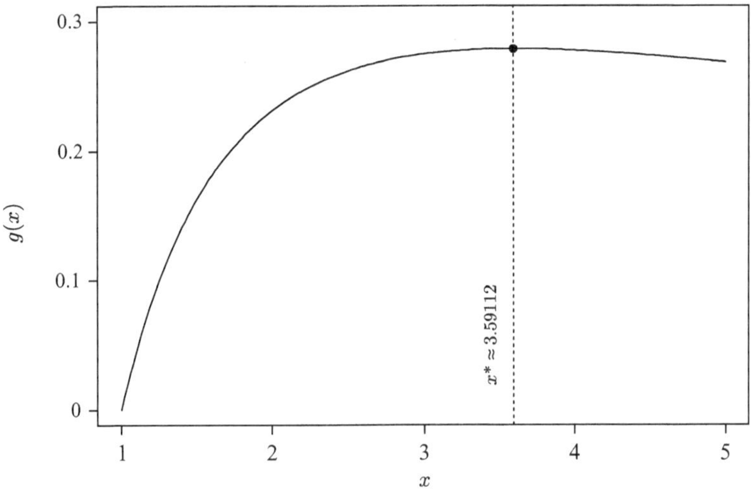

图 2.1 $g(x) = (\log x)/(1+x)$的最大值点为 $x^* \approx 3.59112$，由垂直线标出

例 2.1 (一个简单的单变量优化) 为找到式 (2.2) 的最大值点 x，我们可以取 $a_0 = 1, b_0 = 5, x^{(0)} = 3$。图 2.2 给出了利用二分法求这个简单函数最值的前几步。 □

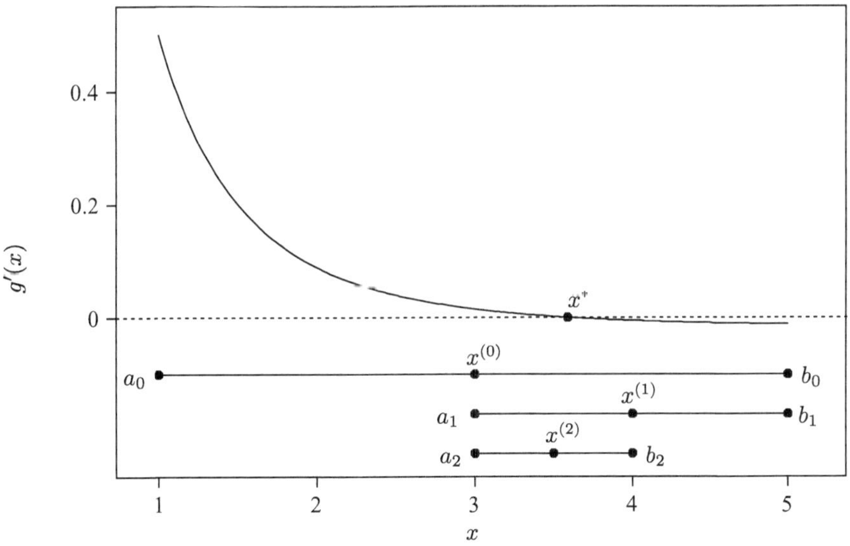

图 2.2 例 2.1 的二分法图示。此图的上半部分给出了 $g'(x)$ 和它的根 x^*，下半部分给出了取 $(a_0, b_0) = (1, 5)$ 时二分法的前三个区间。根的第 t 个估计为第 t 个区间的中心

假设 $g(x)$ 关于 x 的最大值在 x^* 达到，则当 $t \to \infty$ 时，任何迭代方法都希望更新方程满足 $x^{(t)} \to x^*$，但它们都无法保证 $x^{(t)}$ 收敛，更不用说收敛到 x^*。

实际上，我们不允许程序无限制运行下去，于是，我们要求遵守一个基于某种收敛准则的停止准则以便结束迭代运算取得近似值。在每一步迭代时，都将检验此停止准则，当满足收

敛准则时，即取最近的 $x^{(t+1)}$ 作为所求值。停止的原因有两个：如果程序能达到令人满意的收敛效果或看起来不可能很快取得满意的结果。

通过跟踪 $g'(x^{(t+1)})$ 接近 0 的程度来监测收敛情况是诱人的。然而，当 $g'(x^{(t+1)})$ 非常小时，也可能出现从 $x^{(t)}$ 到 $x^{(t+1)}$ 的改变非常大的情况，于是，仅依赖于 $g'(x^{(t+1)})$ 大小的停止准则不太可靠。换句话说，从 $x^{(t)}$ 到 $x^{(t+1)}$ 的一个很小的改变最有可能与 $g'(x^{(t+1)})$ 在 0 附近有关。这样，我们经常通过监测 $|x^{(t+1)}-x^{(t)}|$ 及把 $g'(x^{(t+1)})$ 作为后备检验来评估算法的收敛性。

绝对收敛准则的停止条件为

$$\left|x^{(t+1)}-x^{(t)}\right|<\epsilon \tag{2.5}$$

其中常数 ϵ 是选定的可容忍精度。对于二分法，容易验证

$$b_t-a_t=2^{-t}(b_0-a_0) \tag{2.6}$$

当 $2^{-(t+1)}(b_0-a_0)<\delta$，即 $t>\log_2\{(b_0-a_0)/\delta\}-1$ 时，将达到真正的容忍误差 $|x^{(t)}-x^*|<\delta$。δ 减小10倍，t 将增大 $\log_2 10\approx 3.3$。于是，精度要增加十个百分点，迭代步数将增加 3 到 4 步。

相对收敛准则要求当

$$\frac{\left|x^{(t+1)}-x^{(t)}\right|}{\left|x^{(t)}\right|}<\epsilon \tag{2.7}$$

时停止迭代。此准则可以在不必考虑 x 的单位的情况下达到指定的目标精度，如 1%。

依实际问题选择应用绝对还是相对收敛准则。如果 x 的刻度相对于 ϵ 很大 (或很小) 时，绝对收敛准则会使程序在停止迭代前运行很长 (很短) 时间。相对收敛准则对 x 的刻度作了校正，但当 $x^{(t)}$ 的值 (或真值) 与 0 非常接近时，它将变得不稳定，此时，我们可以通过

$$\frac{\left|x^{(t+1)}-x^{(t)}\right|}{\left|x^{(t)}\right|+\epsilon}<\epsilon$$

来修正相对收敛准则。

当 g' 连续时二分法能正常工作。在方程 (2.6) 两边取极限后有 $\lim_{t\to\infty}a_t=\lim_{t\to\infty}b_t$，于是二分法收敛到某点 $x^{(\infty)}$。由于该方法保证 $g'(a_t)g'(b_t)\leqslant 0$，故连续性保证 $g'(x^{(\infty)})^2\leqslant 0$，于是，$g'(x^{(\infty)})$ 必等于0，这就是说 $x^{(\infty)}$ 是 g 的一个根。换句话说，二分法能从理论上保证其收敛到 $[a_0,b_0]$ 内的一个根。

事实上，计算机在数字上的不精确性可能影响算法的收敛性。对于多数迭代近似方法，一种安全做法就是每次均对前面近似结果做一个小的修正，而不是重新开始一个新的近似。如果我们不用 $a_{t+1}=(a_t+b_t)/2$ 而用 $a_{t+1}=a_t+(b_t-a_t)/2$ 来计算区间中点，则二分法的数字计算更稳定。然而，出于各种各样的原因，一个精心编写的算法或比二分法更复杂的优化程序也可能失败。另外值得注意的是，有多种病态情形使得 MLE 不是得分方程的解或者 MLE 不是唯一的，见文献 [127] 中的例子。

对于这些非正常情形，给出一个标记不收敛的停止准则是重要的。此时一个最简单的做法就是无论收敛与否，N 步迭代后停止运算。一个聪明做法就是考虑一个或多个收敛度量，比如 $\left|x^{(t+1)}-x^{(t)}\right|$ 或 $\left|x^{(t+1)}-x^{(t)}\right| / \left|x^{(t)}\right|$ 或 $\left|g'(x^{(t+1)})\right|$。如果每一个都不单调减或若干次迭代后出现了周期，则迭代停止。有时解本身也可能出现不令人满意的周期性，此时，如果算法得到的收敛点明显不如我们已经知道的另一个好，则明智的做法是停止迭代。这样将避免找到的结果是一个已经知道的假的峰值或局部最大值。不管应用哪个停止准则，收敛较差就意味着必须扔掉 $x^{(t+1)}$ 且在某种意义上必须重新开始以便产生成功的收敛效果。

开始有如停止一样重要。一般地，一个差的初值可能导致算法发散、周期性、误入歧途的局部最大、局部最小或其他问题。输出结果依赖于函数 g、初值和所用的优化算法。一般地，只要 g 在包含 $x^{(0)}$ 和 x^* 的邻域内不是过分平坦，则选取初值接近整体最优值是有帮助的。产生合理初值的方法有图示法、初估计（如矩估计）、有根据的推测和试错法等。如果计算机运行速度限制了迭代次数，则聪明的做法是不要把所有的运算资源都用到此优化算法的长时间运行上。应用多个初值 (详见 3.2 节的随机初值局部搜索法) 进行运算是一个收获可信运行结果的有效方法且能避免得到局部最优和运算发散。

括入根法 (bracketing method) 是一种根在相互嵌套并且长度逐渐减小的区间中的方法，二分法即属于这种方法的一个例子。二分法的收敛速度很慢：它相对于后面讨论的其他方法而言，为达到要求的精度，需要更多次的迭代。其他的括入根法还有正割括入根法 (secant bracket)[630]、Illinois 方法[348]、Ridder 方法[537]和一种速度很快的 Brent 方法[68]，其中正割括入根法在运算初期很有效，但后面的速度却很慢。

括入根法除了收敛速度相对慢些外，它比本章后面介绍的其他方法有一个明显的优势。如果 g' 在区间 $[a_0, b_0]$ 上连续，则不论 g'' 是否存在及容易导出，其根都可以由括入根法找到，因为它们不必考虑 g''，因此在处理很多问题上有足够的鲁棒性，相对其他强烈依赖 g 的光滑性的方法，括入根法有合理的一面。

2.1.1 Newton 法

Newton 法是一种快速求根的方法，有时也称之为 Newton-Raphson 迭代，特别是在单变量情形。假设 g' 是连续可微的且 $g''(x^*) \neq 0$。在第 t 次迭代，此方法通过线性 Taylor 级数展开

$$0 = g'(x^*) \approx g'(x^{(t)}) + (x^* - x^{(t)})g''(x^{(t)}) \tag{2.8}$$

来近似 $g'(x^*)$。

因为 g' 可由在点 $x^{(t)}$ 的切线值近似，故用此切线的根来近似 g' 的根是合理的。于是，解上述关于 x^* 的方程，我们有

$$x^* = x^{(t)} - \frac{g'(x^{(t)})}{g''(x^{(t)})} = x^{(t)} + h^{(t)} \tag{2.9}$$

此方程告诉我们，对 x^* 的近似依赖于当前的估计值 $x^{(t)}$ 和一个修正 $h^{(t)}$。重复此过程，则 Newton 法的更新方程为

$$x^{(t+1)} = x^{(t)} + h^{(t)} \tag{2.10}$$

其中 $h^{(t)} = -g'(x^{(t)})/g''(x^{(t)})$。如用二次 Taylor 级数 $g(x^{(t)}) + (x^* - x^{(t)})g'(x^{(t)}) + (x^* - x^{(t)})^2 g''(x^{(t)})/2$ 来近似 $g(x^*)$，则可得到类似的更新方程。当关于 g 的优化对应着 MLE 问题且 $\hat{\theta}$ 是 $l'(\theta) = 0$ 的根时，Newton 法的更新方程为

$$\theta^{(t+1)} = \theta^{(t)} - \frac{l'(\theta^{(t)})}{l''(\theta^{(t)})} \tag{2.11}$$

例 2.2 (一个简单的单变量优化，续) 图 2.3 给出了利用 Newton 法求简单函数 (2.2) 最值的前几次迭代。

此问题的 Newton 增量为

$$h^{(t)} = \frac{(x^{(t)}+1)(1+1/x^{(t)} - \log x^{(t)})}{3 + 4/x^{(t)} + 1/(x^{(t)})^2 - 2\log x^{(t)}} \tag{2.12}$$

当初值为 $x^{(0)} = 3.0$ 时，Newton 法很快求得 $x^{(4)} \approx 3.591\,12$。作为比较，在例 2.1 中的二分法直到第 19 步迭代其近似值的第五位数字时仍不正确。 □

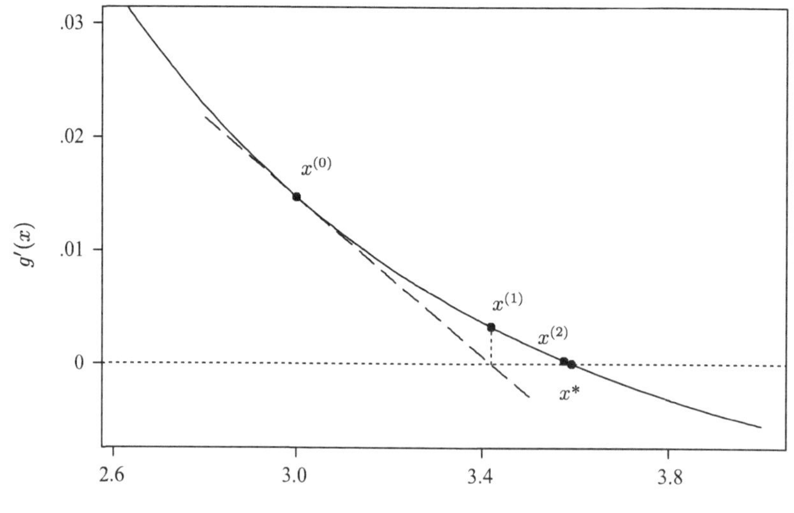

图 2.3 例 2.2 中 Newton 法的图示。第一步，Newton 法用在 $x^{(0)}$ 点的切线值近似 g'，用其切线的根 $x^{(1)}$ 近似真实的根 x^*。第二步类似地得到 $x^{(2)}$，它已经很接近 x^*了

Newton 法的收敛性依赖于 g 的形状和初值。图 2.4 给出了一个从初值就发散的例子。为了更好理解收敛的原因，我们必须仔细地分析每相邻两步间的误差。

假设 g' 具有二阶连续导数且 $g''(x^*) \neq 0$。因为 $g''(x^*) \neq 0$ 且 g'' 在 x^* 处连续，则必存在 x^* 的一个邻域，使得在此邻域内对于所有的 x 有 $g''(x) \neq 0$。我们仅在此邻域内考虑，且定义 $\epsilon^{(t)} = x^{(t)} - x^*$。

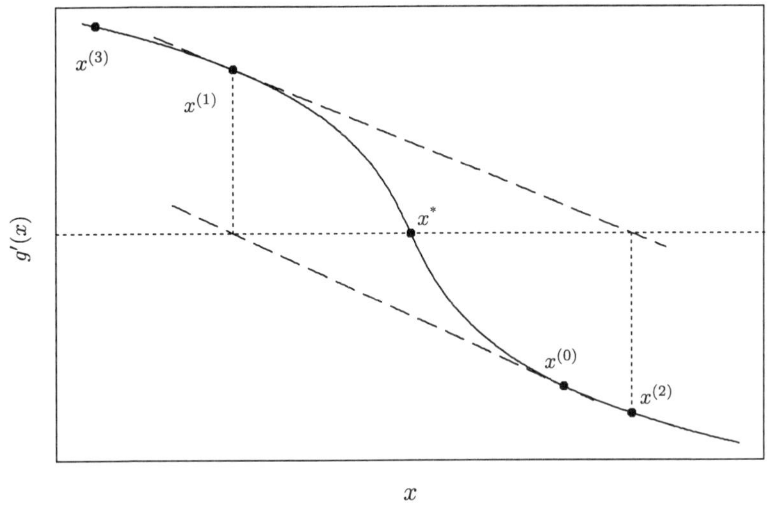

图 2.4　由于每一步与真值 x^* 的距离都在增加，故 Newton 法从初值 $x^{(0)}$ 开始就发散

由 Taylor 展开有

$$0 = g'(x^*) = g'(x^{(t)}) + (x^* - x^{(t)})g''(x^{(t)}) + \frac{1}{2}(x^* - x^{(t)})^2 g'''(q) \tag{2.13}$$

其中 q 介于 $x^{(t)}$ 与 x^* 之间。移项后，我们有

$$x^{(t)} + h^{(t)} - x^* = (x^* - x^{(t)})^2 \frac{g'''(q)}{2g''(x^{(t)})} \tag{2.14}$$

其中 $h^{(t)}$ 是 Newton 更新增量。由于上式左边等于 $x^{(t+1)} - x^*$，故我们有

$$\epsilon^{(t+1)} = (\epsilon^{(t)})^2 \frac{g'''(q)}{2g''(x^{(t)})} \tag{2.15}$$

现对某个 $\delta > 0$，考虑 x^* 的邻域 $\mathcal{N}_\delta(x^*) = [x^* - \delta, x^* + \delta]$。记

$$c(\delta) = \max_{x_1, x_2 \in \mathcal{N}_\delta(x^*)} \left| \frac{g'''(x_1)}{2g''(x_2)} \right| \tag{2.16}$$

因为当 $\delta \to 0$ 时，

$$c(\delta) \to \left| \frac{g'''(x^*)}{2g''(x^*)} \right|$$

所以 $\delta \to 0$ 时，$\delta c(\delta) \to 0$。我们取满足 $\delta c(\delta) < 1$ 的 δ，如果 $x^{(t)} \in \mathcal{N}_\delta(x^*)$，则由式 (2.15) 得

$$\left| c(\delta)\epsilon^{(t+1)} \right| \leqslant \left(c(\delta)\epsilon^{(t)} \right)^2 \tag{2.17}$$

假设一个不是很差的初值满足 $\left|\epsilon^{(0)}\right| = \left|x^{(0)} - x^*\right| \leqslant \delta$，则由式 (2.17) 得

$$\left| \epsilon^{(t)} \right| \leqslant \frac{(c(\delta)\delta)^{2^t}}{c(\delta)} \tag{2.18}$$

当 $t \to \infty$ 时收敛到 0，于是，$x^{(t)} \to x^*$。

刚才我们证明了如下定理：如果 g''' 连续且 x^* 为 g' 的一个单根，则存在 x^* 的一个邻域，当初值 $x^{(0)}$ 为此邻域内任一点时，Newton 法都收敛到 x^*。

事实上，当 g' 是二阶连续可微的凸函数且根存在时，则无论初值如何取，Newton 法都收敛到此根。如果初值位于一个区间 $[a,b]$，则需要验证下列一些条件。如果

1. 在区间 $[a,b]$ 上，$g''(x)\neq 0$，
2. 在区间 $[a,b]$ 上，$g'''(x)$ 不变号，
3. $g'(a)g'(b)<0$，且
4. $|g'(a)/g''(a)|<b-a$ 且 $|g'(b)/g''(b)|<b-a$，

则对于此区间内的任一个初值 $x^{(0)}$，Newton 法都将收敛。上述结果可以在多个介绍数值分析的书上找到，如文献 [131,198,247,376]。在不太严格的条件下收敛定理可见文献 [495]。

2.1.1.1　收敛阶数

收敛阶数经常用来度量如 Newton 法等求根方法的收敛速度。称一个方法的收敛阶数为 β，如果 $\lim_{t\to\infty}\epsilon^{(t)}=0$ 且

$$\lim_{t\to\infty}\frac{\left|\epsilon^{(t+1)}\right|}{\left|\epsilon^{(t)}\right|^{\beta}}=c \tag{2.19}$$

其中常数 $c\neq 0$ 且 $\beta>0$。在精确近似真值的意义下，高阶收敛为优，因为它能更快地到达精确近似。然而，某些高阶收敛方法是以付出稳健为代价而取得的，某些速度较慢的方法会比其对应的快速算法更安全。

对于 Newton 法，式 (2.15) 指出

$$\frac{\epsilon^{(t+1)}}{(\epsilon^{(t)})^2}=\frac{g'''(q)}{2g''(x^{(t)})} \tag{2.20}$$

如果 Newton 法收敛，则其连续性告诉我们，此方程的右端收敛到 $g'''(x^*)/[2\ g''(x^*)]$。于是，Newton 法二次收敛，即 $\beta=2$ 且

$$c=\left|\frac{g'''(x^*)}{2g''(x^*)}\right|$$

二次收敛速度很快：通常每次迭代会使解的精度翻倍。

对于二分法，如果在其初始区间有解的话，由于其每次迭代区间的长度均减半且 $\lim_{t\to\infty}|\epsilon^{(t)}|=0$，故它显示出具有类似线性收敛 ($\beta=1$) 的特点。然而，不必要求距离 $x^{(t)}-x^*$ 每次迭代都缩小，且它们的比值可能是无界的，于是，对于任何 $\beta>0$，

$$\lim_{t\to\infty}\frac{|\epsilon^{(t+1)}|}{|\epsilon^{(t)}|^{\beta}}$$

可能不存在。这样，二分法从形式上就不满足收敛阶数的定义。

我们可能会用一个如二分法一样安全的括入根法，而少用快速收敛但缺少可靠性的求根方法如 Newton 法。我们不把括入根法看成是产生下一步估计值的方法，而可以把它仅看成是能提供根所在区间的一种方法。如果 Newton 法某步迭代结果不在当前区间之内，则此步

将被替换或削除，如在多元情形，将变更此步的方向。第 2.2 节和文献 [247] 给出了某些策略。保护性措施可能会降低一个方法的收敛阶数。

2.1.2 Fisher 得分法

回顾 1.4 节，$I(\theta)$ 可用 $-l''(\theta)$ 来近似。于是，当 g 对应着 MLE 的优化问题时，在 Newton 更新方程中，用 $I(\theta)$ 来替换 $-l''(\theta)$ 是合理的，此时其更新增量为 $h^{(t)} = l'(\theta^{(t)})/I(\theta^{(t)})$，其中 $I(\theta^{(t)})$ 为在 $\theta^{(t)}$ 点的期望 Fisher 信息量。这样，此更新方程为

$$\theta^{(t+1)} = \theta^{(t)} + l'(\theta^{(t)})I(\theta^{(t)})^{-1} \tag{2.21}$$

此方法被称为 Fisher 得分法。

Fisher 得分法与 Newton 法具有相同的渐近性质，但对于个别问题，一个可能比另一个易于计算或分析。一般来讲，Fisher 得分法在迭代之初效果明显，而 Newton 法则在迭代结束前效果明显。

2.1.3 正割法

在 Newton 法中，其更新增量 (2.10) 依赖于其二阶导数 $g''(x^{(t)})$。如果计算此导数比较困难，则可以用离散差分 $[g'(x^{(t)}) - g'(x^{(t-1)})]/(x^{(t)} - x^{(t-1)})$ 近似。称此方法为正割法 (secant method)，其更新方程为

$$x^{(t+1)} = x^{(t)} - g'(x^{(t)})\frac{x^{(t)} - x^{(t-1)}}{g'(x^{(t)}) - g'(x^{(t-1)})},\ \forall\, t \geqslant 1 \tag{2.22}$$

此方法需要两个初值 $x^{(0)}, x^{(1)}$。图 2.5 给出了用此方法求取例 2.1 中简单函数最值的前几步。

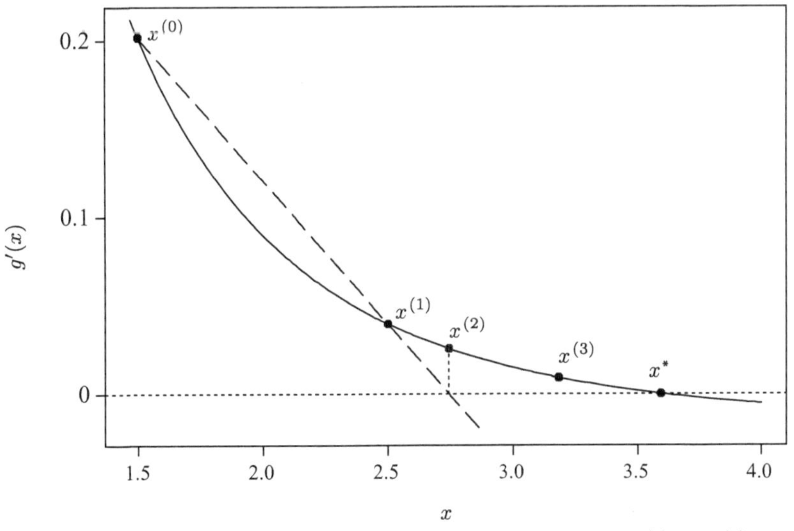

图 2.5　用介于 $x^{(0)}$ 和 $x^{(1)}$ 间的正割线段来局部近似 g'。用得到的估计值 $x^{(2)}$ 与 $x^{(1)}$ 一起来生成下一个近似值

在类似于 Newton 法的条件下，正割法也将收敛到根 x^*。为求得其收敛阶数，我们仅在某个合适的小区间 $[a,b]$ 内考虑，且假设此区间包含 $x^{(0)}, x^{(1)}$ 和 x^*，且在此区间内 $g''(x) \neq 0, g'''(x) \neq 0$。记 $\epsilon^{(t+1)} = x^{(t+1)} - x^*$，则可直接证得

$$\begin{aligned}\epsilon^{(t+1)} &= \left[\frac{x^{(t)} - x^{(t-1)}}{g'(x^{(t)}) - g'(x^{(t-1)})}\right]\left[\frac{g'(x^{(t)})/\epsilon^{(t)} - g'(x^{(t-1)})/\epsilon^{(t-1)}}{x^{(t)} - x^{(t-1)}}\right]\left[\epsilon^{(t)}\epsilon^{(t-1)}\right] \\ &= A^{(t)}B^{(t)}\epsilon^{(t)}\epsilon^{(t-1)}\end{aligned} \tag{2.23}$$

其中当 $x^{(t)} \to x^*$ 且 g'' 连续时，$A^{(t)} \to 1/g''(x^*)$。

为得到 $B^{(t)}$ 的极限，对 g' 在 x^* 处进行 Taylor 级数展开：

$$g'(x^{(t)}) \approx g'(x^*) + (x^{(t)} - x^*)g''(x^*) + \frac{1}{2}(x^{(t)} - x^*)^2 g'''(x^*) \tag{2.24}$$

于是，

$$\frac{g'(x^{(t)})}{\epsilon^{(t)}} \approx g''(x^*) + \frac{\epsilon^{(t)}g'''(x^*)}{2} \tag{2.25}$$

类似地，$g'(x^{(t-1)})/\epsilon^{(t-1)} \approx g''(x^*) + \epsilon^{(t-1)}g'''(x^*)/2$。这样，

$$B^{(t)} \approx g'''(x^*)\frac{\epsilon^{(t)} - \epsilon^{(t-1)}}{2(x^{(t)} - x^{(t-1)})} = \frac{g'''(x^*)}{2} \tag{2.26}$$

经仔细验证，可证当 $x^{(t)} \to x^*$ 时，上述近似是严格的。于是，

$$\epsilon^{(t+1)} \approx d^{(t)}\epsilon^{(t)}\epsilon^{(t-1)} \tag{2.27}$$

其中当 $t \to \infty$ 时，

$$d^{(t)} \to \frac{g'''(x^*)}{2g''(x^*)} = d$$

为求得正割法的收敛阶数，我们必须找到 β 满足：

$$\lim_{t\to\infty} \frac{|\epsilon^{(t+1)}|}{|\epsilon^{(t)}|^\beta} = c$$

其中 c 为常数。先假设上式成立，并用该比例式替换掉表达式 (2.27) 中的 $\epsilon^{(t-1)}$ 与 $\epsilon^{(t+1)}$，只余下 $\epsilon^{(t)}$，经整理后，有

$$\lim_{t\to\infty} |\epsilon^{(t)}|^{1-\beta+1/\beta} = \frac{c^{1+1/\beta}}{d} \tag{2.28}$$

因式 (2.28) 右端为正数，故 $1 - \beta + 1/\beta = 0$，其解为 $\beta = (1+\sqrt{5})/2 \approx 1.62$。于是，正割法的收敛阶数低于 Newton 法。

2.1.4 不动点迭代法

一个函数的不动点就是指此点的函数值等于其自身的点。用不动点方法求根就是要确定一个函数 G 使得 $g'(x) = 0$ 当且仅当 $G(x) = x$。这样就把求 g' 的根的问题变换成求 G 的不动点问题，而利用更新方程 $x^{(t+1)} = G(x^{(t)})$ 就是寻找不动点的最简单方法。

任何合适的 G 都可以去试，但选取 $G(x)=g'(x)+x$ 是最明显的，此时，其更新方程为

$$x^{(t+1)}=x^{(t)}+g'(x^{(t)}) \tag{2.29}$$

此算法的收敛依赖于 G 是否是收缩的 (contractive)。要使 G 在区间 $[a,b]$ 上是收缩的，则它必须满足：

1. 只要 $x\in[a,b]$，则 $G(x)\in[a,b]$，且
2. 对某个 $\lambda\in[0,1)$，$\forall\ x_1,x_2\in[a,b]$，则 $|G(x_1)-G(x_2)|\leqslant\lambda|x_1-x_2|$。

注意到上述区间 $[a,b]$ 可以是无界的，第二个条件就是 Lipschitz 条件，称 λ 为 Lipschitz 常数。如果 G 在区间 $[a,b]$ 上是收缩的，则在此区间内存在唯一的不动点 x^*，且对于此区间内的任一初值，此算法都将收敛到此不动点。此外，在上述条件下，我们有

$$|x^{(t)}-x^*|\leqslant\frac{\lambda^t}{1-\lambda}|x^{(1)}-x^{(0)}| \tag{2.30}$$

类似这一结论的收缩映射定理的证明可参见文献 [6，521]。

有时也称不动点迭代法为*泛函迭代*。注意到，Newton 法和正割法都是不动点迭代的特殊情况。

2.1.4.1 刻度调整

不动点迭代如收敛，则其收敛阶数依赖于 λ。然而，我们并不能确保其收敛。特别地，如对于所有的 $x\in[a,b]$，$|G'(x)|\leqslant\lambda<1$，则 Lipschitz 条件成立。如果 $G(x)=g'(x)+x$，则上一条件相当于要求在区间 $[a,b]$ 上 $|g''(x)+1|<1$。当 g'' 在 $[a,b]$ 上有界且不变号时，因为对某个 $\alpha\neq0$，$\alpha g'(x)=0$ 当且仅当 $g'(x)=0$，故我们可以通过选取 $G(x)=\alpha g'(x)+x$ 来重新调节不收敛问题。为保证收敛，所选取的 α 必须满足：在包含初值的一个区间上，$|\alpha g''(x)+1|<1$。尽管人们可以仔细地计算合适的 α，但试几个值可能更容易。如果对于选取的 α，此算法快速收敛，则此值就合适。

刻度调整仅是校准 G 的若干个方法中的一个。一般地，不动点迭代的有效性强烈地依赖 G 的形状。例如考虑求 $g'(x)=x+\log x$ 的根。此时，尽管 $G(x)=e^{-x}$ 收敛很慢且 $G(x)=-\log x$ 根本不收敛，但 $G(x)=(x+e^{-x})/2$ 收敛很快。

例 2.3 (一个简单的单变量优化，续) 对于式 (2.2) 的函数 $g(x)=(\log x)/(1+x)$，图 2.6 给出了用 $G(x)=g'(x)+x$ 和 $\alpha=4$ 的刻度调整的不动点迭代算法的前几步。我们注意到，用其根来确定下一步 $x^{(t)}$ 的直线是相互平行的，且其斜率等于 $-1/\alpha$。基于此，有时也称此方法为*平行弦法* (method of parallel chords)。 □

假设对数似然 l 是二次的或在 $\hat{\theta}$ 附近是近似二次的，而我们想求其参数的 MLE。此时，得分函数局部线性，l'' 近似为一个常数，记为 γ。对于二次对数似然，Newton 法的更新方程为 $\theta^{(t+1)}=\theta^{(t)}-l'(\theta^{(t)})/\gamma$。如果应用 $\alpha=-1/\gamma$ 的刻度调整不动点迭代算法，则其更新方程与此相同。由于多数对数似然都是近似局部二次的，所以刻度调整不动点迭代算法可能是非

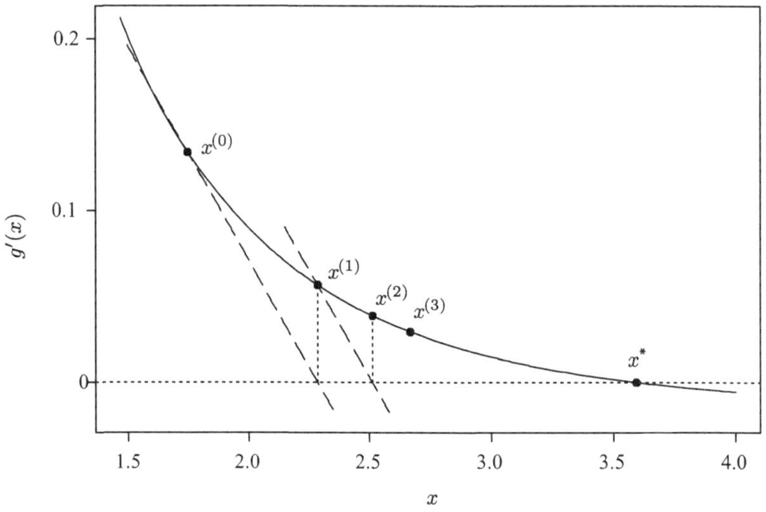

图 2.6 用 $G(x) = g'(x) + x$ 和 $\alpha = 4$ 求取例 2.3 中函数 $g(x) = (\log x)/(1+x)$ 最大值的刻度调整不动点迭代算法的前三步

常有效的工具，一般也非常稳定且易于编程。

2.2 多元问题

在一个多元优化问题中，假设 g 是 p 维向量 $\boldsymbol{x} = (x_1, \cdots, x_p)^{\mathrm{T}}$ 的实值函数，我们求其最值。以 $\boldsymbol{x}^{(t)} = (x_1^{(t)}, \cdots, x_p^{(t)})^{\mathrm{T}}$ 表示第 t 步最优值的估计。

前面讨论的关于单变量优化问题的一般原则也适应于多元情形，算法仍为迭代，且多数算法都利用基于 Taylor 级数或正割近似而得到的 g' 的局部线性来计算迭代结果。尽管在形式上有些小的改变，但收敛准则仍是类似的。为构建收敛准则，以 $D(\boldsymbol{u}, \boldsymbol{v})$ 记两个 p 维向量间的距离。两个明显的选择为 $D(\boldsymbol{u}, \boldsymbol{v}) = \sum_{i=1}^{p} |u_i - v_i|$ 和 $D(\boldsymbol{u}, \boldsymbol{v}) = \sqrt{\sum_{i=1}^{p} (u_i - v_i)^2}$，则绝对和相对收敛准则由以下不等式给出：

$$D(\boldsymbol{x}^{(t+1)}, \boldsymbol{x}^{(t)}) < \epsilon, \quad \frac{D(\boldsymbol{x}^{(t+1)}, \boldsymbol{x}^{(t)})}{D(\boldsymbol{x}^{(t)}, \boldsymbol{0})} < \epsilon, \text{ 或 } \frac{D(\boldsymbol{x}^{(t+1)}, \boldsymbol{x}^{(t)})}{D(\boldsymbol{x}^{(t)}, \boldsymbol{0}) + \epsilon} < \epsilon$$

2.2.1 Newton 法和 Fisher 得分法

为适用 Newton 法的更新方程，我们使用二阶 Taylor 级数展开近似 $g(\boldsymbol{x}^*)$ 如下

$$g(\boldsymbol{x}^*) = g(\boldsymbol{x}^{(t)}) + (\boldsymbol{x}^* - \boldsymbol{x}^{(t)})^{\mathrm{T}} \boldsymbol{g}'(\boldsymbol{x}^{(t)}) + \frac{1}{2}(\boldsymbol{x}^* - \boldsymbol{x}^{(t)})^{\mathrm{T}} \boldsymbol{g}''(\boldsymbol{x}^{(t)})(\boldsymbol{x}^* - \boldsymbol{x}^{(t)}) \tag{2.31}$$

并且通过求取此二次函数关于 $\boldsymbol{x}^*$ 的最大值可以进入下一步迭代。令式 (2.31) 右端的梯度等于 0，得到

$$\boldsymbol{g}'(\boldsymbol{x}^{(t)}) + \boldsymbol{g}''(\boldsymbol{x}^{(t)})(\boldsymbol{x}^* - \boldsymbol{x}^{(t)}) = \boldsymbol{0} \tag{2.32}$$

由此得到更新方程

$$\boldsymbol{x}^{(t+1)}=\boldsymbol{x}^{(t)}-\boldsymbol{g}''(\boldsymbol{x}^{(t)})^{-1}\boldsymbol{g}'(\boldsymbol{x}^{(t)}) \tag{2.33}$$

另外，注意到式 (2.32) 左端实际上是 $\boldsymbol{g}'(\boldsymbol{x}^*)$ 的线性 Taylor 级数近似，且求解式 (2.32) 就相当于求此线性方程的根。无论从哪个角度看，多元 Newton 迭代的增量都为 $\boldsymbol{h}^{(t)}=-\boldsymbol{g}''(\boldsymbol{x}^{(t)})^{-1}\boldsymbol{g}'(\boldsymbol{x}^{(t)})$。

同单变量情形一样，在 MLE 问题中，我们可以用在 $\boldsymbol{\theta}^{(t)}$ 点的期望 Fisher 信息量 $\boldsymbol{I}(\boldsymbol{\theta}^{(t)})$ 替代在点 $\boldsymbol{\theta}^{(t)}$ 处的观测的信息量，则此时多元 Fisher 得分法的更新方程为

$$\boldsymbol{\theta}^{(t+1)}=\boldsymbol{\theta}^{(t)}+\boldsymbol{I}(\boldsymbol{\theta}^{(t)})^{-1}\boldsymbol{l}'(\boldsymbol{\theta}^{(t)}) \tag{2.34}$$

此方法渐近等价于 Newton 法。

例 2.4 (二元优化问题) 图 2.7 给出了 Newton 法在一个复杂二元函数上的应用。此函数曲面由阴影及等高线给出，其中越淡的部分函数值越大。此算法从两个不同的初值 $\boldsymbol{x}_a^{(0)}$ 和 $\boldsymbol{x}_b^{(0)}$ 开始。从 $\boldsymbol{x}_a^{(0)}$ 出发，此算法很快收敛到真正的最大值，且注意到其每步都是沿着上坡方向行进的，尽管某些步长并不理想。虽然 $\boldsymbol{x}_b^{(0)}$ 很接近 $\boldsymbol{x}_a^{(0)}$，但从它出发，此算法无法得到函数的最大值，而仅收敛到一个局部最小值。其原因为：其某步步长太大以致于完全越过了上山的山脊部分，从而导致它向下坡方向行进。在最后几步，算法走下坡的原因是它已经把 $\boldsymbol{g}'$ 的一个错根磨平了。我们将在 2.2.2 节讨论预防出现这种问题的方法。 □

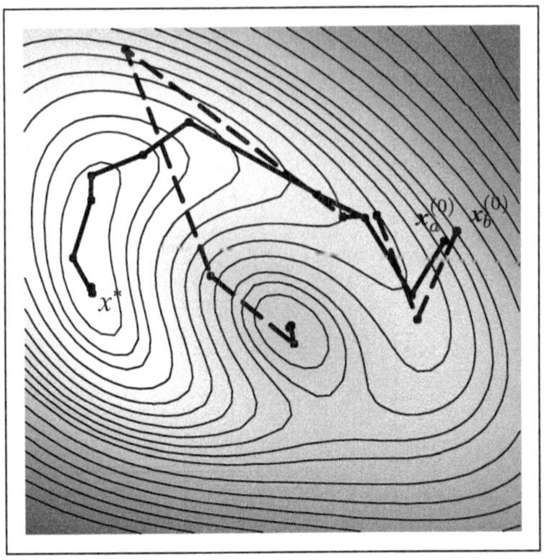

图 2.7 应用 Newton 法求取例 2.4 讨论的复杂二元函数的最大值。此函数曲面由阴影及等高线给出，其中越淡的部分函数值越大。此算法采用两个初值，$\boldsymbol{x}_a^{(0)},\boldsymbol{x}_b^{(0)}$，而分别收敛到真正的最大值和局部最小值

2.2.1.1 迭代再加权最小二乘

逻辑斯蒂回归模型是一个著名的广义线性模型[446]，现考虑其参数的 MLE。在广义线性模型中，响应变量 Y_i 独立来自某参数为 θ_i 的分布 $(i=1,2,\cdots,n)$。虽然不同类型的响应用

不同的分布来拟合，但其分布经常属于某指数分布族，此分布族的形式为 $f(y|\theta)=\exp\{[y\theta-b(\theta)]/a(\phi)+c(y,\phi)\}$，其中 θ 为自然或典则参数，而 ϕ 为散度参数。此分布族的两个最有用的性质为：$E\{Y\}=b'(\theta)$ 和 $\text{var}\{Y\}=b''(\theta)a(\phi)$ (见 1.3 节)。

用来模拟 Y_i 的分布依赖于一组对应的观测协变量 $\boldsymbol{z}_i$，特别地，我们假设关于 $E\{Y_i|\boldsymbol{z}_i\}$ 的某个函数由方程 $g(E\{Y_i|\boldsymbol{z}_i\})=\boldsymbol{z}_i^{\mathrm{T}}\boldsymbol{\beta}$ 与 $\boldsymbol{z}_i$ 相关联，其中 $\boldsymbol{\beta}$ 为参数向量，称 g 为连接函数。

对于逻辑斯蒂回归的广义线性模型，它是由属于指数分布族的 Bernoulli 分布而得到的。此时响应变量的分布为 $Y_i|\boldsymbol{z}_i\sim B(\pi_i),\ i=1,2,\cdots,n$，且相互独立。假设观测数据包括一个协变量值 z_i 和一个响应值 $y_i, i=1,2,\cdots,n$。记列向量 $\boldsymbol{z}_i=(1,z_i)^{\mathrm{T}},\boldsymbol{\beta}=(\beta_0,\beta_1)^{\mathrm{T}}$，则对于第 i 个观测，自然参数为 $\theta_i=\log\{\pi_i/(1-\pi_i)\},a(\phi)=1,b(\theta_i)=\log\{1+\exp\{\theta_i\}\}=\log\{1+\exp\{\boldsymbol{z}_i^{\mathrm{T}}\boldsymbol{\beta}\}\}=-\log\{1-\pi_i\}$，其对数似然为

$$l(\boldsymbol{\beta})=\boldsymbol{y}^{\mathrm{T}}\boldsymbol{Z}\boldsymbol{\beta}-\boldsymbol{b}^{\mathrm{T}}\mathbf{1} \tag{2.35}$$

其中 $\mathbf{1}$ 是分量均为 1 的列向量，$\boldsymbol{y}=(y_1,\cdots,y_n)^{\mathrm{T}},\boldsymbol{b}=(b(\theta_1),\cdots,b(\theta_n))^{\mathrm{T}},\boldsymbol{Z}$ 是 $n\times 2$ 矩阵，其第 i 行为 $\boldsymbol{z}_i^{\mathrm{T}}$。

现考虑利用 Newton 法求最大化此似然的 $\boldsymbol{\beta}$，此时的得分函数为

$$\boldsymbol{l}'(\boldsymbol{\beta})=\boldsymbol{Z}^{\mathrm{T}}(\boldsymbol{y}-\boldsymbol{\pi}) \tag{2.36}$$

其中 $\boldsymbol{\pi}$ 为由 Bernoulli 概率 $\pi_1,\cdots,\pi_n$ 构成的列向量。其 Hessian 矩阵为

$$\boldsymbol{l}''(\boldsymbol{\beta})=\frac{\mathrm{d}}{\mathrm{d}\boldsymbol{\beta}}(\boldsymbol{Z}^{\mathrm{T}}(\boldsymbol{y}-\boldsymbol{\pi}))=-\left(\frac{\mathrm{d}\boldsymbol{\pi}}{\mathrm{d}\boldsymbol{\beta}}\right)^{\mathrm{T}}\boldsymbol{Z}=-\boldsymbol{Z}^{\mathrm{T}}\boldsymbol{W}\boldsymbol{Z} \tag{2.37}$$

其中 $\boldsymbol{W}$ 为第 i 个对角元等于 $\pi_i(1-\pi_i)$ 的对角阵。

于是，Newton 法的更新方程为

$$\boldsymbol{\beta}^{(t+1)} = \boldsymbol{\beta}^{(t)}-\boldsymbol{l}''(\boldsymbol{\beta}^{(t)})^{-1}\boldsymbol{l}'(\boldsymbol{\beta}^{(t)}) \tag{2.38}$$

$$= \boldsymbol{\beta}^{(t)}+\left(\boldsymbol{Z}^{\mathrm{T}}\boldsymbol{W}^{(t)}\boldsymbol{Z}\right)^{-1}\left(\boldsymbol{Z}^{\mathrm{T}}(\boldsymbol{y}-\boldsymbol{\pi}^{(t)})\right) \tag{2.39}$$

其中 $\boldsymbol{\pi}^{(t)}$ 为对应着 $\boldsymbol{\beta}^{(t)}$ 的 $\boldsymbol{\pi}$ 的值，$\boldsymbol{W}^{(t)}$ 为在 $\boldsymbol{\pi}^{(t)}$ 处取值的对角权重阵。

注意到 Hessian 阵不依赖于 $\boldsymbol{y}$。于是，Fisher 信息阵等于观测的信息量，即 $\boldsymbol{I}(\boldsymbol{\beta})=E\{-\boldsymbol{l}''(\boldsymbol{\beta})\}=E\{\boldsymbol{Z}^{\mathrm{T}}\boldsymbol{W}\boldsymbol{Z}\}=-\boldsymbol{l}''(\boldsymbol{\beta})$。因此，对于本例，Fisher 得分法等同于 Newton 法。对于广义线性模型，当连接函数使得自然参数为协变量的线性函数时，此结论始终正确。

例 2.5 (人类脸谱识别) 我们将用逻辑斯蒂模型拟合一组数据，这些数据涉及到一个识别人类脸谱算法的检验。现用 1072 个人的配对脸部图像来训练和检验一个脸部自动识别算法[681]。此试验利用识别软件对每一个人的第一个图像（称为一个探针）在剩余的 2143 个图像中寻找匹配者，理想的匹配结果就是找到同一个人的另一个图像（称为目标）。以响应 $y_i=1$ 表示匹配成功，而响应 $y_i=0$ 则表示与其他人匹配。所用的预测变量为探针图像与其对应的目标图像在眼部标准区域的平均像素强度的绝对差。此变量用来度量两个图像在眼部附近这一重要区域是否具有类似的特征。眼部像素强度的很大不同就意味着不匹配。对于这里的数据，共有 775 次正确匹配，297 次错误匹配。在正确匹配中，预测变量的中位数和 90% 分位数分别

为 0.033 和 0.097，而在错误匹配中，分别是 0.060 和 0.161。于是，数据支持我们利用眼部像素强度来判别匹配与否的假设。上述数据可在本书主页上找到，所涉及到的数据分析见文献 [250，251]。

为量化上述变量间的关系，我们将拟合一个逻辑斯蒂回归模型。于是，记 z_i 为一对图像眼部强度的绝对差，y_i 表示第 i 个探针匹配是否成功 ($i=1,\cdots,1072$)。似然函数如式 (2.35)，下面我们将利用 Newton 法进行拟合。

我们取初值 $\boldsymbol{\beta}^{(0)}=(\beta_0^{(0)},\beta_1^{(0)})^{\mathrm{T}}=(0.959\,13,0)^{\mathrm{T}}$，它意味着在 0 步迭代，对于所有的 i，$\pi_i=775/1072$。表 2.1 指出此算法很快收敛到 $\boldsymbol{\beta}^{(4)}=(1.738\,74,\,-13.588\,40)^{\mathrm{T}}$。如采用对应着 $\pi_i=0.5, i=1,\cdots,1072$ 的初值 $\boldsymbol{\beta}^{(0)}=\mathbf{0}$，则此算法仍很快收敛。而当用 Bernoulli 数据拟合逻辑斯蒂回归时，据经验，多采用后一种初值[320]。因为 $\hat{\beta}_1=-13.59$ 接近负 9 倍的边际标准差，故数据强烈支持眼部区域强度差别阻碍识别的假设。 □

表 2.1　用逻辑斯蒂回归模型拟合例 2.5 中的脸部识别数据时，Newton 法每步迭代的参数估计和相应的方差–协方差阵估计

t 步迭代	$\boldsymbol{\beta}^{(t)}$	$-\boldsymbol{l}''(\boldsymbol{\beta}^{(t)})^{-1}$
0	$\begin{pmatrix}0.95913\\0.00000\end{pmatrix}$	$\begin{pmatrix}0.01067 & -0.11412\\-0.11412 & 2.16701\end{pmatrix}$
1	$\begin{pmatrix}1.70694\\-14.20059\end{pmatrix}$	$\begin{pmatrix}0.13312 & -0.14010\\-0.14010 & 2.36367\end{pmatrix}$
2	$\begin{pmatrix}1.73725\\-13.56988\end{pmatrix}$	$\begin{pmatrix}0.01347 & -0.13941\\-0.13941 & 2.32090\end{pmatrix}$
3	$\begin{pmatrix}1.73874\\-13.58839\end{pmatrix}$	$\begin{pmatrix}0.01349 & -0.13952\\-0.13952 & 2.32241\end{pmatrix}$
4	$\begin{pmatrix}1.73874\\-13.58840\end{pmatrix}$	$\begin{pmatrix}0.01349 & -0.13952\\-0.13952 & 2.32241\end{pmatrix}$

出于多种原因考虑，利用 Fisher 得分法来求广义线性模型的极大似然估计是非常重要的。首先，它是迭代再加权最小二乘 (IRLS) 方法的应用。记

$$\boldsymbol{e}^{(t)}=\boldsymbol{y}-\boldsymbol{\pi}^{(t)} \tag{2.40}$$

和

$$\boldsymbol{x}^{(t)}=\boldsymbol{Z}\boldsymbol{\beta}^{(t)}+(\boldsymbol{W}^{(t)})^{-1}\boldsymbol{e}^{(t)} \tag{2.41}$$

则 Fisher 得分法的更新方程可以写成

$$\begin{aligned}\boldsymbol{\beta}^{(t+1)} &= \boldsymbol{\beta}^{(t)}+\left(\boldsymbol{Z}^{\mathrm{T}}\boldsymbol{W}^{(t)}\boldsymbol{Z}\right)^{-1}\boldsymbol{Z}^{\mathrm{T}}\boldsymbol{e}^{(t)}\\ &= \left(\boldsymbol{Z}^{\mathrm{T}}\boldsymbol{W}^{(t)}\boldsymbol{Z}\right)^{-1}\left[\boldsymbol{Z}^{\mathrm{T}}\boldsymbol{W}^{(t)}\boldsymbol{Z}\boldsymbol{\beta}^{(t)}+\boldsymbol{Z}^{\mathrm{T}}\boldsymbol{W}^{(t)}(\boldsymbol{W}^{(t)})^{-1}\boldsymbol{e}^{(t)}\right]\\ &= \left(\boldsymbol{Z}^{\mathrm{T}}\boldsymbol{W}^{(t)}\boldsymbol{Z}\right)^{-1}\boldsymbol{Z}^{\mathrm{T}}\boldsymbol{W}^{(t)}\boldsymbol{x}^{(t)}\end{aligned} \tag{2.42}$$

显然，从式 (2.42) 可以看出，由于 $\boldsymbol{\beta}^{(t+1)}$ 是 $\boldsymbol{x}^{(t)}$ 关于 $\boldsymbol{Z}$ 的加权最小二乘的回归系数，且其权重为 $\boldsymbol{W}^{(t)}$ 的对角元，故我们称 $\boldsymbol{x}^{(t)}$ 为*工作响应*。在每一步迭代，都要重新计算一个新的工作响应和权向量，且更新方程可由一个加权最小二乘拟合得到。

其次，对于广义线性模型，IRLS 是下面讨论的处理非线性最小二乘问题的 Gauss-Newton 法的一种特殊情况。因此，IRLS 具有与 Gauss-Newton 法一样的特征，特别地，除非它拟合得非常好，则它可能是一种速度较慢的且不可靠的用来拟合广义线性模型的方法[630]。

2.2.2 类 Newton 法

某些高效率的方法都依赖如下形式的更新方程

$$\boldsymbol{x}^{(t+1)}=\boldsymbol{x}^{(t)}-(\boldsymbol{M}^{(t)})^{-1}\boldsymbol{g}'(\boldsymbol{x}^{(t)}) \tag{2.43}$$

其中 $\boldsymbol{M}^{(t)}$ 是一个用来近似 Hessian 阵 $\boldsymbol{g}''(\boldsymbol{x}^{(t)})$ 的 $p\times p$ 矩阵。在一般的优化问题中，用某一个简洁近似替代 Hessian 阵有几方面的好处。第一，估计 Hessian 阵可能计算量很大；第二，Newton 法的每步迭代并不总是上坡，即在每一步迭代，它并不保证 $g(\boldsymbol{x}^{(t+1)})>g(\boldsymbol{x}^{(t)})$。而适当选取 $\boldsymbol{M}^{(t)}$ 则可保证爬高。我们已经知道 Hessian 阵的一个可能替代为 $\boldsymbol{M}^{(t)}=-\boldsymbol{I}(\boldsymbol{\theta}^{(t)})$，这即为 Fisher 得分法。选取某些其他的 $\boldsymbol{M}^{(t)}$ 可以有好的表现，也可限制其计算量。

2.2.2.1 上升算法

为使每步均上坡，人们可以利用*上升算法* (将在第 3 章讨论其他类型的上升算法)。在本节，我们通过用 $\boldsymbol{M}^{(t)}=-\boldsymbol{I}$ 代替 Hessian 阵来得到一种*最速上升法*，其中 $\boldsymbol{I}$ 为单位阵。因为 g 的梯度指出了 g 的曲面在点 $\boldsymbol{x}^{(t)}$ 处的最陡峭上坡方向，故令 $\boldsymbol{x}^{(t+1)}=\boldsymbol{x}^{(t)}+\boldsymbol{g}'(\boldsymbol{x}^{(t)})$ 就意味着下一步将沿着最陡峭爬高方向行进。如在后面所讨论的，为了控制收敛性，调整步长为 $\boldsymbol{x}^{(t+1)}=\boldsymbol{x}^{(t)}+\alpha^{(t)}\boldsymbol{g}'(\boldsymbol{x}^{(t)})$ 是有益的，其中 $\alpha^{(t)}>0$。

不同形式的 $\boldsymbol{M}^{(t)}$ 将产生增量为

$$\boldsymbol{h}^{(t)}=-\alpha^{(t)}\left[\boldsymbol{M}^{(t)}\right]^{-1}\boldsymbol{g}'(\boldsymbol{x}^{(t)}) \tag{2.44}$$

的多种上升算法。对于固定的 $\boldsymbol{x}^{(t)}$ 和非负定的 $\boldsymbol{M}^{(t)}$，注意到当 $\alpha^{(t)}\to 0$ 时，我们有

$$\begin{aligned}g(\boldsymbol{x}^{(t+1)})-g(\boldsymbol{x}^{(t)}) &= g(\boldsymbol{x}^{(t)}+\boldsymbol{h}^{(t)})-g(\boldsymbol{x}^{(t)})\\ &= -\alpha^{(t)}\boldsymbol{g}'(\boldsymbol{x}^{(t)})^{\mathrm{T}}(\boldsymbol{M}^{(t)})^{-1}\boldsymbol{g}'(\boldsymbol{x}^{(t)})+\mathcal{O}(\alpha^{(t)})\end{aligned} \tag{2.45}$$

其中第二个等式来自线性 Taylor 展开 $g(\boldsymbol{x}^{(t)}+\boldsymbol{h}^{(t)})=g(\boldsymbol{x}^{(t)})+\boldsymbol{g}'(\boldsymbol{x}^{(t)})^{\mathrm{T}}\boldsymbol{h}^{(t)}+\mathcal{O}(\alpha^{(t)})$。于是，

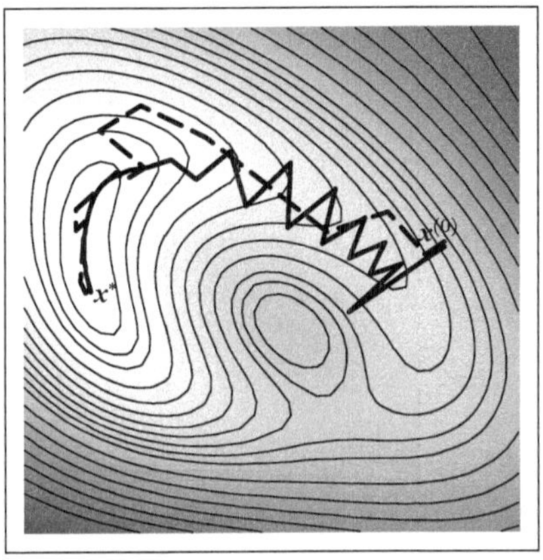

图 2.8 应用两种优化方法求某复杂二元函数的最大值。此函数曲面由阴影及等高线给出，其中越淡的部分函数值越大。两种算法均采用初值 $\boldsymbol{x}^{(0)}$ 求其真正的最大值 $\boldsymbol{x}^*$。实线对应着例 2.6 讨论的最速上升法，虚线对应着 BFGS 更新的拟 Newton 法（见例 2.7）。两种算法均为倒向追踪，且其最初几步的 $\alpha^{(t)}$ 分别为 0.25 和 0.05

如果 $-\boldsymbol{M}^{(t)}$ 是正定的，则当选取充分小的 $\alpha^{(t)}$ 时，可以保证算法上升，其原因为当 $\alpha^{(t)} \to 0$时，$o(\alpha^{(t)})/\alpha^{(t)} \to 0$，而由式 (2.45) 知 $g(\boldsymbol{x}^{(t+1)}) - g(\boldsymbol{x}^{(t)}) > 0$。

这样，一个典型的上升算法将用一个正定阵 $-\boldsymbol{M}^{(t)}$ 来近似负的 Hessian 阵，并包括一个*收缩* 或*步长参数* $\alpha^{(t)} > 0$，此参数可以通过缩短保证每步均上升。例如，如果取 $\alpha^{(t)} = 1$ 的运算结果显示走下坡路，则可取 $\alpha^{(t)}$ 的一半，此方法被称为*倒向追踪*。如果此步仍然走下坡，则再取一半的 $\alpha^{(t)}$ 直到某充分小的步长以保证上升。对于 Fisher 得分法，由于 $-\boldsymbol{M}^{(t)} = \boldsymbol{I}(\boldsymbol{\theta}^{(t)})$ 是半正定的，则倒向 Fisher 得分法将避免走下坡路。

例 2.6 (二元优化问题，续) 图 2.8 给出了利用最速上升法求取例 2.4 中讨论过的二元函数最大值的图示，其初值为 $x^{(0)}$且每步均取 $\alpha^{(t)} = 1/4$。图中实线表示此最速上升算法的路线。尽管成功求得最大值，但它速度并不快或效率不高。图中虚线表示的是 2.2.2.3 节所讨论的另一方法。 □

步长取半的方法仅是倒向追踪法中的一种。在所有方法中，称那些依赖在选定方向上寻找有利步长的方法为*线搜索法*。然而，当 g 有上界和唯一的最大值时，用一个正定阵替换负的 Hessian 阵的倒向追踪也不一定确保算法收敛。要保证收敛就必须要求每步都充分上升 (即要求当 t 增加时，$g(\boldsymbol{x}^{(t)}) - g(\boldsymbol{x}^{(t-1)})$ 的减小不要太快) 且每步的方向都不要接近垂直于梯度 (即避免来自于 g 的同一水平等高线)。如 Goldstein-Armijo 和 Wolfe-Powell 条件就满足上述要求的正式形式，且这些条件能保证上升算法的收敛性[14,270,514,669]。

当前进方向并不是上坡时，如大家都知道的*修正的* Newton *法*等将改变前进方向以便找到上坡方向[247]。修正的 Cholesky 分解法也是一种很有效的方法[246]，实际上，当负 Hessian 阵非正定时，此方法用 $-\tilde{\boldsymbol{g}}''(\boldsymbol{x}^{(t)}) = -\boldsymbol{g}''(\boldsymbol{x}^{(t)}) + \boldsymbol{E}$ 来替换它，其中 $\boldsymbol{E}$ 为对角元非负的对角阵。通过适当选取 $\boldsymbol{E}$ 而不必偏离原方向 $-\boldsymbol{g}''(\boldsymbol{x}^{(t)})$ 以保证 $-\tilde{\boldsymbol{g}}''(\boldsymbol{x}^{(t)})$ 为正定的，从而得到合适的上坡方向。

2.2.2.2 离散 Newton 法和不动点法

为避免计算 Hessian 阵，人们可能转而应用类似于正割法的离散 Newton 法或仅依赖于初始近似的多元不动点法。

多元不动点法在迭代更新过程中都应用 $\boldsymbol{g}''$ 的初始近似。如果此近似是一个常数矩阵，即对于所有的 t，$\boldsymbol{M}^{(t)}=\boldsymbol{M}$，则其更新方程为

$$\boldsymbol{x}^{(t+1)}=\boldsymbol{x}^{(t)}-\boldsymbol{M}^{-1}\boldsymbol{g}'(\boldsymbol{x}^{(t)}) \tag{2.46}$$

$\boldsymbol{M}$ 的一个合理选择是 $\boldsymbol{g}''(\boldsymbol{x}^{(0)})$ 。注意到，如果 $\boldsymbol{M}$ 是对角阵，则此方法就相当于对 $\boldsymbol{g}$ 的每个分量分别应用单变量刻度调整的不动点算法。当求取类似于对数似然这样的局部二次函数的最大值时，不动点迭代和 Newton 法之间的关系请见 2.1.4 节。

多元 Newton 法用一个有限差分商的矩阵 $\boldsymbol{M}^{(t)}$ 近似 $\boldsymbol{g}''(\boldsymbol{x}^{(t)})$。记 $\boldsymbol{g}'(\boldsymbol{x})$ 的第 i 个元素为 $g_i'(\boldsymbol{x})=\mathrm{d}g(\boldsymbol{x})/\mathrm{d}x_i$，以 $\boldsymbol{e}_j$ 记第 j 个分量为 1 而其他均为 0 的 p 维向量。在所有的用离散差分近似 Hessian 阵的第 (i,j) 元素的方法中，一个最直接的方法可能是：令 $\boldsymbol{M}^{(t)}$ 的第 (i,j) 个元素等于

$$\boldsymbol{M}_{ij}^{(t)}=\frac{g_i'(\boldsymbol{x}^{(t)}+h_{ij}^{(t)}\boldsymbol{e}_j)-g_i'(\boldsymbol{x}^{(t)})}{h_{ij}^{(t)}} \tag{2.47}$$

其中 $h_{ij}^{(t)}$ 为常数。对于所有的 (i,j) 和 t，取 $h_{ij}^{(t)}=h$ 最容易，但其收敛阶数 $\beta=1$。另外，如果我们对于所有的 i，取 $h_{ij}^{(t)}=x_j^{(t)}-x_j^{(t-1)}$，则得到的收敛阶数类似于单变量的正割法，其中 $x_j^{(t)}$ 为 $\boldsymbol{x}^{(t)}$ 的第 j 个分量。在用式 (2.43) 给出的更新方程时，我们可以利用 $\boldsymbol{M}^{(t)}$ 和它的转置阵的平均以保证其对称性。

2.2.2.3 拟 Newton 法

从计算上来看，用 $\boldsymbol{M}^{(t)}$ 近似 Hessian 阵的离散 Newton 法比较麻烦，这是因为在每一步，更新 $\boldsymbol{M}^{(t)}$ 的每个元素都要计算一个新的离散差分。基于最近一步的方向，我们可以设计一种更有效的方法。当 $\boldsymbol{x}^{(t)}$ 被 $\boldsymbol{x}^{(t+1)}=\boldsymbol{x}^{(t)}+\boldsymbol{h}^{(t)}$ 更新时，我们就有机会去了解 $\boldsymbol{g}$ 在 $\boldsymbol{x}^{(t)}$ 附近沿 $\boldsymbol{h}^{(t)}$ 方向上的曲率，于是，基于这些信息就可以更有效地更新 $\boldsymbol{M}^{(t)}$。

为此，我们必须放弃在离散 Newton 法中应用离散差分逐个近似 $\boldsymbol{g}''$ 每个分量的方法。然而，也可能保留某一类型的基于差分的正割条件。特别地，如果

$$\boldsymbol{g}'(\boldsymbol{x}^{(t+1)})-\boldsymbol{g}'(\boldsymbol{x}^{(t)})=\boldsymbol{M}^{(t+1)}(\boldsymbol{x}^{(t+1)}-\boldsymbol{x}^{(t)}) \tag{2.48}$$

则 $\boldsymbol{M}^{(t+1)}$ 满足正割条件。由此条件可以看出，我们需要一种计算量不大且满足式 (2.48) 的由 $\boldsymbol{M}^{(t)}$ 生成 $\boldsymbol{M}^{(t+1)}$ 的方法，它将保证我们得到更多的关于 $\boldsymbol{g}$ 在最近一步方向上曲率的信息。由此即产生了拟 Newton 法，有时也称变尺度法 (variable metric)[153,247,486]。

现在有唯一对称且秩为 1 的方法满足这些要求[134]。记 $\boldsymbol{z}^{(t)}=\boldsymbol{x}^{(t+1)}-\boldsymbol{x}^{(t)}, \boldsymbol{y}^{(t)}=\boldsymbol{g}'(\boldsymbol{x}^{(t+1)})$

$-\boldsymbol{g}'(\boldsymbol{x}^{(t)})$，则关于 $\boldsymbol{M}^{(t)}$ 的更新方程为

$$\boldsymbol{M}^{(t+1)} = \boldsymbol{M}^{(t)} + c^{(t)}\boldsymbol{v}^{(t)}\left(\boldsymbol{v}^{(t)}\right)^{\mathrm{T}} \tag{2.49}$$

其中 $\boldsymbol{v}^{(t)} = \boldsymbol{y}^{(t)} - \boldsymbol{M}^{(t)}\boldsymbol{z}^{(t)}, c^{(t)} = 1/[\left(\boldsymbol{v}^{(t)}\right)^{\mathrm{T}}\boldsymbol{z}^{(t)}]$。

监测 $\boldsymbol{M}^{(t)}$ 的更新方程的变化是非常重要的。如果 $c^{(t)}$ 的分母为零或接近零，则它很难可靠地计算，此时我们在此步迭代中临时取 $\boldsymbol{M}^{(t+1)} = \boldsymbol{M}^{(t)}$。我们也希望通过倒向追踪来保证其上升。如果 $-\boldsymbol{M}^{(t)}$ 正定且 $c^{(t)} \leqslant 0$，则 $-\boldsymbol{M}^{(t+1)}$ 也将正定。如果可以确保正定性能从当前迭代传到下次迭代，我们就用术语遗传正定性来表示这种需要的情形。如果 $c^{(t)} > 0$，则可能需要通过缩小 $c^{(t)}$ 直至正定条件满足。这样，针对此更新的正定就不是遗传正定。监测技术、倒向追踪技术和这些方法的性质请参见文献 [375，409]。

现有多种对称的秩为 2 的用以更新 Hessian 阵近似的方法，且它们仍满足正割条件。秩为 2 的用以更新 Hessian 阵近似的 Broyden 族[78,80]具有如下形式：

$$\begin{aligned}\boldsymbol{M}^{(t+1)} = \boldsymbol{M}^{(t)} \quad &- \quad \frac{\boldsymbol{M}^{(t)}\boldsymbol{z}^{(t)}\left(\boldsymbol{M}^{(t)}\boldsymbol{z}^{(t)}\right)^{\mathrm{T}}}{\left(\boldsymbol{z}^{(t)}\right)^{\mathrm{T}}\boldsymbol{M}^{(t)}\boldsymbol{z}^{(t)}} + \frac{\boldsymbol{y}^{(t)}\left(\boldsymbol{y}^{(t)}\right)^{\mathrm{T}}}{\left(\boldsymbol{z}^{(t)}\right)^{\mathrm{T}}\boldsymbol{y}^{(t)}} \\ &+\delta^{(t)}\left((\boldsymbol{z}^{(t)})^{\mathrm{T}}\boldsymbol{M}^{(t)}\boldsymbol{z}^{(t)}\right)\boldsymbol{d}^{(t)}\left(\boldsymbol{d}^{(t)}\right)^{\mathrm{T}}\end{aligned} \tag{2.50}$$

其中

$$\boldsymbol{d}^{(t)} = \frac{\boldsymbol{y}^{(t)}}{(\boldsymbol{z}^{(t)})^{\mathrm{T}}\boldsymbol{y}^{(t)}} - \frac{\boldsymbol{M}^{(t)}\boldsymbol{z}^{(t)}}{(\boldsymbol{z}^{(t)})^{T}\boldsymbol{M}^{(t)}\boldsymbol{z}^{(t)}}$$

当 $\delta^{(t)} = 0$ 时，这即是此族中最有名的 BFGS 更新 [79,197,269,588]。另一个取 $\delta^{(t)} = 1$ 的更新也得到了广泛的研究[134,199]。然而，大量经验与理论研究表明，BFGS 更新一般优于后一个。现已证明，式 (2.49) 的秩为 1 的更新表现较好，且较 BFGS 具有一定的吸引力[120,375]。

BFGS 更新（实际上，Broyden 族中的每一个）都能保证 $-\boldsymbol{M}^{(t)}$ 具有遗传正定性。因此，倒向追踪能保证上升。然而，保证上升性并不等价于保证收敛。一般地，拟 Newton 法的收敛阶数比线性高，但比二次低。相对于 Newton 法而言，其收敛阶数低于二次的原因是对 Hessian 阵的近似。不过，拟 Newton 法仍是快速且有效的，而且经常在多个流行的软件包中应用。另外，多个作者也提出式 (2.49) 的表现优于 BFGS[120,409]。

例 2.7 (二元优化问题，续) 图 2.8 给出了在例 2.4 中引出的二元函数最大值的拟 Newton 法的应用，其中更新分别为 BFGS 和倒向追踪，初值为 $\boldsymbol{x}^{(0)}$ 并且在每步迭代时 $\alpha^{(t)} = 0.05$。虚线为本例中的迭代步骤，其最优点 $\boldsymbol{x}^*$ 很快被成功找到，而图中的实线为在 2.2.2.1 节讨论的最速上升法。拟 Newton 法和最速上升法都仅要求一阶导数，且二者均应用倒向追踪。从本例可以看出，拟 Newton 法所需的计算量几乎肯定超过其良好的收敛表现。 □

关于如何提高拟 Newton 法的稳定性和表现已有多种研究方法，也许这些改进方法的最重要内容在于计算 $\boldsymbol{M}^{(t)}$ 的更新。尽管式 (2.50) 给出了相对直观的更新方程，但它的数值稳定性却不如别的方法，另外，在文献 [245] 中所给出的关于更新 $\boldsymbol{M}^{(t)}$ 的 Cholesky 分解是很

好的。

拟 Newton 法的表现对初始矩阵 $\boldsymbol{M}^{(0)}$ 的选取非常敏感，一个最容易的选择就是负的单位阵，但当 $\boldsymbol{x}^{(t)}$ 各分量的尺度差异很大时，此种选择经常不合适。对于 MLE 问题，如果期望的 Fisher 信息量可以计算，则取 $\boldsymbol{M}^{(0)} = -\boldsymbol{I}(\boldsymbol{\theta}^{(0)})$ 是一个很好的选择。在一般情况下，对于拟 Newton 法，重新调整 $\boldsymbol{x}$ 各元素的刻度使其具有可比性是非常重要的。这种调整将改进其表现并有效预防其停止准则仅依赖于那些刻度最大的变量。通常，在刻度调整不好的问题中，人们可能会发现对于拟 Newton 法的收敛点，仅有部分分量 $x_i^{(t)}$ 与其相应的初值有别，而其余分量均不变。

在 MLE 和统计推断中，由于 Hessian 阵给出了标准误差和协方差的估计，故它非常重要。然而，拟 Newton 法依赖于如下假设：即使用一个很差的关于 Hessian 阵的近似，求根问题仍可以有效地解决；再者，如果迭代在 t 步停止，则最近的 Hessian 近似 $\boldsymbol{M}^{(t-1)}$ 已经作废且错误定位于 $\boldsymbol{\theta}^{(t-1)}$ 而不是 $\boldsymbol{\theta}^{(t)}$。出于上述原因，上述近似可能相当差。因此，当迭代停止后，需要计算一个更精确的近似，其细节见文献 [153]。另一种方法则依赖于中心差分近似，其 (i,j) 元素为

$$\widehat{\boldsymbol{l}''(\boldsymbol{\theta}^{(t)})} = \frac{l_i'(\boldsymbol{\theta}^{(t)} + h_{ij}\boldsymbol{e}_j) - l_i'(\boldsymbol{\theta}^{(t)} - h_{ij}\boldsymbol{e}_j)}{2h_{ij}} \tag{2.51}$$

其中 $l_i'(\boldsymbol{\theta}^{(t)})$ 为得分函数在 $\boldsymbol{\theta}^{(t)}$ 点处值的第 i 个分量。此时，减少 h_{ij} 会减少离散化误差，但可能增加计算机四舍五入的误差。凭经验而论，在这种情况下对于所有的 i, j，可取 $h_{ij} = h = \varepsilon^{1/3}$，其中 ε 表示计算机的浮点精度[535]。

2.2.3 Gauss-Newton 法

对于 MLE 问题，我们已经看到 Newton 法如何在 $\boldsymbol{\theta}^{(t)}$ 点二次近似对数似然函数，并通过求此二次函数的最大值得到更新 $\boldsymbol{\theta}^{(t+1)}$。另一个在非线性最小二乘中用到的方法为：通过最大化目标函数 $g(\boldsymbol{\theta}) = -\sum_{i=1}^{n}(y_i - f(\boldsymbol{z}_i, \boldsymbol{\theta}))^2$ 来估计 $\boldsymbol{\theta}$，其中 $(y_i, \boldsymbol{z}_i)$, $i = 1, \cdots, n$ 为观测数据。人们可以合理地应用这样的目标函数以解决实际问题。例如，对于某个非线性函数 f 和随机误差 ϵ_i，我们可以估计 $\boldsymbol{\theta}$ 以拟合模型

$$Y_i = f(\boldsymbol{z}_i, \boldsymbol{\theta}) + \epsilon_i \tag{2.52}$$

这里并没有用Gauss-Newton 法近似 g，而是用 f 在点 $\boldsymbol{\theta}^{(t)}$ 的线性 Taylor 展开近似 f 本身。用线性近似替换 f 就成了一个线性最小二乘问题，而解此问题就得到一个更新 $\boldsymbol{\theta}^{(t+1)}$。

特别地，非线性模型 (2.52) 可被近似为

$$Y_i \approx f(\boldsymbol{z}_i, \boldsymbol{\theta}^{(t)}) + (\boldsymbol{\theta} - \boldsymbol{\theta}^{(t)})^{\mathrm{T}}\boldsymbol{f}'(\boldsymbol{z}_i, \boldsymbol{\theta}^{(t)}) + \epsilon_i = \tilde{f}(\boldsymbol{z}_i, \boldsymbol{\theta}^{(t)}, \boldsymbol{\theta}) + \epsilon_i \tag{2.53}$$

其中对于每个 i ， $\boldsymbol{f}'(\boldsymbol{z}_i, \boldsymbol{\theta}^{(t)})$ 为 $f(\boldsymbol{z}_i, \boldsymbol{\theta}^{(t)})$ 关于 $\theta_j^{(t)}, j = 1, \cdots, p$, 在 $(\boldsymbol{z}_i, \boldsymbol{\theta}^{(t)})$ 处的偏导列向量。由 $\tilde{g}(\boldsymbol{\theta}) = -\sum_{i=1}^{n}\left[y_i - \tilde{f}(\boldsymbol{z}_i, \boldsymbol{\theta}^{(t)}, \boldsymbol{\theta})\right]^2$ 关于 $\boldsymbol{\theta}$ 的最大值得到 Gauss-Newton 的迭代值，而 Newton 法的迭代值则由最大化 g 本身的二次近似而得到，即由 $g(\boldsymbol{\theta}^{(t)}) + (\boldsymbol{\theta} - \boldsymbol{\theta}^{(t)})^{\mathrm{T}}\boldsymbol{g}'(\boldsymbol{\theta}^{(t)}) +$

$(\boldsymbol{\theta}-\boldsymbol{\theta}^{(t)})^{\mathrm{T}}\boldsymbol{g}''(\boldsymbol{\theta}^{(t)})(\boldsymbol{\theta}-\boldsymbol{\theta}^{(t)})$ 得到。

以 $X_i^{(t)}$ 记取值为 $x_i^{(t)}=y_i-f(\boldsymbol{z}_i,\boldsymbol{\theta}^{(t)})$ 的一个工作响应，且定义 $\boldsymbol{a}_i^{(t)}=\boldsymbol{f}'(\boldsymbol{z}_i,\boldsymbol{\theta}^{(t)})$，则近似问题可被描述成最小化线性回归模型

$$\boldsymbol{X}^{(t)}=\boldsymbol{A}^{(t)}(\boldsymbol{\theta}-\boldsymbol{\theta}^{(t)})+\boldsymbol{\epsilon} \tag{2.54}$$

的平方残差，其中 $\boldsymbol{X}^{(t)},\boldsymbol{\epsilon}$ 分别是第 i 个分量为 $X_i^{(t)},\epsilon_i$ 的列向量，类似地，$\boldsymbol{A}^{(t)}$ 是第 i 行为 $(\boldsymbol{a}_i^{(t)})^{\mathrm{T}}$ 的矩阵。

当

$$\boldsymbol{\theta}-\boldsymbol{\theta}^{(t)}=\left((\boldsymbol{A}^{(t)})^{\mathrm{T}}\boldsymbol{A}^{(t)}\right)^{-1}(\boldsymbol{A}^{(t)})^{\mathrm{T}}\boldsymbol{x}^{(t)} \tag{2.55}$$

时，拟合式 (2.54) 的均方误差达到最小。于是，关于 $\boldsymbol{\theta}^{(t)}$ 的 Gauss-Newton 法的更新为

$$\boldsymbol{\theta}^{(t+1)}=\boldsymbol{\theta}^{(t)}+\left((\boldsymbol{A}^{(t)})^{\mathrm{T}}\boldsymbol{A}^{(t)}\right)^{-1}(\boldsymbol{A}^{(t)})^{\mathrm{T}}\boldsymbol{x}^{(t)} \tag{2.56}$$

相对于 Newton 法，Gauss-Newton 法的潜在优点在于它不需要计算 Hessian 阵。当 f 接近线性或模型拟合较好时，Guass-Newton 法的收敛速度很快，但在其他一些情况，特别是由于模型拟合不好而当残差很大时，此方法收敛可能很慢或根本就不收敛 (即使初值很好)。对于这些情况，现有多种改进的具有良好收敛性质的 Gauss-Newton 法[152]。

2.2.4 Nelder-Mead 算法

上面描述的算法均依赖于求导或者近似运算。在许多情况下，导数 $\boldsymbol{g}'$ 和 $\boldsymbol{g}''$ 很难求出。*Nelder-Mead 算法*是一种经典的优化方法，它不需要导数信息[482,650]。它是迭代的*直接搜索法*，因为它仅依赖于在可能的解处求解的函数集合的秩，并且尝试在下一次迭代指定一个更有用的点[309,385,515,675]。第 3 章描述了其他一些包括遗传算法和模拟退火算法的直接搜索法。

Nelder-Mead 算法的第 t 次迭代从代表可能解的点的集合开始，也即是最大值的近似值。这些点定义一个具体的单一邻域，重点在该邻域附近搜索。算法的每步迭代是通过用一个新点替换掉集合中最差的点对邻域进行重组并改变邻域的大小。理想的状态是候选值比其他的一些值好，甚至是目前最好的。

当 $\boldsymbol{x}$ 是 p 维时，$p+1$ 个互不相同的点 $\boldsymbol{x}_1,\cdots,\boldsymbol{x}_{p+1}$ 定义一个 p维单纯形，也即是顶点为 $\boldsymbol{x}_1,\cdots,\boldsymbol{x}_{p+1}$ 的凸包。当 $p=2$ 和 $p=3$ 时，单纯形分别是一个三角形或四面体 (也即是以三角形为底部的棱锥)。单纯形的顶点可以根据 $g(\boldsymbol{x}_1),\cdots,g(\boldsymbol{x}_{p+1})$ 的秩从好到坏排列；见图 2.9。当寻找最大值时，令 $\boldsymbol{x}_{\text{best}}$ 表示最大目标函数值的顶点，$\boldsymbol{x}_{\text{worst}}$ 表示最小目标函数值的顶点。令第二个最差的顶点为 $\boldsymbol{x}_{\text{bad}}$。如果出现结请参考文献 [397, 482]。我们定义最好的面是相对于 $\boldsymbol{x}_{\text{worst}}$ 的面。因此最好的面是包含其他面的超平面，并且它的质心是所有其他点的平均，也即是 $\boldsymbol{c}=(1/p)[(\sum_{i=1}^{p+1}\boldsymbol{x}_i)-\boldsymbol{x}_{\text{worst}}]$。

当确定了最好的、次最差的和最差的顶点后，我们尝试用一个较好的顶点替换最差的。算法需要新的点位于从 $\boldsymbol{x}_{\text{worst}}$ 到 $\boldsymbol{c}$ 的射线上，我们称该方向为*搜索方向*。因此，新顶点的位置

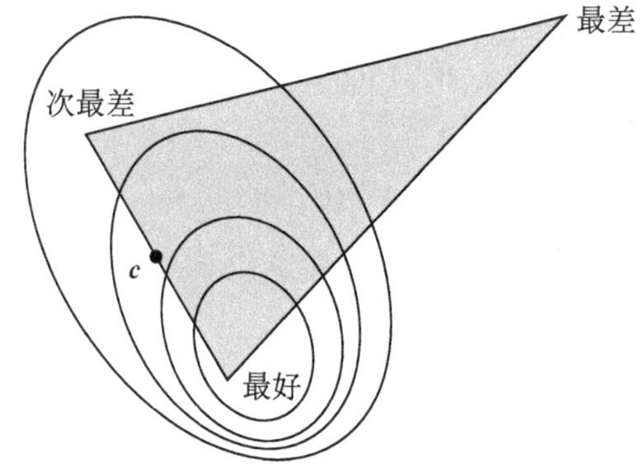

图 2.9 对于 $p=2$ 叠加在目标函数 g 的等高线上的单纯形。最好的顶点在 g 的最优值附近。最好的面是三角形中包含 $\boldsymbol{c}$ 的边，也即是它的质心

将从最差的顶点移动到较好的可选方向上。进一步，选择 $\boldsymbol{x}_{\text{worst}}$ 的一个替代将改变单纯形的形状和大小。尽管该搜索方向可能有所改进，新顶点的质量也依赖于新顶点和 $\boldsymbol{x}_{\text{worst}}$ 的距离。这个距离影响单纯形的大小。实际上 Nelder-Mead 算法有时被称为*变形虫方法*，反映了当采用目标函数的山顶和山谷时单纯形的大小和方向会易于变换和移动[517]。

新选择的顶点的位置基于反射点 $\boldsymbol{x}_r$，定义为 $\boldsymbol{x}_r=\boldsymbol{c}+\alpha_r(\boldsymbol{c}-\boldsymbol{x}_{\text{worst}})$，如图 2.10 所示。反射需要 $\alpha_r>0$，通常取 $\alpha_r=1$。尽管 $\boldsymbol{x}_r$ 本身可能不是新的顶点，$\boldsymbol{c}$ 和 $\boldsymbol{x}_{\text{worst}}$ 用来确定新的点。下面的段落描述了生成新顶点的方法，图 2.10 描述了这些方法并给出了单纯形变换。

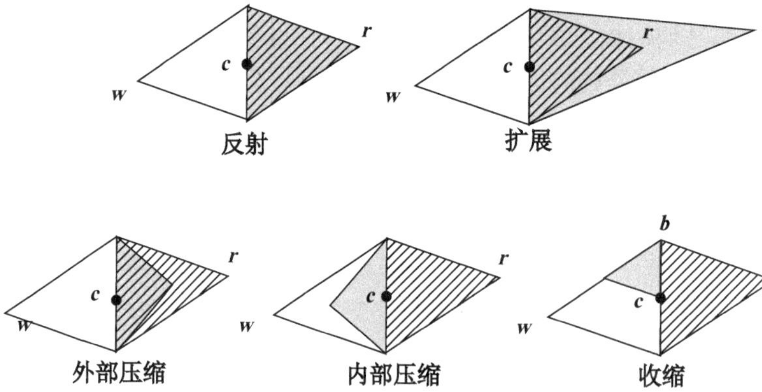

图 2.10 单纯形的五个可能的变换，没有阴影的三角形是当前的单纯形，带斜线的三角形是通过反射得到的单纯形，灰色的三角形表示采用各自的变换完成的单纯形。标记为 $\boldsymbol{w}$，$\boldsymbol{b}$ 和 $\boldsymbol{r}$ 的点分别为最差、最好和反射的顶点。$\boldsymbol{c}$ 是最好面的质心

首先考虑 $g(\boldsymbol{x}_r)$ 超过 $g(\boldsymbol{x}_{\text{bad}})$。如果 $g(\boldsymbol{x}_r)$ 没有超过目标函数在 $\boldsymbol{x}_{\text{best}}$ 处的值，那么接受 $\boldsymbol{x}_r$ 作为新的顶点同时舍弃 $\boldsymbol{x}_{\text{worst}}$。顶点集合的更新定义一个新的单纯形 (见图 2.10)并且开始算法的一个新的迭代。然而，如果 $g(\boldsymbol{x}_r)>g(\boldsymbol{x}_{\text{best}})$，则反射顶点比当前最好的好，那么在寻找 $\boldsymbol{x}_r$ 的方向上扩展搜索可以得到更好的效果。由此引出了一个*扩展*的尝试。如果 $\boldsymbol{x}_r$ 比 $\boldsymbol{x}_{\text{bad}}$ 差，那么我们尝试通过 $\boldsymbol{x}_r$ 的一个*压缩*减弱这个不利的结果。

当 $g(\boldsymbol{x}_r)$ 超过 $g(\boldsymbol{x}_{\text{best}})$ 时会出现扩展。扩展点 $\boldsymbol{x}_e$ 定义为 $\boldsymbol{x}_e = \boldsymbol{c} + \alpha_e(\boldsymbol{x}_r - \boldsymbol{c})$，这里 $\alpha_e > \max(1, \alpha_r)$ 并且通常取 $\alpha_e = 2$。这样 $\boldsymbol{x}_e$ 是搜索方向向量上超过 $\boldsymbol{x}_r$ 的点。因为在搜索方向上 $\boldsymbol{x}_r$ 是一个比较好的点，因此希望在该方向上能得到进一步提高。如果 $g(\boldsymbol{x}_e)$ 超过 $g(\boldsymbol{x}_r)$，那么扩展是成功的，因此 $\boldsymbol{x}_e$ 可以作为新的顶点，舍弃 $\boldsymbol{x}_{\text{worst}}$，并开始一个新的迭代。如果 $g(\boldsymbol{x}_e)$ 不优于 $g(\boldsymbol{x}_r)$，那么 $\boldsymbol{x}_r$ 仍然作为改进的顶点，舍弃 $\boldsymbol{x}_{\text{worst}}$，并开始一个新的准则。

到目前为止我们已经描述当反射点比 $\boldsymbol{x}_{\text{bad}}$ 好，从而接受一个新的顶点（$\boldsymbol{x}_r$ 或者 $\boldsymbol{x}_e$）的过程。当 $g(\boldsymbol{x}_r)$ 没有 $g(\boldsymbol{x}_{\text{bad}})$ 好时，那么需要另外的搜索，因为此时 $\boldsymbol{x}_r$ 尽管替换了 $\boldsymbol{x}_{\text{bad}}$ 但它是最差的顶点。收缩策略指的是在 $\boldsymbol{x}_{\text{worst}}$ 和 $\boldsymbol{x}_r$ 的搜索方向上寻找一个最终的顶点。当这个顶点位于 $\boldsymbol{c}$ 和 $\boldsymbol{x}_r$ 之间时，这个变换称为外部压缩，否则称为内部压缩。

当 $g(\boldsymbol{x}_{\text{bad}}) \geqslant g(\boldsymbol{x}_r) \geqslant g(\boldsymbol{x}_{\text{worst}})$ 时，执行外部压缩。通过外部压缩得到的顶点定义为 $\boldsymbol{x} = \boldsymbol{c} + \alpha_c(\boldsymbol{x}_r - \boldsymbol{c})$，其中 $0 < \alpha_c < 1$ 并且通常取 $\alpha_c = \frac{1}{2}$。如果 $g(\boldsymbol{x}_o) \geqslant g(\boldsymbol{x}_r)$ 那么外部压缩顶点至少与反射顶点一样好，此时可以选择 $\boldsymbol{x}_o$ 替换 $\boldsymbol{x}_{\text{worst}}$。否则，该情形下 $\boldsymbol{x}_r$ 替换 $\boldsymbol{x}_{\text{worst}}$ 后将是最差的顶点。在这种情况下，使用后面描述的收缩变换而不使用点替换。

当 $g(\boldsymbol{x}_r) \leqslant g(\boldsymbol{x}_{\text{worst}})$ 也即是 $\boldsymbol{x}_r$ 比当前单纯形的所有顶点都差时，执行内部压缩。这种情形下内部压缩点定义为 $\boldsymbol{x}_i = \boldsymbol{c} + \alpha_c(\boldsymbol{x}_{\text{worst}} - \boldsymbol{c})$。然后如果 $g(\boldsymbol{x}_i) > g(\boldsymbol{x}_{\text{worst}})$，那么选择 $\boldsymbol{x}_i$ 替换 $\boldsymbol{x}_{\text{worst}}$，否则没有理由替换 $\boldsymbol{x}_{\text{worst}}$。此时可以使用收缩变换。

当所有其他的都失败时，单纯形可以转向收缩变换。在这种情形下，第 $j(j = 1, \cdots, p+1)$ 个顶点根据公式 $\boldsymbol{x}_{sj} = \boldsymbol{x}_{\text{best}} + \alpha_s(\boldsymbol{x}_j - \boldsymbol{x}_{\text{best}})$ 变换为 $\boldsymbol{x}_{sj}$，从而使除了最好的顶点外所有的其他顶点向 $\boldsymbol{x}_{\text{best}}$ 收缩。收缩对于 $\boldsymbol{x}_{\text{best}}$ 没有影响，所以可以忽略该计算。压缩失败后收缩将集中在最大目标函数值顶点附近的单纯形。实际中，收缩很少出现。收缩要求 $0 < \alpha_s < 1$ 并且通常 $\alpha_s = \frac{1}{2}$。

综上，Nelder-Mead算法遵循以下步骤：

1. **初始化**。对 $t = 1$ 选择初始顶点 $\boldsymbol{x}_1^{(t)}, \cdots, \boldsymbol{x}_{p+1}^{(t)}$。选择 $\alpha_r > 0, \alpha_e > \max\{1, \alpha_r\}, 0 < \alpha_c < 1$ 和 $0 < \alpha_s < 1$。$\alpha_r, \alpha_e, \alpha_c, \alpha_s$ 的标准值是 $(1, 2, \frac{1}{2}, \frac{1}{2})$ [397,482]。

2. **排序**。在当前这些顶点集中，找出使目标函数产生最大值、次最小值和最小值的顶点，分别命名为 $\boldsymbol{x}_{\text{best}}^{(t)}, \boldsymbol{x}_{\text{bad}}^{(t)}, \boldsymbol{x}_{\text{worst}}^{(t)}$。

3. **定向**。计算

$$\boldsymbol{c}^{(t)} = \frac{1}{p}\left[\left(\sum_{i=1}^{p+1} \boldsymbol{x}_i^{(t)}\right) - \boldsymbol{x}_{\text{worst}}^{(t)}\right]$$

4. **反射**。计算 $\boldsymbol{x}_r^{(t)} = \boldsymbol{c}^{(t)} + \alpha_r(\boldsymbol{c}^{(t)} - \boldsymbol{x}_{\text{worst}}^{(t)})$。比较 $g(\boldsymbol{x}_r^{(t)})$，$g(\boldsymbol{x}_{\text{best}}^{(t)})$ 和 $g(\boldsymbol{x}_{\text{bad}}^{(t)})$。

   a. 如果 $g(\boldsymbol{x}_{\text{best}}^{(t)}) \geqslant g(\boldsymbol{x}_r^{(t)}) \geqslant g(\boldsymbol{x}_{\text{bad}}^{(t)})$，那么接收 $\boldsymbol{x}_r^{(t)}$ 作为第 $t+1$ 次迭代时新的顶点并且舍弃 $\boldsymbol{x}_{\text{worst}}^{(t)}$。转向停止步。

b. 如果 $g(\boldsymbol{x}_r^{(t)}) > g(\boldsymbol{x}_{\text{best}}^{(t)})$，那么转向扩展步。

c. 其他情形可以直接跳至压缩步。

5. **扩展**。计算 $\boldsymbol{x}_e^{(t)} = \boldsymbol{c}^{(t)} + \alpha_e(\boldsymbol{x}_r^{(t)} - \boldsymbol{c}^{(t)})$。比较 $g(\boldsymbol{x}_e^{(t)})$ 和 $g(\boldsymbol{x}_{\text{best}}^{(t)})$。

a. 如果 $g(\boldsymbol{x}_e^{(t)}) > g(\boldsymbol{x}_r^{(t)})$，那么接收 $\boldsymbol{x}_e^{(t)}$ 作为第 $t+1$ 次迭代时新的顶点并且舍弃 $\boldsymbol{x}_{\text{worst}}^{(t)}$。转向停止步。

b. 否则，接收 $\boldsymbol{x}_r^{(t)}$ 作为第 $t+1$ 次迭代时新的顶点并且舍弃 $\boldsymbol{x}_{\text{worst}}^{(t)}$。转向停止步。

6. **压缩**。比较 $g(\boldsymbol{x}_r^{(t)})$，$g(\boldsymbol{x}_{\text{bad}}^{(t)})$ 和 $g(\boldsymbol{x}_{\text{worst}}^{(t)})$。如果 $g(\boldsymbol{x}_{\text{bad}}) \geqslant g(\boldsymbol{x}_r) \geqslant g(\boldsymbol{x}_{\text{worst}})$，执行外部压缩，否则[也即是 $g(\boldsymbol{x}_{\text{worst}}) \geqslant g(\boldsymbol{x}_r)$]执行内部压缩。

a. **外部压缩**。计算 $\boldsymbol{x}_o^{(t)} = \boldsymbol{c}^{(t)} + \alpha_c(\boldsymbol{x}_r^{(t)} - \boldsymbol{c}^{(t)})$。

i. 如果 $g(\boldsymbol{x}_o^{(t)}) \geqslant g(\boldsymbol{x}_r^{(t)})$，那么接收 $\boldsymbol{x}_o^{(t)}$ 作为第 $t+1$ 次迭代时新的顶点并且舍弃 $\boldsymbol{x}_{\text{worst}}^{(t)}$。转向停止步。

ii. 否则转向收缩步。

b. **内部压缩**。计算 $\boldsymbol{x}_i^{(t)} = \boldsymbol{c}^{(t)} + \alpha_c(\boldsymbol{x}_{\text{worst}}^{(t)} - \boldsymbol{c}^{(t)})$。

i. 如果 $g(\boldsymbol{x}_i^{(t)}) > g(\boldsymbol{x}_{\text{worst}}^{(t)})$，那么接收 $\boldsymbol{x}_i^{(t)}$ 作为第 $t+1$ 次迭代时新的顶点并且舍弃 $\boldsymbol{x}_{\text{worst}}^{(t)}$。转向停止步。

ii. 否则转向收缩步。

7. **收缩**。对于所有的 $j = 1, \cdots, p+1$ 并且 $\boldsymbol{x}_j^{(t)} \neq \boldsymbol{x}_{\text{best}}^{(t)}$，计算 $\boldsymbol{x}_{sj}^{(t)} = \boldsymbol{x}_{\text{best}}^{(t)} + \alpha_s(\boldsymbol{x}_j^{(t)} - \boldsymbol{x}_{\text{best}}^{(t)})$。收集 $\boldsymbol{x}_{\text{best}}^{(t)}$ 和这些 p 个新顶点组成第 $t+1$ 步迭代的单纯形。转向停止步。

8. **停止**。检查收敛准则。如果不能保证停止，增加 t 到 $t+1$ 步并返回到排序步骤开始一个新的迭代，否则 $\boldsymbol{x}_{\text{best}}^{(t)}$ 是 g 的近似最大值点。

一个简单的初始化选择是围绕最优值的初始猜测组成一个初始单纯形，假设 $\boldsymbol{x}_0$，使用 $\boldsymbol{x}_0$ 作为一个顶点并沿着坐标轴方向选择剩余的顶点生成 $\boldsymbol{x}_0$ 的直角单纯形。

对该标准方法的一些变形已有研究。对决定准则的一些小的改变见文献 [85, 448, 502, 518]。对于提名或者接受为新顶点的更激进的方法见文献 [85, 479, 518, 565, 636, 650]。对于 $\alpha_r, \alpha_e, \alpha_c, \alpha_s$ 的其他选择见文献 [24, 85, 502]。

例 2.8 (二元优化问题，续) 我们使用标准的 Nelder - Mead 算法检验例 2.4 中讨论过的二元函数最大值。图 2.11 和 2.12 展示了所得结果。初始的标准形定义为 $\boldsymbol{x}_{\text{worst}} = (3.5, -0.5)$，$\boldsymbol{x}_{\text{bad}} = (3.25, -1.4)$，$\boldsymbol{x}_{\text{best}} = (3, -0.5)$。初始化后，算法采用反射步骤，寻找新的 $\boldsymbol{x}_{\text{best}}$ 使其具有更大的目标函数值。然而，这将生成一个不好的搜索方向，因为反射和外部压缩均产生远低于沿着山脊上升的对立面。取而代之，两个内部压缩步骤发生，在该点最好面发生了改变。现在新的搜索方向是好的，下面两步是扩展和反射。尽管收敛很慢，最终可以找到最大值。□

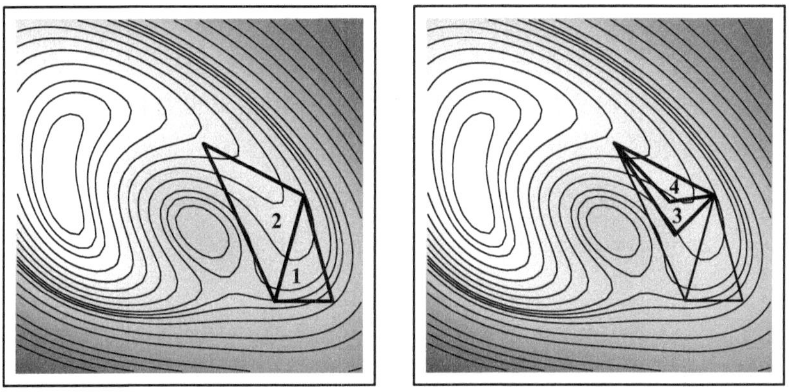

图 2.11 最大化一个复杂的二元函数时 Nelder - Mead 算法的初始步骤。函数的表面由阴影和等高线指示，浅的阴影对应于大的值。在左边面板，算法由单纯形 1 开始。在扩展步骤生成了单纯形 2。继续的步骤显示在右边面板，下面的两步是内部压缩，生成了单纯形 3 和 4

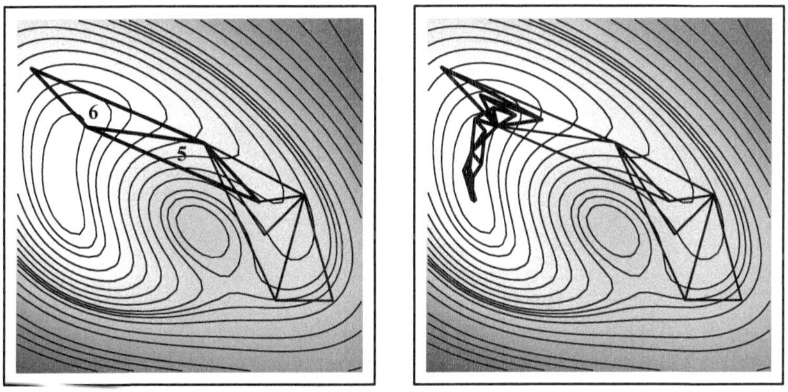

图 2.12 最大化一个复杂的二元函数时 Nelder - Mead 算法的进一步步骤。函数的表面由阴影和等高线指示，浅的阴影对应于大的值。续图 2.11，左边面板展示了接下来的两个 Nelder - Mead 步骤，一个是扩展（单纯形 5），一个是反射（单纯形 6）。右边面板展示了在最大值上迭代磨平的更进一步的步骤

对于 Nelder - Mead 算法需要两种类型的收敛准则。首先，顶点位置的（相对）改变需要度量进行检查。然而需要特别指出的是，因为 $\boldsymbol{x}_{\text{best}}$ 对于连续的几次迭代可能不改变，所以沿着 $\boldsymbol{x}_{\text{best}}$ 不能提供关于搜索进程的完整信息。并且，监视收敛性可能更有效，比如，监视单纯形的体积而不是任意一个特殊的点。对于不连续函数，这种准则相应于本章我们先前考虑的相对收敛准则是更重要的。其次，需要确定目标函数的值是否已经收敛。Nelder - Mead 算法的变形的性能可以通过使用修正的停止准则得到提升[600,636]。

Nelder - Mead 算法对寻找最优值是很好用的，特别是对于低的或者中度的维度[397,675]。对于高维问题，依赖于问题的本质属性，它的效率各有不同[85,493,600]。算法收敛的理论分析仅适用于某些受限制的函数类或者对标准算法经过实质修改的版本[85,368,397,518,636]。

Nelder - Mead 算法是非常稳健的，它可以成功地对一大类函数寻找最大值（甚至是不连

续函数）并且可以从不同的初始值开始[397,493,675]。同时，当目标函数值被噪声污染时收敛通常也不会受到过多影响，这也是稳健性的一个方面[24,154]。

尽管 Nelder - Mead 算法有很好的性能，但在某些情形下也会有比较差的表现。出人意料地，该算法甚至可能收敛到局部最大值或者最小值。下面的例子展示了这种情形。

例 2.9 (Nelder - Mead 失效) 图 2.13 展示了 Nelder - Mead 方法失效的情形，这里单纯形倒塌[448]。使用 $p=2$ 和 $\boldsymbol{x}=(x_1,x_2)$ 考虑下面的二元目标函数：

$$g(x_1,x_2)=\begin{cases}-360|x_1|^2-x_2-x_2^2, & x_1\leqslant 0\\ -6x_1^2-x_2-x_2^2, & \text{其他}\end{cases}\tag{2.57}$$

令初始值为 $(0,0),(1,1)$ 以及 $(0.84,-0.59)$。但是对这个特别简单的函数，迭代生成的单纯形它的最优顶点不改变，尽管它远离任何极值，并且单纯形的面积收敛到 0，该方法如图 2.13 所示。当发生这些时，搜索方向正交于 g' 以至于使后续的迭代增量趋于 0。 □

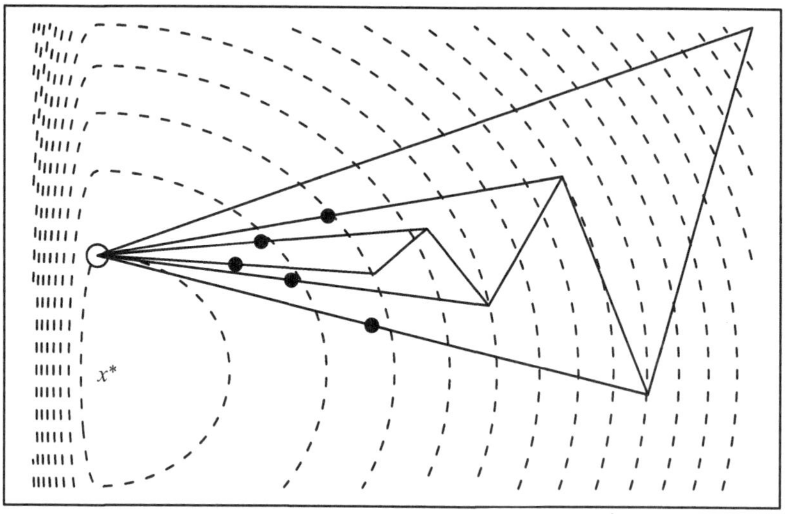

图 2.13 g 的等高线和例 2.9 的系列单纯形。实点指示 $\boldsymbol{c}^{(t)}$ 的位置，对于每个 t，空心圆点是 $\boldsymbol{x}_{\text{best}}$，$\boldsymbol{x}^*$ 是 g 的全局最大值

当算法如例 2.9 停滞时，通过在不同的和可能更有益的上升路径上设置算法并从不同的单纯形重新开始通常能修复该问题。另一种，*面向重启*方法是针对最速上升时特别设计的单纯形重构[368]。定义一个单纯形方向的 $p\times p$ 矩阵为 $\boldsymbol{V}^{(t)}=(\boldsymbol{x}_2^{(t)}-\boldsymbol{x}_1^{(t)},\boldsymbol{x}_3^{(t)}-\boldsymbol{x}_1^{(t)},\cdots,\boldsymbol{x}_{p+1}^{(t)}-\boldsymbol{x}_1^{(t)})$ 和目标函数差分的相应向量为 $\delta^{(t)}=(g(\boldsymbol{x}_2^{(t)})-g(\boldsymbol{x}_1^{(t)}),g(\boldsymbol{x}_3^{(t)})-g(\boldsymbol{x}_1^{(t)}),\cdots,g(\boldsymbol{x}_{p+1}^{(t)})-g(\boldsymbol{x}_1^{(t)}))$，这里 $p+1$ 个顶点均根据质量排序，所以 $\boldsymbol{x}_1^{(t)}=\boldsymbol{x}_{\text{best}}^{(t)}$。那么我们可以已定义单纯形 $\mathcal{S}^{(t)}$ 的*单纯形梯度*为 $D(\mathcal{S}^{(t)})=(\boldsymbol{V}^{(t)})^{-\mathrm{T}}\delta^{(t)}$。这个单纯形梯度近似于 g 在 $\boldsymbol{x}_1^{(t)}$ 的真实值。

当平均顶点增加太少时就会引发面向重启，令

$$\bar{g}^{(t)} = \frac{1}{p+1}\sum_{i=1}^{p+1} g(\boldsymbol{x}_i^{(t)}) \tag{2.58}$$

是第 t 次迭代时 $\mathcal{S}^{(t)}$ 的顶点的平均目标函数值。定义一个在单纯形里从第 t 步迭代到第 $t+1$ 步的充分增量为

$$\bar{g}^{(t+1)} - \bar{g}^{(t)} = \epsilon \parallel D(\mathcal{S}^{(t)}) \parallel^2 \tag{2.59}$$

这里 ϵ 是一个很小的数（比如 0.0001）。

在这种情形下，面向重启包括替换除 $\boldsymbol{x}_{\text{best}}$ 外所有的顶点，这些顶点位于以 $\boldsymbol{x}_{\text{best}}^{(t)}$ 为中心的坐标轴上并相应地减少长度。具体地，令 $\boldsymbol{x}_1^{(t+1)} = \boldsymbol{x}_1^{(t)}$ 和

$$\boldsymbol{x}_j^{(t+1)} = \boldsymbol{x}_1^{(t)} + \beta_j \boldsymbol{e}_j \tag{2.60}$$

这里 $j = 2, \cdots, p+1$，$\boldsymbol{e}_j$ 是沿坐标轴方向的 p 维单元向量，β_j 根据下式面向和标度坐标轴方向的步骤

$$\beta_j = \begin{cases} -d^{(t)}\text{sign}\{D(\mathcal{S}_{j-1}^{(t)})\}, & \text{若sign}\{D(\mathcal{S}_{j-1}^{(t)})\} \neq 0 \\ 0, & \text{其他} \end{cases} \tag{2.61}$$

在式 (2.61) 里，$D(\mathcal{S}_{j-1}^{(t)}), j = 2, \cdots, p+1$ 表示 $\mathcal{S}^{(t)}$ 的梯度的相应成分，标量 $d^{(t)}$ 表示最小面向长度

$$d^{(t)} = \min_{2 \leqslant j \leqslant p+1} \parallel \boldsymbol{x}_1^{(t)} - x_j^{(t)} \parallel \tag{2.62}$$

面向重启的理论依据是假设单纯形梯度在正确的象限，只要单纯形足够的小，在 $\boldsymbol{x}_{\text{best}}$ 处新的单纯形梯度所指的方向近似真实的目标函数梯度。像例 2.9 的情形，面向重启的策略能阻止单纯形倒塌。

为了使用不同的 Nelder - Mead 变形，充分下降的概念可以进行一般化表示。人们可以不采用标准化算法生成的新顶点，而需要新的顶点满足额外的更严格的条件，比如单纯形里一些最小值增量的类型[85,479,518,636]。

尽管很少失败并且收敛的速度相对较慢，Nelder - Mead 算法还是许多优化问题的很好的选择。另一个吸引人的性质是它有很高的数值执行效率，使得它对于计算量很大的目标函数的问题是一个好的选择。实际上每种情况，仅计算两个新的目标函数值：$\boldsymbol{x}_r$ 和 $\boldsymbol{x}_e, \boldsymbol{x}_o, \boldsymbol{x}_i$ 中的一个。收缩很少发生，在收缩时需要给出目标函数的 p 估计。

最后，对于像最大似然估计的统计应用计算 $\hat{\theta}$ 的方差估计是很重要的。对于该目的，当收敛达到后就完成了 Hessian 的近似[482,493]。

2.2.5 非线性 Gauss-Seidel 迭代法

在拟合非线性统计模型（包括第 12 章的模型）时，非线性 *Gauss-Seidel* 迭代是经常应用的一种重要方法，也称此方法为后退拟合(*backfitting*)或循环坐标上升法(*cyclic coordinate*

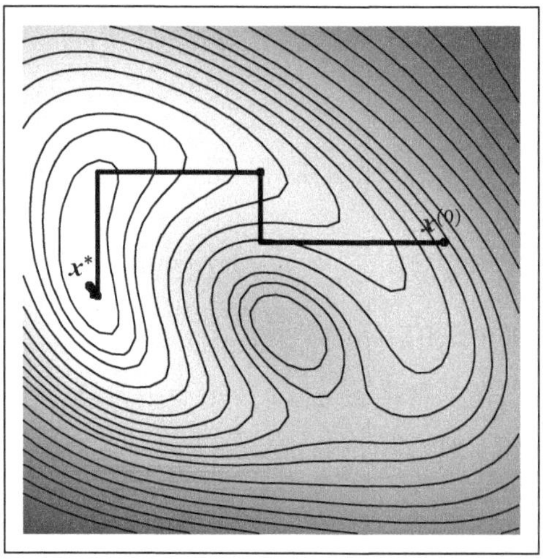

图 2.14 应用 Gauss-Seidel 迭代求在例 2.10 讨论过的某复杂二元函数的最大值，此函数曲面由阴影及等高线给出。从初值 $\boldsymbol{x}^{(0)}$ 出发，几步后就趋于真实最大值 $\boldsymbol{x}^*$。每一线段都表示当前解的一个坐标的改变，于是从 $\boldsymbol{x}^{(t)}$ 到 $\boldsymbol{x}^{(t+1)}$ 的完整迭代就由一对相邻的线段构成

ascent)。

方程 $\boldsymbol{g}'(\boldsymbol{x}) = \boldsymbol{0}$ 是一个含有 p 个未知变量的非线性方程组。对于 $j = 1, \cdots, p$, Gauss-Seidel 迭代每次均把 $\boldsymbol{g}'$ 的第 j 个分量看成仅是 x_j 的一元实函数。应用任一方便的一元优化方法可以求解一元方程 $g'_j(x_j^{(t+1)}) = 0$ 的根。所有 p 个分量都可以相继循环得到，而在每步循环中都将得到每个坐标的最新值，故每步循环之后，所有最新值就构成 $\boldsymbol{x}^{(t+1)}$。

此方法的优点在于它能简化很难的问题。因为一元算法较多元更稳定可靠，故通过应用 Gauss-Seidel 迭代建立的一元求根问题的解一般易于自动化处理。再者，由于单元优化任务易于快速完成，故其总的计算量可能小于多元方法所要求的计算量。总之，此方法的优点意味着它非常易于编程。

例 2.10 (二元优化问题，续) 图 2.14 给出了利用 Gauss-Seidel 迭代求例 2.4 中讨论过的二元函数最大值的步骤。不像本章的其他图形，本图中的每一个线段均表示当前解一个坐标的改变，例如，$\boldsymbol{x}^{(1)}$ 即为从 $\boldsymbol{x}^{(0)}$ 经一步水平和垂直移动后的顶点。一个完整迭代包括两个单变量迭代。对于每个单变量优化，我们应用拟 Newton 法。注意到，从单变量优化角度看，从 $\boldsymbol{x}^{(0)}$ 向左走的第一个水平迭代是失败的，由于它没有找到此变量的全局最大，而仅找到了此变量的局部最小。尽管这点并不是我们所希望的，但经过系列的 Gauss-Seidel 迭代后，仍能克服此不足，并最终求得全局多元最大值。 □

多元连续函数的优化是一个广阔的研究领域，本章其他地方给出的参考文献包含了多种这里没有讲到的方法。比如信任区域(trust region)方法约束方向与步长；非线性共轭梯度(non-linear conjugate gradient)法所选取的方向将偏离梯度而朝向以前没有用过的方向。

习题

2.1 下面数据为来自 Cauchy$(\theta, 1)$的 i.i.d. 样本：1.77，-0.23，2.76，3.80，3.47，56.75，-1.34，4.24，-2.44，3.29，3.71，-2.40，4.53，-0.07，-1.05，-13.87，-2.53，-1.75，0.27，43.21。

a. 画出对数似然函数曲线。应用 Newton-Raphson 方法求 θ 的 MLE。尝试下列所有的初值：-11，-1，0，1.5，4，4.7，7，8 和 38 时，讨论你得到的结果，并回答：这些数据的均值是一个好的初值吗？

b. 应用初值为 -1 和 1 的二分法，并通过附加运算说明二分法何时可能无法求得整体最大值。

c. 应用初值为 -1，$\alpha = 1, 0.64, 0.25$ 的式(2.29)给出的不动点法。并研究其他初值和刻度因子的选取。

d. 应用初值为 $(\theta^{(0)}, \theta^{(1)}) = (-2, -1)$的正割法来估计 θ。当采用初值 $(\theta^{(0)}, \theta^{(1)}) = (-3, 3)$ 或其他值时，情况如何？

e. 通过本例比较 Newton-Raphson 方法、二分法、不动点法和正割法的速度和稳定性。当你把上述方法应用于一个来自 $N(\theta, 1)$ 的容量为 20 的随机样本时，你的结论有无改变？

2.2 设密度函数 $f(x) = [1 - \cos\{x - \theta\}]/2\pi, 0 \leqslant x \leqslant 2\pi$，其中 θ 是介于 $-\pi$ 和 π 间的参数，且来自此密度的 i.i.d. 样本为：3.91，4.85，2.28，4.06，3.70，4.04，5.46，3.53，2.28，1.96，2.53，3.88，2.22，3.47，4.82，2.46，2.99，2.54，0.52，2.50。我们希望估计 θ。

a. 画出在 $-\pi$ 到 π 间的对数似然函数。

b. 求 θ 的矩估计。

c. 把(b)求得的估计作为初值，用 Newton-Raphson 方法求 θ 的 MLE。当你采用初值为 -2.7 和 2.7 时，你得到的结果如何？

d. 当初值为 $-\pi$ 到 π 间的 200 个等距分隔时，重复(c)。把 $-\pi$ 到 π 的区间分解成若干个感兴趣的集合。换句话说，把这些初值分成若干个独立的组，而每组对应着不同的唯一最优值(局部最优)，讨论你的结果。

e. 找两个尽可能近似相等的初值，但却使得 Newton-Raphson 方法收敛到两个不同的解。

2.3 假设在某个种群中其个体的存活时间 t 具有密度函数 f 和累积分布函数 F，则 $S(t) = 1 - F(t)$ 就为其*生存函数*，风险函数(hazard function)为 $h(t) = f(t)/(1 - F(t))$，它表示在其已存活时间为 t 的条件下在时刻 t 死亡的瞬时风险。比例风险模型假设风险函数依赖于时间 t 和协变向量 $\boldsymbol{x}$，且其模型为

$$h(t|x) = \lambda(t)\exp\{\boldsymbol{x}^{\mathrm{T}}\boldsymbol{\beta}\}$$

其中 $\boldsymbol{\beta}$ 为一参数向量。

如果 $\Lambda(t) = \int_{-\infty}^{t} \lambda(u)\mathrm{d}u$，则易证 $S(t) = \exp\left\{-\Lambda(t)\exp\{\boldsymbol{x}^{\mathrm{T}}\boldsymbol{\beta}\}\right\}$，$f(t) = \lambda(t)\exp\left\{\boldsymbol{x}^{\mathrm{T}}\boldsymbol{\beta} -\right.$

$\Lambda(t)\exp\{\boldsymbol{x}^{\mathrm{T}}\boldsymbol{\beta}\}$。

a. 假设我们的数据在生存时间 $t_i(i=1,\cdots,n)$ 处删失，即在研究结束时，一个患者要么已死（知道其生存时间），要么仍存活(删失时间，知道其至少在研究结束时仍存活)。如果 t_i 不是删失时间，则定义 w_i 为 1，否则定义 w_i 为 0。证明其对数似然具有如下形式：

$$\sum_{i=1}^{n}(w_i\log\{\mu_i\}-\mu_i)+\sum_{i=1}^{n}w_i\log\left\{\frac{\lambda(t_i)}{\Lambda(t_i)}\right\}$$

其中 $\mu_i=\Lambda(t_i)\exp\{\boldsymbol{x}_i^{\mathrm{T}}\boldsymbol{\beta}\}$。

b. 考虑模拟临床试验中急性白血病患者的缓解时间长度。在研究中，每一个患者要么服用 6-巯基嘌呤(6-MP)，要么服用安慰剂[202]。从研究开始 1 年后，每一位患者的缓解时间(周)被记录在表 2.2 中。由于某些患者的缓解时间超过了研究期限，故有些结果是删失数据。此项研究的目的在于确定 6-MP这种处理是否能延长缓解时间。假设 $\Lambda(t)=t^{\alpha}$，其中 $\alpha>0$，且由此产生的风险函数正比于 $\alpha t^{\alpha-1}$ 且为 Weibull 密度：$f(t)=\alpha t^{\alpha-1}\exp\left\{\boldsymbol{x}^{\mathrm{T}}\boldsymbol{\beta}-t^{\alpha}\exp\{\boldsymbol{x}^{\mathrm{T}}\boldsymbol{\beta}\}\right\}$。把协变量参数化成 $\boldsymbol{x}_i^{\mathrm{T}}\boldsymbol{\beta}=\beta_0+\delta_i\beta_1$，如果第 i 个患者服用6-MP，则 δ_i 为 1，否则为 0。编制 Newton-Raphson 算法程序求 α_0,β_0,β_1 的 MLE。

表 2.2 在一个缓解急性白血病患者的临床试验中，处理组与控制组的缓解长度 (周)，括号中的数据为删失的。对于删失情况，此患者的缓解时间至少为括号中给出的数据

处理	(6)	6	6	6	7	(9)	(10)
	10	(11)	13	16	(17)	(19)	(20)
	22	23	(25)	(32)	(32)	(34)	(35)
控制	1	1	2	2	3	4	4
	5	5	8	8	8	8	11
	11	12	12	15	17	22	23

c. 应用任一种软件包中的 Newton-Raphson 或拟 Newton 法来求解上述 MLE。

d. 估计你给出的 MLE 的标准误差，这些估计是高度相关的吗？报告它们间的两两相关性。

e. 应用非线性 Gauss-Seidel 迭代求 MLE。相对于多元 Newton-Raphson 法而言，此方法易于操作，请对此作出评价。

f. 应用离散 Newton 法求 MLE，并评价此方法的稳定性。

2.4 某参数 θ 的后验分布为 Gamma(2,1)，求 θ 的 95% HPD 区间，即此区间以 95% 的后验概率保证落在此区间内任一点的后验密度都不低于此区间外任一点的密度。由于 Gamma 密度是单峰的，故此区间也是包含 95% 后验概率的最短区间。

2.5 1974 至 1999 年间，在美国水域共有 46 起严重的原油泄露事件，每次从油轮泄露出的原油不少于 1000 桶。本书主页包含如下数据：第 i 年的泄露数 N_i；第 i 年作为美国进出口一部分的在美国水域经油轮运输原油总量的估计值 b_{i1}(此值根据在国际或国外水域的泄露量进行了调整)；第 i 年在美国水域经国内油轮运输的原油总量 b_{i2}。此数据来源于文献 [11]，原油运输总量以百万桶(Bbbl)计。

原油的油轮运输量是揭示溢出风险的一个度量。假设给定 b_{i1}, b_{i1} 下 N_i 的分布为 Poisson分布，即 $N_i \mid b_{i1}, b_{i2} \sim P(\lambda_i)$，其中 $\lambda_i = \alpha_1 b_{i1} + \alpha_2 b_{i2}$。此模型的参数为 α_1, α_2，它们分别表示在进出口和国内运输时每百万桶发生泄露的比率。

a. 给出用 Newton-Raphson 法求 α_1, α_2 的 MLE 的更新方程。

b. 给出用 Fisher 得分法求 α_1, α_2 的 MLE 的更新方程。

c. 针对此问题，运行 Newton-Raphson 法和 Fisher 得分法，给出其 MLE，并从是否易于操作及表现上比较这两种方法。

d. 估计 α_1, α_2 的 MLE 的标准误差。

e. 应用带有步长取半的倒向追踪的最速上升法求其 MLE。

f. 用由式(2.49)给出的 Hessian 阵的近似更新，考虑应用拟 Newton 优化法。比较有无步长取半的表现。

g. 类似于图 2.8，画一个用来比较在(a)-(f)中所用方法的路径图，所选的区域和初值能很好地说明上述算法的表现。

2.6 表 2.3 给出了各个时间点面象虫(flour beetle)或杂拟谷盗(tribolium confusum)群体的数量[103]，记录了每个成长阶段的面象虫的数量，并严格控制所摄取的食物。

表 2.3　在154天的每个成长阶段的面象虫数量

天数	0	8	28	41	63	79	97	117	135	154
面象虫	2	47	192	256	768	896	1120	896	1184	1024

种群生长的一个基本模型就是下面的逻辑斯蒂模型

$$\frac{\mathrm{d}N}{\mathrm{d}t} = rN\left(1 - \frac{N}{K}\right) \tag{2.63}$$

其中 N 是种群数量，t 是时间，r 是生长率参数，K 表示环境的承载能力参数。此微分方程的解为

$$N_t = f(t) = \frac{KN_0}{N_0 + (K - N_0)\exp\{-rt\}} \tag{2.64}$$

其中 N_t 表示时刻 t 时的种群数量。

(a) 用逻辑斯蒂生长模型拟合面象虫，并用 Gauss-Newton 法最小化模型预测数量与观测数量间的平方误差。

(b) 用逻辑斯蒂生长模型拟合面象虫，并用 Newton-Raphson 法最小化模型预测数量与观测数量间的平方误差。

(c) 在多个种群模拟应用中，多采用对数正态假设。一个最简单的假设是 $\log N_t$ 是独立的并服从均

值为 $\log f(t)$，方差为 σ^2 的正态分布。用 Gauss-Newton 法和 Newton-Raphson 法求在此假设下的 MLE，给出参数估计的标准误差，并估计二者间的相关，并给出你的评论。

2.7 Himmelblau's 函数是 $f(x,y)=(x^2+y-11)^2+(x+y^2-7)^2$。该函数有四个最小值并且在其间有一个局部最大值。根据 α_r，α_e 和 α_c 的选择，针对下面的任务，比较 Nelder-Mead 算法的表现有何不同。

a. 说明计算该函数最小值的效果。

b. 说明计算该函数局部最大值的效果。这种情况下基于导数的程序运行得怎样?给出具体例子。

评价你的结果。

2.8 回忆二维问题，Nelder-Mead 算法在每步迭代时给出三个可能解表示一个单一具体的三角形的定点。我们可以考虑这三个是否是一个好的选择。设想一个二维优化问题的算法在每步迭代给出本质上类似于 Nel der-Mead 算法的凸四边形的定点。推测这样的程序如何继续运行。考虑像图 2.10 给出的草图。存在一些什么样的挑战?这里没有正确答案;目的是开启你的头脑风暴并考虑你的思想会把你引领到何处。

第3章　组合优化

当我们了解到存在一大类用多数方法 (包括前面所讲的方法) 都无法解决的优化问题时，多少令人有些沮丧。

尽管在某些非统计教课书上经常习惯求最小值，但除了第 3.3 节外，我们都将从最大化角度提出这些问题。对于统计应用而言，最大化对数似然等价于最小化负的对数似然。

假设我们的目的在于求函数 $f(\boldsymbol{\theta})$ 关于 $\boldsymbol{\theta}=(\theta_1,\cdots,\theta_p)$ 的最大值，其中 $\boldsymbol{\theta}\in\boldsymbol{\Theta}$ 且 $\boldsymbol{\Theta}$ 中元素个数为有限的正整数 N。在统计应用中，似然函数经常都依赖于结构参数 (configuration parameter)，而结构参数是用来描述统计模型形状的，且它有多种互不关联的选择。如果好的结构参数是已知的，则其余少数参数就很容易被优化。此时，我们可以把 $f(\boldsymbol{\theta})$ 看作结构参数 $\boldsymbol{\theta}$ 的对数偏似然，也就是说，通过应用结构参数，可取得最大似然值。第 3.1.1 节给出了几个例子。

每一个 $\boldsymbol{\theta}\in\boldsymbol{\Theta}$ 都被称为候选解 (candidate solution)。以 $f_{\max}$ 表示 $f(\boldsymbol{\theta})$ 在 $\boldsymbol{\Theta}$ 内的全局最大值，且以 $\mathcal{M}=\{\boldsymbol{\theta}\in\boldsymbol{\Theta}:f(\boldsymbol{\theta})=f_{\max}\}$ 表示函数的最大值集。如果有结 (tie)，则 $\mathcal{M}$ 包含的元素多于一个。不论 $\boldsymbol{\Theta}$ 有限与否，如果存在令人迷惑的局部最大值、平稳解，或在 $\boldsymbol{\Theta}$ 中趋向最大值的路径很长或当 N 很大时，求得 $\mathcal{M}$ 中的一个元素是非常困难的。

3.1　难题和 NP 完备性

实际上，组合优化问题一般是很难的。在这样的问题中，关于 p 个数的组合或排列有许多种，而其中每一个都对应着可能解空间中的一个元素，而最大化则需要在这个很大空间中进行搜索。

例如，我们考虑旅行商问题 (traveling salesman problem)。在此问题中，旅行商必须访问 p 个城市中的每一个，且只访问一次并最终回到出发地，要求其总的旅行距离最短，即我们要求在所有可能的路线中寻找总旅行距离最短者 (也即要最大化其负距离)。如果两个城市间的距离不依赖于旅行商的旅行方向，则共有 $(p-1)!/2$ 种可能路线 (其原因是出发点与旅行方向是任意的)。注意到，任一次旅行就对应着数 $1,\cdots,p$ 的一个排列，而此排列即表示访问城市的顺序。

为考虑解决此类问题的困难，先讨论一个算法求解此问题所需要的步数是有益的，其中每一步都是简单的运算，如四则运算、比较和分支指令 (branching) 等。当然，运算次数依赖于相关问题的大小。一般地，问题的大小是作为研究此问题的输入变量而指定的。对于旅行商问题，其大小则取决于等待排列的 p 个城市的位置。为刻划一个大小为 p 的问题的难度，我们用已知最好算法解决最坏情形下此问题所需要的运算次数来衡量。

因为运算次数随着所用语言和策略在改变，故它仅是一个粗糙的概念。然而，习惯上使用记号 $\mathcal{O}(h(p))$ 来界定运算次数。如果 $h(p)$ 是 p 阶多项式，则称此算法为多项式算法。

尽管在一台计算机上的实际运行时间依赖于计算机速度，但我们一般均假设所有的基本运算都需要大致相同的时间 (一个时间单位)，故运行时间就等于运算次数。于是，尽管不同算法的绝对运行时间不同，但我们可以用运行速度来比较算法的速度。

考虑大小 $p=20$ 的两个问题。假设第一个问题可以在多项式时间 (比如 $\mathcal{O}(p^2)$ 次运算) 内解决，且在你办公室的计算机上，求解需 1 分钟。于是，解决大小为 21 的问题将多需要几秒钟，解决大小为 25 的问题需要 1.57 分钟，大小为 30 的问题需要 2.25 分钟，大小为 50 的需要 6.25 分钟。假设第二个问题的时间为 $\mathcal{O}(p!)$，且解决一个大小为 20 的问题需要 1 分钟，则大小 21 的问题需要 21 分钟，大小为 25 的问题需要 12.1 年 (6 375 600 分钟)，大小为 30 的需要 2 亿 7 百万年，大小为 50 的需要 2.4×10^{40} 年。类似地，如果用一个运算次数为 $\mathcal{O}(p!)$ 阶的算法解决大小为 20 的旅行商问题需要 1 分钟，则要帮助此旅行商确定一个走遍美国 50 个州的首府的最佳路线的时间要比宇宙的寿命还要长。另外，用速度快 1000 倍的计算机也不大可能减少此难度。结论是严酷的，即求解某些优化问题是非常困难的。一个多项式问题，即使对于大的 p 和高阶多项式，其复杂度也远小于很小的非多项式问题的复杂度。

关于问题复杂度的讨论见文献 [214, 497]。为便于将来讨论此问题，我们必须严格区别 优化 (搜索) 问题和决策 (识别) 问题。迄今为止，我们已考虑了如下形式的优化问题："求 $\boldsymbol{\theta}\in\boldsymbol{\Theta}$ 使其最大化 $f(\boldsymbol{\theta})$ "。而与此相对应的决策问题为："对于固定的常数 c，是否存在一个 $\boldsymbol{\theta}\in\boldsymbol{\Theta}$ 使得 $f(\boldsymbol{\theta})>c$?" 显然，上述两个问题有着密切的关系。通常，我们可以通过适当地选取 c 的值而重复求解决策问题以解决优化问题。

一般地，在多项式时间内能解决的决策问题 (例如，对于 p 个输入，共有 $\mathcal{O}(p^k)$ 个运算，其中 k 为常数) 都被认为是能有效求解的[214]，以集合 P 记这些问题的全体。一个问题一旦能被一个时间为多项式的算法解决，则其多项式阶数经常很快能被减少为一个实际可接受的水平[497]。如果能验证一个决策问题可以在多项式时间内被解决，则称之为一个 NP 问题。显然，一个在 P 中的问题肯定是 NP 问题。然而，可能存在着许多决策问题，如旅行商问题，它们易于验证而难于求解。事实上，有多个 NP 问题很难在多项式时间内求得其解。另外，也已证明有多个 NP 问题属于一个特殊集合，只要一个算法能解决此集合中的一个问题，则此算法也可解决此集合中的其他问题。称此集合为完备 NP 问题族 (class of NP-complete problems)。当然，也存在着许多其他类别的困难问题，对于这些困难问题，即使无法证明此问题为完备 NP 问题，但一个多项式算法 (如果能找到的话) 可以求解所有的完备 NP 问题，则称这些问题为 NP 难题 (NP-hard problems)。现仍有多个很难的组合决策问题，它们可能是完备 NP 问题或 NP 难题，但仍未证明之。最后，优化问题并不比其对应的决策问题容易，且我们仍可以用上述分类方法把优化问题分类。

现已证明，如果任一个完备 NP 问题都有一个多项式算法，则一定存在适用所有完备 NP 问题的多项式算法。在寻找适用于所有完备 NP 问题的多项式算法的过程中，科学家完全失败了，由此引出一个著名猜想：对于任一完备 NP 问题都不存在多项式算法。此猜想的证明或反例仍属于数学几大未解问题之一。

由此让我们认识到现仍存在多个很难的优化问题，用传统方法很难严格地解决。如在生物信息、试验设计和非参数统计模型中的多个问题需要组合优化。

3.1.1 几个例子

现在统计学家已慢慢认识到，在主流统计模型拟合中经常遇到组合优化问题。下面我们给出两个例子。一般地，如果模型拟合需要利用最优决策以确定可能参数集中的哪些参数出现在模型中，则它经常是一个组合优化问题。

例 3.1 (基因图谱) 经常利用非常复杂的组合优化问题来分析个体和近亲个体群的基因数据。例如，一个染色体的基因定位问题就是基因图谱问题。

一个染色体中的基因或更一般的基因标记都可以用一个记号序列来表示，而沿着染色体的每一记号的位置就被称为它的*位点* (locus)。记号标示出基因或基因标记，而存储在一个位点的特定内容就是一个 *等位基因* (allele)。

由于像人类的二倍体物种有一对染色体，于是，在任一位点都有两个等位基因。如果一个位点的两个等位基因相同，则称此个体在此位点是 *纯合的* (homozygous)；否则，称之为*杂合的* (heterozygous)。无论哪种情况，每一个亲本都在子本一对染色体中的每一个位点贡献一个等位基因。由于在子本染色体对的相应位点亲本有两个等位基因，故亲本的贡献有两种可能。尽管亲本的每一等位基因都有 50% 的机会贡献给子本，但来自特定亲本的贡献并不是随机独立的。相反，一个亲本的贡献包括一条染色体，而此条染色体是在 *减数分裂* (meiosis) 期间由此父本两条染色体中的染色体片段所构成的。而这些片段将含有多个位点。当在所贡献的染色体中的等位基因从来自亲本中某一条染色体而变成来自另一个条时，就出现了一个*交叉互换* (crossover)。图 3.1 给出了在减数分裂期间出现的一个交叉互换及由一个亲本贡献给子本的染色体。这种贡献方法意味着此亲本一条染色体上位点非常接近的等位基因最有可能一起出现在由此亲本贡献的染色体中。

当在亲本一条染色体两个位点的等位基因经常频繁地 (相对于偶然机会所期望的而言) 一起出现在贡献的染色体上时，我们就称它们是*关联的*或*连接的* (linked)。当在亲本一条染色体两个不同位点的等位基因没有同时出现在贡献的染色体上时，则在位点间出现了*重组* (recombination)。重组频率决定了两个位点间的关联度：少见的重组对应着强关联。两个位点间的关联度或*图距离* (map distance) 对应着两个位点间交叉互换的期望次数。

一个含有 p 个标记的基因图包含着其位点的一个排序和相邻位点间的重组距离或概率列

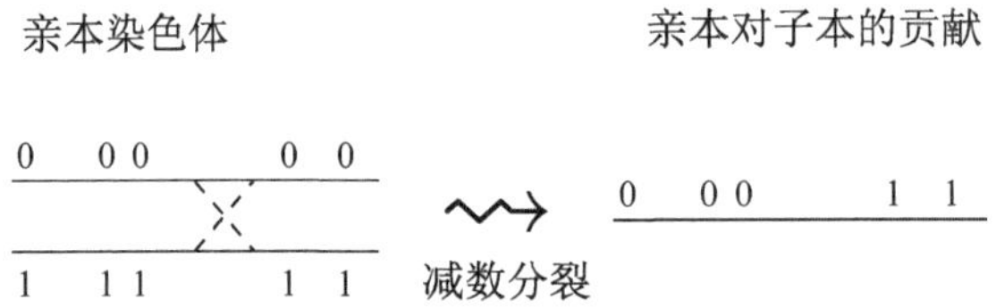

图 3.1 在减数分裂期间，一个交叉互换出现在第三与第四个位点之间。0 和 1 分别指出每个等位基因在贡献染色体上的原始位置。为简单起见，仅给出了一个亲本贡献

表。给每一个位点分配一个标号 $\ell(\ell=1,2,\cdots,p)$。以 $\boldsymbol{\theta}=(\theta_1,\cdots,\theta_p)$ 记图的排序部分 (ordering component)，它表示 p 个位点标号的位置沿着染色体的排列：如果标号为 ℓ 的位点处于染色体的第 j 个位置，则 $\theta_j=\ell$。于是，$\boldsymbol{\theta}$ 是整数 $1,2,\cdots,p$ 的一个排列。一个基因图的其他部分就是相邻位点间距离的列表。记相邻位点 θ_j 和 θ_{j+1} 间的重组概率为 $d(\theta_j,\theta_{j+1})$，其总和为位点间的图距离，图 3.2 给出了一个图示。

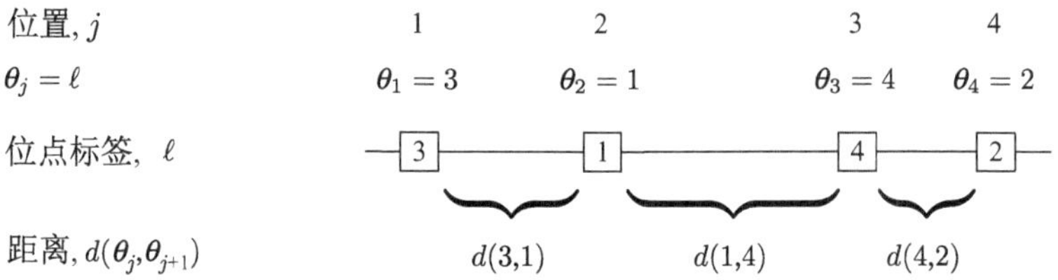

图 3.2 有 $p=4$ 个位点的基因图示。以在盒子中的号码记染色体相应位置上的位点。位点的正确顺序列由 θ_j 定义，位点间的距离为 $d(\theta_j,\theta_{j+1}),j=1,2,3$

此图可由一组样本在 p 个位点观测到的基因来估计，而此组样本为来自 p 个位点均杂合亲本在减数分裂期间所生成的 n 条染色体。而每条染色体均表示成由 0 和 1 组成的一个序列，且标示出每一个等位基因在贡献亲本中的原始位置。例如，在图 3.1 右边所描述的染色体可用 00011 表示，因为前三个等位基因来自此亲本的第一条染色体，而后两个等位基因来自此亲本的第二条染色体。

以随机变量 X_{i,θ_j} 记在减数分裂期间生成的第 i 条染色体中标号为 θ_j 的位点上的等位基因的原始位置。数据集包括这些随机变量的观测值 x_{i,θ_j}。于是，如果 $|x_{i,\theta_j}-x_{i,\theta_{j+1}}|=1$，则第 i 条染色体的两个相邻标记就出现了一个重组；如果 $|x_{i,\theta_j}-x_{i,\theta_{j+1}}|=0$，则没有观测到重组。如果假设在每个区间内重组事件的发生是独立，则一个给定图的概率为

$$\prod_{j=1}^{p-1}\prod_{i=1}^{n}\left\{(1-d(\theta_j,\theta_{j+1}))\left(1-|x_{i,\theta_j}-x_{i,\theta_{j+1}}|\right)+d(\theta_j,\theta_{j+1})|x_{i,\theta_j}-x_{i,\theta_{j+1}}|\right\} \tag{3.1}$$

给定一个顺序 $\boldsymbol{\theta}$，易得重组概率的 MLE 为

$$\hat{d}(\theta_j,\theta_{j+1})=\frac{1}{n}\sum_{i=1}^{n}|x_{i,\theta_j}-x_{i,\theta_{j+1}}| \tag{3.2}$$

给定 $d(\theta_j,\theta_{j+1})$，则介于位置为 j 和 $j+1$ 的位点间的重组数为 $\sum_{i=1}^{n}|X_{i,\theta_j}-X_{i,\theta_{j+1}}|$，且它服

从二项分布 $B(n,d(\theta_j,\theta_{j+1}))$。我们可以通过加入 $p-1$ 个相邻位点集的对数似然和用条件极大似然估计 $\hat{d}(\theta_j,\theta_{j+1})$ 替代 $d(\theta_j,\theta_{j+1})$ 来计算 $\boldsymbol{\theta}$ 的偏似然。对于任意 $\boldsymbol{\theta}$，以 $\hat{\boldsymbol{d}}(\boldsymbol{\theta})$ 计算这些极大似然估计，则 $\boldsymbol{\theta}$ 的偏似然为

$$\begin{aligned} l(\boldsymbol{\theta}|\hat{\boldsymbol{d}}(\boldsymbol{\theta})) &= \sum_{j=1}^{p-1} n\left\{\hat{d}(\theta_j,\theta_{j+1})\log\{\hat{d}(\theta_j,\theta_{j+1})\}\right. \\ &\quad \left. + (1-\hat{d}(\theta_j,\theta_{j+1}))\log\{1-\hat{d}(\theta_j,\theta_{j+1})\}\right\} \\ &= \sum_{j=1}^{p-1} T(\theta_j,\theta_{j+1}) \end{aligned} \tag{3.3}$$

其中如果 $\hat{d}(\theta_j,\theta_{j+1})$ 为 0 或 1，则 $T(\theta_j,\theta_{j+1})$ 为 0。则通过求取式 (3.3) 在 $\boldsymbol{\theta}$ 的所有排列中的最大值，可求得极大似然基因图。注意到式 (3.3) 中的每一项 $T(\theta_j,\theta_{j+1})$ 的值仅依赖于两个位点。假设可列举所有的位点对，且对所有的 $1\leqslant i<j\leqslant p$，$T(i,j)$ 都可以计算，则 $T(i,j)$ 共有 $p(p-1)/2$ 个值。于是，对于任一排列 $\boldsymbol{\theta}$，其偏对数似然可立即由加和 $T(i,j)$ 的某些值而得到。

然而，求取最大似然基因图需要在 $p!/2$ 个可能排列中寻找最大的偏似然。这是旅行商问题的变形，其中每一个基因标记对应着一个城市，城市 i 与 j 间的距离为 $T(i,j)$。旅行商的旅行可从任一城市出发、在最后一个城市结束，且其前进与倒退是等价的。目前还没有在多项式时间内能解决一般旅行商问题的已知算法。

此例子的其他细节和推广请见文献 [215，572]。 □

例 3.2 (回归中变量的选择) 考虑有 p 个潜在预测变量的多元线性回归问题。选取合适模型是回归中最基本的步骤。对于给定的因变量 Y 和候选预测变量 $x_1,x_2,\cdots,x_p$，我们需要找到形如 $Y=\beta_0+\sum_{j=1}^{s}\beta_{i_j}x_{i_j}+\epsilon$ 的最佳模型，其中 $\{i_1,\cdots,i_s\}$ 为 $\{1,\cdots,p\}$ 的一个子集，ϵ 为随机误差。模型最优的含义有多种可能。

假设我们的目的在于应用池田信息准则 (AIC) 来选取最佳模型[7,86]。我们要寻找预测变量的一个子集以最小化拟合模型的 AIC:

$$\mathrm{AIC}=N\log\{\mathrm{RSS}/N\}+2(s+2) \tag{3.4}$$

其中 N 为样本变量，s 为模型中预测变量的个数，RSS 为残差平方和。另外，当考虑 Bayes 回归时，假设利用正态 Gamma 共轭先验：$\boldsymbol{\beta}\sim N(\boldsymbol{\mu},\sigma^2\boldsymbol{V}),\nu\lambda/\sigma^2\sim\chi^2_\nu$。此时，人们转而求取最大化后验概率模型的预测变量子集[527]。

无论对于上述哪种情况，因为每一个变量或截距项都可能被选入或舍弃，故变量选择问题就是在 2^{p+1} 个可能的模型中择优。对于 2^{p+1} 个可能模型中的每一个，都需要估计最优的 β_{i_j}。而对于任一给定模型，此步容易实施。尽管现已有一些搜索算法可用来进行经典的回归模型选择，且比穷举搜索法更有效，但它仅对相对较小的 p 才可行[213,465]。我们知道，为求取 AIC 或 Bayes 角度的全局最优值 (也即是一个最好的模型)，现仍没有一个有效的通用算法。 □

3.1.2 需要启发式算法

如此具有挑战性问题的存在就要求我们对最优化进行新的思考。我们必须放弃那些能保证找到全局最优 (在适当条件下) 但在实际可操作的时间内不可能完成的算法。取而代之的是，我们转而寻找那些在可容忍的时间内能找到一个好的局部最大值的算法。

有时称这样的算法为启发式算法，希望利用这些算法平衡速度与整体最优，从而找到一个可与全局最优竞争的候选者 (也就是接近最优值)。启发式算法的两个基本特征是：

1. 逐步改进当前的候选解；

2. 限制任一步迭代仅在局部邻域里寻找。

此两个特征表明启发式算法首先强调的是*局部搜索*策略。

没有任何单个启发式算法能很好地处理所有问题。事实上，以处理所有可能的离散函数的平均表现来看，也不存在一种搜索算法，其表现较别的好[576,672]。显然，对不同问题采用不同的启发式算法是明智的。于是除了局部搜索外，我们将研究*模拟退火* (simulated annealing)、*遗传算法* (genetic algorithm)和*禁忌算法* (tabu algorithm)。

3.2 局部搜索法

局部搜索是一个非常广阔的优化范例，可验证它包括本章讲述的所有技巧。在本节我们将介绍一些局部搜索的最简单最一般的变型，如 *k 最优和随机初值的局部搜索*。

基本的局部搜索就是一种迭代方法，它用 $\boldsymbol{\theta}^{(t+1)}$ 来更新当前第 t 步迭代的候选解 $\boldsymbol{\theta}^{(t)}$。此时的更新称为*一步移动* (move)或*一步运算* (step)。一步或多步可能的移动均来自 $\boldsymbol{\theta}^{(t)}$ 的一个邻域 $\mathcal{N}(\boldsymbol{\theta}^{(t)})$。局部搜索相对于整体或穷尽搜索的优点在于：在每一步迭代它仅需要在 $\boldsymbol{\Theta}$ 的很小部分中进行搜索，而 $\boldsymbol{\Theta}$ 的大部分均不需要验证。其不足为：搜索可能在某个不满意的局部最大值处停止。

当前候选解的邻域 $\mathcal{N}(\boldsymbol{\theta}^{(t)})$ 包含那些在 $\boldsymbol{\theta}^{(t)}$ 附近的候选解，而这种临近性是通过限制改变当前候选解 (用来生成其他候选解的当前解) 的次数来保证的。实际上，对当前候选解进行简单改变是最好的，这样生成一个易于搜索或抽样的小邻域。较复杂的改变是难于概念化和编程的，且运算很慢。另外，它们的搜索表现也少有改进，尽管直观上看大邻域产生较差局部最大值的可能性较小。如果允许对当前候选解有 k 种变化以生成下一个候选解，则称此邻域为 *k 邻域*，且称对当前候选解的 k 个特征的改变为一个 *k 变化*。

这里有意识模糊一个邻域的定义就是允许在多种问题中灵活应用这一术语。对于在例 3.1 中介绍的基因图谱问题，假设 $\boldsymbol{\theta}^{(t)}$ 为基因标记的当前顺序，则一个简单邻域即为交换顺序为 $\boldsymbol{\theta}^{(t)}$ 的染色体上两个标记的位置所得的所有顺序的集合。在例 3.2 的回归模型选择问题中，一个简单邻域即为由 $\boldsymbol{\theta}^{(t)}$ 增加或减少一个预测变量的模型集合。

一个局部邻域通常将包括几个候选解。在每一步迭代，一个显而易见的策略就是在当前邻域的所有候选解中选择最优的，这就是*最速上升法* (steepest ascent)。为提高其性能，人们首先会考虑随机选取的邻域以使得其目标函数超过其前面值，这即为*随机上升法* (random ascent)或*次上升法* (next ascent)。

如最速上升法应用 k 邻域，则称其解为 k*最优的*。另外，任何由 $\boldsymbol{\theta}^{(t)}$ 上升到 $\boldsymbol{\theta}^{(t+1)}$ 的局部搜索算法就是一个*上升算法*，即使它的上升高度在 $\mathcal{N}(\boldsymbol{\theta}^{(t)})$ 中可能不是最高的。

不管整体最优问题而只在小邻域中序贯地选择最优值的算法就是*贪婪算法* (greedy algorithm)。一个采用贪婪算法的象棋手可能不管其将来结果如何而仅考虑当前的最优移动：他可能移动马去吃对方的卒而不考虑其马下步可能会被对手吃掉。在从当前候选解邻域选取一个新候选解时，聪明的作法必须在利于下步快速移动和寻找具有整体竞争力解之间保持平衡。为避免找到一个不好的局部最大值，有时避开 $\boldsymbol{\theta}^{(t)}$ 方向上的最优邻域也可能是合理的，这一点将在后面看到。例如，当 $\boldsymbol{\theta}^{(t)}$ 是一个局部最大值时，*最速上升法/适度下降法* (steepest ascent/mildest descent，[306]) 允许下一步 $\boldsymbol{\theta}^{(t+1)} \in \mathcal{N}(\boldsymbol{\theta}^{(t)})$ 为最适合的 (见 3.5 节)。现有多种用来从 $\mathcal{N}(\boldsymbol{\theta}^{(t)})$ 中选取一个候选解邻域的技术以及用来决定是采用新的还是保留 $\boldsymbol{\theta}^{(t)}$ 的随机决策准则。这些算法生成一个马氏链 $\{\boldsymbol{\theta}^{(t)}\}(t=0,1,\cdots)$ 并且和模拟退火 (3.3 节)及第 7 章的方法都密切相关。

对于 k 变化的最速上升法，当 k 大于 1 或 2 时，由于其邻域的大小随 k 迅速增加，故在当前邻域内的搜索可能是非常困难的。对于大的 k，把 k 变化分成几个小的部分，之后在较小的邻域内序贯地选取最优候选解是非常有益的。为提升搜索多样性，可以把一步 k变化分解成几个较小的序列变化，并结合准许一个或多个较小步为次最优 (如随机的) 的策略。这样*可变深度* (variable-depth) 的*局部搜索法*允许一个更好的潜在步偏离当前的候选解，即使它在 k 邻域中不像是最优的。

上升算法经常收敛于一个不具有整体竞争力的局部最大值，*随机初值的局部搜索法* (random starts local search) 是克服这一不足的一种方法。此时，从多个初值出发，重复运行一个简单的上升算法直到结束，而其初值是随机选取的。选取初值的一个最简单方法即是在 $\boldsymbol{\Theta}$ 中独立且均匀地随机选取。某些精致方法可能考虑某种类型的分层抽样，而其层是通过某些试运行以期分解 $\boldsymbol{\Theta}$ 成几个具有不同收敛行为的区域来得到的。

仅依赖随机初值来避免局部最大值看来不会太令人满意。在后面几节，我们将引入一些修改的局部搜索法，而这些修改的目的在于每一次运行均有机会求得具有整体竞争力的候选解，也可能是整体最优值。当然，也可结合应用多重随机初值的策略和这些修改方法以提供一个更可信的最优解。实际上如果这种方法可行我们经常推荐这样做。

例 3.3 (棒球运动员薪水) 如果时间允许采用多个随机初值，则由于随机初值的局部搜索法在实际应用中易于编程且运行速度快，故它是一种非常有效的方法。这里，我们考虑它在回归模型选择问题上的应用。

表 3.1 列出了 27 个反映棒球员表现好坏的变量，如击球百分比和本垒打数，这些数据来自 1991 年的 337 位球员 (不包括投手)。球员在 1992 年的薪水 (单位：千美元) 可能与上

表 3.1 影响棒球员薪水的潜在变量

1. 击球率	10. 三击未中出局(SO)	19. 每个 SO 的跑垒数
2. 在垒的百分比(OBP)	11. 盗垒数(SB)	20. OBP/失误
3. 记录到的跑垒得分	12. 失误	21.每次失误的跑垒得分
4. 安打数	13. 自由队员[a]	22. 每次失误的安打
5. 二垒打	14. 仲裁[b]	23. 每次失误的HR
6. 三垒安打	15. 每次 SO 的得分	24. SO×失误
7. 本垒打(HR)	16. 每次 SO 的安打	25. SB×OBP
8. 击球跑垒得分(RBI)	17. 每次SO的HR	26. SB×跑垒得分

[a] 自由队员或有资格当选。
[b] 仲裁或有资格当选。

一赛季的这些变量有关。这些数据来自文献 [654]，也可从本书主页上下载。我们把薪水变量的对数作为响应变量，其目的在于应用线性回归模型来求取预测薪水对数的最优预测变量子集。如假设任一模型均有截距项，则搜索空间共有 $2^{27} = 134\ 217\ 728$ 个可能的模型。

图 3.3 给出了用随机初值的局部搜索方法求使 AIC 最小的相应回归变量选择的图示。由于可把此问题看成求负 AIC 的最大值问题，于是，可用上升搜索来衡量其表现。邻域仅局限于对当前模型添加或去掉一个变量的 1-变化。从五个随机选取的变量子集 (即五个初值) 开始搜索，且分配给每个初值 14 步，每步移动均由最速上升所决定。由于每步最速上升均要求搜索 27 个邻域，于是，这个小例子就要求对目标函数进行 1890 次计算。在本章其余部分的关于其他启发式算法的例子，将对目标函数的计算加以适当的限制。

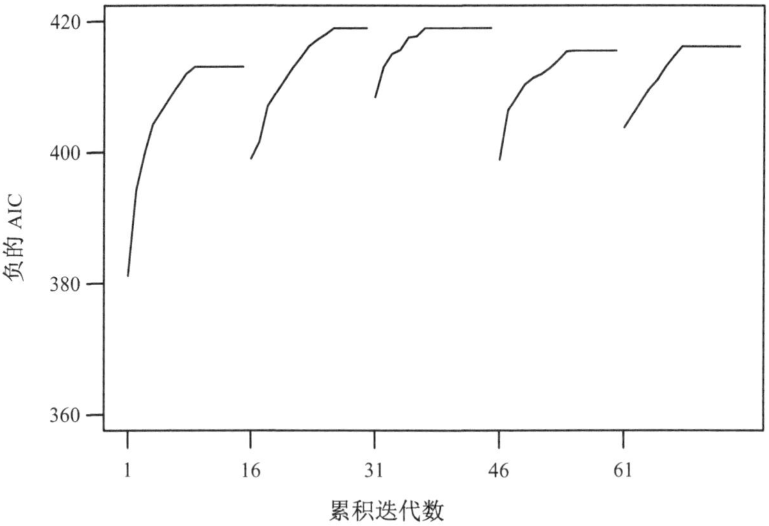

图 3.3 例 3.3 中用最速上升的随机初值局部搜索的结果，对于 5 个随机初值的每一个都有 15 步迭代。图中仅给出了介于 −360 和 −420 间的 AIC 值

图 3.3 给出了每步最优模型的 AIC 值。表 3.2 汇总了搜索的一些结果。第二和第三个随机初值 (记为 LS(2, 3)) 得到最优的 AIC 为 −418.95，其模型包含预测变量 2，3，6，8，10，13，14，15，16，24，25 和 26。最差的随机初值为第一个，其对应模型的 AIC 为 −413.04 且有 10 个变量。为了比较，贪婪逐步回归法(SPLUS中的step()过程[642])选取的模型有 12 个变量，其 AIC 值为 −418.94。Efroymson 的贪婪逐步回归法[465] 选取的模型有 9 个变量，其 AIC 值为 −402.16；然而，此模型的设计原则与 AIC 稍有不同，其目的在于寻找一个节俭的模型。在使用默认设置时，上述这些成熟算法找到的模型没有一个优于运用简单随机初值进行局部搜索法得到的模型。 □

表 3.2 例 **3.3** 的利用随机初值局部搜索法的结果。圆点表示每个所选模型中含有对应的预测变量，所标识的模型见正文中的解释。该表格中所有的模型均包含变量 **3，8，13** 和 **14**

	选入变量																		
方法	1	2	6	7	9	10	12	15	16	18	19	20	21	22	24	25	26	27	AIC
LS(2,3)		•	•			•		•	•						•	•	•		−418.95
S-Plus	•		•			•		•	•						•	•	•		−418.94
LS(5)						•	•	•	•			•		•		•		•	−416.15
LS(4)					•	•					•	•	•	•					−415.52
LS(1)			•				•						•	•	•	•			−413.04
Efroy				•		•				•					•		•		−402.16

3.3 模拟退火

由于模拟退火的一般性和其最简单的易于实现的形式，故它在组合优化中是一种很流行的方法。另外，其极限行为也得到了很好的研究。换句话说，其极限行为在实际中不易实现，其收敛速度可能相当慢。只有进行复杂深刻地改进才能提高其性能。关于模拟退火的有益综述见文献 [75，641]。

退火是将一个固体加热后再慢慢冷却的过程。当一个固体在一定压力下被加热时，其内部能量增加且分子随机运动。随后，如果此固体慢慢冷却，则其热能一般均慢慢地减少，但有时也以 Boltzmann 概率随机地增加，即在温度 τ，能量增加幅度 ΔE 的概率密度为 $\exp\{-\Delta E/k\tau\}$，其中 k 是 Boltzmann 常数。如果冷却相当慢且降温足够大，则最终状态是无压力的，且所有分子都按最小势能形式排列。

为与上述物理过程的动机一致，在本节我们提出一个求最小值的优化问题：在 $\boldsymbol{\theta} \in \boldsymbol{\Theta}$ 时求 $f(\boldsymbol{\theta})$ 的最小值。于是，可用类似于上述物理冷却过程来求解一个组合优化问题[130,378]。对于模拟退火算法，$\boldsymbol{\theta}$ 对应着材料的状态，$f(\boldsymbol{\theta})$ 对应着其能量水平，最优解对应着具有最小能量的 $\boldsymbol{\theta}$。状态间的随机转换，即由 $\boldsymbol{\theta}^{(t)}$ 到 $\boldsymbol{\theta}^{(t+1)}$ 的移动由上述给出的 Boltzmann 分布决定，而此分布依赖于称为温度的参数。当温度高时，更可能接受上坡移动，即向更高能量的状态移动，这将阻止算法收敛到已经找到的第一个局部最小值。如果没有适当选取所考察的候选解空间，则此局部最小值可能不是全局最优的。随着搜索的继续，温度在降低。由于仅有少数上坡移动被允许，故它将愈加强迫搜索集中在当前的局部最小值。如果适当设定冷却进度 (cooling schedule)，则算法就有希望收敛到整体最小值。

模拟退火算法是一个迭代算法，时刻 $t=0$ 的初值为 $\boldsymbol{\theta}^{(0)}$，温度为 τ_0。用 t 表示迭代步数，此算法在几个阶段内运行，阶段标号为 $j=0,1,2,\cdots$，而每一个阶段均包含有多步迭代，第 j 个阶段的长度为 m_j。每次迭代如下进行：

1. 在 $\boldsymbol{\theta}^{(t)}$ 的邻域 $\mathcal{N}(\boldsymbol{\theta}^{(t)})$ 内，根据建议密度 $g^{(t)}(\cdot|\boldsymbol{\theta}^{(t)})$ 选取候选解 $\boldsymbol{\theta}^*$。
2. 随机决定是否采用 $\boldsymbol{\theta}^*$ 作为下一个候选解或还是仍用当前解。特别地，以概率 $\min\left(1,\exp\left\{[f(\boldsymbol{\theta}^{(t)})-f(\boldsymbol{\theta}^*)]/\tau_j\right\}\right)$ 取 $\boldsymbol{\theta}^{(t+1)}=\boldsymbol{\theta}^*$，否则取 $\boldsymbol{\theta}^{(t+1)}=\boldsymbol{\theta}^{(t)}$。
3. 重复第 1，2 步 m_j 次。
4. 增加 j 且更新 $\tau_j=\alpha(\tau_{j-1}), m_j=\beta(m_{j-1})$, 转至第 1 步。

如果根据总迭代次数的限制或事先给定的 τ_j 和 m_j，此算法不能停止，则人们可以用绝对或相对收敛准则来控制它 (见第 2 章)。然而，停止准则多由最小温度来表示。算法停止后，所求得的最优候选解即是估计的最小值。

函数 α 应使温度慢慢递减至 0。在每个温度 m_j 中的迭代次数应较大且关于 j 单增。理想的函数 β 应使 m_j 为 p 的指数，但在实际中为达到容许的计算速度某些折衷是必要的。

尽管当一个候选解优于当前解时它总被采用，但注意当它不好时，它也有一定的概率被采用。在这种意义下，模拟退火算法是一个随机的下降算法。此随机性将使模拟退火算法有时能逃脱一个没有竞争力的局部极小值。

3.3.1 几个实践问题

3.3.1.1 邻域和建议密度

选取邻域的策略可随指定问题在变化，但最好的邻域一般都较小且易于计算。

考虑旅行商问题。把城市标号为 $1,2,\cdots,p$，任一次旅行 $\boldsymbol{\theta}$ 就表示这些整数间的一个排列。所有城市都以这种顺序被连接起来，而最终访问的城市和旅行开始时出发城市间的连接为另一额外连接。可以通过去掉两个不相邻连接和重接此次旅行来生成 $\boldsymbol{\theta}$ 的一个邻域。此时，通过重接来得到正确旅行的方式仅有一种：旅行中的一段是可颠倒的。如旅行 143256 就是旅行 123456 的一个邻域。由于两个连接被改变，故生成这样邻域的过程就是一个 2 变化，它生成了一个 2 邻域。任一个旅行都有 $p(p-3)/2$ 个唯一的 2 变化邻域不同于 $\boldsymbol{\theta}$ 本身。此邻域比完全解空间中的 $(p-1)!/2$ 个旅行要小许多。

选取邻域结构的最关键一点就是允许在 $\boldsymbol{\Theta}$ 中的所有解都能连通 (communicate)。为了

使 $\boldsymbol{\theta}_i$ 与 $\boldsymbol{\theta}_j$ 是连通的，就必须找到一个有限解序列 $\boldsymbol{\theta}_1,\cdots,\boldsymbol{\theta}_k$，使得 $\boldsymbol{\theta}_1\in\mathcal{N}(\boldsymbol{\theta}_i),\boldsymbol{\theta}_2\in\mathcal{N}(\boldsymbol{\theta}_1),\cdots,\boldsymbol{\theta}_k\in\mathcal{N}(\boldsymbol{\theta}_{k-1})$ 和 $\boldsymbol{\theta}_j\in\mathcal{N}(\boldsymbol{\theta}_k)$。对于旅行商问题，上面提到的 2 邻域允许任意的 $\boldsymbol{\theta}_i$ 和$\boldsymbol{\theta}_j$ 间的连通。

最常用的建议密度 $g^{(t)}(\cdot|\boldsymbol{\theta}^{(t)})$ 是离散均匀，此时的候选解为来自 $\mathcal{N}(\boldsymbol{\theta}^{(t)})$ 的完全随机样本。这样的选取对计算速度和简单化是有好处的。另外，也有许多其他更好的方法[281,282,659]。

快速更新目标函数是加速模拟退火运行速度的最重要策略。在旅行商问题中，2 邻域的随机抽样等价于从当前旅行排列中选取两个整数。对于旅行商问题也要注意到，当 $f(\boldsymbol{\theta}^{(t)})$ 已求得时，在 $\boldsymbol{\theta}^{(t)}$ 的 2 邻域中对于任意的 $\boldsymbol{\theta}^*$ 可以有效地算得 $f(\boldsymbol{\theta}^*)$，此时，新旅行长度等于原旅行长度减去两个间断连接间的旅行距离，再加上两个新连接间旅行的距离。其计算时间不依赖于问题的大小 p。

3.3.1.2 冷却进度与收敛

阶段长度和温度的序列被称为*冷却进度*。理想的冷却进度应比较慢。

模拟退火的极限行为来自第 1 章介绍的马氏链理论。可以把模拟退火看成为生成一列齐次马氏链 (每个温度一列) 或一个非齐次马氏链 (温度在转换间递减)。尽管这些看法将导致定义极限行为方法的不同，但二者的结论均为：所得到的极限分布的支撑集仅在整体极小值集合上。

为理解冷却为什么可以导致算法收敛到需要的全局最小值，首先考虑固定温度为 τ，且假设对于 $\boldsymbol{\Theta}$ 中的任一对解 $\boldsymbol{\theta}_i$ 和 $\boldsymbol{\theta}_j$，$\boldsymbol{\theta}_i$ 来自 $\mathcal{N}(\boldsymbol{\theta}_j)$ 的概率与 $\boldsymbol{\theta}_j$ 来自 $\mathcal{N}(\boldsymbol{\theta}_i)$ 的概率相同。此时，由模拟退火生成的序列 $\boldsymbol{\theta}^{(t)}$ 就是一个平稳分布为 $\pi_\tau(\boldsymbol{\theta})\propto\exp\{-f(\boldsymbol{\theta})/\tau\}$ 的马氏链。这就是说，$\lim_{t\to\infty}P[\boldsymbol{\theta}^{(t)}=\boldsymbol{\theta}]=\pi_\tau(\boldsymbol{\theta})$。产生随机数序列的这种方法被称为 *Metropolis 算法*，我们将在 7.1 节讨论。

原则上，在温度减小之前，我们通常会在此固定温度上运行此链很长时间以使马氏链接近其平稳分布。

假设共有 M 个全局最小值且记此解集为 $\mathcal{M}$，记 f 在 $\boldsymbol{\Theta}$ 上的最小值为 $f_{\min}$，则对于固定的 τ，此链的平稳分布为

$$\pi_\tau(\boldsymbol{\theta}_i)=\frac{\exp\{-[f(\boldsymbol{\theta}_i)-f_{\min}]/\tau\}}{M+\sum_{j\notin\mathcal{M}}\exp\{-[f(\boldsymbol{\theta}_j)-f_{\min}]/\tau\}},\ \forall\ \boldsymbol{\theta}_i\in\boldsymbol{\Theta} \tag{3.5}$$

由于当 $\tau\to0$ 时，如果 $i\notin\mathcal{M}$，则 $\exp\{-[f(\boldsymbol{\theta}_i)-f_{\min}]/\tau\}$ 的极限为 0; 否则为 1。这样，

$$\lim_{\tau\downarrow0}\pi_\tau(\boldsymbol{\theta}_i)=\begin{cases}1/M, & \text{如果 } i\in\mathcal{M}\\ 0, & \text{否则}\end{cases} \tag{3.6}$$

上述结论的数学证明见文献 [67，641]。

另外，也可能把冷却进度与最终解的质量范围联系起来。如果希望任一次迭代的平均结果与全局最小值的差超过 ϵ 的概率不大于 δ，则冷却应一直到 $\tau_j\leqslant\epsilon/\log\{(N-1)/\delta\}$，其

中 N 是 $\boldsymbol{\Theta}$ 中点的个数[426]。换句话说，这样的 τ_j 将保证最终平衡态的马氏链结构满足不等式 $P\left[f(\boldsymbol{\theta}^{(t)}) > f_{\min} + \epsilon\right] < \delta$。

如果邻域互通且最深的局部最小值 (非全局最小值) 的深度是 c，则由 $\tau = c/\log\{1+i\}$ 给定的冷却进度将保证渐近收敛，其中 i 表示迭代步数[292]。定义一个局部最小值的深度为目标函数的最小增加量，此增加量能逃脱此局部最小值而进入另一最小值的谷值。然而，$\mathcal{M}$ 中至少一个元素所需迭代次数的数学范围超出 $\boldsymbol{\Theta}$ 本身的大小的概率是很高的。此时，模拟退火不可能比穷举搜索更快地求得全局最小值[33]。

如果人们希望在降低温度前的每一个温度点上，由模拟退火产生的马氏链近似其平稳分布，则理想的运行长度应至少为解空间大小的二次函数[1]，而解空间本身的大小多是问题大小的指数倍。显然，如果要求模拟退火的迭代少于穷举搜索的话，则必须选取较短的长度。

在实际中，人们尝试过许多冷却进度[641]。回想一下在第 j 阶段的温度是 $\tau_j = \alpha(\tau_{j-1})$，第 j 阶段的迭代次数是 $m_j = \beta(m_{j-1})$。一种常用的方法是对所有的 j，取 $m_j = 1$，并根据 $\alpha(\tau_{j-1}) = \tau_{j-1}/(1 + a\tau_{j-1})$ 较慢地降低温度，其中 a 是一个较小的值。第二种选择是取 $\alpha(\tau_{j-1}) = a\tau_{j-1}$，其中 $a < 1$ (一般地， $a \geqslant 0.9$)。此时，人们可以在降低温度时增加阶段长度。例如，考虑 $\beta(m_{j-1}) = bm_{j-1}(b > 1)$ 或 $\beta(m_{j-1}) = b + m_{j-1}(b > 0)$。第三种进度取

$$\alpha(\tau_{j-1}) = \frac{\tau_{j-1}}{1 + \tau_{j-1}\log\{1+r\}/(3s_{\tau_{j-1}})}$$

其中 $s^2_{\tau_{j-1}}$ 是当前温度的平均目标函数损失减去当前温度的均方损失的平方，r 是一个小的实数 [1]。实际中很少应用上面提到的的温度进度 $\tau = c/\log\{i+1\}$，因为其计算速度很慢且 c 的确定比较困难 (c 的过分大的猜测取值将进一步降低算法速度)。

多数实际工作者都要求通过多次试验以求取合适的初始参数值 (如 τ_0 和 m_0) 和所用的进度值 (如 a,b 和 r)。虽然初始温度 τ_0 的选取常常依赖于研究的问题，但我们给出如下的一般指导方针。有用的策略是选取一个正数 τ_0 使得对于 $\boldsymbol{\Theta}$ 中的任一对解 $\boldsymbol{\theta}_i$ 和 $\boldsymbol{\theta}_j$，$\exp\{[f(\boldsymbol{\theta}_i) - f(\boldsymbol{\theta}_j)]/\tau_o\}$ 接近于 1。这样选取的合理性在于：在算法迭代早期，以一定合理的机会访问解空间中的任一点。类似地，大的 m_j 可得到更精确的解，但会计算较长的时间。作为一般经验，大的温度降低将导致降温后运算时间的增长。最后，大量证据建议长时间在高温度下运行模拟退火是非常不必要的。在许多问题中，局部最小值间的屏障是相当适度的，以至于用很低的温度就可以跃过这些屏障。于是，一个好的冷却进度首先就要快速降低其温度。

例 3.4 (棒球运动员薪水，续) 对例 3.3 中引进的棒球运动员薪水的回归问题，为了应用模拟退火利用 AIC 进行变量选择，我们必须确定一个邻域结构、建议密度和温度进度。通过对当前模型加入一个或删除一个变量而生成的 1-变化邻域是最简单的邻域。我们给邻域中每一个侯选解指定相同的概率。冷却进度有 15 个阶段：前 5 个阶段的长度为 60，中间 5 个阶段的长度为 120，最后 5 个阶段的长度为 220。每一阶段后，温度按照 $\alpha(\tau_{j-1}) = 0.9\tau_{j-1}$ 递减。

图 3.4 给出了针对两个不同的 τ_0 由模拟退火产生的候选解的 AIC 值。最下边的曲线对应着 $\tau_0 = 1$。此时，因为低温给予上坡移动以较小的容忍，故模拟退火将在不同时期固定在不

同的特定候选解上。图中显示，此算法很快找到一个 AIC 很小的好候选解，且经常固定在此。然而，在其他情况下 (如对于多峰的目标函数)，这样的固定将导致算法落入远离全局最小值的一个区域。在第二个运行中 $\tau_0=6$ (上面的实线)，它混合了许多个上坡移动。点线及右侧的纵坐标对应着 $\tau_0=1$ 的温度进度。对于高温度，两次运算均展示出较大的混合。当 $\tau_0=1$ 时，最优模型首先在第 1274 步被找到并且控制着以后的模型。此模型的 AIC 值为 -418.95，且与在表 3.2 中的随机初值的局部搜索法的最优模型相匹配。当 $\tau_0=6$ 时，最优模型的 AIC 值为 -417.85。此次运行是明显不成功的，因为需要更多的迭代次数或者更低的温度，或者两者兼有。 □

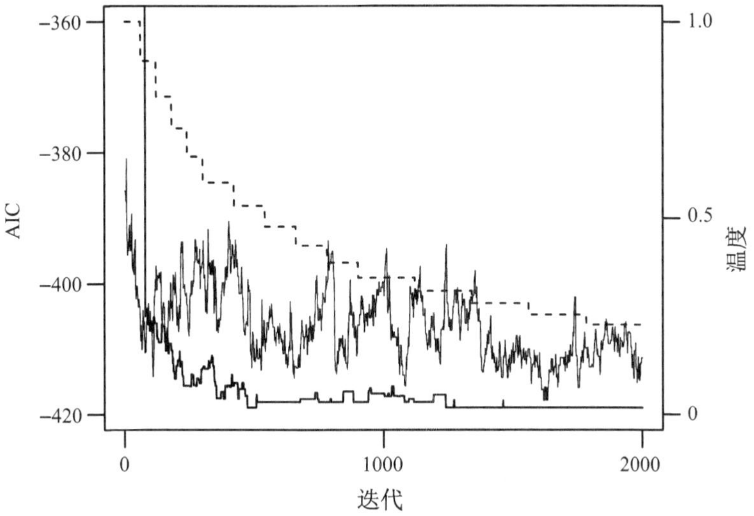

图 3.4 对于例 3.4 中的回归模型，利用两个模拟退火方法求取 AIC 最小值的结果。最下面曲线的温度由点线及右边的纵坐标给出。只给出了 AIC 值处于 -360 和 -420 之间的图形

3.3.2 强化

关于模拟退火方法，现有多种提高其性能的变型。对应着基本算法中的某些步骤，我们罗列了如下几个想法。

一种启动模拟退火最简单的方法就是在任何地方都启动一次。研究多个随机初值的策略将有双重好处：一是可能找到一个更好的候选解，二是确认收敛到一个已经找到的特定最小值。可用分层初值集来替代纯粹随机初值，且在选取初值时先做预处理比简单随机初值法取得最小值的可能性更大。如果这样的策略有用的话，则它必定有更好的结果，如模拟退火算法的收敛速度一般较慢。在某些情况下，从运行时间的长短上看，由多个不同随机初值而导致的额外迭代仍可能优于应用较长阶段和较慢冷却进度的单一运行。

解空间 $\boldsymbol{\Theta}$ 可能包括关于 $\boldsymbol{\theta}$ 的约束。例如，在例 3.1 中引进的基因图谱问题中，当有 p 个标号时，$\boldsymbol{\theta}$ 必须是整数 $1,2,\cdots,p$ 的一个排列。当生成邻域的过程得到一个违反这些约束的解时，就需要消耗更多时间以修复候选解或重新从 $\mathcal{N}(\boldsymbol{\theta}^{(t)})$ 中抽样直至求得正确的候选解。另

一种方法是放松这些约束，并且把惩罚引入 f 以惩罚无效解。这样的话，算法能够阻止访问无效解且没有花费更多时间执行这些约束。

在基本算法中，邻域的定义是静态的并且提案密度与迭代无关。在每一次迭代中，对邻域进行自适应限制有时能改进此算法。例如，为避免生成许多无用的相隔很远的候选解，让邻域的大小随着时间的增加而缩短是有益的，且这些候选解很可能在低温下被拒绝。换句话来说，当用惩罚函数来替换约束时，它利于邻域仅包含那些能降低或消除在当前 $\boldsymbol{\theta}$ 中不满足约束的解。

如果能很快地求得 f 在新候选解处的值则会很方便。我们在前面已经提过，有时能通过邻域的定义实现这一点，例如在旅行商问题中，一个 2 邻域策略利于 f 的简便更新。对于给定的问题，经常对 f 做简单的近似。至少有一位作者建议监测最近的迭代且在 f 中引入惩罚项以阻止再访问那些刚访问过的状态[201]。

下面考虑 3.3 节中标准模拟退火算法第二步的接受概率。表达式 $\exp\{[f(\boldsymbol{\theta}^{(t)})-f(\boldsymbol{\theta}^*)]/\tau_j\}$ 来自统计热力学中的 Boltzmann 分布。不过，也可以应用其他概率。由关于 Boltzmann 分布的 Taylor 线性展开知，可用 $\min\left\{1,1+\left([f(\boldsymbol{\theta}^{(t)})-f(\boldsymbol{\theta}^*)]/\tau_j\right)\right\}$ 作为接受概率[352]。当为避免过小的移动而鼓励远离局部最小值的中等移动时，在某些问题文献 [169] 中建议取接受概率为 $\min\left\{1,\exp\left\{\left[c+f(\boldsymbol{\theta}^{(t)})-f(\boldsymbol{\theta}^*)\right]/\tau_j\right\}\right\}$，其中 $c>0$。

一般地，只要包括有用的温度范围且温度在此范围内以大致相同的速度来回移动，而在每一个温度 (特别是低温) 处都花费足够的时间，则没有证据表明冷却进度形状 (线性、多项式、指数) 有很大的影响[169]。那些允许零星的、系统的或交互式的增加温度以防止固定在低温处局部最小值的再加热方法可能是很有效的[169,256,378]。

当完成模拟退火后，人们可以取出一次或多次运行的一个最终结果，之后应用下降算法对它进行加工打磨。事实上，人们可以用相同的方式再加工某特定场合得到的结果，而不必一直等到模拟退火算法结束。

3.4 遗传算法

退火并不是唯一的用比喻的方式解决优化问题而成功开发的自然过程。*遗传算法* (Genetic algorithm) 就模仿了 Darwin 的自然选择过程。一个最大值问题的候选解被看成是一个用遗传密码表示的生物有机体。一个生物体的适宜度 (fitness) 类似于候选解的质量。在高适宜度生物体间的培育可为后代得到需要的属性而提供更高的机会，而在低适宜度 (且少有遗传突变) 生物体间的培育将保证种群的多样性。随着时间的推移，种群中的生物体可能随着进化而增加适宜度，因此，可为优化问题提供一组越来越好的候选解。遗传算法的开创性工作是由 Holland 给出的[333]，其他有益的参考文献包括 [17，138，200，262，464，531，533，661]。

现在我们回到最大值优化问题的标准描述上，这里我们要求 $f(\boldsymbol{\theta})$ 关于 $\boldsymbol{\theta}\in\boldsymbol{\Theta}$ 的最大值。在遗传算法的统计应用中，f 经常是联合对数偏似然函数。

3.4.1 定义和典则算法

3.4.1.1 基本定义

在前面例 3.1 中已引入了某些遗传术语，本节我们进一步研究遗传算法所需的其他术语。

在一个遗传算法中，每一个候选解对应着一个个体 (individual) 或生物体 (organism)，且每一个生物体完全由其遗传密码决定，所有生物体均假设有一个染色体 (chromosome)。一个染色体是有 C 个符号的序列，其中每一个均为事先确定的字母表中的一个。最基本的字母表是一个二元表 $\{0,1\}$，此时一个长度 $C=9$ 的染色体类似于 100110001。染色体中的 C 个元素就是基因 (gene)。可存储在一个基因中的值 (即字母表中的元素) 就是等位基因 (allele)。一个基因在染色体中的位置就是位点 (locus)。

编码在个体染色体上的信息就是它的基因型 (genetype)。我们以 $\boldsymbol{\Theta}$ 表示一个染色体或它的基因型。基因型在生物体中的表达式本身就是它的显型 (phenotype)。对于优化问题，显型是候选解，而基因型是编码：每一个基因型 $\boldsymbol{\Theta}$ 利用选定的位点字母对显型 $\boldsymbol{\theta}$ 进行编码。

遗传算法是一种迭代算法，以 t 表示其迭代序号。与本章前面讨论的方法不同，遗传算法同时跟踪多个候选解。假设第 t 代有 P 个生物体，$\boldsymbol{\Theta}_1^{(t)},\cdots,\boldsymbol{\Theta}_P^{(t)}$，则在第 t 代大小为 P 的种群对应着一个候选解集 $\boldsymbol{\theta}_1^{(t)},\cdots,\boldsymbol{\theta}_P^{(t)}$。

达尔文自然选择偏爱那些具有高适宜度的生物体。一个生物体 $\boldsymbol{\Theta}_i^{(t)}$ 的适宜度依赖于其相应的 $f(\boldsymbol{\theta}_i^{(t)})$。一个高质量的候选解具有大的目标函数值和高的适宜度。随着世代繁衍，如果精心选取父代，则培育后的生物体将从其父代那里遗传少量具有高适宜度的遗传密码。一个子代 (offspring) 就是一个新的生物体，它属于第 $(t+1)$ 代并用来替代 t 代的某一个生物体。子代的染色体由属于第 t 代的父代两个染色体所决定。

下面以带有 9 个变量的回归模型选择问题来说明上述某些概念。假设在任一模型中均有截距项，则任一模型中的基因型可以写成一个长度为 9 的染色体。例如，染色体 $\boldsymbol{\Theta}_i^{(t)}=$ 100110001 是一个基因型，它对应着仅包含着截距项和变量 1，4，5 和 9 等几个参数的模型。

另一个基因型是 $\boldsymbol{\Theta}_j^{(t)}=110100110$ 。注意到 $\boldsymbol{\Theta}_i^{(t)}$ 与 $\boldsymbol{\Theta}_j^{(j)}$ 有几个基因相同。基因的任一子集就是一个模式 (schema)。在这个例子中，上述两个染色体共享模式 1*01*****，其中 * 是一个通配符：它表示可忽略在此位点的等位基因(这两个染色体也共享模式 **01****，1*01*0*** 及其他模式)。模式的重要性在于将一定的父代信息编码后作为一个单位传递给子代。如果一个模式与一个具有大的目标函数值的显型特征相关联，则此模式在后代个体中的遗传将提升最优化。

3.4.1.2 选择机制与遗传算子

培育将导致多个基因改变。选择机制就是选择用来产生子代的父代的一个过程。一个最简单的方法就是以一个正比例于适宜度的概率选择一个父代，而完全随机地选择另一个父代。另一方法就是以正比例于适宜度的概率随机地选择每一个父代。一些最常用的选择机制将在

3.4.2.2 节讨论。

当为进行培育而从第 t 代中选取两个父代后，以某一方式合成它们的染色体以使来自每一父代的模式遗传给子代，这些子代即为第 $t+1$ 代的一部分。由选定父代染色体得到子代染色体的方法就称为*遗传算子* (genetic operator)。

一个基本的遗传算子就是*交叉互换* (crossover)。一个最简单的交叉互换方法就是在两个相邻位点间选择一个随机位置并且在此位置分开两个父代染色体。把来自一个父代的左染色体片段与来自另一个父代右染色体片段相粘合以合成一个子代染色体。也可粘合剩下的两个片段以合成第二个子代或把它们丢弃。例如，假设两个父代是 100110001 和 110100110。如果随机分裂点介于第三个与第四个位点之间，则 100100110 与 110110001 均是潜在的子代。注意到在这个例子中，两个子代均遗传模式 1*01*****。交叉互换是遗传算法的关键，它允许两个候选解好的特征相互结合。某些更复杂的交叉互换算子将在 3.4.2.3 节讨论。

突变 (mutation) 是另一个重要的遗传算子。突变通过在某些位点随机引进一个或多个在任一个父代染色体相应位点均没有出现的等位基因而改变子代的染色体。例如，如果由上面的两个父代通过交叉互换得到 100100110，则一个序列突变后可能得到 101100110。注意到在两个父代中，其第三个基因都是 0，则交叉互换仅能保证仍保留模式 **0******。然而，突变提供了避开此限制的一种方法，由此也能提升搜索的多样性，并提供避开局部最大值的一种方法。

突变多应用在培育之后。在一个最简单的执行过程中，每一个基因都独立地以概率 μ 发生突变，且完全随机地从遗传字母表中选取一个新的等位基因。如果 μ 太小，则将错过许多好的潜在创新；如果 μ 太大，则随着时间的推移，此算法的学习能力将降低，由于过多的随机波动将扰乱父代适宜度的选择和渴望模式的遗传。

总之，遗传算法通过生成子代个体来延续，第 $t+1$ 代生成如下。首先，把第 t 代个体排序且依适宜度选取个体。对这些选取的个体应用交叉互换和突变以产生第 $t+1$ 代。图 3.5 是一个产生有四个子代个体的简单例子，其中每个个体有三个染色体且染色体是二元编码的。在第 t 代，个体 110 的适宜度最高且在选择阶段被选定两次。在交叉互换阶段，把所选的个体结成对子且重组每一对以生成两个新个体。在突变阶段，应用低突变率。在这个例子中突变仅出现一次。完成这些步骤就得到了新的后代。

例 3.5 (棒球运动员薪水，续) 图 3.6 给出了在例 3.3 引进的棒球运动员数据中应用简单遗传算法进行变量选择的图示。应用大小 $P=20$ 的 100 个子代，对每个可能的预测变量，利用二元进入-删除等位基因，生成染色体的长度 $C=27$。第一代完全由随机选定的个体组成。应用基于秩的适宜度函数，见下面的方程 (3.9)。用正比例于此适宜度的概率选取一个父代，而另一个父代完全独立地随机决定。应用简单的交叉互换进行培育。在每一个位点的随机突变率为 1% 且相互独立。

图 3.6 中的横坐标对应着代数，每一代 20 个个体的 AIC 都画在图上。所求得的最佳模型包含预测量 2，3，6，8，10，13，14，15，16，24，25 和 26，其 AIC 值为 -418.95，它与用

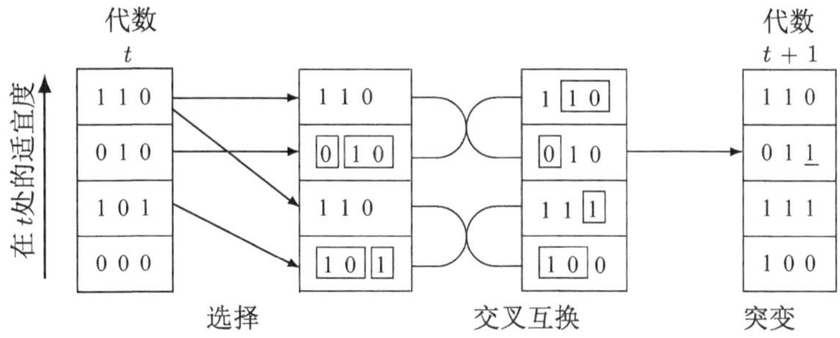

图 3.5　对于一个染色体长度 $C=3$，大小 $P=4$ 的种群，用遗传算法产生子代的例子，对在方框部分的染色体进行交叉互换。最后一列带有下划线的基因表示突变

随机初值的局部搜索法得到的最佳模型相匹配 (表 3.2)。此图明确地说明了达尔文的适者生存：20 个随机选定的第一代个体很快就合并成三个有效亚种，它们中的最优者很快取得绝对优势并慢慢提高性能。最优模型首次出现在第 60 代。□

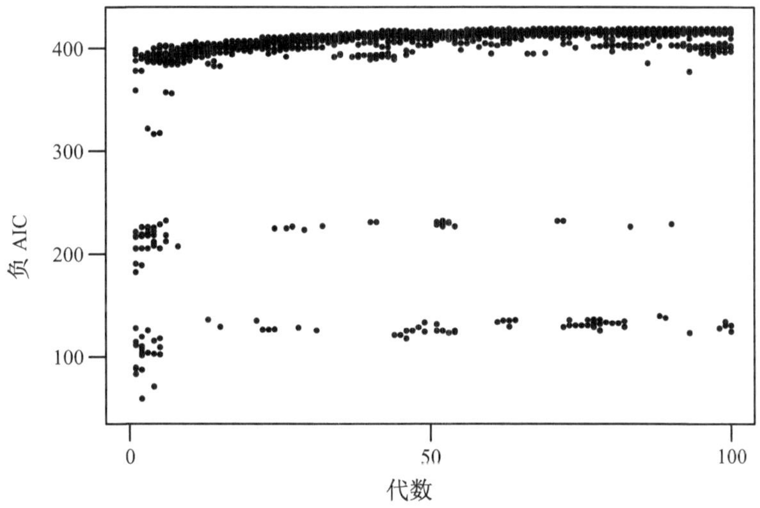

图 3.6　例 3.5 的遗传算法结果

3.4.1.3　等位基因字母表和基因型表示

等位基因的二元字母表是 Holland 在其开创性工作[333]中提出的，并且在最近的研究中非常流行。如用二元染色体，则较其他选择更容易理解此算法的理论结果、各种遗传算子的相对表现和算法的其他变化等。

对于许多优化问题，有可能构造解的二元编码。例如，考虑单变量函数 $f(\theta)=100-(\theta-4)^2$ 在区域 $\theta\in[1,12.999]=[a_1,a_2]$ 中的优化问题。假设我们把 $[a_1,a_2]$ 中的一个数表示成

$$a_1+\left(\frac{a_2-a_1}{2^d-1}\right)\text{decimal}(b) \tag{3.7}$$

其中 b 是一个 d 个数字的二进制数，函数 decimal() 把 2 进制数转化成 10 进制数。如果要求精度有 c 个小数位，则选取的 d 必须满足

$$(a_2 - a_1)10^c \leqslant 2^d - 1 \tag{3.8}$$

对于本例，为达到 3 个小数位的精度，要应用 14 位二进制数，应用方程 (3.7)，对应着 $\theta = 4.000$ 的 b 为 01000000000000。

在某些情况下，例如回归模型选择问题，一个二元编码的染色体可能是很自然的。然而，在其他情况下，就如上面所进行的，编码看来有些勉强。对于 $f(\theta) = 100 - (\theta - 4)^2$，染色体 $\Theta = 01000000000000$ ($\theta = 4.000$) 是最优的。然而，某些从遗传上看接近这个的染色体，如 10000000000000 ($\theta = 7.000$) 和 00000000000000 ($\theta = 1.000$)，其显型就不接近 $\theta = 4.000$。换句话说，尽管基因型 00111111111111 与 01000000000000 非常不同，但其显型非常接近 4.000。基因型很类似的染色体可能具有非常不同的显型。这样，一个小的突变就可能移至一个完全不同的解空间，一个交叉互换产生的子代的基因型可能与任一个父代都有很少的相似之处。为解决这一难题，可能需要不同的编码方案或修改遗传算子 (见 3.4.2.3 节)。

另一个重要的二元表示就是大小为 p 的排列问题，类似于旅行商问题。对于这样的问题，一个自然的染色体就是整数 $1, 2, \cdots, p$ 的一个排列，如 $p = 9$ 时 $\Theta = 752631948$。因为这样的染色体必须服从每一个整数严格地出现在一个位点上的要求，故将要求对标准的遗传算子做某些改变。处理染色体排列的策略将在 3.4.2.3 节讨论。

3.4.1.4 初始化、终止和参数值

遗传算法的初始化一般完全随机地从个体中选取第一代。

代数大小 P 影响算法速度、收敛行为和算法解的质量。如果可能，就要取尽量大的 P，因为它能提供更丰富的用以生成子代的遗传集合，并由此能丰富搜索和预防过早的收敛。对于染色体的二元编码，人们建议选取 P 满足 $C \leqslant P \leqslant 2C$，其中 C 是染色体长度[8]。对于排列染色体，有人建议其范围为 $2C \leqslant P \leqslant 20C$ [335]。在许多实际应用中，种群大小多在 10 与 200 之间[566]，尽管经验研究建议 P 经常取小到 30 [531]。

突变率一般很低，多在 1% 左右。理论与经验研究均建议取 $1/C$ [464]，另一研究建议此比率应正比例于 $1/(P\sqrt{C})$ [571]。尽管如此，人们经常选取与 P 和 C 无关的固定比率。

遗传算法的终止准则多是一个最大的迭代次数以限制计算时间。另一个考虑停止的准则也可以选为：如当前子代染色体中遗传多样性已经很低时[17]。

3.4.2 变化

在本节我们综述可以改进算法性能的多个方面，它们包括适宜度函数、选择机制、遗传算子和基本算法的其他方面。

3.4.2.1 适宜度

在典则的遗传算法中，经常取生物体显型的目标函数值为其适宜度，可能需要当前这一代的平均目标函数值进行刻度调整。仅取适宜度等于目标函数值 $f(\boldsymbol{\theta})$ 是很有吸引力的，因为最适宜的个体就对应着极大似然解。然而，直接取生物体的适宜度为其对应显型的目标函数值多是很幼稚的，因为其他选取会得到更好的优化性能。取而代之，以 $\phi(\boldsymbol{\Theta})$ 记一个*适宜度函数*的值，用它来描述一个染色体的适宜度。适宜度函数将依赖于目标函数 f，但并不等于它。通过开发由此而增加的灵活性可以提高搜索的效力。

在遗传算法的多个应用中都有一个问题：它收敛到一个不好的局部最优值的速度非常快。当几个非常好的个体支配培育且它们的后代充满随后的子代时，可能会出现这种情况。此时，每一个随后的子代都包含着遗传上很类似的个体，而这些个体缺乏遗传的多样性，但这些多样性是产生能代表其他后代和产生解空间的有益区域所必须的。如果初始化后就出现这种情况，此时几乎所有个体都有很低的适宜度，则这个问题是很棘手的。此时，比其余更适宜的少数几条染色体将把算法引入一个不适宜的局部极大值。这个问题类似于前面算法陷入一个没有竞争力的局部极大值附近，这也是本章前面所讨论的其他搜索方法所共同关注的。

由于遗传算法收敛到一个很好最优解的速度可能非常慢，故小心选择的压力必须均衡。因此，遗传算法很重要的一点就在于要保持稳定的压力以不让少数几个个体把算法引向过早的收敛。为此，可以通过设计适宜度函数以减少 f 大的波动的影响。

一个通用的方法是忽略 $f(\boldsymbol{\theta}_i^{(t)})$ 的值而仅用它们的秩[18,532,660]。例如，人们可采用

$$\phi(\boldsymbol{\Theta}_i^{(t)}) = \frac{2r_i}{P(P+1)} \tag{3.9}$$

其中 r_i 是 $f(\boldsymbol{\theta}_i^{(t)})$ 关于第 t 代的秩。此策略选择对应着中等质量候选解染色体的概率为 $1/P$，而选择其他染色体的概率大概为此中等质量解的二倍，即 $2/(P+1)$。基于秩的方法吸引人的原因在于它保留了任一成功遗传算法的关键特征：基于相对适宜度进行选择，且预防过早的收敛和由 f 的实际形式而引起的其他困难 (f 的形式有时很任意) [660]。另外，也还有一些不大通用的包括刻度和变换的适宜度函数，见文献 [262]。

3.4.2.2 选择机制和更新后代

在前面的 3.4.1.2 节，我们仅提到过以适宜度为基础的选取父代的简单方法。用基于适宜度的秩 (3.4.2.1 节) 选取父代比应用正比例于适宜度的概率的选取方法要通用得多。

另一个通用的方法是*比赛选择* (tournament selection) [204,263,264]。在此方法中，先把第 t 代的染色体随机分成 k 个不相交的大小一样的子集 (也许要暂时忽略少数几个剩余染色体)，选择每一组内最好的个体作为父代。继续进行下一步的随机分组直到生成足够的父代。为了培育再把父代随机配对。这种方法保证最好的个体将培育 P 次，中等质量的个体将平均培育一次，而最差的个体根本不会培育。三种选择方法：比例选择、基于秩的选择和比赛选择在选择压力时，其顺序是递增的。只要可以避免过早地陷入局部最优解，高压力一般均与优良的

性能相关联[17]。

可以部分更新种群。代沟 (generation gap) G 是指后代被它生成的子代所替换的比例[146]。于是，$G=1$ 就对应着一个有完全不同的、不相重叠的子代的标准遗传算法。另一个极端，$G=1/P$ 就对应着一次仅更新一个子代。此时，一个稳定态 (steady-state) 遗传算法一次产生一个用以替换最差适宜度 (或某一个随机的相对较差的适宜度) 的子代[661]。相对于标准方法，这种过程将展现出更大的波动和较大的选择压力。

当 $G<1$ 时，某些违背达尔文类似的选择机制有时是可以提升算法的表现的。例如，一个杰出 (elitist) 策略将严格在下一代中拷贝当前最适宜的个体，由此保证当前最优解的生存[146]。当 $G=1/P$ 时，每一个子代都将替换一个从低于平均适宜度的染色体集合中随机选取的染色体[5]。

确定性的选择策略被用来消除抽样的波动性[19,464]。我们没有看到消除在选择机制中固有随机性的必要性。

当在生成或更新一个种群时，是否允许在种群中复制个体是一个重要的考虑。个体的复制将消耗许多计算资源，并且它有可能歪曲父代选择准则 (由于它将导致被复制的染色体产生子代的机会更多)[138]。

3.4.2.3 遗传算子和排列染色体

为增加遗传混合，可以多选择几个交叉互换点。如果选择两个交叉互换点，则它们间的基因序列可以在父代间交换以生成子代。这样的多点交叉互换可改进算法的性能[54,187]。

现有多种把父代基因转移给子代的其他方法。例如，每一个子代基因都用从父代相应位置的等位基因中随机选择的一个等位基因来填充。此时，父代的相邻基因的起点可以是独立的[4,622]，也可以是相关的[602]，其相关度控制着子代与一个父代类似的程度。

在某些问题中，不同的等位基因字母表也许是更合理的。有人建议用多于两个元素的等位基因字母表[13,138,524,534]。对某些问题，采用一个浮点字母表的遗传算法优于采用二元字母表的遗传算法[138,346,463]。一种被称为凌乱的遗传算法就采用编码长度可变的遗传算子以适应变化的长度[265–267]。Gray 编码是另一种编码方法，它对有限个最优值的实值目标函数特别有用[662]。

当采用非二元等位基因字母表时，对遗传算法其他方面的修改，特别是遗传算子的修改经常是必须且很有效的。当应用染色体排列时，这种修改最有效。回顾一下在 3.4.1.3 节引入的关于排列优化问题的特别染色体编码。对于这类问题 (如旅行商问题)，自然的想法就是把一个染色体写成整数 $1,2,\cdots,n$ 的一个置换。然后，就需要一个新的遗传算子以保证每一代均仅包含正确的染色体排列。

例如，设 $p=9$ 且考虑交叉互换算子。假设两个父代染色体为 752631948 和 912386754，且交叉互换点位于第二个与第三个位点之间，则标准的交叉互换将产生 752386754 和 912631948 两个子代。由于二者均包含某些复制的等位基因，这两个都不是正确的染色体排列。

一种补救措施是有序的交叉互换 (order crossover)[623]。随机选定一个位点集，然后把出现在一个父代这些位点上等位基因的顺序强加给在另一位父代的相同等位基因以生成一个子代。交换两个父代的角色以生成第二个子代。此算子尊重等位基因的相对位置。例如，考虑两个父代 752631948 和 912386754，且假设随机选定第四个、第六个和第七个位点。在第一个父代中，这些位点上的等位基因是 6，1 和 9。我们必须在第二个父代中按照上述顺序重新安排等位基因 6，1 和 9。在第二个父代中其余的等位基因是 **238*754，以上述顺序插入 6，1 和 9 后得到子代 612389754。交换两个父代的角色就得到了第二个子代 352671948。

现已提出多个用来排列染色体的交叉互换算子[135,136,138,268,464,492,587]，多数均聚集考虑个体基因的位置。然而，对于旅行商之类的问题，这样的算子具有一种不希望看到的趋势，即它将破坏父代旅行城市间的连接。我们希望候选解就直接是这些连接的函数。破坏连接是有效制造突变的一个来源，但并非刻意。有人提出利用边缘重组的交叉互换 (edge-recombination crossover) 以生成仅包含至少在一个父代中连接的子代[663,664]。

我们利用旅行商问题来解释边缘重组交叉互换，此算子遵循如下步骤：

1. 我们首先构造一个边缘表以存储任一父代进入或离开每一个城市的连接。对于上述两个父代 752631948 和 912386754，在表 3.3 的最左侧一列给出了相应结果。注意到，每一父代进入或离开每一个城市的连接数将总保持在 2 至 4 之间。另外，旅行要回到其出发的城市，于是，例如第一个父代把 7 看作来自于 8 的连接而列出。
2. 为生成一个子代，我们在两个父代的出发城市间进行选择。对于此例，在城市 7 与 9 间进行选择。如果两个父代的出发城市有着相同的连接个数，则选择是随机的。否则，选择具有较少连接的父代作为出发城市。对于此例，选择 9********。
3. 现在我们必须从等位基因 9 向前连接。由边缘表的最左侧一列我们发现，等位基因 9 有两个连接：1 和 4。我们希望在具有最少连接的城市间进行选择。为此，我们首先通过删除等位基因 9 来更新边缘表，由此得到表 3.3 的中间部分。由于城市 1 和 4 都有两个剩余的连接，故我们在 1 和 4 间随机选择。如果选择是 4，则更新子代为 94*******。
4. 可能与城市 4 的连接有两个：城市 5 和 8 。更新后的边缘表为表 3.3 的最右侧一列，由此我们发现城市 5 的剩余连接最少，于是，我们选择城市 5。现在得到的部分子代为 945******。

继续此过程，经下列几步：选择 7；选择 8；选择 6；自城市 2 和 3 中随机选择 3；自城市 1 和 2 中随机选择 1；选择 2，则可得到子代 945786312。

注意到在每一步中均选择连接最少的城市。作为替代，如果完全随机地选择连接，则选择左侧城市的可能性大，由此导致边缘不连续。由于旅行是环形的，故对具有较少连接城市的偏好并不会引起子代的任何偏差。

在某些问题，另一个边缘组合 (edge assembly) 策略是非常有效的[477]。

染色体排列的突变并不如交叉互换那么困难。一个简单的突变算子就是在染色体中随机

表 3.3　对于边缘重组的交叉互换，其前三步的边缘表给出了连接到或来自每一个父代中每一个等位基因的城市。下面每一列就是每一步得到的子代染色体

第 1 步		第 2 步		第 3 步	
城市	连接	城市	连接	城市	连接
1	3, 9, 2	1	3, 2	1	3, 2
2	5, 6, 1, 3	2	5, 6, 1, 3	2	5, 6, 1, 3
3	6, 1, 2, 8	3	6, 1, 2, 8	3	6, 1, 2, 8
4	9, 8, 5	4	8, 5	4	Used
5	7, 2, 4	5	7, 2, 4	5	7, 2
6	2, 3, 8, 7	6	2, 3, 8, 7	6	2, 3, 8, 7
7	8, 5, 6	7	8, 5, 6	7	8, 5, 6
8	4, 7, 3, 6	8	4, 7, 3, 6	8	7, 3, 6
9	1, 4	9	使用的	9	使用的
9********		94*******		945******	

地变换两个基因[531]。另外，也可以随机排列在一个染色体的一个短的随机片段中的元素[138]。

3.4.3　初始化和参数值

尽管传统的遗传算法是纯粹由随机个体组成的一代开始的，但为了改进随机初值的表现，现已有多个用来构造具有更好的或变化多样的适宜度个体的启发式方法[138,531]。

我们并不要求随后各子代的大小相同。在一个遗传算法的早期后代中，种群适宜度经常能得到很快的改进。为避免过早的收敛和提升搜索多样性，在算法早期，经常需要应用较大的子代大小 P。然而，如果 P 固定在一个太大值，则对于实际应用而言，整个算法可能是相当慢的。一旦算法向最优值迈出重要的一步，则重要改进的移动经常来自高质量的个体；而低质量个体被愈加边缘化。因此，建议 P 随着迭代的继续而逐步降低[677]。然而，为了降低收敛速度，一种更通用且有效的方法是应用基于秩的选择机制。

应用反比例于种群多样性的变化突变率也是很有用的[531]。它将刺激提升搜索的多样性而减少后代的多样性。从鼓励搜索多样性角度看，现已提出多种方法，它们允许遗传算法的突变概率、交叉互换和其他参数随着时间的变化而自适应地改变[54,137,138,464]。

3.4.4　收敛

遗传算法的收敛性质已超出了本章的范围，但某些重要的思想还是值得一提。

关于遗传算法早期有效性原因分析都是基于模式这一概念而展开的[262,333]，并且它们所讨论的都是具有如下特点的典则遗传算法：二元染色体编码、选择每一个父代的概率正比例于适宜度、每次均应用简单的交叉互换且把父代配对、每个基因的突变是随机的，突变概率为 μ 且相互独立。在上述条件下，模式定理给出了如果一个模式在第 t 代成立的话，在 $t+1$ 代

的期望次数的下界。

模式定理表明，如果在第 t 代中包含某模式的染色体的平均适宜度大于此代中所有染色体的平均适宜度，则一个短的低阶模式 (即附近仅有少数几个等位基因) 有利于提高此模式在下一代中的重现。为了具有相同的期望，一个较长的且/或更复杂的模式将要求更高的相对适宜度。倡导模式定理的学者认为，算法收敛到一个好的整体候选解的原因为遗传算法能同时将多个短的低阶的具有潜在高适宜度的模式并列在一起，因此它能提升有利模式的传播。

最近，关于模式定理和基于它的收敛主张的争议越来越大。传统上强调一个模式传播给下一代的次数和包含在此模式内的染色体平均适宜度是有些误导的。传播包含此模式的特定染色体是很重要的。此外，模式定理过分强调模式的重要性，事实上，它适用于 $\boldsymbol{\Theta}$ 的任一子集。最后，现已充分地注意到遗传算法的成功是由于它不明确地同时分配搜索资源给按照模式定义的 $\boldsymbol{\Theta}$ 的区域[647]。Vose[646]给出了关于遗传算法数学理论的权威叙述，文献 [200，533] 也包括一些有益的处理。

遗传算法不是被复杂的生物系统启发的唯一的优化策略。例如，*蚁群* (particle swarm) 优化也能产生并更新一个种群的候选解[372,373,594]。包含在搜索空间内的这些解的位置通过一个简单的规则演化。该规则可以看作在鸟群迁徙时单个个体间的合作与竞争的反应。经过一系列迭代，每个个体基于自己的飞行经验以及它的同伴调整自己的位置 (也即是候选解)。

3.5 禁忌算法

禁忌算法是一种带有一组附加准则的局部搜索算法，这些准则将指导我们在相信可以提升发现整体最大值的方向上选取移动。此方法应用可变的邻域，即在每次迭代中选取可接受移动的准则在变化。关于禁忌算法的详细研究请见[254,255,257−259]。

由于标准的上升算法不允许向下移动，故它有可能找到没有整体竞争力的局部最大值。当在当前邻域中找不到上坡移动时，禁忌搜索允许向下移动 (其他情况也可能如此)，因此它有可能避开局部最大值。当没有上坡移动时，禁忌算法的早期形式被称为最速上升法/适度下降法，当没有上升时将移动到不满意最小的邻域[306]。

如果选取一步下坡，则必须小心以保证下一步 (或将来的某步) 不是简单地逆转下坡移动。这样的循环将消除下坡移动潜在的长期好处。为防止这样的循环，将基于此算法的最近历史记录，暂时禁止或禁忌 (tabu) 某些移动。

禁忌搜索法共把四种一般类型的准则加入了局部搜索。第一种就是临时禁止某些潜在移动，而其余的则包含对一个更好解的*期望* (aspiration)，在解空间希望区域内搜索的*强化* (intensification)，搜索候选解的*多样性* (diversification) 以在更广泛的范围内考察解空间。在讨论完禁忌算法后我们再定义这些术语。

3.5.1 基本定义

禁忌搜索是一种迭代算法，其在初始时刻 $t=0$ 时的候选解为 $\boldsymbol{\theta}^{(0)}$。在第 t 步迭代，一个新的候选解来自 $\boldsymbol{\theta}^{(t)}$ 的一个邻域，记其为 $\boldsymbol{\theta}^{(t+1)}$。以 $H^{(t)}$ 记此算法到时刻 t 时的历史记录。由于仅某些形式的历史记录是此算法将来运算所需要的，故 $H^{(t)}$ 是选择性的历史记录。

不同于简单局部搜索法，禁忌算法生成的当前候选解的邻域依赖于搜索的历史记录，记其为 $\mathcal{N}(\boldsymbol{\theta}^{(t)}, H^{(t)})$。另外，在 $\mathcal{N}(\boldsymbol{\theta}^{(t)}, H^{(t)})$ 中确定最合适的 $\boldsymbol{\theta}^{(t+1)}$ 可能不仅依赖于 f，而且也依赖于搜索历史记录。于是，我们可以用一个扩展的目标函数 $f_{H^{(t)}}$ 来评价邻域。

由 $\boldsymbol{\theta}^{(t)}$ 到 $\boldsymbol{\theta}^{(t+1)}$ 这一步可由多个*属性* (attribute) 来刻画。用来描述移动或移动类型的属性有：在此算法未来迭代中的禁止、鼓励或不鼓励。表 3.4 左边一列给出了属性的一些例子，但它们不是禁忌算法所独有的。实际上，还可用它们刻画任一局部搜索算法的移动。然而，根据最近移动的属性，禁忌搜索很清晰地适用当前的邻域。

可以通过一个回归模型的选择问题来说明表 3.4 中的属性。假设在时刻 t 的模型中有第 i 个变量，则令 $\theta_i^{(t)}=1$，否则取 0。假设所有模型均采用 2 变化的邻域，即两个变量独立地加入当前模型或从当前模型中去掉。对于在例 3.2 所讨论的回归模型选择问题，我们在表 3.4 的右边一列给出了2 变化邻域的所列遗传属性的例子，分别以 A_1 至 A_5 表示。其他一些有效属性可在给定的最优化问题中指出。

表 3.4 属性的例子。左边一列给出了遗传背景下的例子，右边一列给出了在回归模型选择问题中利用 2 变化邻域的相关内容的属性

属性	模型选择的例子
值$\theta_i^{(t)}$的一个变化。其属性可以是此值变化的起点，也可以是此值变化后所取的值	A_1：第 i 个变量是否加入模型 (或从模型里去掉)
当$\theta_i^{(t)} \neq \theta_j^{(t)}$时，交换 $\theta_i^{(t)}$ 与 $\theta_j^{(t)}$ 的值	A_2： 没有入选的变量是否替换当前在模型中的变量
一步后 f 值的变化：$f(\boldsymbol{\theta}^{(t+1)})-f(\boldsymbol{\theta}^{(t)})$	A_3：一步移动后 AIC 减少
$g(\boldsymbol{\theta}^{(t+1)})$的值，其中 g 是由其他策略选取的函数	A_4：在新模型中变量的个数
一步后 g 值的变化：$g(\boldsymbol{\theta}^{(t+1)})-g(\boldsymbol{\theta}^{(t)})$	A_5： 改变用不同的变量选择准则，如 Mallows 的 C_p [435]或调整的R^2 [483]

以 A_a 记第 a 个属性。注意到一个属性的补（也即否定）仍是一个属性，故如果 A_a 对应着交换 $\theta_i^{(t)}$ 与 $\theta_j^{(t+1)}$的值这一属性，则 $\overline{A}_a$ 对应着不交换这一属性。

随着算法的进行，第 t 步移动的属性将随着 t 变化，并且候选解的质量也将变化。可用过去的移动、目标函数值和他们属性的历史记录来指导未来的移动。一个属性的*新新度* (recency) 是指从最近具有此属性的某步到现在的步数。如果第 a 个属性出现在产生 $\boldsymbol{\theta}^{(t)}$ 的移动，则 $R(A_a, H^{(t)}) = 0$; 如果第 a 个属性最近出现在产生 $\boldsymbol{\theta}^{(t-1)}$ 的移动，则 $R(A_a, H^{(t)}) = 1$，以此类推。

3.5.2 禁忌表

当考虑从 $\boldsymbol{\theta}^{(t)}$ 的移动时，我们要计算目标函数在 $\boldsymbol{\theta}^{(t)}$ 的每一个邻域内的增量。通常采用提供最大增量的邻域作为 $\boldsymbol{\theta}^{(t+1)}$，这即对应着最速上升算法。

然而，如果在 $\boldsymbol{\theta}^{(t)}$ 的任一邻域目标函数值均不增加时，则通常选取 $\boldsymbol{\theta}^{(t+1)}$ 为减少量最小的邻域，这即为适度下降法。

如果仅用这两个准则搜索，则算法将很快被捕获且收敛到一个局部最大值。经一步适度下降后，下步将回到刚离开的山顶且循环。

为避免这样的循环，在算法中引进一个暂时限制移动的*禁忌表*(tabu list)。每次只要采取属性为 A_a 的移动，就把 $\overline{A}_a$ 放入 τ 步迭代的禁忌表中。只要 $R(A_a, H^{(t)})$ 等于 τ 时，就终止此禁忌且把 $\overline{A}_a$ 从此禁忌表中除去。于是，在禁忌表中具有此属性的移动被有效地从当前邻域中排除。记此修改后邻域为

$$\mathcal{N}(\boldsymbol{\theta}^{(t)}, H^{(t)}) = \left\{\boldsymbol{\theta} : \boldsymbol{\theta} \in \mathcal{N}(\boldsymbol{\theta}^{(t)}) \text{ 且没有 } \boldsymbol{\theta} \text{ 的属性当前是被禁止的}\right\} \tag{3.10}$$

这将预防取消 τ 步迭代的变化，即阻止循环。当此禁忌被终止时，候选解将有足够的其他方面发生变化以致于颠倒移动不再起反作用。注意到禁忌列表是一个属性列表，而非移动列表。于是，仅一个禁忌属性就可以禁止所有移动。

禁忌期限 τ 是一个属性被禁止的迭代数，它可能是一个固定数，也可能基于此属性特点而系统或随机地变化。对于一个给定的问题，为防止循环，一个精心选取的禁忌期限应足够长，但为防止候选解的退化，它也应足够短 (当许多个移动被禁止时，退化即出现)。对于多种类型的问题，建议取固定的禁忌期限介于 7 与 20 之间或介于 $0.5\sqrt{p}$ 与 $2p$ 之间，其中 p 是此问题的大小[257]。在许多问题中，动态地改变禁忌期限更有效[259]。另外，对于不同属性，应用不同期限经常是很重要的。如果一个属性的禁忌是限制多种移动的，则其对应的禁忌期限应短些以保证不限制将来的选取。

例 3.6 (基因图谱，续) 我们利用例 3.1 中的基因图谱问题来说明禁忌的某些应用。

首先，监控交换属性。假设 A_a 是一交换属性，它对应着染色体上两个特定位点的互换。当移动 A_a 时，它反对立即取消交换，即把 $\overline{A}_a$ 放入禁忌列表。搜索仅在不逆转当前交换的移动中进行。这样的禁忌将通过避免很快回到最近搜索过的区域而提升搜索的多样性。

其次，考虑识别位点标号 θ_j 的属性，此位点满足 $\hat{d}(\theta_j, \theta_{j+1})$ 在新的一步移动中最小。换句话说，此属性将在此新染色体中确定两个最近的位点。如果此属性的补在禁忌列表中，则

在 τ 步迭代中禁止移动到其他位点都接近的染色体。这样的禁忌将在使 θ_j 和 θ_{j+1} 最接近的基因图谱中提升搜索的强度。

有时在一个禁忌列表中放置属性本身而不是其补也是合理的。例如，以 $h(\boldsymbol{\theta})$ 表示一个顺序为 $\boldsymbol{\theta}$ 的染色体上相邻位点间 $\hat{d}(\theta_j,\theta_{j+1})$ 的平均值。以属性 A_a 表示平均条件 MLE 图距离的过大改变，即如果 $\left|h(\boldsymbol{\theta}^{(t+1)})-h(\boldsymbol{\theta}^{(t)})\right|>c$，则 A_a 等于 1，否则等于 0，其中 c 为一个给定的阈值。如果一个移动的平均改变大于 c，则我们在 τ 步迭代的禁忌列表中放置 A_a 本身。这将防止一段时间内任一剧烈的平均变化，而允许在移动到很远处之前搜寻新近加入的解空间区域。 □

3.5.3 期望准则

有时，由于禁止移动到附近候选解而不选择此移动是一个很差的决策，此时我们需要一个不顾此禁忌列表的机制。我们称这样的机制为*期望准则* (aspiration criterion)。

如果较以前迭代的目标函数值，一个禁止移动能提供更大值，则一个简单且流行的期望准则就是允许此禁忌移动。显然，它仅关注到目前为止的最优解，而不管它是否被禁止。由此可以想象期望准则有用的地方。例如，假设 $\boldsymbol{\theta}$ 的两个分量间的交换在禁忌列表中，且当前每步迭代的候选解都渐渐远离在禁忌开始时所研究的解空间区域。于是，现在的搜索将在一个新的解空间区域内进行，此时很有可能通过逆转禁忌交换而导致目标函数的激增。

另一个有趣的选择是*通过影响的期望*。如果一个移动或属性与目标函数值大的改变相关联，则称它是有影响的。现有多种方法来实现这种想法[257]。为避免各种具体问题的不必要细节，对于导致 $\boldsymbol{\theta}^{(t)}$ 的一个移动，我们简单地记第 a 个属性的影响为 $I(A_a,H^{(t)})$。在许多组合问题中，有许多近邻移动仅导致目标函数值很小的增加，当然也有少数移动能导致较大的改变。了解这些移动的属性将有助于指导搜索。如果在低影响移动出现前已有一个高影响移动，则通过影响期望准则将不顾逆转一个低影响移动的禁忌。这样做的理由是当前高影响移动可能把搜索转移到解空间的一个新区域，而在此区域内进一步局部考察是益的。低影响移动的逆转将可能不包括循环，因为干预高影响移动可能将对部分解空间的详细考察推移到比低影响逆转所能达到的地方更远。

也可以应用期望准则以鼓励没有被禁止的移动。例如，当低影响移动提供给目标函数的改进可忽略时，可降低它们的影响权重并优先考虑高影响移动。现有多种方法可用来实现之：一种方法就是在 $f_{H^{(t)}}$ 中加入一个依赖于候选移动相对影响的惩罚项或激励项。

3.5.4 多样化

任何一个搜索的重要组成部分是确保在充分宽广的范围内搜索。可用基于属性频率的准则来增加禁忌搜索期间被检查的候选解的多样性。

一个属性的*频率*就是自搜索开始后所记录到的显示此属性的移动数。以 $C(A_a,H^{(t)})$ 表

示迄今为止第 a 个属性出现的次数。于是，可用 $F(A_a, H^{(t)})$ 表示惩罚那些频繁重复出现的移动的频率函数。最直接的定义是 $F(A_a, H^{(t)}) = C(A_a, H^{(t)})/t$, 其分母可用和、最大值或各种属性出现的平均次数来替代。

假设在整个历史过程或最近 ψ 步移动期间每一个属性的频率都被记录到。注意到此频率可以是两种类型中的一个，它依赖于所考虑的属性。如果一个属性对应着 $\boldsymbol{\theta}^{(t)}$ 的某一特征，则其频率将度量此特征在搜索期间所考虑的候选解中被看到的频数。称这样的频率为*滞留频率* (residence frequency)。另外，如果一个属性对应着从一个候选解到另一个候选解这一移动期间的某一改变，则称此频率为*转换频率* (transition frequency)。例如，在例 3.2 中引入的回归模型选择问题中，表示在模型中包含预测量 x_i 的属性即对应着滞留频率，表示一个减少 AIC 移动的属性即对应着转换频率。

如果属性 A_a 具有高滞留频率且最近 ψ 步移动的历史数据显示它几乎包含解空间的最优区域，则表明 A_a 可能和高质量解有关。换句话说，如果最近历史数据显示搜索是与解空间中很差解区域相粘接，则一个高滞留频率可能建议此属性与一个不好的解相关联。一般地，$\psi > \tau$ 是一个中期或长期的记忆参数，它允许累加附加历史信息以使未来搜索更加多样性。

如果属性 A_a 具有高转换频率，则此属性可能被称为填缝剂 (crack filler)。在搜索中为了求得一个很好的解，这样的属性会经常地被访问，但很少提供根本的提高或改变[257]。这种情况下，此属性的影响较低。

一种研究增加搜索多样性频率的直接方法就是在 $f_{H^{(t)}}$ 中加入一个惩罚或激励函数。建议选取

$$f_{H^{(t)}}(\boldsymbol{\theta}^{(t+1)}) = \begin{cases} f(\boldsymbol{\theta}^{(t+1)}), & \text{如果 } f(\boldsymbol{\theta}^{(t+1)}) \geqslant f(\boldsymbol{\theta}^{(t)}) \\ f(\boldsymbol{\theta}^{(t+1)}) - cF(A_a, H^{(t)}), & \text{如果 } f(\boldsymbol{\theta}^{(t+1)}) < f(\boldsymbol{\theta}^{(t)}) \end{cases} \tag{3.11}$$

其中 $c > 0$ [566]。如果所有没有被禁止的移动都走下坡路，则此方法不鼓励那些具有高频率属性 A_a 的移动。可用类似的策略以使上坡移动的选择变得更加多样。

除了在目标函数中加入惩罚或激励项外，研究分级的禁忌状态也是可行的，即一个属性可能仅部分被禁止。建立分级变化的禁忌状态可利用概率禁忌决策：为一个属性分配一个被禁止的概率，此概率要根据各种因子包括禁忌期限而调整[257]。

3.5.5 强化

在某些搜索中，强化在解空间某特定区域的搜索可能是有益的，也可利用频率以指导这样的强化。假设把最近 ν 步移动的属性频率列成一个表，且保留其对应的目标函数值。通过检查这些数据，可以识别一个好的候选解所具有的关键属性。在 $f_{H^{(t)}}$ 中应奖赏保有这种特征的移动，而远离这种特征的移动应得到惩罚。时间跨度 $\nu > \tau$ 把长期记忆长度进行了参数化以强化在解空间有希望区域的搜索。

3.5.6 一种综合的禁忌算法

下面我们总结一种相当一般的具有如上所述诸多特征的禁忌算法。在对指定问题的属性列表进行初始化及识别后，此算法如下进行：

1. 定义一个依赖于 f 的扩展目标函数 $f_{H^{(t)}}$，它也可能依赖于
   (a) 基于频率的惩罚或激励以提升多样化，且/或
   (b) 基于频率的惩罚或激励以提升强化。
2. 确定 $\boldsymbol{\theta}^{(t)}$ 的邻域，即 $\mathcal{N}(\boldsymbol{\theta}^{(t)})$ 的元素。
3. 按照由 $f_{H^{(t)}}$ 计算而得的改进减少量，求邻域的秩。
4. 选取秩最大的邻域。
5. 此邻域是否在当前的禁忌列表中？如果不在，则转至第 8 步。
6. 此邻域是否通过一个期望准则？如果通过，则转至第 8 步。
7. 如果 $\boldsymbol{\theta}^{(t)}$ 的所有邻域都考虑过了，且没有一个被 $\boldsymbol{\theta}^{(t+1)}$ 所采用，则停止。否则，选择秩次最高的邻域且转至第 5 步。
8. 认定此解为 $\boldsymbol{\theta}^{(t+1)}$。
9. 通过建立基于当前移动的新禁忌或通过删除过期的禁忌来更新禁忌列表。
10. 符合一个停止准则吗？如果符合，则停止。否则，增加 t 并转至第 1 步。

当迭代次数达到一个最大值时，一个明智的选择就是停止迭代，且把得到的最好候选解作为最终解。可以把搜索资源分解成若干个以便在初值为随机的集合中分别进行搜索，而不必把全部资源都集中在一个单一初值的搜索中。如从马氏链角度分析禁忌搜索，则可能会得到此方法的极限收敛结果[191]。

例 3.7 (棒球运动员薪水，续) 在例 3.3 中一个简单禁忌搜索被用来解决回归模拟棒球数据的变量选择问题。属性仅显示模型是否包含所考查的预测变量。对于 $\tau = 5$ 的禁忌是由逆转预测变量进入或退出的移动决定的，且对于随机初值此算法仅运行 75 步。如果另一个禁忌移动的目标函数值大于以前最好的，则期望准则允许它移动。

图 3.7 给出了由此禁忌搜索得到的候选解序列的 AIC 值。AIC 值很快地得到了改进，最优值 −418.95 由包括预测变量 2，3，6，8，10，13，14，15，16，24，25 和 26 的模型在如下两种情况得到：29 次迭代与 43 次迭代。此结果与应用随机初值局部搜索法得到的最优模型相同 (见表 3.2)。 □

习题

在 3.3 节引入的棒球数据可见本书的主页。问题 3.1–3.4 研究各种算法设置参数的含意。本着试验、

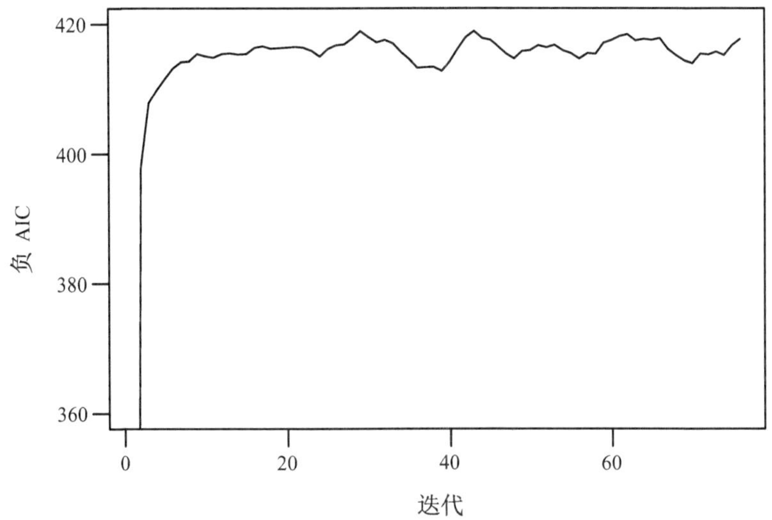

图 3.7　例 3.7 的禁忌搜索结果。仅显示了位于 −360 和 −420 的 AIC 值

尝试确定可能观测到不同兴趣点的设置的精神来解决这些问题。增加上述用过的运行长度以适应你的计算机速度，并且限制每次运行 (有效地搜索尝试) 中计算目标函数的总次数为一个固定数以公平地比较各种算法和设置的差异。总结你的比较和结论。用图补充说明你建议的关键点。

3.1 用随机初值的局部搜索算法求 AIC 最小的棒球运动员薪水回归模型，根据例 3.3 模拟你的算法。

a. 通过当前采取第一次随机选取的下坡邻域来改变最速下降法的移动策略。

b. 改变算法以研究 2 邻域法且与以前运行结果进行比较。

3.2 用禁忌算法求 AIC 最小的棒球运动员薪水回归模型，根据例 3.7 模拟你的算法。

a. 比较用不同禁忌期限的影响。

b. 监控从当前移动到下一步的 AIC 的变化。定义一个新属性为 AIC 改变超过某一值时的信号。允许此属性加入禁忌列表以提升搜索多样性。

c. 如果一个高影响移动优于逆转，则不顾逆转一个低影响移动的禁忌而运行影响期望算法。影响以 R^2 的变化来度量。

3.3 用模拟退火算法求 AIC 最小的棒球运动员薪水回归模型，根据例 3.4 模拟你的算法。

a. 比较不同冷却进度的影响 (温度不同并且在每一温度的持续时间也不同)。

b. 比较建议密度为在 2 邻域内与 3 邻域内是离散均匀分布的影响。

3.4 用遗传算法求 AIC 最小的棒球运动员薪水回归模型，根据例 3.5 模拟你的算法。

a. 比较应用不同突变率的影响。

b. 比较应用不同后代大小的影响。

c. 不用例 3.5 中的选择机制，尝试如下三个：

i. 以正比例于适宜度的概率独立地选择一个父代，而另一个完全随机。

ii. 以正比例于适宜度的概率独立地选择每一个父代。

iii. 选择 $P/5$ 的比赛层数或者你喜欢的层数。

为运行上述方法中的某一些，你可能需要对适宜度函数进行刻度变换。例如，考虑如下的刻度调整后的适宜度函数 π:

$$\phi(\boldsymbol{\Theta}_i^{(t)}) = af(\boldsymbol{\theta}_i^{(t)}) + b \tag{3.12}$$

$$\phi(\boldsymbol{\Theta}_i^{(t)}) = f(\boldsymbol{\theta}_i^{(t)}) - (\bar{f} - zs) \text{ 或} \tag{3.13}$$

$$\phi(\boldsymbol{\Theta}_i^{(t)}) = f(\boldsymbol{\theta}_i^{(t)})^v \tag{3.14}$$

其中 a, b 满足：平均适宜度等于平均目标函数值且最大适宜度比平均适宜度 $\bar{f}$ 大 c 倍(c 自己选定)，s 是没有刻度调整的目标函数在当前子代中的标准差，一般在 1 和 3 之间选取 z，v 是比 1 稍大的数。有时某些刻度调整会使 $\boldsymbol{\Theta}_i^{(t)}$ 为负的。此时，我们可以应用变换

$$\phi\text{new}(\boldsymbol{\Theta}_i^{(t)}) = \begin{cases} \phi(\boldsymbol{\Theta}_i^{(t)}) + d^{(t)}, & \text{若 } \phi(\boldsymbol{\Theta}_i^{(t)}) + d^{(t)} > 0 \\ 0, & \text{其他} \end{cases} \tag{3.15}$$

其中 $d^{(t)}$ 是第 t 代或最近 k 代 (k 为给定的一个数) 或所有后代中最差染色体的适宜度的绝对值。上述每一个刻度调整方法都具有消除 f 波动的能力，因此它们都保留代内的多样性和增加求得整体最优值的潜在能力。

比较并评论你所选方法的结果。

d. 应用代沟 $G = 1/P$ 的稳定态遗传算法，并与有完全不同的、不相重叠后代的标准遗传算法相比较。

e. 运行如下的被称为*均匀交叉互换方法*[622]：子代每一位点的等位基因都独立且完全随机地来自父代相同位点的等位基因。

3.5 考虑在例 3.1 中引进的基因图谱例子。图 3.8 给出了 100 个模拟的长度为 12 的染色体序列数据。左侧图给出的是真实基因图谱顺序的数据，而右侧图是分析者不知顺序的实际数据。上述数据可在本书主页上找到。

a. 应用随机初值的局部搜索法估计基因图谱 (即顺序与遗传距离)。假设邻域包含 20 个顺序，而这些顺序通过随机交换两个等位基因的位置而不同于当前顺序。移动是朝向邻域中最好候选解的，故采取的是随机下降法。从少数几个有限长度的初值开始，考评问题的计算难度，然后在计算量的合理范围内记录你得到的最优结果。评价你得到的结果、算法的性能，并且给出改进搜索的想法(提示：注意到无论从哪个方向读，$(\theta_{j_1}, \theta_{j_2}, \cdots, \theta_{j_{12}})$ 与 $(\theta_{j_{12}}, \theta_{j_{11}}, \cdots, \theta_{j_1})$ 均表示相同的染色体)。

b. 应用最速下降的随机初值局部搜索算法估计基因图谱。评价你的结果和此算法的表现。此问题的计算量很大，可能需要一台快速计算机。

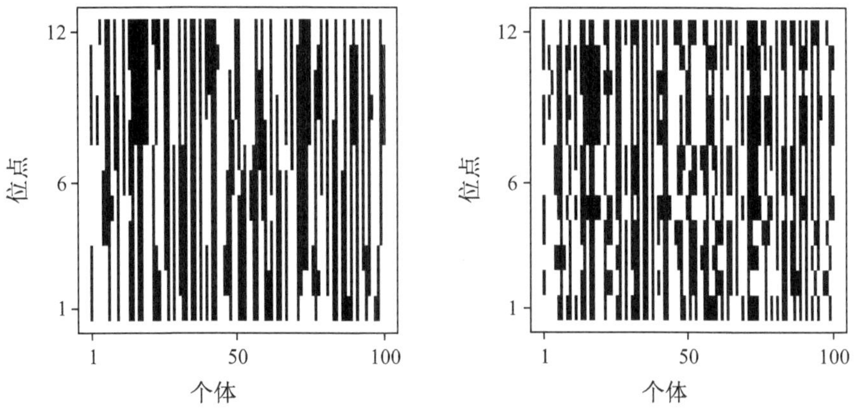

图 3.8　问题 3.5 的染色体。在 12 个位点模拟的 100 个个体的数据。类似于在例 3.1 中的图 3.1，对于每一个位点，来自杂合父代的源染色体被编码成白色或黑色。左侧图的数据是按照真实位点顺序安排的，而右侧图的数据是按照数据收集期间所记录到的位点标号安排的

3.6 考虑问题 3.5 所描述的基因图谱数据。

a. 应用一种遗传算法估计基因图谱 (即顺序和遗传距离)。应用有序交叉互换方法。从少量运行次数开始，考评此问题的计算难度，然后在计算量的合理范围内记录每次运行的结果。评价你的结果、算法的表现，并给出改进搜索的想法。

b. 比较由有序交叉互换和边缘重组交叉互换策略得到的适宜度改进的速度。

c. 对这些数据，尝试应用其他启发式的搜索方法。描述此算法的过程、速度和结果。

3.7 本书主页还包括基因图谱问题的第二个人造数据。此数据有 30 个染色体。对这些数据尝试应用一种或多种启发式搜索方法。描述此算法的过程、结果和你所遇到的任何问题。此数据集也给出了用来模拟此数据的真实顺序。尽管真实顺序可能不是 MLE，但你得到的最好顺序与真实顺序接近程度如何？此问题比上一个问题大多少？

3.8 对来自意大利三个区域的 178 种葡萄酒中的每一种测量其 13 种化学成份[53]。本书主页给出了这些数据。应用本章的一种或几种启发式的搜索方法，把这些酒按照组内总平方和最小分成三组。评价你的工作和结果。这是一个大小为 3^p 的搜索问题，其中 $p = 178$。如果你可以使用标准的聚类分析程序，利用类似于 Hartigan 和 Wong [317]的标准方法，检验你的结果。

第4章 EM优化方法

期望最大化 (EM) 算法是一种迭代优化策略，它是受缺失思想以及考虑给定已知项下缺失项的条件分布而激发产生的。该策略在多种统计问题中的统计基础和有效性在 Dempster，Laird 和 Rubin 的重要研究论文[150]中给出了解释。关于 EM 和相关方法的其他参考文献包括 [409，413，449，456，625]。EM 算法的普及源自于它能非常简单地执行并且能通过稳定、上升的步骤非常可靠地找到全局最优值。

在频率论者的框架中，我们可以想象由随机变量 $\boldsymbol{X}$ 生成的观测数据连同来自随机变量 $\boldsymbol{Z}$ 的缺失或未观测数据。我们预想由 $\boldsymbol{Y}=(\boldsymbol{X},\boldsymbol{Z})$ 产生的完全数据。给定观测数据 $\boldsymbol{x}$，我们希望最大化似然函数 $L(\boldsymbol{\theta}|\boldsymbol{x})$。通常采用该似然函数会难以处理，而采用 $\boldsymbol{Y}|\boldsymbol{\theta}$ 和 $\boldsymbol{Z}|(\boldsymbol{x},\boldsymbol{\theta})$ 的密度则较容易处理。EM 算法通过采用这些较容易的密度避开了直接考虑 $L(\boldsymbol{\theta}|\boldsymbol{x})$。

在贝叶斯应用中，兴趣通常集中在对某后验分布 $f(\boldsymbol{\theta}|\boldsymbol{x})$ 的众数的估计上。再者，优化有时可以通过考虑除感兴趣的参数 $\boldsymbol{\theta}$ 之外的未观测随机变量 $\boldsymbol{\psi}$ 而得到简化。

缺失数据可能不是真的缺少了，它们可能仅是一个简化问题的概念上的策略。在这种情形下，$\boldsymbol{Z}$ 通常称为*潜数据*。优化有时可以通过把这个新要素引入到问题中而得到简化，这可能看起来是违反直觉的。然而，本章中的例子和参考文献说明了该方法潜在的好处。在某些情形下，分析者必须利用他或她的创造力和智慧来虚构有效的潜变量；在其他情形下，有自然的选择。

4.1 缺失数据、边际化和符号

无论认为 $\boldsymbol{Z}$ 是潜在的还是缺失的，都可以将它看作是通过对某种多到少映射 $\boldsymbol{X}=M(\boldsymbol{Y})$ 的应用，从完整的 $\boldsymbol{Y}$ 中被删除掉了。设 $f_{\boldsymbol{X}}(\boldsymbol{x}|\boldsymbol{\theta})$ 和 $f_{\boldsymbol{Y}}(\boldsymbol{y}|\boldsymbol{\theta})$ 分别表示观测数据和完全数据的密度。潜在或缺失数据的假设等价于一个边际化模型，在该模型中我们观测到 $\boldsymbol{X}$ 有密度 $f_{\boldsymbol{X}}(\boldsymbol{x}|\boldsymbol{\theta})=\int_{\{\boldsymbol{y}:M(\boldsymbol{y})=\boldsymbol{x}\}} f_{\boldsymbol{Y}}(\boldsymbol{y}|\boldsymbol{\theta})\mathrm{d}\boldsymbol{y}$。注意到给定观测数据下缺失数据的条件密度为 $f_{\boldsymbol{Z}|\boldsymbol{X}}(\boldsymbol{z}|\boldsymbol{x},\boldsymbol{\theta})=f_{\boldsymbol{Y}}(\boldsymbol{y}|\boldsymbol{\theta})/f_{\boldsymbol{X}}(\boldsymbol{x}|\boldsymbol{\theta})$。

在关注于感兴趣参数 $\boldsymbol{\theta}$ 的后验密度的贝叶斯应用中，在两种方式下我们可以考虑用后验来表示一个更宽泛问题的边际化。第一，把似然函数 $L(\boldsymbol{\theta}|\boldsymbol{x})$ 看作完全数据似然函数 $L(\boldsymbol{\theta}|\boldsymbol{y})=$

$L(\boldsymbol{\theta}|\boldsymbol{x},\boldsymbol{z})$ 的一个边际化会是明智的。在这种情形下缺失数据是 $\boldsymbol{z}$，且我们采用与上面相同的一类符号。第二，我们可以考虑有缺失参数 $\boldsymbol{\psi}$，即使 $\boldsymbol{\psi}$ 本身并无意义，它的引入简化了贝叶斯计算。幸运的是，在贝叶斯模式下，这两种情形没有实际区别。因为 $\boldsymbol{Z}$ 和 $\boldsymbol{\psi}$ 均为缺失的随机量，我们用缺失变量的符号来表示未观测的数据还是参数无关紧要。在我们采用频率论者的记号时，读者可以把似然函数和 $\boldsymbol{Z}$ 分别用后验和 $\boldsymbol{\psi}$ 来代替，以考虑贝叶斯学派的观点。

在关于 EM 的文献中，与我们的用法相比较，传统上采用颠倒 $\boldsymbol{X}$ 和 $\boldsymbol{Y}$ 角色的符号。我们脱离传统，在本书的其他地方用 $\boldsymbol{X}=\boldsymbol{x}$ 表示观测数据。

4.2 EM 算法

EM 算法迭代寻求关于 $\boldsymbol{\theta}$ 的最大化 $L(\boldsymbol{\theta}|\boldsymbol{x})$。设 $\boldsymbol{\theta}^{(t)}$ 表示在迭代 t 时估计的最大值点，$t=0,1,\cdots$。定义 $Q(\boldsymbol{\theta}|\boldsymbol{\theta}^{(t)})$ 为观测数据 $\boldsymbol{X}=\boldsymbol{x}$ 条件下完全数据的联合对数似然的期望，即

$$
\begin{aligned}
Q(\boldsymbol{\theta}|\boldsymbol{\theta}^{(t)}) &= E\big\{\log L(\boldsymbol{\theta}|\boldsymbol{Y})|\boldsymbol{x},\boldsymbol{\theta}^{(t)}\big\} && (4.1)\\
&= E\big\{\log f_{\boldsymbol{Y}}(\boldsymbol{y}|\boldsymbol{\theta})|\boldsymbol{x},\boldsymbol{\theta}^{(t)}\big\} && (4.2)\\
&= \int[\log f_{\boldsymbol{Y}}(\boldsymbol{y}|\boldsymbol{\theta})]f_{\boldsymbol{Z}|\boldsymbol{X}}(\boldsymbol{z}|\boldsymbol{x},\boldsymbol{\theta}^{(t)})\mathrm{d}\boldsymbol{z} && (4.3)
\end{aligned}
$$

其中式 (4.3) 强调一旦我们给定 $\boldsymbol{X}=\boldsymbol{x}$，$\boldsymbol{Z}$ 是 $\boldsymbol{Y}$ 的唯一的随机部分。

EM 从 $\boldsymbol{\theta}^{(0)}$ 开始，然后在两步之间交替：E 表示期望，M 表示最大化。该算法概括如下：

1. E 步：计算 $Q(\boldsymbol{\theta}|\boldsymbol{\theta}^{(t)})$。
2. M 步：关于 $\boldsymbol{\theta}$ 最大化 $Q(\boldsymbol{\theta}|\boldsymbol{\theta}^{(t)})$。设 $\boldsymbol{\theta}^{(t+1)}$ 等于 Q 的最大值点。
3. 返回 E 步，直到满足某停止规则为止。

优化问题的停止规则在第 2 章中讨论过。在目前的情形下，这样的规则通常依赖于 $(\boldsymbol{\theta}^{(t+1)}-\boldsymbol{\theta}^{(t)})^{\mathrm{T}}(\boldsymbol{\theta}^{(t+1)}-\boldsymbol{\theta}^{(t)})$ 或 $|Q(\boldsymbol{\theta}^{(t+1)}|\boldsymbol{\theta}^{(t)})-Q(\boldsymbol{\theta}^{(t)}|\boldsymbol{\theta}^{(t)})|$。

例 4.1 (简单的指数密度) 为理解 EM 的符号，考虑一个简单的例子，其中 $Y_1,Y_2\sim$ i.i.d. $\mathrm{Exp}(\theta)$。假定 $y_1=5$ 是观测到的，但 y_2 的值是缺失的。完全数据对数似然函数为 $\log L(\theta|\boldsymbol{y})=\log f_{\boldsymbol{Y}}(\boldsymbol{y}|\theta)=2\log\{\theta\}-\theta y_1-\theta y_2$。取 $\log L(\theta|\boldsymbol{Y})$ 的条件期望得到 $Q(\theta|\theta^{(t)})=2\log\{\theta\}-5\theta-\theta/\theta^{(t)}$，因为由独立性得 $E\{Y_2|y_1,\theta^{(t)}\}=E\{Y_2|\theta^{(t)}\}=1/\theta^{(t)}$。容易发现 $Q(\theta|\theta^{(t)})$ 关于 θ 的最大值点是 $2/\theta-5-1/\theta^{(t)}=0$ 的根。对 θ 求解得到更新方程 $\theta^{(t+1)}=2\theta^{(t)}/(5\theta^{(t)}+1)$。注意到这里 E 步和 M 步不需要在每次迭代时重新导出：由某初始值开始对更新公式的反复应用可给出估计收敛到 $\hat{\theta}=0.2$。

这个例子在实际中不可行。θ 来自观测值的极大似然估计可以由初等分析方法确定，不用依靠像 EM 这样的任何复杂的数值优化策略。更重要的是，我们会认识到求取所需期望在实际应用中是骗人的，因为我们需要知道给定缺失数据下完全数据的条件分布。 □

例 4.2 (椒花蛾) 椒花蛾（peppered moth），又叫桦尺蛾（Biston betularia），这里给出了一个进化和工业污染的迷人故事[276]。这些蛾子的色彩已确认由某单个基因决定，该基因具有三个可能的等位基因，我们记为 C，I 和 T。三者之中，C 对 I 是显性的，而 T 对 I 是隐性的。因此基因型 CC，CI 和 CT 导致黑化(carbonaria)表型，它呈现纯黑色。基因型 TT 导致典型 (typica) 表型，它呈现浅色图案的翅膀。基因型 II 和 IT 产生一个称之为岛屿 (insularia) 的中间表型，它在外观上变化很广泛，但通常以中间色彩杂色而成。这样，有六种可能的基因型，但只有三种基因型在田间工作中是可测的。

在英国和北美，受烧煤工业影响的地区内黑化表型几乎代替了浅色表型。等位基因频率在种群内的这个变化被引用为在人类社会可以观测到微进化的一个例子。(被试验支持的) 理论是“鸟类对与不同反射的背景色明显不同蛾体的显著捕食”导致了在时间和地区上对黑化表型有利的选择，在这些地区煤烟的、污染的条件减弱了蛾栖息的树皮表面的反射[276]。不足为奇的是，当改善的环境标准减少了污染时，浅色表型的流行增加，黑化型的流行骤降。

因此，有必要来监控等位基因 C，I 和 T 随着时间变动的频率以对微进化过程提供见解。此外，这些频率中的趋势也为监控空气质量提供了一个有趣的生物学标志。在某足够短的时间段内，等位基因频率的一个近似模型可以由 Hardy-Weinberg 法则建立，该法则指出在 Hardy-Weinberg 平衡下的某种群里每个基因型的频率应该等于相应的等位基因频率的乘积，或者当两个等位基因不同时则两倍于该乘积 (以说明在亲代来源上的不确定性)[15,316]。这样，如果种群中等位基因的频率为 p_C，p_I 和 p_T，那么基因型 CC，CI，CT，II，IT 和 TT 的频率应分别为 p_C^2，$2p_Cp_I$，$2p_Cp_T$，p_I^2，$2p_Ip_T$ 和 p_T^2，且满足 $p_C+p_I+p_T=1$。

假定捕获到 n 只蛾子，其中黑化、岛屿和典型表型的分别有 n_C，n_I 和 n_T 只。于是 $n_C+n_I+n_T=n$。因为每只蛾子在讨论的基因上有两个等位基因，样本中一共有 $2n$ 个等位基因。如果我们知道每只蛾子的基因型而不仅仅是它的表型，就能生成基因型数 n_{CC}，n_{CI}，n_{CT}，n_{II}，n_{IT} 和 n_{TT}，由它们较容易列出等位基因的频率。例如，有基因型 CI 的每只蛾子贡献一个 C 等位基因和一个 I 等位基因，而一个 II 型的蛾子贡献两个 I 等位基因。这样的等位基因数会立刻提供 p_C，p_I 和 p_T 的估计。仅由表型个数如何估计等位基因频率还是远不明朗的。

在 EM 符号下，观测数据为 $\boldsymbol{x}=(n_C,n_I,n_T)$，而完全数据为 $\boldsymbol{y}=(n_{CC},n_{CI},n_{CT},n_{II},n_{IT},n_{TT})$。从完全数据到观测数据的映射为 $\boldsymbol{x}=M(\boldsymbol{y})=(n_{CC}+n_{CI}+n_{CT},n_{II}+n_{IT},n_{TT})$。我们希望估计等位基因概率 p_C，p_I 和 p_T。因为 $p_T=1-p_C-p_I$，该问题的参数向量为 $\boldsymbol{p}=(p_C,p_I)$，但是为了符号的简化，我们在后面常会提到 p_T。

完全数据的对数似然函数是多项式：

$$\begin{aligned}\log f_{\boldsymbol{Y}}(\boldsymbol{y}|\boldsymbol{p}) &= n_{CC}\log\{p_C^2\}+n_{CI}\log\{2p_Cp_I\}+n_{CT}\log\{2p_Cp_T\}\\ &\quad +n_{II}\log\{p_I^2\}+n_{IT}\log\{2p_Ip_T\}+n_{TT}\log\{p_T^2\}\\ &\quad +\log\binom{n}{n_{CC}\ n_{CI}\ n_{CT}\ n_{II}\ n_{IT}\ n_{TT}}\end{aligned}\tag{4.4}$$

完全数据不是都能观测到的。设 $\boldsymbol{Y}=(N_{CC},N_{CI},N_{CT},N_{II},N_{IT},n_{TT})$，因为我们知道 $N_{TT}=$

n_{TT}，但其他的频率不是直接观测到的。为计算 $Q(\boldsymbol{p}|\boldsymbol{p}^{(t)})$，注意到在条件 n_{C} 和参数向量 $\boldsymbol{p}^{(t)}=(p_{\mathrm{C}}^{(t)},p_{\mathrm{I}}^{(t)})$ 下，三种黑化基因型的潜在数目有一个三元多项式分布，该分布具有计数参数 n_{C} 及与 $(p_{\mathrm{C}}^{(t)})^2, 2p_{\mathrm{C}}^{(t)}p_{\mathrm{I}}^{(t)}$ 和 $2p_{\mathrm{C}}^{(t)}p_{\mathrm{T}}^{(t)}$ 成比例的单元概率。对两个岛屿单元也有类似的结果。于是式 (4.4) 中前五个随机部分的期望值为：

$$E\{N_{\mathrm{CC}}|n_{\mathrm{C}},n_{\mathrm{I}},n_{\mathrm{T}},\boldsymbol{p}^{(t)}\}=n_{\mathrm{CC}}^{(t)}=\frac{n_{\mathrm{C}}(p_{\mathrm{C}}^{(t)})^2}{(p_{\mathrm{C}}^{(t)})^2+2p_{\mathrm{C}}^{(t)}p_{\mathrm{I}}^{(t)}+2p_{\mathrm{C}}^{(t)}p_{\mathrm{T}}^{(t)}} \tag{4.5}$$

$$E\{N_{\mathrm{CI}}|n_{\mathrm{C}},n_{\mathrm{I}},n_{\mathrm{T}},\boldsymbol{p}^{(t)}\}=n_{\mathrm{CI}}^{(t)}=\frac{2n_{\mathrm{C}}p_{\mathrm{C}}^{(t)}p_{\mathrm{I}}^{(t)}}{(p_{\mathrm{C}}^{(t)})^2+2p_{\mathrm{C}}^{(t)}p_{\mathrm{I}}^{(t)}+2p_{\mathrm{C}}^{(t)}p_{\mathrm{T}}^{(t)}} \tag{4.6}$$

$$E\{N_{\mathrm{CT}}|n_{\mathrm{C}},n_{\mathrm{I}},n_{\mathrm{T}},\boldsymbol{p}^{(t)}\}=n_{\mathrm{CT}}^{(t)}=\frac{2n_{\mathrm{C}}p_{\mathrm{C}}^{(t)}p_{\mathrm{T}}^{(t)}}{(p_{\mathrm{C}}^{(t)})^2+2p_{\mathrm{C}}^{(t)}p_{\mathrm{I}}^{(t)}+2p_{\mathrm{C}}^{(t)}p_{\mathrm{T}}^{(t)}} \tag{4.7}$$

$$E\{N_{\mathrm{II}}|n_{\mathrm{C}},n_{\mathrm{I}},n_{\mathrm{T}},\boldsymbol{p}^{(t)}\}=n_{\mathrm{II}}^{(t)}=\frac{n_{\mathrm{I}}(p_{\mathrm{I}}^{(t)})^2}{(p_{\mathrm{I}}^{(t)})^2+2p_{\mathrm{I}}^{(t)}p_{\mathrm{T}}^{(t)}} \tag{4.8}$$

$$E\{N_{\mathrm{IT}}|n_{\mathrm{C}},n_{\mathrm{I}},n_{\mathrm{T}},\boldsymbol{p}^{(t)}\}=n_{\mathrm{IT}}^{(t)}=\frac{2n_{\mathrm{I}}p_{\mathrm{I}}^{(t)}p_{\mathrm{T}}^{(t)}}{(p_{\mathrm{I}}^{(t)})^2+2p_{\mathrm{I}}^{(t)}p_{\mathrm{T}}^{(t)}} \tag{4.9}$$

最后，我们知道 $n_{\mathrm{TT}}=n_{\mathrm{T}}$，其中 n_{T} 是观测到的。似然函数中的多项式系数有一个条件期望，比方说 $k(n_{\mathrm{C}},n_{\mathrm{I}},n_{\mathrm{T}},\boldsymbol{p}^{(t)})$，它不依赖于 $\boldsymbol{p}$。于是，我们发现

$$\begin{aligned}Q(\boldsymbol{p}|\boldsymbol{p}^{(t)}) &= n_{\mathrm{CC}}^{(t)}\log\{p_{\mathrm{C}}^2\}+n_{\mathrm{CI}}^{(t)}\log\{2p_{\mathrm{C}}p_{\mathrm{I}}\}\\ &\quad+n_{\mathrm{CT}}^{(t)}\log\{2p_{\mathrm{C}}p_{\mathrm{T}}\}+n_{\mathrm{II}}^{(t)}\log\{p_{\mathrm{I}}^2\}\\ &\quad+n_{\mathrm{IT}}^{(t)}\log\{2p_{\mathrm{I}}p_{\mathrm{T}}\}+n_{\mathrm{TT}}\log\{p_{\mathrm{T}}^2\}+k(n_{\mathrm{C}},n_{\mathrm{I}},n_{\mathrm{T}},\boldsymbol{p}^{(t)})\end{aligned} \tag{4.10}$$

注意到 $p_{\mathrm{T}}=1-p_{\mathrm{C}}-p_{\mathrm{I}}$，关于 p_{C} 和 p_{I} 求导得

$$\frac{\mathrm{d}Q(\boldsymbol{p}|\boldsymbol{p}^{(t)})}{dp_{\mathrm{C}}}=\frac{2n_{\mathrm{CC}}^{(t)}+n_{\mathrm{CI}}^{(t)}+n_{\mathrm{CT}}^{(t)}}{p_{\mathrm{C}}}-\frac{2n_{\mathrm{TT}}^{(t)}+n_{\mathrm{CT}}^{(t)}+n_{\mathrm{IT}}^{(t)}}{1-p_{\mathrm{C}}-p_{\mathrm{I}}} \tag{4.11}$$

$$\frac{\mathrm{d}Q(\boldsymbol{p}|\boldsymbol{p}^{(t)})}{dp_{\mathrm{I}}}=\frac{2n_{\mathrm{II}}^{(t)}+n_{\mathrm{IT}}^{(t)}+n_{\mathrm{CI}}^{(t)}}{p_{\mathrm{I}}}-\frac{2n_{\mathrm{TT}}^{(t)}+n_{\mathrm{CT}}^{(t)}+n_{\mathrm{IT}}^{(t)}}{1-p_{\mathrm{C}}-p_{\mathrm{I}}} \tag{4.12}$$

设这些导数为零并关于 p_{C} 和 p_{I} 求解即完成 M 步，得到

$$p_{\mathrm{C}}^{(t+1)}=\frac{2n_{\mathrm{CC}}^{(t)}+n_{\mathrm{CI}}^{(t)}+n_{\mathrm{CT}}^{(t)}}{2n} \tag{4.13}$$

$$p_{\mathrm{I}}^{(t+1)}=\frac{2n_{\mathrm{II}}^{(t)}+n_{\mathrm{IT}}^{(t)}+n_{\mathrm{CI}}^{(t)}}{2n} \tag{4.14}$$

$$p_{\mathrm{T}}^{(t+1)}=\frac{2n_{\mathrm{TT}}^{(t)}+n_{\mathrm{CT}}^{(t)}+n_{\mathrm{IT}}^{(t)}}{2n} \tag{4.15}$$

其中最后一个表达式是由这些概率加和为 1 的约束得到的。如果第 t 次潜在数目是真的，黑化等位基因在样本中的个数会是 $2n_{\mathrm{CC}}^{(t)}+n_{\mathrm{CI}}^{(t)}+n_{\mathrm{CT}}^{(t)}$。样本中一共有 $2n$ 个等位基因。这样，EM 更新包含设定 $\boldsymbol{p}^{(t+1)}$ 的元素等于从第 t 次潜在基因型数目得到的表型频率。

表 4.1 椒花蛾例子的 EM 结果。诊断量 $R^{(t)}$，$D_{\mathrm{C}}^{(t)}$ 和 $D_{rI}^{(t)}$ 在文中定义

t	$p_{\mathrm{C}}^{(t)}$	$p_{\mathrm{I}}^{(t)}$	$R^{(t)}$	$D_{\mathrm{C}}^{(t)}$	$D_{\mathrm{I}}^{(t)}$
0	0.333333	0.333333			
1	0.081994	0.237406	5.7×10^{-1}	0.0425	0.337
2	0.071249	0.197870	1.6×10^{-1}	0.0369	0.188
3	0.070852	0.190360	3.6×10^{-2}	0.0367	0.178
4	0.070837	0.189023	6.6×10^{-3}	0.0367	0.176
5	0.070837	0.188787	1.2×10^{-3}	0.0367	0.176
6	0.070837	0.188745	2.1×10^{-4}	0.0367	0.176
7	0.070837	0.188738	3.6×10^{-5}	0.0367	0.176
8	0.070837	0.188737	6.4×10^{-6}	0.0367	0.176

假定观测到的基因型数目为 $n_{\mathrm{C}}=85, n_{\mathrm{I}}=196$ 及 $n_{\mathrm{T}}=341$ 。表 4.1 说明了 EM 算法如何收敛到极大似然估计，大约为 $\hat{p}_{\mathrm{C}}=0.07084, \hat{p}_{\mathrm{I}}=0.18874$ 及 $\hat{p}_{\mathrm{T}}=0.74043$。找到 $\hat{p}_{\mathrm{I}}$ 的一个精确估计比 $\hat{p}_{\mathrm{C}}$ 的要更慢，因为似然函数在 p_{I} 坐标上较平缓。

表 4.1 的后三列给出了收敛性的诊断。相对收敛准则

$$R^{(t)}=\frac{\|\boldsymbol{p}^{(t)}-\boldsymbol{p}^{(t-1)}\|}{\|\boldsymbol{p}^{(t-1)}\|} \tag{4.16}$$

概括了由一次迭代到下一次迭代在 $\boldsymbol{p}^{(t)}$ 上相对改变的总量，其中 $\|\boldsymbol{z}\|=(\boldsymbol{z}^{\mathrm{T}}\boldsymbol{z})^{1/2}$。为了说明，我们还给出了 $D_{\mathrm{C}}^{(t)}=(p_{\mathrm{C}}^{(t)}-\hat{p}_{\mathrm{C}})/(p_{\mathrm{C}}^{(t-1)}-\hat{p}_{\mathrm{C}})$ 和类似的量 $D_{\mathrm{I}}^{(t)}$。这些比值很快收敛到常数，证实 EM 的收敛速度是线性的，如式（2.19）定义的那样。 □

例 4.3 (贝叶斯后验众数) 考虑一个具有似然 $L(\boldsymbol{\theta}|\boldsymbol{x})$、先验 $f(\boldsymbol{\theta})$ 以及缺失数据或者参数 $\boldsymbol{Z}$ 的贝叶斯问题。为找到后验众数，E 步需要

$$\begin{aligned} Q(\boldsymbol{\theta}|\boldsymbol{\theta}^{(t)}) &= E\{\log\{L(\boldsymbol{\theta}|\boldsymbol{Y})f(\boldsymbol{\theta})k(\boldsymbol{Y})\}|\boldsymbol{x},\boldsymbol{\theta}^{(t)}\} \\ &= E\{\log L(\boldsymbol{\theta}|\boldsymbol{Y})|\boldsymbol{x},\boldsymbol{\theta}^{(t)}\}+\log f(\boldsymbol{\theta})+E\{\log k(\boldsymbol{Y})|\boldsymbol{x},\boldsymbol{\theta}^{(t)}\} \end{aligned} \tag{4.17}$$

其中式 (4.17) 中的最后一项是一个可以忽略的归一化常数，因为 Q 是要关于 $\boldsymbol{\theta}$ 最大化。该函数 Q 是通过简单地向极大似然框架中用到的 Q 函数添加对数先验而得到的。不幸地是，对数先验的加入通常使得在 M 步最大化 Q 更困难。第 4.3.2 节描述了多种在困难情况下简化 M 步的方法。 □

4.2.1 收敛性

为了考察 EM 算法的收敛性质，我们从说明每个最大化步提高了观测数据的对数似然 $l(\boldsymbol{\theta}|\boldsymbol{x})$ 开始。首先注意到观测数据密度的对数可重新表示为

$$\log f_{\boldsymbol{X}}(\boldsymbol{x}|\boldsymbol{\theta})=\log f_{\boldsymbol{Y}}(\boldsymbol{y}|\boldsymbol{\theta})-\log f_{\boldsymbol{Z}|\boldsymbol{X}}(\boldsymbol{z}|\boldsymbol{x},\boldsymbol{\theta}) \tag{4.18}$$

因此，

$$E\{\log f_{\boldsymbol{X}}(\boldsymbol{x}|\boldsymbol{\theta})|\boldsymbol{x},\boldsymbol{\theta}^{(t)}\}=E\{\log f_{\boldsymbol{Y}}(\boldsymbol{y}|\boldsymbol{\theta})|\boldsymbol{x},\boldsymbol{\theta}^{(t)}\}-E\{\log f_{\boldsymbol{Z}|\boldsymbol{X}}(\boldsymbol{z}|\boldsymbol{x},\boldsymbol{\theta})|\boldsymbol{x},\boldsymbol{\theta}^{(t)}\}$$

其中期望是关于 $\boldsymbol{Z}|(\boldsymbol{x},\boldsymbol{\theta}^{(t)})$ 求取的。于是

$$\log f_{\boldsymbol{X}}(\boldsymbol{x}|\boldsymbol{\theta}) = Q(\boldsymbol{\theta}|\boldsymbol{\theta}^{(t)}) - H(\boldsymbol{\theta}|\boldsymbol{\theta}^{(t)}) \tag{4.19}$$

其中

$$H(\boldsymbol{\theta}|\boldsymbol{\theta}^{(t)}) = E\{\log f_{\boldsymbol{Z}|\boldsymbol{X}}(\boldsymbol{Z}|\boldsymbol{x},\boldsymbol{\theta})|\boldsymbol{x},\boldsymbol{\theta}^{(t)}\} \tag{4.20}$$

在我们说明当 $\boldsymbol{\theta} = \boldsymbol{\theta}^t$ 时 $H(\boldsymbol{\theta}|\boldsymbol{\theta}^{(t)})$ 关于 $\boldsymbol{\theta}$ 取得最大后，式 (4.19) 的重要性就显而易见了。为了理解这点，写出

$$\begin{aligned} H(\boldsymbol{\theta}^{(t)}|\boldsymbol{\theta}^{(t)}) - H(\boldsymbol{\theta}|\boldsymbol{\theta}^{(t)}) &= E\{\log f_{\boldsymbol{Z}|\boldsymbol{X}}(\boldsymbol{Z}|\boldsymbol{x},\boldsymbol{\theta}^{(t)}) - \log f_{\boldsymbol{Z}|\boldsymbol{X}}(\boldsymbol{Z}|\boldsymbol{x},\boldsymbol{\theta})|\boldsymbol{x},\boldsymbol{\theta}^{(t)}\} \\ &= \int -\log\left[\frac{f_{\boldsymbol{Z}|\boldsymbol{X}}(\boldsymbol{z}|\boldsymbol{x},\boldsymbol{\theta})}{f_{\boldsymbol{Z}|\boldsymbol{X}}(\boldsymbol{z}|\boldsymbol{x},\boldsymbol{\theta}^{(t)})}\right] f_{\boldsymbol{Z}|\boldsymbol{X}}(\boldsymbol{z}|\boldsymbol{x},\boldsymbol{\theta}^{(t)})\mathrm{d}\boldsymbol{z} \\ &\geqslant -\log\int f_{\boldsymbol{Z}|\boldsymbol{X}}(\boldsymbol{z}|\boldsymbol{x},\boldsymbol{\theta})\mathrm{d}\boldsymbol{z} \\ &= 0 \end{aligned} \tag{4.21}$$

表达式 (4.21) 来自 Jensen 不等式的一个应用，因为 $-\log u$ 关于 u 是严格凸的。

这样，任何 $\boldsymbol{\theta} \neq \boldsymbol{\theta}^{(t)}$ 都使得 $H(\boldsymbol{\theta}|\boldsymbol{\theta}^{(t)})$ 小于 $H(\boldsymbol{\theta}^{(t)}|\boldsymbol{\theta}^{(t)})$。特别地，如果我们选择 $\boldsymbol{\theta}^{(t+1)}$ 来关于 $\boldsymbol{\theta}$ 最大化 $Q(\boldsymbol{\theta}|\boldsymbol{\theta}^{(t)})$，那么因为 Q 增大而 H 减少，则

$$\log f_{\boldsymbol{X}}(\boldsymbol{x}|\boldsymbol{\theta}^{(t+1)}) - \log f_{\boldsymbol{X}}(\boldsymbol{x}|\boldsymbol{\theta}^{(t)}) \geqslant 0 \tag{4.22}$$

当 $Q(\boldsymbol{\theta}^{(t+1)}|\boldsymbol{\theta}^{(t)}) > Q(\boldsymbol{\theta}^{(t)}|\boldsymbol{\theta}^{(t)})$ 时有严格不等式成立。

在每次迭代中选择 $\boldsymbol{\theta}^{(t+1)}$ 来关于 $\boldsymbol{\theta}$ 最大化 $Q(\boldsymbol{\theta}|\boldsymbol{\theta}^{(t)})$ 构成标准的 EM 算法。如果取而代之的是我们简单选取任一个使得 $Q(\boldsymbol{\theta}^{(t+1)}|\boldsymbol{\theta}^{(t)}) > Q(\boldsymbol{\theta}^{(t)}|\boldsymbol{\theta}^{(t)})$ 的 $\boldsymbol{\theta}^{(t+1)}$，那么得到的算法称作广义 EM，或者 GEM。在任一情形，增大 Q 的那一步也增大了对数似然。使得该上升性保证收敛到某极大似然估计的条件在文献 [60，676] 中进行了探讨。

得到该结果后，我们下面考虑该方法收敛的阶数。EM 算法定义了一个映射 $\boldsymbol{\theta}^{(t+1)} = \boldsymbol{\Psi}(\boldsymbol{\theta}^{(t)})$，其中函数 $\boldsymbol{\Psi}(\boldsymbol{\theta}) = (\Psi_1(\boldsymbol{\theta}),\cdots,\Psi_p(\boldsymbol{\theta}))$ 且 $\boldsymbol{\theta} = (\theta_1,\cdots,\theta_p)$。当 EM 收敛时，如果收敛到该映射的一个不动点，那么 $\hat{\boldsymbol{\theta}} = \boldsymbol{\Psi}(\hat{\boldsymbol{\theta}})$。设 $\boldsymbol{\Psi}'(\boldsymbol{\theta})$ 表示 Jacobi 矩阵，其 (i,j) 元素为 $\mathrm{d}\Psi_i(\boldsymbol{\theta})/\mathrm{d}\theta_j$。因为 $\boldsymbol{\theta}^{(t+1)} - \hat{\boldsymbol{\theta}} = \boldsymbol{\Psi}(\boldsymbol{\theta}^{(t)}) - \boldsymbol{\Psi}(\hat{\boldsymbol{\theta}})$，则$\boldsymbol{\Psi}$的 Taylor 级数展开得到

$$\boldsymbol{\theta}^{(t+1)} - \hat{\boldsymbol{\theta}} \approx \boldsymbol{\Psi}'(\boldsymbol{\theta}^{(t)})(\boldsymbol{\theta}^{(t)} - \hat{\boldsymbol{\theta}}) \tag{4.23}$$

将该结果与式 (2.19) 比较，我们看到当 $p = 1$ 时 EM 算法线性收敛。对 $p > 1$，倘若观测的信息 $-\boldsymbol{l}''(\hat{\boldsymbol{\theta}}|\boldsymbol{x})$ 是正定的，收敛仍然是线性的。有关收敛的更精确细节由文献 [150，449，452，455] 给出。

EM 收敛的全局速度定义为

$$\rho = \lim_{t\to\infty} \frac{\|\boldsymbol{\theta}^{(t+1)} - \hat{\boldsymbol{\theta}}\|}{\|\boldsymbol{\theta}^{(t)} - \hat{\boldsymbol{\theta}}\|} \tag{4.24}$$

可以证明当 $-\boldsymbol{l}''(\hat{\boldsymbol{\theta}}|\boldsymbol{x})$ 正定时，ρ 等于 $\boldsymbol{\Psi}'(\hat{\boldsymbol{\theta}})$ 的最大特征值。在 4.2.3.1 节和 4.2.3.2 节我们将考查 $\boldsymbol{\Psi}'(\hat{\boldsymbol{\theta}})$ 如何成为缺失信息的分数的一个矩阵。这样，ρ 可有效地用作缺失信息总比例

的一个标量综合。在概念上，缺失信息的比例等于 1 减去观测信息与包含在完全数据中的信息的比率。这样，当缺失信息的比例较大时，EM 经历较慢的收敛。与牛顿法的二次收敛相比，EM 的线性收敛会极端缓慢，尤其是当缺失信息的分数很大时。然而，EM 的执行方便和稳定上升通常是非常吸引人的，尽管它收敛得慢。第 4.3.3 节讨论了加速 EM 收敛的方法。

为进一步理解 EM 如何工作，注意到由式 (4.21) 得

$$l(\boldsymbol{\theta}|\boldsymbol{x}) \geqslant Q(\boldsymbol{\theta}|\boldsymbol{\theta}^{(t)}) + l(\boldsymbol{\theta}^{(t)}|\boldsymbol{x}) - Q(\boldsymbol{\theta}^{(t)}|\boldsymbol{\theta}^{(t)}) = G(\boldsymbol{\theta}|\boldsymbol{\theta}^{(t)}) \tag{4.25}$$

由于 $G(\boldsymbol{\theta}|\boldsymbol{\theta}^{(t)})$ 的后两项独立于 $\boldsymbol{\theta}$，函数 Q 和 G 在相同的 $\boldsymbol{\theta}$ 处达到最大。此外，G 在 $\boldsymbol{\theta}^{(t)}$ 处与 l 相切，且在任一处低于 l。我们说 G 是 l 的一个*劣化函数*。EM 策略将优化问题由 l 转换到替代函数 G (有效地到 Q)，这更便于最大化。G 的最大值点保证了在 l 值上的增加。这个思想在图 4.1 给出了图示。每个 E 步等同于构造劣化函数 G，而每个 M 步等同于最大化该函数以给出一个上升的路径。

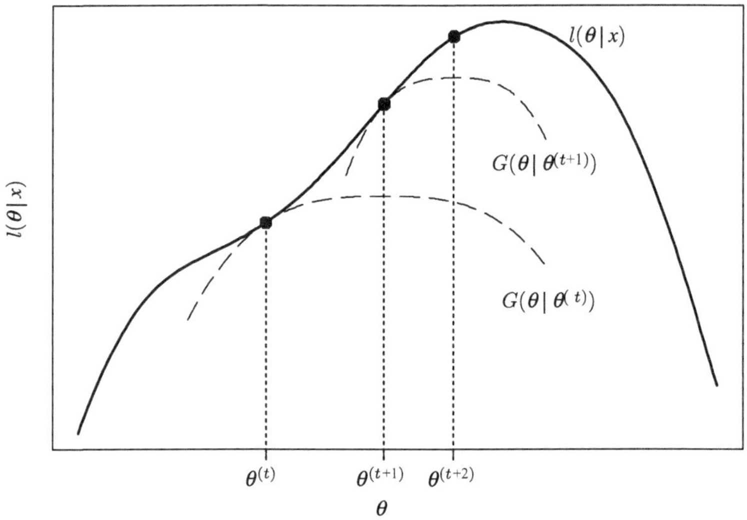

图 4.1　作为一种劣化或优化转换策略的 EM 算法的一维图示

临时把 l 用一个劣化函数替代是被称作*优化转换*的更一般策略的一个例子。EM 算法与优化转换其他统计应用的联系在文献 [410] 中给出了说明。在提出最优化为最小化的数学应用中，我们通常求助于*优化* (majorization)，因为我们能通过用 $-G(\boldsymbol{\theta}|\boldsymbol{\theta}^{(t)})$ 来优化 (majorizing) 负的对数似然来实现。

4.2.2　在指数族中的应用

当完全数据被建模为具有指数族分布时，数据的密度可以写成 $f(\boldsymbol{y}|\boldsymbol{\theta}) = c_1(\boldsymbol{y})c_2(\boldsymbol{\theta})\exp\{\boldsymbol{\theta}^{\mathrm{T}}\boldsymbol{s}(\boldsymbol{y})\}$，其中 $\boldsymbol{\theta}$ 是自然参数的一个向量，$\boldsymbol{s}(\boldsymbol{y})$ 是充分统计量的一个向量。在这种情形，E 步

得出

$$Q(\boldsymbol{\theta}|\boldsymbol{\theta}^{(t)}) = k + \log c_2(\boldsymbol{\theta}) + \int \boldsymbol{\theta}^{\mathrm{T}} \boldsymbol{s}(\boldsymbol{y}) f_{\boldsymbol{Z}|\boldsymbol{X}}(\boldsymbol{z}|\boldsymbol{x},\boldsymbol{\theta}^{(t)})\mathrm{d}\boldsymbol{z} \tag{4.26}$$

其中 k 是一个不依赖于 $\boldsymbol{\theta}$ 的量。为实现 M 步，设 $Q(\boldsymbol{\theta}|\boldsymbol{\theta}^{(t)})$ 关于 $\boldsymbol{\theta}$ 的梯度等于零。在重新整理各项并采用明显的符号简化成向量化积分后，得到

$$\frac{-\boldsymbol{c}_2'(\boldsymbol{\theta})}{c_2(\boldsymbol{\theta})} = \int \boldsymbol{s}(\boldsymbol{y}) f_{\boldsymbol{Z}|\boldsymbol{X}}(\boldsymbol{z}|\boldsymbol{x},\boldsymbol{\theta}^{(t)})\mathrm{d}\boldsymbol{z} \tag{4.27}$$

可直接证明 $\boldsymbol{c}_2'(\boldsymbol{\theta}) = -c_2(\boldsymbol{\theta})E\{\boldsymbol{s}(\boldsymbol{Y})|\boldsymbol{\theta}\}$。因此，式 (4.27) 意味着 M 步是通过设 $\boldsymbol{\theta}^{(t+1)}$ 等于求解

$$E\{\boldsymbol{s}(\boldsymbol{Y})|\boldsymbol{\theta}\} = \int \boldsymbol{s}(\boldsymbol{y}) f_{\boldsymbol{Z}|\boldsymbol{X}}(\boldsymbol{z}|\boldsymbol{x},\boldsymbol{\theta}^{(t)})\mathrm{d}\boldsymbol{z} \tag{4.28}$$

得到的 $\boldsymbol{\theta}$ 而完成。除去将 $\boldsymbol{\theta}^{(t)}$ 用 $\boldsymbol{\theta}^{(t+1)}$ 代替外，下一 E 步的 $Q(\boldsymbol{\theta}|\boldsymbol{\theta}^{(t)})$ 的形式是不变的，且下一 M 步求解同样的优化问题。因此，指数族的 EM 算法由下面的步骤组成：

1. E 步：给定观测数据并利用现有的参数猜测值 $\boldsymbol{\theta}^{(t)}$，计算完全数据的充分统计量的期望值。令 $\boldsymbol{s}^{(t)} = E\{\boldsymbol{s}(\boldsymbol{Y})|\boldsymbol{x},\boldsymbol{\theta}^{(t)}\} = \int \boldsymbol{s}(\boldsymbol{y}) f_{\boldsymbol{Z}|\boldsymbol{X}}(\boldsymbol{z}|\boldsymbol{x},\boldsymbol{\theta}^{(t)})\mathrm{d}\boldsymbol{z}$。
2. M 步：设 $\boldsymbol{\theta}^{(t+1)}$ 为使得完全数据的充分统计量的无条件期望等于 $\boldsymbol{s}^{(t)}$ 的 $\boldsymbol{\theta}$ 值。换句话说，$\boldsymbol{\theta}^{(t+1)}$ 是求解 $E\{\boldsymbol{s}(\boldsymbol{Y})|\boldsymbol{\theta}\} = \boldsymbol{s}^{(t)}$ 得到的。
3. 返回 E 步，直到满足某收敛准则为止。

例 4.4 (椒花蛾，续) 例 4.2 中的完全数据来自一个多项分布，是属于指数分布族。充分统计量是，比如说，前五个基因型数目 (第六个由个数总和为 n 的约束得到)，自然参数是式 (4.4) 中看到的相应的对数概率。借用式 (4.5) 至式 (4.9) 的符号并以明显的方式索引 $\boldsymbol{s}^{(t)}$ 的成分，则 E 步的前三个条件期望是 $s_{\mathrm{CC}}^{(t)} = n_{\mathrm{CC}}^{(t)}$，$s_{\mathrm{CI}}^{(t)} = n_{\mathrm{CI}}^{(t)}$ 和 $s_{\mathrm{CT}}^{(t)} = n_{\mathrm{CT}}^{(t)}$。前三个充分统计量的无条件期望为 $np_{\mathrm{C}}^2, 2np_{\mathrm{C}}p_{\mathrm{I}}$ 和 $2np_{\mathrm{C}}p_{\mathrm{T}}$。让这三个表达式等于上面给出的条件期望并对 p_{C} 求解构成 p_{C} 的 M 步。三个方程求和给出 $np_{\mathrm{C}}^2 + 2np_{\mathrm{C}}p_{\mathrm{I}} + 2np_{\mathrm{C}}p_{\mathrm{T}} = n_{\mathrm{CC}}^{(t)} + n_{\mathrm{CI}}^{(t)} + n_{\mathrm{CT}}^{(t)}$，它简化为式 (4.13) 给出的更新。注意到三个概率加和为 1 的约束，p_{I} 和 p_{T} 的 EM 更新可类似找到。□

4.2.3 方差估计

在极大似然估计框架中，EM 算法用来寻找一个极大似然估计，但并不自动产生极大似然估计的协方差阵的一个估计。通常我们会用极大似然估计的渐近正态性来确保寻找 Fisher 信息阵的一个估计。因此，估计协方差阵的一种方式是计算观测信息 $-\boldsymbol{l}''(\hat{\boldsymbol{\theta}}|\boldsymbol{x})$，其中 $\boldsymbol{l}''$ 是 $\log L(\boldsymbol{\theta}|\boldsymbol{x})$ 的二阶导数的 Hessian 阵。

在贝叶斯框架中，$\boldsymbol{\theta}$ 的后验协方差阵的一个估计可以通过后验的渐近正态性来得到[221]。这需要对数后验密度的 Hessian 阵。

在有些情形下，Hessian 阵可以解析计算出来。在其他情形，要得到或编码 Hessian 阵会是困难的。在这些场合，多种其他方法可用来简化协方差阵的估计。

在下面描述的方法中，SEM 算法容易实施且通常给出快速、可靠的结果。甚至更容易的是自助法 (bootstrapping)，尽管对非常复杂的问题，嵌套循环的计算量会是令人望而却步的。推荐使用这两种方法，然而其他的备选方法也会在某些情况下有效。

4.2.3.1 Louis 方法

取式 (4.19) 的二阶偏导数且两边乘以 -1 得到

$$-\boldsymbol{l}''(\boldsymbol{\theta}|\boldsymbol{x}) = -\boldsymbol{Q}''(\boldsymbol{\theta}|\boldsymbol{\omega})|_{\boldsymbol{\omega}=\boldsymbol{\theta}} + \boldsymbol{H}''(\boldsymbol{\theta}|\boldsymbol{\omega})|_{\boldsymbol{\omega}=\boldsymbol{\theta}} \tag{4.29}$$

其中在 $\boldsymbol{Q}''$ 和 $\boldsymbol{H}''$ 上的撇号表示关于第一个自变量 $\boldsymbol{\theta}$ 的导数。

式 (4.29) 可以重写成

$$\hat{\boldsymbol{i}}_{\boldsymbol{X}}(\boldsymbol{\theta}) = \hat{\boldsymbol{i}}_{\boldsymbol{Y}}(\boldsymbol{\theta}) - \hat{\boldsymbol{i}}_{\boldsymbol{Z}|\boldsymbol{X}}(\boldsymbol{\theta}) \tag{4.30}$$

其中 $\hat{\boldsymbol{i}}_{\boldsymbol{X}}(\boldsymbol{\theta}) = -\boldsymbol{l}''(\boldsymbol{\theta}|\boldsymbol{x})$ 是观测信息，而将 $\hat{\boldsymbol{i}}_{\boldsymbol{Y}}(\boldsymbol{\theta})$ 和 $\hat{\boldsymbol{i}}_{\boldsymbol{Z}|\boldsymbol{X}}(\boldsymbol{\theta})$ 分别称作完全信息和缺失信息。交换积分和求导 (当可能时)，我们有

$$\hat{\boldsymbol{i}}_{\boldsymbol{Y}}(\boldsymbol{\theta}) = -\boldsymbol{Q}''(\boldsymbol{\theta}|\boldsymbol{\omega})|_{\boldsymbol{\omega}=\boldsymbol{\theta}} = -E\{\boldsymbol{l}''(\boldsymbol{\theta}|\boldsymbol{Y})|\boldsymbol{x},\boldsymbol{\theta}\} \tag{4.31}$$

回想式 (1.28) 中定义的 Fisher 信息。这促成了称 $\hat{\boldsymbol{i}}_{\boldsymbol{Y}}(\boldsymbol{\theta})$ 为完全信息。类似的讨论对 $-\boldsymbol{H}''$ 也成立。式 (4.30) 表明观测信息等于完全信息减去缺失信息，该结果称为缺失信息法则[424,673]。

缺失信息法则可用来得到 $\hat{\boldsymbol{\theta}}$ 的协方差阵的一个估计。可以证明

$$\hat{\boldsymbol{i}}_{\boldsymbol{Z}|\boldsymbol{X}}(\boldsymbol{\theta}) = \mathrm{var}\left\{\frac{\mathrm{d}\log f_{\boldsymbol{Z}|\boldsymbol{X}}(\boldsymbol{Z}|\boldsymbol{x},\boldsymbol{\theta})}{\mathrm{d}\boldsymbol{\theta}}\right\} \tag{4.32}$$

其中方差是关于 $f_{\boldsymbol{Z}|\boldsymbol{X}}$ 计算而得。进一步，因为在 $\hat{\boldsymbol{\theta}}$ 处的期望得分为零，有

$$\hat{\boldsymbol{i}}_{\boldsymbol{Z}|\boldsymbol{X}}(\hat{\boldsymbol{\theta}}) = \int \boldsymbol{S}_{\boldsymbol{Z}|\boldsymbol{X}}(\hat{\boldsymbol{\theta}})\boldsymbol{S}_{\boldsymbol{Z}|\boldsymbol{X}}(\hat{\boldsymbol{\theta}})^{\mathrm{T}} f_{\boldsymbol{Z}|\boldsymbol{X}}(\boldsymbol{z}|\boldsymbol{X},\hat{\boldsymbol{\theta}})\mathrm{d}\boldsymbol{z} \tag{4.33}$$

其中

$$\boldsymbol{S}_{\boldsymbol{Z}|\boldsymbol{X}}(\boldsymbol{\theta}) = \frac{\mathrm{d}\log f_{\boldsymbol{Z}|\boldsymbol{X}}(\boldsymbol{z}|\boldsymbol{x},\boldsymbol{\theta})}{\mathrm{d}\boldsymbol{\theta}}$$

缺失信息法则使得我们能够用完全数据似然和给定观测数据下缺失数据的条件密度来表示 $\hat{\boldsymbol{i}}_{\boldsymbol{X}}(\boldsymbol{\theta})$，而且可以避免包括观测数据的可能复杂的边际似然的计算。在某些情况下该方法可较容易得到并易于编程，但它并不总比直接计算 $-\boldsymbol{l}''(\boldsymbol{\theta}|\boldsymbol{x})$ 更容易。

如果 $\hat{\boldsymbol{i}}_{\boldsymbol{Y}}(\boldsymbol{\theta})$ 或者 $\hat{\boldsymbol{i}}_{\boldsymbol{Z}|\boldsymbol{X}}(\boldsymbol{\theta})$ 难于解析计算，可以通过 Monte Carlo 方法 (见第 6 章) 来估计。例如，$\hat{\boldsymbol{i}}_{\boldsymbol{Y}}(\boldsymbol{\theta})$ 的最简单的 Monte Carlo 估计为

$$\frac{1}{m}\sum_{i=1}^{m} -\frac{\mathrm{d}^2\log f_{\boldsymbol{Y}}(\boldsymbol{y}_i|\boldsymbol{\theta})}{\mathrm{d}\boldsymbol{\theta}\cdot\mathrm{d}\boldsymbol{\theta}} \tag{4.34}$$

其中对 $i = 1,\cdots,m$，$\boldsymbol{y}_i = (\boldsymbol{x},\boldsymbol{z}_i)$ 是模拟的完全数据集，它是由观测数据和从 $f_{\boldsymbol{Z}|\boldsymbol{X}}$ 抽取的 i.i.d. 假设下的缺失数据值 $\boldsymbol{z}_i$ 构成的。类似地，$\hat{\boldsymbol{i}}_{\boldsymbol{Z}|\boldsymbol{X}}(\boldsymbol{\theta})$ 的一个简单的 Monte Carlo 估计是

由这样收集的 $\boldsymbol{z}_i$ 得到的

$$-\frac{\mathrm{d}\log f_{\boldsymbol{Z}|\boldsymbol{X}}(\boldsymbol{z}_i|\boldsymbol{x},\boldsymbol{\theta})}{\mathrm{d}\boldsymbol{\theta}}$$

的值的样本方差。

例 4.5 (删失的指数数据) 假定我们试图在模型 $Y_1,\cdots,Y_n\sim \text{i.i.d.}\,\text{Exp}(\lambda)$ 下观测到完全数据，但有些情形是右删失的。这样，观测数据是 $\boldsymbol{x}=(\boldsymbol{x}_1,\cdots,\boldsymbol{x}_n)$，其中 $\boldsymbol{x}_i=(\min(y_i,c_i),\delta_i)$，$c_i$ 是删失水平，如果 $y_i\leqslant c_i$，则 $\delta_i=1$，否则 $\delta_i=0$。

完全数据对数似然为 $l(\lambda|y_1,\cdots,y_n)=n\log\lambda-\lambda\sum_{i=1}^n y_i$。这样

$$\begin{aligned}
Q(\lambda|\lambda^{(t)}) &= E(l(\lambda|Y_1,\cdots,Y_n)|\boldsymbol{x},\lambda^{(t)}) &(4.35)\\
&= n\log\lambda-\lambda\sum_{i=1}^n E\{Y_i|\boldsymbol{x}_i,\lambda^{(t)}\}\\
&= n\log\lambda-\lambda\sum_{i=1}^n\left[y_i\delta_i+\left(c_i+\frac{1}{\lambda^{(t)}}\right)(1-\delta_i)\right] &(4.36)\\
&= n\log\lambda-\lambda\sum_{i=1}^n[y_i\delta_i+c_i(1-\delta_i)]-\frac{C\lambda}{\lambda^{(t)}} &(4.37)
\end{aligned}$$

其中 $C=\sum_{i=1}^n(1-\delta_i)$ 表示删失事件的个数。注意到式 (4.36) 来自指数分布的无记忆性。因此，$-Q''(\lambda|\lambda^{(t)})=n/\lambda^2$。

一个删失事件 Z_i 的未观测到的结果有密度 $f_{Z_i|X}(z_i|x,\lambda)=\lambda\exp\{-\lambda(z_i-c_i)\}1_{\{z_i>c_i\}}$。像式 (4.32) 中那样计算 $\hat{\imath}_{\boldsymbol{Z}|\boldsymbol{X}}(\lambda)$，我们发现

$$\frac{\mathrm{d}\log f_{\boldsymbol{Z}|\boldsymbol{X}}(\boldsymbol{Z}|\boldsymbol{x},\lambda)}{\mathrm{d}\lambda}=C/\lambda-\sum_{\{i:\delta_i=0\}}(Z_i-c_i) \tag{4.38}$$

由于 Z_i-c_i 服从 $\text{Exp}(\lambda)$ 分布，该表达式关于 $f_{Z_i|X}$ 的方差为

$$\hat{\imath}_{\boldsymbol{Z}|\boldsymbol{X}}(\lambda)=\sum_{\{i:\delta_i=0\}}\text{var}\{Z_i-c_i\}=\frac{C}{\lambda^2} \tag{4.39}$$

这样，应用 Louis 方法，

$$\hat{\imath}_{\boldsymbol{X}}(\lambda)=\frac{n}{\lambda^2}-\frac{C}{\lambda^2}=\frac{U}{\lambda^2} \tag{4.40}$$

其中 $U=\sum_{i=1}^n\delta_i$ 表示未删失事件的个数。对这个基本的例子，通过直接分析容易验证 $-l''(\lambda|\boldsymbol{x})=U/\lambda^2$。□

4.2.3.2 SEM 算法

回忆 $\boldsymbol{\Psi}$ 表示 EM 的映射，有不动点 $\hat{\boldsymbol{\theta}}$ 和 (i,j) 元素等于 $\mathrm{d}\boldsymbol{\Psi}_i(\boldsymbol{\theta})/\mathrm{d}\theta_j$ 的 Jacobi 矩阵 $\boldsymbol{\Psi}'(\boldsymbol{\theta})$。Dempster 等人[150]证明在式 (4.30) 的术语下有

$$\boldsymbol{\Psi}'(\hat{\boldsymbol{\theta}})^{\mathrm{T}}=\hat{\imath}_{\boldsymbol{Z}|\boldsymbol{X}}(\hat{\boldsymbol{\theta}})\hat{\imath}_{\boldsymbol{Y}}(\hat{\boldsymbol{\theta}})^{-1} \tag{4.41}$$

如果我们将式 (4.30) 中的缺失信息法则重新表达为

$$\hat{\boldsymbol{i}}_{\boldsymbol{X}}(\hat{\boldsymbol{\theta}}) = [\boldsymbol{I} - \hat{\boldsymbol{i}}_{\boldsymbol{Z}|\boldsymbol{X}}(\hat{\boldsymbol{\theta}})\hat{\boldsymbol{i}}_{\boldsymbol{Y}}(\hat{\boldsymbol{\theta}})^{-1}]\hat{\boldsymbol{i}}_{\boldsymbol{Y}}(\hat{\boldsymbol{\theta}}) \tag{4.42}$$

其中 $\boldsymbol{I}$ 是一个单位阵，并且把式 (4.41) 代入式 (4.42)，然后将 $\hat{\boldsymbol{i}}_{\boldsymbol{X}}(\hat{\boldsymbol{\theta}})$ 求逆可给出估计

$$\widehat{\mathrm{var}}\{\hat{\boldsymbol{\theta}}\} = \hat{\boldsymbol{i}}_{\boldsymbol{Y}}(\hat{\boldsymbol{\theta}})^{-1}\left(\boldsymbol{I} + \boldsymbol{\Psi}'(\hat{\boldsymbol{\theta}})^{\mathrm{T}}[\boldsymbol{I} - \boldsymbol{\Psi}'(\hat{\boldsymbol{\theta}})^{\mathrm{T}}]^{-1}\right) \tag{4.43}$$

这个结果是很有意义的，因为它把想得到的协方差阵表示成为完全数据协方差阵加一个考虑缺失数据的不确定性的增量矩阵。当结合后面的数值微分策略来估计该增量时，Meng 和 Rubin 把这一方法称为*扩展的 EM* (SEM) *算法*[453]。因为在微分方法中，数值不精确只影响估计的增量，协方差阵的估计通常比在第 4.2.3.5 节描述的普通的数值微分方法更加稳定。

$\boldsymbol{\Psi}'(\hat{\boldsymbol{\theta}})$ 的估计如下进行。SEM 的第一步是运行 EM 算法直至收敛，找到最大值点 $\hat{\boldsymbol{\theta}}$。第二步是从 $\boldsymbol{\theta}^{(0)}$ 重新开始运行算法。尽管可以从原来的起始点重新开始，但是最好是选择更靠近 $\hat{\boldsymbol{\theta}}$ 的 $\boldsymbol{\theta}^{(0)}$。

初始化 SEM 后，我们对 $t = 0, 1, 2, \cdots$ 开始 SEM 迭代。第 $t+1$ 步 SEM 迭代通过取一个标准的 E 步和 M 步并由 $\boldsymbol{\theta}^{(t)}$ 产生 $\boldsymbol{\theta}^{(t+1)}$ 开始。接着，对 $j = 1, \cdots, p$，定义 $\boldsymbol{\theta}^{(t)}(j) = (\hat{\theta}_1, \cdots, \hat{\theta}_{j-1}, \theta_j^{(t)}, \hat{\theta}_{j+1}, \cdots, \hat{\theta}_p)$ 和对 $i = 1, \cdots, p$,

$$r_{ij}^{(t)} = \frac{\Psi_i(\boldsymbol{\theta}^{(t)}(j)) - \hat{\theta}_i}{\theta_j^{(t)} - \hat{\theta}_j} \tag{4.44}$$

调用 $\boldsymbol{\Psi}(\hat{\boldsymbol{\theta}}) = \hat{\boldsymbol{\theta}}$，这完成一步 SEM 迭代。$\Psi_i(\boldsymbol{\theta}^{(t)}(j))$ 的值是通过对 $j = 1, \cdots, p$ 应用一步 EM 循环到 $\boldsymbol{\theta}^{(t)}(j)$ 而产生的估计。

注意到 $\boldsymbol{\Psi}'(\hat{\boldsymbol{\theta}})$ 的 (i, j) 元等于 $\lim_{t\to\infty} r_{ij}^{(t)}$。当 $r_{ij}^{(t)}$ 值的序列对 $t \geqslant t_{ij}^*$ 稳定时，我们可以认为该矩阵的每一个元素是被精确估计的。注意 $\boldsymbol{\Psi}'(\hat{\boldsymbol{\theta}})$ 的不同元素的精确估计可能需要不同的迭代次数。当所有元素都稳定后，SEM 迭代停止，得到的 $\boldsymbol{\Psi}'(\hat{\boldsymbol{\theta}})$ 的估计用来确定式 (4.43) 中给出的 $\widehat{\mathrm{var}}\{\boldsymbol{\theta}\}$。

数值不精确可以引起得到的协方差阵有一点儿不对称。这种非对称性能用来诊断原始的 EM 过程是否运行到了足够的精度，以及用来评定估计的协方差阵的元素中有多少位是可靠的。如果 $\boldsymbol{I} - \boldsymbol{\Psi}'(\hat{\boldsymbol{\theta}})^{\mathrm{T}}$ 不是半正定的或者不能数值求逆，也会出现困难；见文献 [453]。建议变换 $\boldsymbol{\theta}$ 以达到一个近似正态似然，这样能获得更快的收敛及增加最终解的精度。

例 4.6 (椒花蛾，续) 来自例 4.2 的结果可以用 Meng 和 Rubin 的方法[453]来补充。由 $p_{\mathrm{C}}^{(0)} = 0.07$ 和 $p_{\mathrm{I}}^{(t)} = 0.19$ 开始，在少许的 SEM 迭代内可得到稳定、精确的结果。$\hat{p}_{\mathrm{C}}$，$\hat{p}_{\mathrm{I}}$ 和 $\hat{p}_{\mathrm{T}}$ 的标准误分别是 0.0074，0.0119 和 0.0132。两两相关系数为 $\mathrm{cor}\{\hat{p}_{\mathrm{C}}, \hat{p}_{\mathrm{I}}\} = -0.14, \mathrm{cor}\{\hat{p}_{\mathrm{C}}, \hat{p}_{\mathrm{T}}\} = -0.44$ 和 $\mathrm{cor}\{\hat{p}_{\mathrm{I}}, \hat{p}_{\mathrm{T}}\} = -0.83$。这里，SEM 是用来得到 $\hat{p}_{\mathrm{C}}$ 和 $\hat{p}_{\mathrm{I}}$ 的结果，方差、协方差和相关系数之间的基本关系是用来为 $\hat{p}_{\mathrm{T}}$ 扩展这些结果，因为估计的概率加和为 1。 □

在 EM 迭代终止后才开始 SEM 迭代看起来是低效率的。一种备选方法是在 EM 迭代进

行时尝试用

$$\tilde{r}_{ij}^{(t)} = \frac{\Psi_i(\theta_1^{(t-1)},\cdots,\theta_{j-1}^{(t-1)},\theta_j^{(t)},\theta_{j+1}^{(t-1)},\cdots,\theta_p^{(t-1)}) - \Psi_i(\boldsymbol{\theta}^{(t-1)})}{\theta_j^{(t)} - \theta_j^{(t-1)}} \tag{4.45}$$

来估计 $\boldsymbol{\Psi}'(\hat{\boldsymbol{\theta}})$ 的成分。然而，Meng 和 Rubin[453]指出总的来说该方法不需要更少的迭代，首先找到 $\hat{\boldsymbol{\theta}}$ 所需的多余的步数能通过更接近 $\hat{\boldsymbol{\theta}}$ 来开始 SEM 得到弥补，且该备选方法数值稳定性较差。Jamshidian 和 Jennrich 总结了对 $\boldsymbol{\Psi}$ 或 $\boldsymbol{l}'$ 本身数值微分的多种方法，包括某些他们认为优于 SEM 的方法[345]。

4.2.3.3 自助法（Bootstrapping）

自助法的全面讨论将在第 9 章给出。在其最简单的实施中，用自助法来为 EM 得到协方差阵的一个估计，对 i.i.d. 观测数据 $\boldsymbol{x}_1,\cdots,\boldsymbol{x}_n$ 来说将如下进行:

1. 对于 $\boldsymbol{x}_1,\cdots,\boldsymbol{x}_n$ 选取一个合适的 EM 方法来计算 $\hat{\boldsymbol{\theta}}_{\text{EM}}$。令 $j=1$ 且设 $\hat{\boldsymbol{\theta}}_j = \hat{\boldsymbol{\theta}}_{\text{EM}}$。
2. 增加 j。从 $\boldsymbol{x}_1,\cdots,\boldsymbol{x}_n$ 有放回地完全随机抽取伪数据 $\boldsymbol{X}_1^*,\cdots,\boldsymbol{X}_n^*$。
3. 对伪数据 $\boldsymbol{X}_1^*,\cdots,\boldsymbol{X}_n^*$ 使用相同的 EM 方法计算 $\hat{\boldsymbol{\theta}}_j$。
4. 如果 j 足够大，停止；否则返回第 2 步。

对于大多数问题，几千次迭代就足够了。在过程的最后，我们已经产生了一组参数估计$\hat{\boldsymbol{\theta}}_1,\cdots,\hat{\boldsymbol{\theta}}_B$，其中 B 表示用到的迭代总数。于是这些 B 个估计的样本方差就是 $\hat{\boldsymbol{\theta}}$ 的估计方差。顺便地，$\hat{\boldsymbol{\theta}}$ 的样本分布的其他特征，比如相关系数和分位数，可以用基于 $\hat{\boldsymbol{\theta}}_1,\cdots,\hat{\boldsymbol{\theta}}_B$ 的相应样本估计来得到。需要注意的是自助法将 EM 循环潜入到了 B 次迭代的第二层循环中。当每个 EM 问题的求解由于高比例的缺失数据或高维而变慢时，这一嵌套循环的计算量是很大的。

4.2.3.4 经验信息

当数据是 i.i.d. 时，注意到得分函数是每个观测的单个得分的和:

$$\frac{\mathrm{d}\log f_{\boldsymbol{X}}(\boldsymbol{x}|\boldsymbol{\theta})}{\mathrm{d}\boldsymbol{\theta}} = \boldsymbol{l}'(\boldsymbol{\theta}|\boldsymbol{x}) = \sum_{i=1}^{n} \boldsymbol{l}'(\boldsymbol{\theta}|\boldsymbol{x}_i) \tag{4.46}$$

这里我们把观测数据集写成 $\boldsymbol{x} = (\boldsymbol{x}_1,\cdots,\boldsymbol{x}_n)$。因为 Fisher 信息阵定义为得分函数的方差，这里建议用单个得分的样本方差来估计该信息。经验信息定义为

$$\frac{1}{n}\sum_{i=1}^{n} \boldsymbol{l}'(\boldsymbol{\theta}|\boldsymbol{x}_i)\boldsymbol{l}'(\boldsymbol{\theta}|\boldsymbol{x}_i)^{\mathrm{T}} - \frac{1}{n^2}\boldsymbol{l}'(\boldsymbol{\theta}|\boldsymbol{x})\boldsymbol{l}'(\boldsymbol{\theta}|\boldsymbol{x})^{\mathrm{T}} \tag{4.47}$$

这一估计已经在文献 [450，530] 的 EM 内容中做了讨论。该方法的引人之处在于式 (4.47) 中的所有项都是 M 步的副产品，不需要额外的分析。为了解这点，注意到 $\boldsymbol{\theta}^{(t)}$ 关于 $\boldsymbol{\theta}$ 最大化 $Q(\boldsymbol{\theta}|\boldsymbol{\theta}^{(t)}) - l(\boldsymbol{\theta}|\boldsymbol{x})$。因此，关于 $\boldsymbol{\theta}$ 取导数得

$$\boldsymbol{Q}'(\boldsymbol{\theta}|\boldsymbol{\theta}^{(t)})\big|_{\boldsymbol{\theta}=\boldsymbol{\theta}^{(t)}} = \boldsymbol{l}'(\boldsymbol{\theta}|\boldsymbol{x})\big|_{\boldsymbol{\theta}=\boldsymbol{\theta}^{(t)}} \tag{4.48}$$

由于 $\boldsymbol{Q}'$ 通常在每个 M 步计算，式 (4.47) 中的单个项是可以得到的。

4.2.3.5 数值微分

为估计 Hessian 阵，考虑用式 (1.10) 计算 $\boldsymbol{l}'$ 在 $\hat{\boldsymbol{\theta}}$ 处的数值导数，每次一个坐标。估计的 Hessian 阵的第一行可以通过向 $\hat{\boldsymbol{\theta}}$ 的第一维坐标加一个小的扰动得到，然后计算 $\boldsymbol{l}'(\boldsymbol{\theta})$ 在 $\boldsymbol{\theta} = \hat{\boldsymbol{\theta}}$ 和扰动值处取值的差与扰动大小的比率。Hessian 阵的其余行也是同样地近似。如果一个扰动太小，估计的偏导数可能由于舍入误差而不准确；如果一个扰动太大，估计可能也不准确。这样的数值导数需慎重地自动处理，特别是当 $\hat{\boldsymbol{\theta}}$ 的成分有不同的刻度时。更多成熟的数值微分策略在文献 [345] 中有介绍。

4.3 EM 变型

4.3.1 改进 E 步

E 步需要找到在观测数据条件下完全数据的期望对数似然。我们已经用 $Q(\boldsymbol{\theta}|\boldsymbol{\theta}^{(t)})$ 表示该期望。当该期望难以解析计算时，可以用 Monte Carlo 方法来近似 (见第 6 章)。

4.3.1.1 Monte Carlo EM

Wei 和 Tanner[656]提出第 t 个 E 步可以用下面的两步替代：

1. 从 $f_{\boldsymbol{Z}|\boldsymbol{X}}(\boldsymbol{z}|\boldsymbol{x},\boldsymbol{\theta}^{(t)})$ 中 i.i.d. 抽取缺失数据集 $\boldsymbol{Z}_1^{(t)},\cdots,\boldsymbol{Z}_{m^{(t)}}^{(t)}$。每个 $\boldsymbol{Z}_j^{(t)}$ 是用来补齐观测数据集的所有缺失值的一个向量，这样 $\boldsymbol{Y}_j = (\boldsymbol{x},\boldsymbol{Z}_j)$ 表示一个补齐的数据集，其中缺失值由 $\boldsymbol{Z}_j$ 代替。
2. 计算 $\hat{Q}^{(t+1)}(\boldsymbol{\theta}|\boldsymbol{\theta}^{(t)}) = \left(1/m^{(t)}\right)\sum_{j=1}^{m^{(t)}}\log f_{\boldsymbol{Y}}(\boldsymbol{Y}_j^{(t)}|\boldsymbol{\theta})$。

那么 $\hat{Q}^{(t+1)}(\boldsymbol{\theta}|\boldsymbol{\theta}^{(t)})$ 就是 $Q(\boldsymbol{\theta}|\boldsymbol{\theta}^{(t)})$ 的 Monte Carlo 估计。M 步修改为最大化 $\hat{Q}^{(t+1)}(\boldsymbol{\theta}|\boldsymbol{\theta}^{(t)})$。

推荐的策略是在初期的 EM 迭代中使用较小的 $m^{(t)}$ 并随着迭代的进行逐渐增大 $m^{(t)}$ 以减少在 $\hat{Q}$ 中引入的 Monte Carlo 变异性。不过这种 *Monte Carlo EM 算法*(MCEM) 和普通的 EM 收敛方式不一样。随着迭代的进行，$\boldsymbol{\theta}^{(t)}$ 的值最终在真实的最大值附近跳跃，其精度依赖于 $m^{(t)}$。关于 MCEM 渐近收敛性的讨论见文献 [102]。对 MCEM 随机备选方案的讨论见文献 [149]。

例 4.7 (删失的指数数据，续) 在例 4.5 中，容易计算出给定观测数据下 $l(\lambda|\boldsymbol{Y}) = n\log\lambda - \lambda\sum_{i=1}^{n} Y_i$ 的条件期望。可以最大化式 (4.37) 给出的结果以提供普通的 EM 更新，

$$\lambda^{(t+1)} = \frac{n}{\sum_{i=1}^{n} x_i + C/\lambda^{(t)}} \tag{4.49}$$

MCEM 的应用也很简单。在本例中，

$$\hat{Q}^{(t+1)}(\lambda|\lambda^{(t)}) = n\log\lambda - \frac{\lambda}{m^{(t)}}\sum_{j=1}^{m^{(t)}} \boldsymbol{Y}_j^{\mathrm{T}}\mathbf{1} \tag{4.50}$$

其中 $\mathbf{1}$ 是所有元素均为 1 的向量，$\boldsymbol{Y}_j$ 是包含未删失数据和模拟数据 $Z_j = (Z_{j1}, \cdots, Z_{jC})$ 的第 j 个补齐的数据集，$Z_{jk} - c_k \sim \text{i.i.d. Exp}(\lambda^{(t)})$，$k = 1, \cdots, C$，是用来代替删失值的。令 $\hat{Q}'(\lambda|\lambda^{(t)}) = 0$ 且对 λ 求解得到

$$\lambda^{(t+1)} = \frac{n}{\sum_{j=1}^{m^{(t)}} \boldsymbol{Y}_j^{\mathrm{T}}\mathbf{1}/m^{(t)}} \tag{4.51}$$

作为 MCEM 更新。

本书的网站提供了 $n = 30$ 个观测，包括 $C = 17$ 个删失观测。图 4.2 对比了用这些数据估计 λ 的 MCEM 和普通 EM 的表现。两种方法都容易求得极大似然估计 $\hat{\lambda} = 0.2185$。对 MCEM，我们用 $m^{(t)} = 5^{1+\lfloor t/10 \rfloor}$，其中 $\lfloor z \rfloor$表示 z 的整数部分。一共用了 50 步迭代。两种算法的初始值均为 $\lambda^{(0)} = 0.5042$，它是不考虑删失的所有 30 个数据值的均值。 □

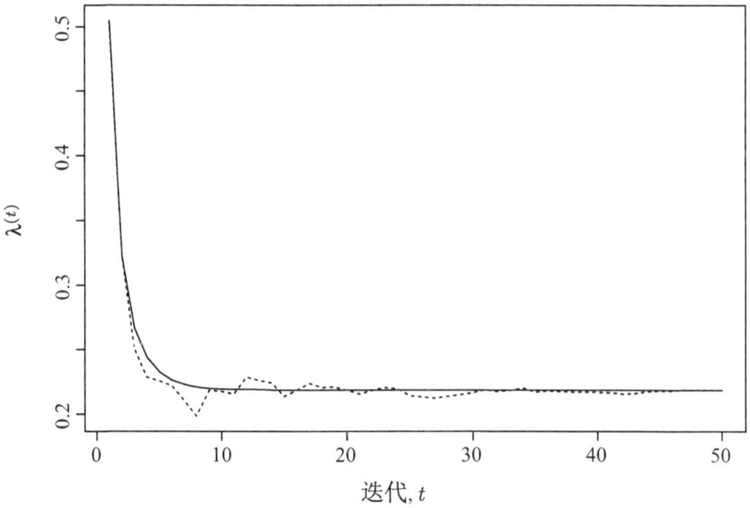

图 4.2　例 4.7 中讨论的删失的指数数据的 EM (实线) 和 MCEM (虚线) 的迭代比较

4.3.2 改进 M 步

EM 算法的吸引力之一在于 $Q(\boldsymbol{\theta}|\boldsymbol{\theta}^{(t)})$ 的求导和最大化通常比不完全数据极大似然的计算简单，因为 $Q(\boldsymbol{\theta}|\boldsymbol{\theta}^{(t)})$ 与完全数据似然有关。然而，在某些情况下，即使导出 $Q(\boldsymbol{\theta}|\boldsymbol{\theta}^{(t)})$ 的 E 步是直接了当的，M 步也不容易实施。为此，人们提出了多种策略以便于 M 步的实施。

4.3.2.1 ECM 算法

Meng 和 Rubin 的 *ECM 算法*用一系列计算较简单的条件极大化(CM)步骤代替 M 步[454]。每次条件极大化均被设计为一个简单的优化问题，该优化问题把 $\boldsymbol{\theta}$ 限制在某特殊子空间而且容许解析解或非常初等的数值解。

我们称第 t 个 E 步后的较简单 CM 步的集合为一个 *CM 循环*。因此，ECM 的第 t 次迭代包括第 t 个 E 步和第 t 次 CM 循环。令 S 表示每个 CM 循环里 CM 步的数目。对 $s=1,\cdots,S$，第 t 次循环里第 s 个 CM 步需要在约束

$$g_s(\boldsymbol{\theta}) = g_s(\boldsymbol{\theta}^{(t+(s-1)/S)}) \tag{4.52}$$

下最大化 $Q(\boldsymbol{\theta}|\boldsymbol{\theta}^{(t)})$，其中 $\boldsymbol{\theta}^{(t+(s-1)/S)}$ 是在当前循环的第 $(s-1)$ 个 CM 步中求得的极大值点。当 S 个 CM 步的整个循环完成时，我们令 $\boldsymbol{\theta}^{(t+1)} = \boldsymbol{\theta}^{(t+S/S)}$ 并进行第 $(t+1)$ 次迭代的 E 步。

显然任一 ECM 都是一个 GEM 算法 (第 4.2.1 节)，因为每个 CM 步都使 Q 增大。为了保证 ECM 收敛，我们需要确保每次 CM 循环都可以在任意方向搜索 $Q(\boldsymbol{\theta}|\boldsymbol{\theta}^{(t)})$ 的最大值点，这样 ECM 可在 $\boldsymbol{\theta}$ 的原始参数空间上而不是在某子空间上有效地最大化。精确条件的讨论见文献 [452，454]；这种方法的推广包括文献 [415，456]。

构造有效 ECM 算法的技巧在于巧妙地选择约束条件。通常，可以自然地把 $\boldsymbol{\theta}$ 分成 S 个子向量 $\boldsymbol{\theta}=(\boldsymbol{\theta}_1,\cdots,\boldsymbol{\theta}_S)$。然后在第 s 个 CM 步中，我们可以固定 $\boldsymbol{\theta}$ 其余的元素而关于 $\boldsymbol{\theta}_s$ 寻求最大化 Q。这等同于用函数 $g_s(\boldsymbol{\theta})=(\boldsymbol{\theta}_1,\cdots,\boldsymbol{\theta}_{s-1},\boldsymbol{\theta}_{s+1},\cdots,\boldsymbol{\theta}_S)$ 导出的约束条件。这种最大化策略之前被称为*迭代条件模式*[36]。如果是通过寻找得分函数的根得到条件极大值，则 CM 循环也可以看成 Gauss-Seidel 迭代 (见第 2.2.5 节)。

另外，第 s 个 CM 步也可以在固定 $\boldsymbol{\theta}_s$ 下关于 $\boldsymbol{\theta}$ 的其他元素最大化 Q。在这种情况下，$g_s(\boldsymbol{\theta})=\boldsymbol{\theta}_s$。也可以根据特定的问题背景想象其他的约束体系。ECM 的一种变型是在每两个 CM 步之间插入一个 E 步，由此在 CM 循环的每一个阶段均更新了 Q。

例 4.8 (带缺失值的多元回归) Meng 和 Rubin[454]给出了一个特别有启发性的例子，这个例子涉及带缺失值的多元回归。设 $\boldsymbol{U}_1,\cdots,\boldsymbol{U}_n$ 是从 d 维正态模型

$$\boldsymbol{U}_i \sim N_d(\boldsymbol{\mu}_i, \boldsymbol{\Sigma}) \tag{4.53}$$

观测的 n 个独立的 d维向量，其中 $\boldsymbol{U}_i=(U_{i1},\cdots,U_{id})$ 且 $\boldsymbol{\mu}_i=\boldsymbol{V}_i\boldsymbol{\beta}$，这里 $\boldsymbol{V}_i$ 是已知的 $d\times p$ 设计矩阵，$\boldsymbol{\beta}$ 是 p 个未知参数组成的一个向量，$\boldsymbol{\Sigma}$ 是一个 $d\times d$ 的未知方差–协方差阵。很多情形下 $\boldsymbol{\Sigma}$ 具有某种有意义的结构，但为简单起见，我们认为 $\boldsymbol{\Sigma}$ 是没有特定结构的。假定一些 $\boldsymbol{U}_i$ 的某些元素是缺失的。

先将 $\boldsymbol{U}_i$ 和 $\boldsymbol{\mu}_i$ 的元素以及 $\boldsymbol{V}_i$ 的行重新排序，以使对每个 i，$\boldsymbol{U}_i$ 中观测到的元素在前而缺失的元素在后。对每个 $\boldsymbol{U}_i$，用 $\boldsymbol{\beta}_i$ 和 $\boldsymbol{\Sigma}_i$ 表示相应的参数重排。因此 $\boldsymbol{\beta}_i$ 和 $\boldsymbol{\Sigma}_i$ 是由 $\boldsymbol{\beta}$、$\boldsymbol{\Sigma}$ 和缺失数据的形式完全确定的，它们不表示参数空间的展开。

这种符号上的重排使得我们可以记 $\boldsymbol{U}_i = (\boldsymbol{U}_{\text{obs},i}, \boldsymbol{U}_{\text{miss},i})$，$\boldsymbol{\mu}_i = (\boldsymbol{\mu}_{\text{obs},i}, \boldsymbol{\mu}_{\text{miss},i})$ 及

$$\boldsymbol{\Sigma}_i = \begin{pmatrix} \boldsymbol{\Sigma}_{\text{obs},i} & \boldsymbol{\Sigma}_{\text{cross},i} \\ \boldsymbol{\Sigma}_{\text{cross},i}^{\mathrm{T}} & \boldsymbol{\Sigma}_{\text{miss},i} \end{pmatrix} \tag{4.54}$$

观测数据的全集可以表示成 $\boldsymbol{U}_{\text{obs}} = (\boldsymbol{U}_{\text{obs},1}, \cdots, \boldsymbol{U}_{\text{obs},n})$。

在差一个可加常数下，观测数据对数似然函数为

$$l(\boldsymbol{\beta}, \boldsymbol{\Sigma}|\boldsymbol{u}_{\text{obs}}) = -\frac{1}{2}\sum_{i=1}^{n}\log|\boldsymbol{\Sigma}_{\text{obs},i}| - \frac{1}{2}\sum_{i=1}^{n}(\boldsymbol{u}_{\text{obs},i} - \boldsymbol{\mu}_{\text{obs},i})^{\mathrm{T}}\boldsymbol{\Sigma}_{\text{obs},i}^{-1}(\boldsymbol{u}_{\text{obs},i} - \boldsymbol{\mu}_{\text{obs},i})$$

这个似然处理起来及最大化都相当麻烦。然而注意到完全数据的充分统计量是由 $\sum_{i=1}^{n} U_{ij}$，$j = 1, \cdots, d$ 和 $\sum_{i=1}^{n} U_{ij}U_{ik}$，$j, k = 1, \cdots, d$ 给出的。因此 E 步等价于在观测数据和当前参数 $\boldsymbol{\beta}^{(t)}$ 和 $\boldsymbol{\Sigma}^{(t)}$ 条件下求这些充分统计量的期望。

现在对 $j = 1, \cdots, d$ 有

$$E\left\{\sum_{i=1}^{n} U_{ij}\middle|\boldsymbol{u}_{\text{obs}}, \boldsymbol{\beta}^{(t)}, \boldsymbol{\Sigma}^{(t)}\right\} = \sum_{i=1}^{n} a_{ij}^{(t)} \tag{4.55}$$

其中，

$$a_{ij}^{(t)} = \begin{cases} \alpha_{ij}^{(t)}, & \text{如果 } U_{ij} \text{ 缺失} \\ u_{ij}, & \text{如果观察到 } U_{ij} = u_{ij} \end{cases} \tag{4.56}$$

且 $\alpha_{ij}^{(t)} = E\{U_{ij}|\boldsymbol{u}_{\text{obs},i}, \boldsymbol{\beta}_i^{(t)}, \boldsymbol{\Sigma}_i^{(t)}\}$。类似地，对 $j, k = 1, \cdots, d$ 有

$$E\left\{\sum_{i=1}^{n} U_{ij}U_{ik}\middle|\boldsymbol{u}_{\text{obs}}, \boldsymbol{\beta}^{(t)}, \boldsymbol{\Sigma}^{(t)}\right\} = \sum_{i=1}^{n}\left(a_{ij}^{(t)}a_{ik}^{(t)} + b_{ijk}^{(t)}\right) \tag{4.57}$$

其中，

$$b_{ijk}^{(t)} = \begin{cases} \gamma_{ijk}^{(t)}, & \text{如果 } U_{ij} \text{ 和 } U_{ik} \text{ 都缺失} \\ 0, & \text{其他} \end{cases} \tag{4.58}$$

且 $\gamma_{ijk}^{(t)} = \text{cov}\{U_{ij}, U_{ik}|\boldsymbol{u}_{\text{obs},i}, \boldsymbol{\beta}_i^{(t)}, \boldsymbol{\Sigma}_i^{(t)}\}$。

幸运的是，$a_{ij}^{(t)}$ 和 $\gamma_{ijk}^{(t)}$ 的推导相当直接。$\boldsymbol{U}_{\text{miss},i}|(\boldsymbol{u}_{\text{obs},i}, \boldsymbol{\beta}_i^{(t)}, \boldsymbol{\Sigma}_i^{(t)}\})$ 的条件分布为

$$N\left(\boldsymbol{\mu}_{\text{miss},i}^{(t)} + \boldsymbol{\Sigma}_{\text{cross},i}\boldsymbol{\Sigma}_{\text{miss},i}^{-1}(\boldsymbol{u}_{\text{obs},i} - \boldsymbol{\mu}_{\text{obs},i}^{(t)}), \boldsymbol{\Sigma}_{\text{obs},i} - \boldsymbol{\Sigma}_{\text{cross},i}\boldsymbol{\Sigma}_{\text{miss},i}^{-1}\boldsymbol{\Sigma}_{\text{cross},i}^{\mathrm{T}}\right)$$

$a_{ij}^{(t)}$ 和 $\gamma_{ijk}^{(t)}$ 的值可以从这个分布的均值向量和方差–协方差阵中分别读取。知道了这些，$Q(\boldsymbol{\beta}, \boldsymbol{\Sigma}|\boldsymbol{\beta}^{(t)}, \boldsymbol{\Sigma}^{(t)})$ 就可以根据式 (4.26) 得出。

这样就完成了 E 步，我们现在转向 M 步。无论是直接最大化还是参考指数分布族的知识，高维参数空间和复杂的观测数据似然都给直接执行 M 步带来了困难。但是，在每次 CM 循环中用 $S = 2$ 的条件最大化步骤可以直接实施 ECM 策略。

把 $\boldsymbol{\beta}$ 和 $\boldsymbol{\Sigma}$ 分开处理可使得 Q 的约束优化容易进行。首先，如果我们加入约束 $\boldsymbol{\Sigma} = \boldsymbol{\Sigma}^{(t)}$，

那么我们可以用加权最小二乘估计

$$\boldsymbol{\beta}^{(t+1/2)}=\Big(\sum_{i=1}^{n}\boldsymbol{V}_i^{\mathrm{T}}(\boldsymbol{\Sigma}_i^{(t)})^{-1}\boldsymbol{V}_i\Big)^{-1}\Big(\sum_{i=1}^{n}\boldsymbol{V}_i^{\mathrm{T}}(\boldsymbol{\Sigma}_i^{(t)})^{-1}a_i^{(t)}\Big) \tag{4.59}$$

关于 $\boldsymbol{\beta}$ 最大化 $Q(\boldsymbol{\beta},\boldsymbol{\Sigma}|\boldsymbol{\beta}^{(t)},\boldsymbol{\Sigma}^{(t)})$ 的约束形式，其中$\boldsymbol{a}_i^{(t)}=(a_{i1}^{(t)},\cdots,a_{id}^{(t)})^{\mathrm{T}}$ 且 $\boldsymbol{\Sigma}_i^{(t)}$ 被当作已知的方差–协方差阵。这就保证了 $Q(\boldsymbol{\beta}^{(t+1/2)},\boldsymbol{\Sigma}^{(t)}|\boldsymbol{\beta}^{(t)},\boldsymbol{\Sigma}^{(t)})\geqslant Q(\boldsymbol{\beta}^{(t)},\boldsymbol{\Sigma}^{(t)}\ |\boldsymbol{\beta}^{(t)},\boldsymbol{\Sigma}^{(t)})$，这构成两个 CM 步的第一步。

第二个 CM 步依据于下面的事实，即取 $\boldsymbol{\Sigma}^{(t+2/2)}$ 等于

$$E\Big\{\frac{1}{n}\sum_{i=1}^{n}(\boldsymbol{U}_i-\boldsymbol{V}_i\boldsymbol{\beta}^{(t+1/2)})(\boldsymbol{U}_i-\boldsymbol{V}_i\boldsymbol{\beta}^{(t+1/2)})^{\mathrm{T}}\Big|\boldsymbol{u}_{\mathrm{obs}},\boldsymbol{\beta}^{(t+1/2)},\boldsymbol{\Sigma}^{(t)}\Big\} \tag{4.60}$$

可在约束 $\boldsymbol{\beta}=\boldsymbol{\beta}^{(t+1/2)}$ 下关于 $\boldsymbol{\Sigma}$ 最大化 $Q(\boldsymbol{\beta},\boldsymbol{\Sigma}|\boldsymbol{\beta}^{(t)},\boldsymbol{\Sigma}^{(t)})$，因为这等同于在必要时插入 $\alpha_{ij}^{(t)}$ 和 $\gamma_{ijk}^{(t)}$ 并计算完全数据的样本协差阵。这样的改进保证

$$\begin{aligned}Q(\boldsymbol{\beta}^{(t+1/2)},\boldsymbol{\Sigma}^{(t+2/2)}|\boldsymbol{\beta}^{(t)},\boldsymbol{\Sigma}^{(t)}) &\geqslant Q(\boldsymbol{\beta}^{(t+1/2)},\boldsymbol{\Sigma}^{(t)}|\boldsymbol{\beta}^{(t)},\boldsymbol{\Sigma}^{(t)})\\ &\geqslant Q(\boldsymbol{\beta}^{(t)},\boldsymbol{\Sigma}^{(t)}|\boldsymbol{\beta}^{(t)},\boldsymbol{\Sigma}^{(t)})\end{aligned} \tag{4.61}$$

将这两个 CM 步结合起来有$(\boldsymbol{\beta}^{(t+1)},\boldsymbol{\Sigma}^{(t+1)})=(\boldsymbol{\beta}^{(t+1/2)},\boldsymbol{\Sigma}^{(t+2/2)})$ 且保证在 Q 函数上有一个增量。

这里描述的 E 步和 CM 循环均可以用熟悉的闭式解析结果完成，不需要数值积分或最大化。用上面给出的 CM 循环更新参数以后，我们回到另一个 E 步，再继续进行。总之，ECM 在下面二者之间交替进行：(i) 创建更新了的完全数据集和 (ii) 用当前的完全数据成分，轮流固定 $\boldsymbol{\beta}$ 和 $\boldsymbol{\Sigma}$ 中的某一个的其当前值来序贯估计另一个参数。 □

4.3.2.2 EM 梯度算法

如果最大化不能用解析的方法来实现，那么可以考虑采用一种类似于第 2 章中讨论的迭代数值优化方法来实施每个 M 步。这样会产生一种有嵌套迭代循环的算法。ECM 算法在 EM 算法的每次迭代中插入 S 个条件最大化步骤，也会产生嵌套迭代。

为避免嵌套循环的计算负担，Lange 提出用单步 Newton 法替代 M 步，从而可近似最大值而不用真正地精确求解[407]。M 步是由

$$\begin{aligned}\boldsymbol{\theta}^{(t+1)} &= \boldsymbol{\theta}^{(t)}-\boldsymbol{Q}''(\boldsymbol{\theta}|\boldsymbol{\theta}^{(t)})^{-1}\Big|_{\boldsymbol{\theta}=\boldsymbol{\theta}^{(t)}}\boldsymbol{Q}'(\boldsymbol{\theta}|\boldsymbol{\theta}^{(t)})\Big|_{\boldsymbol{\theta}=\boldsymbol{\theta}^{(t)}} &(4.62)\\ &= \boldsymbol{\theta}^{(t)}-\boldsymbol{Q}''(\boldsymbol{\theta}|\boldsymbol{\theta}^{(t)})^{-1}\Big|_{\boldsymbol{\theta}=\boldsymbol{\theta}^{(t)}}\boldsymbol{l}'(\boldsymbol{\theta}^{(t)}|\boldsymbol{x}) &(4.63)\end{aligned}$$

给出的更新替代，其中 $\boldsymbol{l}'(\boldsymbol{\theta}^{(t)}|\boldsymbol{x})$ 是当前迭代得分函数的估计。注意式 (4.63) 是由第 4.2.3.4 节中 $\boldsymbol{\theta}^{(t)}$ 最大化 $Q(\boldsymbol{\theta}|\boldsymbol{\theta}^{(t)})-l(\boldsymbol{\theta}|\boldsymbol{x})$ 的结论得来的。这种 EM *梯度算法*和完全 EM 算法对 $\hat{\boldsymbol{\theta}}$ 有相同的收敛速度。Lange 讨论了保证上升的条件以及用以加速收敛的更新增量的缩放比例[407]。特别地，当 $\boldsymbol{Y}$ 服从有典则参数 $\boldsymbol{\theta}$ 的指数族分布时，可以保证上升而且此方法与 Titterington[634] 的方法相匹配。在其他情形，可以缩小步长以保证上升 (如在第 2.2.2.1 节所讨论)。但是增加

步长可以加速收敛。对有高比例缺失信息的问题，Lange 建议考虑步长加倍[407]。

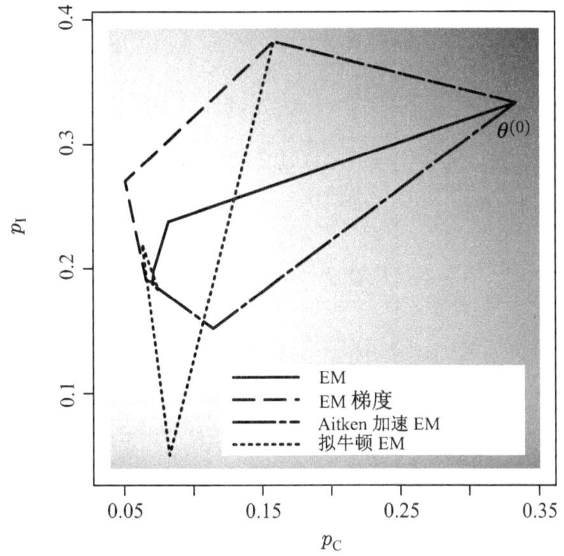

图 4.3 EM 梯度算法 (长划线) 采用的步骤。普通的 EM 步骤是用实线表示。这里也给出了来自后面章节的两种方法 (Aitken 和拟牛顿加速) 的步骤，见图示。观测数据的对数似然用灰度显示，淡阴影对应于高似然。所有的算法均从 $p_{\rm C}=p_{\rm I}=1/3$ 开始

例 4.9 (椒花蛾，续) 续例 4.2，我们对这些数据应用 EM 梯度算法。可直接得到

$$\frac{{\rm d}^2Q(\boldsymbol{p}|\boldsymbol{p}^{(t)})}{{\rm d}p_{\rm C}^2} = -\frac{2n_{\rm CC}^{(t)}+n_{\rm CI}^{(t)}+n_{\rm CT}^{(t)}}{p_{\rm C}^2}-\frac{2n_{\rm TT}^{(t)}+n_{\rm CT}^{(t)}+n_{\rm IT}^{(t)}}{(1-p_{\rm C}-p_{\rm I})^2} \tag{4.64}$$

$$\frac{{\rm d}^2Q(\boldsymbol{p}|\boldsymbol{p}^{(t)})}{{\rm d}p_{\rm I}^2} = -\frac{2n_{\rm II}^{(t)}+n_{\rm IT}^{(t)}+n_{\rm CI}^{(t)}}{p_{\rm I}^2}-\frac{2n_{\rm TT}^{(t)}+n_{\rm CT}^{(t)}+n_{\rm IT}^{(t)}}{(1-p_{\rm C}-p_{\rm I})^2} \tag{4.65}$$

和

$$\frac{{\rm d}^2Q(\boldsymbol{p}|\boldsymbol{p}^{(t)})}{{\rm d}p_{\rm C}{\rm d}p_{\rm I}} = -\frac{2n_{\rm TT}^{(t)}+n_{\rm CT}^{(t)}+n_{\rm IT}^{(t)}}{(1-p_{\rm C}-p_{\rm I})^2} \tag{4.66}$$

图 4.3 显示了从 $p_{\rm C}=p_{\rm I}=p_{\rm T}=1/3$ 开始的 EM 梯度算法的步骤。步长减半以保证上升。第一步的方向多少有些错误，但在后续迭代中梯度步骤很直接地上升。此图也给出普通 EM 步骤以作对比。□

4.3.3 加速方法

EM 算法收敛慢是一个明显的缺点。现已提出几种方法，以采用来自 EM 的相对简易的解析结构来得到类 Newton 法步骤的特定形式。除了下面给出的两种方法，还有一个有趣的问题是如何巧妙地扩展参数空间以加速收敛而不影响关于 $\boldsymbol{\theta}$ 的边际推断[421,456]。

4.3.3.1 Aitken 加速

设 $\boldsymbol{\theta}_{\mathrm{EM}}^{(t+1)}$ 是由标准的 EM 算法从 $\boldsymbol{\theta}^{(t)}$ 得到的下一次迭代结果。回忆最大化对数似然的牛顿更新为

$$\boldsymbol{\theta}^{(t+1)} = \boldsymbol{\theta}^{(t)} - \boldsymbol{l}''(\boldsymbol{\theta}^{(t)}|\boldsymbol{x})^{-1}\boldsymbol{l}'(\boldsymbol{\theta}^{(t)}|\boldsymbol{x}) \tag{4.67}$$

EM 框架建议找一个 $\boldsymbol{l}'(\boldsymbol{\theta}^{(t)}|\boldsymbol{x})$ 的替代。在第 4.2.3.4 节中我们注意到 $\boldsymbol{l}'(\boldsymbol{\theta}^{(t)}|\boldsymbol{x}) = \boldsymbol{Q}'(\boldsymbol{\theta}|\boldsymbol{\theta}^{(t)})\Big|_{\boldsymbol{\theta}=\boldsymbol{\theta}^{(t)}}$。将 $\boldsymbol{Q}'$ 在 $\boldsymbol{\theta}^{(t)}$ 附近展开并代入 $\boldsymbol{\theta}_{\mathrm{EM}}^{(t+1)}$ 得

$$\boldsymbol{Q}'(\boldsymbol{\theta}|\boldsymbol{\theta}^{(t)})\Big|_{\boldsymbol{\theta}=\boldsymbol{\theta}_{\mathrm{EM}}^{(t+1)}} \approx \boldsymbol{Q}'(\boldsymbol{\theta}|\boldsymbol{\theta}^{(t)})\Big|_{\boldsymbol{\theta}=\boldsymbol{\theta}^{(t)}} - \hat{\boldsymbol{i}}_{\boldsymbol{Y}}(\boldsymbol{\theta}^{(t)})(\boldsymbol{\theta}_{\mathrm{EM}}^{(t+1)} - \boldsymbol{\theta}^{(t)}) \tag{4.68}$$

其中 $\hat{\boldsymbol{i}}_{\boldsymbol{Y}}(\boldsymbol{\theta}^{(t)})$ 在式 (4.31) 中定义。由于 $\boldsymbol{\theta}_{\mathrm{EM}}^{(t+1)}$ 关于 $\boldsymbol{\theta}$ 最大化 $\boldsymbol{Q}(\boldsymbol{\theta}|\boldsymbol{\theta}^{(t)})$，式 (4.68) 的左边等于零。因此

$$\boldsymbol{Q}'(\boldsymbol{\theta}|\boldsymbol{\theta}^{(t)})\Big|_{\boldsymbol{\theta}=\boldsymbol{\theta}^{(t)}} \approx \hat{\boldsymbol{i}}_{\boldsymbol{Y}}(\boldsymbol{\theta}^{(t)})(\boldsymbol{\theta}_{\mathrm{EM}}^{(t+1)} - \boldsymbol{\theta}^{(t)}) \tag{4.69}$$

于是由式 (4.67) 我们得到

$$\boldsymbol{\theta}^{(t+1)} = \boldsymbol{\theta}^{(t)} - \boldsymbol{l}''(\boldsymbol{\theta}^{(t)}|\boldsymbol{x})^{-1}\hat{\boldsymbol{i}}_{\boldsymbol{Y}}(\boldsymbol{\theta}^{(t)})(\boldsymbol{\theta}_{\mathrm{EM}}^{(t+1)} - \boldsymbol{\theta}^{(t)}) \tag{4.70}$$

这种更新——依赖于式 (4.69) 的近似——是被称为 *Aitken 加速*的一般策略的一个例子，该法是由 Louis[424]为 EM 提出的。EM 的 Aitken 加速正好等同于用 Newton-Raphson 方法求 $\boldsymbol{\Psi}(\boldsymbol{\theta})-\boldsymbol{\theta}$ 的一个零点，其中 $\boldsymbol{\Psi}$ 是由普通 EM 算法定义的生成 $\boldsymbol{\theta}^{(t+1)} = \boldsymbol{\Psi}(\boldsymbol{\theta}^{(t)})$ 的映射[343]。

例 4.10 (椒花蛾，续) 这种加速方法可以应用到例 4.2 中。对该问题，得到 $\boldsymbol{l}''$ 在分析上比其他 EM 方法采用的较简单求导更繁冗。图 4.3 给出了 Aitken 加速的步骤，它很快地收敛到解。这个过程以 $p_{\mathrm{C}} = p_{\mathrm{I}} = p_{\mathrm{T}} = 1/3$ 开始，采用了减半的步长以保证上升。 □

由于其潜在的数值不稳定性和收敛失败，Aitken 加速有时会被人们批评[153,344]。而且，当 $\boldsymbol{l}''(\boldsymbol{\theta}^{(t)}|\boldsymbol{x})$ 难以计算时，如果没克服这个困难该方法就不能使用[20,345,450]。

第 4.2.1 节指出 EM 算法以依赖于缺失信息部分的线性比率收敛。式 (4.70) 中给出的更新增量，宽泛地说，由完全信息对观测信息的比例决定。因而，当较大比例的信息缺失时，额定的 EM 步长变得更长。

Newton 方法是平方收敛的，但式 (4.69) 中只是当 $\boldsymbol{\theta}^{(t)}$ 接近 $\hat{\boldsymbol{\theta}}$ 时成为一个精确近似。因此，我们只能指望这种加速方法仅在初始迭代充分接近 $\boldsymbol{\theta}$ 时来提高收敛速度。在用该加速方法之前要取普通 EM 的若干次初始迭代以使式 (4.69) 成立。

4.3.3.2 拟 Newton 加速

第 2.2.2.3 节讨论的拟 Newton 优化方法依据

$$\boldsymbol{\theta}^{(t+1)} = \boldsymbol{\theta}^{(t)} - (\boldsymbol{M}^{(t)})^{-1}\boldsymbol{l}'(\boldsymbol{\theta}^{(t)}|\boldsymbol{x}) \tag{4.71}$$

对关于 $\boldsymbol{\theta}$ 最大化 $\boldsymbol{l}(\boldsymbol{\theta}|\boldsymbol{x})$ 给出了更新，其中 $\boldsymbol{M}^{(t)}$ 是 $\boldsymbol{l}''(\boldsymbol{\theta}^{(t)}|\boldsymbol{x})$ 的近似。在 EM 框架下，我们可以把 $\boldsymbol{l}''(\boldsymbol{\theta}^{(t)}|\boldsymbol{x})$ 分解成一个在 EM 期间计算的部分和一个余项。通过对式 (4.19) 求二阶导，

我们在第 t 步迭代得到

$$\boldsymbol{l}''(\boldsymbol{\theta}^{(t)}|\boldsymbol{x}) = \boldsymbol{Q}''(\boldsymbol{\theta}|\boldsymbol{\theta}^{(t)})\Big|_{\boldsymbol{\theta}=\boldsymbol{\theta}^{(t)}} - \boldsymbol{H}''(\boldsymbol{\theta}|\boldsymbol{\theta}^{(t)})\Big|_{\boldsymbol{\theta}=\boldsymbol{\theta}^{(t)}} \tag{4.72}$$

余项是式 (4.72) 中的最后一项。假如我们用 $\boldsymbol{B}^{(t)}$ 近似它，那么把

$$\boldsymbol{M}^{(t)} = \boldsymbol{Q}''(\boldsymbol{\theta}|\boldsymbol{\theta}^{(t)})\Big|_{\boldsymbol{\theta}=\boldsymbol{\theta}^{(t)}} - \boldsymbol{B}^{(t)} \tag{4.73}$$

代入式 (4.71)中，我们得到一个拟 *Newton EM* 加速。

这个方法的关键是怎样用 $\boldsymbol{B}^{(t)}$ 近似 $\boldsymbol{H}''(\boldsymbol{\theta}^{(t)}|\boldsymbol{\theta}^{(t)})$。这里的思想是以 $\boldsymbol{B}^{(0)} = 0$ 为初始值，然后随着迭代逐步积累 $\boldsymbol{H}''$ 的信息。信息是采用一系列的正割条件来积累的，正如普通的拟 Newton 方法一样（第 2.2.2.3 节）。

特别地，我们可以要求 $\boldsymbol{B}^{(t)}$ 满足正割条件

$$\boldsymbol{B}^{(t+1)}\boldsymbol{a}^{(t)} = \boldsymbol{b}^{(t)} \tag{4.74}$$

其中

$$\boldsymbol{a}^{(t)} = \boldsymbol{\theta}^{(t+1)} - \boldsymbol{\theta}^{(t)} \tag{4.75}$$

且

$$\boldsymbol{b}^{(t)} = \boldsymbol{H}'(\boldsymbol{\theta}|\boldsymbol{\theta}^{(t+1)})\Big|_{\boldsymbol{\theta}=\boldsymbol{\theta}^{(t+1)}} - \boldsymbol{H}'(\boldsymbol{\theta}|\boldsymbol{\theta}^{(t+1)})\Big|_{\boldsymbol{\theta}=\boldsymbol{\theta}^{(t)}} \tag{4.76}$$

由更新方程 (2.49)，为满足正割条件我们可以设

$$\boldsymbol{B}^{(t+1)} = \boldsymbol{B}^{(t)} + c^{(t)}\boldsymbol{v}^{(t)}(\boldsymbol{v}^{(t)})^{\mathrm{T}} \tag{4.77}$$

其中 $\boldsymbol{v}^{(t)} = \boldsymbol{b}^{(t)} - \boldsymbol{B}^{(t)}\boldsymbol{a}^{(t)}$ 且 $c^{(t)} = 1/[(\boldsymbol{v}^{(t)})^{\mathrm{T}}\boldsymbol{a}^{(t)}]$。

Lange 提出了该 拟 *Newton* EM 算法和一些改进其性质的策略[408]。首先，他建议从 $\boldsymbol{B}^{(0)} = \boldsymbol{0}$ 开始。注意这意味着第一次增量等于 EM 梯度的增量。实际上，EM 梯度算法恰是最大化 $Q(\boldsymbol{\theta}|\boldsymbol{\theta}^{(t)})$ 的 Newton-Raphson 算法，而这里描述的方法成为最大化 $\boldsymbol{l}(\boldsymbol{\theta}|x)$ 的近似 Newton-Raphson 算法。

其次，如果 $(\boldsymbol{v}^{(t)})^{\mathrm{T}}\boldsymbol{a}^{(t)} = 0$ 或者 $(\boldsymbol{v}^{(t)})^{\mathrm{T}}\boldsymbol{a}^{(t)}$与 $\|\boldsymbol{v}^{(t)}\|.\|\boldsymbol{a}^{(t)}\|$ 相比很小，Davidon[134]的改进是有麻烦的。在这种情况下我们可以简单地设 $\boldsymbol{B}^{(t+1)} = \boldsymbol{B}^{(t)}$。

再次，不能保证 $\boldsymbol{M}^{(t)} = \boldsymbol{Q}''(\boldsymbol{\theta}|\boldsymbol{\theta}^{(t)})\Big|_{\boldsymbol{\theta}=\boldsymbol{\theta}^{(t)}} - \boldsymbol{B}^{(t)}$ 是负定的，该条件确保第 t 步是上升。因此，我们可以按比例缩放 $\boldsymbol{B}^{(t)}$ 且使用 $\boldsymbol{M}^{(t)} = \boldsymbol{Q}''(\boldsymbol{\theta}|\boldsymbol{\theta}^{(t)})\Big|_{\boldsymbol{\theta}=\boldsymbol{\theta}^{(t)}} - \alpha^{(t)}\boldsymbol{B}^{(t)}$，举例来说，对使得 $\boldsymbol{M}^{(t)}$ 负定的最小正整数 m，$\alpha^{(t)} = 2^{-m}$。

最后，注意 $\boldsymbol{b}^{(t)}$ 可以完全用 $\boldsymbol{Q}'$ 函数来表示，因为

$$\boldsymbol{b}^{(t)} = \boldsymbol{H}'(\boldsymbol{\theta}|\boldsymbol{\theta}^{(t+1)})\Big|_{\boldsymbol{\theta}=\boldsymbol{\theta}^{(t+1)}} - \boldsymbol{H}'(\boldsymbol{\theta}|\boldsymbol{\theta}^{(t+1)})\Big|_{\boldsymbol{\theta}=\boldsymbol{\theta}^{(t)}} \tag{4.78}$$

$$= 0 - \boldsymbol{H}'(\boldsymbol{\theta}|\boldsymbol{\theta}^{(t+1)})\Big|_{\boldsymbol{\theta}=\boldsymbol{\theta}^{(t)}} \tag{4.79}$$

$$= \boldsymbol{Q}'(\boldsymbol{\theta}|\boldsymbol{\theta}^{(t)})\Big|_{\boldsymbol{\theta}=\boldsymbol{\theta}^{(t)}} - \boldsymbol{Q}'(\boldsymbol{\theta}|\boldsymbol{\theta}^{(t+1)})\Big|_{\boldsymbol{\theta}=\boldsymbol{\theta}^{(t)}} \tag{4.80}$$

式 (4.79) 是由式 (4.19) 及 $l(\boldsymbol{\theta}|\boldsymbol{x}) - \boldsymbol{Q}(\boldsymbol{\theta}|\boldsymbol{\theta}^{(t)})$ 在 $\boldsymbol{\theta} = \boldsymbol{\theta}^{(t)}$ 处有最小值这一事实得到。在该最小值点的导数必为 0，这使得 $\boldsymbol{l}'(\boldsymbol{\theta}|\boldsymbol{x}) = \boldsymbol{Q}'(\boldsymbol{\theta}|\boldsymbol{\theta}^{(t)})\Big|_{\boldsymbol{\theta}=\boldsymbol{\theta}^{(t)}}$，于是得到式 (4.80)。

例 4.11 (椒花蛾，续) 我们用式 (4.64)–(4.66) 给出 $\boldsymbol{Q}''$ 的表达式并从式 (4.80) 得到 $\boldsymbol{b}^{(t)}$，可以将拟 Newton 加速法用于例 4.2。该过程从 $p_{\mathrm{C}} = p_{\mathrm{I}} = p_{\mathrm{T}} = 1/3$ 和 $\boldsymbol{B}^{(0)} = \boldsymbol{0}$ 开始，且步长减半以确保上升。

结果在图 4.3 给出。注意 $\boldsymbol{B}^{(0)} = \boldsymbol{0}$ 意味着拟 Newton EM 的第一步与 EM 梯度的第一步相同，拟 Newton EM 的第二步完全超越了最高似然的岭迹，导致了几乎没有上升的一步。一般说来，拟 Newton EM 的过程和其他拟 Newton 法相似：都会有一个超越解或收敛到一个局部极大值点而不是局部极小值点的趋势。通过合适的预防措施，此算法在这个例子中快速而有效。 □

拟 Newton EM 在第 t 步需要求 $\boldsymbol{M}^{(t)}$ 的逆。Lange 等人描述了一种基于由 $\boldsymbol{M}^{(t)}$ 近似 $-\boldsymbol{l}''(\boldsymbol{\theta}|x)$ 的拟 Newton 方法，此方法依赖于反正割更新[409,410]。除了避免矩阵求逆的繁冗计算之外，当 M 步可解时，对 $\boldsymbol{\theta}^{(t)}$ 和 $\boldsymbol{B}^{(t)}$ 的这样的更新可以完全用 $\boldsymbol{l}'(\boldsymbol{\theta}^{(t)}|\boldsymbol{x})$ 和普通 EM 增量表示。

Jamshidian 和 Jennrich 详细阐述了反正割更新法并讨论了更为复杂的 BFGS 方法[344]。他们还给出了对多种 EM 加速算法的实用综述并且比较了这些算法的效果。在一些例子中，他们的某些方法比上面给出的方法收敛得更快。在一篇相关的文章中，他们给出了 EM 的共轭梯度加速法[343]。

习题

4.1 回顾例 4.2 给出的椒花蛾分析。在田间，由于翅膀的颜色和斑点的变异，区分 岛屿 和 典型 这两种表型比较困难。除了这个例子提到的 622 只椒花蛾，假设科研人员收集的样本实际上包括 $n_{\mathrm{U}} = 578$ 只更多的蛾子，且虽已知它们属于 岛屿 或 典型 ，但不能确定各自的精确表型。

a. 由上面给出的已观测数据 n_{C}，n_{I}，n_{T} 和 n_{U}，对该修改的问题，导出 p_{C}, p_{I} 和 p_{T} 的极大似然估计的 EM 算法。

b. 应用此算法求出极大似然估计。

c. 用 SEM 算法估计 $\hat{p}_{\mathrm{C}}$，$\hat{p}_{\mathrm{I}}$ 和 $\hat{p}_{\mathrm{T}}$ 的标准误及它们两两之间的相关系数。

d. 用自助法估计 $\hat{p}_{\mathrm{C}}$，$\hat{p}_{\mathrm{I}}$ 和 $\hat{p}_{\mathrm{T}}$ 的标准误及它们两两之间的相关系数。

e. 对这些数据实施 EM 梯度算法。用步长减半试验以确保上升，用其他步长缩放试验以加速收敛。

f. 用步长减半对这些数据实施 Aitken 加速 EM 算法。

g. 对这些数据实施拟 Newton EM 算法。比较步长减半和步长不减半的表现。

h. 比较标准 EM 算法和 (e)、(f) 和 (g) 中三种变型的有效性和效率。用步长减半以确定这三种变型是上升的。针对不同的初始点作比较，作出类似于图 4.3 的图形。

4.2 流行病学家对研究有 HIV 感染风险的个体性行为感兴趣。假设调查了 1500 名男同性恋者并询问在过去的 30 天里每人有多少次危险性行为。令 n_i 表示回答有 i 次危险性行为的人数，这里 $i=1,\cdots,16$。表 4.2 列出了他们的回答。

表 4.2 回答有相应次数危险性行为的人数；见习题4.2

性行为数，i	0	1	2	3	4	5	6	7	8
人数，n_i	379	299	222	145	109	95	73	59	45
性行为数，i	9	10	11	12	13	14	15	16	
人数，n_i	30	24	12	4	2	0	1	1	

Poisson 模型拟合这些数据的效果很差。假设这些人可以分为三组更为实际。首先，有一组人，无论出于什么原因，回答了有 0 次危险行为，即使是不真实。假定个体属于这一组的概率为 α。

个体属于第二组的概率为 β，他们声称有典型的行为。这些人的回答是真实的，且假定他们进行危险行为的次数服从参数为 μ 的 Poissson 分布。

最后，个体属于高危险组的概率为 $1-\alpha-\beta$。这些人回答是真实的，且他们进行危险行为的次数服从参数为 λ 的 Poissson 分布。

模型的参数为 α，β，μ 和 λ。在 EM 的第 t 次迭代中，我们用 $\boldsymbol{\theta}^{(t)}=(\alpha^{(t)},\beta^{(t)},\mu^{(t)},\lambda^{(t)})$ 表示当前参数值。观测数据的似然为

$$L(\boldsymbol{\theta}|n_0,\cdots,n_{16})\propto\prod_{i=0}^{16}\left[\frac{\pi_i(\boldsymbol{\theta})}{i!}\right]^{n_i} \tag{4.81}$$

其中对 $i=1,\cdots,16$，

$$\pi_i(\boldsymbol{\theta})=\alpha 1_{\{i=0\}}+\beta\mu^i\exp\{-\mu\}+(1-\alpha-\beta)\lambda^i\exp\{-\lambda\} \tag{4.82}$$

观测到的数据为 $n_0,\cdots,n_{16}$。完全数据为 $n_{z,0},n_{t,0},\cdots,n_{t,16}$ 和 $n_{p,0},\cdots,n_{p,16}$，其中 $n_{k,i}$ 表示在第 k 组中回答有 i 次危险行为的人数且 $k=z,t$ 和 p 分别对应 0 组、典型组和性乱交组。因而 $n_0=n_{z,0}+n_{t,0}+n_{p,0}$ 且对于 $i=1,\cdots,16$，有 $n_i=n_{t,i}+n_{p,i}$。令 $N=\sum_{i=0}^{16}n_i=1500$。

对 $i=1,\cdots,16$，定义

$$z_0(\boldsymbol{\theta}) = \frac{\alpha}{\pi_0(\boldsymbol{\theta})} \tag{4.83}$$

$$t_i(\boldsymbol{\theta}) = \frac{\beta\mu^i\exp\{-\mu\}}{\pi_i(\boldsymbol{\theta})} \tag{4.84}$$

$$p_i(\boldsymbol{\theta}) = \frac{(1-\alpha-\beta)\lambda^i\exp\{-\lambda\}}{\pi_i(\boldsymbol{\theta})} \tag{4.85}$$

他们对应于有 i 次危险行为的人属于各组的概率。

a. 说明 EM 算法可给出如下更新：

$$\alpha^{(t+1)} = \frac{n_0 z_0(\boldsymbol{\theta}^{(t)})}{N} \tag{4.86}$$

$$\beta^{(t+1)} = \sum_{i=0}^{16} \frac{n_i t_i(\boldsymbol{\theta}^{(t)})}{N} \tag{4.87}$$

$$\mu^{(t+1)} = \frac{\sum_{i=0}^{16} i n_i t_i(\boldsymbol{\theta}^{(t)})}{\sum_{i=0}^{16} n_i t_i(\boldsymbol{\theta}^{(t)})} \tag{4.88}$$

$$\lambda^{(t+1)} = \frac{\sum_{i=0}^{16} i n_i p_i(\boldsymbol{\theta}^{(t)})}{\sum_{i=0}^{16} n_i p_i(\boldsymbol{\theta}^{(t)})} \tag{4.89}$$

b. 由观测数据估计模型的参数。

c. 用任一可行的方法估计所估参数的标准误和它们两两之间的相关系数。

4.3 本书的网站里有从 $N_3(\boldsymbol{\mu}, \boldsymbol{\Sigma})$ 分布抽取的 50 个三维数据点。某些数据点在一个或多个分量上有缺失值。50 个观测值里只有 27 个是完整的。

a. 导出 $\boldsymbol{\mu}$ 和 $\boldsymbol{\Sigma}$ 联合极大似然估计的 EM 算法。最容易记起的是多元正态密度属于指数族。

b. 由合适的初始点确定它们的极大似然估计。考查这个算法的表现，并评价所得的结果。

c. 当

$$\boldsymbol{\Sigma} = \begin{pmatrix} 1 & 0.6 & 1.2 \\ 0.6 & 0.5 & 0.5 \\ 1.2 & 0.5 & 3.0 \end{pmatrix}$$

已知时，考虑 $\boldsymbol{\mu}$ 的贝叶斯推断。假设 $\boldsymbol{\mu}$ 的三个元素有独立的先验。特别地，设第 j 个先验为

$$f(\mu_j) = \frac{\exp\{-(\mu_j - \alpha_j)/\beta_j\}}{\beta_j[1 + \exp\{-(\mu_j - \alpha_j)/\beta_j\}]^2}$$

其中 $(\alpha_1, \alpha_2, \alpha_3) = (2, 4, 6)$，且对 $j = 1, 2, 3$，$\beta_j = 2$。评论在实施标准 EM 算法估计 $\boldsymbol{\mu}$ 的后验众数中可能会遇到的困难。实施梯度 EM 算法并评估它的表现。

d. 假定 (c) 中的 $\boldsymbol{\Sigma}$ 未知且采用了不恰当的均匀先验，即对所有的正定阵 $\boldsymbol{\Sigma}$ 都有 $f(\boldsymbol{\Sigma}) \propto 1$。讨论怎样估计 $\boldsymbol{\mu}$ 和 $\boldsymbol{\Sigma}$ 的后验众数。

4.4 假定我们观测了某采矿设备中的十四个齿轮联轴器的寿命，如表 4.3 所示 (以年记)。这些数据中有一部分是右删失的，因为在齿轮联轴器坏掉之前该设备就被换下了。这些删失数据用括号括了起来，这些元件的真实寿命可以看成是缺失的。

用密度函数为 $f(x) = abx^{b-1}\exp\{-ax^b\}$ ($x > 0$) 且参数为 a 和 b 的 Weibull 分布对这些数据建模。回忆第 2 章的问题 2.3 对这类模型给出了更多的细节。构造一个 EM 算法来估计 a 和 b。因为 Q 函数包含不可解析求出的期望，有必要时采用 MCEM 策略。而且，Q 的优化不会是完全可解析的。因此必要时结合对各参数条件最大化的 ECM 策略，并运用一维的类 Newton 优化。过去的观

表 4.3 采矿设备的十四个齿轮联轴器的寿命，以年记。右删失数据用括号括了起来。在这些情形，我们知道其寿命至少与给出的值一样长

(6.94)	5.50	4.54	2.14	(3.65)	(3.40)	(4.38)
10.24	4.56	9.42	(4.55)	(4.15)	5.64	(10.23)

测表明 $(a,b)=(0.003,2.5)$ 是一个合适的初始点。讨论你推导的过程的收敛性和得到的结果。与采用二元拟 Newton 方法直接最大化观测数据的似然相比，你的方法的优缺点是什么？

4.5 隐马尔可夫模型 (HMM)可以用来描述一个未观测 (隐性) 的离散状态变量的序列 $\boldsymbol{H}=(H_0,\cdots,H_n)$ 和一个与之对应的观测变量的序列 $\boldsymbol{O}=(O_0,\cdots,O_n)$ 的联合概率，其中对每个 i，O_i 依赖于 H_i。我们称 H_i 发射 O_i；这里我们只考虑离散的发射变量。假设 $\boldsymbol{H}$ 和 $\boldsymbol{O}$ 的元素的状态空间分别为 $\mathcal{H}$ 和 $\mathcal{E}$。

令 $\boldsymbol{O}_{\leqslant j}$ 和 $\boldsymbol{O}_{>j}$ 分别表示 $\boldsymbol{O}$ 中下标不超过 j 和超过 j 的部分，对 $\boldsymbol{H}$ 也定义类似的部分序列。在 HMM 模型下，H_i 有马氏性

$$P[H_i|\boldsymbol{H}_{\leqslant i-1},O_0]=P[H_i|H_{i-1}] \tag{4.90}$$

且发射变量是条件独立的，因此

$$P[O_i|\boldsymbol{H},\boldsymbol{O}_{\leqslant i-1},\boldsymbol{O}_{>i}]=P[O_i|H_i] \tag{4.91}$$

隐性状态之间的时间齐性转移取决于转移概率 $p(h,h^*)=P[H_{i+1}=h^*|H_i=h]$，其中 $h,h^*\in\mathcal{H}$。H_0 的分布被 $\pi(h)=P[H_0=h]$ 参数表示，其中 $h\in\mathcal{H}$。最后，定义发射概率 $e(h,o)=P[O_i=o|H_i=h]$，其中 $h\in\mathcal{H}$ 且 $o\in\mathcal{E}$。那么参数集 $\boldsymbol{\theta}=(\boldsymbol{\pi},\boldsymbol{P},\boldsymbol{E})$ 完全地参数化了此模型，其中 $\boldsymbol{\pi}$ 是初始状态概率向量，$\boldsymbol{P}$ 是转移概率阵，$\boldsymbol{E}$ 是发射概率阵。

对一观测的序列 $\boldsymbol{o}$，定义前进变量

$$\alpha(i,h)=P[\boldsymbol{O}_{\leqslant i}=\boldsymbol{o}_{\leqslant i},H_i=h] \tag{4.92}$$

和后退变量

$$\beta(i,h)=P[\boldsymbol{O}_{>i}=\boldsymbol{o}_{>i},H_i=h] \tag{4.93}$$

其中 $i-1,\cdots,n$ 且 $h\in\mathcal{H}$。我们的记号隐去了前进变量和后退变量对 $\boldsymbol{\theta}$ 的依赖。注意

$$P[\boldsymbol{O}=\boldsymbol{o}|\boldsymbol{\theta}]=\sum_{h\in\mathcal{H}}\alpha(n,h)=\sum_{h\in\mathcal{H}}\pi(h)e(h,o_0)\beta(0,h) \tag{4.94}$$

根据 $P[H_i=h|\boldsymbol{O}=\boldsymbol{o},\boldsymbol{\theta}]=\sum_{h\in\mathcal{H}}\alpha(i,h)\beta(i,h)/P[\boldsymbol{O}=\boldsymbol{o}|\boldsymbol{\theta}]$，前进变量和后退变量对计算给定 $\boldsymbol{O}=\boldsymbol{o}$ 时状态 h 出现在序列第 i 个位置的概率，以及关于这些概率的状态函数的期望也是有用的。

a. 说明下面的算法可以用来计算 $\alpha(i,h)$ 和 $\beta(i,h)$。

前进算法为

- 初始化 $\alpha(0,h)=\pi(h)e(h,o_0)$。
- 对 $i=0,\cdots,n-1$，令$\alpha(i+1,h)=\sum_{h^*\in\mathcal{H}}\alpha(i,h^*)p(h^*,h)e(h,o_{i+1})$。

后退算法为

- 初始化 $\beta(n,h)=1$。
- 对 $i=n,\cdots,1$，令 $\beta(i-1,h)=\sum_{h^*\in\mathcal{H}} p(h,h^*)e(h^*,o_i)\beta(h,i)$。

与盲目地在所有可能的状态序列上求和相比，这些算法为求 $P[\boldsymbol{O}=\boldsymbol{o}|\boldsymbol{\theta}]$ 和其他有用的概率提供了非常有效的方法。

b. 设 $N(h)$ 表示$H_0=h$ 的次数，$N(h,h^*)$ 表示从 h 转移到 h^* 的次数，$N(h,o)$ 表示当前状态为 h 时 o 的发射数。证明这些随机变量有如下期望：

$$E\{N(h)\} = \frac{\alpha(0,h)\beta(0,h)}{P[\boldsymbol{O}=\boldsymbol{o}|\boldsymbol{\theta}]} \tag{4.95}$$

$$E\{N(h,h^*)\} = \sum_{i=0}^{n-1}\frac{\alpha(i,h)p(h,h^*)e(h^*,o_{i+1})\beta(i+1,h^*)}{P[\boldsymbol{O}=\boldsymbol{o}|\boldsymbol{\theta}]} \tag{4.96}$$

$$E\{N(h,o)\} = \sum_{i:O_i=o}\frac{\alpha(i,h)\beta(i,h)}{P[\boldsymbol{O}=\boldsymbol{o}|\boldsymbol{\theta}]} \tag{4.97}$$

c. *Baum-Welch* 算法能有效地估计 HMM 模型的参数[25]。拟合这类模型已被证实在不同的应用中相当有效，这些应用包括统计遗传学、信号处理、语音识别、涉及环境时间序列的问题以及贝叶斯图网络[172, 236,361,392,523]。由某初值 $\boldsymbol{\theta}^{(0)}$ 开始，Baum-Welch 算法可通过迭代应用如下更新公式进行：

$$\pi(h)^{(t+1)} = \frac{E\{N(h)|\boldsymbol{\theta}^{(t)}\}}{\sum_{h^*\in\mathcal{H}} E\{N(h^*)|\boldsymbol{\theta}^{(t)}\}} \tag{4.98}$$

$$p(h,h^*)^{(t+1)} = \frac{E\{N(h,h^*)|\boldsymbol{\theta}^{(t)}\}}{\sum_{h^{**}\in\mathcal{H}} E\{N(h,h^{**})|\boldsymbol{\theta}^{(t)}\}} \tag{4.99}$$

$$e(h,o)^{(t+1)} = \frac{E\{N(h,o)|\boldsymbol{\theta}^{(t)}\}}{\sum_{o^*\in\mathcal{E}} E\{N(h,o^*)|\boldsymbol{\theta}^{(t)}\}} \tag{4.100}$$

证明 Baum-Welch 算法是一种 EM 算法。开始前需要注意到完全数据似然是由下式给出的

$$\prod_{h\in\mathcal{H}}\pi(h)^{N(h)}\prod_{h\in\mathcal{H}}\prod_{o\in\mathcal{E}}e(h,o)^{N(h,o)}\prod_{h\in\mathcal{H}}\prod_{h^*\in\mathcal{H}}p(h,h^*)^{N(h,h^*)} \tag{4.101}$$

d. 考虑如下情形。Flip 的左口袋里有一枚一分硬币，右口袋里有一枚一角硬币。在公平投掷时，一分硬币和一角硬币正面朝上的概率分别为 p 和 d。Flip 随机地选出一枚硬币投掷，并报出结果（正面或反面）但不透露投掷的是哪枚硬币。然后 Flip 决定是用这枚硬币继续投掷还是换一枚硬币投掷。他改变硬币的概率为 s，保留这枚硬币的概率为 $1-s$。他报出第二次投掷的结果，仍然不透露投掷的是哪枚硬币。继续该过程，总共进行 200 次投币。产生的正面和反面的序列可在本书的网站上找到。用 Baum-Welch 算法估计 p，d，s。

e. 仅供喜欢额外挑战的学生思考：对数据集是由某 HMM 产生的 M 个独立观测序列组成的情形，推导 Baum-Welch 算法。依据上面硬币的例子模拟这样的数据(你可能想模拟单列数据，这些数据可由 $p=0.25$，$d=0.85$ 和 $s=0.1$ 模拟得到)。编制 Baum-Welch 算法的程序，并用你模拟的数据测试。

除考虑多重序列外，为得到基于更一般的发射变量和由更复杂参数设置 (包括时间非齐次) 的发射和转移概率之上的估计，HMM 模型和 Baum-Welch 算法可加以推广。

第二部分

积分和模拟

统计学家一直在尝试推断是什么和可能是什么。为了实现这些，我们经常依赖于期望是什么。在统计学里，期望经常表述为关于概率分布的积分。

一个积分的值可以理论或者数值地给出。因为理论解对于除了最简单的统计问题外经常是不可行的，所以经常使用数值近似。

数值积分通过分割积分区域为小的部分，对每个部分应用简单的近似，然后组合这些结果来近似积分。本书的该部分我们从讨论积分技术开始。

蒙特卡洛方法通过模拟随机变量的实现然后取平均近似理论平均来解决问题。我们给出这些方法并探究提高它们性能的多种策略。马尔科夫链蒙特卡洛是一种特别重要的模拟技术，我们用两章的内容讨论该方法。

尽管开始我们把蒙特卡洛方法当做是积分工具，在这些章节里更显而易见的是这种概率方法已经在模拟随机变量方面有广泛的应用而不考虑如何使用这些模拟。我们的例子和习题描述了许多模拟的应用。

第 5 章　数值积分

考虑形如 $\int_a^b f(x)\mathrm{d}x$ 的一维积分。只有少数函数 f 的积分值能解析得到。对其余的情形，经常应用积分的数值近似。近似方法已为数值分析家[139,353,376,516]和统计学家[409,630]所熟知。

由于后验分布可能不属于一个常见的分布族，Bayes 推断经常需要积分的近似。在某些极大似然推断问题中，当似然本身是一个或多个积分的函数时，积分近似也很有用。如在下面的例 5.1 中所讨论的，当拟合广义线性混合模型时就会出现这样的例子。

为得到 $\int_a^b f(x)\mathrm{d}x$ 的一个近似值，将区间 $[a,b]$ 划分为 n 个子区间 $[x_i, x_{i+1}]$，$i=0,\cdots,n-1$，其中 $x_0=a, x_n=b$。于是 $\int_a^b f(x)\mathrm{d}x=\sum_{i=0}^{n-1}\int_{x_i}^{x_{i+1}} f(x)\mathrm{d}x$。这种复化法则将整个积分分为许多更小的部分，但搁置了怎样近似任一单个部分的问题。

单个部分的近似值用一个简单法则得到。在区间 $[x_i, x_{i+1}]$ 中插入 $m+1$ 个节点 x_{ij}^*，$j=0,\cdots,m$。图 5.1 说明了区间 $[a,b]$ 与子区间以及节点的关系。一般来说，数值积分方法既不需要子区间或节点等距，也不需要在各子区间内有相同的节点数。

简单法则依赖于近似

$$\int_{x_i}^{x_{i+1}} f(x)\mathrm{d}x \approx \sum_{j=0}^{m} A_{ij} f(x_{ij}^*) \tag{5.1}$$

对常数 A_{ij} 的某集合成立。这样一来，总积分就可按照复化法则通过式 (5.1) 将所有子区间求和来近似。

5.1　Newton-Côtes 求积

Newton-Côtes 法则是一类简单而灵活的积分方法。在该情形下，节点在 $[x_i, x_{i+1}]$ 内等距，并且在每个子区间内采用相同数目的节点。Newton-Côtes 方法在各子区间上用多项式近似代替实际的被积函数。选取常数 A_{ij} 使得 $\sum_{j=0}^{m} A_{ij} f(x_{ij}^*)$ 等于某插值多项式在 $[x_i, x_{i+1}]$ 上的积分值，而该多项式在该子区间内节点处的值与 f 的相等。本节余下的部分回顾常见的 Newton-Côtes 法则。

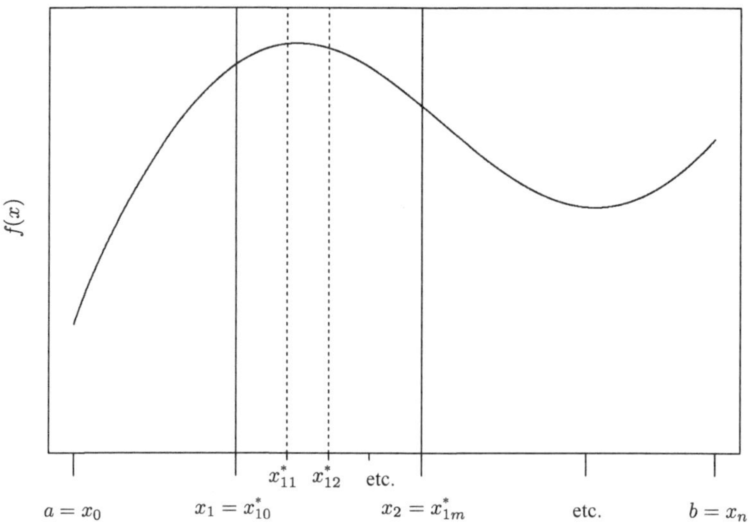

图 5.1 在 a 和 b 之间对 f 积分，区间分成 n 个子区间 $[x_i, x_{i+1}]$，每一个被 $m+1$ 个节点 $x_{i0}^*, \cdots, x_{im}^*$ 进一步划分。注意到当 $m=0$ 时，子区间 $[x_i, x_{i+1}]$ 只包含一个内点 $x_{i0}^* = x_i$

5.1.1 Riemann (黎曼)法则

考虑 $m=0$ 的情形。假设我们定义 $x_{i0}^* = x_i$，且 $A_{i0} = x_{i+1} - x_{i0}^*$。简单 Riemann 法则实际是在每个子区间上用某常函数$f(x_i)$来近似 f，该常函数的值等于 f 在区间上某点的值。换句话说，

$$\int_{x_i}^{x_{i+1}} f(x)\mathrm{d}x \quad \approx \quad \int_{x_i}^{x_{i+1}} f(x_i)\mathrm{d}x = (x_{i+1} - x_i)f(x_i) \tag{5.2}$$

复化法则将 n 个这样的项相加就给出区间 $[a, b]$ 上积分的一个近似值。

假设 x_i 等距，这样每个子区间有相同的长度 $h = (b-a)/n$。于是我们可以记 $x_i = a + ih$，且复化法则为

$$\int_a^b f(x)\mathrm{d}x \quad \approx \quad h\sum_{i=0}^{n-1} f(a+ih) = \widehat{R}(n) \tag{5.3}$$

如图 5.2 所示，这对应于初等微积分中学过的 Riemann 积分。此外，对子区间的左端点并无特别对待，在式 (5.2) 中我们也可以用 $f(x_{i+1})$ 代替 $f(x_i)$。

由可积函数的 Riemann 积分的定义知，当 $n \to \infty$ 时，由式 (5.3) 中给出的近似值收敛到积分的真实值。如果 f 是一个零阶多项式 (即常函数)，那么 f 在每个子区间上是常数，这时 Riemann 法则是精确的。

当使用复化 Riemann 法则时，可以对子区间数的一个递增序列 n_k，$k = 1, 2, \cdots$，计算一列近似值 $\widehat{R}(n_k)$。那么，$\widehat{R}(n_k)$ 的收敛性可以使用第 2 章讨论的一个绝对或相对收敛准则来监控。采用 $n_{k+1} = 2n_k$ 是特别有效的，这样在下一步可将对应于前一步端点的子区间减半。这就避免了对 f 明显多余的计算。

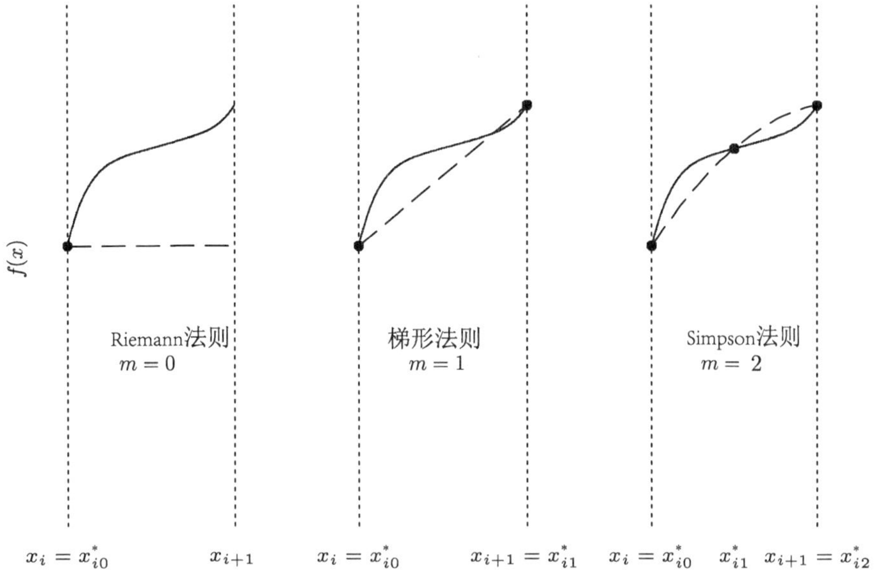

图 5.2 Riemann 法则、梯形法则和 Simpson 法则在子区间 $[x_i, x_{i+1}]$ 上对 f（实线）的近似（虚线）

例 5.1 (阿尔茨海默（Alzheimer）病) 阿尔茨海默病是一种表现为智力逐步衰退的疾病。表 5.1 给出了 22 位阿尔茨海默病人的数据。在连续五个月的每个月里，要求患者回忆先前给出过的某标准列表中的单词，并记录下每位患者回忆起的单词数。表 5.1 中的患者正在接受一项卵磷脂的实验治疗，这是一种膳食补充。一项吸引人的研究是考察随着时间的推移记忆力能否提高。这些病人的数据 (以及 25 个控制病例) 可以在本书的网站上找到并在文献 [155] 中有进一步的讨论。

考虑用一个非常简单的广义线性混合模型拟合这些数据[69,670]。令 Y_{ij} 表示第 i 个人在第 j 月回忆起的单词数，$i=1,\cdots,22$，$j=1,\cdots,5$。假设 $Y_{ij}|\lambda_{ij}$ 服从参数为 λ_{ij} 的 Poisson 分布并相互独立，其中 Y_{ij} 的均值和方差都是 λ_{ij}。令 $\boldsymbol{x}_{ij}=(1\ j)^{\mathrm{T}}$ 为一个协变量向量，除了截矩项外只有月份用作预测变量。令 $\boldsymbol{\beta}=(\beta_0\ \beta_1)^{\mathrm{T}}$ 为对应于 $\boldsymbol{x}$ 的参数向量。这样我们得到 Y_{ij} 均值的模型为

$$\lambda_{ij} = \exp\{\boldsymbol{x}_{ij}^{\mathrm{T}}\boldsymbol{\beta}+\gamma_i\} \tag{5.4}$$

其中 γ_i 是服从 $N(0,\sigma_\gamma^2)$ 的独立随机效应。对每个患者来说这个模型允许 λ_{ij} 在对数尺度下有单独的偏移，这反映了患者在单词个数上可能存在本质差异这一假设。这个假设是合理的，比如，治疗开始前患者的基本状况不尽相同。

在该模型下，似然函数为

$$\begin{aligned} L(\boldsymbol{\beta},\sigma_\gamma^2|\boldsymbol{y}) &= \prod_{i=1}^{22}\int\left[\phi(\gamma_i;0,\sigma_\gamma^2)\prod_{j=1}^{5}f(y_{ij}|\lambda_{ij})\right]\mathrm{d}\gamma_i \\ &= \prod_{i=1}^{22}L_i(\boldsymbol{\beta},\sigma_\gamma^2|\boldsymbol{y}) \end{aligned} \tag{5.5}$$

表 5.1 22 个接受卵磷脂治疗的阿尔茨海默病人连续五个月中回忆起的单词数

	病人										
月	1	2	3	4	5	6	7	8	9	10	11
1	9	6	13	9	6	11	7	8	3	4	11
2	12	7	18	10	7	11	10	18	3	10	10
3	16	10	14	12	8	12	11	19	3	11	10
4	17	15	21	14	9	14	12	19	7	17	15
5	18	16	21	15	12	16	14	22	8	18	16

	病人										
月	12	13	14	15	16	17	18	19	20	21	22
1	1	6	0	18	15	10	6	9	4	4	10
2	3	7	3	18	15	14	6	9	3	13	11
3	2	7	3	19	15	16	7	13	4	13	13
4	4	9	4	22	18	17	9	16	7	16	17
5	5	10	6	22	19	19	10	20	9	19	21

其中 $f(y_{ij}|\lambda_{ij})$ 是 Poisson 密度，$\phi(\gamma_i;0,\sigma_\gamma^2)$ 是均值为 0，方差为 σ_γ^2 的正态密度函数，$\boldsymbol{Y}$ 是一个包含所有已观测的响应值的向量。因此，对数似然是

$$l(\boldsymbol{\beta},\sigma_\gamma^2|\boldsymbol{y}) = \sum_{i=1}^{22} l_i(\boldsymbol{\beta},\sigma_\gamma^2|\boldsymbol{y}) \tag{5.6}$$

其中 l_i 表示第 i 个患者的数据对对数似然的贡献。

为极大化对数似然，我们必须将 l 关于每个参数求导并求解相应的得分方程。由于方程不能得到解析解，这将需要一个数值求根方法。在该例中，我们只留意整个过程的一小部分：对特定的参数值和单个 i 和 k，如何求解 $\mathrm{d}l_i/\mathrm{d}\beta_k$。对于在求根过程的每次迭代中试探的参数值，这种求解将重复进行。

令 $i=1,k=1$，关于每月变化率参数的偏导为$\mathrm{d}l_1/\mathrm{d}\beta_1 = (\mathrm{d}L_1/\mathrm{d}\beta_1)/L_1$，其中 L_1 在式 (5.5) 中有隐性定义。此外，

$$\begin{aligned}\frac{\mathrm{d}L_1}{\mathrm{d}\beta_1} &= \frac{\mathrm{d}}{\mathrm{d}\beta_1}\int\left[\phi(\gamma_1;0,\sigma_\gamma^2)\prod_{j=1}^{5}f(y_{1j}|\lambda_{1j})\right]\mathrm{d}\gamma_1\\ &= \int\frac{\mathrm{d}}{\mathrm{d}\beta_1}\left[\phi(\gamma_1;0,\sigma_\gamma^2)\prod_{j=1}^{5}f(y_{1j}|\lambda_{1j})\right]\mathrm{d}\gamma_1\\ &= \int\phi(\gamma_1;0,\sigma_\gamma^2)\left[\sum_{j=1}^{5}j(y_{1j}-\lambda_{1j})\right]\prod_{j=1}^{5}f(y_{1j}|\lambda_{1j})\mathrm{d}\gamma_1 \end{aligned}\tag{5.7}$$

其中 $\lambda_{1j}=\exp\{\beta_0+j\beta_1+\gamma_1\}$。式（5.7）中的最后一个等式来自于广义线性模型的标准分

析[446]。

假定在优化的最前面一步，我们从初始值 $\boldsymbol{\beta}=(1.804,0.165)$ 和 $\sigma_{\gamma}^{2}=0.015^{2}$ 开始。这些初始值是通过简单的探索分析得到的。用 $\boldsymbol{\beta}$ 和 σ_{γ}^{2} 的这些值，我们在式 (5.7) 中寻求的积分有如图 5.3 所示的被积函数。积分范围是整个实线，而我们迄今只讨论了闭区间上的积分。可以采用变换来得到一个在某有限范围上的等价积分 (见第 5.4.1 节)，不过为了方便我们在区间 $[-0.07,0.085]$ 上积分，这个区间内包含了几乎所有不可忽略的值。

表 5.2 给出了一系列 Riemann 近似的结果以及运行的相对误差。相对误差度量了新估计值相对于原估计值的变化率。当这些误差小于某预先给定的容许阈值时迭代近似策略停止。因为这个积分很小，所以相对收敛准则要比绝对准则更直观。 □

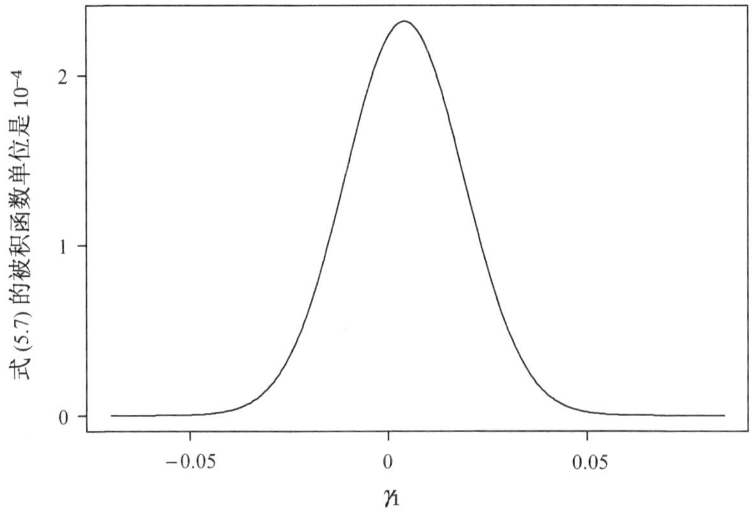

图 5.3　例 5.1 寻求对该函数进行积分，该函数来自阿尔茨海默病治疗者数据的一个广义线性混合模型

5.1.2 梯形法则

当 f 是 $[a,b]$ 上的常数时尽管简单 Riemann 法则是精确的，但一般来说该方法收敛到足够精度的速度比较慢。一个显而易见的改进是用分段 m 阶多项式近似来代替分段常数近似。我们开始介绍一类可以用来做如此近似的多项式。当 m 增加时精度随着增加，这使得 Riemann 法则是积分法则家族里一类最简单的成员。这个家族也包括梯形法则和 Simpson 法则。

设基本多项式为

$$p_{ij}(x)=\prod_{k=0,k\neq j}^{m}\frac{x-x_{ik}^{*}}{x_{ij}^{*}-x_{ik}^{*}} \tag{5.8}$$

其中 $j=0,\cdots,m$，则函数 $p_i(x)=\sum_{j=0}^{m}f(x_{ij}^{*})p_{ij}(x)$ 是一个 m 阶的多项式并且在 $[x_i,x_{i+1}]$ 内的所有节点 $x_{i0}^{*},\cdots,x_{im}^{*}$ 处插值 f。图 5.2 显示了 $m=0,1,2$ 时的这种插值多项式。

表 5.2 使用具有不同子区间数的 Riemann 法则得到的式 (5.7) 积分的估计。所有的估计值都乘了因子 10^5。最后一列给出了可以在相对收敛准则中使用的误差值

子区间数	估计	相对误差
2	3.49388458186769	—
4	1.88761005959780	−0.46
8	1.72890354401971	−0.084
16	1.72889046749119	−0.0000076
32	1.72889038608621	−0.000000047
64	1.72889026784032	−0.000000068
128	1.72889018400995	−0.000000048
256	1.72889013551548	−0.000000028
512	1.72889010959701	−0.000000015
1024	1.72889009621830	−0.0000000077

这些多项式是简单近似

$$\int_{x_i}^{x_{i+1}} f(x)\mathrm{d}x \approx \int_{x_i}^{x_{i+1}} p_i(x)\mathrm{d}x \tag{5.9}$$

$$= \sum_{j=0}^{m} f(x_{ij}^*)\int_{x_i}^{x_{i+1}} p_{ij}(x)\mathrm{d}x \tag{5.10}$$

$$= \sum_{j=0}^{m} A_{ij} f(x_{ij}^*) \tag{5.11}$$

的基础, 其中$A_{ij} = \int_{x_i}^{x_{i+1}} p_{ij}(x)\mathrm{d}x$。这种近似方法使用多项式积分代替任意函数 f 的积分，当每个子区间上有 m 个节点时，复化法则的结果是 $\int_a^b f(x)\mathrm{d}x \approx \sum_{i=0}^{n-1}\sum_{j=0}^{m} A_{ij} f(x_{ij}^*)$。

取 $m=1$，$x_{i0}^* = x_i$，$x_{i1}^* = x_{i+1}$，就得到梯形法则。这时，

$$p_{i0}(x) = \frac{x - x_{i+1}}{x_i - x_{i+1}}, \quad p_{i1}(x) = \frac{x - x_i}{x_{i+1} - x_i}$$

对这些多项式进行积分就得到 $A_{i0} = A_{i1} = (x_{i+1} - x_i)/2$。因此，梯形法则等于

$$\int_a^b f(x)\mathrm{d}x \approx \sum_{i=0}^{n-1}\left(\frac{x_{i+1} - x_i}{2}\right)(f(x_i) + f(x_{i+1})) \tag{5.12}$$

当 $[a, b]$ 被均分为长度为 $h = (b-a)/n$ 的 n 个子区间时，梯形法则估计是

$$\int_a^b f(x)\mathrm{d}x \approx \frac{h}{2}f(a) + h\sum_{i=1}^{n-1} f(a+ih) + \frac{h}{2}f(b) = \widehat{T}(n) \tag{5.13}$$

该近似法的名称是由于在每个子区间内 f 之下的面积可由梯形的面积近似而得来，如图 5.2 所示。注意到 f 在任一子区间内是被一阶多项式 (即一线段) 近似，在两点处其值等于 f 的值。因此当 f 本身是 $[a, b]$ 上的一条线段时，$\widehat{T}(n)$ 是精确的。

例 5.2 (阿尔茨海默病，续) 对子区间数较少的情形，由于积分区间端点处的被积函数几乎为零，对例 5.1 的积分应用梯形法则得到了与 Riemann 法则类似的结果；对子区间数较多的情形，梯形法则的近似比较好。结果在表 5.3 给出。 □

表 5.3 使用具有不同子区间数的梯形法则得到的式 (5.7) 积分的估计。所有的估计值都乘了因子 10^5。最后一列给出了在相对收敛准则中使用的误差

子区间数	估计	相对误差
2	3.49387751694744	—
4	1.88760652713768	−0.46
8	1.72890177778965	−0.084
16	1.72888958437616	−0.0000071
32	1.72888994452869	0.00000021
64	1.72889004706156	0.000000059
128	1.72889007362057	0.000000015
256	1.72889008032079	0.0000000039
512	1.72889008199967	0.00000000097
1024	1.72889008241962	0.00000000024

假设 f 有二阶连续的导数。问题 5.1 要求证明

$$p_i(x) = f(x_i) + f'(x_i)(x - x_i) + \frac{1}{2}f''(x_i)(x_{i+1} - x_i)(x - x_i) + \mathcal{O}(n^{-3}) \tag{5.14}$$

从式 (5.14) 减去 f 在 x_i 处的 Taylor 展开，得到

$$p_i(x) - f(x) = \frac{1}{2}f''(x_i)(x - x_i)(x - x_{i+1}) + \mathcal{O}(n^{-3}) \tag{5.15}$$

在 $[x_i, x_{i+1}]$ 上积分式 (5.15) 给出梯形法则在第 i 个子区间上的近似误差为 $h^3 f''(x_i)/12 + \mathcal{O}(n^{-4})$。于是由积分中值定理知

$$\widehat{T}(n) - \int_a^b f(x)\mathrm{d}x = \sum_{i=1}^{n}\left[\frac{h^3 f''(x_i)}{12} + \mathcal{O}(n^{-4})\right] \tag{5.16}$$

$$= \frac{nh^3 f''(\xi)}{12} + \mathcal{O}(n^{-3}) \tag{5.17}$$

$$= \frac{(b-a)^3 f''(\xi)}{12n^2} + \mathcal{O}(n^{-3}) \tag{5.18}$$

对某 $\xi \in [a, b]$ 成立。因此，总误差的首项是 $\mathcal{O}(n^{-2})$的。

5.1.3 Simpson 法则

在式 (5.8) 中取 $m = 2, x_{i0}^* = x_i, x_{i1}^* = (x_i + x_{i+1})/2$ 以及 $x_{i2}^* = x_{i+1}$，我们就得到 Simpson 法则。问题 5.2 要求证明 $A_{i0} = A_{i2} = (x_{i+1} - x_i)/6$ 且 $A_{i1} = 2(A_{i0} + A_{i2})$。这样得到

第 $(i+1)$ 个子区间的近似为

$$\int_{x_i}^{x_{i+1}} f(x)\mathrm{d}x \approx \frac{x_{i+1}-x_i}{6}\left[f(x_i)+4f\left(\frac{x_i+x_{i+1}}{2}\right)+f(x_{i+1})\right] \tag{5.19}$$

图 5.2 显示了 Simpson 法则是如何在每个子区间上对 f 进行二次近似的。

假设区间 $[a,b]$ 被均分为等长度为 $h=(b-a)/n$ 的 n 个子区间，其中 n 为偶数。为应用 Simpson 法则，我们需要在每个 $[x_i,x_{i+1}]$ 内有一个内节点。因为 n 为偶数，我们可以将两个相邻子区间合并，取公共端点作为较大区间的内节点。这样就得到 $n/2$ 个长度为 $2h$ 的子区间，于是

$$\int_a^b f(x)\mathrm{d}x \approx \frac{h}{3}\sum_{i=1}^{n/2}\Big(f(x_{2i-2})+4f(x_{2i-1})+f(x_{2i})\Big)=\widehat{S}\left(\frac{n}{2}\right) \tag{5.20}$$

例 5.3 (阿尔茨海默病，续) 表 5.4 给出了对例 5.1 的积分应用 Simpson 法则的结果。在每个子区间上要计算一个端点和一个内节点处的值。因此对固定的子区间数，Simpson 法则需要的对 f 值的计算量是 Riemann 法则和梯形法则的两倍。由这个例子，我们看到 Simpson 法则的精度足以补偿增加的计算量。从另一个观点来看，若对每种方法固定要计算的 f 个数为 n，如果 n 足够大，我们预期 Simpson 法则要优于前面的方法。 □

表 5.4 使用具有不同子区间数的 Simpson 法则得到的式 (5.7) 积分的估计。所有的估计值都乘了因子 10^5。最后一列给出了在相对收敛准则中使用的误差

子区间数	估计	相对误差
2	1.35218286386776	—
4	1.67600019467364	0.24
8	1.72888551990500	0.032
16	1.72889006457954	0.0000026
32	1.72889008123918	0.0000000096
64	1.72889008247358	0.00000000071
128	1.72889008255419	0.000000000047
256	1.72889008255929	0.0000000000029
512	1.72889008255961	0.00000000000018
1024	1.72889008255963	0.000000000000014

如果 f 在 $[a,b]$ 是二次的，则它在每个子区间上也是二次的。Simpson 法则在每个子区间上用在三个点上匹配 f 值的二阶多项式近似 f，因此该多项式就是 f。于是 Simpson 法则可精确地求解二次函数 f 的积分。

假设 f 是光滑的 (但不是多项式) 而且我们有 n 个长度都是 $2h$ 的子区间 $[x_i,x_{i+1}]$。为评估 Simpson 法则的近似程度，我们先考虑单个子区间的情况，将该子区间上 Simpson 法则所得结果记为 $\widehat{S}_i(n)=(h/3)[f(x_i)+4f(x_i+h)+f(x_i+2h)]$，该子区间上积分的真实值记为 I_i。

我们用 f 在 x_i 处的 Taylor 级数展开式在 $x = x_i + h$ 和 $x = x_i + 2h$ 处的取值替换 $\widehat{S}_i(n)$ 中的相应项。合并项后得到

$$\widehat{S}_i(n) = 2hf(x_i) + 2h^2 f^{'}(x_i) + \frac{4}{3}h^3 f^{''}(x_i) + \frac{2}{3}h^4 f^{'''}(x_i) + \frac{100}{360}h^5 f^{''''}(x_i) + \cdots \tag{5.21}$$

现在令 $F(x) = \int_{x_i}^{x} f(t)\mathrm{d}t$。该函数有好的性质，即 $F(x_i) = 0$，$F(x_i + 2h) = I_i$，$F^{'}(x) = f(x)$。将 F 在 x_i 处 Taylor 级数展开，并取 $x = x_i + 2h$，得到

$$I_i = 2hf(x_i) + 2h^2 f^{'}(x_i) + \frac{4}{3}h^3 f^{''}(x_i) + \frac{2}{3}h^4 f^{'''}(x_i) + \frac{32}{120}h^5 f^{''''}(x_i) + \cdots \tag{5.22}$$

从式 (5.21) 减去式 (5.22) 得到 $\widehat{S}_i(n) - I_i = h^5 f^{''''}(x_i)/90 + \cdots = \mathcal{O}(n^{-5})$。这就是 Simpson 法则在单个子区间上的误差。于是在划分 $[a,b]$ 的 n 个子区间上，总误差是这些误差的和，即 $\mathcal{O}(n^{-4})$。注意到 Simpson 法则，因此也可精确求三次函数的积分。

5.1.4 一般的 k 阶法则

前面的讨论提出一个一般的问题：怎样确定一种 Newton-Côtes 法则使之对 k 阶多项式是精确的。这就需要常数 $c_0, \cdots, c_k$ 使得对任意多项式 f 有

$$\int_a^b f(x)\mathrm{d}x = c_0 f(a) + c_1 f\left(a + \frac{b-a}{k}\right) + \cdots + c_i f\left(a + \frac{i(b-a)}{k}\right) + \cdots + c_k f(b) \tag{5.23}$$

当然我们可以对 $m = k$ 参照上面给出的推导求解，不过有另一种简单的方法。如果一种方法对所有 k 阶多项式可精确求积分，那么对一些特别容易求积分的多项式诸如 $1, x, x^2, \cdots, x^k$ 也必是精确的。这样，我们得到含有 k 个未知量下的 k 个方程的方程组如下：

$$\begin{aligned}
\int_a^b 1\mathrm{d}x &= b - a = c_0 + \cdots + c_k \\
\int_a^b x\mathrm{d}x &= \frac{b^2 - a^2}{2} \\
&= c_0 a + c_1\left(a + \frac{b-a}{k}\right) + \cdots + c_k b \\
&\ \ \vdots \\
\int_a^b x^k\mathrm{d}x &= \text{etc}
\end{aligned}$$

剩下的工作就是求解 c_i 以得到该算法。这种方法有时称为待定系数法。

5.2 Romberg 积分

一般来说，低阶 Newton-Côtes 方法收敛得慢。不过，在一系列梯形法则估计之上，有一种非常有效的方法可提高收敛速度。令 $\widehat{T}(n)$ 表示采用等长度 $h = (b-a)/n$ 的 n 个子区间

对 $\int_a^b f(x)\mathrm{d}x$ 的梯形法则估计，如式 (5.13) 所示。不失一般性，假设 $a=0,b=1$，那么

$$\begin{aligned}\widehat{T}(1) &= \frac{1}{2}f(0)+\frac{1}{2}f(1)\\ \widehat{T}(2) &= \frac{1}{4}f(0)+\frac{1}{2}f\left(\frac{1}{2}\right)+\frac{1}{4}f(1)\\ \widehat{T}(4) &= \frac{1}{8}f(0)+\frac{1}{4}\left[f\left(\frac{1}{4}\right)+f\left(\frac{1}{2}\right)+f\left(\frac{3}{4}\right)\right]+\frac{1}{8}f(1)\end{aligned} \tag{5.24}$$

等等。注意到

$$\begin{aligned}\widehat{T}(2) &= \frac{1}{2}\widehat{T}(1)+\frac{1}{2}f\left(\frac{1}{2}\right)\\ \widehat{T}(4) &= \frac{1}{2}\widehat{T}(2)+\frac{1}{4}\left[f\left(\frac{1}{4}\right)+f\left(\frac{3}{4}\right)\right]\end{aligned} \tag{5.25}$$

等等，那么一般的递归关系为

$$\widehat{T}(2n) = \frac{1}{2}\widehat{T}(n)+\frac{h}{2}\sum_{i=1}^{n} f\left(a+\left(i-\frac{1}{2}\right)h\right) \tag{5.26}$$

使用 Euler-Maclaurin 公式 (1.8) 可知存在常数 c_1 使得

$$\widehat{T}(n)=\int_a^b f(x)\mathrm{d}x+c_1h^2+\mathcal{O}(n^{-4}) \tag{5.27}$$

于是

$$\widehat{T}(2n)=\int_a^b f(x)\mathrm{d}x+\frac{c_1}{4}h^2+\mathcal{O}(n^{-4}) \tag{5.28}$$

所以，

$$\frac{4\widehat{T}(2n)-\widehat{T}(n)}{3}=\int_a^b f(x)\mathrm{d}x+\mathcal{O}(n^{-4}) \tag{5.29}$$

这样式 (5.27) 和式 (5.28) 的 h^2 误差项抵消了。经过这种简单的调整，估计的精度得以大大提高。事实上，式 (5.29) 中给出的估计值是 Simpson 法则使用宽度为 $h/2$ 的子区间得到的结果。而且，这种方法可以迭代使用得到更好的结果。

首先定义 $\widehat{T}_{i,0}=\widehat{T}(2^i)$，$i=0,\cdots,m$。然后对 $j=1,\cdots,i$ 和 $i=1,\cdots,m$，利用关系式

$$\widehat{T}_{i,j}=\frac{4^j\widehat{T}_{i,j-1}-\widehat{T}_{i-1,j-1}}{4^j-1} \tag{5.30}$$

定义估计值的一个三角形表如下

$$\begin{array}{llllll}\widehat{T}_{0,0} & & & & & \\ \widehat{T}_{1,0} & \widehat{T}_{1,1} & & & & \\ \widehat{T}_{2,0} & \widehat{T}_{2,1} & \widehat{T}_{2,2} & & & \\ \widehat{T}_{3,0} & \widehat{T}_{3,1} & \widehat{T}_{3,2} & \widehat{T}_{3,3} & & \\ \widehat{T}_{4,0} & \widehat{T}_{4,1} & \widehat{T}_{4,2} & \widehat{T}_{4,3} & \widehat{T}_{4,4} & \\ \vdots & \vdots & \vdots & \vdots & \vdots & \ddots\end{array}$$

注意式 (5.30) 也可以重新表示为 $\widehat{T}_{i,j}$ 等于 $\widehat{T}_{i,j-1}$ 加上 $1/(4^j-1)$ 倍的 $\widehat{T}_{i,j-1}-\widehat{T}_{i-1,j-1}$。

如果 f 在 $[a,b]$ 上有 $2m$ 阶连续导数，则上表中第 m 行的元素在 $j \leqslant m$ 时有误差 $\widehat{T}_{m,j}-\int_a^b f(x)\mathrm{d}x=\mathcal{O}(2^{-2mj})$ [121,376]。收敛速度如此之快以致于很小的 m 值就可以满足需要。

有必要验证的一点是 Romberg 算法不会随着 m 的增大而变坏。为此，考虑商

$$Q_{ij}=\frac{\widehat{T}_{i,j}-\widehat{T}_{i-1,j}}{\widehat{T}_{i+1,j}-\widehat{T}_{i,j}} \tag{5.31}$$

$\widehat{T}_{i,j}$ 的误差一部分归于近似方法本身，一部分归于计算机舍入误差导致的数值不精确。只要前一种来源占主要地位，Q_{ij} 就会随着 i 的增大接近 4^{j+1}。然而如果计算机舍入误差相对于近似误差来说是重要的，Q_{ij} 的值就是不稳定的。$\widehat{T}_{i,j}$ 三角形表的列可以用来确定商在变坏前接近 4^{j+1} 的最大的 j。这时不再需要通过式 (5.30) 计算更多的更新列。下面的例子说明了这种方法。

例 5.4 (阿尔茨海默病，续) 表 5.5 给出了对例 5.1 的积分应用 Romberg 积分的结果。该表右边的列用来诊断 Romberg 计算的稳定性。表的顶部是 $j=0$ 时的结果，$\widehat{T}_{i,j}$ 是表 5.3 中给出的梯形法则估计。经过某些初始步后，表顶部的商很好地收敛于 4。因此使用式 (5.30) 来产生三角形表的第二列是安全可取的。之所以说安全是因为商收敛于 4 意味着计算机舍入误差还不是主要误差源，之所以说可取是因为当前的积分估计值增加三分之一的相应差值后会得到一个显著不同的更新估计。

三角形表的第二列在表 5.5 的中间部分给出。这部分的商仍然是合理的，所以计算了第三列并将其显示在表的底部。Q_{i2} 的值接近 64，对更大的 j 有更多的容差。在 $i=10$ 时，计算机舍入误差似乎占了主要地位，因为商偏离了 64。然而，注意到这个估计增加此时差值的 $\frac{1}{63}$ 对更新估计本身的影响可以忽略。此时在计算机舍入误差的增长量影响甚微的情况下，如果我们多进行一步，我们会发现估计没得到改进，而且商也清楚地显示不需要再考虑进一步的外推了。

因此，我们可以取 $\widehat{T}_{9,2}=1.728\,890\,082\,559\,63\times10^{-5}$ 作为积分的估计值。在这个例子中，对 $m=10$ 我们每次计算了三角形表的一列。然而在实施中，一次产生表的一行更可取。在这种情形，我们将在 $i=9$ 后停止计算，用比前面的任一例子更少的子区间和更少的 f 求值得到一个精确的估计。 □

Romberg 方法可用于其他 Newton-Côtes 积分法则。比如，若 $\widehat{S}(n)$ 是 $\int_a^b f(x)\,\mathrm{d}x$ 使用 n 个等长子区间的 Simpson 法则所得的估计，则式 (5.29) 的类似结果是

$$\frac{16\widehat{S}(2n)-\widehat{S}(n)}{15}=\int_a^b f(x)\mathrm{d}x+\mathcal{O}(n^{-6}) \tag{5.32}$$

Romberg 积分是 Richardson [325,516] 外推法的形式之一，后者是一种更一般的策略。

表 5.5 使用 **Romberg** 积分得到的式 **(5.7)** 积分的估计。所有的估计值和差值都乘了因子 10^5。最后两列给出的是正文中讨论的效果评价度量

i	j	子区间数	$\widehat{T}_{i,0}$	$\widehat{T}_{i,j}-\widehat{T}_{i-1,j}$	$Q_{i,j}$
1	0	2	3.49387751694744	—	—
2	0	4	1.88760652713768	−1.60627098980976	—
3	0	8	1.72890177778965	−0.15870474934803	10.12
4	0	16	1.72888958437616	−0.00001219341349	13015.61
5	0	32	1.72888994452869	0.00000036015254	−33.86
6	0	64	1.72889004706156	0.00000010253287	3.51
7	0	128	1.72889007362057	0.00000002655901	3.86
8	0	256	1.72889008032079	0.00000000670022	3.96
9	0	512	1.72889008199967	0.00000000167888	3.99
10	0	1024	1.72889008241962	0.00000000041996	4.00
1	1	2	—	—	—
2	1	4	1.32518286386776	—	—
3	1	8	1.67600019467364	0.32381733080589	—
4	1	16	1.72888551990500	0.05288532523136	6.12
5	1	32	1.72889006457954	0.00000454467454	11636.77
6	1	64	1.72889008123918	0.00000001665964	272.80
7	1	128	1.72889008247358	0.00000000123439	13.50
8	1	256	1.72889008255420	0.00000000008062	15.31
9	1	512	1.72889008255929	0.00000000000510	15.82
10	1	1024	1.72889008255961	0.00000000000032	16.14
1	2	2	—	—	—
2	2	4	—	—	—
3	2	8	1.69758801672736	—	—
4	2	16	1.73241120825375	0.03482319152629	—
5	2	32	1.72889036755784	−0.00352084069591	−9.89
6	2	64	1.72889008234983	−0.00000028520802	12344.82
7	2	128	1.72889008255587	0.00000000020604	−1384.21
8	2	256	1.72889008255957	0.00000000000370	55.66
9	2	512	1.72889008255963	0.00000000000006	59.38
10	2	1024	1.72889008255963	< 0.00000000000001	−20.44

5.3 Gauss 求积

以上讨论的所有 Newton-Côtes 法则都是基于等长子区间的。估计的积分值是被积函数在正规格子点上的加权值之和。对固定的子区间数和节点数，只有权重可以灵活选取；我们已把注意力限定在产生多项式精确积分的权重的选取上。对每个子区间选用 $m+1$ 个节点可得到 m 阶多项式的精确积分。

一个重要的问题是，如果去掉等间距节点和子区间的约束，能达到的改进量有多少。通过允许权重和节点任意选取，在近似 f 时我们就有二倍于原来的参数。如果积分值主要是由被积函数取值较大的区域决定，那么在这些区域中就应该设置较多的节点。当 $m+1$ 个节点 $x_0,\cdots,x_m$ 和相应的权重 $A_0,\cdots,A_m$ 选择灵活得当时，$2(m+1)$ 阶多项式的精确积分值就可以由 $\int_a^b f(x)\mathrm{d}x=\sum_{i=0}^m A_i f(x_i)$ 得到。

这种方法称为*Gauss 求积*，对形如 $\int_a^b f(x)w(x)\mathrm{d}x$ 的积分特别有效，其中 w 是非负函数，且对所有的 k，$\int_a^b x^k w(x)\mathrm{d}x<\infty$。这些条件使人想起了具有有限矩的密度函数。的确，将 w 作为密度常常是有用的，这时像期望值和 Bayes 后验归一化常数这样的积分是 Gauss 求积的自然候选者。然而，通过定义 $f^*(x)=f(x)/w(x)$ 且应用该法到 $\int_a^b f^*(x)w(x)\mathrm{d}x$ 上，这种方法则有更一般的适用性。

最好的节点位置是由 w 决定的一组正交多项式的根。

5.3.1 正交多项式

为逐步阐明 Gauss 求积法，需要正交多项式的一些预备知识[2,139,395,620]。令 $p_k(x)$ 表示一个一般的 k 阶多项式。为后文方便，假定 $p_k(x)$ 的首项系数是正数。

如果 $\int_a^b f(x)^2 w(x)\mathrm{d}x<\infty$，则称函数 f 关于 w 在 $[a,b]$ 上平方可积。这时我们记为 $f\in\mathcal{L}^2_{w,[a,b]}$。对任意的包含在 $\mathcal{L}^2_{w,[a,b]}$ 中的 f 和 g，它们关于 w 在 $[a,b]$ 上的内积定义为

$$\langle f,g\rangle_{w,[a,b]}=\int_a^b f(x)g(x)w(x)\mathrm{d}x \tag{5.33}$$

如果 $\langle f,g\rangle_{w,[a,b]}=0$，则称 f 和 g 关于 w 在 $[a,b]$ 上正交。如果 f 和 g 还进行了比例缩放，满足 $\langle f,f\rangle_{w,[a,b]}=\langle g,g\rangle_{w,[a,b]}=1$，则 f 和 g 在 $[a,b]$ 上关于 w 标准正交。

给定 $[a,b]$ 上的任一非负函数 w，则存在一列多项式 $\{p_k(x)\}_{k=0}^{\infty}$ 关于 w 在$[a,b]$ 上相互正交。如果不经过某种形式的标准化，这列多项式是不唯一的，因为 $\langle f,g\rangle_{w,[a,b]}=0$ 意味着对任何常数 c 有 $\langle cf,g\rangle_{w,[a,b]}=0$。一组正交多项式的正则标准化依赖于 w，这将在后面讨论；通常的选择是取 $p_k(x)$ 的首项系数为 1。为在 Gauss 求积中使用，积分范围通常由 $[a,b]$ 变换到 $[a^*,b^*]$，这种变换依赖于 w。

一组标准化的正交多项式可以通过以下递推关系加以归纳

$$p_k(x)=(\alpha_k+x\beta_k)p_{k-1}(x)-\gamma_k p_{k-2}(x) \tag{5.34}$$

其中 α_k，β_k 和 γ_k 随 k 和 w 的变化而变化。

这样一个标准化集合里的任一多项式的根都落在 (a^*,b^*) 中，这些根将作为 Gauss 求积的节点。表 5.6 列出了几组正交多项式、它们的标准化形式以及它们与常用密度函数的对应。

表 5.6 正交多项式、它们的标准化形式、它们与常用密度函数的对应以及它们递归产生用到的项。多项式首项系数记为 c_k。在某些情形，为了与熟悉的密度有最好的对应，需选择标准定义的变型

名称 (密度)	$w(x)$	标准化形式 (a^*,b^*)	α_k β_k γ_k
Jacobi[a] (Beta)	$(1-x)^{p-q}x^{q-1}$	$c_k=1$ (0, 1)	见[2，516]
Legendre[a] (均匀)	1	$p_k(1)=1$ (0, 1)	$(1-2k)/k$ $(4k-2)/k$ $(k-1)/k$
Laguerre (指数)	$\exp\{-x\}$	$c_k=(-1)^k/k!$ $(0,\infty)$	$(2k-1)/k$ $-1/k$ $(k-1)/k$
Laguerre[b] (Gamma)	$x^r\exp\{-x\}$	$c_k=(-1)^k/k!$ $(0,\infty)$	$(2k-1+r)/k$ $-1/k$ $(k-1+r)/k$
Hermite[c] (正态)	$\exp\{-x^2/2\}$	$c_k=1$ $(-\infty,\infty)$	0 1 $k-1$

a 平移的。
b 广义的。
c 可选形式。

5.3.2 Gauss 求积法则

像式 (5.34) 那样的标准化正交多项式占据着重要地位，因为在基于已选定的 w 基础上，它们既决定 Gauss 求积法则中的权重又决定节点。设 $\{p_k(x)\}_{k=0}^{\infty}$ 是一列在 $[a,b]$ 上关于 w 的正交多项式，w 满足前面讨论的条件。将 $p_{m+1}(x)$ 的根用 $a<x_0<\cdots<x_m<b$ 表示，则存在权重 $A_0,\cdots,A_m$ 满足：

1. $A_i>0$，$i=0,\cdots,m$。

2. $A_i = -c_{m+2}/[c_{m+1}p_{m+2}(x_i)p'_{m+1}(x_i)]$，其中 c_k 是 $p_k(x)$ 的首项系数。

3. $\int_a^b f(x)w(x)\mathrm{d}x = \sum_{i=0}^m A_i f(x_i)$，其中 f 是阶数不超过 $2m+1$ 的多项式。换句话说，该方法对任一这样的多项式关于 w 的期望来说是精确的。

4. 如果 f 是 $2(m+1)$ 阶连续可导的，那么存在 $\xi \in (a,b)$使得

$$\int_a^b f(x)w(x)\mathrm{d}x - \sum_{i=0}^m A_i f(x_i) \quad = \quad \frac{f^{(2m+2)}(\xi)}{(2m+2)!c_{m+1}^2} \tag{5.35}$$

该结果的证明可在文献 [139] 中找到。

虽然根据该结果和表 5.6 可以计算出 $(m+1)$ 点处 Gauss 求积法则的节点和权重，但是由于潜在的数值不精确，大家应该不愿意直接计算。这些量的数值稳定的计算可由可用的公共软件得到[228,489]。另外，也可以从像在文献 [2，387] 中已出版的表里得到节点和权重。其他已出版的列表在文献 [139，630] 中给出。

表 5.6 中的各项选择中，Gauss-Hermite 求积尤其有用，因为它使得积分可以在整个实线上进行。正态分布在统计实践和极限理论中的主导地位意味着许多积分是光滑函数和正态密度的乘积；Gauss-Hermite 求积在 Bayes 应用中的好处在文献 [478] 中有展示。

例 5.5 (阿尔茨海默病，续) 表 5.7 给出了应用*Gauss-Hermite* 求积估计例 5.1 的积分的结果。Hermite 多项式在此例中尤其适用，因为例 5.1 的被积函数本就应该在整个实线上积分而不是在区间（$-0.07, 0.085$）上。积分值收敛非常快：用 8 个节点时得到的相对误差是使用 Simpson 法则时用 1024 个节点时的一半。表 5.7 中的估计值与以前的例子不同，因为积分范围不同。应用*Gauss-Legendre* 求积并采用 26 个节点在区间（$-0.07, 0.085$）上得到的估计值是 $1.728\,890\,082\ \ 559\,62 \times 10^{-5}$。 □

表 5.7 使用具有不同节点数的 Gauss-Hermite 求积法则得到的式 (5.7) 积分的估计。所有的估计值都乘上了因子 10^5。供在某相对收敛准则中使用的误差在最后一列给出

节点数	估计	相对误差
2	1.72893306163335	—
3	1.72889399083898	−0.000023
4	1.72889068827101	−0.0000019
5	1.72889070910131	0.000000012
6	1.72889070914313	0.000000000024
7	1.72889070914166	−0.00000000000085
8	1.72889008214167	−0.0000000000000071

Gauss 求积与前面讨论的 Newton-Côtes 法则有很大不同。后者依赖潜在大量的节点以达到足够的精度，而 Gauss 求积用明显少量的节点就常常非常准确。不过对于 Gauss 求积，m 点法则的节点通常不是 $(m+k)$ 点法则的节点，$k \geqslant 1$。回忆一下针对 Newton-Côtes 法则讨论的

策略，子区间的个数是依次加倍的，因而一半的新节点与原节点相同。这对 Gauss 求积是无效的，因为每次节点数增加都需要重新产生节点和权重。

5.4 常见问题

本节简要阐述比有限范围上无奇点光滑函数的一维积分更复杂问题的解决策略。

5.4.1 积分范围

无限范围上的积分可变换到有限范围求解。一些实用的变换包括 $1/x$，$\exp\{x\}/(1+\exp\{x\})$, $\exp\{-x\}$ 以及 $x/(1+x)$。任何累积分布函数都可以是变换的潜在基础。比如，指数累积分布函数将正实线变换为单位区间。实值随机变量的累积分布函数将双侧无限的范围变换为单位区间。当然，消除无限范围的变换会产生诸如奇点等其他类型的问题。因此，在可用的选择里，挑选一个合适的变换至关重要。粗略地说，一个合适的变换应该产生像近似常数那样易于处理的被积函数。

无限范围也可以用其他方法处理。例 5.5 举例说明了 Gauss-Hermite 求积在实线上积分的使用。另一方面，当被积函数在积分范围端点附近变成零时，被积函数可以用一个可控误差量截断。例 5.1 就使用了截断的方法。

更多关于如何选择合适变换的方法和相关讨论参见文献 [139，630]。

5.4.2 带奇点或其他极端表现的被积函数

奇点会消弱积分法则的性能，多种方法可用来消除或控制奇点的影响。

变换就是其中之一。比如，考虑 $\int_0^1(\exp\{x\}/\sqrt{x})\mathrm{d}x$，它有一个奇点 0。使用变换 $u=\sqrt{x}$ 得到 $2\int_0^1\exp\{u^2\}\mathrm{d}u$ 就可以轻易地求得积分值。

积分 $\int_0^1 x^{999}\exp\{x\}\mathrm{d}x$ 在 $[0,1]$ 上没有奇点，但是难以直接由 Newton-Côtes 方法求解。这种情况下变换也很有用。令 $u=x^{1000}$ 得到 $\int_0^e\exp\{u^{1/1000}\}\mathrm{d}u$，它的被积函数在 $[0,e]$ 上接近常数。变换后的积分更易可靠地估计。

另一种方法是剔除奇点。比如，考虑 $\int_{-\pi/2}^{\pi/2}\log\{\sin^2 x\}\mathrm{d}x$，它有一个奇点 0，通过增加和减去奇点零处对数值的平方，我们得到 $\int_{-\pi/2}^{\pi/2}\log\{(\sin^2 x)/x^2\}\mathrm{d}x+\int_{-\pi/2}^{\pi/2}\log x^2\mathrm{d}x$，第一项适于积分，第二项用初等方法求得为 $2\pi[\log(\pi/2)-1]$。

更多关于如何找到合适方法处理奇点的详细讨论参见文献 [139，516，630]。

5.4.3 多重积分

将一元求积法向多重积分推广，最显而易见的的方法是乘积公式。举例来说，这需要将

$\int_a^b \int_c^d f(x,y)\mathrm{d}y\mathrm{d}x$ 写为 $\int_a^b g(x)\mathrm{d}x$，其中 $g(x)=\int_c^d f(x,y)\mathrm{d}y$。$g(x)$ 的值可以通过对 x 值的格子点求 $\int_c^d f(x,\,y)\mathrm{d}y$ 的一元积分近似而得。然后可以完成对 g 的一元求积。在每个一元积分中使用 n 个子区间就需要 n^p 个 f 值，其中 p 是积分的维数。因此，这个方法对较大的 p 值不可行。甚至对较小的 p 也要谨防大量小误差的累积，因为每个外层积分都取决于内层积分在一组点上的取值。另外，乘积公式仅可以对简单几何图形比如超矩形的积分区域直接应用。

为处理更高维和一般的多元区域，我们可以在积分区域上划出专门的网格，寻求能够解析求积分的一维或更多维从而降低问题的难度，或者求助于多元自适应求积法。多元方法在文献 [139，290，516，619] 中有更详细的讨论。

第 6、7 章提到的 Monte Carlo 方法可以用来有效地估计高维区域上的积分。为估计基于 n 个点的一维积分，Monte Carlo 估计通常地有 $\mathcal{O}(n^{-1/2})$ 的收敛速度，而本章讨论的求积法以 $\mathcal{O}(n^{-2})$ 甚至更快的速度收敛。但在高维时，情况恰恰相反。求积法非常难于实施且收敛变慢，而 Monte Carlo 方法保持了它们易于实施且收敛良好的特点。由此可见，Monte Carlo 方法通常是高维积分的首选。

5.4.4 自适应求积

自适应求积的原则是根据被积函数的局部表现选择子区间的长度。比如，可以递归细分那些积分估计尚不稳定的子区间。当被积函数的不良表现限制在一小部分积分区域上时，这是一种非常有效的方法。另外，这也给出了一种减少多重积分工作量的方法，因为大部分的积分区域可由一个非常粗的子区间网格充分覆盖，在文献 [121，376，630] 中包括了多种方法。

5.4.5 精确积分软件

本章关注于没有解析解的积分的求法。对我们大多数人而言，有一类积分虽然有解析解但这类解非常复杂且难以用我们的技术、耐心或者智慧来得到。数值近似会适用于这样的积分，但符号积分工具可用于求解。像 Mathematica[671] 和 Maple[384] 这样的软件包使得用户在一种类似其他许多计算机语言的语法下输入被积函数。这种软件编译这些代数表达式。通过熟练应用积分和操作项的命令，用户可以得到解析积分的确切表达式。这种软件可进行代数运算，对难以求解的不定积分这种软件尤其适用。

习题

5.1 对梯形法则，将 $p_i(x)$ 表示为

$$f(x_i)+(x-x_i)\frac{f(x_{i+1})-f(x_i)}{x_{i+1}-x_i}$$

将 f 在 x_i 处 Taylor 展开并求在 $x=x_{i+1}$ 处的值。利用所得表达式证明式 (5.14)。

5.2 依照式 (5.8)–式(5.11) 的方法，求出 Simpson 法则中的 $A_{ij}, j=0,1,2$。

5.3 假设数据 $(x_1,\cdots,x_7)=(6.52,8.32,0.31,2.82,9.96,0.14,9.64)$ 是观测到的。基于极小充分的 $\bar{x}|\mu$ 的一个 $N(\mu,3^2/7)$ 似然以及一个 Cauchy(5,2) 先验，考虑 μ 的 Bayes 估计。

a. 选择一种数值积分方法，证明比例常数大约是 7.84654 (即求出使得 $\int k\times$ (先验) $\times$ (似然) $\mathrm{d}\mu=1$ 的 k 值)。

b. 使用 (a) 中的值 7.84654，并在积分范围内采用 Riemann 法则、梯形法则和 Simpson 法则确定 $2\leqslant\mu\leqslant 8$ 的后验概率 (像在式 (5.20) 中那样将两相邻的子区间配对以实施 Simpson 法则)。直到最慢方法的相对收敛在 0.0001 之内时，计算估计值。将结果制成表格。所得估计值与正确答案 0.996 05 有多接近?

c. 以下述两种方式求 $\mu\geqslant 3$ 的后验概率。由于积分范围是无限的，使用变换 $u=\exp\{\mu\}/(1+\exp\{\mu\})$。首先忽略奇点 1，使用一种或多种求积法求出积分值。其次，使用一种或多种合适的策略处理奇点 1，并求得积分值。比较所得结果。这些估计值与正确答案 0.990 86 有多接近?

d. 使用变换 $u=1/\mu$，得到 (c) 中积分的一个好的估计。

5.4 对 $a>1$，令 $X\sim$Unif$[1,a]$ 且 $Y=(a-1)/X$。使用 $m=6$ 的 Romberg 算法计算 $E\{Y\}=\log a$。将得到的三角形表列出，评价所得结果。

5.5 因为依赖于 Legendre 多项式，将 $[-1,1]$ 上 $w(x)=1$ 的 Gauss 求积法则 (见表 5.6) 称为*Gauss-Legendre 求积*。10 点 Gauss-Legendre 法则的节点和权重在表 5.8 中给出。

a. 画出权重–节点图。

b. 求出曲线 $y=x^2$ 下在 -1 和 1 之间的面积。将其与实际答案比较，并评价该求积法的精确性。

表 5.8　范围 $[-1,1]$ 上 10 点 Gauss-Legendre 求积的节点和权重

$\pm x_i$	A_i
0.148874338981631	0.295524224714753
0.433395394129247	0.269266719309996
0.679409568299024	0.219086362515982
0.865063366688985	0.149451394150581
0.973906528517172	0.066671344308688

5.6 假设 10 个 i.i.d. 观测值产生 $\bar{x}=47$。令 μ 的似然对应于模型 $\bar{X}|\mu\sim N(\mu,50/10)$，且 $(\mu-50)/8$ 的先验是自由度为 1 的 t 分布。

a. 说明五点 Gauss-Hermite 求积法则依赖于 Hermite 多项式 $H_5(x)=c(x^5-10x^3+15x)$。

b. 说明 $H_5(x)$ 的归一化 (即 $\langle H_5(x),H_5(x)\rangle=1$) 要求 $c=1/\sqrt{120\sqrt{2\pi}}$。注意标准正态分布的奇数阶矩为 0，当 r 是偶数时第 r 阶矩等于 $r!/[(r/2)!2^{r/2}]$。

c. 使用你喜欢的求根法，估计五点 Gauss-Hermite 求积法则的节点(注意找到 f 的一个根等价于

找到 $|f|$ 的一个局部最小值)。画出 $H_5(x)$ 从 -3 到 3 的曲线，并指明它的根。

d. 找出积分的权重，画出权重–节点图。你会意识到 $H_6(x)$ 的归一化常数是 $1/\sqrt{720\sqrt{2\pi}}$。

e. 使用上面找到的五点 Gauss-Hermite 积分的节点和权重，估计 μ 的后验方差 (在取后验期望前记住考虑后验中的归一化常数)。

第 6 章　模拟与 Monte Carlo 积分

本章介绍从目标分布 f 中随机抽取 $\boldsymbol{X}_1, \cdots, \boldsymbol{X}_n$ 的模拟。这样的抽样最常用于进行*Monte Carlo* 积分，该积分是用从定义在积分范围上的某分布中随机抽取一组点上的被积函数值对某积分值做的统计估计[461]。

经由 Monte Carlo 模拟的积分估计可以在多种多样的背景下应用。在 Bayes 分析中，后验矩可以写成一个积分的形式，但通常不能解析求得积分值。后验概率也可以写成关于后验的示性函数的期望。Bayes 决策理论中风险的计算也依赖于积分。积分也同样是频率似然分析的一个重要组成部分。例如，联合密度的边际化依赖于积分。例 5.1 举例说明了来自某广义线性混合模型的极大似然拟合的一个积分问题。一些其他的积分问题将在本章和第 7 章中讨论。

除了它在 Monte Carlo 积分中的应用，对从某一目标密度 f 中随机抽样的模拟在很多其他情况中也很重要。实际上，第 7 章就专门介绍了 Monte Carlo 积分的一种特殊策略，叫做马氏链 Monte Carlo。自助法、随机搜索算法和许多其他统计工具也都依赖于随机偏差的产生。

关于在本章中讨论的主题的更多细节可在文献 [106，158，190，326，374，383，417，432，469，539，555，557] 中找到。

6.1　Monte Carlo 方法介绍

在推断性统计分析中很多令人感兴趣的量能表示为某随机变量函数的期望，即$E\{h(\boldsymbol{X})\}$。令 f 表示 $\boldsymbol{X}$ 的密度，且 μ 表示 $h(\boldsymbol{X})$ 关于 f 的期望。当从 f 中取得一个 i.i.d. 样本 $\boldsymbol{X}_1, \cdots, \boldsymbol{X}_n$ 时，依据强大数定律 (见第 1.6 节)，当 $n \to \infty$ 时，我们可以用样本均值近似 μ:

$$\hat{\mu}_{\mathrm{MC}} = \frac{1}{n}\sum_{i=1}^{n} h(\boldsymbol{X}_i) \to \int h(\boldsymbol{x})f(\boldsymbol{x})\mathrm{d}\boldsymbol{x} = \mu \tag{6.1}$$

此外，令 $v(\boldsymbol{x}) = [h(\boldsymbol{x}) - \mu]^2$，并假定 $h(\boldsymbol{X})^2$ 在 f 下期望是有限的。那么 $\hat{\mu}_{\mathrm{MC}}$ 的样本方差为 $\sigma^2/n = E\{v(\boldsymbol{X})/n\}$，其中期望是关于 f 求得的。类似的 Monte Carlo 方法可用

$$\widehat{\mathrm{var}}\{\hat{\mu}_{\mathrm{MC}}\} = \frac{1}{n-1}\sum_{i=1}^{n}[h(\boldsymbol{X}_i) - \hat{\mu}_{\mathrm{MC}}]^2 \tag{6.2}$$

来估计 σ^2。当 σ^2 存在时，中心极限定理表明对于较大的 n，$\hat{\mu}_{\mathrm{MC}}$ 近似服从正态分布，于是可以给出 μ 的近似置信界和统计推断。一般地，可以直接把式 (6.1)、式(6.2) 和本章的大多数方法推广到研究者感兴趣的量是多元的情形，因此后面考虑 μ 是标量就够了。

Monte Carlo 积分是 $\mathcal{O}(n^{-1/2})$ 阶收敛较慢。在 n 个节点下，第 5 章描述的求积方法是 $\mathcal{O}(n^{-2})$ 阶或更好的收敛。但是有多种原因表明 Monte Carlo 积分仍然是一个非常强大的工具。

最重要的是，求积方法很难推广到多维问题上，因为一般的 p 维空间很大。直积法产生的 n^p 个积分网格很快受限于维数灾难 (将在第 10.4.1 节中讨论)，变得更难实现且收敛更慢。Monte Carlo 积分在 f 的 p 维支撑区域上随机抽取来自 f 的样本，但并不尝试对该区域的任何系统进行探索。因此，Monte Carlo 积分的实施比求积法更少受限于高维问题。然而，当 p 很大时，仍需要一个非常大的样本量以得到 $\hat{\mu}_{\mathrm{MC}}$ 的一个可接受的标准误。当 h 光滑时，即使 $p=1$ ，求积法也表现最好。相比之下，Monte Carlo 积分方法不考虑光滑性。更多的比较在文献 [190] 中给出。

Monte Carlo 积分用一组从某概率分布中随机选取的点取代了求积节点的系统网格。因而，第一步是研究如何产生这些随机点。这个问题将在第 6.2 和 6.3 节中解决。等式 (6.1) 中给出的标准估计的改进方法将在第 6.4 节中叙述。

6.2 精确模拟

Monte Carlo 积分主要关注的是不服从常见参数分布的随机变量的模拟。我们称想要的抽样密度 f 为目标分布。当目标分布来自一个标准参数族时，大量的软件可容易地产生随机模拟。在某种程度上，这些代码都依赖于标准均匀分布随机模拟的产生。由于计算机的确定性本质，这些抽样不是真正随机的，但是一个好的发生器会产生一系列与独立标准均匀变量在统计上等价的值。标准均匀分布随机模拟的产生是在文献 [195，227，383，538，539，557] 中研究的一个典型问题。

与重复均匀随机数产生的理论相比，我们更关注使用好软件的人所面临的实际困惑：当目标密度用软件不易抽样时该怎么办。例如，几乎所有的 Bayes 后验分布都不是标准参数族的成员。利用指数族里的共轭先验求得的后验是个例外。

除缺少显而易见的 f 抽样方法外还有另外的困难。多数情况下，特别是在 Bayes 分析里，目标密度可能仅有一个乘性正则常数未知。这种情况下 f 不能被抽样，只能在已知那个常数下计算。幸运的是，有一些模拟方法在这种背景下依然有效。

最后，f 求值是有可能的，但是计算量很大。如果 $f(x)$ 的每次计算都需要一次优化、一次积分，或者其他费时的计算，那我们会寻找模拟方法以尽量避免直接求 f 值。

模拟方法可以通过是否是精确或者近似进行分类。本节讨论的精确方法是样本的抽样分布精确地来自于 f 。在 6.3 节里我们将介绍的方法是样本的分布近似于 f 。

6.2.1 从标准参数族中产生

在讨论从复杂的目标分布中抽样前，我们考察一些利用均匀随机变量从常见分布中产生随机变量的策略。我们略去了这些方法的原理，这些已在上面引用的文献中给出。表 6.1 归纳了多种方法。虽然列出的方法不一定是最新的，但是它们说明了复杂发生器利用的一些基本原理。

6.2.2 逆累积分布函数

表 6.1 中 Cauchy 和指数分布的方法是以*逆累积分布函数*或*概率积分变换*方法为依据的。对任意的连续分布函数 F，如果 $U \sim \text{Unif}(0,1)$，则 $X = F^{-1}(U) = \inf\{x : F(x) \geqslant U\}$ 的累积分布函数等于 F。

如果 F^{-1} 对目标密度是可求解的，那么该方法可能是最简单的选择。如果 F^{-1} 不可求解，但 F 是可用或是容易近似的，那么可用线性插值得到一个粗糙的方法。用 $x_1, \cdots, x_m$ 的网格横跨 f 的支撑区域，在每个格子点计算或近似 $u_i = F(x_i)$。然后，取 $U \sim \text{Unif}(0,1)$，并在两个最近的格子点间依照

$$X = \frac{u_j - U}{u_j - u_i} x_i + \frac{U - u_i}{u_j - u_i} x_j \tag{6.3}$$

作线性插值，其中 $u_i \leqslant U \leqslant u_j$。尽管该方法不是精确的，但是我们将该方法放在本节的原因是近似程度是确定的并且可以通过提高 m 将近似程度减少到任意需要的水平。相对于其他可以选择的方法，该方法不是吸引人的，因为它需要对 F 的完全近似，而不考虑需要的样本量大小，它不能推广到多维空间而且比其他方法效率低。

6.2.3 拒绝抽样

如果 $f(x)$ 至少在差一个比例常数下可以计算，那么我们可以用*拒绝抽样*从目标分布准确得到一个随机抽样。这种方法依赖于一个较简单分布的抽样备选点，然后通过随机拒绝某些备选点修正抽样概率。令 g 表示另一个密度，我们知道如何从中抽样且容易计算 $g(x)$。令 $e(\cdot)$ 表示一个*包络*，对所有满足 $f(x) > 0$ 的 x 及给定的常数 $\alpha \leqslant 1$，有性质 $e(x) = g(x)/\alpha \geqslant f(x)$。拒绝抽样步骤如下：

1. 取样本 $Y \sim g$。
2. 取样本 $U \sim \text{Unif}(0,1)$。

表 **6.1** 从常见分布中产生随机变量 X 的一些方法

分布	方法
均匀	见文献 [195，227，383，538，539，557]。对 $X \sim \text{Unif}(a,b)$，取 $U \sim \text{Unif}(0,1)$，然后令 $X = a + (b-a)U$
$N(\mu,\sigma^2)$ 和 lognormal(μ,σ^2)	取 $U_1, U_2 \sim$ i.i.d. Unif$(0,1)$，则 $X_1 = \mu + \sigma\sqrt{-2\log U_1}\cos\{2\pi U_2\}$ 和 $X_2 = \mu + \sigma\sqrt{-2\log U_1}\sin\{2\pi U_2\}$ 是独立的 $N(\mu,\sigma^2)$。如果 $X \sim N(\mu,\sigma^2)$，则 $\exp\{X\} \sim \text{lognormal}(\mu,\sigma^2)$
多元 $N(\boldsymbol{\mu},\boldsymbol{\Sigma})$	分坐标产生标准多元正态向量 $\boldsymbol{Y}$，则 $\boldsymbol{X} = \boldsymbol{\Sigma}^{-1/2}\boldsymbol{Y} + \boldsymbol{\mu}$
Cauchy(α,β)	取 $U \sim \text{Unif}(0,1)$，则 $X = \alpha + \beta\tan\{\pi(U - \frac{1}{2})\}$
指数 (λ)	取 $U \sim \text{Unif}(0,1)$，则$X = -(\log U)/\lambda$
Poisson(λ)	取 $U_1, U_2, \cdots \sim$ i.i.d. Unif$(0,1)$，则 $X = j-1$，其中 j 是满足 $\prod_{i=1}^{j} U_i < \mathrm{e}^{-\lambda}$ 的最小下标
Gamma (r,λ)	见例 6.1 或对整数 r，$X = -(1/\lambda)\sum_{i=1}^{r}\log U_i$，其中$U_1,\cdots,U_r \sim$ i.i.d. Unif$(0,1)$
卡方$(\text{df}=k)$	取 $Y_1,\cdots,Y_k \sim$ i.i.d. $N(0,1)$，则 $X = \sum_{i=1}^{k} Y_i^2$；或取 $X \sim \text{Gamma}(k/2,\frac{1}{2})$
$t(\text{df}=k)$和 $F_{k,m}$ 分布	独立地取 $Y \sim N(0,1), Z \sim \chi_k^2, W \sim \chi_m^2$，则$X = Y/\sqrt{Z/k}$有 t 分布且 $F = (Z/k)/(W/m)$ 有 F 分布
Beta(a,b)	独立地取 $Y \sim \text{Gamma}(a,1)$ 和 $Z \sim \text{Gamma}(b,1)$，则 $X = Y/(Y+Z)$
Bernoulli(p) 和 二项 (n,p)	取 $U \sim \text{Unif}(0,1)$，则 $X = 1_{\{U<p\}}$ 是 Bernoulli(p) n 个独立 Bernoulli(p) 抽样的和是二项 (n,p)
负二项 (r,p)	取 $U_1,\cdots,U_r \sim$ i.i.d. Unif$(0,1)$，则 $X = \sum_{i=1}^{r}\lfloor(\log U_i)/\log\{1-p\}\rfloor$，其中 $\lfloor\cdot\rfloor$ 表示最大整数
多项 $(n,(p_1,\cdots p_k))$	将 [0,1] 分成 k 段使得第 i 段的长是 p_i。取 $U \sim \text{Unif}(0,1)$，令 X 等于 U 所落入的段的标号。n 点数的抽样就是多项 $(n,(p_1,\cdots,p_k))$
Dirichlet$(\alpha_1,\cdots\alpha_k)$	取独立的 $Y_i \sim \text{Gamma}(\alpha_i,1)$，$i=1,\cdots,k$，则$\boldsymbol{X}^{\mathrm{T}} = (Y_1/\sum_{i=1}^{k}Y_i,\cdots,Y_k/\sum_{i=1}^{k}Y_i)$

3. 如果 $U > f(Y)/e(Y)$，就拒绝 Y。这种情况下不记录 Y 值作为目标随机样本的一个元素，而是返回步骤 1。

4. 否则，保留 Y 值。令 $X = Y$，认为 X 为目标随机样本的一个元素。返回步骤 1，直到达到所需的样本量。

用这个算法保留的样本构成了来自目标密度 f 的 i.i.d. 样本；这里没有引入近似。为说明这一点，注意其保留的样本小于等于 y 的概率为

$$
\begin{aligned}
P[X \leqslant y] &= P\left[Y \leqslant y \middle| U \leqslant \frac{f(Y)}{e(Y)}\right] \\
&= P\left[Y \leqslant y \text{ 且} U \leqslant \frac{f(Y)}{e(Y)}\right] \Big/ P\left[U \leqslant \frac{f(Y)}{e(Y)}\right] \\
&= \int_{-\infty}^{y} \int_{0}^{f(z)/e(z)} \mathrm{d}u \; g(z) \mathrm{d}z \Big/ \int_{-\infty}^{\infty} \int_{0}^{f(z)/e(z)} \mathrm{d}u \; g(z) \mathrm{d}z \qquad (6.4) \\
&= \int_{-\infty}^{y} f(z) \mathrm{d}z \qquad (6.5)
\end{aligned}
$$

此即为所需的概率。因而，抽样分布是精确的，α 可以理解为可接受的备选点的期望比例。因此 α 是算法效率的一个度量。我们可以继续拒绝抽样的过程直到它满足所需样本点的个数，但是这需要一个随机的迭代总数，它依赖于拒绝的比例。

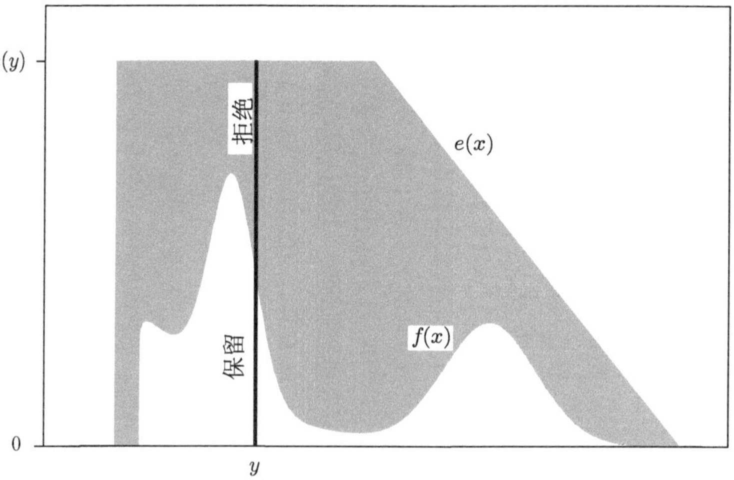

图 6.1 采用拒绝抽样包络 e 对目标分布 f 的拒绝抽样的图示

回顾步骤 3 中决定是否选取一个备选抽样 $Y = y$ 的拒绝规则。从 $U \sim \text{Unif}(0,1)$ 中抽样并遵循这一规则就等价于取抽样 $U|y \sim \text{Unif}(0, e(y))$，如果 $U < f(y)$ 就保留 y 值。考虑图 6.1，假设 y 值落在垂直线显示的点上，那么想象在垂直线上均匀抽样 $U|Y = y$。拒绝规则以 $f(y)$ 之上的线长相对于总线长比例的概率排除了这个 Y。因此，拒绝抽样可以视为在曲

线 e 下的二维区域均匀抽样，然后去除任何落在 f 之上 e 之下的样本。既然从 f 抽样等价于从 $f(x)$ 曲线下的二维区域均匀抽样，然后忽略纵坐标，那么拒绝抽样提供的样本精确地来自 f。

图 6.1 中 f 之上 e 之下的阴影区域显示的是损耗。当 $e(y)$ 远大于 $f(y)$ 时，抽样 $Y=y$ 极有可能被拒绝。所以包络在每一处仅超过 f 极小的幅度可以产生较少的损耗 (也即是拒绝) 样本点，且对应于接近 1 的 α 值。

假设目标分布 f 在仅差一个比例常数 c 下是已知的。也就是说，假设我们仅能容易地计算 $q(x)=f(x)/c$，其中 c 是未知的。这样的密度如果出现在 Bayes 推断中，这时 f 是一个后验分布，已知它等于先验与被某归一化常数调整过的似然的乘积。幸运的是，拒绝抽样在这样的情形下可以应用。我们找到一条包络 e，满足对所有使 $q(x)>0$ 的 x 有 $e(x)\geqslant q(x)$。当 $U>q(y)/e(y)$ 时，抽样 $Y=y$ 被拒绝。抽样比例仍然正确，因为当 f 被 q 取代时，未知常数 c 在式 (6.4) 中的分子和分母中抵消了，保留抽样的比例是 α/c。

假如可以构造一个合适的多元包络，那么多元目标分布也能用拒绝抽样方法抽样。拒绝抽样算法在概念上是不变的。

要构造一条包络来限制目标分布，我们必须足够了解目标分布以便界定它。这可能需要对 f 或 q 的优化或者巧妙近似，以保证 e 能够构造得处处超过目标。注意到当目标是连续且对数凹时，它是单峰的。如果我们选择峰值对边上的两个点 x_1 和 x_2，那么将在 x_1 和 x_2 点与 $\log f$ 或 $\log q$ 相切的线段相连接得到的函数产生一条具有指数尾的分段指数包络。得到这条包络不需要知道目标密度的最大值，它仅需要检验 x_1 和 x_2 位于它的相反的边上。第 6.2.3.2 节描述的自适应拒绝抽样方法利用这个想法生成了很好的包络。

综上所述，好的拒绝抽样包络有三条性质：它们容易构造或确定以致处处超过目标密度，它们容易抽样，以及它们产生很少的拒绝样本。

例 6.1 (Gamma 偏差) 考虑当 $r\geqslant 1$ 时，生成一个 Gamma$(r,1)$ 随机变量的问题。当 Y 是根据密度

$$f(y)=\frac{t(y)^{r-1}t'(y)\exp\{-t(y)\}}{\Gamma(r)} \tag{6.6}$$

生成时，其中 $t(y)=a(1+by)^3$，$-1/b<y<\infty$，$a=r-\frac{1}{3}$ 且 $b=1/\sqrt{9a}$，则 $X=t(Y)$ 会有一个 Gamma$(r,1)$ 分布[443]。Marsaglia 和 Tsang 描述了在拒绝抽样框架下如何利用这一事实[444]。采用式 (6.6) 作为目标分布，因为变换来自 f 的样本可给出所需的 Gamma 样本。

化简 f 并且忽略归一化常数，我们希望从与 $q(y)=\exp\{a\log\{t(y)/a\}-t(y)+a\}$ 成比例的密度生成样本。方便的是，q 在函数 $e(y)=\exp\{-y^2/2\}$ 下拟合得比较合适，这是一个未调整的标准正态密度。因此，拒绝抽样等于抽取一个标准正态随机变量 Z 和一个标准均匀随机变量 U，然后如果

$$U\leqslant\frac{q(Z)}{e(Z)}=\exp\left\{\frac{Z^2}{2}+a\log\left\{\frac{t(Z)}{a}\right\}-t(Z)+a\right\} \tag{6.7}$$

且 $t(Z) > 0$，则取 $X = t(Z)$。否则，拒绝该样本且步骤重新开始。一个接受的样本有密度 Gamma$(r,1)$，来自 Gamma$(r,1)$ 的样本可以重新调整以得到来自 Gamma(r,λ) 的样本。

在 $r=4$ 时的一个模拟中，超过 99% 的备选样本被接受，且 $e(y)$ 和 $q(y)$ 对 y 的图形显示两条曲线几乎重合。即使在最差的情况 $(r=1)$，包络也是极好的，只有少于 5% 的损耗。□

例 6.2 (抽取 Bayes 后验分布) 假设 10 个独立观测（8，3，4，3，1，7，2，6，2，7）来自模型 $X_i|\lambda \sim \text{Poisson}(\lambda)$。假定 λ 服从一个对数正态先验分布：$\log\lambda \sim N(\log 4, 0.5^2)$。记似然为 $L(\lambda|\boldsymbol{x})$，先验为 $f(\lambda)$。我们知道 $\hat{\lambda} = \bar{x} = 4.3$ 使 $L(\lambda|\boldsymbol{x})$ 关于 λ 最大；因此，未归一化后验 $q(\lambda|\boldsymbol{x}) = f(\lambda)L(\lambda|\boldsymbol{x})$ 被 $e(\lambda) = f(\lambda)L(4.3|\boldsymbol{x})$ 上覆盖。图 6.2 给出了 q 和 e。注意先验与 e 是成比例的。因而，拒绝抽样从抽取来自对数正态先验的 λ_i 和来自标准均匀分布的 U_i 开始。然后如果 $U_i < q(\lambda_i|\boldsymbol{x})/e(\lambda_i) = L(\lambda_i|\boldsymbol{x})/L(4.3|\boldsymbol{x})$，则保留 λ_i。否则，拒绝 λ_i 且步骤重新开始。任何保留的 λ_i 都是来自后验的一个抽样。虽然不很有效，只有大约 30% 的备选抽样被保留，但该方法简易且是准确的。□

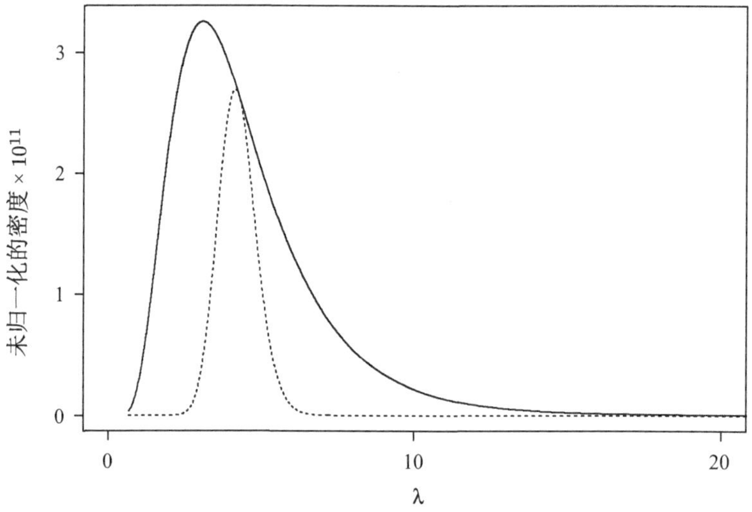

图 6.2　例 6.2 中拒绝抽样的未归一化目标 (点线) 和包络 (实线)

6.2.3.1　压挤拒绝抽样

一般的拒绝抽样需要对每个备选抽样 Y 有一个 f 值。在 f 求值计算量大但倾向于使用拒绝抽样的情形，*压挤拒绝抽样*可以改进模拟速度[383,441,442]。

在某些情形，这种方法利用一个非负的*压挤函数* s 取代 f 求值。如果 s 是一个合适的压挤函数，$s(x)$ 一定不能在 f 的支撑上的任一处超过 $f(x)$。像对一般的拒绝抽样一样，包络 e 也要用到，在 f 的支撑上有 $e(x) = g(x)/\alpha \geqslant f(x)$。

算法如下：

1. 取样本 $Y \sim g$。
2. 取样本 $U \sim \text{Unif}(0,1)$。
3. 如果 $U \leqslant s(Y)/e(Y)$，保留 Y 值。令 $X = Y$，考虑 X 为目标随机样本之一，然后转到步骤 6。
4. 否则，确定是否有 $U \leqslant f(Y)/e(Y)$。如果不等式成立，保留 Y 值，令 $X = Y$。考虑 X 为目标随机样本之一，然后转到步骤 6。
5. 如果 Y 仍未被保留，拒绝其成为目标随机样本之一。
6. 返回步骤 1，直到达到所需的样本量。

注意到当 $Y = y$ 时，备选抽样以总概率 $f(y)/e(y)$ 被保留，而以概率 $[e(y) - f(y)]/e(y)$ 被拒绝，这和简单拒绝抽样的概率一致。步骤 3 基于 s 值而不是 f 值决定是否保留 Y。当 s 处处紧靠在 f 的下面时，我们得到 f 求值个数的最大减少量。

图 6.3 演示了该过程。当抽取一个备选 $Y = y$ 时，算法的进行在某种意义上等价于抽取一个 $\text{Unif}(0, e(y))$ 随机变量。如果该均匀变量落在 $s(y)$ 之下，该备选立即被保留，浅色阴影表示备选立即被保留的区域。如果备选不能立即被保留，那么必须采用第二次检验，以确定均匀变量是否落在 $f(y)$ 之下。最后，深色阴影表示备选最终被拒绝的区域。

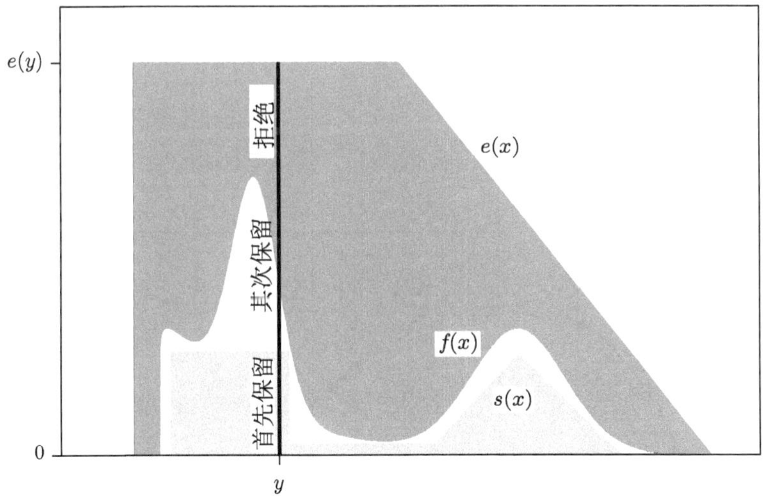

图 6.3 采用包络 e 和压挤函数 s 对某目标分布 f 的压挤拒绝抽样图示。“首先保留”和“其次保留”分别对应算法的步骤 3 和 4

像拒绝抽样一样，备选抽样被保留的比例是 α。避免求 f 值的迭代比例是 $\int s(x)\mathrm{d}x / \int e(x)\mathrm{d}x$。当目标在仅差一个比例常数下已知时，压挤拒绝抽样也能应用。这种情形下，包络和压挤函数把未归一化目标夹在中间。这个方法仍是准确的，且有同样的效率回报。对抽取多元目标的推广可直接得到。

6.2.3.2 自适应拒绝抽样

显然拒绝抽样策略中最富有挑战性的方面是构造合适的包络。对压挤拒绝抽样，Gilks 和 Wild 提出了一种针对支撑连通区域上连续、可导、对数凹密度的自动包络生成方法[244]。

这种方法被称为自适应拒绝抽样，因为包络和压挤函数在生成样本的同时被反复精炼。随着迭代次数的增加，损耗量和 f 必须求值的频数都会同时减少。

令 $\ell(x) = \log f(x)$，并假设在某（可能无穷的）实线区间上 $f(x) > 0$。令 f 是对数凹的，满足对 f 支撑区域内的任意三点 $a < b < c$ 有 $\ell(a) - 2\ell(b) + \ell(c) < 0$。另外，在 f 是连续可导的假设下，注意到 $\ell'(x)$ 存在且随着 x 的增加单调递减，但是可能有间断点。

算法以在 k 个点 $x_1 < x_2 < \cdots < x_k$ 处计算 ℓ 和 ℓ' 开始。令 $T_k = \{x_1, \cdots, x_k\}$，如果 f 的支撑延伸到 $-\infty$，选择 x_1 使得 $\ell'(x_1) > 0$。同样地，如果 f 的支撑延伸到 ∞，选择 x_k 使得 $\ell'(x_k) < 0$。

定义 T_k 上的拒绝包络为 ℓ 在 T_k 内各点处的切线组成的分段线性上覆盖的指数。如果我们记 ℓ 的上覆盖为 e_k^*，那么拒绝包络是 $e_k(x) = \exp\{e_k^*(x)\}$。为理解上覆盖的概念，请看图 6.4。该图给出了实线 ℓ 并演示了 $k = 5$ 的情况。虚线给出的是分段上覆盖 e^*，它在每个 x_i 处与 ℓ 相切，ℓ 的凹度保证了e_k^* 在其他各点处处在 ℓ 之上。可以证明在 x_i 和 x_{i+1} 处的切线在

$$z_i = \frac{\ell(x_{i+1}) - \ell(x_i) - x_{i+1}\ell'(x_{i+1}) + x_i\ell'(x_i)}{\ell'(x_i) - \ell'(x_{i+1})} \tag{6.8}$$

处相交，其中 $i = 1, \cdots, k-1$。因此，

$$e_k^*(x) = \ell(x_i) + (x - x_i)\ell'(x_i) \quad 对\ x \in [z_{i-1}, z_i] \tag{6.9}$$

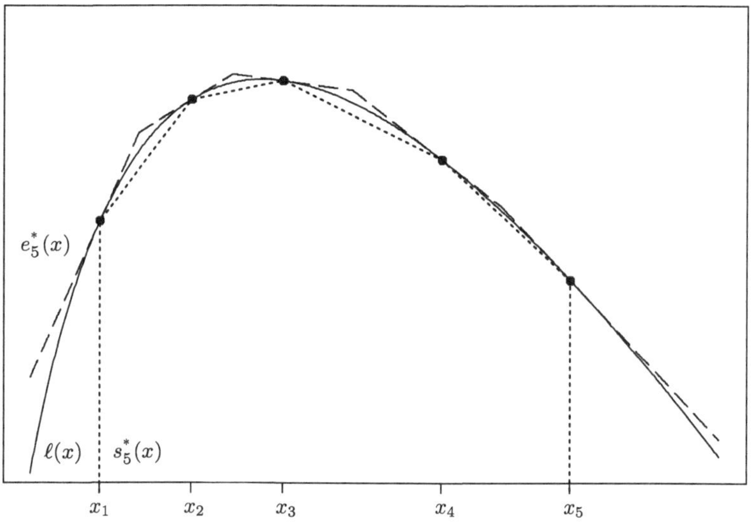

图 6.4　当 $k = 5$ 时在自适应拒绝抽样中采用的 $l(x) = \log f(x)$ 的分段线性内、外覆盖

及 $i=1,\cdots,k$，将 z_0 和 z_k 分别定义为等于 f 支撑区域的 (可能无穷的) 下界和上界。图 6.5 给出了取幂到原始刻度上的包络 e_k。

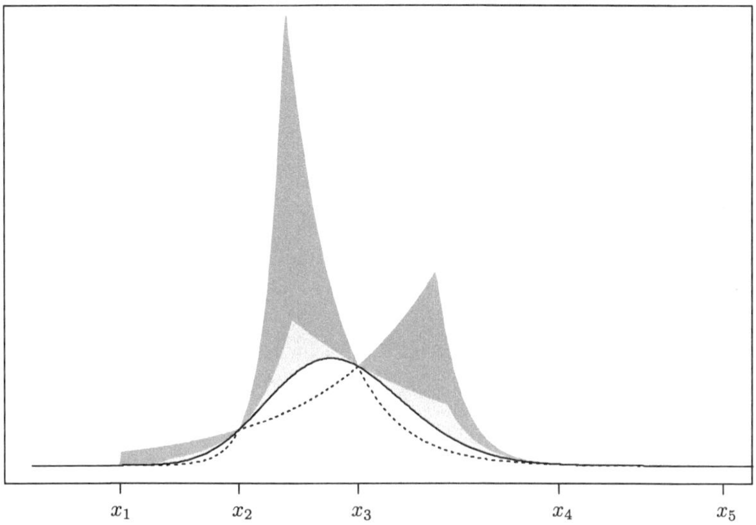

图 6.5　自适应拒绝抽样的包络和压挤函数。目标密度是平滑的，接近钟形曲线。文中讨论的第一种方法利用 l 的导数产生了显示为浅色阴影区域上边界的包络。它对应于方程 (6.9) 和图 6.4。在后文中给出了无导数的方法。包络是深色阴影区域的上边界，它对应于式 (6.11) 和图 6.6。两种方法的压挤函数都是虚曲线

定义 T_k 上 的压挤函数为 T_k 内相邻点间的弦组成的 ℓ 的分段线性下覆盖的指数。这个下覆盖由

$$s_k^*(x)=\frac{(x_{i+1}-x)\ell(x_i)+(x-x_i)\ell(x_{i+1})}{x_{i+1}-x_i}\quad 对 x\in[x_i,x_{i+1}] \tag{6.10}$$

及 $i=1,\cdots,k-1$ 给出。当 $x<x_1$ 或者 $x>x_k$时，令 $s_k^*(x)=-\infty$。这样压挤函数为 $s_k(x)=\exp\{s_k^*(x)\}$。图 6.4 给出了一个 $x=5$ 时的分段线性下覆盖 $s_k^*(x)$。图 6.5 给出了原始刻度上的压挤函数 s_k。

图 6.4 和图 6.5 显示了该方法的几个重要特征，拒绝包络和压挤函数都是分段指数函数，包络具有在 f 的尾部之上的指数尾部，压挤函数具有有界支撑。

自适应拒绝抽样通过选择一个适中的 k 和相应合适的 T_k 来初始化。算法的第一次迭代像对压挤拒绝抽样一样进行，分别用 e_k 和 s_k 作为包络和压挤函数。当一个备选抽样被接受时，如果压挤准则满足，那么不用计算 ℓ 和 ℓ' 即可被接受。然而，它也可能在第二阶段被接受，这时就需要在备选抽样处计算 ℓ 和 ℓ'。当一个备选抽样在第二阶段被接受时，接受的点被加到 T_k 中，得到 T_{k+1}，并计算更新函数 e_{k+1} 和 s_{k+1}，迭代继续。当一个备选抽样被拒绝时，就不用更新 T_k，e_k 和 s_k。此外，我们现在看出如果一个新的点与 T_k 中任一存在的元素重合，则不用更新 T_k，e_k 和 s_k。

备选抽样是来自通过按比例缩放分段指数包络 e_k 以使其积分为 1 而得到的密度。因为每一个接受的抽样都是用一个拒绝抽样方法得到的，因而它们是精确地来自 f 的 i.i.d. 样本。

如果 f 在仅差一个乘法常数下已知，自适应拒绝抽样方法也能使用，因为比例常数仅仅平移 ℓ，e_k^* 和 s_k^*。

Gilks 与其合作者发展了一种类似的方法，它不需要计算 ℓ' [237,240]。我们保留 f 具有连通支撑区域的对数凹的假设，连同上面基于切线方法的基本记号和设置一起保留。

对点集 T_k，定义 $L_i(\cdot)$ 为连接 $(x_i, \ell(x_i))$ 和 $(x_{i+1}, \ell(x_{i+1}))$ 的直线函数，其中 $i = 1, \cdots, k-1$。定义

$$e_k^*(x) = \begin{cases} \min\{L_{i-1}(x), L_{i+1}(x)\}, & \text{对}x \in [x_i, x_{i+1}] \\ L_1(x), & \text{对}x < x_1 \\ L_{k-1}(x), & \text{对}x > x_k \end{cases} \tag{6.11}$$

以及约定 $L_0(x) = L_k(x) = \infty$。那么 e_k^* 是 ℓ 的分段线性上覆盖，因为 ℓ 的凹度保证 $L_i(x)$ 在 (x_i, x_{i+1}) 上位于 $\ell(x)$ 之下，当 $x < x_i$ 或 $x > x_{i+1}$ 时位于 $\ell(x)$ 之上。于是拒绝抽样的包络是 $e_k(x) = \exp\{e_k^*(x)\}$。

压挤函数仍然像在式 (6.10) 中的那样。无导数自适应拒绝抽样算法的迭代和前面的方法一样类似进行，每当有新点保留时，更新 T_k、包络和压挤函数。

图 6.6 演示了对图 6.4 中给出的同一目标采用的无导数自适应拒绝抽样算法。使用包络不如使用 ℓ' 时有效。图 6.5 给出的是原始刻度上的包络，损失效率也可在这个刻度上看出。

不考虑用来构造 e_k 的方法，注意到在 f 的峰值附近 $f(x)$ 取最大值的区域，我们更愿意 T_k 的网格点是最密集的。幸运的是，这将自动发生，因为这样的点在随后的迭代中最可能被保留且被包括进 T_k 的更新中。远在 f 尾部的网格点帮不上多大忙，比如 x_5。

针对基于切线方法的软件在文献 [238] 中可以找到。无导数方法因其在 WinBUGS 软件中的使用而普及，该软件实施了马氏链 Monte Carlo 算法以推动 Bayes 分析[241,243,610]。自适应拒绝抽样也可扩展到不是对数凹的密度上，例如，使用像第 7 章中那样的马氏链 Monte Carlo 方法来进一步修正抽样概率，详见文献 [240]。

6.3 近似模拟

尽管上面描述的方法因为精确性很吸引人，但是有很多情形近似方法较简单或者可能是唯一选择。不管听起来如何，近似不是这些方法的主要缺点，因为近似的程度可以在该算法里由用户给定的具体参数进行控制。本节的模拟方法某种程度上均基于采样重要性重抽样准则，所以我们首先讨论它。

6.3.1 采样重要性重抽样算法

采样重要性重抽样 (SIR) 算法模拟了近似来自某目标分布的实现。SIR 是基于重要性抽样的概念，细节将在第 6.4.1 节中讨论。简要地说，重要性抽样就是通过从一个重要性抽样函

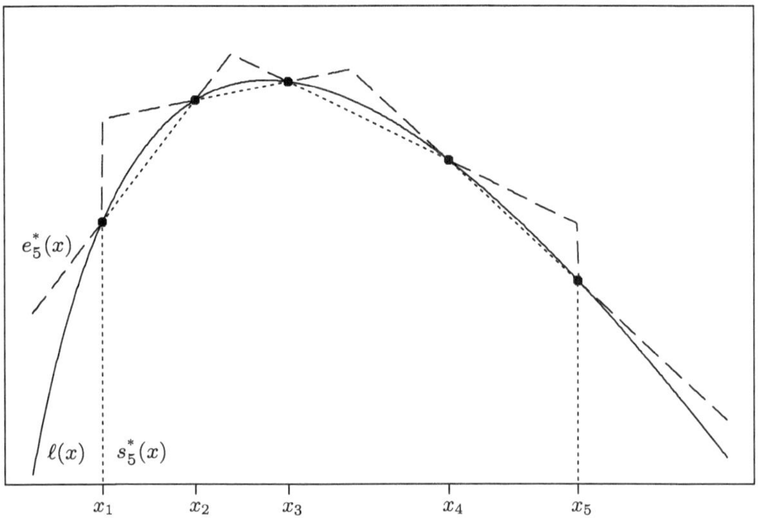

图 6.6 当 $k=5$ 时在无导数自适应拒绝抽样中采用的 $\ell(x)=\log f(x)$ 的分段线性内、外覆盖

数 g 中抽取一个样本来进行。非正式地讲，我们称 g 为包络。样本中的每一个点被加权以修正抽样概率以便加权抽样可以与目标密度 f 关联起来。例如，加权抽样可以用来估计 f 下的期望。

本章前面部分已经画出了一些单变量的目标密度和包络以说明基本的概念，我们现在转到多变量的记号以强调方法的完全一般性。这样，$\boldsymbol{X}=(X_1,\cdots,X_p)$ 表示密度为 $f(\boldsymbol{x})$ 的一个随机变量，$g(\boldsymbol{x})$ 表示对应于 f 的一个多变量包络的密度。

对于目标密度 f，用来修正抽样概率的权重称作标准化重要性权重，定义如下

$$w(\boldsymbol{x}_i)=\frac{f(\boldsymbol{x}_i)/g(\boldsymbol{x}_i)}{\sum_{i=1}^{m}f(\boldsymbol{x}_i)/g(\boldsymbol{x}_i)} \tag{6.12}$$

其中 $\boldsymbol{x}_1,\cdots,\boldsymbol{x}_m$ 是来自包络 g 的 i.i.d. 样本。虽然对一般重要性抽样不是必需的，但像在式 (6.12) 中一样来标准化权重使其和为 1 是有用的。当对某未知的比例常数 c，有 $f=cq$ 时，未知常数 c 在式 (6.12) 中的分子和分母中抵消了。

我们可以把重要性抽样看成是用在每个观测点 $\boldsymbol{x}_i$ 有概率 $w(\boldsymbol{x}_i)$ 的离散分布近似 f，其中 $i=1,\cdots,m$。Rubin 提出从这种分布中抽样以提供 f 的一个近似样本[559,560]。因此，SIR 算法如下进行：

1. 从 g 中取 i.i.d. 备选样本 $\boldsymbol{Y}_1,\cdots,\boldsymbol{Y}_m$。
2. 计算标准化重要性权重 $w(\boldsymbol{Y}_1),\cdots,w(\boldsymbol{Y}_m)$。
3. 以概率 $w(\boldsymbol{Y}_1),\cdots,w(\boldsymbol{Y}_m)$ 从 $\boldsymbol{Y}_1,\cdots,\boldsymbol{Y}_m$ 中有放回地重新抽取样本 $\boldsymbol{X}_1,\cdots,\boldsymbol{X}_n$。

当 $m \to \infty$ 时，用 SIR 算法抽取的随机变量 $\boldsymbol{X}$ 收敛到 f 的分布。为说明这一点，定义 $w^*(\boldsymbol{y}) = f(\boldsymbol{y})/g(\boldsymbol{y})$，令 $\boldsymbol{Y}_1, \cdots, \boldsymbol{Y}_m \sim$ i.i.d. g，并考虑某集合 $\mathcal{A}$，那么

$$P[\boldsymbol{X} \in \mathcal{A} | \boldsymbol{Y}_1, \cdots, \boldsymbol{Y}_m] = \sum_{i=1}^{m} 1_{\{\boldsymbol{Y}_i \in \mathcal{A}\}} w^*(\boldsymbol{Y}_i) \Big/ \sum_{i=1}^{m} w^*(\boldsymbol{Y}_i) \tag{6.13}$$

由强大数定律得出，当 $m \to \infty$ 时

$$\frac{1}{m}\sum_{i=1}^{m} 1_{\{\boldsymbol{Y}_i \in \mathcal{A}\}} w^*(\boldsymbol{Y}_i) \to E\{1_{\{\boldsymbol{Y}_i \in \mathcal{A}\}} w^*(\boldsymbol{Y}_i)\} = \int_{\mathcal{A}} w^*(\boldsymbol{y}) g(\boldsymbol{y}) \mathrm{d}\boldsymbol{y} \tag{6.14}$$

进一步，当 $m \to \infty$ 时

$$\frac{1}{m}\sum_{i=1}^{m} w^*(\boldsymbol{Y}_i) \to E\{w^*(\boldsymbol{Y}_i)\} = 1 \tag{6.15}$$

因此，当 $m \to \infty$ 时

$$P[\boldsymbol{X} \in \mathcal{A} | \boldsymbol{Y}_1, \cdots, \boldsymbol{Y}_m] \to \int_{\mathcal{A}} w^*(\boldsymbol{y}) g(\boldsymbol{y}) \mathrm{d}\boldsymbol{y} = \int_{\mathcal{A}} f(\boldsymbol{y}) \mathrm{d}\boldsymbol{y} \tag{6.16}$$

最后，我们注意到根据 Lesbesgue 控制收敛定理[49,595]

$$P[\boldsymbol{X} \in \mathcal{A}] = E\{P[\boldsymbol{X} \in \mathcal{A} | \boldsymbol{Y}_1, \cdots, \boldsymbol{Y}_m]\} \to \int_{\mathcal{A}} f(\boldsymbol{y}) \mathrm{d}\boldsymbol{y} \tag{6.17}$$

当目标密度和包络在只差一个常数下已知时，证明也是类似的[555]。

虽然 SIR 和拒绝抽样都是依赖目标密度与包络的比例，但是它们在某种重要程度上是有显著区别的。在生成样本的分布恰是 f 的意义下，拒绝抽样是完美的，但是它需要一随机个数的抽样以得到大小为 n 的一个样本。相比之下，SIR 算法利用预先确定的抽样个数来生成一个大小为 n 的样本，但是它允许在已抽样点的分布上对 f 有一个随机的近似程度。

当使用 SIR 时，应重点考虑初始样本和再抽样的相对大小。这些样本大小分别为 m 和 n。原则上，样本依分布收敛需要 $n/m \to 0$。在基于 SIR 的 Monte Carlo 估计渐近分析的上下文中，当 $n \to \infty$ 时，这个条件意味着 $m \to \infty$ 的速度比 $n \to \infty$ 更快。对固定的 n，当 $m \to \infty$ 时会出现样本依分布收敛，因而实际中我们开始 SIR 时需要最大可能的 m。然而，我们也面临着选择尽可能大的 n 以提高推断精度这一竞争性的需求。n/m 的最大容许率取决于包络的质量。我们有时发现 $n/m \leqslant \frac{1}{10}$ 是可以的，只要生成的重抽样不包括任一初始抽样的过多重复即可。

SIR 算法对 g 的选择是敏感的。首先，如果来自 g 的重置权重的样本是用来近似来自 f 的样本，那么 g 的支撑一定要包括 f 的全部支撑。此外，g 应该有比 f 更重的尾部，或者更一般地，应该选择 g 以保证 $f(\boldsymbol{x})/g(\boldsymbol{x})$ 不要增长过大。如果 $g(\boldsymbol{x})$ 几乎处处为 0，而 $f(x)$ 为正，那么来自这个区域的样本会出现得极为罕见，但是一旦出现，它将获得极大的权重。

当这个问题出现时，SIR 算法呈现出的征兆是：一个或几个标准化重要性权重远远大于其他权重，而二次抽样几乎都是一个或几个初始样本的重复值。当问题不是特别严重时，建议使用无放回的二次再抽样[220]。它渐近等价于有放回抽样，但具有防止过多重复的实际好处。不足之处就是在最后抽样中引入了一些额外的分布近似。当发现权重的分布过度偏斜时，转

换到一个不同的包络或一种完全不同的抽样方法可能是明智的。

因为 SIR 生成了近似 i.i.d. 来自 f 的样本 $\boldsymbol{X}_1, \cdots, \boldsymbol{X}_n$，我们可以继续进行 Monte Carlo 积分，例如像在式 (6.1) 中一样用 $\hat{\mu}_{\text{SIR}} = \sum_{i=1}^n h(\boldsymbol{X}_i)/n$ 来估计 $h(\boldsymbol{X})$ 的期望。然而，在第 6.4 节中我们将介绍更好的方法，以使用初始加权重要性抽样和其他有效的方法来改进积分的 Monte Carlo 估计。

例 6.3 (斜线分布) 如果 $Y = X/U$，其中$X \sim N(0,1)$ 和 $U \sim \text{Unif}(0,1)$ 独立，则随机变量 Y 服从斜线分布。下面考虑利用斜线分布作为一条 SIR 包络来生成标准正态变量，以及反过来利用正态分布作为一条 SIR 包络来生成斜线变量。因为容易利用标准方法来模拟两个密度，在哪种情形中 SIR 都不是必须的，但是考察这些结果是有益的。

斜线密度函数是

$$f(y) = \begin{cases} \frac{1-\exp\{-y^2/2\}}{y^2\sqrt{2\pi}}, & y \neq 0 \\ \frac{1}{2\sqrt{2\pi}}, & y = 0 \end{cases}$$

该密度有很重的尾部。因此，它是一个很好的重要性抽样函数，可以利用 SIR 生成来自标准正态分布的抽样。图 6.7 的左边面板显示了 $m = 100\,000$ 和 $n = 5000$ 时的结果，并叠加了真实的正态密度加以比较。

另一方面，当生成来自斜线分布的抽样时，正态密度不是为 SIR 使用的一个合适的重要性抽样函数，因为包络的尾部远轻于目标密度的尾部。图 6.7 的右边面板 (同样是 $m = 100\,000$ 和 $n = 5000$) 显示了出现的问题。虽然在远离原点 10 个单位的地方，斜线密度的尾部赋予了可估的概率，但没有来自正态密度的备选抽样出现在离原点超过 5 个单位的地方。因此，在这些界限之外，目标的模拟尾部被完全截去了。此外，生成的最极端备选抽样在正态包络下的密度远小于在斜线目标下的密度，因此，它们的重要性比率极高，这导致尾部的这些点有充足的再抽样。事实上，由 SIR 选出的 5000 个值中的 528 个是直方图中三个最小单一值的重复。 □

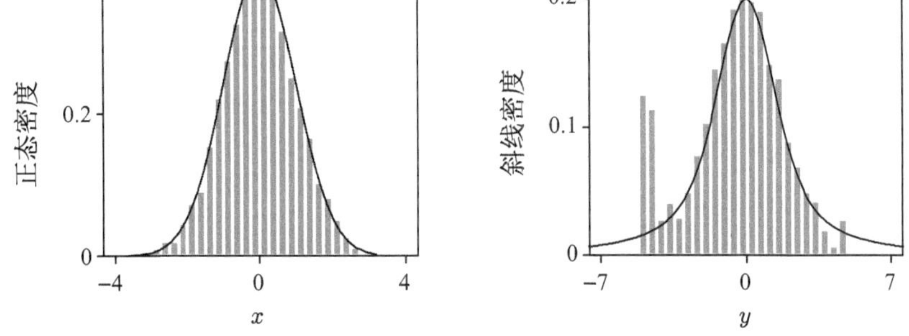

图 6.7 左边面板给出的是利用 SIR 和斜线分布包络得到的标准正态密度近似抽样的直方图。右边面板给出的是利用 SIR 和正态分布包络得到的斜线密度近似抽样的直方图。实线表示的是目标密度

例 6.4 (Bayes 推断) 假设我们寻找一个来自 Bayes 分析的后验分布的样本。例如，这样的样本可以用于提供后验矩、概率或者最高后验密度区间的 Monte Carlo 估计。令 $f(\boldsymbol{\theta})$ 表示先验，$L(\boldsymbol{\theta}|\boldsymbol{x})$ 表示似然，那么后验为 $f(\boldsymbol{\theta}|\boldsymbol{x}) = cf(\boldsymbol{\theta})L(\boldsymbol{\theta}|\boldsymbol{x})$，其中常数 c 可能很难确定。如果先验没有严格限制由数据通过似然函数支持的参数域，那么先验可作为一个有用的重要性抽样函数。从 $f(\boldsymbol{\theta})$ 中 i.i.d. 抽取 $\boldsymbol{\theta}_1, \cdots, \boldsymbol{\theta}_m$，因为目标密度是后验的，则第 i 个未标准化的权重等于 $L(\boldsymbol{\theta}_i|\boldsymbol{x})$。这样 SIR 算法有一个非常简单的形式：从先验中抽样，由似然函数确定权重，然后再抽样。

例如，回顾例 6.2。在该案例中，重要性抽样开始于抽取 $\lambda_1, \cdots, \lambda_m \sim$ i.i.d. Lognormal $(\log 4, 0.5^2)$。重要性权重与 $L(\lambda_i|\boldsymbol{x})$ 成比例。利用这些权重从 $\lambda_1, \cdots, \lambda_m$ 中有放回地再抽样，会产生后验分布的一个近似样本。 □

6.3.1.1 自适应重要性、桥路及路径抽样

某些情况下，最初也许只能指定一个很差的重要性抽样包络。例如，当目标密度的支撑几乎限制在低维空间或者曲面上时是可能发生的，这是由于变量间有未被分析员充分了解的强依赖性。在其他情况下，我们可能希望为多种相关的问题构造重要性抽样，但是没有单一的包络适合人们感兴趣的所有目标密度。在这样的情况下，调整重要性抽样包络是可能的。

包络改进的一种方法称为*自适应重要性抽样*。从某初始包络 e_1 中抽取样本量为 m_1 的一个初始样本。将该样本加权重 (并可能再抽样) 以得到人们感兴趣量的一个初始估计或者 f 本身的初始观察。基于得到的信息，改进包络产生 e_2。需要时进行更多的重要性抽样和包络改进步骤。当这样的步骤结束时，采用所有步骤产生的样本以及它们的权重来制定合适的推断是最有效率的。另一方面，我们也可以在几个初始步骤中力求进行快速的包络精炼，把多数的模拟精力放到最后阶段，且为了简单，将推断限定在该最后样本上。

在参数自适应重要性抽样中，包络通常假定为属于以某个低维参数为指标的某密度族。参数的最优选择在每次迭代中都进行估计，且重要性抽样步骤不断迭代直到该指标参数的估计稳定为止[189,381,490,491,606]。在非参数自适应重要性抽样中，包络通常被假定为服从混合分布，比如像用第 10 章中核密度估计方法生成的那样。重要性抽样步骤再次由包络更新、加、减及修改混合成分交替进行。例子包括文献 [252，657，658，680]。尽管在某些情况下有潜在作用，然而这些方法因第 7 章中介绍的马式链 Monte Carlo 方法而黯然失色，因为后者通常更简单，且至少是同样有效。

当单一的包络不足以用来考虑多个密度时，包络改进的第二种方法与此相适应。在 Bayes 统计、确定的边际似然以及缺失值问题中，我们通常感兴趣的是估计一对密度的归一化常数的比率。例如，如果 $f_i(\boldsymbol{\theta}|\boldsymbol{x}) = c_i q_i(\boldsymbol{\theta}|\boldsymbol{x})$ 表示两个竞争模型下 $\boldsymbol{\theta}$ 的第 i 个后验密度 ($i = 1, 2$)，其中 q_i 已知但 c_i 未知，那么 $r = c_2/c_1$ 是模型 1 对模型 2 的后验胜算比。Bayes 因子就是 r 与先验胜算比的比率。

因为通常很难为 f_1 和 f_2 找到好的重要性抽样包络，一个标准的重要性抽样方法是用单个包络来估计 r。例如，在下述方便的情形，当 f_2 的支撑包含了 f_1 支撑且我们能用 f_2 作为包络时，$r = E\{q_1(\boldsymbol{\theta}|\boldsymbol{x})/q_2(\boldsymbol{\theta}|\boldsymbol{x})\}$。然而，当 f_1 和 f_2 区别较大时，这种方法就会表现很差，因为没有单个包络能充分提供 c_1 和 c_2 的信息。桥路抽样的方法利用到了一个未归一化密度 q_{bridge}，即在某种意义下位于 q_1 和 q_2 之间的密度[457]。然后注意到

$$r = \frac{E_{f_2}\{q_{\text{bridge}}(\boldsymbol{\theta}|\boldsymbol{x})/q_2(\boldsymbol{\theta}|\boldsymbol{x})\}}{E_{f_1}\{q_{\text{bridge}}(\boldsymbol{\theta}|\boldsymbol{x})/q_1(\boldsymbol{\theta}|\boldsymbol{x})\}} \tag{6.18}$$

我们可以利用重要性抽样来估计分子和分母，这样每一任务的困难减半，因为 q_{bridge} 与每个 q_i 比两个 q_i 之间更近。这些思想已经在 Bayes 模型选择里被予以进一步研究[437]。

原则上，桥路的思想可用 q_1 和 q_2 的中间密度的一个嵌套序列通过重复式（6.18）中采用的策略而进行扩展。q_1 和 q_2 之间的序列中每对相邻的密度将会足够地接近以保证有归一化常数的相应比率的可靠估计，并且从这些比率中我们能估计 r。实际上，这样一种方法的极限就是一个称作*路径抽样*的非常简单的算法，详见文献 [222]。

6.3.2 序贯蒙特卡洛

当目标密度 f 变成多维时，SIR 的无效性增加并且很难实现。给定一个与目标足够近似并且有足够大的厚尾以及很少的浪费的高维包络是非常具有挑战性的。*序贯蒙特卡洛*方法通过将高维的任务分成一串简单的序列来解决问题，每一个都是对前一个的更新。

假设 $\boldsymbol{X}_{1:t} = (X_1, \cdots, X_t)$ 代表一个离散的随机过程。X_t 是在时刻 t 的观测值，$\boldsymbol{X}_{1:t}$ 代表到目前为止所有的历史序列，X_t 可能是多维的，但是为简单起见，我们采用标量记号来表示。将 $\boldsymbol{X}_{1:t}$ 的密度记为 f_t，假设我们可以通过一个重要的抽样策略在时刻 t 求出与 f_t 有关的 $h(\boldsymbol{X}_{1:t})$ 的期望值。

直接应用 6.3.1 节中的 SIR 方法，可以从包络 g_t 中得到一个 $\boldsymbol{x}_{1:t}$ 的样本序列，然后计算出这个样本序列的 $h(\boldsymbol{x}_{1:t})$ 的重要权重均值。然而，这样的计算忽略了问题的一个关键，随着 t 的增加，$X_{1:t}$ 和期望值 $h(\boldsymbol{x}_{1:t})$ 发生变化。在时刻 t，我们应该更新先前的参考值而不是忽略之前时刻的信息。的确，在每个时刻 t 均开始 SIR 方法的效率是很低的。我们需要发展一种能够将 X_t 和先前的仿真序列 $\boldsymbol{X}_{1:t-1}$ 联系起来并且能够利用先前的重要权重来计算 $h(\boldsymbol{X}_{1:t})$ 的方法，这样的方法叫做*序贯重要性抽样*[419]。

这种实时更新的方法的优点在序贯仿真必须实时实现的时候表现得非常明显。例如，在目标追踪过程中，序贯重要性抽样可以用来通过远程传感器（例如雷达）获得的粗糙观测值来估计目标 (例如导弹) 的位置。在任何时刻，真实的位置是通过当前时刻的观测值和过去时刻的观测序列 (也就是说已估计的飞行轨迹) 得到的，由于跟踪是实时进行的，所以估计也要随着实时增加的数据进行更新。很多的序贯估计方法被用来处理这种跟踪问题，详见文献 [95,239, 287,447]。

对于序贯重要性抽样的应用是非常多种多样的，不管是跨学科的应用，如在物理学和分子生物学的应用，还是从 *Bayes* 推断到稀疏列联表分析这类统计学问题，序贯重要性抽样都有应用，详见文献 [108,109,167,419]。

6.3.2.1 马尔可夫过程的序贯重要性抽样

我们从一个简单的假设开始，假设 $\boldsymbol{X}_{1:t}$ 是一个马尔科夫过程。在这种情况下，X_t 仅依赖于 X_{t-1} 而不是整个历史序列 $\boldsymbol{X}_{1:t-1}$，则目标密度 $f_t(\boldsymbol{x}_{1:t-1})$ 可以表示为

$$\begin{aligned} f_t(\boldsymbol{x}_{1:t}) &= f_1(x_1)f_2(x_2|\boldsymbol{x}_{1:1})f_3(x_3|\boldsymbol{x}_{1:2})\cdots f(x_t|\boldsymbol{x}_{1:t-1}) \\ &= f_1(x_1)f_2(x_2|x_1)f_3(x_3|x_2)\cdots f(x_t|x_{t-1}) \end{aligned} \tag{6.19}$$

假设对于包络我们采用同样的马尔科夫形式，也就是说

$$g_t(\boldsymbol{x}_{1:t}) = g_1(x_1)g_2(x_2|x_1)g_3(x_3|x_2)\cdots g_t(x_t|x_{t-1}) \tag{6.20}$$

采用一般的非序惯 SIR 算法 (见 6.3.1 节)，在时间 t 我们可以从 $g_t(\boldsymbol{x}_{1:t})$ 抽样并且对每个 $\boldsymbol{x}_{1:t}$ 利用权重 $w_t = f_t(\boldsymbol{x}_{1:t})/g_t(\boldsymbol{x}_{1:t})$ 进行更新。根据式 (6.19) 和式 (6.20)，我们得到 $w_t = u_1u_2\cdots u_t$ 。对于 $i = 2,\cdots,t$ ，有 $u_1 = f_1(x_1)/g_t(x_1)$ 和 $u_i = f_i(x_i|x_{i-1})/g_i(x_i|x_{i-1})$ 。

给定 $\boldsymbol{x}_{1:t-1}$ 和 w_{t-1} ，我们可以利用马尔科夫过程的性质只对下一个元素即 X_t 进行采样，然后与 $\boldsymbol{x}_{1:t-1}$ 连接起来，并使用乘法因子 u_t 对权重 w_{t-1} 进行调整。具体地说，当目标和包络分布都是马尔科夫过程时，序贯重要性取样求取 w_{t-1} 和 u_t 的过程可用下面的算法步骤描述。选取 n 个这样的节点以及他们的权重可以用来近似估计 $f_t(\boldsymbol{x}_{1:t})$ ，因此可以求出 $h(\boldsymbol{X}_{1:t})$ 的期望。算法如下：

1. 通过从 g_1 中抽取 X_1 ，并令 $w_1 = u_1 = f_1(x_1)/g_1(x_1)$ 及 $t = 2$ 来初始化。
2. 从 $g_t(x_t|x_{t-1})$ 中取样 $X_t|x_{t-1}$ 。
3. 将 x_t 连接到 $\boldsymbol{x}_{1:t-1}$ ，得到 $\boldsymbol{x}_{1:t}$ 。
4. 令 $u_t = f_t(x_t|x_{t-1})/g_t(x_t|x_{t-1})$ 。
5. 令 $w_t = w_{t-1}u_t$ 。在当前时刻，w_t 是 $\boldsymbol{x}_{1:t}$ 的权重。
6. 增加时间 t 并回到步骤 2。

为了得到一个独立的 n 维取样序列 $\boldsymbol{X}_{1:t}^{(i)}$ ，$i = 1,\cdots,n$ ，上面描述的算法可以通过对于 n 维序列的依次单独处理或者成批处理而实现。使用这个 n 维的样例，平均权重 $\sum_{i=1}^{n} w_t^{(i)} h(\boldsymbol{X}_{1:t}^{(i)})/\sum_{i=1}^{n} w_t^{(i)}$ 作为对 $E_{f_t}h(\boldsymbol{X}_{1:t})$ 的估计。

在上面每次循环的结尾进行标准化是不必要的，尽管在我们估计 $E_{f_t}h\ (\boldsymbol{X}_{1:t})$ 的过程中标准化是自然的。在 6.4.1 节中我们讨论了一般背景下的权重标准化，在 6.3.2.5 节中描述了序列重要性抽样的一般化，其包括了循环之间重复采样的标准化。

例 6.5 (简单马尔科夫过程) 令 $\boldsymbol{X}_t|\boldsymbol{X}_{t-1} \sim f_t$ 表示一个马尔科夫过程

$$f_t(x_t|x_{t-1}) \propto |\cos\{\boldsymbol{X}_t - \boldsymbol{X}_{t-1}\}| \exp\left\{-\frac{1}{4}(\boldsymbol{X}_t - \boldsymbol{X}_{t-1})^2\right\} \tag{6.21}$$

对于每个 t 我们希望得到一个重要权重 $w_t^{(i)}$ 和重要权重样例 $\boldsymbol{X}_{1:t}^{(i)}$，$i = 1, \cdots, n$。假设我们希望用权重的估计值计算出 $\boldsymbol{X}_t$ 的标准差 σ_t

$$\widehat{\sigma}_t = \left[\frac{1}{1-\sum_{i=1}^{n}(w_t^{(i)})^2}\sum_{i=1}^{n} w_t^{(i)}(x_t^{(i)} - \widehat{\mu}_t)^2\right]^{1/2} \tag{6.22}$$

上式中 $\widehat{\mu}_t = \Sigma_{i=1}^{n} w_t^{(i)} x_t^{(i)} / \Sigma_{i=1}^{n} w_t^{(i)}$。

采用序贯重要性采样，在时间 t 我们可以通过一个普通的包络 $\boldsymbol{X}_t^{(i)}|x_{t-1}^{(i)} \sim N(x_{t-1}^{(i)}, 1.5^2)$ 开始采样。由于马尔科夫的特性，权重的更新为

$$u_t^{(i)} \propto \frac{|\cos\{x_t^{(i)} - x_{t-1}^{(i)}\}| \exp\{-(x_t^{(i)} - x_{t-1}^{(i)})^2/4\}}{\phi(x_t^{(i)}; x_{t-1}^{(i)}, 1.5^2)}$$

这里 $\phi(z; a, b)$ 代表均值为 a、方差为 b 的序列 z 的正态密度。

因此为了更新第 $(t-1)$ 个样例，当 $X_t^{(i)}$ 得到的时候，与前面的序列结合形成 $\boldsymbol{x}_{1:t}^{(i)}$，相应的权重更新方式为 $w_t^{(i)} = w_{t-1}^{(i)} u_t^{(i)}$。我们可以通过式 (6.22) 估计 σ_t。在 $t = 100$ 时我们发现 $\widehat{\sigma}_t = 13.4$。通过对比，当 $X_t|x_{t-1} \sim N(x_{t-1}, 2^2)$ 时，不需要采用序贯重要性采样，类似地，$\widehat{\sigma}_t = 9.9$。因此，式 (6.21) 中的余弦项对 f_t 的分布增加了额外的方差。

这个例子非常简单并且可以使用其他的方法解决，但是我们的序贯重要性采样的方法是非常直接的。然而，随着 t 的增加，权重将会产生不必要的退化，将在 6.3.2.3 节中对该问题进行讨论。若采取考虑样本退化问题的解法，求解将会更加有效。 □

6.3.2.2 常规序贯重要性抽样

在 6.3.2.1 节中，由于进行了马尔可夫假设，从 $f_t(\boldsymbol{x}_{1:t})$ 中获得一个近似抽样的方法被大大地简化了。假设现在我们在马尔可夫过程的特性不存在的情况下达到相同的目标。目标密度函数为

$$f_t(\boldsymbol{x}_{1:t}) = f_1(x_1) f_2(x_2|\boldsymbol{x}_{1:1}) f_3(x_3|\boldsymbol{x}_{1:2}) \cdots f(x_t|\boldsymbol{x}_{1:t-1}) \tag{6.23}$$

注意到 $\boldsymbol{x}_{1:1} = x_1$。类似地，不考虑包络的马尔科夫性，得到

$$g_t(\boldsymbol{x}_{1:t}) = g_1(x_1) g_2(x_2|\boldsymbol{x}_{1:1}) g_3(x_3|\boldsymbol{x}_{1:2}) \cdots g_t(x_t|\boldsymbol{x}_{1:t-1}) \tag{6.24}$$

则重要性权重的形式为

$$w_t(\boldsymbol{x}_{1:t}) = \frac{f_1(x_1) f_2(x_2|\boldsymbol{x}_{1:1}) f_3(x_3|\boldsymbol{x}_{1:2}) \cdots f(x_t|\boldsymbol{x}_{1:t-1})}{g_1(x_1) g_2(x_2|\boldsymbol{x}_{1:1}) g_3(x_3|\boldsymbol{x}_{1:2}) \cdots g_t(x_t|\boldsymbol{x}_{1:t-1})} \tag{6.25}$$

则在 $t > 1$ 时，重要性权重的递归更新为：

$$w_t(\boldsymbol{x}_{1:t}) = w_{t-1}(\boldsymbol{x}_{1:t-1}) \frac{f(x_t|\boldsymbol{x}_{1:t-1})}{g_t(x_t|\boldsymbol{x}_{1:t-1})} \tag{6.26}$$

例 6.6 是一个非马尔科夫序列的序贯重要性抽样的方法。但是我们首先需要考虑一个关于序列权重的潜在问题。

6.3.2.3 权重退化、更新及有效的样本容量

由于重要性权重是实时更新的，所以很有可能大多数的总权重会在很少的取样序列中非常集中。这种现象产生的原因是随着时间的增加，序列的组成元素必须与相应的状态密度 $f_t(x_t|\boldsymbol{x}_{1:t-1})$ 保持一致。每次当一个新的成分增加到当前的取样序列中时，将会成比例地减小整个序列的权重，最后每个序列都逃避不了这个现象。我们称这种权重集中在很少的一些序列 $\boldsymbol{X}_{1:t}$ 上的现象为退化，退化的权重降低了估计的效果。

为了解决这个问题，在测量中我们采用有效样本容量来衡量包络 g 和目标 f 的使用效率[386,418]。有效样本容量说明了权重的退化程度。

权重的退化与他们的可变性密切相关：随着权重在一些小样本上的增加，剩余样本的权重是接近零的，权重的可变性将会增加。一个关于样本权重的可变性的衡量参数–可变性系数的求法如下：

$$\begin{aligned}\mathrm{cv}^2\{w(X)\} &= \frac{E\{w(X)-E\{w(X)\}\}^2}{(E\{w(X)\})^2} \\ &= \frac{E\{w(X)-n^{-1}\}^2}{n^{-2}} \\ &= E\{nw(X)-1\}^2 \end{aligned} \tag{6.27}$$

接下来我们将说明这个指标如何用于权重退化的处理。

有效样本容量可以理解为在序贯重要性估计中， n 个有权重的取样值与从 f 得到的一定数量的无权重的取样值是等价的。假设 n 个取样值对于 $i = 1,\cdots,n$ 有归一化的重要性权值 $w(x_{(i)})$,如果这些权重中的 z 个权重是零，则剩下的 $n-z$ 个样例的权重等于 $1/(n-z)$ ，然后估计的准确性依赖于非零权重的 $n-z$ 个点。

在这种情况下，式 (6.27) 中的可变性系数可以用如下方法估计：

$$\begin{aligned}\widehat{\mathrm{cv}}^2\{w(X)\} &= \frac{1}{n}\sum_{i=1}^{n}[nw(x^{(i)})-1]^2 \\ &= \frac{1}{n}\left[\sum_{S_0} d(x^{(i)})^2+\sum_{S_1} d(x^{(i)})^2\right] \\ &= \frac{1}{n}\left[z+(n-z)(\frac{n}{n-z}-1)^2\right] \\ &= \frac{n}{n-z}-1 \end{aligned} \tag{6.28}$$

在上式中 $d(x^{(i)}) = nw(x^{(i)})-1$,样本基于权重是 0 或者是 1 被分为两类，分别为 $S_0 = \{i: w(x^{(i)})=0\}$ 以及 $S_1 = \{i: w(x^{(i)})=1/(n-z)\}$ ，因此 $n-z = n/(1+\widehat{\mathrm{cv}}^2\{w(X)\})$ 。而且，根

据权重的本质，以直觉判断，样本的容量应该是 $n-z$，由于它是非零权重的样本个数。因此我们可以通过下式衡量有效样本值

$$\widehat{N}(g,f)=\frac{n}{1+\widehat{\mathrm{cv}}^2\{w(X)\}} \tag{6.29}$$

有效样本容量越大越好，因为样本容量越小，样本退化就越会发生。符号 $\widehat{N}(g,f)$ 用来强调有效样本容量是对于 f 的包络 g 的性质的衡量。上式中的权重未经过标准化，等价的标准化后的表达式为

$$\widehat{N}(g,f)=\frac{n}{1+\widehat{\mathrm{var}}^2\{w^*(X)\}} \tag{6.30}$$

采用式 (6.29) 根据标准化权重来计算 $\widehat{N}(g,f)$ 的方式是直接的，原因如下：

$$\begin{aligned}\widehat{\mathrm{cv}}^2\{w(X)\} &= \frac{1}{n}\sum_{i=1}^{n}\left[nw(x^{(i)})-1\right]^2\\ &= n\sum_{i=1}^{n}\left[w(x^{(i)})^2-\frac{2w(x^{(i)})}{n}+\frac{1}{n^2}\right]\\ &= n\sum_{i=1}^{n}w(x^{(i)})^2-1\end{aligned} \tag{6.31}$$

因此，

$$\widehat{N}(g,f)=\frac{1}{\sum_{i=1}^{n}\ w(x^{(i)})^2} \tag{6.32}$$

在序列重要性抽样的例子中，我们可以观测 $\widehat{N}_t(g,f)$ 来获得重要的权重的退化。通常有效样本容量随着时间的增加会逐渐减小。若在时间 t 时有效样本容量减小到某一阈值以下时，序列的集合 $\boldsymbol{X}_{1:t-1}^{(i)}$，$i=1,\cdots,n$，应该*更新*。最简单的更新办法是通过设定概率为 $w_t(x_{1:t}^{(i)})$，并且设置所有的权重为 $1/n$ 进行重采样。这种多节点重新采样的步骤有时被叫做*序贯重要性重采样*[421]，序贯重要性重采样与 6.3.2.5 节中讨论的粒子滤波器是密切相关的。在下面的几个粒子中我们将说明这个方法。大量的用于减弱退化和实施更新的复杂的方法在 6.3.2.4 节和 6.3.2.5 节中将会引用。

图 6.8 说明了上两节中讨论的概念，时间从左到右依次增加。五个盒子形状的阴影代表对 $X_t|\boldsymbol{x}_{1:t-1}$ 进行取样时假设的一元条件密度函数 (如同竖直方向的直方图)。对任一时刻 t，g_t 是对 X_t 覆盖的阴影部分的平均密度。在 $t=1$ 开始时刻有三个取样点 $x_1^{(i)}, i\in\{1,2,3\}$，在图 6.8 中用最左边的三个小圆圈代表。初始时刻的权重是相等的，原因是 g_1 是固定的。为了对算法初始化，三个圆圈的权重分配正比于 $f_1(x_1)/g_1(x_1)$。权重的大小在 x_1 轴邻接处用圆圈的大小表示，在 f_1 概率密度较大处的点的权重大于其他的两点，所以表示该点的圆圈的面积增大。图片中权重的效果是被削弱了的，原因是为了视觉效果，防止圆圈过大比例不当或者圆圈过小不能看到，对圆圈的大小即权重的大小进行了调整。

在时刻 $t=2$ 时，新的观测值添加到了当前的观测值中，因此形成了长度为 2 的序列，连接前两个密度图之间的直线说明了 x_2 和 x_1 之间的配对关系，在这一时刻，到达 x_2 中间的

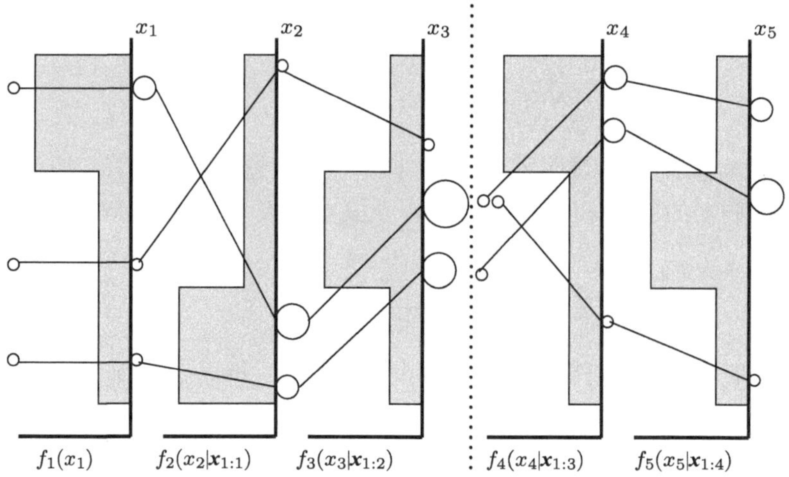

图 6.8 对序列重要性抽样的图示。从左到右时间增加。取样的过程用实线表示。概率密度用盒子形状的阴影表示。取样点用圆圈表示；圆圈的面积大小表示了该时刻取样的权重。图中的虚线表示重取样过程中实时的权重变化。正文中对此有详细的讨论

样点具有最高的权重，原因是与之对应的样点 x_1 具有最高的权重，通过 $f_2(x_2|x_1)$ 的作用使相应的 x_2 落在 $t=2$ 时刻的同样高权重的区域。同样地， g_2 对于权重没有影响，因为它是常数值。

在下一步中，新观测值 x_3 的加入使序列增加，并且新序列根据 $f_3(x_3|\boldsymbol{x}_{1:2})$ 重新分配权重。假设在这个时刻权重已经充分退化，进而产生了一个足够小的有效样本容量 $\widehat{N}(g_3,f_3)$ 触发了权重的重新分配。权重的重新分配用竖直的虚线表示。为了解决这个问题，我们对这三个序列进行了重新采样，将当前的序列用正比于它们各自权重的概率代替。在图中，从中间序列 x_3 中将产生两个序列。一个序列从 x_3 的底部产生，另一个序列从 x_3 的顶部产生。后一个序列最终消失并被两个在 $t=3$ 时刻具有相同过去的序列取代。右半部分的图片与前面图片的更新过程相同，即在每一时刻 t 进行取样并对权重进行调整。

例 6.6 (高维分布) 尽管时间 t 的作用被描述为在 $t = 1,2,\cdots,n$ 的时刻增加一个序列的随机变量 X_t ，对于固定的 p，从 p 维目标分布 f_p 中抽样的过程中，序列重要性抽样也可以用于一般问题。对于高维分布，我们可以通过每次对该高维分布的每一维进行取样得到重要性权重，可以通过式 (6.23) 和式 (6.24) 描述的方法对每一维的单变量条件密度进行取样。经过 p 步后我们得到 $\boldsymbol{X}_{1:p}^{(i)}$ 以及它们相应的估计 f_p 序列的权重。

例如，考虑对一些常数 k_t 得到的一列概率密度 $f_t(\boldsymbol{x}_{1:t})=k_t\exp\{-\|\boldsymbol{x}_{1:t}\|^3/3\}$，这里 $\|\cdot\|$ 代表欧几里得范数并且 $t = 1,\cdots,p$ 。此时 $\boldsymbol{X}_{1:p}$ 是密度为 f_p 的随机变量。虽然 $f_t(\boldsymbol{x}_{1:t})$ 是光滑单峰密度函数但比正态分布尾值更小，所以没有从中直接取样的简便方法。注意到由于每一时刻的密度 $X_t|\boldsymbol{X}_{1:t-1}$ 与所有先前时刻的元素 $\boldsymbol{X}_{1:t}$ 有关，序列随机变量 $\boldsymbol{X}_{1:t}$ 在每一时刻 t 不是马尔可夫过程。因此在此例中要求采用 6.3.2.2 节中描述的序贯重要性抽样的方法。

首先，我们采用一个标准正态分布的包络，t 时刻的状态密度可以被表述为 $f_t(x_t|\boldsymbol{x}_{1:t-1})$

$= f_t(x_{1:t})/f_{t-1}(\boldsymbol{x}_{1:t-1})$ 。序贯重要性抽样的步骤如下所示：

1. 令 $t = 1$ ，从标准正态分布中对 n 个点取样，得到序列 $X_1^{(1)}, \cdots, X_1^{(n)}$, 计算出初始权重为 $w_1^{(i)} = \exp\{-|x_1^{(i)}|^{3/2}\}/\phi(x_1^{(i)})$ ，上式中 ϕ 为标准正态密度函数。常数 k_t 在权重标准化后消失了，因此可以被忽略。
2. 当 $t > 1$ 时，从标准正态分布中取样 n 个样点 $X_t^{(i)}$ 。将其作为对 $\boldsymbol{X}_{1:t-1}^{(i)}$ 的补充，得到 $\boldsymbol{X}_{1:t}^{(i)}$ 。
3. 计算权重调节因子 $u_t^{(i)} = f_t(x_t^{(i)}|\boldsymbol{x}_{1:t-1}^{(i)})/\phi(x_t^{(i)})$ 。
4. 设定 $w_t^{(i)} = w_{t-1}^{(i)} u^{(i)_t}$ ，然后对权重标准化。
5. 计算有效样本容量 $\widehat{N}_t(\phi, f_t)$，使用 α 控制样本退化的阈值。如果 $\widehat{N}_t(\phi, f_t) < \alpha n$ ，对当前样本 $\boldsymbol{X}_{1:t}^{(i)}$ 进行重取样，即用概率为 $w_t^{(i)}$ 的新样本代替并将 $\boldsymbol{X}_{1:t}^{(i)}$ 丢弃。在此步骤中，设置所有权重为 $1/n$ 。
6. 增加时间 t 并回到步骤 2，直到 $t = p$ 。

注意在步骤 5 中的重取样会周期性地减小样本退化，因此这个算法叫做*序贯重要性重取样*。

作为实验，设定 $p = 50, n = 5000, \alpha = 0.2$ ，经过 50 次仿真，步骤 5 执行了 8 次，仿真过程中有效样本容量的中位值大小为 2000 。假设我们从 50 维的标准正态包络中取出 5000 个点，一次性地对这些点进行重新分配权重。这一步的过程产生的有效样本容量为 1.13 。增大取样点的数量到 n =250 000 ，一步过程的有效样本容量仅仅增加到 1.95 。高维空间太大，所以不能一步产生太多的 p 维样本点：好的样本点是一次性一维有序产生的。 □

6.3.2.4 隐马尔可夫模型的序贯重要性抽样

另外一类序贯重要性抽样的方法可以被有效采样的模型是隐马尔可夫模型。考虑在时刻 t 的无观测变量序列 $X_0, X_1, X_2, \cdots$ 。假设这些变量代表一些马尔可夫过程的状态，所以 $X_t|\boldsymbol{x}_{1:t-1}$ 取决于 x_{t-1} 。尽管这些状态是不可观测的，假设有一可观测的序列 $Y_0, Y_1, Y_2, \cdots$，其中 Y_t 在同一时间的状态过程中是独立的，也就是 X_t 。因此我们建立以下模型：

$$Y_t \sim p_y(y_t|x_t) \quad 及 \quad \mathrm{X}_t \sim p_x(x_t|x_{t-1})$$

上式中 $t = 1, 2, \cdots$ 且 p_x 和 p_y 是密度函数，这个过程叫做*隐马尔可夫过程*。

我们希望使用观测量 $\boldsymbol{y}_{1:t}$ 作为数据来估计隐马尔可夫过程的状态 $\boldsymbol{x}_{1:t}$ 。在序贯重要性抽样过程中取样函数 $f_t(\boldsymbol{x}_{1:t}|\boldsymbol{y}_{1:t})$ 是目标分布。

注意到在 f_t 和 f_{t-1} 之间有递归关系，即

$$f_t(\boldsymbol{x}_{1:t}|\boldsymbol{y}_{1:t}) = f_t(\boldsymbol{x}_{1:t-1}|\boldsymbol{y}_{1:t-1}) p_x(x_t|x_{t-1}) p_y(y_t|x_t) \tag{6.33}$$

假设在时刻 t 我们采用的包络为 $g_t(x_t|\boldsymbol{x}_{1:t-1}) = p_x(x_t|x_{t-1})$ ，则重要性权重的更新可以表

示为

$$u_t = \frac{f_t(\boldsymbol{x}_{1:t}|\boldsymbol{y}_{1:t})}{f_t(\boldsymbol{x}_{1:t-1}|\boldsymbol{y}_{1:t-1})p_x(x_t|x_{t-1})} = p_y(y_t|x_t) \tag{6.34}$$

将式 (6.33) 代入式 (6.34) 可以得到上式中的结果。

上面的框架也可用 *Bayes* 模型重塑。此时，$\boldsymbol{X}_{1:t}$ 将作为参数。t 时刻的先验分布为 $p_x(x_0)\prod_{i=1}^t p_x(x_i|x_{i-1})$ 。似然是从观测值密度中得到的，等于 $\prod_{i=0}^t p_y(y_i|x_i)$ 。后验概率 $f_t(\boldsymbol{x}_{1:t}|\boldsymbol{y}_{1:t})$ 正比于先验概率和似然的乘积，即从式 (6.33) 中递归得到。因此在时刻 t 的重要性权重更新是从新数据 y_t 的似然中得到的。在参考文献 [113] 中描述了一个相似的算法，在此算法中，程序被成批地一般化到取样的维数中。

例 6.7 (地形导航) 一架飞机飞过不平整的地面可以使用它正下方地面的海拔信息来确定它的当前位置。当飞机按照它的航线飞行时，可以得到序贯的海拔测量值。同时，惯性导航系统能够提供飞行方向和距离的测量值。在任意位置，飞机的当前位置可以使用新的信息进行更新。这类问题的特点在于，序贯重要性抽样在军事上的应用可以为 GPS 系统提供位置信息的替代或参考。具体的地形导航的细节在参考文献 [30,31,287] 中。

t 时刻飞机的真实位置用二维变量 $\boldsymbol{X}_t = (X_{1t}, X_{2t})$ 表示，用 $\boldsymbol{d}_t$ 代表测量的漂移误差，或者此刻惯性导航系统测量的飞机位置的偏差。地形导航的关键在于一个基准的地形图，通过查图可以得到任意位置 $\boldsymbol{x}_t$ 的海拔 $m(\boldsymbol{x}_t)$ 。

我们的地形导航的隐马尔可夫模型为

$$\boldsymbol{Y}_t = m(\boldsymbol{x}_t) + \delta t, \qquad \boldsymbol{X}_t = \boldsymbol{x}_{t-1} + \boldsymbol{d}_t + \boldsymbol{\epsilon}_t \tag{6.35}$$

上式中 $\boldsymbol{\epsilon}_t$ 和 δ_t 是独立随机误差过程，分别代表漂移误差和地形测量误差。$\boldsymbol{Y}_t$ 代表海拔的观测值。我们在模型中将 $\boldsymbol{d}_t$ 视为已知量而不是测量量，允许测量误差归入 $\boldsymbol{\epsilon}_t$ 。

图 6.9 表示了科罗拉多州一个地区的地形图。地面海拔越高，图中的阴影越淡，图中的单位为米。假设飞机正在按照一个圆弧状航线行驶，该圆弧航线被 101 个角度 θ_t 定义，角度的范围在 $\pi/2$ 到 0 之间。在 t 时刻的真实位置为 $\boldsymbol{x}_t = (\cos\theta_t, \sin\theta_t)$, 真实的漂移 $\boldsymbol{d}_t$ 表示在时刻 t 和时刻 $t-1$ 之间的位置误差。假设测量误差可以用模型 $\delta_t \sim N(0,\sigma^2)$ 表示，此处假设 $\sigma = 75$ 。

假设位置随机误差 $\boldsymbol{\epsilon}_t$ 的分布特性为 $\boldsymbol{\epsilon}_t = \boldsymbol{R}_t^{\mathrm{T}}\boldsymbol{Z}_t$ ，此处 $\boldsymbol{R}_t = \begin{pmatrix} -x_{1t} & x_{2t} \\ -x_{2t} & -x_{1t} \end{pmatrix}$ 且 $\boldsymbol{Z}_t \sim N_2\left(\boldsymbol{0}, q^2\begin{pmatrix} 1 & 0 \\ 0 & k^2 \end{pmatrix}\right)$ ，此处 $q = 400$ 且 $k = \frac{1}{2}$ 。$g_t(\boldsymbol{\epsilon}_t)$ 的分布组成了序贯重要性取样的包络 $g_t(\boldsymbol{x}_t|\boldsymbol{x}_{t-1})$ 。上面复杂的说明可以被以下简单的说明代替，$\boldsymbol{\epsilon}_t$ 有双变量的正态分布，标准差为 q 和 kq ，所以当前位置的飞行曲线的切线与密度轮廓线的主轴是平行的。标准的二维正态分布是一个可行的选择，但实际上我们的仿真中随着时间增加距离的不确定性比飞行方向随着时间增加的不确定性更大。

在此例中，保持轨线中取样点个数为 $n = 100$ ，即取样点为 $\boldsymbol{X}_t^{(1)}, \cdots, \boldsymbol{X}_t^{(100)}$,尽管在实际

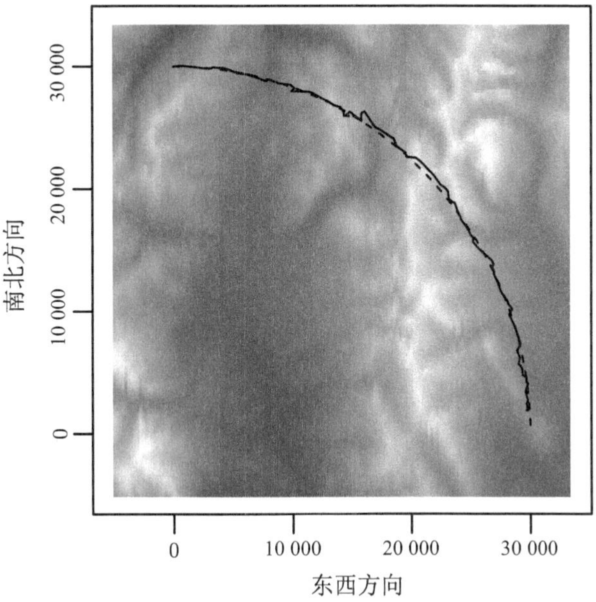

图 6.9 例 6.7 的结果展示，科罗拉多州一个地区的地形图，高的海拔高度对应淡的阴影区，虚线是真实未知的飞行轨迹，实线是估计的飞行轨迹，这两条飞行轨迹基本一致

应用中这个取样的数目会更大。为了初始化这个模型，我们从二维正态分布的中心取样 $\boldsymbol{x}_0$ ，其标准差为 50 。在实际生活中，初始化的点相当于飞机离开飞机场的点或者在飞机飞行过程中，飞行轨迹中的观测点更新后的位置，即在此点可以提供高精度的位置数据，允许当前点被“重初始化”。

该问题的序贯重要性取样算法过程如下：

1. $t=0$ 时，进行初始化，得到 n 个起始点 $\boldsymbol{X}_0^{(i)}, i = 1,\cdots,n$ 。
2. 得到观测数据 Y_t 。
3. 计算权重更新因子 $u_t^{(i)} = \phi(y_t; m(\boldsymbol{x}_t^{(i)}); \sigma^2)$ ，其中 $\phi(\cdot; a, b^2)$ 是均值为 a、标准差为 b 的正态分布密度的值。
4. 采用 $w_t^{(i)} = w_{t-1}^{(i)} u_t^{(i)}$ 更新权重，如果 $t=0$ ，则 $w_{t-1}^{(i)} = 1/n$ 。然后对权重标准化使权重和为 1。
5. 当前真实位置的估计值为 $\widehat{\boldsymbol{x}}_t = \sum_{i=1}^n w_t^{(i)} \boldsymbol{x}_t^{(i)}$ 。
6. 计算有效样本容量 $\widehat{N}(g_t, f_t) = 1/\sum_{i=1}^n (w_t^{(i)})^2$ 。如果 $\widehat{N}(g_t, f_t) < \alpha n$ ，根据下面的步骤对样本进行恢复。此处 α 是有效样本容量的对于真实样本大小的容忍度阈值。在本例中使用 $\alpha = 0.3$ ，如果不需要样本恢复，直接执行步骤 7。

   a. 根据可能性 $w_t^{(1)},\cdots,w_t^{(n)}$ 对样本 $\boldsymbol{x}_t^{(1)},\cdots,\boldsymbol{x}_t^{(n)}$ 进行更新得到 $\boldsymbol{x}_{t,new}^{(1)},\cdots,\boldsymbol{x}_{t,new}^{(n)}$ 。

   b. 将当前取样点的值 $\boldsymbol{x}_t^{(i)}$ 用新得到的点 $\boldsymbol{x}_{t,new}^{(i)}$ 代替，也就是说，$\boldsymbol{x}_t^{(i)} = \boldsymbol{x}_{t,new}^{(i)}$。

c. 对于所有的 i ，设置 $w_t^{(i)} = 1/n$ 。

7. 对一组位置误差取样 $\boldsymbol{\epsilon}_{t+1}^{(i)} \sim g_{t+1}(\boldsymbol{\epsilon})$ 。
8. 根据 $\boldsymbol{x}_{t+1}^{(i)} = \boldsymbol{x}_t^{(i)} + \mathbf{d}_{t+1} + \boldsymbol{\epsilon}_{t+1}^{(i)}$ ，对位置进行更新。
9. 增加时间 t 并回到步骤 2 。

注意到这个算法结合了重采样的方法以及减小权重退化的方法。

在这个算法中，每个序列 $\boldsymbol{x}_{1:t}^{(i)}$ 代表飞机的一条可能的路径，这些完成的路径有着对应的重要性权重 $w_t^{(i)}$ 。图 6.9 表示了算法的结果。虚线是实际的飞行路径，实线是第 5 步骤估计的飞行路径，过程中采用了等高线数据 y_t 。

结果表现出估计的路径对实际路线的非常好的追踪效果。当然，结果与 n 的取值有关，并且与状态噪声和观测过程噪声的取值有关。算法的出色计算结果也跟科罗拉多州变化很大的地形有关。在实际中这种算法的结果并没有如此精确。尽管科罗拉多州的落基山脉并不平坦，但是其他地方的公路和山谷是相对比较平坦的，因此在这些区域算法有可能被引导到错误的路径。这个算法在一些地形，例如在一些不同的小土丘但是在地图中有相同的高度的情况下，一些 $X_t^{(i)}$ 会被引导至错误的山顶。

尽管在此例中，估计效果很好，但是对于很大的有效样本容量的维持是不好的。大多数的迭代存在更新的过程。本例中的数据可以从本书对应的网站中下载。 □

序贯重要性抽样计算是从序贯归类和动态系统的 Monte Carlo 方法分析中发展而来的[34, 386,416,418,430]。相关的研究集中在提高 g_t 和减慢权重退化的速度上[90,95,168,239,260,386,417,419,679]。

6.3.2.5 粒子滤波

正如上文讨论的内容，序贯重要性抽样在引入没有重抽样步骤以减小有效样本容量为标志的权重退化时，用处很小。粒子滤波着眼于组织权重退化的序列蒙特卡洛算法[90,167,239,274, 379]。最初的发展在 6.3.2.4 节中描述，依据是隐马尔可夫模型的框架。在时刻 t，当前采样序列被看做权重粒子的收集。权重高的粒子在蒙特卡洛算法中越来越明显，但权重低的粒子将随着时间 t 的增加逐渐被滤除掉。

可以将粒子滤波看做是序贯重要性采样的归纳，或者序贯重要性重抽样的特别方法。这些不同的名字隐藏了它们方法上的相同点。与之前提出的一样，通过重采样对序贯重要性采样进行补偿即对 $\boldsymbol{x}_{1:t}$ 用它们当前权重的可能性替换并将所有的权重设为 $1/n$ 。在最简单的例子中，这个过程在有效样本容量减小很多时将会被引发。通过采用一个粒子滤波的思路，将可以取代在每一时刻 t 的取样。粒子滤波的算法也就是更着重于重采样或者在循环过程中采用新的取样点来减弱退化。

重采样本身并没有阻止退化。尽管低权重的序列容易被分散，高权重的序列只是被复制而不是被多元化。粒子滤波通常是在每一时刻 t 打乱或者平滑该序列。例如，粒子滤波通常根据具有相对平稳分布的马尔可夫链转化核心来移动采样点[239],或者通过加权平滑自助法来稳定取样的步骤[175]。例如，在所有或者一些当前的粒子点，通过对具有平滑密度中心的重要权重点进行取样来代替多点重取样[252,273,611,658]。另外一种取样方法是采用 6.3.1.1 节所述的桥式取样来促进序列取样的步骤[260]。6.3.2.4 节的关于序贯重要性取样的扩展提高也可以被用在此处。

最简单的粒子滤波方式为自举滤波[273]。这个方法是通过多节点的权重重要性取样实现的，而不是等待权重自身的过分衰减。换言之，序列发生重采样，通过对正比于它们当前权重的概率替换，然后权重被设为 $1/n$ 。在重采样之前，序贯重要性采样的方式将会被一个低的有效样本容量引发。

例 6.8 (地形导航，续) 自举滤波可以容易地在地形导航的例题中实现。特别地，我们在每一时刻 t 均对当前收集的路径进行重采样。

因此，我们将例 6.7 中的步骤 6 替换为:

6. 无论 $\widehat{N}_t(g_t, f_t)$ 值为多少，均实行以下子步骤:

其中的子步骤为在例 6.7 中步骤 6 下列举的子步骤 $(a),(b),(c)$ 。估计路径的仿真结果与图 6.9 所示的仿真结果没有太大差异。 □

6.4 方差缩减技术

$\int h(\boldsymbol{x})f(\boldsymbol{x})\mathrm{d}\boldsymbol{x}$ 的简单 Monte Carlo 估计为

$$\hat{\mu}_{\mathrm{MC}} = \frac{1}{n}\sum_{i=1}^{n} h(\boldsymbol{X}_i)$$

其中变量 $\boldsymbol{X}_1, \cdots, \boldsymbol{X}_n$ 是从 f 中随机抽取的。这个方法直觉上很吸引人，于是我们更加关注从 f 生成样本的方法。然而在某些情况下，可以得到更好的 Monte Carlo 估计。这些方法仍基于平均化 Monte Carlo 样本的原则，但是它们采用了更聪明的抽样方法和不同形式的估计以得到比最简单 Monte Carlo 方法有更小方差的积分估计。

6.4.1 重要性抽样

假设我们希望估计一个骰子掷出 1 点的概率。如果我们掷了 n 次，我们会预期看到 $n/6$ 个 1，真实概率的点估计是 1 在样本中出现的比例。如果是均匀骰子，则该估计的方差是 $5/36n$。要得到具有某变异系数如 5% 的一个估计，我们应该预计需要掷 2000 次。

为了减少所需的投掷次数，考虑将点数为 2 和 3 的两面用点数 1 的面来取代以偏置骰子。这样掷出 1 点的概率增加到了 0.5，但是我们不再从一个公平的骰子提供的目标分布中抽样了。为了修正这一情况，我们设掷出 1 点的每次投掷的权重为 1/3。也就是说，当掷出 1 时 $Y_i = 1/3$，否则 $Y_i = 0$。那么 Y_i 的样本均值的期望就是 1/6，该样本均值的方差是 $1/36n$。对该估计，如果要得到 5% 的变异系数，我们预计只要掷 400 次。

这一改进的精度是通过提高关注事件相对于它在原始 Monte Carlo 抽样框架下的发生频率而得到的，因此能更精确地估计它。用重要性抽样的术语，掷骰子的例子是成功的，因为一个*重要性抽样分布* (对应于掷有三个 1 的骰子) 是用来对目标分布 (适合于公平骰子的结果) 下得到较低概率的状态空间的一部分进行过抽样。*重要性加权*修正了这一偏置且能给出一个改进的估计。对于非常罕见的事件，极大地减少 Monte Carlo 方差是可能的。

*重要性抽样*方法是基于这样的原则：即 $h(\boldsymbol{X})$ 关于密度 f 的期望可以写成如下替代的形式

$$\mu = \int h(\boldsymbol{x})f(\boldsymbol{x})\mathrm{d}\boldsymbol{x} = \int h(\boldsymbol{x})\frac{f(\boldsymbol{x})}{g(\boldsymbol{x})}g(\boldsymbol{x})\mathrm{d}\boldsymbol{x} \tag{6.36}$$

或

$$\mu = \frac{\int h(\boldsymbol{x})f(\boldsymbol{x})\mathrm{d}\boldsymbol{x}}{\int f(\boldsymbol{x})\mathrm{d}\boldsymbol{x}} = \frac{\int h(\boldsymbol{x})[f(\boldsymbol{x})/g(\boldsymbol{x})]g(\boldsymbol{x})\mathrm{d}\boldsymbol{x}}{\int [f(\boldsymbol{x})/g(\boldsymbol{x})]g(\boldsymbol{x})\mathrm{d}\boldsymbol{x}} \tag{6.37}$$

其中 g 是另一个密度函数，称为*重要性抽样函数*或者*包络*。

式 (6.36) 建议用来估计 $E\{h(\boldsymbol{X})\}$ 的一种 Monte Carlo 方法是：从 g 中抽取 i.i.d. 样本 $\boldsymbol{X}_1, \cdots, \boldsymbol{X}_n$ 并采用估计

$$\hat{\mu}^*_{\mathrm{IS}} = \frac{1}{n}\sum_{i=1}^{n} h(\boldsymbol{X}_i)w^*(\boldsymbol{X}_i) \tag{6.38}$$

其中$w^*(\boldsymbol{X}_i) = f(\boldsymbol{X}_i)/g(\boldsymbol{X}_i)$是未标准化权重，也称为*重要性比率*。为了便于使用该方法，从 g 中抽样以及计算 f 一定要方便，即使在从 f 中抽样不容易时。

式 (6.37) 建议从 g 中抽取 i.i.d. 样本 $\boldsymbol{X}_1, \cdots, \boldsymbol{X}_n$ 并采用估计

$$\hat{\mu}_{\mathrm{IS}} = \sum_{i=1}^{n} h(\boldsymbol{X}_i)w(\boldsymbol{X}_i) \tag{6.39}$$

其中 $w(\boldsymbol{X}_i) = w^*(\boldsymbol{X}_i)/\sum_{i=1}^{n} w^*(\boldsymbol{X}_i)$ 是标准化权重。第二种方法特别重要，它在 f 仅差一个比例常数下已知时可以使用，就像在 Bayes 分析中 f 是一个后验密度这一常见的情形。

只要包络的支撑包含 f 的所有支撑，那么两个估计可以通过相同的参数适用于式 (6.1) 给出的简单 Monte Carlo 估计并且收敛。为了避免估计量的过度变异，$f(\boldsymbol{x})/g(\boldsymbol{x})$ 有界并且 g 的尾部要比 f 重是很重要的。如果该要求没有满足，那么有些标准化重要性权重将会是巨大的。如果来自 g 的某罕见抽样在 f 下的密度远高于 g 下的密度，那么它会得到巨大的权重并且会扩大估计的方差。

自然地，当 $\boldsymbol{X} \sim g$ 时，$g(\boldsymbol{X})$ 通常比 $f(\boldsymbol{X})$ 大，然而容易说明 $E\{f(\boldsymbol{X})/g(\boldsymbol{X})\} = 1$。因此，如果 $f(\boldsymbol{X})/g(\boldsymbol{X})$ 的平均值为 1，那么这个比率有时一定会相当大以平衡 0 到 1 之间值的优势。这样，$f(\boldsymbol{X})/g(\boldsymbol{X})$ 的方差会趋向很大。因此，我们应该会预期 $h(\boldsymbol{X})f(\boldsymbol{X})/g(\boldsymbol{X})$ 的方差也很大。为了让 μ 的重要性抽样估计有较低的方差，我们要选择函数 g 使得仅当 $h(\boldsymbol{x})$ 非常小时 $f(\boldsymbol{x})/g(\boldsymbol{x})$ 较大。例如，当 h 是一个仅对某非常罕见的事件等于 1 的示性函数时，我们

可以选择能使这个事件发生更加频繁的 g 来抽样，而以无法充分地抽出 $h(\boldsymbol{x})=0$ 的那些不感兴趣的结果为代价。这个方法在估计某个感兴趣的小概率情形十分好用，例如估计统计功效、失效或超越概率，以及组合空间上的似然，这样的空间常随着遗传数据而出现。

在式 (6.29) 中提出的有效样本量这一非正式度量可用来度量采用包络 g 的重要性抽样方法的效率。它可以解释为重要性抽样估计中用到的 n 个加权抽样相当于 $\hat{N}(g,f)$ 个准确来自 f 并用于简单 Monte Carlo 估计的未加权 i.i.d. 样本[386,417]。在这个层面上，它是评价包络 g 性质的一种非常好的算法，6.3.2.2 节提供了更多的细节。

选择使用未标准化权重还是标准化权重依赖于几个因素。首先考虑式 (6.38) 中用未标准化权重定义的估计 $\hat{\mu}^*_{\mathrm{IS}}$。令 $t(\boldsymbol{x})=h(\boldsymbol{x})w^*(\boldsymbol{x})$。当 $\boldsymbol{X}_1,\cdots,\boldsymbol{X}_n$ 是来自 g 的 i.i.d. 样本时，令 $\bar{w}^*$ 和 $\bar{t}$ 分别表示 $w^*(\boldsymbol{X}_i)$ 和 $t(\boldsymbol{X}_i)$ 的均值。注意 $E\{\bar{w}^*\}=E\{w^*(X)\}=1$。现在，

$$E\{\hat{\mu}^*_{\mathrm{IS}}\}=\frac{1}{n}\sum_{i=1}^{n}E\{t(\boldsymbol{X}_i)\}=\mu \tag{6.40}$$

并且

$$\mathrm{var}\{\hat{\mu}^*_{\mathrm{IS}}\}=\frac{1}{n^2}\sum_{i=1}^{n}\mathrm{var}\{t(\boldsymbol{X}_i)\}=\frac{1}{n}\mathrm{var}\{t(\boldsymbol{X})\} \tag{6.41}$$

因而$\hat{\mu}^*_{\mathrm{IS}}$ 是无偏的，其 Monte Carlo 标准误的一个估计是 $t(\boldsymbol{X}_1),\cdots,t(\boldsymbol{X}_n)$ 的样本标准差除以 n。

现在考虑式 (6.39) 中定义的采用重要性权重标准化的估计 $\hat{\mu}_{\mathrm{IS}}$。注意到 $\hat{\mu}_{\mathrm{IS}}=\bar{t}/\bar{w}^*$。Taylor 级数近似得到

$$\begin{aligned}E\{\hat{\mu}_{\mathrm{IS}}\} &= E\{\bar{t}\,[1-(\bar{w}^*-1)+(\bar{w}^*-1)^2+\cdots]\}\\ &= E\{\bar{t}-(\bar{t}-\mu)(\bar{w}^*-1)-\mu(\bar{w}^*-1)+\bar{t}(\bar{w}^*-1)^2+\cdots\}\\ &= \mu-\frac{1}{n}\mathrm{cov}\{t(\boldsymbol{X}),w^*(\boldsymbol{X})\}+\frac{\mu}{n}\mathrm{var}\{w^*(\boldsymbol{X})\}+\mathcal{O}\left(\frac{1}{n^2}\right)\end{aligned} \tag{6.42}$$

因而，重要性权重的标准化在估计 $\hat{\mu}_{\mathrm{IS}}$ 上引入了一个微小的偏差。这个偏差可以通过用 Monte Carlo 抽样得到的样本估计替换式 (6.42) 中的方差和协方差项而估计；参见例 6.12。

$\hat{\mu}_{\mathrm{IS}}$ 的方差可类似得到

$$\mathrm{var}\{\hat{\mu}_{\mathrm{IS}}\}=\frac{1}{n}[\mathrm{var}\{t(\boldsymbol{X})\}+\mu^2\mathrm{var}\{w^*(\boldsymbol{X})\}-2\mu\mathrm{cov}\{t(\boldsymbol{X}),w^*(\boldsymbol{X})\}]+\mathcal{O}\left(\frac{1}{n^2}\right) \tag{6.43}$$

再一次，$\hat{\mu}_{\mathrm{IS}}$ 的一个方差估计可以通过用 Monte Carlo 抽样得到的样本估计替换式 (6.43) 中的方差和协方差项而计算得到。

最后，考虑 $\hat{\mu}^*_{\mathrm{IS}}$ 和 $\hat{\mu}_{\mathrm{IS}}$ 的均方误差。结合上面得到的偏差和方差的估计，我们发现

$$\begin{aligned}\mathrm{MSE}\{\hat{\mu}_{\mathrm{IS}}\} &- \mathrm{MSE}\{\hat{\mu}^*_{\mathrm{IS}}\}\\ &= \frac{1}{n}(\mu^2\mathrm{var}\{w^*(\boldsymbol{X})\}-2\mu\mathrm{cov}\{t(\boldsymbol{X}),w^*(\boldsymbol{X})\})+\mathcal{O}\left(\frac{1}{n^2}\right)\end{aligned} \tag{6.44}$$

不失一般性，假设$\mu > 0$，当

$$\mathrm{cor}\{t(\boldsymbol{X}), w^*(\boldsymbol{X})\} > \frac{\mathrm{cv}\{w^*(\boldsymbol{X})\}}{2\mathrm{cv}\{t(\boldsymbol{X})\}} \tag{6.45}$$

时，式 (6.44) 中的主要项给出均方误差的近似差为负，其中 $\mathrm{cv}\{\cdot\}$ 为变异系数。这个条件可以用上述讨论的基于样本的估计进行检验。这样，当 $w^*(\boldsymbol{X})$ 和 $h(\boldsymbol{X})w^*(\boldsymbol{X})$ 强相关时，采用标准化权重可以提供一个更好的估计。除这些考虑之外，采用标准化权重的一个主要优点是不需要知道 f 的比例常数。Hesterberg 告诫说在许多情况下采用标准化权重要比采用原始权重更差，特别是当估计小概率时，并且推荐考虑在下面例 6.12 中描述的改进的重要性抽样方法[326]。Casella 和 Robert 也讨论了重要性权重的多种使用方法[100]。

采用重要性权重让人们想起 SIR 算法 (第 6.3.1 节)，值得将 $\hat{\mu}_{\mathrm{IS}}$ 的估计性质与 SIR 抽样的样本均值的性质作一下比较。假设具有相应权重 $w(\boldsymbol{Y}_1), \cdots, w(\boldsymbol{Y}_m)$ 的一个初始样本 $\boldsymbol{Y}_1, \cdots, \boldsymbol{Y}_m$ 被重抽样得到 n 个 SIR 抽样 $\boldsymbol{X}_1, \cdots, \boldsymbol{X}_n$，其中 $n < m$。令

$$\hat{\mu}_{\mathrm{SIR}} = \frac{1}{n}\sum_{i=1}^{n} h(X_i)$$

为 μ 的 SIR 估计。

当关注点限制在 μ 的估计上时，重要性抽样估计 $\hat{\mu}_{\mathrm{IS}}$ 通常优于 $\hat{\mu}_{\mathrm{SIR}}$。为说明这一点，注意到

$$\begin{aligned} E\{\hat{\mu}_{\mathrm{SIR}}\} &= E\{h(\boldsymbol{X}_i)\} = E\{E\{h(\boldsymbol{X}_i)|\boldsymbol{Y}_1, \cdots, \boldsymbol{Y}_m\}\} \\ &= E\left\{\frac{\sum_{i=1}^m h(\boldsymbol{Y}_i)w^*(\boldsymbol{Y}_i)}{\sum_{i=1}^m w^*(\boldsymbol{Y}_i)}\right\} = E\{\hat{\mu}_{\mathrm{IS}}\} \end{aligned}$$

因此 SIR 估计与 $\hat{\mu}_{\mathrm{IS}}$ 有相同的偏差。然而，$\hat{\mu}_{\mathrm{SIR}}$ 的方差是

$$\begin{aligned} \mathrm{var}\{\hat{\mu}_{\mathrm{SIR}}\} &= E\{\mathrm{var}\{\hat{\mu}_{\mathrm{SIR}}|\boldsymbol{Y}_1, \cdots, \boldsymbol{Y}_m\}\} + \mathrm{var}\{E\{\hat{\mu}_{\mathrm{SIR}}|\boldsymbol{Y}_1, \cdots, \boldsymbol{Y}_m\}\} \\ &= E\{\mathrm{var}\{\hat{\mu}_{\mathrm{SIR}}|\boldsymbol{Y}_1, \cdots, \boldsymbol{Y}_m\}\} + \mathrm{var}\left\{\frac{\sum_{i=1}^m h(\boldsymbol{Y}_i)w^*(\boldsymbol{Y}_i)}{\sum_{i=1}^m w^*(\boldsymbol{Y}_i)}\right\} \\ &\geqslant \mathrm{var}\{\hat{\mu}_{\mathrm{IS}}\} \end{aligned} \tag{6.46}$$

这样 SIR 估计在损失精度下提供了方便。

任何重要性抽样方法的一个吸引人的特点就是重新使用模拟的可能性。相同的抽样点和权重可用于计算多种不同量的 Monte Carlo 积分估计。权重可以改变以反映一个可选择的重要性抽样包络，以评价或改进估计本身的表现。权重也可以改变以反映一个可选择的目标分布，从而估计 $h(\boldsymbol{X})$ 在一个不同密度下的期望。

例如，在 Bayes 分析中，为了进行 Bayes 灵敏度分析或在新的信息下经由 Bayes 定理序贯更新先前的结果，我们可以有效地更新基于某修正的后验分布的估计。这样的更新可通过将每个存在的权重 $w(\boldsymbol{X}_i)$ 乘一个调整因子而实现。例如，如果 f 是 $\boldsymbol{X}$ 采用先验 p_1 的一个后验分布，那么对于 $i = 1, \cdots, n$，权重 $w(\boldsymbol{X}_i)p_2(\boldsymbol{X}_i)/p_1(\boldsymbol{X}_i)$ 可与现有样本一起用于提供采用先验 p_2 的后验分布的推断。

例 6.9 (网络失效概率) 许多系统都可以用如图 6.10 的连通图来表示。这些图由节点 (圈) 和边 (线段) 组成。信号从 A 传送到 B 必须经由任何可用边的路径。有缺陷的网络可靠性意味着信号可能无法在任一对连通节点之间正确传递——也就是说，某些边可能断掉了。为了让信号成功到达 B，必须存在一条从 A 到 B 的连通路径。例如，图 6.11 给出了一个只保留 A 到 B 的少数路径的退化网络。如果这个图中最底下的水平边断掉了，那么该网络就会失效。

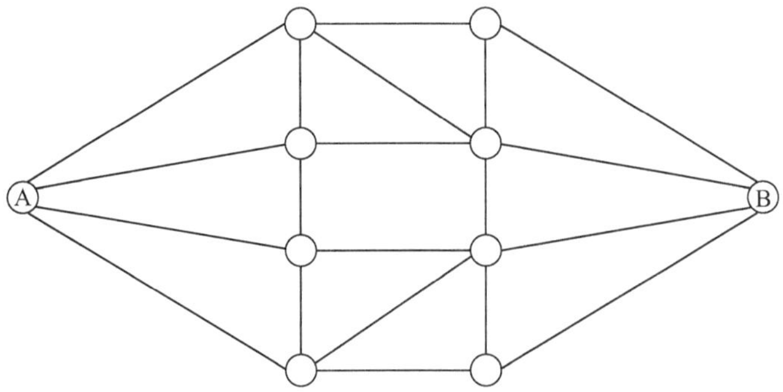

图 6.10 例 6.9 中描述的连接 A 和 B 的网络

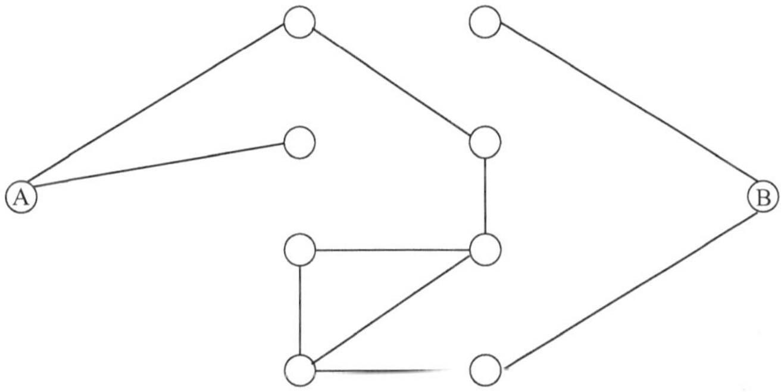

图 6.11 例 6.9 中描述的连接 A 和 B 的网络，其中某些边断掉了

网络图可用以对许多系统建模。自然地，这样一个网络可以对不同类型信号的传输建模，例如模拟声音传输、电磁数字信号和数字数据的光传导。这个模型主要是基于概念的，每条边代表为得到某种结果需要参与的不同机器或人。通常，感兴趣的一个重要量是在给定每条边的具体失效概率下网络失效的概率。

考虑最简单的情况，假设每条边是以相同的概率 p 独立失效。在许多应用中 p 可以是相当小的。许多类型信号传输的比特误差率在10^{-10} 到 10^{-3} 之间变动 [608]。

令 $\boldsymbol{X}$ 表示一个网络，汇总每条边的随机结果：完整无缺的或是失效的。我们的例子里考虑的网络有 20 条潜在的边，因此 $\boldsymbol{X} = (X_1, \cdots, X_{20})$。令 $b(\boldsymbol{X})$ 表示 $\boldsymbol{X}$ 中断边的个数。图 6.10 中的网络有 $b(\boldsymbol{X}) = 0$；图 6.11 中的网络有 $b(\boldsymbol{X}) = 10$。令 $h(\boldsymbol{X})$ 表示网络失效，因而

如果 A 没有连接到 B，则 $h(\boldsymbol{X})=1$，而如果 A 和 B 是连通的，则 $h(\boldsymbol{X})=0$。于是网络失效的概率为 $\mu=E\{h(\boldsymbol{X})\}$。对任一现实大小的网络，计算 μ 会是一个非常困难的组合问题。

μ 的原始 Monte Carlo 估计是通过从所有可能网络结构的集合中独立均匀随机抽取的 $\boldsymbol{X}_1,\cdots,\boldsymbol{X}_n$ 而得到的，其中网络的每条边以概率 p 独立失效。估计如下计算

$$\hat{\mu}_{\mathrm{MC}}=\frac{1}{n}\sum_{i=1}^{n}h(\boldsymbol{X}_i) \tag{6.47}$$

注意到这个估计具有方差 $\mu(1-\mu)/n$。对 $n=100\,000$ 和 $p=0.05$，模拟得到 $\hat{\mu}_{\mathrm{MC}}=2.00\times10^{-5}$，其中 Monte Carlo 标准误大约是 1.41×10^{-5}。

$\hat{\mu}_{\mathrm{MC}}$ 的问题是 $h(\boldsymbol{X})$ 极少是 1，除非 p 不切实际的大。因而，为了以足够的精度估计 μ 就需要模拟很多的网络。取而代之，我们可以采用重要性抽样来关注使得 $h(\boldsymbol{X})=1$ 的 $\boldsymbol{X}$ 的模拟，并通过分配重要性权重修正该偏差。随后的计算采用该策略，并使用像式 (6.38) 中那样的未标准化重要性权重。

假设我们通过断掉图 6.10 中的边形成网络结构来模拟 $\boldsymbol{X}_1^*,\cdots,\boldsymbol{X}_n^*$，并假定独立边失效概率为 $p^*>p$。$\boldsymbol{X}_i^*$ 的重要性权重可以写成

$$w^*(\boldsymbol{X}_i^*)=\left(\frac{1-p}{1-p^*}\right)^{20}\left[\frac{p(1-p^*)}{p^*(1-p)}\right]^{b(\boldsymbol{X}_i^*)} \tag{6.48}$$

且 μ 的重要性抽样估计为

$$\hat{\mu}_{\mathrm{IS}}^*=\frac{1}{n}\sum_{i=1}^{n}h(\boldsymbol{X}_i^*)w(\boldsymbol{X}_i^*) \tag{6.49}$$

令 $\mathcal{C}$ 表示所有可能网络结构的集合，并令 $\mathcal{F}$ 表示 A 和 B 不连通的结构的子集，那么

$$\begin{aligned}\mathrm{var}\{\hat{\mu}_{\mathrm{IS}}^*\} &= \frac{1}{n}\mathrm{var}\{h(\boldsymbol{X}_i^*)w^*(\boldsymbol{X}_i^*)\} &(6.50)\\ &= \frac{1}{n}\left(E\{[h(\boldsymbol{X}_i^*)w^*(\boldsymbol{X}_i^*)]^2\}-[E\{h(\boldsymbol{X}_i^*)w^*(\boldsymbol{X}_i^*)\}]^2\right) &(6.51)\\ &= \frac{1}{n}\left(\sum_{\boldsymbol{x}\in\mathcal{F}}\left(w^*(\boldsymbol{x})p^{b(\boldsymbol{x})}(1-p)^{20-b(\boldsymbol{x})}\right)-\mu^2\right) &(6.52)\end{aligned}$$

现在，对从图 6.10 得到的一个网络，仅当 $b(\boldsymbol{X})\geqslant4$ 时发生失效。因此，

$$w^*(\boldsymbol{X}_i^*)\leqslant\left(\frac{1-p}{1-p^*}\right)^{20}\left[\frac{p(1-p^*)}{p^*(1-p)}\right]^{4} \tag{6.53}$$

当 $p^*=0.25$ 且 $p=0.05$ 时，我们发现 $w^*(\boldsymbol{X})\leqslant0.07$。这种情况下，

$$\begin{aligned}\mathrm{var}\{\hat{\mu}_{\mathrm{IS}}^*\} &\leqslant \frac{1}{n}\left[0.07\sum_{\boldsymbol{x}\in\mathcal{F}}p^{b(\boldsymbol{x})}(1-p)^{20-b(\boldsymbol{x})}-\mu^2\right] &(6.54)\\ &= \frac{1}{n}\left[0.07\sum_{\boldsymbol{x}\in\mathcal{C}}h(\boldsymbol{x})p^{b(\boldsymbol{x})}(1-p)^{20-b(\boldsymbol{x})}-\mu^2\right] &(6.55)\\ &= \frac{0.07\mu-\mu^2}{n} &(6.56)\end{aligned}$$

这样 $\text{var}\{\hat{\mu}^*_{\text{IS}}\}$ 充分地小于 $\text{var}\{\hat{\mu}^*_{\text{MC}}\}$。对于较小的 μ 和相对较大的 c，在 $c\mu-\mu^2\approx c\mu$ 的近似下，我们看出 $\text{var}\{\hat{\mu}^*_{\text{MC}}\}/\text{var}\{\hat{\mu}^*_{\text{IS}}\}\approx 14$。

用原始的模拟方法，$p=0.05$ 时，100 000 次模拟仅有 2 次失效。然而，$p^*=0.25$ 的重要性抽样方法抽出了 491 次失效的网络，并得到 $\hat{\mu}^*_{\text{IS}}=1.02\times 10^{-5}$，Monte Carlo 标准误是 1.57×10^{-6}。

关于网络可靠性问题的相关 Monte Carlo 方差缩减技术详见文献 [432]。 □

6.4.2 对偶抽样

Monte Carlo 积分方差缩减的第二种方法依赖于找到两个相同分布的无偏估计 $\hat{\mu}_1$ 和 $\hat{\mu}_2$，二者是负相关。这些估计的平均要优于用双倍的样本量单独使用其中一个估计，因为估计

$$\hat{\mu}_{\text{AS}}=\frac{\hat{\mu}_1+\hat{\mu}_2}{2} \tag{6.57}$$

有方差

$$\text{var}\{\hat{\mu}_{\text{AS}}\}=\frac{1}{4}(\text{var}\{\hat{\mu_1}\}+\text{var}\{\hat{\mu_2}\})+\frac{1}{2}\text{cov}\{\hat{\mu_1},\hat{\mu_2}\}=\frac{(1+\rho)\sigma^2}{2n} \tag{6.58}$$

其中 ρ 是两个估计的相关系数，σ^2/n 是样本容量为 n 的任一估计的方差。这种成对的估计可以采用对偶抽样方法生成[304,555]。

给定一个初始估计 $\hat{\mu}_1$，问题是如果构造第二个相同分布的、与 $\hat{\mu}_1$ 负相关的估计 $\hat{\mu}_2$。在很多情况下，构造这样估计的一个简便方法是再次使用大小为 n 的一个模拟样本，而不是随便抽取第二个样本。为描述这种方法，我们必须首先引入一些记号。令 $\boldsymbol{X}$ 表示 i.i.d. 随机变量的一个集合 $\{\boldsymbol{X}_1,\cdots,\boldsymbol{X}_n\}$。假设$\hat{\mu}_1(\boldsymbol{X})=\sum_{i=1}^n h_1(\boldsymbol{X}_i)/n$，其中 h_1 是一个有 m 个自变量的实值函数，这样 $h_1(\boldsymbol{X}_i)=h_1(X_{i1},\cdots,X_{im})$。假定 $E\{h_1(\boldsymbol{X}_i)\}=\mu$，令 $\hat{\mu}_2(\boldsymbol{X})=\sum_{i=1}^n h_2(\boldsymbol{X}_i)/n$ 为第二个估计，其中 h_2 有类似的假设。

我们将证明如果 h_1 和 h_2 在每一个参数上同时增加 (或减少)，那么 $\text{cov}\{h_1(\boldsymbol{X}_i),h_2(\boldsymbol{X}_i)\}$ 是正的。从这一结果，我们能够决定 h_1 和 h_2，保证 $\text{cor}\{\hat{\mu}_1,\hat{\mu}_2\}$ 是负的所需要的条件。

用归纳法证明。假定上面的假设成立且 $m=1$，那么对任意的随机变量 X 和 Y

$$[h_1(X)-h_1(Y)][h_2(X)-h_2(Y)]\geqslant 0 \tag{6.59}$$

因此，式 (6.59) 左边的期望也是非负的。那么，当 X 和 Y 独立同分布时，这个非负期望意味着

$$\text{cov}\{h_1(X_i),h_2(X_i)\}\geqslant 0 \tag{6.60}$$

现在，假设当 $\boldsymbol{X}_i$ 是一个长度为 $m-1$ 的随机向量时所要的结果成立，且考虑当 $\boldsymbol{X}_i=(X_{i1},\cdots,X_{im})$ 的情况。那么，由假设可知，随机变量

$$\text{cov}\{h_1(X_i),h_2(X_i)|X_{im}\}\geqslant 0 \tag{6.61}$$

取这个不等式的期望，得到

$$\begin{aligned} 0 &\leqslant E\{E\{h_1(\boldsymbol{X}_i)h_2(\boldsymbol{X}_i)|X_{im}\}\} - E\{E\{h_1(\boldsymbol{X}_i)|X_{im}\}E\{h_2(\boldsymbol{X}_i)|X_{im}\}\} \\ &\leqslant E\{h_1(\boldsymbol{X}_i)h_2(\boldsymbol{X}_i)\} - E\{E\{h_1(\boldsymbol{X}_i)|X_{im}\}\}E\{E\{h_2(\boldsymbol{X}_i)|X_{im}\}\} \\ &= \text{cov}\{h_1(\boldsymbol{X}_i), h_2(\boldsymbol{X}_i)\} \end{aligned} \tag{6.62}$$

其中式 (6.62) 右侧乘积中项的替换遵循了以下事实：对 $j=1,2$，每个 $E\{h_j\ (\boldsymbol{X}_i)|X_{im}\}$ 是单一随机自变量 X_{im} 的一个函数，且适用于结果式 (6.60)。

因此，我们通过归纳证明了 $h_1(\boldsymbol{X}_i)$ 和 $h_2(\boldsymbol{X}_i)$ 在这些情况下是正相关的；紧接着 $\hat{\mu}_1$ 和 $\hat{\mu}_2$ 也是正相关的。我们留给读者来证实如下关键推论：如果 h_1 和 h_2 是 m 个随机变量 $U_1,\cdots,U_m$ 的函数，并且如果每个函数在每个自变量上是单调的，那么 $\text{cov}\{h_1(U_1,\cdots,U_m),\ h_2(1-U_1,\cdots,1-U_m)\}\leqslant 0$。这个结果从我们前面的证明中可简单推出：重新定义 h_1 和 h_2 以构造两个关于它们的自变量增加的函数，这些自变量满足前面的假设，见问题 6.5。

现在对偶抽样方法变得显而易见。Monte Carlo 积分估计 $\hat{\mu}_1(\boldsymbol{X})$ 可以写成

$$\hat{\mu}_1(\boldsymbol{X}) = \frac{1}{n}\sum_{i=1}^{n} h_1(F_1^{-1}(U_{i1}),\cdots,F_m^{-1}(U_{im})) \tag{6.63}$$

其中 F_j 是每个 $X_{ij}(j=1,\cdots,m)$ 的累积分布函数且 U_{ij} 是独立的 Unif(0,1) 随机变量。由于 F_j 是累积分布函数，它的逆函数是非减的。因此，只要 h_1 在它的自变量上是单调的，$h_1(F_1^{-1}(U_{i1}),\cdots,F_m^{-1}(U_{im}))$ 在每个 U_{ij} 上也是单调的，$j=1,\cdots,m$。此外，如果 $U_{ij}\sim \text{Unif}(0,1)$，那么 $1-U_{ij}\sim\text{Unif}(0,1)$。因此，$h_2(1-U_{i1},\cdots,1-U_{im}) = h_1(F_1^{-1}(1-U_{i1}),\cdots,F_m^{-1}(1-U_{im}))$ 在每个自变量上是单调的且与 $h_1(F_1^{-1}(U_{i1}),\cdots,F_m^{-1}(U_{im}))$ 有相同的分布。所以，

$$\hat{\mu}_2(\boldsymbol{X}) = \frac{1}{n}\sum_{i=1}^{n} h_1(F_1^{-1}(1-U_{i1}),\cdots,F_m^{-1}(1-U_{im})) \tag{6.64}$$

是 μ 的第二个估计，它有与 $\hat{\mu}_1(\boldsymbol{X})$ 相同的分布。我们以上的分析得出结论

$$\text{cov}\{\hat{\mu}_1(\boldsymbol{X}), \hat{\mu}_2(\boldsymbol{X})\} \leqslant 0 \tag{6.65}$$

所以，估计 $\hat{\mu}_{\text{AS}} = (\hat{\mu}_1+\hat{\mu}_2)/2$ 会比 $\hat{\mu}_1$ 的方差更小，并会有大小为 $2n$ 的一个样本。式 (6.58) 量化了改进的量。我们仅产生 n 个随机数的单一集合，并从对偶原理得到其他的 n 个的同时得到了这样的改进。

例 6.10 (正态期望) 假设 X 服从标准正态分布，且希望估计$\mu=E\{h(X)\}$，其中 $h(x)=x/(2^x-1)$。一个标准 Monte Carlo 估计可以计算 $n=100\ 000$ 个 $h(X_i)$ 值的样本均值，其中 $X_1,\cdots,X_n\sim$ i.i.d. $N(0,1)$。可用前 $n=50\ 000$ 个样本构造一个对偶估计。X_i 的对偶变量可以简单地写为 $-X_i$，所以对偶估计是 $\hat{\mu}_{\text{AS}}=\sum_{i=1}^{50\ 000}[h(X_i)+h(-X_i)]/100\ 000$。在模拟中，$\widehat{\text{cor}}\{t(X_i),t(-X_i)\}=-0.95$，所以对偶方法是有益的。标准方法求得 $\hat{\mu}_{\text{MC}}=1.499\ 3$，其 Monte Carlo 标准误是 0.001 6，对偶方法得到 $\hat{\mu}_{\text{AS}}=1.499\ 2$，其标准误是 0.000 3 (用样本方差和相关系数通过式 (6.58) 估计)。进一步的模拟证实了对偶方法的标准误有四倍多的缩减。□

例 6.11 (网络失效概率，续) 回顾例 6.9，令第 i 个模拟网络 $\boldsymbol{X}_i$ 是由标准均匀随机变量 $U_{i1},\cdots,U_{im}$ 决定的，其中 $m=20$。如果 $U_{ij}<p$，那么第 i 个模拟网络的第 j 条边是断掉的。现在

如果 A 和 B 不连通，那么 $h(\boldsymbol{X}_i)=h(U_{i1},\cdots,U_{im})$ 等于 1，如果连通则等于 0。注意到 h 在每个 U_{ij} 上是非减的，因此，对偶方法将是有益的。因为 $\boldsymbol{X}_i$ 是通过当 $U_{ij}<p$ 时断掉第 j 条边得到的，其中 $j=1,\cdots,m$，对用来生成 $\boldsymbol{X}_i$ 的 U_{ij} 的同一集合，对偶网络抽样 $\boldsymbol{X}_i^*$ 是通过当 $U_{ij}>1-p$ 时断掉第 j 条边得到的。这种方法导致的负相关将保证 $\frac{1}{2n}(\sum_{i=1}^n h(\boldsymbol{X}_i)+h(\boldsymbol{X}_i^*))$ 是一个优于 $\frac{1}{2n}\sum_{i=1}^{2n} h(\boldsymbol{X}_i)$的估计。 □

6.4.3 控制变量

控制变量方法通过将估计量与某相关的积分估计（其值已知）关联以改进某未知积分的估计。假设我们希望估计未知量 $\mu=E\{h(\boldsymbol{X})\}$，并且我们知道一个相关的量 $\theta=E\{c(\boldsymbol{Y})\}$，它的值能够解析确定。令 $(\boldsymbol{X}_1,\boldsymbol{Y}_1),\cdots,(\boldsymbol{X}_n,\boldsymbol{Y}_n)$ 为独立观测模拟结果的随机变量对，当 $i\neq j$时，$\text{cov}\{\boldsymbol{X}_i,\boldsymbol{X}_j\}=\text{cov}\{\boldsymbol{Y}_i,\boldsymbol{Y}_j\}=\text{cov}\{\boldsymbol{X}_i,Y_j\}=0$。简单 Monte Carlo 估计是 $\hat{\mu}_{\text{MC}}=(1/n)\sum_{i=1}^n h(\boldsymbol{X}_i)$ 和 $\hat{\theta}_{\text{MC}}=(1/n)\sum_{i=1}^n c(\boldsymbol{Y}_i)$。当然，$\hat{\theta}_{\text{MC}}$ 是不必要的，因为 θ 能够解析得到。然而，注意到当 $\text{cor}\{h(\boldsymbol{X}_i),c(\boldsymbol{Y}_i)\}\neq 0$ 时，$\hat{\mu}_{\text{MC}}$ 和 $\hat{\theta}_{\text{MC}}$ 是相关的。例如，如果相关系数为正，则 $\hat{\theta}_{\text{MC}}$ 的一个显著高的结果应该倾向于与 $\hat{\mu}_{\text{MC}}$ 的一个显著高的结果关联；如果 $\hat{\theta}_{\text{MC}}$ 与 θ 的比较给出这样一个结果，那么我们应该相应地向下调整 $\hat{\mu}_{\text{MC}}$。当相关系数为负时，应作相反的调整。

这个推理提出了控制变量估计

$$\hat{\mu}_{\text{CV}}=\hat{\mu}_{\text{MC}}+\lambda(\hat{\theta}_{\text{MC}}-\theta) \tag{6.66}$$

其中 λ 是要使用者选择的一个参数。可以直接证明

$$\text{var}\{\hat{\mu}_{\text{CV}}\}=\text{var}\{\hat{\mu}_{\text{MC}}\}+\lambda^2\text{var}\{\hat{\theta}_{\text{MC}}\}+2\lambda\text{cov}\{\hat{\mu}_{\text{MC}},\hat{\theta}_{\text{MC}}\} \tag{6.67}$$

将该值关于 λ 最小化给出最小方差，

$$\min_{\lambda}(\text{var}\{\hat{\mu}_{\text{CV}}\})=\text{var}\{\hat{\mu}_{\text{MC}}\}-\frac{\left(\text{cov}\{\hat{\mu}_{\text{MC}},\hat{\theta}_{\text{MC}}\}\right)^2}{\text{var}\{\hat{\theta}_{\text{MC}}\}} \tag{6.68}$$

当

$$\lambda=\frac{-\text{cov}\{\hat{\mu}_{\text{MC}},\hat{\theta}_{\text{MC}}\}}{\text{var}\{\hat{\theta}_{\text{MC}}\}} \tag{6.69}$$

时达到。这个最优的 λ 依赖于 $h(\boldsymbol{X}_i)$ 和 $c(\boldsymbol{Y}_i)$ 的未知矩，但它们可用样本 $(\boldsymbol{X}_1,\boldsymbol{Y}_1),\cdots,(\boldsymbol{X}_n,\boldsymbol{Y}_n)$ 来估计。特别地，在式 (6.69) 中使用

$$\widehat{\text{var}}\{\hat{\theta}_{\text{MC}}\}=\sum_{i=1}^n\frac{[c(\boldsymbol{Y}_i)-\bar{c}]^2}{n(n-1)} \tag{6.70}$$

和

$$\widehat{\text{cov}}\{\hat{\mu}_{\text{MC}},\hat{\theta}_{\text{MC}}\}=\sum_{i=1}^n\frac{[h(\boldsymbol{X}_i)-\bar{h}][c(\boldsymbol{Y}_i)-\bar{c}]}{n(n-1)} \tag{6.71}$$

可得到一个估计 $\hat{\lambda}$，其中 $\bar{c}=(1/n)\sum_{i=1}^n c(\boldsymbol{Y}_i)$ 且 $\bar{h}=(1/n)\sum_{i=1}^n h(\boldsymbol{Y}_i)$。进一步地，将这些样本方差和协方差估计代入到式 (6.68) 的右边可得到 $\hat{\mu}_{\text{CV}}$ 的一个方差估计。

实际上，$\hat{\mu}_{\mathrm{MC}}$ 和 $\hat{\theta}_{\mathrm{MC}}$ 通常依赖于相同的随机变量，所以 $\boldsymbol{X}_i = \boldsymbol{Y}_i$。同样，使用一个以上的控制变量也是可能的。这种情况下，当使用 m 个控制变量时，我们可以将估计量写成 $\hat{\mu}_{\mathrm{CV}} = \hat{\mu}_{\mathrm{MC}} + \sum_{j=1}^{m} \lambda_j(\hat{\theta}_{\mathrm{MC},j} - \theta_j)$。

等式 (6.68) 表明使用 $\hat{\mu}_{\mathrm{CV}}$ 代替 $\hat{\mu}_{\mathrm{MC}}$ 得到的方差缩减比例等于 $\hat{\mu}_{\mathrm{MC}}$ 和 $\hat{\theta}_{\mathrm{MC}}$ 的相关系数的平方。如果这个结果你听起来熟悉，你已经敏锐地注意到与简单线性回归的一个相似处。考虑回归模型 $E\{h(\boldsymbol{X}_i)|\boldsymbol{Y}_i = \boldsymbol{y}_i\} = \beta_0 + \beta_1 c(\boldsymbol{y}_i)$，且有着通常的回归假设和估计，则 $\hat{\lambda} = -\hat{\beta}_1$ 且 $\hat{\mu}_{\mathrm{MC}} + \lambda(\hat{\theta}_{\mathrm{MC}} - \theta) = \hat{\beta}_0 + \hat{\beta}_1\theta$。也就是说，控制变量估计是回归线在自变量均值 (即在 θ) 处的拟合值，且该控制变量估计的标准误是回归拟合值的标准误。因而，线性回归软件可以用于求出控制变量估计和一个对应的置信区间。当使用一个以上的控制变量时，可以使用多元线性回归求出 $\hat{\lambda}_i(i = 1, \cdots, m)$ 和 $\hat{\mu}_{\mathrm{CV}}$ [555]。

问题 6.5 要求你指出方差缩减的对偶方法可以看成是控制变量方法的一种特殊情况。

例 6.12 (重要性抽样的一个控制变量) Hesterberg 建议使用一个控制变量估计来改进重要性抽样[326]。回忆重要性抽样是建立在从一个包络中抽样的想法上的，该想法引出了 $h(\boldsymbol{X})w^*(\boldsymbol{X})$ 和 $w^*(\boldsymbol{X})$ 的一个相关关系。此外，我们知道 $E\{w^*(\boldsymbol{X})\} = 1$。因此，这种情况下很适合使用控制变量 $\bar{w}^* = \sum_{i=1}^{n} w^*(\boldsymbol{X}_i)/n$。如果平均权重超过 1，那么 $h(\boldsymbol{X})w^*(\boldsymbol{X})$ 的平均值也可能显著地高，这种情况下，$\hat{\mu}_{\mathrm{IS}}$ 可能与它的期望 μ 不同。因此，重要性抽样控制变量估计是

$$\hat{\mu}_{\mathrm{ISCV}} = \hat{\mu}_{\mathrm{IS}}^* + \lambda(\bar{w}^* - 1) \tag{6.72}$$

λ 值和 $\hat{\mu}_{\mathrm{ISCV}}$ 的标准误可以像前面描述的那样从 $h(\boldsymbol{X})w^*(\boldsymbol{X})$ 关于 $w^*(\boldsymbol{X})$ 的一个回归中估计得到。像使用标准化权重的 $\hat{\mu}_{\mathrm{IS}}$ 一样，估计 $\hat{\mu}_{\mathrm{ISCV}}$ 有阶 $\mathcal{O}(1/n)$ 的偏差，但是通常比式 (6.38) 中给出的带未标准化权重的重要性抽样估计 $\hat{\mu}_{\mathrm{IS}}^*$ 有较低的均方误差。 □

例 6.13 (期权定价) 看涨期权是一种金融工具，它给持有者权利而不是义务，在特定的到期日上或之前，以特定的价格购买特定数量的金融资产。在欧式看涨期权中，期权只能在到期日执行。执行价格是指期权执行时完成交易的价格。令 $S^{(t)}$ 表示基本金融资产 (比如，股票) 在时刻 t 的价格。记执行价格为 K，并令 T 表示到期日。当时刻 T 到达时，如果 $K > S^{(T)}$，看涨期权的持有者不希望执行他的期权，因为他在公开市场能更便宜地得到股票。然而，当 $K < S^{(T)}$ 时期权就有价值了，因为他能以低价 K 购得股票并且立即以更高的市场价格 $S^{(T)}$ 卖掉它。重要的是要确定该看涨期权的购买者在到期日 T 和执行价格 K 下，在时刻 $t = 0$ 应该花费多少钱购买该期权。

由 Black，Scholes 和 Merton 在 1973 年引入的诺贝尔获奖模型提供了一种使用随机微分方程确定期权合理价格的通用方法[52,459]。期权定价和金融随机微分的进一步背景参见文献 [184，406，586，665]。

期权的合理价格就是在时刻 $t = 0$ 时付的钱能准确平衡在到期日的预期盈余。我们考虑最简单的情况：一个无分红股票的欧式看涨期权。这个期权的合理价格能在 Black-Scholes 模型下解析确定，但是通过 Monte Carlo 方法得到的合理价格的估计是一个有益的起始点。根

据 Black-Scholes 模型，在 T 日的股票价值可以由

$$S^{(T)}=S^{(0)}\exp\left\{\left(r-\frac{\sigma^2}{2}\right)\frac{T}{365}+\sigma Z\sqrt{\frac{T}{365}}\right\} \tag{6.73}$$

模拟得到，其中 r 是无风险回报利率 (通常是在 $T-1$ 日到期的美国短期国库券的回报利率)，σ 是股票的波动率 (一个按年计算的对数正态价格模型的 $\log(S^{(t+1)}/S^{(t)})$ 的标准差的估计)，Z 是一个标准正态偏差。如果我们知道在 T 日的股票价格等于 $S^{(T)}$，那么看涨期权的合理价格就是

$$C=\exp\{-\frac{rT}{365}\}\max\{0,S^{(T)}-K\} \tag{6.74}$$

折算盈余到现值。因为 $S^{(T)}$ 对于期权的购买者是未知的，在 $t=0$ 时购买的合理价格就是折算盈余的期望值，即 $E\{C\}$。因此，在 $t=0$ 时购买的合理价格的 Monte Carlo 估计是

$$\bar{C}=\frac{1}{n}\sum_{i=1}^{n}C_i \tag{6.75}$$

其中 C_i，$i=1,\cdots,n$，是从式 (6.73) 和式 (6.74) 中使用标准正态偏差的一个 i.i.d. 样本$Z_1,\cdots,Z_n$ 模拟得到的。

因为这个例子中真实的合理价格 $E\{C\}$ 可以解析计算得到，所以不需要应用 Monte Carlo 方法。然而，一个欧式看涨期权的特殊样式，叫做亚氏、路径依赖或者平均价格期权，有贯穿持有期基于基本股票平均价格的盈余。这样的期权对能源和商品的消费者是有吸引力的，因为随着时间过去，他们倾向于接受平均价格。由于求平均的过程削减了波动率，亚氏期权也倾向于比标准期权便宜。控制变量和许多其他的方差缩减方法对像这样期权的 Monte Carlo 定价在文献 [59] 中有研究。

为了模拟亚氏看涨期权的合理价格，连续 T 次应用式 (6.73) 进行到期日股票值的模拟，每次将股票价格推进一天并且记录下那天模拟的结束价格，这样

$$S^{(t+1)}=S^{(t)}\exp\left\{\frac{r-\sigma^2/2}{365}+\frac{\sigma Z^{(t)}}{\sqrt{365}}\right\} \tag{6.76}$$

其中 $\{Z^{(t)}\}$ 为标准正态偏差序列，$t=0,\cdots,T-1$。当前价格为 $S^{(0)}$ 的股票的亚氏看涨期权在 T 日的折算盈余可以定义为

$$A=\exp\{-\frac{rT}{365}\}\max\{0,\bar{S}-K\} \tag{6.77}$$

其中 $\bar{S}=\sum_{t=1}^{T}S^{(t)}/T$ 且 $S^{(t)}$，$t=1,\cdots,T$，是代表平均时刻的期货股票价格的随机变量。在 $t=0$ 时购买的合理价格是 $E\{A\}$，但是这种情况下没有已知的解析解。记某亚氏看涨期权合理价格的标准 Monte Carlo 估计为

$$\hat{\mu}_{\mathrm{MC}}=\bar{A}=\frac{1}{n}\sum_{i=1}^{n}A_i \tag{6.78}$$

其中 A_i 是如上描述的那样独立模拟得到的。

如果式 (6.77) 中的 $\bar{S}$ 被贯穿持有期的基本股票价格的几何平均所代替，便能找到 $E\{A\}$ 的

一个解析解[370]。于是合理价格为

$$\theta = S^{(0)}\Phi(c_1)\exp\left\{-T\left(r+\frac{c_3\sigma^2}{6}\right)\frac{1-1/N}{730}\right\} - K\Phi(c_1-c_2)\exp\{-\frac{rT}{365}\} \tag{6.79}$$

其中

$$\begin{aligned} c_1 &= \frac{1}{c_2}\left[\log\left\{\frac{S^{(0)}}{K}\right\}+\left(\frac{c_3T}{730}\right)\left(r-\frac{\sigma^2}{2}\right)+\frac{c_3\sigma^2T}{1095}\left(1+\frac{1}{2N}\right)\right] \\ c_2 &= \sigma\left[\frac{c_3T}{1095}\left(1+\frac{1}{2N}\right)\right]^{1/2} \\ c_3 &= 1+1/N \end{aligned}$$

Φ 是标准正态累积分布函数，且 N 是求平均的价格的个数。另一方面，可以采用上面描述的同类 Monte Carlo 方法并用几何平均估计某亚氏看涨期权的合理价格。记该 Monte Carlo 估计为 $\hat{\theta}_{\mathrm{MC}}$。

估计 $\hat{\theta}_{\mathrm{MC}}$ 构成了 μ 的估计的一个很好的控制变量。令 $\hat{\mu}_{\mathrm{CV}} = \hat{\mu}_{\mathrm{MC}} + \lambda(\hat{\theta}_{\mathrm{MC}} - \theta)$。因为我们预料到亚氏期权的两种合理价格 (算术和几何平均价格) 是高度相关的，一个合理的初始推测是取 $\lambda = -1$。

考虑具有基于持有期算术平均价格盈余的某欧式期权。假设基本股票的当前价格 $S^{(0)} = 100$，执行价格 $K = 102$，以及波动率 $\sigma = 0.3$。假设还有 $N = 50$ 天到期日，这样到期日价格的模拟需要式 (6.76) 的 50 次迭代。假设无风险回报利率是 $r = 0.05$。那么，类似的几何平均价格期权的合理价格为 1.83。模拟表明，算术平均价格期权的真实合理价格粗略是 $\mu = 1.876$。采用 $n = 100\ 000$ 次模拟，我们可以用 $\hat{\mu}_{\mathrm{MC}}$ 或 $\hat{\mu}_{\mathrm{CV}}$ 来估计 μ，两个估计给出的结果都在 μ 附近。但重要的是 μ 的估计的标准误。我们重复整个 Monte Carlo 估计过程 100 次，得到 $\hat{\mu}_{\mathrm{MC}}$ 和 $\hat{\mu}_{\mathrm{CV}}$ 的 100 个值。$\hat{\mu}_{\mathrm{MC}}$ 值的样本标准差是 0.010 7，而 $\hat{\mu}_{\mathrm{CV}}$ 值的样本标准差是 0.000 295。因此，控制变量方法提供的估计的标准误要小 36 倍。

最后，考虑利用式 (6.69) 从模拟中估计 λ。重复如上的同样试验，$\hat{\mu}_{\mathrm{MC}}$ 和 $\hat{\theta}_{\mathrm{MC}}$ 的相关系数是 0.999 9。$\hat{\lambda}$ 的均值是 $-1.021\ 7$，样本标准差是 0.000 1。利用在每次模拟中得到的 $\hat{\lambda}$ 来产生各个 $\hat{\mu}_{\mathrm{CV}}$，得到 100 个$\hat{\mu}_{\mathrm{CV}}$ 值的一个集合，其标准差为 0.000 168，它代表了在标准误上比 $\hat{\mu}_{\mathrm{MC}}$ 有 63 倍的改进。 □

6.4.4 Rao-Blackwellization

我们已经利用从 f 中随机抽取的样本 $\boldsymbol{X}_1,\cdots,\boldsymbol{X}_n$ 考虑了 $\mu = E\{h(\boldsymbol{X})\}$ 的估计。假设每个 $\boldsymbol{X}_i = (\boldsymbol{X}_{i1}, \boldsymbol{X}_{i2})$ 且条件期望 $E\{h(\boldsymbol{X}_i)|\boldsymbol{x}_{i2}\}$ 可以解析求解。为了提供 $\hat{\mu}_{\mathrm{MC}}$ 的一个替代估计，我们可以利用事实 $E\{h(\boldsymbol{X}_i)\} = E\{E\{h(\boldsymbol{X}_i)|\boldsymbol{X}_{i2}\}\}$，其中外层期望是关于 $\boldsymbol{X}_{i2}$ 的分布求取的。*Rao-Blackwellized* 估计可以定义为

$$\hat{\mu}_{\mathrm{RB}} = \frac{1}{n}\sum_{i=1}^{n} E\{h(\boldsymbol{X}_i)|\boldsymbol{X}_{i2}\} \tag{6.80}$$

且它与通常的 Monte Carlo 估计 $\hat{\mu}_{\mathrm{MC}}$ 有一样的均值。注意到由条件方差公式，

$$\mathrm{var}\{\hat{\mu}_{\mathrm{MC}}\} = \frac{1}{n}\mathrm{var}\{E\{h(\boldsymbol{X}_i)|\boldsymbol{X}_{i2}\}\} + \frac{1}{n}E\{\mathrm{var}\{h(\boldsymbol{X}_i)|\boldsymbol{X}_{i2}\}\} \geqslant \mathrm{var}\{\hat{\mu}_{\mathrm{RB}}\} \tag{6.81}$$

成立。因此，$\hat{\mu}_{\mathrm{RB}}$ 在均方误差方面优于 $\hat{\mu}_{\mathrm{MC}}$。这个条件化过程通常叫做 Rao-Blackwellization，因为它使用了 Rao-Blackwell 定理，该定理指出我们可以通过将一个无偏估计关于充分统计量取条件化以缩减其方差[96]。关于对 Monte Carlo 方法的 Rao-Blackwellization 的进一步研究参见文献 [99，216，507，542，543]。

例 6.14 (拒绝抽样的 Rao-Blackwellization) Rao-Blackwellize 拒绝抽样的一般方法是由 Casella 和 Robert 描述的[84]。在通常的拒绝抽样中，备选样本 $Y_1,\cdots,Y_M$ 是序贯生成的，并且其中某些被拒绝。均匀随机变量 $U_1,\cdots,U_M$ 提供了拒绝决策，如果 $U_i > w^*(Y_i)$，则 Y_i 被拒绝，其中 $w^*(Y_i) = f(Y_i)/e(Y_i)$。拒绝抽样在随机次数 M 处停止，这时接受了第 n 个抽样，得到 $X_1,\cdots,X_n$。于是通常的 Monte Carlo 估计 $\mu = E\{h(X)\}$ 可以重新表示为

$$\hat{\mu}_{\mathrm{MC}} = \frac{1}{n}\sum_{i=1}^{M} h(Y_i)1_{\{U_i \leqslant w^*(Y_i)\}} \tag{6.82}$$

它提出了一个令人感兴趣的可能性，那就是 $\hat{\mu}_{\mathrm{MC}}$ 能通过使用所有备选 Y_i（适当加权）而不只是接受的抽样以某种方式得到改进。

式(6.82) 的 Rao-Blackwellization 生成估计

$$\hat{\mu}_{\mathrm{RB}} = \frac{1}{n}\sum_{i=1}^{M} h(Y_i)t_i(\boldsymbol{Y}) \tag{6.83}$$

其中 $t_i(\boldsymbol{Y})$ 是根据

$$\begin{aligned} t_i(\boldsymbol{Y}) &= E\{1_{\{U_i \leqslant w^*(Y_i)\}}|M, Y_1,\cdots,Y_M\} \\ &= P[U_i < w^*(Y_i)|M, Y_1,\cdots,Y_M] \end{aligned} \tag{6.84}$$

依赖于 $\boldsymbol{Y} = (Y_1,\cdots,Y_M)$ 和 M 的随机量。现在 $t_M(\boldsymbol{Y}) = 1$，因为最后的备选抽样被接受了。对之前的备选抽样，式 (6.84) 中的概率可以通过在已获得的样本子集的排列上求平均找到 [99]。我们得到

$$t_i(\boldsymbol{Y}) = \frac{w^*(Y_i)\sum_{A\in\mathcal{A}_i}\prod_{j\in A} w^*(Y_j)\prod_{j\notin A}[1-w^*(Y_j)]}{\sum_{B\in\mathcal{B}}\prod_{j\in B} w*(Y_j)\prod_{j\notin B}[1-w^*(Y_j)]} \tag{6.85}$$

其中 $\mathcal{A}_i$ 是包含 $n-2$ 个元素的 $\{1,\cdots,i-1,i+1,\cdots,M-1\}$ 的所有子集的集合，而 $\mathcal{B}$ 是包含 $n-1$ 个元素 $\{1,\cdots,M-1\}$ 的所有子集的集合。Casella 和 Robert[99] 给出了一个计算 $t_i(\boldsymbol{Y})$ 的递归公式，但是它难以执行，除非 n 相当小。

注意到这里使用的条件变量是统计充分的，因为 $U_1,\cdots,U_M$ 的条件分布不依赖于 f。$\hat{\mu}_{\mathrm{RB}}$ 和 $\hat{\mu}_{\mathrm{MC}}$ 都是无偏的；因此，Rao-Blackwell 定理意味着 $\hat{\mu}_{\mathrm{RB}}$ 比 $\hat{\mu}_{\mathrm{MC}}$ 有更小的方差。 □

习题

6.1 考虑例 5.1 中计算的积分，在式 (5.7) 中给定的参数值。找一条简单拒绝抽样包络，当用它生成与被积函数成比例的密度的抽样时，将产生极少数拒绝抽样。

6.2 考虑对数凹标准正态密度的自适应拒绝抽样使用的分段指数包络。对于基于切线的包络，假设你被限定在偶数个节点 $\pm c_1, \cdots, \pm c_n$ 上。对于不需要切线信息的包络，假设你被限定在奇数个节点 $0, \pm d_1, \cdots, \pm d_n$ 上。下面的问题需要使用类似第 2 章中的方法进行最优化。

a. 对 $n = 1, 2, 3, 4, 5$，找出基于切线的包络的节点的最优布局。

b. 对 $n = 1, 2, 3, 4, 5$，找出不需要切线的包络的节点的最优布局。

c. 画出这些包络，也画出两种包络的拒绝抽样损耗对节点数的图，评论所得结果。

6.3 当 X 有与 $q(x) = \exp\{-|x|^3/3\}$ 成比例的密度时，考虑找出 $\sigma^2 = E\{X^2\}$。

a. 利用带标准化权重的重要性抽样估计 σ^2。

b. 使用拒绝抽样重复进行该估计。

c. Philippe 和 Robert 描述了一种替代重要性权重平均化的方法：它使用了随机节点的 Riemann 和方法[506,507]。当抽样 $X_1, \cdots, X_n$ 来自 f 时，$E\{h(X)\}$ 的一个估计为

$$\sum_{i=1}^{n-1}(X_{[i+1]} - X_{[i]})h(X_{[i]})f(X_{[i]}) \tag{6.86}$$

其中 $X_{[1]} \leqslant \cdots \leqslant X_{[n]}$ 是 $X_1, \cdots, X_n$ 的有序样本。该估计比简单 Monte Carlo 估计收敛更快。当 $f = cq$ 且归一化常数 c 未知时，则

$$\frac{\sum_{i=1}^{n-1}(X_{[i+1]} - X_{[i]})h(X_{[i]})q(X_{[i]})}{\sum_{i=1}^{n-1}(X_{[i+1]} - X_{[i]})q(X_{[i]})} \tag{6.87}$$

估计 $E\{h(X)\}$，注意到分母估计了 $1/c$。使用这种策略估计 σ^2，事后把它应用到 (b) 得到的输出中。

d. 完成一次重复模拟试验来比较 (b) 和 (c) 中两个估计的表现。讨论所得结果。

6.4 图 6.12 显示了 1851–1962 年间每年的煤矿灾难次数数据，可以从本书的网站上找到。这些数据最早出现在文献 [434] 中并在文献 [349] 中得到更正。我们考虑的数据的表格在文献 [91] 中给出。这些数据的其他分析见文献 [445，525]。

每年的事故率在 1900 年左右出现下降，因此我们考虑这些数据的一个拐点模型。设在 1851 年 $j = 1$，其后依次索引每年，则在 1962 年 $j = 112$。令 X_i 为第 i 年的事故数，其中 $X_1, \cdots, X_\theta \sim \text{i.i.d.}\,\text{Poisson}(\lambda_1)$ 且 $X_{\theta+1}, \cdots, X_{112} \sim \text{i.i.d.}\,\text{Poisson}(\lambda_2)$。因此拐点发生在该序列的第 θ 年，这里 $\theta \in \{1, \cdots, 111\}$。这个模型有参数 θ，λ_1 和 λ_2。下面是对该模型 Bayes 分析的三个先验集。在每种情况中，考虑从先验集中抽样作为应用 SIR 算法模拟模型参数后验的第一步。首要的是对假设的拐点日期 θ 的推断。

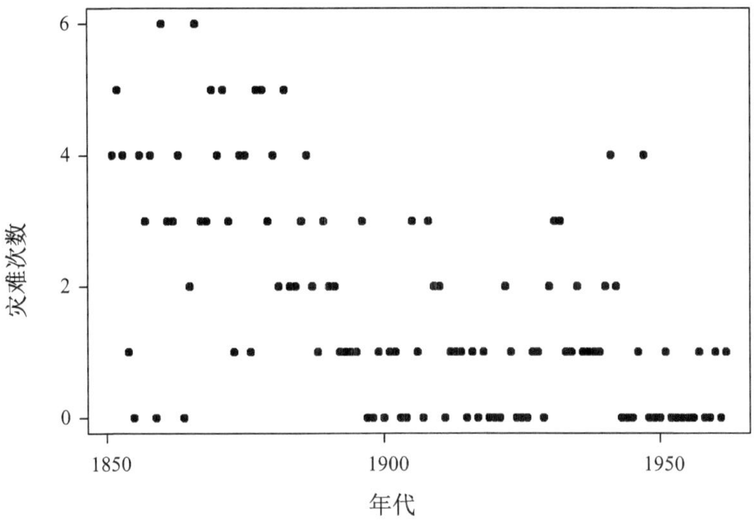

图 6.12　1851–1962 年间每年的煤矿灾难次数

a. 假设 θ 在 $\{1, 2, \cdots, 111\}$ 上有离散均匀先验分布，且先验 $\lambda_i|a_i \sim \text{Gamma}(3, a_i)$ 及 $a_i \sim \text{Gamma}(10, 10)$ 对 $i = 1, 2$ 是独立的。利用 SIR 方法，估计 θ 的后验均值，并给出 θ 的一张直方图和一个置信区间。给出估计 λ_1 和 λ_2 的类似信息。对初始 SIR 抽样，作 λ_1 对 λ_2 的一张散点图，高亮显示在 SIR 的第二阶段中再次抽到的点。此外，汇报所得初始和再抽样的样本量、唯一点的数量和再抽样中的最高观测频率，以及该案例中重要性抽样有效样本量的一种度量。讨论所得结果。

b. 假设 $\lambda_2 = \alpha\lambda_1$。使用 θ 的同样的离散均匀先验分布且 $\lambda_1|a \sim \text{Gamma}(3, a)$，$a \sim \text{Gamma}(10, 10)$，以及 $\log\alpha \sim \text{Unif}(\log 1/8, \log 2)$。给出 (a) 中列出的同样结果，并讨论所得结果。

c. 马氏链 Monte Carlo 方法（见第 7 章）经常应用于这类数据的分析中。与在一些这样的分析中使用的非正常扩散先验类似的一个先验集合是：θ 有离散均匀先验，$\lambda_i|a_i \sim \text{Gamma}(3, a_i)$ 及 $a_i \sim \text{Unif}(0, 100)$ 对 $i = 1, 2$ 是独立的。给出 (a) 中列出的同样结果，并讨论所得结果，包括该分析比前两种更困难的原因。

6.5 证明以下结果。

a. 如果 h_1 和 h_2 是 m 个随机变量 $U_1, \cdots, U_m$ 的函数，且如果每个函数对每个自变量是单调的，那么

$$\text{cov}\{h_1(U_1, \cdots, U_m), h_2(1 - U_1, \cdots, 1 - U_m)\} \leqslant 0$$

b. 令 $\hat{\mu}_1(\boldsymbol{X})$ 估计一个感兴趣的量 μ，并令 $\hat{\mu}_2(\boldsymbol{Y})$ 是从与 $\boldsymbol{X}_1, \cdots, \boldsymbol{X}_n$ 对偶的 $\boldsymbol{Y}_1, \cdots, \boldsymbol{Y}_n$ 构造而得。假设两个估计量对 μ 是无偏的且是负相关的。为 $\hat{\mu}_1$ 找一个均值为零的控制变量，记为 Z，对于它，当使用最优 λ 时，控制变量估计 $\hat{\mu}_{\text{CV}} = \hat{\mu}_1(\boldsymbol{X}) + \lambda Z$ 对应着基于 $\hat{\mu}_1$ 和 $\hat{\mu}_2$ 的对偶估计，也包括如何得到最优 λ。

6.6 考虑利用来自 Possion(λ) 模型的 25 个观测点检验假设 $H_0 : \lambda = 2$ 对 $H_a : \lambda > 2$。机械地应用中

心极限定理会得出在 $\alpha = 0.05$ 时，当 $Z \geqslant 1.645$ 时，拒绝 H_0，其中 $Z = (\bar{X} - 2)/\sqrt{2/25}$。

a. 使用五种 Monte Carlo 方法：标准、对偶、带未标准化和标准化权重的重要性抽样，以及像在例 6.12 中那样的带控制变量的重要性抽样，估计该检验的大小 (即 I 型错误率)。对每种估计给出一个置信区间。讨论每种方差缩减技术的相应优点，并将重要性抽样方法与其他每一种比较。对于重要性抽样方法，使用均值等于 H_0 的拒绝阈值的 Poisson 包络，即 $\lambda = 2.465\,3$。

b. 对 $\lambda \in [2.2, 4]$，用同样的五种技术画出该检验的功效曲线。给出每种情况下的逐点置信区间。讨论每种技术的相应优点，将重要性抽样方法的表现与它们在 (a) 中的表现比较。

6.7 考虑某基本股票的欧式期权定价，其中当前价格 $S^{(0)} = 50$，执行价格 $K = 52$ 及波动率 $\sigma = 0.5$。假设还有 30 天到期，且无风险回报利率是 $r = 0.05$。

a. 当盈余基于 $S^{(30)}$ 时 (即具有像在式 (6.74) 中那样盈余的一支标准期权)，确定该期权的合理价格是 2.10。

b. 考虑具有在持有期基于算术平均股票价格的盈余 (像在式 (6.77) 中那样) 的类似的亚氏期权（同样的 $S^{(0)}$，K，σ，N 和 r）。使用简单 Monte Carlo 估计该期权的合理价格。

c. 使用例 6.13 中描述的控制变量方法改进 (b) 中的估计。

d. 使用对偶方法来估计 (b) 中描述的期权的合理价格。

e. 利用模拟和/或分析，比较 (b)、(c) 和 (d) 中估计的抽样分布。

6.8 考虑由 $X \sim \text{lognormal}(0,1)$ 和 $Y = 9 + 3\log X + \epsilon$ 给出的模型，其中 $\epsilon \sim N(0,1)$。我们希望估计 $E\{Y/X\}$。比较标准 Monte Carlo 估计和 Rao-Blackwellized 估计的表现。

6.9 考虑一个虫子开始在无限的格子 L 的起点，在每个离散的时间 t 向东南西北的一个方向移动一个单元。该虫子在任一步都不能静止不动。令 $\boldsymbol{x}_{1:t}$ 表示到时间 t 虫子的坐标 (也即是路径) 序列，即 $\{\boldsymbol{x}_i = (v_i, w_i) : i = 1, \cdots, t\}$，其中 $\boldsymbol{x}_0 = (0,0)$。令到时间 t 虫子路径的概率分布定义为 $f_t(\boldsymbol{x}_{1:t}) = f_1(\boldsymbol{x}_1)f_2(\boldsymbol{x}_2|\boldsymbol{x}_1), \cdots, f_t(\boldsymbol{x}_t\,|\boldsymbol{x}_{1:t-1})$。

定义 $D_t(\boldsymbol{x}_{1:t})$ 为虫子从起点到时间 t 的马氏距离，也即是 $D_t(\boldsymbol{x}_{1:t}) = |v_t| + |w_t|$。令 $R_t(v,w)$ 表示到时间 t (包括时间 t) 虫子到达格子点 (v,w) 的次数，因此 $R_t(\boldsymbol{x}_t)$ 表示到达当前位置的次数。

虫子的路径是随机的，但是在时间 t 移动到相邻位置的概率是不同的。虫子倾向于呆在离家近 (也即是离起点近) 的位置，但是厌恶重新访问以前到过的位置。这些偏好可以用路径分布 $f_t(\boldsymbol{x}_{1:t}) \propto \exp\{-(D_t(\boldsymbol{x}_t) + R_t(\boldsymbol{x}_t)/2)\}$ 表示。

a. 假设我们感兴趣 $D_t(\boldsymbol{x}_t)$ 的边缘分布和 $M_t(\boldsymbol{x}_{1:t}) = \max_{(v,w)\in L}\{R_t(v,w)\}$，这里后者表示已经到达的点的最大频率。使用序贯重要抽样模拟在时刻 $t = 30$ 时 D_t 的边缘分布和 M_t。令提案分布或者包络 $g_t(\boldsymbol{x}_t|\boldsymbol{x}_{1:t-1})$ 均匀分布在 $\boldsymbol{x}_{t-1}$ 周围的四个格子上，估计 $D_{30}(\boldsymbol{x}_{30})$ 和 $M_{30}(\boldsymbol{x}_{1:30})$ 的均值和标准差。

b. 如果 $\boldsymbol{x}_t$ 在 $\boldsymbol{x}_{t-1}$ 的临近，令 $g_t(\boldsymbol{x}_t|\boldsymbol{x}_{1:t-1})$ 正比于 $f_t(\boldsymbol{x}_{1:t})$，反之为 0。使用 g_t 的这个选择重

复 (a) 部分并讨论可能遇到的问题。在实际中，考虑虫子通过一个不太可能的路径到达并占据一个吸引它的位置的情况。

c. 自避行走(SAW) 类似于上述虫子的行为，只是该虫子永远不再访问它以前去过的地方。模拟 SAW 是很重要的，例如，研究长链聚合物[303,394,553]。令 $f_t(\boldsymbol{x}_{1:t})$ 在所有长度为 t 的 SAW 上服从均匀分布。证明利用 $g_t(\boldsymbol{x}_t|\boldsymbol{x}_{1:t-1}) = f_t(\boldsymbol{x}_t|\boldsymbol{x}_{1:t-1})$ 序贯更新由 $w_t = w_{t-1}u_t$ 给出，这里 $u_t = c_{t-1}$，其中 c_{t-1} 表示在时间 $t-1$ 临近点 $\boldsymbol{x}_{t-1}$ 没被访问的格子点的数目。估计 $D_{30}(\boldsymbol{x}_{30})$ 和 $M_{30}(\boldsymbol{x}_{1:30})$ 的均值和标准差，讨论虫子被圈住的概率。

d. 最后，尝试使用简单的方法生成 SAW，首先不考虑自避的要求模拟路径，然后删除任何自相交的路径。比较该方法与 (c) 部分方法的效率并说明它们如何依赖于总的步骤数 (也即是 $t \gg 30$)。

第7章　MCMC 方法

当一个目标密度函数可以计算但不易抽样时，我们可应用第 6 章中的方法来获取一个近似或精确的样本。用这种样本的主要目的是估计 $\boldsymbol{X} \sim f(\boldsymbol{x})$ 的某一函数的期望。在本章中介绍的马尔可夫链蒙特卡罗 (MCMC) 方法用来生成近似服从 f 分布的样本，但更准确地说，这种方法可用于产生样本进而获得关于 $\boldsymbol{X}$ 的函数的期望的可靠估计。MCMC 方法之所以区别于第 6 章的模拟技术，在于其迭代的特性以及其容易适应各种广泛且困难的问题。作为一种综合的方法，MCMC 相对于第 5 章中方法的优势在于：问题维度的增加通常不会降低其收敛速度或使得实现更复杂。

1.7 节给出了关于离散状态空间马尔可夫链理论的简要回顾。令序列 $\{\boldsymbol{X}^{(t)}\}, t = 0, 1, 2, \cdots$ 为一个马氏链，其中 $\boldsymbol{X}^{(t)} = (X_1^{(t)}, \cdots, X_p^{(t)})$，且状态空间是连续或者离散的。对于本章中所介绍的马氏链类型，当链是非周期不可约的，则 $\boldsymbol{X}^{(t)}$ 的分布收敛到该链的极限平稳分布。MCMC 方法的抽样策略就是构造一个非周期不可约的马氏链使得其平稳分布等于我们的目标分布 f。对于足够大的 t，由这样的马氏链得到的 $X^{(t)}$ 具有近似 f 的边际分布。MCMC 方法的一个非常流行的应用是方便 Bayes 推断，这时 f 就是参数 $\boldsymbol{X}$ 的 Bayes 后验分布。关于 Bayes 推断的简略回顾可参见 1.5 节。

MCMC 方法的精髓在于构造一适当的链，这方面已有大量的算法。其中困难的地方在于如何确定由马氏链得到的样本以及由这些样本得到的估计量与目标分布的近似程度。这个问题的出现是由于当 t 很小的时候 (注意在进行计算机模拟的时候 t 总是有限的)，$\boldsymbol{X}^{(t)}$ 的分布可能与 f 相差很大，因为 $\boldsymbol{X}^{(t)}$ 是连续相关的。

MCMC 理论及其应用是当今很活跃的研究方向。这里我们的重点在于介绍一些基本的 MCMC 算法，这些算法容易实现且有广泛的应用。在第 8 章，我们会阐述少许更复杂的 MCMC 技术。关于 MCMC 方法的全面介绍及指南可参见文献 [70，97，106，111，543，633]。

7.1　METROPOLIS-HASTINGS 算法

Metropolis-Hastings 算法[324,460] 是一种非常通用的构造马氏链的方法。这个方法从 $t = 0$ 开始，取 $\boldsymbol{X}^{(0)} = \boldsymbol{x}^{(0)}$，其中 $\boldsymbol{x}^{(0)}$ 是从某个初始分布 g 中抽取的样本使得满足 $f(\boldsymbol{x}^{(0)}) > 0$。给

定 $\boldsymbol{X}^{(t)}=\boldsymbol{x}^{(t)}$，下面的算法用于产生 $\boldsymbol{X}^{(t+1)}$:

1. 由一个提案分布 $g\left(\cdot|\boldsymbol{x}^{(t)}\right)$ 产生一个候选值 $\boldsymbol{X}^{*}$。
2. 计算*Metropolis-Hastings* 比率$R\left(\boldsymbol{x}^{(t)},\boldsymbol{X}^{*}\right)$，其中
$$R(\boldsymbol{u},\boldsymbol{v})=\frac{f(\boldsymbol{v})g(\boldsymbol{u}|\boldsymbol{v})}{f(\boldsymbol{u})g(\boldsymbol{v}|\boldsymbol{u})} \tag{7.1}$$
注意 $R\left(\boldsymbol{x}^{(t)},\boldsymbol{X}^{*}\right)$ 总是有定义的，因为只有当 $f\left(\boldsymbol{x}^{(t)}\right)>0$ 且 $g\left(\boldsymbol{x}^{*}|\boldsymbol{x}^{(t)}\right)>0$ 时才有 $\boldsymbol{X}^{*}=\boldsymbol{x}^{*}$。
3. 根据下式抽取 $\boldsymbol{X}^{(t+1)}$:
$$\boldsymbol{X}^{(t+1)}=\begin{cases}\boldsymbol{X}^{*}, & \text{以概率 } \min\{R\left(\boldsymbol{x}^{(t)},\boldsymbol{X}^{*}\right),1\}\\ \boldsymbol{x}^{(t)}, & \text{否则}\end{cases} \tag{7.2}$$
4. 增加 t，返回第一步。

我们将第 t 步迭代称作产生 $\boldsymbol{X}^{(t)}=\boldsymbol{x}^{(t)}$ 的过程。当提案分布对称，即 $g\left(\boldsymbol{x}^{(t)}|\boldsymbol{x}^{*}\right)=g\left(\boldsymbol{x}^{*}|\boldsymbol{x}^{(t)}\right)$ 时，上述方法就是 Metropolis 算法[460]。

显然，通过 Metropolis-Hastings 算法构造得到的链满足马氏性，因为$\boldsymbol{X}^{(t+1)}$ 仅依赖于 $\boldsymbol{X}^{(t)}$。而这样的链是否是非周期不可约的则取决于提案分布的选取; 这些条件是否满足必须由使用者自己去检验。如果经过验证说明其是非周期不可约的，那么由 Metropolis-Hastings 算法得到的链具有唯一的极限平稳分布。这看似是由式 (1.44) 所决定的，但是我们现在考虑连续和离散两种情形的状态空间的马氏链。然而非周期不可约仍然是 Metropolis-Hastings 算法收敛的充分条件，这方面的理论可参见文献 [462，543]。

为了求得非周期不可约 Metropolis-Hastings 链的唯一平稳分布，假设 $\boldsymbol{X}^{(t)}\sim f(\boldsymbol{x})$，我们考虑该链的状态空间中的两个点 $\boldsymbol{x}_1$ 和 $\boldsymbol{x}_2$，满足 $f(\boldsymbol{x}_1)>0$ 和 $f(\boldsymbol{x}_2)>0$。不失一般性，假设这两个点满足 $f(\boldsymbol{x}_2)g(\boldsymbol{x}_1|\boldsymbol{x}_2)\geqslant f(\boldsymbol{x}_1)g(\boldsymbol{x}_2|\boldsymbol{x}_1)$。

注意到若 $\boldsymbol{X}^{(t)}=\boldsymbol{x}_1$ 和 $\boldsymbol{X}^{*}=\boldsymbol{x}_2$，则有 $R(\boldsymbol{x}_1,\boldsymbol{x}_2)\geqslant 1$，所以 $\boldsymbol{X}^{(t)}-\boldsymbol{x}_2$。由此知 $\boldsymbol{X}^{(t)}=\boldsymbol{x}_1$ 和 $\boldsymbol{X}^{(t+1)}=\boldsymbol{x}_2$ 的无条件联合密度为 $f(\boldsymbol{x}_1)g(\boldsymbol{x}_2|\boldsymbol{x}_1)$。因为我们需要由 $\boldsymbol{X}^{(t)}=\boldsymbol{x}_2$ 开始提出 $\boldsymbol{X}^{*}=\boldsymbol{x}_1$，然后以概率 $R(\boldsymbol{x}_1,\boldsymbol{x}_2)$ 令 $\boldsymbol{X}^{(t+1)}$ 等于 $\boldsymbol{X}^{*}$，所以 $\boldsymbol{X}^{(t)}=\boldsymbol{x}_2$ 和 $\boldsymbol{X}^{(t+1)}=\boldsymbol{x}_1$ 的无条件联合密度为
$$f(\boldsymbol{x}_2)g(\boldsymbol{x}_1|\boldsymbol{x}_2)\frac{f(\boldsymbol{x}_1)g(\boldsymbol{x}_2|\boldsymbol{x}_1)}{f(\boldsymbol{x}_2)g(\boldsymbol{x}_1|\boldsymbol{x}_2)} \tag{7.3}$$
注意到式 (7.3) 可以化简为 $f(\boldsymbol{x}_1)g(\boldsymbol{x}_2|\boldsymbol{x}_1)$，也就是 $\boldsymbol{X}^{(t)}=\boldsymbol{x}_1$ 和 $\boldsymbol{X}^{(t+1)}=\boldsymbol{x}_2$ 的联合密度。因此，$\boldsymbol{X}^{(t)}$ 和 $\boldsymbol{X}^{(t+1)}$ 的联合分布是对称的，由此知 $\boldsymbol{X}^{(t)}$ 和 $\boldsymbol{X}^{(t+1)}$ 具有相同的边际分布。因此 $\boldsymbol{X}^{(t+1)}$ 的边际分布是 f，并且 f 必定是该链的平稳分布。

回想式 (1.46)，我们可通过计算 Metropolis-Hastings 链的平稳分布的平均实现值来近似一个随机变量函数的期望。随着 t 的增大，Metropolis-Hastings 链产生的随机变量的分布近似等于该链的平稳分布，所以 $E\{h(\boldsymbol{X})\}\approx(1/n)\sum_{i=1}^{n}h\left(\boldsymbol{x}^{(i)}\right)$。通过这种方法我们可以估计一些非常有用的量，包括期望 $E\{h(\boldsymbol{X})\}$，方差 $E\{[h(\boldsymbol{X})-E\{h(\boldsymbol{X})\}]^2\}$，以及尾部概率 $E\{1_{\{h(\boldsymbol{X})\leqslant q\}}\}$，

其中 q 为一常数，当 A 为真时 $1_{\{A\}}=1$，否则为零。利用第 10 章的密度估计方法，f 本身的估计也可得到。由马氏链的极限性质，所有这些基于样本均值的估计量都是强相合的。注意到序列 $\boldsymbol{x}^{(0)}, \boldsymbol{x}^{(1)}, \cdots$，可能有一些点在状态空间中取值相同。当 $\boldsymbol{X}^{(t+1)}$ 取前一个值 $\boldsymbol{x}^{(t)}$ 而不是取提案值 $\boldsymbol{x}^*$ 的时候就会发生这样的情况。由于这些抽样点出现的频率可用于修正目标密度和提案密度之间的差异，所以在链中保留这些重复值，并在计算样本均值时将它们包含进来是非常重要的。

在许多应用中，生成的链由于依赖初始值，所以会严重降低链的性能。因此，一种合理的做法是在计算样本均值的时候忽略掉一些初始的生成值，这被称为预烧周期并且是 MCMC 应用中一个重要的组成部分。在优化算法中运行 MCMC 过程时，像 Metropolis-Hastings 算法那样用多个初始值去验证结果的一致性是一个好主意。关于执行 MCMC 时预烧、链数、初始值以及其他方面问题的建议见 7.3 节。

一个具有某些特定性质的好的提案分布可以从很大程度上增强 Metropolis-Hastings 算法的效果。一个好的提案分布可以在适当的迭代次数内生成能够覆盖平稳分布支撑的候选值，并且类似地，也可生成不被过度频繁地接受或拒绝的候选值[111]。这两点都与提案分布的散度有关。如果一个提案分布相对于目标分布来说过于分散，那么候选值就会被频繁地拒绝。因此，导致链需要很多次的迭代才能足够地探究清楚目标分布的支撑空间。如果提案分布过于集中 (比如有非常小的方差)，则链在很多次的迭代中都会停留在目标分布的小区域内，而其他区域则不能够被充分地探究。所以，具有过小或者过大散度的提案分布都会使得生成的链需要大量的迭代次数才能够获得足够的抽样点覆盖目标分布的支撑。7.3.1 节中将进一步探讨与之相关的问题。

下面我们介绍一些利用不同类型的提案分布所得到的 Metropolis-Hastings 变形。

7.1.1 独立链

假设选取 Metropolis-Hastings 算法的提案分布为某个固定的密度函数 g 使得满足 $g(\boldsymbol{x}^* | \boldsymbol{x}^{(t)}) = g(\boldsymbol{x}^*)$。此时由提案分布产生一个独立链，其中抽取的每一个候选值与前面的候选值相互独立。在这种情况下，Metropolis-Hastings 比率为

$$R(\boldsymbol{x}^{(t)}, \boldsymbol{X}^*) = \frac{f(\boldsymbol{X}^*)g(\boldsymbol{x}^{(t)})}{f(\boldsymbol{x}^{(t)})g(\boldsymbol{X}^*)} \tag{7.4}$$

如果 $g(\boldsymbol{x}) > 0$，则只要 $f(\boldsymbol{x}) > 0$，得到的马氏链就是非周期不可约的。

注意式 (7.4) 中 Metropolis-Hastings 比率还可以表示成重要比率 (见 6.4.1 节)，其中 f 为目标分布，g 为包络分布：如果 $w^* = f(\boldsymbol{X}^*)/g(\boldsymbol{X}^*)$ 且 $w^{(t)} = f(\boldsymbol{x}^{(t)})/g(\boldsymbol{x}^{(t)})$，则 $R(\boldsymbol{x}^{(t)}, \boldsymbol{X}^*) = w^*/w^{(t)}$。这种表达方式表明当 $w^{(t)}$ 远远大于 w^* 的值时，马氏链将在很长一个时期停留在当前值上。因此，在 6.3.1 节中讨论的选择重要抽样包络的准则同样可适用于选择提案分布：提案分布 g 应与目标分布 f 近似，并在尾部包含 f。

例 7.1 (Bayes 推断) 类似 Metropolis-Hastings 算法的 MCMC 方法是 Bayes 推断的特别有用的工具，其中似然方程 $L(\boldsymbol{\theta}|\boldsymbol{y})$ 中 $\boldsymbol{y}$ 是观测数据，参数 $\boldsymbol{\theta}$ 的先验分布为 $p(\boldsymbol{\theta})$。Bayes 推断

基于后验分布 $p(\boldsymbol{\theta}|\boldsymbol{y}) = cp(\boldsymbol{\theta})L(\boldsymbol{\theta}|\boldsymbol{y})$，其中 c 是未知常数。我们很难通过计算得到常数 c 以及后验分布的其他性质，因此后验分布不能直接用于推断。然而，如果我们可以从马氏链中获得一个样本，其中马氏链的平稳分布是目标后验分布，则样本可以用来估计后验矩、尾部概率以及其他很多有用的量，同时还包括后验密度本身。在 Bayes 推断中使用 MCMC 方法通常可以很容易地生成这样一个样本。

在独立链中，一种非常简单的做法是用先验分布作为提案分布。采用 Metropolis-Hastings 的符号，$f(\boldsymbol{\theta}) = p(\boldsymbol{\theta}|\boldsymbol{y})$, $g(\boldsymbol{\theta}^*) = p(\boldsymbol{\theta}^*)$。易得，

$$R(\boldsymbol{\theta}^{(t)}, \boldsymbol{\theta}^*) = \frac{L(\boldsymbol{\theta}^*|\boldsymbol{y})}{L(\boldsymbol{\theta}^{(t)}|\boldsymbol{y})} \tag{7.5}$$

换言之，我们用先验分布作为提案分布，Metropolis-Hastings 比率等于似然比。由定义，先验分布的支撑覆盖目标后验分布的支撑，因此独立链的平稳分布即为我们希望得到的后验分布。虽然还有很多特殊的 MCMC 算法以更有效的方式生成各种类型的后验分布样本，但这可能是最简单的通用方法。 □

例 7.2 (混合分布) 假设观测数据 $y_1, y_2, \cdots, y_{100}$ 独立同分布于混合分布，

$$\delta N(7, 0.5^2) + (1-\delta)N(10, 0.5^2) \tag{7.6}$$

图 7.1 为观测数据的直方图，其中观测数据可从本书的网站上获得。混合密度在实际应用中普遍存在，例如数据可能来自多个总体。假设 δ 的先验分布为 Unif(0, 1)，我们可以利用 MCMC 技术构造一个平稳分布等于 δ 的后验密度的链。数据由 $\delta = 0.7$ 生成，因此后验密度应集中在这一区域。

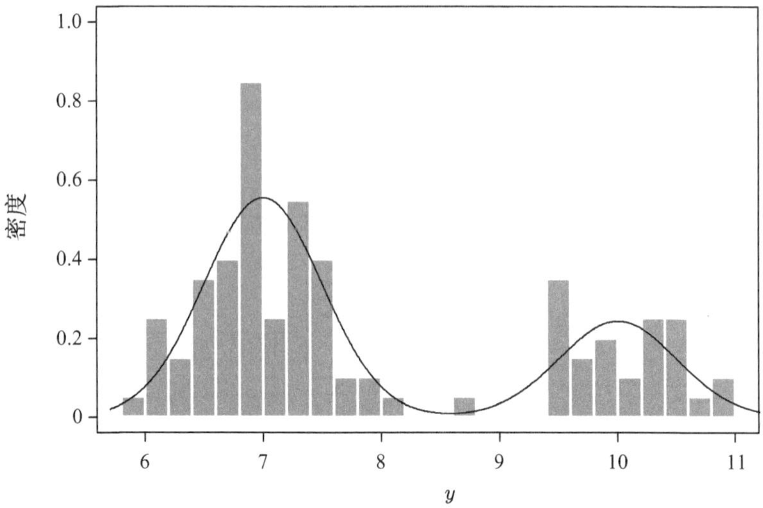

图 7.1　例 7.2 中由混合分布 (7.6) 模拟生成的 100 个观测值的直方图

在本例中，我们尝试使用两个不同的独立链。首先我们用密度 Beta(1, 1) 作为提案密度，之后我们选用密度 Beta(2, 10)。第一种提案分布等价于 Unif(0, 1) 分布，而第二种提案分布右偏，其均值近似等于 0.167。在第二种情况中，0.7 附近的 δ 值不可能由提案分布产生。

图 7.2 是两条链的 10 000 次迭代的样本路径。样本路径是迭代次数 t 对应链的实现 $\delta^{(t)}$ 的图。这种图可用于研究马氏链的性质并将在 7.3.1 节作进一步的讨论。图 7.2 中上面的面板对应的是由提案密度 Beta$(1,1)$ 生成的马氏链。上方的图形表明，马氏链很快离开了起始值，并且似乎很容易从以 δ 的后验值为支撑的参数空间的各个部分抽取值，这种表现称为混合性良好。下面的面板对应的是由提案密度 Beta$(2,10)$ 生成的马氏链。这一生成链慢慢地离开起始值，在寻找后验支撑区域方面表现得很差，即混合性差。由于飘移明显，此链显然不收敛于其平稳分布。当然由于后验分布仍是此链的极限分布，长期运行此链原则上是可以估计 δ 后验分布的。然而图 7.2 中下方的链的表现难以让人信服: 此链是非平稳的，只能得到少数几个 $\delta^{(t)}$ 值，并且起始值看上去没有被淘汰掉。对类似于图 7.2 下方的图形，MCMC 的使用者应该需要重新考虑提案密度以及实现 MCMC 方法的其他方面。

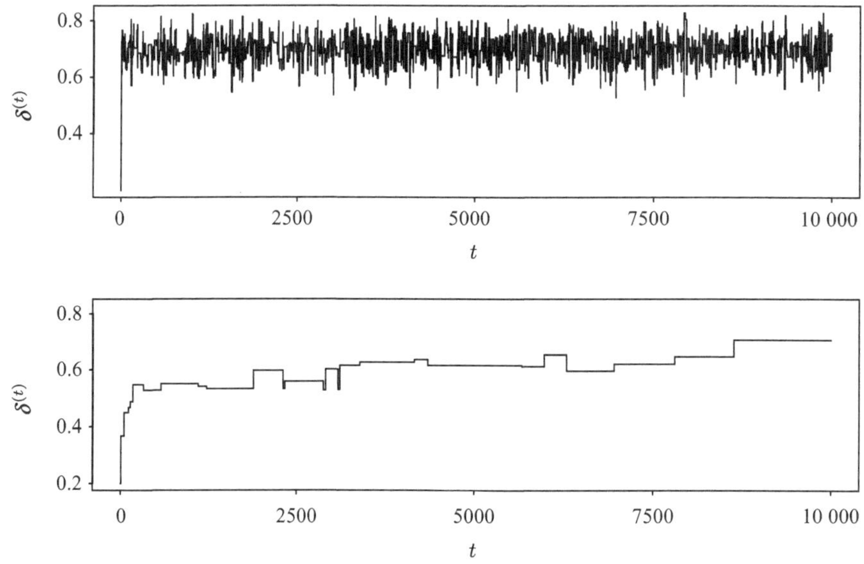

图 7.2 例 7.2 中提案密度为 Beta$(1,1)$ (上) 和 Beta$(2,10)$ (下) 的独立马氏链产生的 δ 的样本路径

图 7.3 是马氏链生成值的直方图，为减少起始值的影响省略了前 200 次迭代值(见 7.3.1.2 节关于预烧期的讨论)。图 7.3 中上下两个面板分别对应提案分布 Beta$(1,1)$ 和 Beta$(2,10)$。由图可以看出，提案密度为 Beta$(1,1)$ 的马氏链生成的 δ 的样本，其均值与真值 $\delta=0.7$ (及后验均值) 非常近似。另一方面，提案密度为 Beta$(2,10)$ 的马氏链在前 10 000 次迭代中不能对 δ 后验或真值产生可靠的估计。 □

7.1.2 随机游动链

随机游动链是通过简单变化 Metropolis-Hastings 算法得到的另一种马氏链。令 $\boldsymbol{X}^*$ 通过抽取 $\boldsymbol{\epsilon}\sim h(\boldsymbol{\epsilon})$ 生成，其中 h 为密度函数，并设 $\boldsymbol{X}^*=\boldsymbol{x}^{(t)}+\boldsymbol{\epsilon}$。由此我们得到一个随机游动链。在这种情况中，$g\left(\boldsymbol{x}^*|\boldsymbol{x}^{(t)}\right)=h\left(\boldsymbol{x}^*-\boldsymbol{x}^{(t)}\right)$。对于 h 的一般选择包括以圆点为球心的球面上的

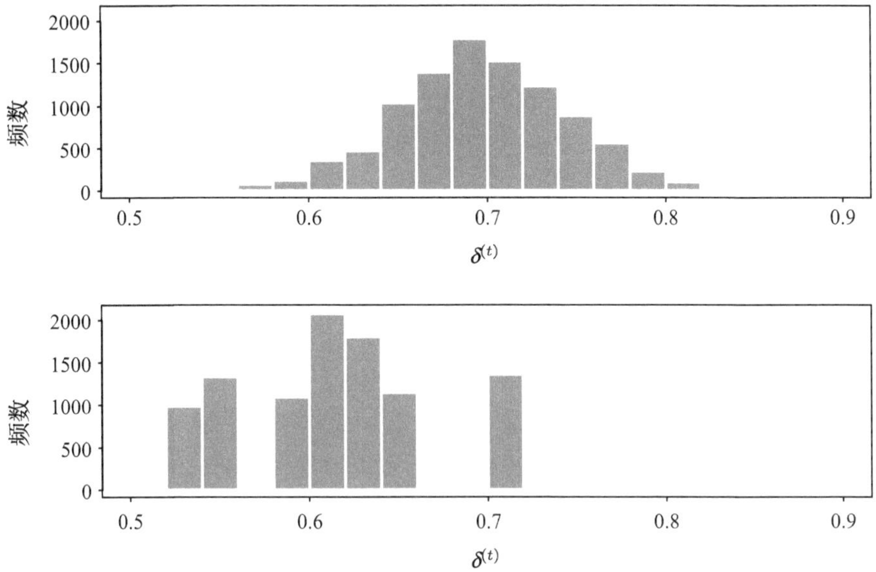

图 7.3　例 7.2 中提案密度为 Beta(1, 1) (上) 和 Beta(2, 10) (下) 的独立马氏链由 201～10 000 次迭代所得到的 $\delta^{(t)}$ 的直方图

均匀分布，尺度变化后的标准正态分布和学生氏 t 分布。如果 f 的支撑区域是连通的并且 h 在 0 的邻域内为正，则生成链是非周期不可约的[543]。

图 7.4 展示了随机游动链在二维问题中如何运作。此图给出了二维目标函数的等高线 (虚线)，同时给出了随机游动 MCMC 过程的前几步。样本路径用实线顺序连接链中的值 (点)。链的起点为 $\boldsymbol{x}^{(0)}$。第二个被接受的候选值生成 $\boldsymbol{x}^{(1)}$，以 $\boldsymbol{x}^{(0)}$ 和 $\boldsymbol{x}^{(1)}$ 为圆心的圆作为提案密度，其中 h 是以原点为圆心的圆上的均匀分布。在随机游动链中，第 $t+1$ 次迭代的提案密度是

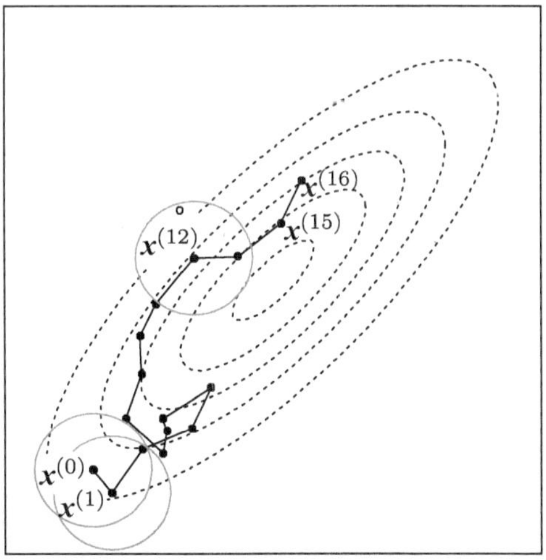

图 7.4　为抽取一个二维目标分布 (点状等高线)，利用所提出的增量抽取自以当前值为中心的圆盘上的均匀分布所得的假想的随机游动链。见文中的详细描述

以 $\boldsymbol{x}^{(t)}$ 为圆心的圆上的均匀分布，其中一些候选值被拒绝。例如，第 13 个候选值，记为 $\circ$，没被接受，于是 $\boldsymbol{x}^{(13)}=\boldsymbol{x}^{(12)}$。注意链如何沿目标分布的等高线频繁向上移动，同时允许少数情况向下移动。从 $\boldsymbol{x}^{(15)}$ 到 $\boldsymbol{x}^{(16)}$ 的移动就是链向下移动的例子。

例 7.3 (混合分布，续) 作为例 7.2 的继续，考虑使用随机游动链来获得 δ 的后验分布，δ 的先验分布为 Unif(0,1)。假设我们通过给当前值 $\delta^{(t)}$ 增加一个 $\text{Unif}(-a,a)$ 上的随机增量来生成提案值。显然在链增长的过程中生成的提案值有可能在区间 $[0,1]$ 外。一种粗糙的方法就是当 $\delta\notin[0,1]$ 时，后验值取 0，这样可以避免取到这些点。一个常用的更好的方法是重新参数化。令 $U=\text{logit}\{\delta\}=\log\{\delta/(1-\delta)\}$，现在我们可以关于 U 运行一个随机游动链，通过给 $u^{(t)}$ 增加一个 $\text{Unif}(-b,b)$ 上的随机增量生成提案值。

有两种方法可以进行重新参数化。首先，我们在 δ空间运行链。在这种情况下，提案密度 $g(\cdot|u^{(t)})$ 要通过变换成为 δ 空间中的提案分布，这里考虑 Jacobian 行列式。于是提案值 δ^* 的 Metropolis-Hastings 比率为

$$\frac{f(\delta^*)g(\text{logit}\left\{\delta^{(t)}\right\}|\text{logit}\{\delta^*\})|J(\delta^{(t)})|}{f(\delta^{(t)})g(\text{logit}\{\delta^*\}|\text{logit}\left\{\delta^{(t)}\right\})|J(\delta^*)|} \tag{7.7}$$

其中，如 $|J(\delta^{(t)})|$ 是从 δ 到 u 变换的 Jacobian (行列式) 在 $\delta^{(t)}$ 的绝对值。第二种方法是在 u空间运行链。在这种情况下，δ 的目标密度要通过变换成为 u 的密度，其中 $\delta=\text{logit}^{-1}\{U\}=\exp\{U\}/(1+\exp\{U\})$。对于 $U^*=u^*$，有 Metropolis-Hasting 比率

$$\frac{f(\text{logit}^{-1}\{u^*\})|J(u^*)|g(u^{(t)}|u^*)}{f(\text{logit}^{-1}\{u^{(t)}\})|J(u^{(t)})|g(u^*|u^{(t)})} \tag{7.8}$$

由于 $|J(u^*)|=1/|J(\delta^*)|$，我们可以看出两种观点得到的链是等价的。例 7.10 和 8.1 中证明变量变换方法属于 Metropolis-Hasting 算法。

在重新参数化空间由均匀增量生成随机游动链与在原始空间由均匀增量生成的链相比，有很多不同的性质。重新参数化是提高 MCMC 方法的性能的有效手段，对此在 7.3.1.4 节中将作进一步的讨论。

图 7.5 是来自 u 空间的两条随机游动链关于 δ 的样本路径。图上方的面板对应通过抽取 $\epsilon\sim\text{Unif}(-1,1)$ 生成的链，令 $U^*=u^{(t)}+\epsilon$，并利用式 (7.8) 计算 Metropolis-Hastings 比率。上方的面板显示此马氏链快速离开起始值并且似乎很容易从以 δ 的后验值为支撑的参数空间的各个部分抽取值。下方的面板对应使用 $\epsilon\sim\text{Unif}(-0.01,0.01)$ 的链，其混合性非常差。这时得到的链缓慢离开起始值并且经过一次迭代在 δ 空间中移动的步幅非常小。 □

7.2 Gibbs 抽样机

目前我们处理过的 $\boldsymbol{X}^{(t)}$ 很少涉及其维数。Gibbs 抽样机是专门处理多维目标分布的方法。我们的目标是构造一条马氏链，其平稳分布 (或者某个边际分布) 等于目标分布 f。Gibbs 抽样机通过对一维条件分布序贯抽样来达到上述目标，这里的一维条件分布可以求出其理论表达式。

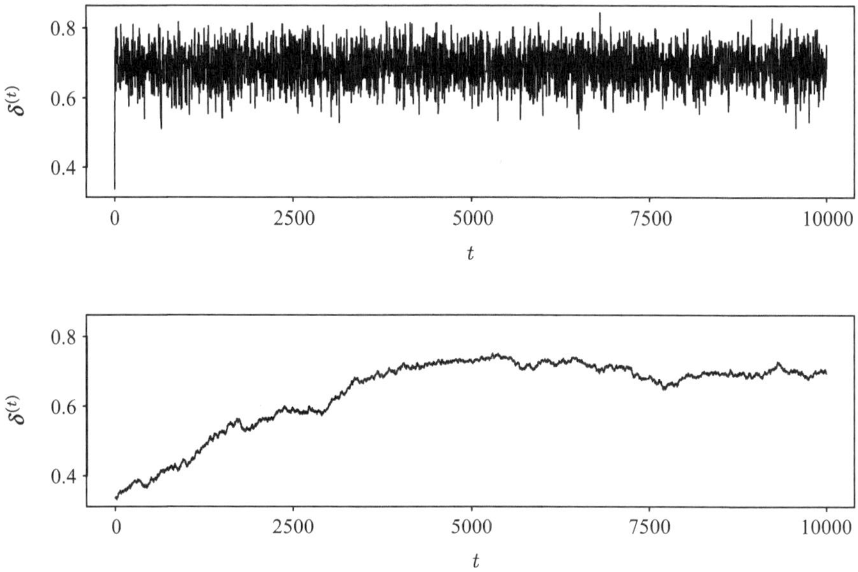

图 7.5　例 7.3 中运行于 u空间的两条随机游动链对于 δ 的样本路径，$b=1$ (上图) 和 $b=0.01$ (下图)

7.2.1　基本 Gibbs 抽样机

回忆 $\boldsymbol{X}=(X_1,\cdots,X_p)^{\mathrm{T}}$，并且记 $\boldsymbol{X}_{-i}=(X_1,\cdots,X_{i-1},X_{i+1},\cdots,X_p)^{\mathrm{T}}$。假设 $X_i|\boldsymbol{X}_{-i}=\boldsymbol{x}_{-i}$ 的一维条件密度记为 $f(x_i|\boldsymbol{x}_{-i})$，则很容易抽样获得，其中 $i=1,\cdots,p$。一个一般的 Gibbs 抽样过程可以描述如下:

1. 选择初始值 $\boldsymbol{x}^{(0)}$，并令 $t=0$。
2. 按顺序生成

$$\begin{array}{rcl} x_1^{(t+1)}|\cdot & \sim & f(x_1|x_2^{(t)},\cdots,x_p^{(t)}) \\ x_2^{(t+1)}|\cdot & \sim & f(x_2|x_1^{(t+1)},x_3^{(t)},\cdots,x_p^{(t)}) \\ & \vdots & \\ x_{p-1}^{(t+1)}|\cdot & \sim & f(x_{p-1}|x_1^{(t+1)},x_2^{(t+1)},\cdots,x_{p-2}^{(t+1)},x_p^{(t)}) \\ x_p^{(t+1)}|\cdot & \sim & f(x_p|x_1^{(t+1)},x_2^{(t+1)},\cdots,x_{p-1}^{(t+1)}) \end{array} \tag{7.9}$$

其中 $|\cdot$ 表示在 $\boldsymbol{X}$ 的其他所有元素的最近更新的条件下。

3. 增加 t 并转向步骤 2。

对 X 的所有元素完成第 2 步称为一个循环。关于基本 Gibbs 抽样机的几种改进和推广的方法将在 7.2.3~7.2.6 节中讨论。在 Gibbs 抽样机的后续讨论中，我们经常使用术语 $\boldsymbol{x}_{-i}^{(t)}$ 表示 $\boldsymbol{x}$ 中除去 x_i 的所有元素的当前值。所以

$$\boldsymbol{x}_{-i}^{(t)}=(x_1^{(t+1)},\cdots,x_{i-1}^{(t+1)},x_{i+1}^{(t)},\cdots,x_p^{(t)})$$

例 7.4 (河流生态)　称为底栖无脊椎动物的河流昆虫在监控河流生态中是一有效的指标，这

是由于其相对平稳的基底栖息地被污染的程度是一个常数并且由于个体数目很多可以很容易抽样。假设在河流沿线很多地点采集昆虫，基于生态学上的显著标准将昆虫分成几类。令 $Y_1,\cdots,Y_c$ 为某个特定的地点内 c 类不同昆虫的个数。

一只昆虫被分到每一类的概率是随着地点不同而变化的，收集到昆虫的总数也随地点的不同而变化。对给定的地点，令 $P_1,\cdots,P_c$ 为不同类昆虫的概率，并且令 N 为收集到的昆虫的总数。进一步假设 $P_1,\cdots,P_c$ 依赖于一个有关地点特性的集合，此性质可由参数 $\alpha_1,\cdots,\alpha_c$ 分别概括。设 N 依赖于一个特定地点参数 λ。

假设有两个备选统计量，$T_1(Y_1,\cdots,Y_c)$ 和 $T_2(Y_1,\cdots,Y_c)$ 用来监控河流中破坏环境的因素。如果 T_1 或 T_2 的值超过某个阈值，则报警启动。为比较两个统计量在同一河流中的不同地点或是不同类型河流中的表现，我们设计一个 Monte Carol 模拟试验。试验选择一组参数集合 $(\lambda,\alpha_1,\cdots,\alpha_c)$，这些参数集合被认为包含了抽样的范围、河流的特性以及可能被监测的地点。每一个参数集合对应一个在模拟地点的假想抽样。

令 $c=3$，对给定的模拟地点，我们可以建立模型:

$$
\begin{aligned}
(Y_1,Y_2,Y_3)|(N=n,P_1=p_1,P_2=p_2,P_3=p_3) &\sim \text{Multinomial}(n;p_1,p_2,p_3)\\
(P_1,P_2,P_3) &\sim \text{Dirichlet}(\alpha_1,\alpha_2,\alpha_3)\\
N &\sim \text{Poisson}(\lambda)
\end{aligned}
$$

其中 N 由于依地点而变化，所以将 N 看作是随机的。这个模型要求 $Y_1+Y_2+Y_3=N$ 以及 $P_1+P_2+P_3=1$，所以过于确定化。因此，可以将模型写成 $\boldsymbol{X}=(Y_1,Y_2,P_1,P_2,N)$，其他的变量可以通过分析 $\boldsymbol{X}$ 的值来决定。Cassella 和 George 对昆虫卵的孵化给出了相关模型[97]。河流生态数据的更复杂的模型在文献 [351] 中给出。

为完成模拟试验，需要从 (Y_1,Y_2,Y_3) 的边际分布抽样，进而可以比较统计量 T_1 和 T_2 在当前水流类型的模拟地点中的表现。对给出的模拟地点，重复这一过程，得出关于 T_1 和 T_2 的对比结论。

给定参数 λ，α_1，α_2 和 α_3，我们不可能得到 (Y_1,Y_2,Y_3) 边际分布的显式表达式。然而，我们可以用 Gibbs 抽样机模拟此分布。下面将抽样方法简单概括为

$$
\begin{aligned}
&(Y_1,Y_2,Y_3)|\cdot \sim \text{Multinomial}(n;p_1,p_2,p_3)\\
&(P_1,P_2,P_3)|\cdot \sim \text{Dirichlet}(y_1+\alpha_1,y_2+\alpha_2,n-y_1-y_2+\alpha_3)\\
&N-y_1-y_2|\cdot \sim \text{Poisson}(\lambda(1-p_1-p_2))
\end{aligned}
\tag{7.10}
$$

其中 $|\cdot$ 表示分布以变量集合 $\{N,Y_1,Y_2,Y_3,P_1,P_2\}$ 中除分布本身变量外的其余变量为条件。问题 7.4 要求推导这些分布。

直观上，式 (7.10) 似乎与 Gibbs 抽样机中的一元抽样策略不甚相近。我们不难证明式 (7.10)

等价于如下基于 $\boldsymbol{X}$ 元素的一元条件分布的抽样方法:

$$Y_1^{(t+1)}|\cdot \sim \text{Bin}\left(n^{(t)} - y_2^{(t)}, \frac{p_1^{(t)}}{1-p_2^{(t)}}\right)$$

$$Y_2^{(t+1)}|\cdot \sim \text{Bin}\left(n^{(t)} - y_1^{(t+1)}, \frac{p_2^{(t)}}{1-p_1^{(t)}}\right)$$

$$\left.\frac{P_1^{(t+1)}}{1-p_2^{(t)}}\right|\cdot \sim \text{Beta}\left(y_1^{(t+1)}+\alpha_1, n^{(t)} - y_1^{(t+1)} - y_2^{(t+1)} + \alpha_3\right)$$

$$\left.\frac{P_2^{(t+1)}}{1-p_1^{(t)}}\right|\cdot \sim \text{Beta}\left(y_2^{(t+1)}+\alpha_2, n^{(t)} - y_1^{(t+1)} - y_2^{(t+1)} + \alpha_3\right)$$

及

$$N^{(t+1)} - y_1^{(t+1)} - y_2^{(t+1)}|\cdot \sim \text{Poisson}\left(\lambda(1-p_1^{(t+1)} - p_2^{(t+1)})\right)$$

在 7.2.4 节给出了直接使用式 (7.10) 的替代 Gibbs 方法。 □

例 7.5 (Bayes 推断, 续) 在 Bayes 应用中当目标是基于多参数的后验分布进行推断时 Gibbs 抽样机是非常有用的。回忆例 7.1 中参数向量 $\boldsymbol{\theta}$ 服从先验分布 $p(\boldsymbol{\theta})$ 以及基于观测数据 $\boldsymbol{y}$ 的似然函数 $L(\boldsymbol{\theta}|\boldsymbol{y})$。Bayes 推断基于后验分布 $p(\boldsymbol{\theta}|\boldsymbol{y}) = cp(\boldsymbol{\theta})L(\boldsymbol{\theta}|\boldsymbol{y})$，这里 c 是一个未知常数。当必要的单变量条件密度容易抽样时，Gibbs 抽样机可以使用并且不需要计算常数 $c = \int p(\boldsymbol{\theta})L(\boldsymbol{\theta}|\boldsymbol{y})\mathrm{d}\boldsymbol{\theta}$。在这种情况下 Gibbs 抽样机在第 t 步迭代时的一个循环中的第 i 步可以通过

$$\theta_i^{(t+1)} \mid \left(\theta_{-i}^{(t+1)}, \boldsymbol{y}\right) \sim p\left(\theta_i \mid \theta_{-i}^{(t)}, \boldsymbol{y}\right)$$

抽样得到，其中 p 是给定其余参数和数据时 θ_i 的单变量条件后验。 □

例 7.6 (软毛海豹幼崽的捕获–再捕获研究) 在19世纪晚期，由于波利尼西亚和欧洲猎人的捕获行为，新西兰的软毛海豹濒临灭亡。最近一些年其数量在新西兰逐渐增加，这种数量上的增加引起了科学家们的极大兴趣，关于这些动物已有大量的研究[61,62,405]。

我们的目标是利用捕获–再捕获方法来估计一软毛海豹族群中幼崽的数量[585]。在这些研究中，我们需要大量重复性的工作来获得未知大小的数量。在我们的问题中，这个数量就是软毛海豹幼崽的数量。任何单一的普查都不可能提供关于总体数量的完整调查，甚至也不需要尝试去捕获大部分的个体。每次调查中被捕获的个体都会被做上标记然后再放生。一个被标记过的个体在接下来的调查中再次被捕获则被称作为一个再捕获。总体数量可基于捕获与再捕获的历史数据来估计。高再捕获率说明真实的总体大小不会显著超出被捕获过的数量。

令 N 为未知总体的大小，现我们欲利用 I 次调查所得到的总的捕获 (包括再捕获) 数目来估计 N，这些数目被记为 $\boldsymbol{c} = (c_1, \cdots, c_I)$。我们假设抽样期间内总体数目不再变化，也就意味着在这一期间内出生、死亡以及迁徙是不用考虑的。在该研究中，总的不相同的被捕获的个体数目被记作 r。

我们这里考虑的模型是每一次调查的捕获概率未知且为 $\boldsymbol{\alpha} = (\alpha_1, \cdots, \alpha_I)$。这个模型假设所有的动物在任一捕获期内是等可能被捕获的，但捕获的概率随时间的变化而不断地变

化。该模型的似然为

$$L(N,\boldsymbol{\alpha}|\boldsymbol{c},r)\propto\frac{N!}{(N-r)!}\prod_{i=1}^{I}\alpha_i^{c_i}(1-\alpha_i)^{N-c_i} \tag{7.11}$$

这个模型经常被称为 $M(t)$ 模型[55]。

表 7.1 一季度中七次调查的软毛海豹数据

		调查尝试，i						
		1	2	3	4	5	6	7
捕获数量	c_i	30	22	29	26	31	32	35
捕获的新软毛海豹数量	m_i	30	8	17	7	9	8	5

在新西兰南岛的 Otago Pennisula 所作的捕获–再捕获研究中，在一季中共有 $I=7$ 次调查，在这七次调查中海豹幼崽被做上标记再释放。假设海豹幼崽总体在该研究期间内不变是比较合理的。表 7.1 中给出的是在 i 次调查 $i=1,\cdots,7$ 中，所捕获的海豹幼崽的数量 (c_i) 以及在这些捕获中对应的之前未被捕获过的幼崽的数量 (m_i)。在抽样期间总的观测到的不同的个体的总数为 $r=\sum_{i=1}^{7}m_i=84$。

现考虑估计，我们可以采用 Bayesian 框架来处理，即假设 N 和 $\boldsymbol{\alpha}$ 相互独立且有如下先验分布：对于未知的总体大小我们使用非正常的均匀先验 $f(N)\propto 1$; 对于捕获概率，我们使用

$$f(\alpha_i|\theta_1,\theta_2)=\text{Beta}(\theta_1,\theta_2) \tag{7.12}$$

其中 $i=1,\cdots,7$，且假设它们是先验独立的。如果 $\theta_1=\theta_2=\frac{1}{2}$，这对应于 Jeffreys 先验。当 $I>5$ 时，推荐使用 N 的均匀先验与 α_i 的 Jeffreys 先验组合[653]。当 $I>2$ 时，会生成相应参数的合适的一个后验分布并且至少有一个再捕获 $(c_i-m_i>1)$。通过模拟条件后验分布可构造一个 Gibbs 抽样机

$$N^{(t+1)}-84|\cdot\sim\text{NegBin}\left(85,1-\prod_{i=1}^{7}(1-\alpha_i^{(t)})\right) \tag{7.13}$$

$$\alpha_i^{(t+1)}|\cdot\sim\text{Beta}(c_i+\frac{1}{2},N^{(t+1)}-c_i+\frac{1}{2}) \tag{7.14}$$

其中 $i=1,\cdots,7$。这里 $|\cdot$ 表示以 $\{N,\boldsymbol{\alpha},\theta_1,\theta_2\}$ 中的参数和表 7.1 中的数据为条件，NegBin 表示负二项分布。

下面预烧试验的结果是基于一条迭代 100 000 次的链得到的，去掉了前 50 000 次迭代。诊断结果 (见例 7.10) 显示收敛。为了研究该模型是否能得到一个合理的结果，我们可以计算每次迭代的平均捕获概率并与相应的模拟总体进行比较。对于来自式 (7.14) 中的每个总体大小 $N^{(t)}$，图 7.6 给出了来自式 (7.13) 中的 $\bar{\alpha}^{(t)}=\frac{1}{7}\sum_{i=1}^{7}\alpha_i^{(t)}$ 分解的箱线图。正如所期望的，随着平均捕获概率的减少总体大小增加。图 7.7 中给出的是基于 N 的后验推断的 $N^{(t)}$ 的实现的直方图。N 的后验均值是 89.5，95% 的最大后验密度区间是 $(84,94)$。(N 的 95% 最大

后验密度区间是指包含 N 的后验概率为 95% 的最短区间，在该区间内每点的后验概率不低于该区间外的每点的后验概率。详见 7.3.3 节使用 MCMC 方法计算最大后验密度。) 作为比较，N 的最大似然估计是 88.5，95% 的非参数自助置信区间为 (85.5, 97.3)。

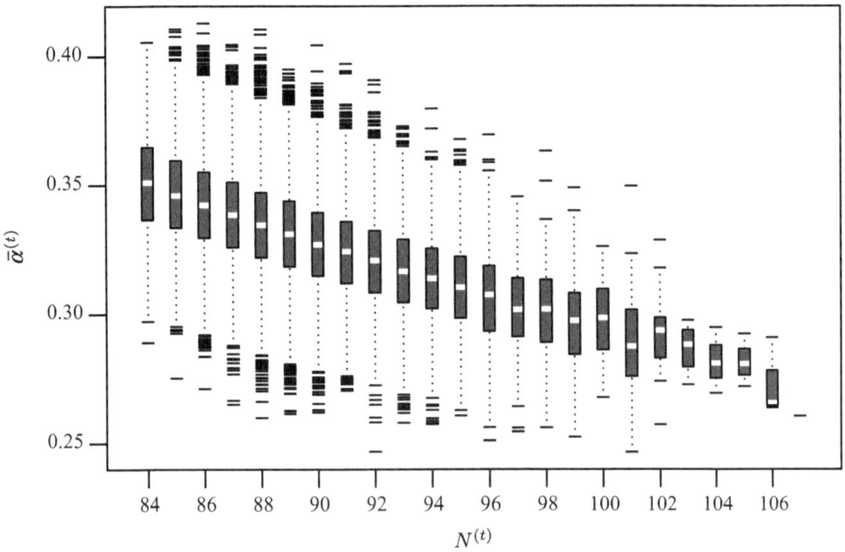

图 7.6　海豹幼崽例子中 $\bar{\alpha}^{(t)}$ 对应 $N^{(t)}$ 的箱线图

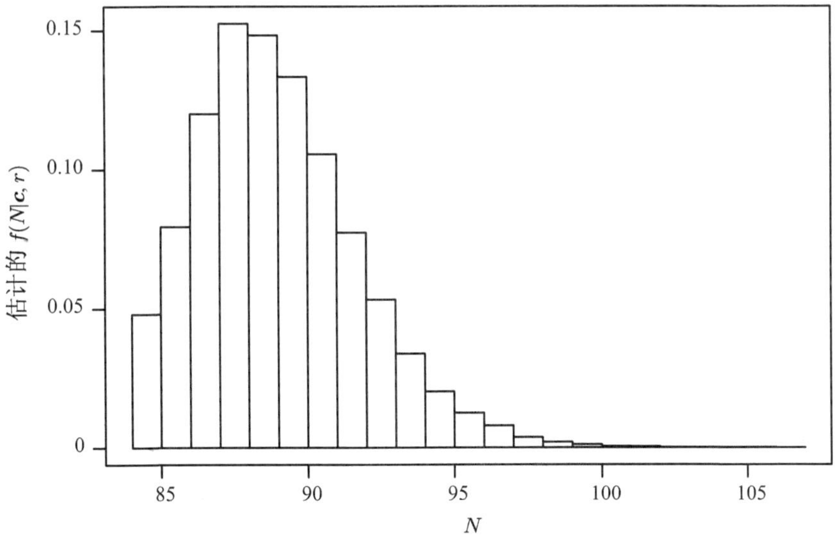

图 7.7　海豹幼崽例子中对应 $N^{(t)}$ 估计的边缘后验概率

式 (7.11) 给出的似然只是许多可以应用的捕获–再捕获模型中的一个。例如，具有一个相同的捕获概率的模型可能更适用。可以研究该问题其他的参数以改进 MCMC 的收敛和混合性，该性质强烈依赖于参数以及 (θ_1, θ_2) 的更新。我们会在例 7.7 和 7.10 中进一步考虑这些问题。 □

7.2.2 Gibbs 抽样机的性质

显然由 Gibbs 抽样机生成的链是马尔科夫的。在相对宽松的条件下，German 和 German [226]证明了 Gibbs 抽样机生成的链的平稳分布是 f。$X_i^{(t)}$ 的极限边际分布等于目标函数在第 i 个坐标轴上的一维边际分布。采用 Metropolis-Hastings 算法，我们可以从该链估计 $\boldsymbol{X}$ 的任意函数的期望。

如果允许在 Metropolis-Hastings 算法中提案分布随时间变化，那么可以认为 Gibbs 抽样机与 Metropolis-Hastings 算法是有关联的。每个 Gibbs 抽样循环由 Metropolis-Hastings 的 p 步组成。为了观察这点，注意在一个循环里的第 i 步 Gibbs 给定链 $\left(x_1^{(t+1)}, \cdots, x_{i-1}^{(t+1)}, x_i^{(t)}, \cdots, x_p^{(t)}\right)$ 的当前状态可以有效地处理候选向量 $\boldsymbol{X}^* = \left(x_1^{(t+1)}, \cdots, x_{i-1}^{(t+1)}, X_i^*, x_i^{(t)}, \cdots, x_p^{(t)}\right)$。因此，第 i 个单变量 Gibbs 更新可以作为 Metropolis-Hastings 的一步抽样

$$\boldsymbol{X}^* | x_1^{(t+1)}, \cdots, x_{i-1}^{(t+1)}, x_i^{(t)}, \cdots, x_p^{(t)} \sim g_i\left(\cdot | x_1^{(t+1)}, \cdots, x_{i-1}^{(t+1)}, x_i^{(t)}, \cdots, x_p^{(t)}\right)$$

这里

$$g_i\left(\boldsymbol{x}^* | x_1^{(t+1)}, \cdots, x_{i-1}^{(t+1)}, x_i^{(t)}, \cdots, x_p^{(t)}\right) = \begin{cases} f(x_i^* | \boldsymbol{x}_{-i}^{(t)}), & \text{如果 } \boldsymbol{X}_{-i}^* = \boldsymbol{x}_{-i}^{(t)} \\ 0, & \text{其他} \end{cases} \tag{7.15}$$

容易证明在这种情形下 Metropolis-Hastings 比率等于 1，这意味着候选向量总是被接受。

当 $\boldsymbol{X}$ 的维数改变时 (也即是在Gibbs 抽样机的每步迭代时，当在具有不同参数的模型间变换时)，Gibbs 抽样机不再适用。8.2 节给出了在该情形下构造具有正确平稳分布的合适的马尔可夫链。

“Gibbs 抽样机”实际上是一大类可以采用的算法的通用名称。在下面的小节中我们描述已经开发的能够提高上面提到的通用算法性能的各种策略。

7.2.3 更新排序

在基础的 Gibbs 抽样机式 (7.9) 中 $\boldsymbol{X}$ 元素的更新顺序对于不同的循环是可以变化的。这被称作为*随机扫描 Gibbs 抽样机*[417]。当参数是高度相关时每个循环采用随机顺序是很有效的。例如，Roberts 和 Sahu[546]给出了多层混合模型的一个渐近结果，在该模型中，随机扫描 Gibbs 抽样方法比式 (7.9) 中确定顺序的更新有更快的收敛速率。在实际应用中，对于没有额外信息的特定的模型，当迭代间参数是高度相关的我们建议尝试确定和随机扫描 Gibbs 抽样。

7.2.4 区组化

Gibbs 抽样机的另一种改进方法是所谓的区组化或分组化。在 Gibbs 算法中，我们没有必要单独处理 $\boldsymbol{X}$ 的每一个元素。在基础的 Gibbs 抽样式 (7.9) 中，取 $p=4$，则对每一个循环可采用如下的更新序列:

$$X_1^{(t+1)}\Big|\cdot \sim f\left(x_1|x_2^{(t)},x_3^{(t)},x_4^{(t)}\right)$$

$$X_2^{(t+1)},X_3^{(t+1)}\Big|\cdot \sim f\left(x_2,x_3|x_1^{(t+1)},x_4^{(t)}\right)$$

$$X_4^{(t+1)}\Big|\cdot \sim f\left(x_4|x_1^{(t+1)},x_2^{(t+1)},x_3^{(t+1)}\right)$$

在例 7.4 中，我们看到将河流生态参数自然地分组为一个条件多项式参数集合、一个条件狄利克雷参数集合和单个条件泊松元素 (见式 (7.10))。对这些分块进行循环是方便并且正确地，可以序贯地从多维抽样而不必从多项或者狄利克雷情形下进行一维条件分布抽样。

当 $\boldsymbol{X}$ 的元素是相关的时候，区组化特别有用，用其构造的算法能够使得更为相关的元素在同一个区组中被一起抽样出来。Roberts 和 Shau 比较了各种区组化和更新排序方法的收敛速度[546]。基于模型结构，Sargent 等的结构化马氏链蒙特卡洛方法为区组化提供了一个系统化的方法[569]。该方法在大量参数的情形下能够有更好的收敛速度，比如经度和地球统计数据的 Bayesian 分析[110,124]。

7.2.5 混合 Gibbs 抽样机

许多问题中 $\boldsymbol{X}$ 的一个或者多个元素的条件分布的理论表达式无法求得。在这种情形下，在 Gibbs 抽样机的某个给定步骤提出了混合 *MCMC*算法，从某个合适的条件分布里采用 Metropolis-Hastings 算法进行抽样。例如，对于 $p=5$，一个混合 MCMC 算法可以按照如下的更新序列进行：

1. 用一个 Gibbs 步骤更新 $X_1^{(t+1)}\Big|\left(x_2^{(t)},x_3^{(t)},x_4^{(t)},x_5^{(t)}\right)$，因为该条件分布的理论表达式可用。
2. 用一个 Metropolis-Hasting 步骤更新 $\left(X_2^{(t+1)},X_3^{(t+1)}\right)\Big|\left(x_1^{(t+1)},x_4^{(t)},x_5^{(t)}\right)$，因为该联合条件分布难以抽样或者理论表达式不可用。这里因为 X_2 和 X_3 高度相关，所以推荐对它们进行分组。
3. 用一个随机游走链更新 $X_4^{(t+1)}\Big|\left(x_1^{(t+1)},x_2^{(t+1)},x_3^{(t+1)},x_5^{(t)}\right)$，因为该条件分布的理论表达式不可用。
4. 用一个 Gibbs 步骤更新 $X_5^{(t+1)}\Big|\left(x_1^{(t+1)},x_2^{(t+1)},x_3^{(t+1)},x_4^{(t+1)}\right)$。

基于理论和实际的原因，在混合 Gibbs 抽样机每步仅执行一次 Metropolis-Hasting 步骤。实际上已经证明 7.2.1 节的基础 Gibbs 抽样机等价于当接受概率等于 1 时复合的 p Metropolis-Hastings 算法[543]。措词"混合抽样"是将更通用的术语用来描述多种不同的算法 (见 8.4 节更多的例子)。在上面的步骤 1-4 里描述的例子更精确的说法是"在 Gibbs 里使用 Metropolis 步骤的混杂 Gibbs 抽样机，"有时也简称为"嵌套 Metropolis 的 Gibbs，"，第一次在文献 [472] 里提出。

例 7.7 (软毛海豹幼崽的捕获–再捕获研究，续) 例 7.6 描述了用式 (7.11) 中的 $M(t)$ 模型进行捕获-再捕获研究。在该模型里实际中常用的方法是假设捕获概率具有 Beta 先验，N 具有非信息 Jeffreys 先验，因此 $f(N)\propto 1/N$。对于某些数据集，已有的分析说明了对式 (7.12) 中 θ_1 和 θ_2 的选择具有敏感性[230]。为了减少这种敏感性，我们考虑 (θ_1,θ_2) 的一个替代的联合分布，即是 $f(\theta_1,\theta_2)\propto\exp\{-(\theta_1+\theta_2)/1000\}$，并假设 (θ_1,θ_2) 对于剩余参数是先验独立的。Gibbs 抽样机可以通过从条件后验分布模拟得到。

$$N-84|\cdot\sim \text{NegBin}\left(85,1-\prod_{i=1}^{7}(1-\alpha_i)\right) \tag{7.16}$$

$$\alpha_i|\cdot\sim \text{Beta}(c_i+\theta_1,N-c_i+\theta_2)\quad i=1,\cdots,7, \tag{7.17}$$

$$\theta_1,\theta_2|\cdot\sim k\left[\frac{\Gamma(\theta_1+\theta_2)}{\Gamma(\theta_1)\Gamma(\theta_2)}\right]^7\prod_{i=1}^{7}\alpha_i^{\theta_1}(1-\alpha_i)^{\theta_2}\exp\left\{-\frac{\theta_1+\theta_2}{1000}\right\} \tag{7.18}$$

这里 $|\cdot$ 表示以 $\{N,\boldsymbol{\alpha},\theta_1,\theta_2\}$ 的其他参数和表 7.1 中的数据为条件，k 是未知常数。注意式 (7.18) 难以抽样。建议对式 (7.18) 使用具有 Metropolis-Hasting 步骤的混合 Gibbs 抽样机。因此当对 θ_1 和 θ_2 使用先验分布而不是为这些参数选择值时，式 (7.13)–(7.14) 的 Gibbs 抽样机转变成了式 (7.16)–(7.18) 的混合 Gibbs 抽样机。 □

7.2.6 格点 Gibbs 抽样机

当不是所有的条件分布都可以容易地抽样的时候，混合方法，比如嵌入 Gibbs 算法的Metropolis-Hastings 方法，能够有效地构造 Gibbs 型链。另外，由第 6 章中的技术拓展得到的方法可用于生成难以直接抽样的一元条件分布的样本。

其中有一种称为格点 Gibbs 抽样机的方法[541,624]。假设对于某一特定的 k，我们很难通过一元条件密度 $X_k|\boldsymbol{x}_{-k}$ 抽样。格点 Gibbs 方法首先需在 $f(\cdot|\boldsymbol{x}_{-k})$ 的支撑上选择一些格点 $z_1,\cdots,z_n$，令 $w_j^{(t)}=f(z_j|\boldsymbol{x}_{-k}^{(t)}),j=1,\cdots,n$。利用这些权以及相应的格点，我们可以近似密度函数 $f(\cdot|\boldsymbol{x}_{-k})$，或者等价地，近似其逆累积分布函数。然后用这个近似来生成 $X_k^{(t+1)}|\boldsymbol{x}_{-k}^{(t)}$ 并进行剩下的 MCMC 算法。对于第 k 个一维条件分布的近似精度可在迭代的过程中不断地得到提高。最简单的近似和抽样方法是通过使用逆累积分布函数方法 (见 6.2.2 节)，从概率取值正比于 $w_1^{(t)},\cdots,w_n^{(t)}$ 的离散分布 $z_1,\cdots,z_n$ 中抽取 $X_k^{(t+1)}|\boldsymbol{x}_{-k}^{(t)}$。这样得到的近似的密度函数是逐段常数的，其在任意两相邻格点的中点之间具有一密度值使得在包含 z_i 的片段上的总的概率与 $w_i^{(t)}$ 成比例，由此密度函数可生成一逐段线性的累积分布函数。基于第 10 章中的

密度估计的想法还可获得一些其他的方法。

如果对于 $f(\cdot|\boldsymbol{x}_{-k})$ 的近似随着时间的变化通过改进格点的取值而不断地进行更新，那么所得到的链则不是时间齐性的。在这种情况下，文献中的关于 Metropolis-Hastings 或者 Gibbs 链的收敛结果就不能够确保 格点 Gibbs 链具有等于 f 的极限平稳分布。一种确保时间齐性的方法是在迭代的过程中不要对一元分布的近似进行任何的更新。但这时该链依赖于 $f(\cdot|\boldsymbol{x}_{-k})$ 的近似而不是真实的密度，其极限分布仍然是不正确的。我们可利用混合 Metropolis-Gibbs 的框架来解决这个问题，也就是将由 $f(\cdot|\boldsymbol{x}_{-k})$ 的近似所得到的变量看作是一提案，然后基于 Metropolis-Hastings 比率来随机地决定是保留还是舍弃该变量。Tanner 探讨了大量潜在的对于格点 Gibbs 抽样机的改进方法[624]。

7.3 实施

MCMC 方法的目标是估计目标分布函数 f。这种方法的可靠性依赖于由马氏链的生成值所计算得到的样本均值对应该链的极限平稳分布的期望的程度。除了格点 Gibbs 抽样，前面我们介绍的所有 MCMC 方法都具有正确的极限平稳分布。但是，实际使用该方法时，我们需要决定什么时候马氏链已经运行了足够长的时间以使得我们有理由确信所得到的输出足够代表目标分布，也就是什么时候用所得的输出可以得到可靠的估计。不幸的是，有时 MCMC 方法收敛得非常慢，也就是需要特别长的运行时间，尤其是当 $\boldsymbol{X}$ 的维数很大的时候。进一步地，当使用 MCMC 算法的输出来判断是否近似地达到收敛的时候，我们很容易获得错误的结论。

在这一节中，我们将研究链的长期运行的表现问题。链是否已经运行得足够长了? 链的前面部分是否受初始值的强烈影响? 是否该使用多个不同的初始值来运行? 链是否跨越了 f 支撑区域的所有部分? 抽样值是否近似服从 f ? 如何用链的输出得到估计并衡量其近似精度? 关于 MCMC 的诊断方法可参见文献 [76，125，364，458，543，544]。本节最后我们会给出一些关于 MCMC 算法编程方面的实用建议。

7.3.1 确保良好的混合和收敛

实际应用中很重要的一点是考虑 MCMC 算法对于一个感兴趣问题提供的信息是否有效。有效性可以在不同的情形下有不同的解释，但这里我们主要集中在考虑要多久链才可以不依赖于其初始值以及需要多长时间该链能够完全挖掘目标分布函数支撑的信息。另外一相关的问题是在一个序列中观测值之间要相隔多远才可以看作是近似独立的。我们将这些问题看作为该链的混合性质。

我们还需考虑该链是否近似地达到其平稳分布。实际上分析是否收敛到平稳分布和研究该链的混合性质之间有很大程度的近似之处。许多分析诊断方法可同时用于研究混合和收敛的性质。此外，没有一种诊断方法是一定有效的; 当某链不收敛的时候，一些方法却得到收敛的诊断结果。基于上述原因，我们将在下一小节中对混合和收敛进行联合讨论，并且我们推荐采用多种诊断技术。

7.3.1.1 简单的图诊断

在编写程序并运行了具有多个初始值的 MCMC 算法之后，对于特定的问题，使用者们应该运用各种诊断工具来研究 MCMC 算法的性质。下面我们将讨论三种简单的诊断方法。

样本路径是一个描述迭代次数 t 对应 $\boldsymbol{X}^{(t)}$ 的实现值的图。样本路径有时也被称作为迹或者历史图。如果链的混合不是很好，那么在很多次迭代中它都将会取相同或者相近的值，如图 7.2 下面的面板所示。一个混合很好的链能够快速地远离初始值且样本路径将会在 f 的支撑域附近强烈地摆动。

累积和 (cusum) 诊断用于衡量一维参数 $\theta = E\{h(\boldsymbol{X})\}$ 的估计的收敛性[678]。在舍去最初的一些迭代值之后，基于链的 n 个实现的估计为 $\hat{\theta}_n = (1/n)\sum_{j=1}^{n} h\left(\boldsymbol{X}^{(j)}\right)$。累积和诊断是一个描述 $\sum_{i=1}^{t}\left[h\left(\boldsymbol{X}^{(i)}\right) - \widehat{\theta}_n\right]$ 对应 t 的图。如果最终的估计量是用除去一些预烧值 (见 7.3.1.2 节) 之后的剩余链的迭代计算而得到的，那么估计和 cusum 图就应该基于那些在最终估计量中使用的值。Yu 和 Mykland[678]指出如果 cusum 图抖动很大并且离 0 比较近，则说明该链混合良好。那些离 0 较远且很光滑的图说明链有较低的混合速度。与其他收敛诊断一样，cusum 图也具有如下的一个缺点: 对于多峰分布链长期停滞在某一峰的情况，cusum 图可能会得到诊断结果的效果很好，而实际情况是该链表现并不好。

自相关图用于描述 $\boldsymbol{X}^{(t)}$ 序列在不同迭代延迟下的相关性。延迟 i 的自相关性是指相距 i 步的两迭代之间的相关性[212]。具有较差的混合性质的链随着迭代间延迟的增加会表现出较慢的自相关性衰减。对于多于一个参数的问题，我们也许还应该考虑有联系的参数之间的交互相关性，因为较高的交互相关也可能指出该链具有较差的混合。

例 7.8 (混合分布，续) 图 7.8 给出的是例 7.2 中所描述的独立链的自相关性图。在上面的面板中，由于使用一个更适当的提案分布，所得到的链的自相关性也衰减得相当快。而在下面的面板中，使用一较差的提案分布导致其自相关性非常高，相隔 40 步的观测之间的相关性仍达到 0.92。这个图很明显地指出较差的混合性。 □

7.3.1.2 预烧和运行长度

在关于收敛的诊断中核心问题是考虑预烧期和运行长度。回想 MCMC 算法只有在极限情况下才会有 $X^{(t)} \sim f$。对于任何的操作，其中的迭代都不会很精确地服从我们想要的边际分布，而链对初始点 (或分布) 的依赖性也很强。为了降低这个问题的严重性，我们通常会舍弃链的前 D 个值，也就是所谓的预烧期。

确定一个合适的预烧期和运行长度的一个常用方法是由 Gelman 和 Rubin[221,224]提出的。该方法是基于方差分析 (ANOVA) 引出的一个统计量。如果链间方差远远大于链内方差，那么预烧期或者 MCMC 运行长度应该增加。该方差由 J 次运行 MCMC 算法生成的 J $(J \geqslant 2)$

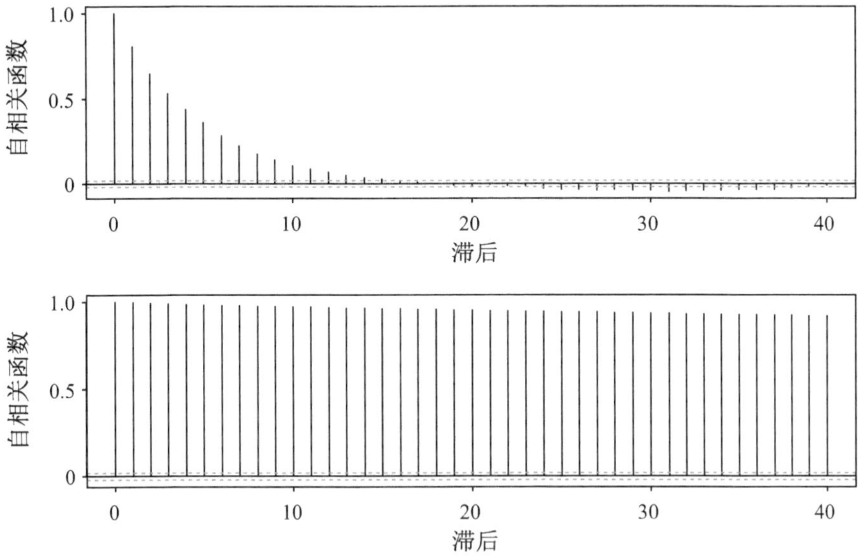

图 7.8 例 7.2 中所描述的提案密度为 Beta(1, 1) (上图) 和 Beta(2, 10) (下图) 的独立链对应的自相关图

个分离的、等长的链进行估计，这些链的初始值散布在目标密度的支撑上。

令 L 表示在舍去 D 个预烧迭代之后每个链的长度。假设感兴趣的变量 (也即是参数) 是 X，其在第 j 个链上的第 t 个迭代值为 $x_j^{(t)}$。因此，对于第 j 个链，舍去 D 个迭代值 $x_j^{(0)},\cdots,x_j^{(D-1)}$，而剩下 L 个值 $x_j^{(D)},\cdots,x_j^{(D+L-1)}$。令

$$\bar{x}_j=\frac{1}{L}\sum_{t=D}^{D+L-1}x_j^{(t)} \quad 和 \quad \bar{x}.=\frac{1}{J}\sum_{j=1}^{J}\bar{x}_j \tag{7.19}$$

且定义链间方差为

$$B=\frac{L}{J-1}\sum_{j=1}^{J}(\bar{x}_j-\bar{x}.)^2 \tag{7.20}$$

接下来定义第 j 个链的链内方差为

$$s_j^2=\frac{1}{L-1}\sum_{t=D}^{D+L-1}\left(x_j^{(t)}-\bar{x}_j\right)^2$$

然后令

$$W=\frac{1}{J}\sum_{j=1}^{J}s_j^2 \tag{7.21}$$

代表 J 个链内方差估计的平均值。最后，令

$$R=\frac{[(L-1)/L]W+(1/L)B}{W} \tag{7.22}$$

如果所有的链都是平稳的，则分子和分母都应该是 X 边际方差的估计。但如果链间有显著的差异，则分子将会比分母大。

理论上，当 $L\to\infty$，则 $\sqrt{R}\to 1$。实际应用中，式 (7.22) 的分子稍微偏大而分布稍微偏

小。一个修正的估计是

$$\hat{R}=\frac{J+1}{J}R-\frac{L-1}{JL}$$

一些学者建议选取 $\sqrt{\hat{R}}<1.1$，则预烧和链的长度是足够的[544]。另外一个有用的收敛诊断是绘制 $\hat{R}$ 对迭代次数的图形。当 $\hat{R}$ 不在 1 附近稳定时，说明缺乏收敛性。如果选定的预烧期不能得到令人接受的结果，则或者增大 D，或者增大 L，或者两者同时增大。一个保守的做法是将迭代的前一半都当作是预烧期。如果将迭代 $x_j^{(t)}$ 做一定变换使得其分布近似为正态，则会增强这种诊断方法的效果。另一个可选方案是对模型重新参数化并重新运行链。

使用这种方法有一些潜在的困难。当 f 是多峰分布的情况下，如何选择合适的初始值也许较为困难，如果大部分的链都长期停留在同样的子域或者峰的附近，则该程序将不工作。由于它的一维性，这种方法对于多维的目标分布给出的收敛诊断结果也许会是错误的。文献 [71, 224] 给出了一些 Gelman-Rubin 统计量的改进方案，包括式 (7.22) 中考虑未知参数的变化的 R 的改进估计。在实际应用中，这些改进给出非常相似的结果。文献 [71] 提供了关于多维目标分布情形下的推广。

Raftery 和 Lewis[526] 提出了用于估计预烧期和运行长度的一种完全不同的定量方案。还有一些学者建议不要使用预烧[231]。

7.3.1.3 提案的选择

正如例 7.2 中所提到的，提案分布的性质对混合有很强的影响，尤其是其延展度。进一步来说，一个良好的提案分布所应具有的特点是依赖于我们所要使用的 MCMC 方法的类型。

对于一个一般的 Metropolis-Hastings 链，比如一独立链，直观上显然我们希望提案分布 g 能够非常好地近似 f，因此，看上去我们想要的是以很高的比率接受提案。尽管我们需要 g 和 f 很相像，但 g 的尾部表现比其在高密度区域与 f 的相近程度更重要。特别地，如果 f/g 有界，总的来说马氏链收敛到其平稳分布会更快些[543]。因此，明智的做法是使得提案分布从某种程度上来说比 f 更加分散。

实际应用中，我们可以利用一非正式的迭代过程来选择提案分布的方差。开始生成一链，观测并记录提案被接受的比率，然后相应地调整提案分布的延展度。在达到了某个预先设定的接受率之后，适当调整提案分布的尺度并重新开始该链。对于目标分布和提案分布为正态的 Metropolis 算法，文献中建议使用介于 25% 和 45% 之间的接受率，对于一维问题来说，最佳的接受率大约为 44%，而对于高维的问题，则减少为 23.4% 左右[545,549]。为了应用这些准则，必须注意这些推荐的比率只有当目标及提案分布大约为正态分布，或者至少是单峰分布的情况下才可以使用。比如当目标分布是多峰的，链很有可能都集中在某一个峰附近，而不能够充分地挖掘参数空间中的其他部分。在这种情况下，接受率可能会相当高，而从一峰跳至另一峰的概率却很低。这是绝大多数 MCMC 方法都会遇到的难点问题；所以通常来说，尽管目标分布通常是未知的，但我们也希望对其有尽可能多的信息以帮助我们更好地实现 MCMC 算法。

自适应马尔科夫链蒙特卡罗方法 (8.1 节) 在进行 MCMC 算法时在 Metropolis 算法中调整提案密度。这些方法具有以下优点：它们是自动的，并且在有些执行中不要求用户停止、调整或者在多个时刻重启算法。

7.3.1.4 重新参数化

我们可以通过对模型的重新参数化来改进 MCMC 算法的混合性质。对于 Gibbs 抽样机，$\boldsymbol{X}$ 元素间的高度独立性会导致性能增强，重新参数化是减少相依性的主要策略。举例来说，若 f 是一个具有很强正相关的二元正态分布，则对于两个一元条件分布而言，在任一个轴上我们通常只能取相距 $\boldsymbol{X}^{(t)}=\boldsymbol{x}^{(t)}$ 较小的步幅。因此，Gibbs 抽样机收敛至 f 的速度会非常慢。但如果我们假设 $\boldsymbol{Y}=(\boldsymbol{X}_1+\boldsymbol{X}_2,\boldsymbol{X}_1-\boldsymbol{X}_2)$，这样的变换会使得一个一元条件分布落在 $\boldsymbol{X}$ 的最大变差所对应的轴上，而另一个落在与该轴正交的另一轴上。如果我们将 f 的支撑视作一雪茄型，则对于 $\boldsymbol{Y}$ 的一元条件分布允许我们取到雪茄的长度和宽度的步幅。因此，参数化至 $\boldsymbol{Y}$ 使得我们能够更容易地由目标分布的支撑上的一点通过一步（或很少的几步）移动至另一点。

不同的模型需要不同的重新参数化策略。例如，对于线性模型问题，如果协变量是连续的，那么我们可以通过对这些协变量进行中心化和标准化以达到降低模型中参数相关性的目的。对于具有随机效应的线性模型的 Bayes 问题，分层中心化可以加速 MCMC 的收敛[218,219]。术语*分层中心化*来自于参数的中心化而不是协变量的中心化。分层中心化包括把线性模型重新表示成为在 Gibbs 抽样机中生成不同条件分布的另一种形式。

例 7.9 (分层中心化随机效应模型) 例如，考虑污染物质水平的研究，众所周知，不同的实验室的测试有不同的测量误差水平。令 y_{ij} 表示第 i 个实验室测试的第 j 个样本的污染物质的水平。我们可以考虑一个简单的随机效应模型

$$y_{ij}=\mu+\alpha_i+\epsilon_{ij} \tag{7.23}$$

这里 $i=1,\cdots,I$，$j=1,\cdots,n_i$。在 Bayes 框架下，我们可以假设 $\mu\sim N(\mu_0,\sigma_\mu^2)$，$\alpha_i\sim N(0,\sigma_\alpha^2)$ 和 $\epsilon_{ij}\sim N(0,\sigma_\epsilon^2)$。式 (7.23) 中的分层中心化形式是模型 $y_{ij}=\gamma_i+\epsilon_{ij}$ 的简单重新参数化，这里 $\gamma_i=\mu+\alpha_i$，$\gamma_i\mid\mu\sim N(\mu,\sigma_\alpha^2)$。于是 γ 是 μ 的中心化。当 σ_ϵ^2 比 σ_α^2 大不太多时，分层中心化通常会生成更好的 MCMC 链，特别是确定具有随机效应时该链对一个给定数据集的建模非常有用。这是一个简单的例子，已经证明分层中心化对于更复杂的线性模型问题比如广义线性混合模型能生成更有效的 MCMC 算法。然而，分层中心化的优点可能依赖于手边的具体问题并且会根据不同的情况执行[77,219]。问题 7.7 和 7.8 给出了分层中心化的另外一个例子。

不幸的是，重新参数化的方法通常对于特定的模型需要特定的处理。因此，我们很难给出通用的步骤。另一种改进 MCMC 算法的混合、加速其收敛速度的办法是通过使用辅助变量来放大问题，参见第 8 章。大量的重新参数化和加速的技术可参见文献 [106，225，242，543]。

7.3.1.5 链的比较：有效的样本容量

如果 MCMC 的实现是高度相关的，那么从 MCMC 算法的每次迭代获取的信息将比运行长度建议的少得多。减少的信息等价于包含在较少容量的 i.i.d. 样本里，该样本的大小称为*有效的样本容量*。总的样本容量和有效样本容量之间的差别表示用从马氏链得到的相依样本而不用具有相同方差的独立同分布的测量样本去估计感兴趣的量产生的效率损失[543]。

为了估计有效样本容量，第一步是计算估计的自相关时间，实现值和它们的衰减率之间的自相关性的概要度量。自相关时间由下式给出

$$\tau = 1 + 2\sum_{k=1}^{\infty}\rho(k) \tag{7.24}$$

这里 $\rho(k)$ 是第 k 次迭代部分间的自相关性(也即是 $\boldsymbol{X}^{(t)}$ 和 $\boldsymbol{X}^{(t+k)}$ 之间的相关性，$t = 1, \cdots, L$)。精确地估计 $\rho(k)$ 具有一定的挑战性，但是常用的方法是当 $\hat{\rho}(k) < 0.1$ 时截断求和式[110]，那么预烧后运行 L 次迭代的 MCMC 的有效样本容量可以用 $L/\hat{\tau}$ 估计。

有效样本容量可以用来比较给定问题的不同的 MCMC 抽样机的效率。对于一个固定的迭代次数，具有较大有效样本容量的 MCMC 算法有可能更快地收敛。例如，我们可能感兴趣 Gibbs 抽样机里分块得到的收益。如果分块 Gibbs 抽样比非分块的情形有更高效率的样本容量，那么该分块可以提高 MCMC 算法的效率。有效样本容量也可以用于单个链。例如，考虑一个两参数 (α, β) 的 Bayes 模型和经过预烧后运行了 10 000 次迭代的 MCMC 算法。一个有效的样本容量，比方说，对于 α 来说 9500 次迭代使得迭代间有较低的相关性。相反地，如果结果表明对于 β 来说有效样本容量需要 500 次迭代，那么我们可能会很怀疑 β 的收敛。

7.3.1.6 链的个数

最困难的诊断问题之一是判断链是否长期停留在目标分布的一个或多个峰附近。在这种情况下，使用绝大多数的诊断方法都很可能得到链收敛的结论，但事实上此链并没有完全地刻画出目标分布。一个解决该问题的方法是运行多个具有不同初始值的链，并比较其在链内和链间的表现情况。7.3.1.2 节中给出该作法的一个正式方法。

令人惊讶的是，运行多个链来研究链之间的表现情况的这种想法实际上相当有争议性。在 MCMC 方法的早期统计发展中，其中一个最热烈的争论是围绕着到底是将有限的运行时间花在加长一个链的运行长度上更重要，还是用在同时运行多个具有不同初始点的较短的链来研究表现情况更有意义[224,233,458]。尝试使用多个链的出发点在于希望目标分布的所有我们感兴趣的特点 (比如多峰) 能够通过至少一个链挖掘出来，并且使用单独链的无效性，也就是其不能够找出这些特点或者忽视了初值的影响，能够被检查出来。在这种情况下，我们需要加长链或者重新参数化该问题使其具有更好的混合。

使用一个长链的一些论点如下：使用许多短链只有在它们揭示出不好的收敛表现时才会比使用一长链更有意义。在这种情况下，由这些短链模拟生成的值是不稳定的；其次，使用多个短链来诊断收敛的有效性主要限于一些不切实际的简单问题或者那些我们已经很好地了解

f 的问题中；第三，给定总的计算量，若将其分配至多个链的运行上有可能会得到不好的收敛，但若将其全部用于一个长链的运行上可能就不会。

从实际应用的角度，我们不认为上述的使用单独链的论点可以完全地令人信服。由不同的初值来生成多个短链是计算机代码全面调试中基本的要素。我们对 f 的一些主要的特征 (比如多峰、高度集中的支撑域)，经常是有很好的认知——即使复杂的实际问题——尽管不能够确定对这些特征的具体细节是否有很好的把握。由多个不同初始状态所得到的结果通常还可以提供 f 的关键特征的一些信息，反过来这些信息能够帮助我们决定使用的 MCMC 方法以及问题的参数化是否得当。多个短链的不好的收敛情况亦能够帮助我们决定当使用一长链的时候，链的表现的哪些方面是我们最需要监控的。最后，CPU 的运算速度已今非昔比，而且花费也越来越少。我们可以使用多个短链和一个长链。在使用覆盖 f 支撑的具有不同初值的多个短链之后，我们能够进行一些解释性的工作。链的表现的诊断可以通过如下所描述的大量正式和非正式的技术来实现。在确信实施方案能够成功之后，我们就可以由一个好的初始值来运行一个最终的相当长的链来计算并公布结果。

7.3.2 实际操作的建议

由上面的讨论引发如下的问题: 链的个数、预烧期的迭代数、预烧期后链的长度分别应该取什么值。大多数的学者都不愿推荐通用的值，因为适当的选择高度依赖于问题本身以及所使用的链挖掘 f 支撑域的速度和效率。类似地，可允许的运算时间也从一定程度上决定了这些值的选择。已发表的一些分析研究中，预烧期由零到数万，链的长度由数千到百万都有使用过。诊断通常依赖于三个或者更多的链。由于计算速度的高速发展，MCMC 所应用的范围和强度也随之大量增加。

总的来说，这里我们重述 7.3.1.6 节的建议，也就是与文献 [126] 相一致。首先，建立多个具有不同初始值的试验性的链。然后，使用一些如前面所讨论的诊断方法确保链具有良好的混合并且近似地收敛到平稳分布。接下来用一个新的种子生成随机数并重新启动最终的长链。一个流行的但是比较保守的选择是把 MCMC 迭代的前一半做为预烧舍弃。当每个 MCM-C 迭代计算量很大时，用户经常选择较短的预烧长度而保留更多的迭代用来推断。

为了更好地了解 MCMC 方法以及链的行为，没有什么能够比从头开始编写这些算法来得更为直接。而若考虑更容易的实现方法，各种已有的软件包可用来自动地实现 MCMC 算法及相应的诊断。目前最全面的软件是 BUGS (Bayesian inference Using Gibbs Sampling) 软件家族，可以在多个平台上运行[610]。比较流行的应用是在 R 统计软件包里使用 BUGS[626]。R 里的软件包像 CODA[511]和 BOA[607]允许使用者容易地构造相关的诊断方法。大多数这样的软件都可在互联网上免费得到。

7.3.3 使用结果

这里我们考虑 MCMC 算法输出结果的一些常用的概要，更进一步描述软毛海豹幼崽的例子。

首先来看边际分布。如果 $\{\boldsymbol{X}^{(t)}\}$ 代表一个 p 维马氏链，则 $\{X_i^{(t)}\}$ 是一极限分布为 f 的第 i 个边际分布的马氏链。如果我们仅关心这个边际的性质，则可舍弃剩余的模拟并分析 $X_i^{(t)}$ 的实现。更进一步说，没有必要对每一个感兴趣的量都运行一个链。关于任何感兴趣的量的事后推断都可以从该链 $\{\boldsymbol{X}^{(t)}\}$ 的实现获得。特别地，任何事件的概率都可以通过该链中事件发生的频率进行估计。

标准的描述性统计量，比如均值和方差，通常是我们所关心的 (见 7.1 节)。最常用的估计基于经验平均。舍弃预烧期，然后利用

$$\frac{1}{L}\sum_{t=D}^{D+L-1} h\left(\boldsymbol{X}^{(t)}\right) \tag{7.25}$$

作为 $E\{h(\boldsymbol{X})\}$ 的估计来计算需要的统计量，其中 L 是舍弃 D 次预烧迭代后链所剩余的运行长度。即使 $\boldsymbol{X}^{(t)}$ 是连续相关的，这个估计也是相合的。有一些从极限理论出发的观点赞成不要使用预烧 (也就是 $D=1$)[231]。但是，由于用于计算式 (7.25) 估计的迭代数毕竟是有限的，所以大多数研究者倾向于使用预烧期来减少这些可能与目标分布相差甚远的初始值对估计的影响。我们推荐使用预烧期。

也有其他估计量的研究。式 (6.86) 的黎曼和估计量被证明比上面的标准估计量有更快的收敛速度。在 6.4 节讨论的其他的方差缩减技术，比如 Rao-Blackwellization，也可以基于链的输出用来减少估计量的蒙特卡洛变异性[507]。

蒙特卡洛或者模拟的估计的标准误也是我们感兴趣的一个估计量。如果 MCMC 算法重复运行，它是估计量的变异性的估计。形如式 (7.25) 的原始标准误的估计是由 L 个预烧后的实现的标准差除以 $\sqrt{L}$ 所得到的。然而，通常 MCMC 的实现是正相关的，这样就会低估标准误。一个自然的修正方法是基于系统子样来计算标准误，也就是说，预烧后的每 k 个迭代。然而这种方法不是很有效[429]。标准误的一简单估计方法是所谓的*批次方法*[92,324]。在每个批次里把 L 个迭代分为 b 个连续迭代的批次，计算每个批次的均值。然后标准误的估计为这些均值的标准差除以批次个数的平方根。推荐的批次大小是 $b=\lfloor L^{1/a}\rfloor$，这里 $a=2$ 或 3，$\lfloor z\rfloor$ 不大于 z 的最大整数[355]。其他一些估计蒙特卡洛标准误的策略在文献 [196，233，609] 里有综述。蒙特卡洛标准误可以用来估计模拟间的变异。已经证明，在确定链有好的混合性和收敛行为后，你应该运行该链直到蒙特卡洛误差小于所有感兴趣的参数的标准误的 5% [610]。

分位数估计以及其他区间估计也是我们经常需要的。各种分位数的估计，比如中位数或 50% 分位点，都可由链的实现值的相应分位点来估计。这些可简单地通过式 (7.25) 来估计尾部概率，然后用逆向关系来找到。

对于 Bayesian 分析，最大后验概率 (HPD) 区间的计算经常也是我们感兴趣的 (见 1.5 节)。对于对称的单峰后验分布，$(1-\alpha)\%$ HPD 区间估计就是迭代的第 $(\alpha/2)$ 和 $(1-\alpha/2)$ 分位点。对于单峰后验分布，HPD 区间的 MCMC 近似可以计算如下。对于感兴趣的参数，经过预烧后对 MCMC 的实现值 $x^{(D)},\cdots,x^{(D+L-1)}$ 进行排序，得到 $x_{(1)}\leqslant x_{(2)}\leqslant\cdots\leqslant x_{(L-1)}$。

计算 $100(1-\alpha)\%$ 置信区间为

$$I_j = \left(x_{(j)}, x_{(j+\lfloor(1-\alpha)(L-1)\rfloor)}\right), \quad j=1,2,\cdots,(L-1)-\lfloor(1-\alpha)(L-1)\rfloor$$

$\lfloor z \rfloor$ 为不大于 z 的最大整数。$100(1-\alpha)\%$ 的 HPD 区间 I_{j^*} 是所有置信区间中长度最短的[107]。对于多峰后验密度或者其他更复杂形式 HPD 的更成熟的计算方法在文献 [106] 中给出。

我们不应该忽视 MCMC 输出的简单图形的描述。对任意感兴趣的 h，我们可画出 $h(\boldsymbol{X}^{(t)})$ 的实现的直方图，这是一个标准的实际操作。或者，我们可以使用第 10 章中所介绍的密度估计技术来描述一组得到的值。画出配对散点图和其他的一些描述性图像来说明 f 的关键特性也是实际应用中很常用的方法。

例 7.10 (软毛海豹幼崽的捕获–再捕获研究，续) 回顾例 7.6 中软毛海豹幼崽的捕获–再捕获研究，在式 (7.13) 和式 (7.14) 里给出了 Gibbs 抽样机的总结。例 7.7 考虑了该问题的混合抽样机，当应用到软毛海豹数据时这些 MCMC 算法有非常不同的表现。我们将考虑这两种变异以证明上面描述的 MCMC 诊断方法。

对于例 7.6 的基础 Gibbs 抽样机，样本路径和自相关性的图形没有显示缺少任何收敛性 (见图 7.9)。基于预烧为 50 000 的 100 000 次迭代运行 5 次，N 的 Gelman-Rubin 统计量等于 0.999 995，因此可以得到 $N^{(t)}$ 是大概平稳的，有效样本容量是 45 206 个样本 (迭代)。类似地，例 7.7 的混合抽样机没有足够证据表明 N 缺少收敛性，故我们不再考虑这个参数。

相对于 N 的快速收敛，捕获概率参数 $(\alpha_1,\cdots,\alpha_7)$ 的 MCMC 收敛行为随着模型形式和 Gibbs 抽样机策略的不同而不同。对于例 7.6 的基本 Gibbs 抽样机和均匀/Jeffreys 先验组合，捕获概率的 Gelman-Rubin 统计量都接近于 1，并且在 MCMC 样本间几乎没有相关性 (比如图 7.9 的右下方面板)。这表明该链大体上是平稳的。然而，正如我们下面将要看到的，在例 7.7 中描述的其他先验分布和混合 Gibbs 抽样机会产生不太令人满意的 MCMC 收敛行为。

为了执行例 7.7 中的混合 Gibbs 抽样机，需要在式 (7.18) 中对样本 (θ_1,θ_2) 使用 Metropolis-Hastings 步骤。注意这些参数的先验分布限制 (θ_1,θ_2) 大于 0。该限制会阻碍 MCMC 的性能，特别是如果在边界处有高的后验密度。因此我们考虑用随机游走去更新这些参数，但是为了增强性能我们把 (θ_1,θ_2) 变换为 $\boldsymbol{U}=(U_1,U_2)=(\log\theta_1,\log\theta_2)$。这允许有效地把在 $(-\infty,\infty)$ 上的随机游走步骤更新到 $\boldsymbol{U}$ 上。具体地讲，提案值 $\boldsymbol{U}^*$ 可以通过抽取 $\boldsymbol{\epsilon}\sim N(0,0.085^2\boldsymbol{I})$ 生成，这里 $\boldsymbol{I}$ 是 2×2 的单位阵，然后令 $\boldsymbol{U}^*=\boldsymbol{u}^{(t)}+\boldsymbol{\epsilon}$。我们对更新 $\boldsymbol{U}$ 选择标准差 0.085 得到接受率大约为 23%。回忆例 7.3 的式 (7.8)，需要变换式 (7.17) 和式 (7.18) 反应变量的改变。式 (7.17) 变为

$$\alpha_i|\cdot \sim \text{Beta}(c_i+\exp\{u_1\}, N-c_i+\exp\{u_2\}), \quad i=1,\cdots,7 \tag{7.26}$$

式 (7.18) 变为

$$U_1,U_2|\cdot \sim k_u \exp\{u_1+u_2\}\left[\frac{\Gamma(\exp\{u_1\}+\exp\{u_2\})}{\Gamma(\exp\{u_1\})\Gamma(\exp\{u_2\})}\right]^7 \tag{7.27}$$

$$\times \prod_{i=1}^{7} \alpha_i^{\exp\{u_1\}}(1-\alpha_i)^{\exp\{u_2\}} \exp\left\{-\frac{\exp\{u_1\}+\exp\{u_2\}}{1000}\right\} \tag{7.28}$$

这里 k_u 是未知常数。通过在 Metropolis-Hastings 算法里改变变量的方法从而变换参数空间对于有限制的参数空间问题是很有用的。转换有限制的参数的思想使得在 $\mathcal{R}$ 上给出 MCMC 更新是可行的。文献 [329] 里给出了一个更复杂的例子。

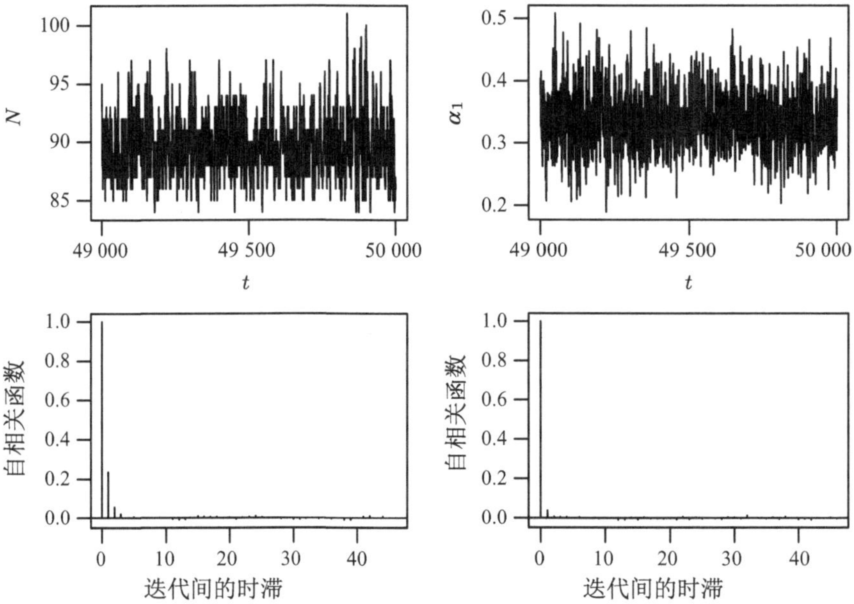

图 7.9　例 7.6 的基本 Gibbs 抽样机的输出。顶端一行：N 的最后 1000 次迭代的样本路径 (左边) 和 α_1 (右边)。底端一行：N 预烧后的自相关图形 (左边) 和 α_1 (右边)

我们执行基于一条 100 000 次迭代的链得到的混合抽样机，其中前 50 000 次迭代作为预烧被舍弃。这些参数的 Gelman-Rubin 都非常接近于 1，然而，自相关图形表明迭代间有很高的相关性 (图 7.10 左边的面板)。例如，使用备选的先验分布和混合 Gibbs 抽样机生成的分为 40 次迭代的 MCMC 样本间的相关系数是 0.6，而图 7.9 展示的是使用均匀/Jeffreys 先验组合和基本的 Gibbs 抽样机，当时滞是 2 时相关系数接近于 0。类似地，混合 Gibbs 算法的有效样本容量是 1127，而上面讨论的基本 Gibbs 抽样机有大很多的有效样本容量 45 206。图 7.10 右边的面板给出了混合抽样机生成的 $U_1^{(t)}$ 和 $U_2^{(t)}$ 的两个样本路径。该图形表明参数间有较高的相关性。这些结果说明了 MCMC 算法缺少收敛性或者是混合算法生成的链有较差的行为。尽管这些表明缺少收敛性，例 7.7 的先验分布生成与例 6.6 均匀 Jeffreys 先验组合非常相似的结果。N 的后验均值是 90，95% HPD 区间是 $(85, 95)$。然而，该链没有简单模型的混合性好，因此对于海豹幼崽数据我们推荐使用均匀/Jeffreys 先验。混合 Gibbs 抽样机对许多问题非常有效，但是对于这些数据，例 7.7 描述的备选先验是不合适的并且混合算法不能纠正该问题。 □

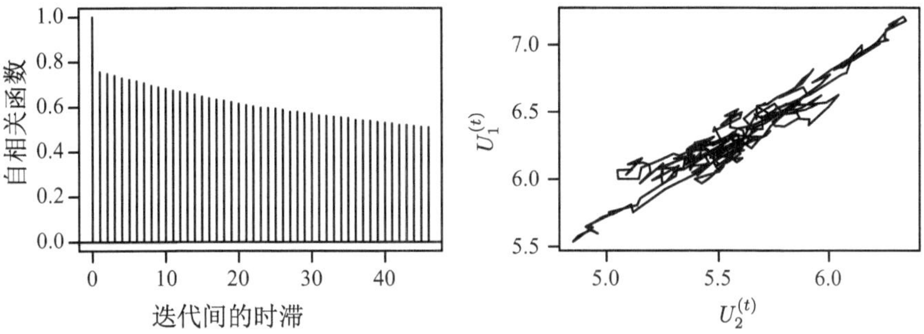

图 7.10 例 7.7 的混合 Gibbs 抽样机：海豹幼崽例子的最后 5000 次迭代的 p_1 的自相关图形 (左边面板) 和 $\boldsymbol{U}$ 的样本路径 (右边面板)

习题

7.1 本习题的目的是研究在用来模拟参数 δ 的后验分布的 Metropolis-Hasting 算法中提案分布的作用。在 (a) 中，要求模拟参数 δ 已知时分布的数据。在 (b)–(d) 中，假设 δ 未知，其先验分布为 Unif(0, 1)。并且对于 (b)–(d)，给出适用的图以及一个概括算法输出的表。为方便比较，我们对此算法使用相同的迭代次数、随机种子、起始值以及预烧周期。

- **a.** 模拟式 (7.6) 混合分布中的 200 个数据，其中 $\delta = 0.7$。画出这些数据的直方图。
- **b.** 实现一条独立链 MCMC 过程来模拟 δ 的后验分布，并使用来自 (a) 中的数据。
- **c.** 实现一条随机游动链，其中 $\delta^* = \delta^{(t)} + \epsilon$，$\epsilon \sim \text{Uinf}(-1, 1)$。
- **d.** 重新参数化问题令 $U = \log\{\delta/(1-\delta)\}$ 以及 $U^* = u^{(t)} + \epsilon$。同式 (7.8)，在 U 空间中实现一条随机游动链。
- **e.** 比较三种算法在估计和收敛方面的表现。

7.2 模拟式 (7.6) 的混合分布十分简单(见问题 7.1(a))。然而，利用 Metropolis-Hastings 算法模拟此分布对于研究提案分布的作用是有益的。

- **a.** 实现一个 Metropolis-Hastings 算法模拟式 (7.6)，$\delta = 0.7$，并以 $N(x^{(t)}, 0.01^2)$ 为提案分布。对于三个起始值，$x^{(0)} = 0, 7, 15$，迭代 10 000 次。画出每条链的输出样本路径。如果只能获得一条样本路径，则关于此链可以得到什么结论？对于每个模拟，给出数据的直方图并将真实密度叠加在直方图上。根据三条链的输出，说明链具有什么样的性质？
- **b.** 现改变提案分布提高链的收敛性质。使用新的提案分布，重复 (a)。

7.3 在一个以原点为中心周长为 8 的正方形内，考虑半径为 1 的圆盘 D。于是圆盘 D 与正方形的面积比为 $\pi/4$。令 f 表示正方形上的均匀分布。因此，样本点 $(X_i, Y_i) \sim f(x, y)$，$i = 1, \cdots, n$，$\hat{\pi} = (4/n)\sum_{i=1}^{n} \mathbf{1}_{\{(X_i, Y_i) \in D\}}$ 为 π 的估计 (其中当 A 为真时 $\mathbf{1}_{\{A\}}$ 为 1，否则为 0)。

我们用如下方法估计 π。起始值为 $(x^{(0)}, y^{(0)}) = (0, 0)$。此后，如下生成候选值。首先，生成 $\epsilon_x^{(t)} \sim$

$\text{Unif}(-h,h)$ 以及 $\epsilon_y^{(t)} \sim \text{Unif}(-h,h)$。如果 $(x^{(t)}+\epsilon_x^{(t)}, y^{(t)}+\epsilon_y^{(t)})$ 落在正方形之外，则重新生成 $\epsilon_x^{(t)}$ 和 $\epsilon_y^{(t)}$，直至 $(x^{(t)}+\epsilon_x^{(t)}, y^{(t)}+\epsilon_y^{(t)})$ 落在正方形之内。令 $(X^{(t+1)}, Y^{(t+1)}) = (x^{(t)}+\epsilon_x^{(t)}, y^{(t)}+\epsilon_y^{(t)})$，增加 t，这样生成覆盖正方形的样本点。当 $t = n$ 时，停止并如上所述计算 $\hat{\pi}$。

a. 实现此方法，其中 $h = 1$ 并且 $n = 20\ 000$。计算 $\hat{\pi}$。论述增大 n 会有怎样的影响？增大或减少 h 会有怎样的影响？

b. 解释此方法存在缺陷的原因。使用相同的方法生成候选值，通过引入 Metropolis-Hastings 比率给出正确的方法。证明给出的抽样方法以正方形上的均匀分布为平稳分布。

c. 实现 (b) 中的方法并计算 $\hat{\pi}$。叙述再次使用 n 和 h 的试验过程。

7.4 推导式 (7.10)的条件分布和式 (7.10)下面的单变量的条件分布。

表 7.2　乳腺癌数据

	激素治疗组						对照组					
复发	2	4	6	9	9	9	1	4	6	7	13	24
时间	13	14	18	23	31	32	25	35	35	39		
	33	34	43									
删失	10	14	14	16	17	18	1	1	3	4	5	8
时间	18	19	20	20	21	21	10	11	13	14	14	15
	23	24	29	29	30	30	17	19	20	22	24	24
	31	31	31	33	35	37	24	25	26	26	26	28
	40	41	42	42	44	46	29	29	32	35	38	39
	48	49	51	53	54	54	40	41	44	45	47	47
	55	56					47	50	50	51		

7.5 实施一项临床试验以确定一种激素疗法对之前接受过乳腺癌治疗的妇女是否有益。当病患复发时，对病人进行临床试验。对病人进行化疗，并将其分成激素治疗组和对照组。我们感兴趣的观测值为到下一次复发的时间，可以认为其服从一个参数为 τ (激素治疗组) 或 θ (对照组) 的指数分布。在临床试验结束前，有很多妇女没有第二次复发，因此她们的复发时间被删失。

在表 7.2 中，一个删失时间 M 代表此病人被观测了 M 个月并且在这段时间没有复发，因此她的复发时间是超过 M 个月的。例如，接受激素疗法的 15 名妇女病患复发，她们复发时间总数为 280 个月。

令 $y_i^H = (x_i^H, \delta_i^H)$ 为激素疗法组中的第 i 个人的数据，其中 x_i^H 为时间。如果 x_i^H 是复发时间，则 δ_i^H 等于 1；如果 x_i^H 是删失时间，则 δ_i^H 等于 0。对照组的数据可以用类似方法给出。

那么似然方程为

$$L(\theta,\tau|\boldsymbol{y}) \propto \theta^{(\sum \delta_i^C + \sum \delta_i^H)} \tau^{(\sum \delta_i^H)}) \exp\left\{-\theta \sum x_i^C - \tau\theta \sum x_i^H\right\}$$

你被药品公司雇佣分析他们的数据。药品公司想知道激素疗法是否有效，因此需要你利用 Gibbs 抽样机方法寻找 τ 的边际后验分布。用 Bayes 方法分析这些数据，使用共轭先验

$$f(\theta,\tau) \propto \theta^a \tau^b \exp\{-c\theta - d\theta\tau\}$$

有专门从事激素疗法的医师对于超参数给出合理的值 $(a,b,c,d)=(3,1,60,120)$。

a. 概括数据，描点绘图。

b. 得到实现 Gibbs 抽样机需要的条件分布。

c. 编程运行 Gibbs 抽样机。使用一系列收敛诊断方法来评价抽样的收敛性和混合性。解释诊断结果。

d. 计算可以估计的联合后验分布的描述性统计量，包括边际均值、标准差，以及对每一个参数的 95% 的概率区间，将这些结果作成表。

e. 创建一个图展示 τ 的先验分布和估计的后验分布，要求在同一刻度下重叠画出。

f. 为药品公司解释你的结果。特别是你对 τ 的估计对临床试验有何意义？激素疗法组的复发时间与对照组相比是否显著不同？

g. 对 Bayes 分析常见的批评是其结果过于依赖先验。通过对原始超参数值一半或二倍的超参数进行 Gibbs 抽样机，以研究该问题。给出描述统计量的表用以比较结果，称这种做法为敏感度分析。根据你的结果，就其对于超参数值的敏感度而言，你对于药品公司有什么建议？

7.6 利用例 6.4 中给出的关于从 1851 年至 1962 年煤矿事故的数据。对于这些数据，假设模型

$$X_j \sim \begin{cases} \text{Poisson}(\lambda_1), & j=1,\cdots,\theta \\ \text{Poisson}(\lambda_2), & j=\theta+1,\cdots,112 \end{cases} \tag{7.29}$$

假设 $\lambda_i|\alpha \sim \text{Gamma}(3,\alpha)$, 其中 $i=1,2$，$\alpha \sim \text{Gamma}(10,10)$，并且假设 θ 服从 $\{1,\cdots,111\}$ 上的离散均匀分布。问题的目的是要通过 Gibbs 抽样机估计模型参数的后验分布。

a. 对于变点模型，得出实现 Gibbs 抽样机所需的条件分布。

b. 实现 Gibbs 抽样机，用一系列收敛诊断方法来评价抽样的收敛性和混合性。

c. 创建密度直方图以及关于 θ, λ_1 和 λ_2 的近似后验分布的描述统计量的表。对称的 HPD 区间对于所有的参数是合适的吗？

d. 解释该问题的结果。

7.7 考虑分层嵌套模型

$$Y_{ijk} = \mu + \alpha_i + \beta_{j(i)} + \epsilon_{ijk} \tag{7.30}$$

其中 $i=1,\cdots,I$，$j=1,\cdots,J_i$，$k=1,\cdots,K$。对于每一个 i 和 j，对 k 求平均，则我们可以将模型 (7.29) 重写为

$$Y_{ij} = \mu + \alpha_i + \beta_{j(i)} + \epsilon_{ij}, \quad i=1,\cdots,I, j=1,\cdots,J_i \tag{7.31}$$

其中 $Y_{ij}=\sum_{k=1}^{K} Y_{ijk}/K$。假设 $\alpha_i \sim N(0,\sigma_\alpha^2)$, $\beta_{j(i)} \sim N(0,\sigma_\beta^2)$，以及 $\epsilon_{ij} \sim N(0,\sigma_\epsilon^2)$，其中每

组参数是独立的先验分布。假设已知 σ_α^2，σ_β^2，σ_ϵ^2，为对模型进行 Bayes 推断，假设对 μ 有一个不是特别恰当的均匀先验，使得 $f(\mu) \propto 1$。对此问题我们考虑 Gibbs 抽样机的两种形式[546]：

a. 令 $n=\sum_i J_i, y_{..}=\sum_{ij} y_{ij}/n$，以及 $y_{i\cdot}=\sum_j y_{ij}/J_i$。证明在迭代 t 次时，实现该模型 Gibbs 抽样机所需的条件分布如下

$$\mu^{(t+1)}\Big|\left(\boldsymbol{\alpha}^{(t)},\boldsymbol{\beta}^{(t)},\boldsymbol{y}\right) \sim N\left(y_{..}-\frac{1}{n}\sum_i J_i\alpha_i^{(t)}-\frac{1}{n}\sum_{j(i)}\beta_{j(i)}^{(t)},\frac{\sigma_\epsilon^2}{n}\right)$$

$$\alpha_i^{(t+1)}\Big|\left(\mu^{(t+1)},\boldsymbol{\beta}^{(t)},\boldsymbol{y}\right) \sim N\left(\frac{J_iV_1}{\sigma_\epsilon^2}\left(y_{i\cdot}-\mu^{(t+1)}-\frac{1}{J_i}\sum_j\beta_{j(i)}^{(t)}\right),V_1\right)$$

$$\beta_{j(i)}^{(t+1)}\Big|\left(\mu^{(t+1)},\boldsymbol{\alpha}^{(t+1)},\boldsymbol{y}\right) \sim N\left(\frac{V_2}{\sigma_\epsilon^2}\left(y_{ij}-\mu^{(t+1)}-\alpha_i^{(t+1)}\right),V_2\right)$$

其中

$$V_1=\left(\frac{J_i}{\sigma_\epsilon^2}+\frac{1}{\sigma_\alpha^2}\right)^{-1},\quad V_2=\left(\frac{1}{\sigma_\epsilon^2}+\frac{1}{\sigma_\beta^2}\right)^{-1}$$

b. Gibbs 抽样的收敛率有时可以通过重新参数化得到提高。对于本模型，可以通过分层中心化(7.3.1.4 节) 进行重新参数化。例如，令 Y_{ij} 如式 (7.30) 定义，但是现令 $\eta_{ij}=\mu+\alpha_i+\beta_{j(i)}$，$\epsilon_{ij}\sim N\left(0,\sigma_\epsilon^2\right)$。之后，令 $\gamma_i=\mu+\alpha_i$，并且有 $\eta_{ij}|\gamma_i\sim N\left(\gamma_i,\sigma_\beta^2\right)$，$\gamma_i|\mu\sim N\left(\mu,\sigma_\alpha^2\right)$。同上，假设已知 σ_α^2，σ_β^2，σ_ϵ^2，并且 μ 有一个均匀先验分布。证明实现模型 Gibbs 抽样所需的条件分布如下

$$\mu^{(t+1)}\Big|\left(\boldsymbol{\gamma}^{(t)},\boldsymbol{\eta}^{(t)},\boldsymbol{y}\right) \sim N\left(\frac{1}{I}\sum_i\gamma_i^{(t)},\frac{1}{I}\sigma_\alpha^2\right)$$

$$\gamma_i^{(t+1)}\Big|\left(\mu^{(t+1)},\boldsymbol{\eta}^{(t)},\boldsymbol{y}\right) \sim N\left(V_3\left(\frac{1}{\sigma_\beta^2}\sum_j\eta_{ij}^{(t)}+\frac{\mu^{(t+1)}}{\sigma_\alpha^2}\right),V_3\right)$$

$$\eta_{ij}^{(t+1)}\Big|\left(\mu^{(t+1)},\boldsymbol{\gamma}^{(t+1)},\boldsymbol{y}\right) \sim N\left(V_2\left(\frac{y_{ij}}{\sigma_\epsilon^2}+\frac{\gamma_i^{(t+1)}}{\sigma_\beta^2}\right),V_2\right)$$

其中

$$V_3=\left(\frac{J_i}{\sigma_\beta^2}+\frac{1}{\sigma_\alpha^2}\right)^{-1}$$

7.8 在问题 7.7 中，要求在两个参数化模型中实现 Gibbs 抽样机。本问题是要比较抽样的表现。

本书的网站提供了关于生产颜料膏的含水量的数据集[58]。在颜料的批量生产中，需对每批颜料的含水量做分析检验。随机抽取 15 批颜料，分析其数据。对每一批颜料，随机抽取两个独立样本，每个样本被测量两次。在以下的分析中，令 $\sigma_\alpha^2=86$，$\sigma_\beta^2=58$ 和 $\sigma_\epsilon^2=1$。

实现两个 Gibbs 抽样机如下。为方便比较两个抽样，我们对两个方案采用相同的迭代次数、随机种子、起始值以及预烧期。

a. 利用对问题 7.7(a) 的 Gibbs 抽样机来分析数据，分区组实行抽样。例如，$\boldsymbol{\alpha} = (\alpha_1, \cdots, \alpha_{15})$ 为一个区组，其中因其条件分布相互独立，可以同时更新所有参数。在一次循环中以一种确定的顺序更新区组。例如，依次生成 $\mu^{(0)}$，$\boldsymbol{\alpha}^{(0)}$，$\boldsymbol{\beta}^{(0)}$，接着为 $\mu^{(1)}$，$\boldsymbol{\alpha}^{(1)}$，$\boldsymbol{\beta}^{(1)}$，依次类推。

b. 利用对问题 7.7(b) 的 Gibbs 抽样机分析数据。在每一次循环中以一种确定的顺序更新区组来实现抽样机，依次更新 $\mu^{(0)}$，$\boldsymbol{\gamma}^{(0)}$，$\boldsymbol{\eta}^{(0)}$，接着为 $\mu^{(1)}$，$\boldsymbol{\gamma}^{(1)}$，$\boldsymbol{\eta}^{(1)}$，依次类推。

c. 通过对上述方案进行下面的诊断，比较两种算法的表现。

i. 在去除预烧迭代后，计算所有参数的两两之间的相关性。

ii. 在每一种方案中选择几个参数并对每个参数创建其自相关图。

你也可以考虑用其他诊断方法进行比较。对于本问题，你推荐标准的还是重新参数化的模型？

7.9 例 7.10 描述了对海豹幼崽捕获–再捕获研究中混合 Gibbs 抽样机中随机游走的执行情况。推导 Gibbs 抽样机所需要的条件分布，即方程 (7.26) 和 (7.27)。

第 8 章 MCMC 中的深入论题

MCMC 的理论和应用快速发展，不断创新。两个显著的革新是维数转换可逆跳跃的 MCMC 方法和当算法运行时采用提案分布的方法。另外，在 Bayesian 推断中的应用也引起了人们极大的兴趣。本章我们将讨论一些高级的 MCMC 方法，并应用 MCMC 解决一些具有挑战性的统计问题。

8.1–8.5 节介绍了许多 MCMC 的高级论题，包括自适应、可逆跳跃、辅助变量 MCMC、其他的 Metropolis-Hasting 方法以及完美的抽样方法。8.6 节中我们讨论了 MCMC 方法在极大似然估计中的应用。8.7 节中我们给出了本章的总结并应用这里的几种方法简化空间或者图像数据的 Bayesian 推断。

8.1 自适应 MCMC

MCMC 算法的一个挑战是它们经常需要调整以提高收敛性能。例如，在具有正态分布作为提案分布的 Metropolis-Hasting 算法中，经常需要利用试错法调整提案分布的方差以达到一个最优接受率 (见 7.3.1.3 节)。当参数数量很大时调整提案分布变得更加困难，而自适应 MCMC (AMCMC) 算法允许在迭代进行时自动调整提案分布。

当经过一段时间后 MCMC 算法被认为是自适应的，但是一般需要复杂的理论证明马尔科夫链结果的稳定性。最近，提出了从理论证明提案算法收敛的简单准则，这导致了新的自适应 MCMC 算法的激增[12,16,550]。在描述这些算法前，关注当使用自适应算法时确保链生成正确的稳态分布是必要的。如果不关注，自适应算法将不会生成一个马尔科夫链，因为需要到当前时间的完全路径确定当前状态。自适应算法的另外一个风险是它们可能过度依赖于先前迭代过程，以至于阻止该算法完全地探究状态空间。解决这些问题的最好的自适应 MCMC 算法是当迭代增加时逐渐减少调整量。

如果目标稳态分布满足两个条件：*减少适应性和有界收敛*，那么具有自适应提案的 MCMC 算法是遍历的。通俗地讲，减少 (或消除) 适应性是说当 $t \to \infty$ 时，提案分布里的参数将越来越少地依赖于链的早期状态。可以通过减少提案分布里参数的数量或者当 t 增加时减少适应性的频率来达到减少适应性的条件。(控制) 有界收敛可以考虑直到接近收敛的时间。

令 $D^{(t)}$ 表示 AMCMC 算法在时间 t 时转移核的稳态分布与目标稳态分布的总变化距离(总变化距离可以通俗地描述为两个概率分布的最大可能距离)。令 $M^{(t)}(\epsilon)$ 表示使得 $D^{(t)}<\epsilon$ 的最小的 t 。有界收敛条件可以表述为随机过程 $M^{(t)}(\epsilon)$ 对于任意的 $\epsilon>0$ 是概率有界的。有关减少适应性和有界收敛的具体技术细节不在本书的讨论范围之内，详见文献 [550]。然而在实际使用时这些条件导出的简单易于验证的条件足够保证相对于目标稳态分布生成的链的遍历性并且易于检验。我们在下述章节中当应用具体的 AMCMC 算法时会叙述这些条件。

8.1.1 自适应随机游走的 Metropolis-within-Gibbs 算法

本节讨论的方法是 8.1.3 节算法的特殊情形，但是这里我们从简单的情形开始。考虑一个 Gibbs 抽样机，其中 $\boldsymbol{X}=(X_1,\cdots,X_p)$ 的第 i 个元素的单变量条件密度没有具体的理论表达式。在这种情况下，我们可以使用随机游走 Metropolis 算法模拟从第 i 个单变量条件密度里抽样 (7.1.2 节)。AMCMC 算法的目标是调整提案分布的方差使得接受率是最优的 (也即是说，方差适中)。当有许多自适应 Metropolis-within-Gibbs 算法的变形可以使用时，我们首先考虑自适应正态随机游走的 Metropolis-Hastings 算法[551]。

在下面的算法中，适应步骤只在某段时间内执行，比如，迭代 $t\in\{50,100,150,\cdots\}$。我们定义这些为一组时间 T_b，其中 $b=0,1,\cdots$，提案方差首先在迭代 $T_1=50$ 处调整，紧接着在 $T_2=100$ 处调整。提案分布的方差 σ_b^2 将会在这些时间点改变。每 50 次执行适应步是一般地选择；其他合理的更新时间间隔依赖于具体问题的 MCMC 迭代总数以及链的混合性能。

当参数重新排列使得 $\boldsymbol{X}$ 的第一个元素的单变量条件密度没有理论表达式时，我们采用*自适应随机游走 Metropolis-within-Gibbs 算法*。对这个元素使用自适应 Metropolis-within-Gibbs 更新。我们假设 $\boldsymbol{X}$ 的其他元素的单变量条件密度使用标准的 Gibbs 更新。自适应随机游走的 Metropolis-within-Gibbs 过程如下。

1. 初始化：选择初始值 $\boldsymbol{X}^{(0)}=\boldsymbol{x}^{(0)}$ 并令 $t=0$。对于 $b=0,1,2,\cdots$，选择一个时间分组 $\{T_b\}$ 并令分组索引 $b=0$，同时令 $\sigma_0^2=1$。

2. Metropolis-within-Gibbs 更新：使用随机游走更新 $X_1^{(t)}$并遵循下列步骤：

   a. 通过从 $\epsilon\sim N(0,\sigma_b^2)$ 抽样并令 $X_1^*=x_1^{(t)}+\epsilon$ 生成 X_1^*。

   b. 计算 Metropolis-Hasting 率

$$R\left(x_1^{(t)},X_1^*\right)=\frac{f\left(X_1^*\right)}{f\left(X_1^{(t)}\right)} \tag{8.1}$$

   c. 根据下面的方式抽样 $X_1^{(t+1)}$ 的一个值：

$$X_1^{(t+1)}=\begin{cases} X_1^*, & \text{概率为 } \min\left\{R\left(x_1^{(t)},X_1^*\right),1\right\} \\ x_1^{(t)}, & \text{其他} \end{cases}$$

3. Gibbs 更新：因为对于 $i=2,\cdots,p$ 可以得到单变量条件密度的理论表达式，使用 Gibbs

更新如下：

按顺序生成，

$$X_2^{(t+1)}|\cdot \sim f\left(x_2|x_1^{(t+1)}, x_3^{(t)}, \cdots, x_p^{(t)}\right)$$

$$X_3^{(t+1)}|\cdot \sim f\left(x_3|x_1^{(t+1)}, x_2^{(t+1)}, x_4^{(t)}, \cdots, x_p^{(t)}\right)$$

$$\vdots$$

$$X_{p-1}^{(t+1)}|\cdot \sim f\left(x_{p-1}|x_1^{(t+1)}, x_2^{(t+1)}, \cdots, x_{p-2}^{(t+1)}, x_p^{(t)}\right)$$

$$X_p^{(t+1)}|\cdot \sim f\left(x_p|x_1^{(t+1)}, x_2^{(t+1)}, \cdots, x_{p-1}^{(t+1)}\right)$$

这里 $|\cdot$ 表示在 $\boldsymbol{X}$ 的所有的其他元素下的最近更新。

4. 自适应步骤：当 $t = T_{b+1}$，

   a. 更新提案密度的方差

   $$\log(\sigma_{b+1}) = \log(\sigma_b) \pm \delta(b+1)$$

   在先前分组迭代时，如果在步骤 2(c)里 Metropolis-Hastings 算法的接受率小于 0.44，则这里加上自适应因子 $\delta(b+1)$，反之减去。一个常用的自适应因子的选择是 $\delta(b+1) = \min(0.01, 1/\sqrt{T_b})$，这里 0.01 是一个任意的常数，它是自适应的重要性的初始界限。

   b. 增加分组的指标 $b = b + 1$。

5. 增加 t 并返回步骤 2。

在自适应步骤，当 X_1 是单变量时，提案分布的方差经常随着提案接受率为 0.44 的目标调整 (因此，44% 的提案是可以接受的)。对于单变量正态目标分布与提案分布，该比率已经证明是最优的。

对于任意的 AMCMC 的执行，我们均需要检查收敛准则。对于 Metropolis-within-Gibbs 算法，当 $b \to \infty$ 时，$\delta(b) \to 0$，减少自适应条件满足。如果 $\log(\sigma_b) \in [-M, M]$，其中 $M < \infty$ 是一个有界值，那么有界收敛条件满足。不太严格—但是也可能不太直观—的要求也满足有界收敛条件，见文献 [554]。

上面的自适应算法可以推广到其他的随机游走分布。一般地，在步骤 2(a)，对某个密度 h 通过抽样 $\epsilon \sim h(\epsilon)$ 生成 X_1^*。随着这种改变，注意在步骤 2(b)，如果 h 不是对称的，那么 Metropolis-Hastings 比率需要改变以包括式 (7.1) 的提案分布。

当有许多参数，每一个需要调整自己的方差时，自适应 Metropolis-within-Gibbs 算法是特别有用的。例如，在遗传学的数据参数数量增加非常迅速时，AMCMC 方法可以成功地使用[637]。在那种情形下，上述的算法需要做修改使得 $\boldsymbol{X}$ 中每个元素具有自己的自适应步骤和自适应方差。在例 8.1 我们证明了一个类似的情况。可选地，通过考虑 $\text{var}\{\boldsymbol{X}\}$ 提案方差可以共同地调整。这将在 8.1.3 节进一步讨论。

8.1.2 一般的自适应 Metropolis-within-Gibbs 算法

自适应随机游走 Metropolis-within-Gibbs 算法是随机游走算法的改进形式 (7.1.2节)。只要满足减少自适应性和有界收敛条件，则可以使用 Metropolis-within-Gibbs 算法的其他自适应形式。下面的例子中我们对一个实际问题提出了一种该类型的算法。

例 8.1 (鲸鱼种群动力学) 种群动力学模型描述了动物数量随时间的改变。自然死亡率、繁殖和基于人类的移动 (例如，捕获) 经常改变数量的趋势。在许多这种类型的模型中另一个重要的概念是环境容纳量，它表示可持续发展的动物的数量与种群的有限居住环境内可利用资源的重量之间的平衡。当动物数量向环境容纳量增加 (并且潜在地超过)，这加大了有限资源的竞争，减少净种群的增加或者甚至当数量超过环境容纳时减少种群数量。这种种群增长率依赖于当前数量如何接近环境容纳量称为密度依赖。

一个简单的离散时间密度依赖种群动力学模型是

$$N_{y+1} = N_y - C_y + rN_y\left(1 - \left(\frac{N_y}{K}\right)^2\right) \tag{8.2}$$

这里 N_y 和 C_y 分别表示第 y 年的数量和捕获量，r 表示固有增长率，它包括出生和自然死亡，K 表示环境容纳量。这个模型被称为 Pella-Tomlinson 模型[504]。

在应用中，该模型不能太拘泥于字面意思。数量可以近似为整数，但允许小数的动物数量也是合理的。环境容纳量可以认为是一种抽象的表示，允许模型展示密度依赖动力学而不是对数量强加一个突然的和绝对的上限或者允许无限增加。我们执行模型 (8.2) 时假设鲸鱼数量在一年的第一天测量并且鲸鱼在一年的最后一天捕获。

当每年的 C_y 已知并且在建模的周期内至少有一些年可以给出 N_y 的观察值的估计时，考虑模型 (8.2) 的参数的估计。在建模周期前种群数量可以认为处于平衡状态，自然地可以假设 $N_0 = k$，后面我们应用此假设。在这种情形下，模型包含两个参数：K 和 r。

令 N_y 的观测值的估计记为 $\hat{N}_y$。对于鲸鱼来说，数量的调查通常是比较困难的，并且需要花费大量的时间、精力和金钱，因此，可能得到极少的 $\hat{\boldsymbol{N}}_y$。因此，本例基于人造数据仅给出了 6 个数量的观测值的估计，定义为 $\hat{\boldsymbol{N}} = \{\hat{N}_1, \cdots, \hat{N}_6\}$。

本书的网站给出了 101 年的捕获数据和调查数量的估计 $\hat{N}_y$，$y \in \{14, 21, 63, 93, 100\}$。每个数量的估计包括方差 $\hat{\psi}_y$ 的一个估计系数。在 $\hat{\psi}_y$ 的条件下，我们假设每个数量估计服从如下的对数正态分布：

$$\log\{\hat{N}_y\} \sim N(\log\{N_y\}, \hat{\sigma}_y^2) \tag{8.3}$$

这里 $\hat{\sigma}_y^2 = \log\{1 + \hat{\psi}_y^2\}$。图 8.1 给出了可利用的数据以及使用后面讨论的 r 和 K 的最大后验估计方法估计的种群轨迹。为了本例的目的，对所有的 y 我们假设 $\hat{\psi}_y = \psi$ 并把 ψ 作为该模型的第三个参数。总的似然写为 $L(K, r, \psi|\hat{\boldsymbol{N}})$。

该方案的分析隐藏了由数据的两个方面引起的一系列困难。首先，在早期短暂的时间捕获量是巨大的，导致严重的种群下降，随后少量的捕获使得数量恢复很多。其次，绝大多数可用的数量估计要么与当前附近一致，要么与多年前种群数量最低点一致。放在一起来讲，这些事实要求任意的种群轨迹通过使用参数值必须“穿针引线式”地适度符合观测数据。这些轨迹通过遥远的过去的较少数量同时恢复当前的观测水平。这种情形使得 K 和 r 间有很强的非线性关系：对于任意的 K，仅有非常窄的 r 值可以生成可接受的种群轨迹，特别是当 K 在较小的可行值的末端。

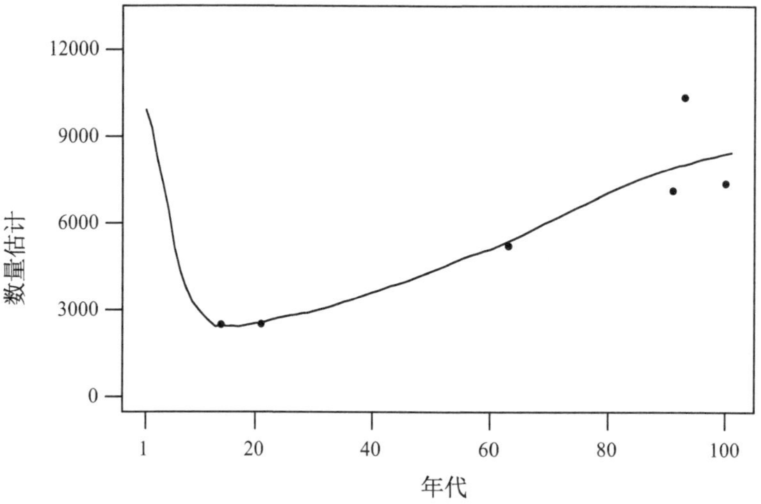

图 8.1 例 8.1 鲸鱼动力学模型中 6 个数量估计和最大后验种群轨迹估计

我们使用独立的先验采用 Bayes 方法估计模型参数

$$K \sim \text{Unif}(7000, 100000)$$

$$r \sim \text{Unif}(0.001, 0.1)$$

$$\psi/2 \sim \text{Beta}(2, 10)$$

这些选择是基于其他鲸鱼种类的研究和基本的生物局限，比如怀孕和繁殖极限。定义联合先验分布为 $p(K, r, \psi)$。

因为单变量条件分布的理论表达式不存在，所以对于后验推断可以使用混合 Gibbs 方法 (7.2.5 节)。我们使用 Metropolis-Hastings 更新来更新每个参数。

令 Gibbs 循环用 t 做指标。在循环 $t+1$ 每个参数的提案从以前值里面采取随机马尔可夫步骤，具体地，

$$K^* = K^{(t)} + \epsilon_K^{(t+1)}$$

$$r^* = r^{(t)} + \epsilon_r^{(t+1)}$$

$$\psi^* = \psi^{(t)} + \epsilon_\psi^{(t+1)}$$

这些参数的提案分布，我们记为 g_k, g_r 和 g_ψ，由条件分布 $\epsilon_K^{(t+1)} \big| K^{(t)}, \epsilon_r^{(t+1)} \big| r^{(t)}$ 和 $\epsilon_\psi^{(t+1)} \big| \psi^{(t)}$ 决

定。我们记这些分布为 $g_{\epsilon_K}, g_{\epsilon_r}$ 和 g_{ϵ_ψ}。对于本例，我们使用

$$g_{\epsilon_K}\left(\epsilon_K^{(t+1)}\middle|K^{(t)}\right) \propto \phi\left(\epsilon_K^{(t+1)};0,200\right) I\left(\epsilon_K^{(t+1)} \in \mathcal{S}_K\right) \tag{8.4}$$

$$g_{\epsilon_r}\left(\epsilon_r^{(t+1)}\middle|r^{(t)}\right) \propto I\left(\epsilon_r^{(t+1)} \in \mathcal{S}_r\right) \tag{8.5}$$

$$g_{\epsilon_\psi}\left(\epsilon_\psi^{(t+1)}\middle|\psi^{(t)}\right) \propto \phi\left(\epsilon_\psi^{(t+1)};0,0.1\right) I\left(\epsilon_\psi^{(t+1)} \in \mathcal{S}_\psi\right) \tag{8.6}$$

这些密度的支撑区域为

$$\mathcal{S}_K = \left\{\epsilon_K^{(t+1)} : 7000 \leqslant K^{(t)}\epsilon_K^{(t+1)} \leqslant 100000\right\}$$

$$\mathcal{S}_r = \left\{\epsilon_r^{(t+1)} : \max\{0.001, r^{(t)} - 0.03\} \leqslant r^{(t)} + \epsilon_r^{(t+1)} \leqslant \min\{0.1, r^{(t)} + 0.03\}\right\}$$

$$\mathcal{S}_\psi = \left\{\epsilon_\psi^{(t+1)} : 0 < \psi^{(t)} + \epsilon_\psi^{(t+1)} \leqslant 2\right\}$$

最后，如果 $z \in \mathcal{Z}$，则 $I(z \in \mathcal{Z}) = 1$，反之等于 0。$\phi(z;a,b)$ 表示均值为 a 标准差为 b 的 Z 的正态分布密度。注意 g_{ϵ_K} 是 $\mathcal{S}_r$ 上的一个简单的均匀分布。

这些提案分布 (8.4)–(8.6) 对于决定 g_k, g_r 和 g_ψ 是足够的。注意某种意义下对于 $\theta \in \{K, r, \psi\}$ 从 $\theta^{(t)}$ 得到的提案 θ^* 的概率密度与从 θ^* 得到的提案 $\theta^{(t)}$ 的概率密度是不相同的，所以提案不是对称的。这个事实成立是因为在每个情形下提案增量分布的截断依赖于先前的参数值。因此当计算转移概率时人们不能忽略转移的方向。而且，上面描述的步骤不是随机游走的，因为在式 (8.4)–(8.6) 里的马尔可夫增量与先前时间的参数值不独立。

在我们考虑自适应 MCMC 方法之前，我们先回顾一下标准的执行过程。在迭代时间 t，从后验分布抽样的一个非自适应 MCMC 算法如下：

1. 定义 $g_{\epsilon_K}, g_{\epsilon_r}$ 和 g_{ϵ_ψ} 如式 (8.4)、式 (8.5) 和式 (8.6) 所示。该步骤不依赖于 t，仍然包含在这里的原因是当我们转向自适应方法时这些定义将在每次迭代时发生改变。
2. 从增量分布抽样。它要求从步骤 1 里指定的分布抽样 $\epsilon_K^{(t+1)}\middle|K^{(t)}, \epsilon_r^{(t+1)}\middle|\, r^{(t)}$ 和 $\epsilon_\psi^{(t+1)}\middle|\psi^{(t)}$。
3. 根据下述方法生成 $K^{(t+1)}$：

   a. 建议 $K^* = K^{(t)} + \epsilon_K^{(t+1)}$。

   b. 计算

$$R_K = \frac{L\left(K^*, r^{(t)}, \psi^{(t)}\middle|\hat{\mathbf{N}}\right) p\left(K^*, r^{(t)}, \psi^{(t)}\right) g_{\epsilon_K}\left(\epsilon_K^{(t+1)}\middle|K^{(t)}\right)}{L\left(K^{(t)}, r^{(t)}, \psi^{(t)}\middle|\hat{\mathbf{N}}\right) p\left(K^{(t)}, r^{(t)}, \psi^{(t)}\right) g_{\epsilon_K}\left(-\epsilon_K^{(t+1)}\middle|K^*\right)}$$

   c. 令 $K^{(t+1)} = K^*$ 的概率为 $\min\{1, R_K\}$，其他情形令 $K^{(t+1)} = K^{(t)}$。

4. 根据下述方法生成 $r^{(t+1)}$：

   a. 建议 $r^* = r^{(t)} + \epsilon_r^{(t+1)}$。

b. 计算

$$R_r = \frac{L\left(K^{(t+1)}, r^*, \psi^{(t)} \middle| \hat{\mathbf{N}}\right) p\left(K^{(t+1)}, r^*, \psi^{(t)}\right) g_{\epsilon_r}\left(\epsilon_r^{(t+1)} \middle| r^{(t)}\right)}{L\left(K^{(t+1)}, r^{(t)}, \psi^{(t)} \middle| \hat{\mathbf{N}}\right) p\left(K^{(t+1)}, r^{(t)}, \psi^{(t)}\right) g_{\epsilon_r}\left(-\epsilon_r^{(t+1)} \middle| r^*\right)}$$

c. 令 $r^{(t+1)} = r^*$ 的概率为 $\min\{1, R_r\}$，其他情形令 $r^{(t+1)} = r^{(t)}$。

5. 根据下述方法生成 $\psi^{(t+1)}$：

a. 建议 $\psi^* = \psi^{(t)} + \epsilon_\psi^{(t+1)}$。

b. 计算

$$R_\psi = \frac{L\left(K^{(t+1)}, r^{(t+1)}, \psi^* \middle| \hat{\mathbf{N}}\right) p\left(K^{(t+1)}, r^{(t+1)}, \psi^*\right) g_{\epsilon_\psi}\left(\epsilon_\psi^{(t+1)} \middle| \psi^{(t)}\right)}{L\left(K^{(t+1)}, r^{(t+1)}, \psi^{(t)} \middle| \hat{\mathbf{N}}\right) p\left(K^{(t+1)}, r^{(t+1)}, \psi^{(t)}\right) g_{\epsilon_\psi}\left(-\epsilon_\psi^{(t+1)} \middle| \psi^*\right)}$$

c. 令 $\psi^{(t+1)} = \psi^*$ 的概率为 $\min\{1, R_\psi\}$，其他情形令 $\psi^{(t+1)} = \psi^{(t)}$。

6. 增加 t 并返回步骤 1。

对长度为 45 000 预烧为 10 000 的链应用此算法显示该链的混合性较差。例如，预烧后 K, r 和 ψ 的提案接受率分别为 81%，27% 和 68%。而需要达到的接受率应该在 44% 附近 (见 7.3.1.3 节)。

现在我们尝试使用自适应方法提高 MCMC 的性能。重新定义式 (8.4)–(8.6) 的提案分布如下：

$$g_{\epsilon_K}^{(t+1)}\left(\epsilon_K^{(t+1)} \middle| K^{(t)}\right) \propto \phi\left(\epsilon_K^{(t+1)}; 0, 200\delta_k^{(t+1)}\right) I\left(\epsilon_K^{(t+1)} \in \mathcal{S}_K\right) \tag{8.7}$$

$$g_{\epsilon_r}^{(t+1)}\left(\epsilon_r^{(t+1)} \middle| r^{(t)}\right) \propto I\left(\epsilon_r^{(t+1)} \in \mathcal{S}_r^{(t+1)}\right) \tag{8.8}$$

$$g_{\epsilon_\psi}^{(t+1)}\left(\epsilon_\psi^{(t+1)} \middle| \psi^{(t)}\right) \propto \phi\left(\epsilon_\psi^{(t+1)}; 0, 0.1\delta_\psi^{(t+1)}\right) I\left(\epsilon_\psi^{(t+1)} \in \mathcal{S}_\psi\right) \tag{8.9}$$

这里

$$\mathcal{S}_r^{(t+1)} = \left\{\epsilon_r^{(t+1)} : \max\left\{0.001, r^{(t)} - 0.03\delta_r^{(t+1)}\right\} \leqslant r^{(t)} + \epsilon_r^{(t+1)}\right.$$

$$\left.\leqslant \min\left\{0.1, r^{(t)} + 0.03\delta_r^{(t+1)}\right\}\right\}$$

这里 $\delta_K^{(t+1)}, \delta_r^{(t+1)}$ 和 $\delta_\psi^{(t+1)}$ 是自适应因子随着 t 的增加而改变。因此，这些方程允许正态分布增量的标准差和均匀分布增量的极差随着时间减少或者增加。

对于本例，每 1500 次迭代我们调整 $\delta_K^{(t+1)}, \delta_r^{(t+1)}$ 和 $\delta_\psi^{(t+1)}$。重新标度自适应因子的表达

式是

$$\log\left(\delta_K^{(t+1)}\right) = \log\left(\delta_K^{(t)}\right) + \frac{u_K^{(t+1)}}{(t+1)^{1/3}} \tag{8.10}$$

$$\log\left(\delta_r^{(t+1)}\right) = \log\left(\delta_r^{(t)}\right) + \frac{u_r^{(t+1)}}{(t+1)^{1/3}} \tag{8.11}$$

$$\log\left(\delta_\psi^{(t+1)}\right) = \log\left(\delta_\psi^{(t)}\right) + \frac{u_\psi^{(t+1)}}{(t+1)^{1/3}} \tag{8.12}$$

这里 $u_K^{(t+1)}, u_r^{(t+1)}$ 和 $u_\psi^{(t+1)}$ 我们在下面解释。因此，通过控制 $\{u_K, u_r, u_\psi\}$，我们控制提案分布自适应的程度。

每个自适应依赖于一个接受率，也即是在一个指定的周期内提案被接受的迭代的百分比。在一个指定的迭代步 t_a，如果在前 1500 次迭代 θ 的接受率小于 44%，则我们令 $u_\theta^{t_a+1} = -1$，反之令 $u_\theta^{t_a+1} = 1$。θ 分别表示这三个参数的指标 $\theta \in \{K, r, \psi\}$。因此，在生成第 (t_a+1) 个提案前在集合 $\{t : t_a - 1500 < t \leqslant t_a\}$ 上我们可以从步骤 3c,4c 和 5c 观察到每个接受率。那么 $u_K^{(t_a+1)}, u_r^{(t_a+1)}$ 和 $u_\psi^{(t_a+1)}$ 在时间周期内对每个参数分别反映了算法的性能。u 值可能在不同的自适应步骤有不同的符号，因此乘性因子 $\delta_K^{(t_a+1)}, \delta_r^{(t_a+1)}$ 和 $\delta_\psi^{(t_a+1)}$ 将随着模拟的进程分别增加或减少。

使用这种方法，本例的自适应 MCMC 算法将与上述的从 t 到 $t+1$ 时六步相同，除了第一步更换为

1. 如果 $t \in \{1500, 3000, \cdots, 42\,000\}$，那么

   a. 对每个参数分别计算最近 1500 次迭代的接受率，并确定 $u_K^{(t+1)}, u_r^{(t+1)}$ 和 $u_\psi^{(t+1)}$。

   b. 利用式 (8.10)–(8.12) 更新 $\delta_K^{(t+1)}, \delta_r^{(t+1)}$ 和 $\delta_\psi^{(t+1)}$。

   c. 利用式 (8.7)–(8.9) 更新 $g_{\epsilon_K}^{(t+1)}, g_{\epsilon_r}^{(t+1)}$ 和 $g_{\epsilon_\psi}^{(t+1)}$。反之，$g_{\epsilon_K}^{(t+1)}, g_{\epsilon_r}^{(t+1)}$ 和 $g_{\epsilon_\psi}^{(t+1)}$ 相对于上一次迭代保持不变。

自适应条件的减少是因为在式 (8.10)–(8.12) 中 $u^{(t+1)}/(t+1)^{1/3} \to 0$。因为这些自适应限制在有限区间内，所以有界收敛条件成立。事实上，在我们的例子中自适应处理得很好而不需要强加界限。

图 8.2 显示了每个参数的接受率随着迭代进程如何改变。在该图中，我们看到 K 和 ψ 的初始提案分布过于集中，导致不能完全探究后验分布以及接受率过高。相反地，r 的初始提案分布过宽，导致接受率过低。对所有的三个参数，随着迭代的进行，提案分布进行调整使得接受率接近 0.44。通过调整 $\delta_K^{(t)}, \delta_r^{(t)}$ 和 $\delta_\psi^{(t)}$，得到的提案分布的进化不是单调的并且受到某些蒙特卡洛变化的影响。实际上，$u_K^{(t)}, u_r^{(t)}$ 和 $u_\psi^{(t)}$ 偶尔会改变符号——但不必是同时的—— 这样在自适应步骤间每个迭代块的接受率是随机变化的。尽管如此，$\delta_K^{(t)}, \delta_r^{(t)}$ 和 $\delta_\psi^{(t)}$ 仍然是向正确的方向发展。

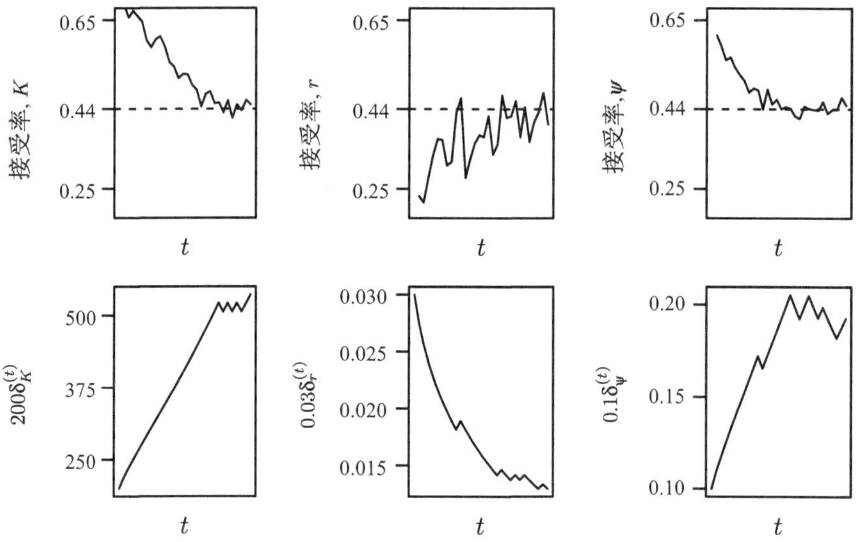

图 8.2　例 8.1 鲸鱼动力学模型中接受率的趋势 (顶行) 和自适应提案散布参数 (底行)。水平轴的范围是 0–45 000，每 1500 次迭代进行自适应

表 8.1 比较了非自适应和自适应方法的一些结果。表 8.1 的结果仅由模拟的最后 7500 次迭代得到。对于三个参数中的每一个，该表给出了每个链里时滞为 10 的相关系数。对于 K 和 r，这些相关系数非常高，因为如前所述，这里我们使用的模型的版本要求 K 和 r 位于联合参数空间里非常窄的非线性区域。这使得对 K 和 r 使用独立的步骤通过窄的后验分布的脊顶是很困难的。因此对于 K 和 r 的单变量样本路径非常快地探究它们的边际后验密度是较难的。该表对每一个参数也给出了均方跳跃距离 (ASJD)。均方跳跃距离是提案值和以接受率为权重的选择值间的平方距离的和。自适应方法使得当初始接受率很高时均方跳跃距离增加而时滞相关系数减少，当初始接受率很低时均方跳跃距离减少而时滞相关系数增加。 □

表 8.1　例 8.1 中在 Gibbs 里比较标准和自适应 Metropolis 的混合行为。"基础"栏给出的是非自适应方法的接受率。均方跳跃距离给出了均方跳跃距离，如文中的讨论

		时滞 10 的相关系数		均方跳跃距离	
参数	基础接受率	非自适应	自适应	非自适应	自适应
K	81%	0.81	0.76	18 000	39 500
r	27%	0.74	0.81	1.97×10^{-5}	1.44×10^{-5}
ψ	68%	0.50	0.27	2.75×10^{-3}	4.20×10^{-3}

尽管自适应 Metropolis-within-Gibbs 算法很简单容易理解和使用，但是它忽略了参数间的相关系数。更复杂的自适应算法可以有更好的收敛性质。自适应 Metropolis 算法把相关系数并入到了自适应性。

8.1.3 自适应 Metropolis 算法

在本章和前面一章，我们已经强调一个好的提案分布生成的候选值在合理的迭代数量下能覆盖平稳分布的支撑区域，同时生成的候选值不会太频繁地不被接受或遭到拒绝。自适应 Metropolis 算法的目标是在算法期间估计提案密度的方差，调整它以寻找最优接受率。特别地，自适应 Metropolis 算法是具有正态提案分布的一步随机游走 Metropolis 算法 (7.1.2 节)，该提案分布的方差根据该链中的前面的迭代进行校正。

考虑 p 维变量 $\boldsymbol{X}$ 的 Metropolis 算法的一个正态随机游走更新[12]。在链的每次迭代中，候选值 $\boldsymbol{X}^*$ 从提案分布 $N(\boldsymbol{X}^{(t)}, \lambda\boldsymbol{\Sigma}^{(t)})$ 里抽样，目标是在算法期间调整提案分布的协方差阵 $\boldsymbol{\Sigma}^{(t)}$。对于 d 维球形多元正态目标分布，这里 $\boldsymbol{\Sigma}_\pi$ 是目标分布的真实协方差阵，当 $p=1$ 时提案分布 $(2.38^2/p)\boldsymbol{\Sigma}\pi$ 已被证明是最优的，相应的接受率为 44%，随着 p 的增加，接受率减少到 23% [223]。因此，在自适应 Metropolis 算法的一个版本里 λ 设为 $(2.38^2/p)$ [288]。因为 $\boldsymbol{\Sigma}_\pi$ 是未知的，它可以通过链的先前迭代进行估计。自适应参数 $\gamma^{(t)}$ 用来混合 $\boldsymbol{\Sigma}^{(t)}$ 和 $\boldsymbol{\Sigma}^{(t+1)}$ 使得能保持减少自适应条件。引入参数 $\mu^{(t)}$ 并且可以进行自适应估计。该参数用来估计协方差阵 $\boldsymbol{\Sigma}^{(t)}$，因为 $\mathrm{var}\{\boldsymbol{X}\} = E\{[\boldsymbol{X}-\mu][\boldsymbol{X}-\mu]^{\mathrm{T}}\}$。

该自适应 Metropolis 算法从 $t=0$ 开始，从某个初始分布 g 随机抽样选择 $\boldsymbol{X}^{(0)} = \boldsymbol{x}^{(0)}$，要求 $f\left(\boldsymbol{x}^{(0)}\right) > 0$，这里 f 是目标分布。类似地，初始化 $\mu^{(0)}$ 和 $\boldsymbol{\Sigma}^{(0)}$；常用的选择是 $\mu^{(0)} = \mathbf{0}$ 和 $\boldsymbol{\Sigma}^{(0)} = \boldsymbol{I}$。给定 $\boldsymbol{X}^{(t)} = \boldsymbol{x}^{(t)}, \mu^{(t)}$ 和 $\boldsymbol{\Sigma}^{(t)}$，生成 $\boldsymbol{X}^{(t)} = \boldsymbol{x}^{(t)}$ 的算法如下：

1. 从提案分布 $N(\boldsymbol{X}^{(t)}, \lambda\boldsymbol{\Sigma}^{(t)})$ 里抽取候选值 $\boldsymbol{X}^*$，这里对于算法的基础执行过程中 λ 设为 $(2.38^2/p)$。
2. 根据
$$\boldsymbol{X}^{(t+1)} = \begin{cases} \boldsymbol{X}^*, & \text{概率为}\min\left\{R\left(\boldsymbol{x}^{(t)}, \boldsymbol{X}^*\right), 1\right\} \\ \boldsymbol{x}^{(t)}, & \text{其他} \end{cases}$$
选择 $\boldsymbol{X}^{(t+1)}$ 的值，这里 $R\left(\boldsymbol{x}^{(t)}, \boldsymbol{X}^*\right)$ 是式 (7.1) 给出的 Metropolis-Hastings 比率。
3. 自适应步骤：分两步更新提案分布方差：
$$\mu^{(t+1)} = \mu^{(t)} + \gamma^{(t+1)}\left(\boldsymbol{X}^{(t+1)} - \mu^{(t)}\right)$$
$$\boldsymbol{\Sigma}^{(t+1)} = \boldsymbol{\Sigma}^{(t)} + \gamma^{(t+1)}\left[\left(\boldsymbol{X}^{(t+1)} - \mu^{(t)}\right)\left(\boldsymbol{X}^{(t+1)} - \mu^{(t)}\right)^{\mathrm{T}} - \boldsymbol{\Sigma}^{(t)}\right]$$
这里 $\gamma^{(t+1)}$ 是用户选择的自适应参数值。例如，$\gamma^{(t+1)} = 1/(t+1)$ 是一个合理的选择。
4. 增加 t 并返回第 1 步。

$\boldsymbol{\Sigma}^{(t)}$ 更新公式的构成是为了能进行快速计算和当迭代次数增加时减少自适应。为了保持减少自适应条件，需要 $\lim_{t\to\infty}\gamma^{(t)} = 0$。附加条件 $\sum_{t=0}^{\infty}\gamma^{(t)} = \infty$ 使得序列 $\boldsymbol{\Sigma}^{(t)}$ 从初始条件开始可以移动无穷远的距离[16]。

在自适应步骤中提案分布的均值和方差可能会调整过度，但是它有一些优点[12]。具体地说，该策略可能会给出一个更保守的抽样机，该抽样机可能阻止向参数空间不利的区域进行大的移动。

自适应 Metropolis 算法的几种改进可以提高性能。在算法运行时可以调整 λ 和 $\boldsymbol{\Sigma}^{(t)}$ 进行改进。在这个改进过程中，用 $\lambda^{(t)}$ 替换 λ，然后 $\lambda^{(t)}$ 和 $\boldsymbol{\Sigma}^{(t)}$ 可以独立地更新。具体地说，在自适应 Metropolis 算法的步骤 3，$\lambda^{(t+1)}$ 也可以使用更新

$$\log\left(\lambda^{(t+1)}\right) = \log\left(\lambda^{(t)}\right) + \gamma^{(t+1)}\left(R\left(\boldsymbol{x}^{(t)}, \boldsymbol{X}^*\right) - a\right) \tag{8.13}$$

这里 a 表示目标接受率 (例如，对于高维问题是 0.234)。

上面描述的自适应 Metropolis 算法的一个缺点是所有的元素均同时接受或者拒绝。这对于高维问题不是很有效 (比如大的 p)。一个可选的方法是发展一个按元素进行的混合 Gibbs 自适应 Metropolis 算法,其中每个元素有它自己的标度参数 $\lambda^{(t+1)}$ 并且在第二步分别被接受或者拒绝。在这种情形下，因为元素进行独自的更新 (见 7.3.1.3节)，式 (8.13) 的常数 a 经常设为较高的值，比如，$a = 0.44$。另外，元素可以按照随机顺序更新；见 7.2.3 节的随机扫描 Gibbs 抽样。

另一种变形是利用分组替换每次迭代执行自适应。利用分组策略，自适应 (自适应 Metro-polis 算法的第 3 步) 仅在预定的时间集合 $\{T_b\}, b = 0, 1, 2, \cdots$ 上执行。例如，自适应步骤发生在固定的区间，比如 $t \in \{50, 100, 150, \cdots\}$。可选地，一个分组安排可以设计为自适应间的递增的迭代数量，例如，$t \in \{50, 150, 300, 500, \cdots\}$。例 8.1 使用了分组方法。

*分组自适应 Metropolis 算法*描述如下。

1. 初始化：选择初始值 $\boldsymbol{X}^{(0)} = \boldsymbol{x}^{(0)}$ 并令 $t = 0$。选择分组安排 $\{T_b\}, b = 0, 1, 2, \cdots$，其中 $T_0 = 0$。令分组指标 $b = 0$，选择自适应参数的初始值为 $\mu^{(0)}$ 和 $\boldsymbol{\Sigma}^{(0)}$，常用的初始值是 $\mu^{(0)} = \mathbf{0}$ 和 $\boldsymbol{\Sigma}^{(0)} = \boldsymbol{I}$。
2. 从提案分布 $N(\boldsymbol{X}^{(t)}, \lambda\boldsymbol{\Sigma}^{(b)})$ 里抽取候选值 $\boldsymbol{X}^*$。
3. 根据

$$\boldsymbol{X}^{(t+1)} = \begin{cases} \boldsymbol{X}^*, & \text{概率为} \min\left\{R\left(\boldsymbol{x}^{(t)}, \boldsymbol{X}^*\right), 1\right\} \\ \boldsymbol{x}^{(t)}, & \text{其他} \end{cases}$$

   选择 $\boldsymbol{X}^{(t+1)}$ 的值，这里 $R\left(\boldsymbol{x}^{(t)}, \boldsymbol{X}^*\right)$ 由式 (7.1) 给出。
4. 当 $t = T_{b+1}$ 时，执行自适应步骤：

   a. 更新提案分布：

$$\mu^{(b+1)} = \mu^{(b)} + \frac{1}{T_{b+1} - T_b} \sum_{j=T_b+1}^{T_{b+1}} \left(\boldsymbol{X}^{(j)} - \mu^{(b)}\right)$$

$$\begin{aligned}\boldsymbol{\Sigma}^{(b+1)} =&\boldsymbol{\Sigma}^{(b)} + \frac{1}{T_{b+1}-T_b} \\ &\times \sum_{j=T_b+1}^{T_{b+1}} \left[\left(\boldsymbol{X}^{(j)} - \mu^{(b)}\right)\left(\boldsymbol{X}^{(j)} - \mu^{(b)}\right)^{\mathrm{T}} - \boldsymbol{\Sigma}^{(b)} \right]\end{aligned}$$

b. 增加分组指标 $b = b+1$。

5. 增加 t 并返回步骤 2。

注意在本算法中，当 $\lim_{b\to\infty}(T_{b+1}-T_b)=\infty$ 时，减少自适应条件得以满足。同时自适应时间可以随机选择。例如，可以以概率 $p^{(t)}$ 执行自适应步骤，这里 $\lim_{t\to\infty} p^{(t)} = 0$确保减少自适应[550]。

这里描述的 AMCMC 算法均具有时异性，也即是提案分布随着时间改变。其他的具有时异性的 MCMC 算法在 8.4 节讲解。

一大批其他的 AMCMC 算法已经出现。这个领域将会持续快速发展[12,16,288,551]。

8.2 可逆跳跃 MCMC

在第 7 章我们考虑用 MCMC 方法从平稳分布为 f 的马氏链中模拟 $\boldsymbol{X}^{(t)}$, $t=1,2,\cdots$。第 7 章中给出的方法要求 $\boldsymbol{X}^{(t)}$ 的维数 (即其状态空间) 和 $\boldsymbol{X}^{(t)}$ 的元素意义不随 t 而改变。在许多应用中，我们感兴趣的是生成一条链，允许其参数空间的维数从一次迭代到下次迭代时发生改变。Green 的可逆跳跃马氏链蒙特卡罗 (RJMCMC) 方法允许马氏链的维数发生变化[278]。我们将在不确定的 Bayes 模型中讨论此种方法。对于 RJMCMC 的全面综述在被引用的很多文献中都可以找到。

考虑构造一条马氏链探究候选模型空间，其中每一个候选模型被用来拟合观测值 $\boldsymbol{y}$。令 $\mathcal{M}_1,\cdots,\mathcal{M}_k$ 为我们考虑的可数个模型的集合。将参数向量 $\boldsymbol{\theta}_m$ 定义为在第 m 个模型中的参数。不同的模型参数个数可能不同，于是我们令 p_m 为在第 m 个模型中的参数个数。在 Bayes 范式中，我们可以设想随机变量 $\boldsymbol{X}=(M,\theta_M)$ 共同作为模型的编号，并且对模型进行参数推断。我们可以给这些参数指定先验分布，然后使用 MCMC 方法对后验分布实现模拟，其中抽取的第 t 个随机变量为 $\boldsymbol{X}^{(t)} = \left(M^{(t)}, \theta^{(t)}_{M^{(t)}}\right)$。这里 $\theta^{(t)}_{M^{(t)}}$ 为抽取自标编号为 $M^{(t)}$ 的模型的参数，维数 $p_{M^{(t)}}$ 可以随着 t 进行变化。

因此，RJMCMC 的目的是要生成联合后验密度为 $f(m,\boldsymbol{\theta}_m|\boldsymbol{y})$ 的样本。由 Bayes 定理我们得到后验分布

$$f(m,\boldsymbol{\theta}_m|\boldsymbol{y}) \propto f(\boldsymbol{y}|m,\boldsymbol{\theta}_m)f(\boldsymbol{\theta}_m|m)f(m) \tag{8.14}$$

其中 $f(\boldsymbol{y}|m,\theta_m)$ 表示使用第 m 个模型及其参数得到的观测数据的密度，$f(\boldsymbol{\theta}_m|m)$ 表示第 m 个模型中参数的先验密度，$f(m)$ 表示第 m 个模型的先验密度。先验密度 $f(m)$ 的权重分配给第 m 个模型，因此有 $\sum_{m=1}^{K} f(m) = 1$。

分解后验分布

$$f(m,\boldsymbol{\theta}_m|\boldsymbol{y})=f(m|\boldsymbol{y})f(\boldsymbol{\theta}_m|m,\boldsymbol{y}) \tag{8.15}$$

可见如下两个重要推断。第一，$f(m|\boldsymbol{y})$ 可以解释为第 m 个模型的后验概率，考虑所有模型进行规范化。第二，$f(\boldsymbol{\theta}_m|m,\boldsymbol{y})$ 是第 m 个模型中参数的后验分布。

对于在不同维数参数空间的模型中跳跃的 $\boldsymbol{X}$，RJMCMC 能够构造合适的马氏链。类似于较简单的 MCMC 方法，RJMCMC 方法持续产生从当前值 $\boldsymbol{x}^{(t)}$ 到 $\boldsymbol{X}^*$ 的提案步骤，然后决定接受提案值或是保留 $\boldsymbol{x}^{(t)}$ 的另一个副本。我们给出的链的平稳分布将是式 (8.15) 中的后验分布，如果对于所有的 m_1 和 m_2，链满足

$$f(m_1,\boldsymbol{\theta}_{m_1}|\boldsymbol{y})a(m_2,\boldsymbol{\theta}_{m_2}|m_1,\boldsymbol{\theta}_{m_1},\boldsymbol{y})=f(m_2,\boldsymbol{\theta}_{m_2}|\boldsymbol{y})a(m_1,\boldsymbol{\theta}_{m_1}|m_2,\boldsymbol{\theta}_{m_2},\boldsymbol{y})$$

其中 $a(\boldsymbol{x}_2|\boldsymbol{x}_1,\boldsymbol{Y})$ 表示 t 时刻位于状态 $\boldsymbol{x}_1=(m_1,\boldsymbol{\theta}_{m_1})$ 的链在 $t+1$ 时刻移向状态 $\boldsymbol{x}_2=(m_2,\boldsymbol{\theta}_{m_2})$ 的密度。满足这种*细致平衡条件*的链被称为*可逆的*，因为此时链的运行与时间的方向无关。

RJMCMC 算法的关键是在可选维数的 t 时刻和 $t+1$ 时刻引入辅助随机变量，使得扩充后的变量 (即 $\boldsymbol{X}$ 和辅助变量) 在 t 时刻和 $t+1$ 时刻有相同的维数。之后我们可以对 t 时刻的保持维数的扩充后的变量构造马尔科夫转移。在一定的接受概率下，这种维数匹配的方法能够满足时间可逆性的条件，因此可以使得马氏链收敛到 $\boldsymbol{X}$ 联合后验分布。关于链的极限理论的细节在文献 [278，279] 中给出。

为理解维数匹配方法，最简单的做法是首先考虑如何给出提案参数 $\boldsymbol{\theta}_2$，使其对应从有 p_1 个参数的模型 $\mathcal{M}_1$ 到有 p_2 个参数的模型 $\mathcal{M}_2$ 的提案移动，其中 $p_2>p_1$。一种简单的方法是从关于 $\boldsymbol{\theta}_1$ 和独立随机元素 $\boldsymbol{U}_1$ 的函数中生成 $\boldsymbol{\theta}_2$，其中函数是不可逆并且确定的。可以写作 $\boldsymbol{\theta}_2=\boldsymbol{q}_{1,2}(\boldsymbol{\theta}_1,\boldsymbol{U}_1)$。对于反方向移动的提案参数可以通过逆变换得到，$(\boldsymbol{\theta}_1,\boldsymbol{U}_1)=\boldsymbol{q}_{1,2}^{-1}(\boldsymbol{\theta}_2)=\boldsymbol{q}_{2,1}(\boldsymbol{\theta}_2)$。注意到 $\boldsymbol{q}_{2,1}$ 是从给定的 $\boldsymbol{\theta}_2$ 到提案 $\boldsymbol{\theta}_1$ 的一条完全确定的路径。

现推广这一方法在给定从当前模型 $m^{(t)}$ 移至 M^* 的提案移动下，生成一扩充后的候选参数向量 ($\boldsymbol{\theta}_M^*$ 和辅助向量 $\boldsymbol{U}^*$)。对于 $\boldsymbol{\theta}^{(t)}$ 和辅助随机变量 $\boldsymbol{U}$ 我们可以应用不可逆确定函数 $\boldsymbol{q}_{t,*}$ 生成

$$(\boldsymbol{\theta}_{M^*}^*,\boldsymbol{U}^*)=\boldsymbol{q}_{t,*}(\boldsymbol{\theta}^{(t)},\boldsymbol{U}) \tag{8.16}$$

其中 $\boldsymbol{U}$ 由提案密度 $h(\cdot|m^{(t)},\boldsymbol{\theta}^{(t)},m^*)$ 生成。利用辅助变量 $\boldsymbol{U}^*$ 和 $\boldsymbol{U}$ 是为了在 t 时刻马氏链转移过程中保持 $\boldsymbol{q}_{t,*}$ 的维数，之后辅助变量即被去除。

当 $p_{M^*}=p_{M^{(t)}}$ 时，式 (8.16) 中的方法可以允许使用常见的提案策略。例如，利用 $(\boldsymbol{\theta}_{M^*}^*,\boldsymbol{U}^*)=(\boldsymbol{\theta}^{(t)}+\boldsymbol{U},\boldsymbol{U})$ 可以获得随机游动，其中维数为 $p_{M^{(t)}}$ 的 $\boldsymbol{U}\sim N(\boldsymbol{0},\Sigma^2\boldsymbol{I})$。另外，当 $p_{\boldsymbol{U}}=p_{M^*}$ 时，采用 $\boldsymbol{\theta}_{M^*}^*=\boldsymbol{q}_{t,*}(\boldsymbol{U})$ 可以构造 Metropolis-Hastings 链，其中 $\boldsymbol{q}_{t,*}$ 的函数形式要恰当，$\boldsymbol{U}$ 的取值要适合。此时不需要 $\boldsymbol{U}^*$ 来使维数相等。当 $p_{M^{(t)}}<p_{M^*}$ 时，$\boldsymbol{U}$ 可以用来增加参数的维数; 是否需要 $\boldsymbol{U}^*$ 使维数相等，取决于我们采用的方法。当 $p_{M^{(t)}}>p_{M^*}$ 时则不需要 $\boldsymbol{U}$ 和 $\boldsymbol{U}^*$: 例如，最简单的降维方法是将 $\boldsymbol{\theta}^{(t)}$ 的某些元素分给 $\boldsymbol{U}^*$ 并且将剩余的分给 $\boldsymbol{\theta}_{M^*}^*$。在这些例子中，反方向的提案可以从 $\boldsymbol{q}_{t,*}$ 的逆中再次获得。

假设链当前正访问模型 $m^{(t)}$，于是链处于状态 $\boldsymbol{x}^{(t)}=\left(m^{(t)},\boldsymbol{\theta}^{(t)}_{m^{(t)}}\right)$，则 RJMCMC 算法的下一次迭代概括如下:

1. 从条件密度为 $g(\cdot|m^{(t)})$ 的提案密度中抽取一个候选模型 $M^*|m^{(t)}$。候选模型要求参数 $\boldsymbol{\theta}_{M^*}$ 的维数为 p_{M^*}。
2. 已知 $M^*=m^*$，从密度为 $h\left(\cdot|m^{(t)},\boldsymbol{\theta}^{(t)}_{m^{(t)}},m^*\right)$ 的提案分布中生成扩充后的变量 $\boldsymbol{U}|\left(m^{(t)},\boldsymbol{\theta}^{(t)}_{m^{(t)}},m^*\right)$。令

$$(\boldsymbol{\theta}^*_{m^*},\boldsymbol{U}^*)=\boldsymbol{q}_{t,*}\left(\boldsymbol{\theta}^{(t)}_{m^{(t)}},\boldsymbol{U}\right)$$

   其中 $\boldsymbol{q}_{t,*}$ 为从 $\left(\boldsymbol{\theta}^{(t)}_{m^{(t)}},\boldsymbol{U}\right)$ 到 $(\boldsymbol{\theta}^*_{M^*},\boldsymbol{U}^*)$ 的可逆映射并且辅助变量的维数满足 $p_{m^{(t)}}+p_{\boldsymbol{U}}=p_{m^*}+p_{\boldsymbol{U}^*}$。
3. 对于提案模型，$M^*=m^*$ 及相应提案参数值 $\boldsymbol{\theta}^*_{m^*}$，计算 Metropolis-Hastings 比率为

$$\frac{f(m^*,\boldsymbol{\theta}^*_{m^*}|\boldsymbol{y})g(m^{(t)}|m^*)h(\boldsymbol{u}^*|m^*,\boldsymbol{\theta}^*_{m^*},m^{(t)})}{f(m^{(t)},\boldsymbol{\theta}^{(t)}_{m^{(t)}}|\boldsymbol{Y})g(m^*|m^{(t)})h(\boldsymbol{u}|m^{(t)},\boldsymbol{\theta}^{(t)}_{m^{(t)}},m^*)}|\boldsymbol{J}(t)| \tag{8.17}$$

   其中 $\boldsymbol{J}(t)$ 是 1.1 节描述的 Jacobian 矩阵，

$$\boldsymbol{J}(t)=\left.\frac{\mathrm{d}\boldsymbol{q}_{t,*}f(\boldsymbol{\theta},\boldsymbol{u})}{\mathrm{d}(\boldsymbol{\theta},\boldsymbol{u})}\right|_{(\boldsymbol{\theta},\boldsymbol{u})=\left(\boldsymbol{\theta}^{(t)}_{m^{(t)}},\boldsymbol{U}\right)} \tag{8.18}$$

   以 1 和式 (8.17) 中的最小值为概率接受模型 M^* 的移动。如果接受提案，则令 $\boldsymbol{X}^{(t+1)}=(M^*,\boldsymbol{\theta}^*_{M^*})$。否则，拒绝抽取候选值并令 $\boldsymbol{X}^{(t+1)}=\boldsymbol{x}^{(t)}$。
4. 舍弃 $\boldsymbol{U}$ 和 $\boldsymbol{U}^*$，回到第 1 步。

式 (8.17) 中的最后一项是变量从 $\left(\boldsymbol{\theta}^{(t)}_{m^{(t)}},\boldsymbol{U}\right)$ 到 $(\boldsymbol{\theta}^*_{m^*},\boldsymbol{U}^*)$ 变换的 Jacobian 矩阵的行列式的绝对值。如果 $p_{M^{(t)}}=p_{M^*}$，则式 (8.17) 就简化为式 (7.1) 中标准的 Metropolis-Hastings 比率。注意这里有一个隐含的假设，即变换 $\boldsymbol{q}_{t,*}$ 是可导的。

例 8.2 (两个简单峰之间的跳跃) 对上面给出的算法我们用一个基本的例子作为说明[278]。考虑一个问题有 $K=2$ 个可能的模型: 模型 $\mathcal{M}_1$ 有一个一维参数空间 $\boldsymbol{\theta}_1=\alpha$ 且模型 $\mathcal{M}_2$ 有一个二维参数空间 $\boldsymbol{\theta}_2=(\beta,\gamma)$。这样 $p_1=1$ 并且 $p_2=2$。令 $m_1=1$ 和 $m_2=2$。

如果链的当前状态为 $(1,\boldsymbol{\theta}_1)$ 并且提案模型为 $\mathcal{M}_2$，则由提案密度 h 生成一个随机变量 $U\sim h\left(u|1,\theta_1,2\right)$。令 $\beta=\alpha-U$ 以及 $\gamma=\alpha+U$，于是 $\boldsymbol{q}_{1,2}(\alpha,u)=(\alpha-u,\alpha+u)$ 并且

$$\left|\frac{\mathrm{d}\boldsymbol{q}_{1,2}(\alpha,u)}{\mathrm{d}(\alpha,u)}\right|=2$$

如果链的当前状态为 $(2,\boldsymbol{\theta}_2)$ 并且提案模型为 $\mathcal{M}_1$，则 $(\alpha,u)=\boldsymbol{q}_{2,1}(\beta,\gamma)=\left(\frac{\beta+\gamma}{2},\frac{\beta-\gamma}{2}\right)$ 为可逆映射。因此

$$\left|\frac{\mathrm{d}\boldsymbol{q}_{2,1}(\beta,\gamma)}{\mathrm{d}(\beta,\gamma)}\right|=\frac{1}{2}$$

并且不需 $\boldsymbol{U}^*$ 匹配维数。这种变换完全是确定的，因此我们用 1 代替式 (8.17) 的 $h(u^*|2,\theta_2,1)$。

于是对于从 $\mathcal{M}_1$ 到 $\mathcal{M}_2$ 的提案移动，Metropolis-Hastings 比率 (8.17) 等于

$$\frac{f(2,\beta,\gamma|\boldsymbol{Y})g(1|2)}{f(1,\alpha|\boldsymbol{Y})g(2|1)h(u|1,\theta_1,2)}\times 2 \tag{8.19}$$

对于从 $\mathcal{M}_2$ 到 $\mathcal{M}_1$ 的提案移动，Metropolis-Hastings 比率等于式 (8.19) 的倒数。 □

实现 RJMCMC 存在着几个重要的问题。由于维数可能很大，关键就要选择一个适当的提案分布 h 以及在维数不同的模型空间中构造有效地移动。另外一个问题是对于 RJMCMC 算法收敛性的诊断，这方面的研究在文献 [72-74，427，604] 中给出。

RJMCMC 是一种非常常见的方法，可逆跳跃方法在各种应用中都得到了发展，包括线性回归中的模型选择和参数估计[148]，广义线性模型中变量和连接函数的选择[487]，混合分布中混合成分个数的选择[74,536,570]，非参数回归中节点的选择和其他应用[48,162,334] 以及图像模型确定[147,248]。RJMCMC 还有许多其他方面潜在的应用。基因图谱是 RJMCMC 早期应用的领域[122,645,648]，有将近 20% 的关于 RJMCMC 的引用是基因的应用[603]。

RJMCMC 统一了用以比较参数个数不同的模型的早期的 MCMC 方法。例如，Bayes 模型选择和线性回归分析中模型平均的早期方法，如随机搜索变量选择[229]和 MCMC 模型复合[527]，这些都可以看作是 RJMCMC 的特殊例子[119]。

8.2.1 RJMCMC 选择回归变量

考虑一个多重线性回归问题，其中有 p 个潜在预测变量和一个截距项。回归中的一个基本问题是选择一个合适的模型。令 m_k 为第 k 个模型，由第 i_1 个到第 i_d 个预测变量定义，指标 $\{i_1,\cdots,i_d\}$ 是 $\{1,\cdots,p\}$ 的子集。我们要考虑 p 个预测变量的所有子集，因此有 $K=2^p$ 个模型。这里用标准的回归记号，令 $\boldsymbol{Y}$ 为 n 个独立响应的向量。对任意模型 m_k，在设计矩阵中安排相应的预测变量 $\boldsymbol{X}_{m_k}=(\boldsymbol{1}\ \boldsymbol{x}_{i_1}\cdots\boldsymbol{x}_{i_d})$，其中 $\boldsymbol{x}_{i_j}$ 是第 i_j 个预测变量的 n 维观测向量。假设预测数据给定，对所有的 m_k，我们寻找一般最小二乘模型为

$$\boldsymbol{Y}=\boldsymbol{X}_{m_k}\boldsymbol{\beta}_{m_k}+\boldsymbol{\epsilon} \tag{8.20}$$

其中 $\boldsymbol{\beta}_{m_k}$ 是对应 m_k 设计矩阵的一个参数向量并且误差方差为 σ^2。在本节的剩余部分中，都以假设预测数据给定为条件。

所谓最好模型的概念有多个含义。在例 3.2 中，我们用 AIC (Akaike information criterion) 准则选择最好的模型[7,86]。这里，我们利用 Bayes 方法作变量选择，其中采用回归系数和 σ^2 的先验分布以及依赖于 σ^2 的系数的先验分布。这种做法的最直接目的是选择预测变量的最有可能的子集，而同时我们还可以说明如何用一个 RJMCMC 算法的输出结果估计我们感兴趣的量，诸如后验模型概率、每个模型参数的后验分布及各种我们感兴趣量的模型平均估计。

根据文献 [119，527] 实施 RJMCMC 算法，每次迭代开始于模型 $m^{(t)}$，其中 $m^{(t)}$ 由预测变量的特定子集表示。为推进一次迭代，提案模型要求比当前模型多一个或者少一个预测变量。因此模型提案分布为 $g\left(\cdot|m^{(t)}\right)$，其中

$$g\left(m^*|m^{(t)}\right)=\begin{cases}\frac{1}{p}, & \text{如果 } M^* \text{ 比 } m^{(t)} \text{ 多一个或者少一个预测变量}\\ 0, & \text{否则}\end{cases}$$

给定一个提案模型 $M^*=m^*$，RJMCMC 算法的第 2 步需要我们抽取 $\boldsymbol{U}\big|\left(m^{(t)},\beta^{(t)}_{m^{(t)}},m^*\right)\sim h\left(\cdot|m^{(t)},\boldsymbol{\beta}^{(t)}_{m^{(t)}},m^*\right)$。一种简化的算法是令 $\boldsymbol{U}$ 为参数向量的下一个值，此时我们可以令提案分布 h 等于 $\boldsymbol{\beta}_m|(m,\boldsymbol{y})$ 的后验分布，即 $f\left(\boldsymbol{\beta}_m|m,\boldsymbol{y}\right)$。对于适合的共轭先验，$\boldsymbol{\beta}^*_{m^*}|(m^*,\boldsymbol{y})$ 服从非中心化的 t 分布[58]。我们从提案分布中抽取 $\boldsymbol{U}$ 并且令 $\boldsymbol{\beta}^*_{m^*}=\boldsymbol{U}$ 和 $\boldsymbol{U}^*=\boldsymbol{\beta}^{(t)}_{m^{(t)}}$。因此 $\boldsymbol{q}_{t,*}=\left(\boldsymbol{\beta}^{(t)}_{m^{(t)}},\boldsymbol{U}\right)=\left(\boldsymbol{\beta}^*_{m^*},\boldsymbol{U}^*\right)$，Jacobian 行列式为 1。由于 $g\left(m^{(t)}|m^*\right)=g\left(m^*|m^{(t)}\right)=1/p$，式 (8.17) 中的 Metropolis-Hastings 比率经化简后可以写为

$$\frac{f\left(\boldsymbol{y}|m^*,\boldsymbol{\beta}^*_{m^*}\right)f\left(\boldsymbol{\beta}^*_{m^*}|m^*\right)f\left(m^*\right)f\left(\boldsymbol{\beta}^{(t)}_{m^{(t)}}|m^{(t)},\boldsymbol{y}\right)}{f\left(\boldsymbol{y}|m^{(t)},\boldsymbol{\beta}^{(t)}_{m^{(t)}}\right)f\left(\boldsymbol{\beta}^{(t)}_{m^{(t)}}|m^{(t)}\right)f\left(m^{(t)}\right)f\left(\boldsymbol{\beta}^*_{m^*}|m^*,\boldsymbol{y}\right)}=\frac{f\left(\boldsymbol{y}|m^*\right)f\left(m^*\right)}{f\left(\boldsymbol{y}|m^{(t)}\right)f\left(m^{(t)}\right)} \tag{8.21}$$

这里 $f\left(\boldsymbol{y}|m^*\right)$ 为边际似然函数，$f\left(m^*\right)$ 为模型 m^* 的后验密度。通过观察可知这一比率不依赖于 $\boldsymbol{\beta}^*_m$ 或 $\boldsymbol{\beta}_{m^{(t)}}$。因此，当利用共轭先验实现此方法时，我们可以将 $\boldsymbol{\beta}$ 的提案和接受值看作是单纯概念上的构造，只是为了用作在 RJMCMC 方法中说明其算法。换言之，我们不需要去模拟 $\boldsymbol{\beta}^{(t)}|m^{(t)}$，因为我们可以得到 $f(\boldsymbol{\beta}|m,\boldsymbol{y})$ 的显式表达式。后验模型概率和 $f(\boldsymbol{\beta}|m,\boldsymbol{y})$ 可以完全确定联合后验分布。

实施 RJMCMC 算法后，很多我们感兴趣的量都可以进行推断。例如，由式 (8.15) 后验模型概率 $f(m_k|\boldsymbol{y})$ 可以通过链访问第 k 个模型的次数与链迭代的次数之比近似。这些可估的后验模型概率可以用来选择模型。此外，RJMCMC 算法的输出结果还可以用于实现 Bayes 模型平均。例如，如果 μ 是某个我们感兴趣的量如未来的观测值、行为过程的作用或是一个效应的大小，则在给定数据的条件下，μ 的后验分布为

$$f(\mu|\boldsymbol{y})=\sum_{k=1}^{K}f(\mu|m_k,\boldsymbol{y})f(m_k|\boldsymbol{y}) \tag{8.22}$$

这就是对每个模型 μ 的后验分布的平均，其加权为后验模型概率。我们已经证明考虑模型形式的不确定性可以避免低估不确定性[331]。

例 8.3 (棒球薪水，续) 回顾例 3.3，在棒球运动员薪水的线性回归模型中，我们在 27 个可能的预测变量中寻找最佳子集。之前的目标是计算最小 AIC 值寻找最佳子集，这里，我们通过最高后验模型概率的模型寻找最佳子集。

我们在模型空间中采用均匀先验分布，对每一个模型令 $f(m_k)=2^{-p}$。对于其他参数，我们采用正态–伽玛共轭类先验分布 $\boldsymbol{\beta}_{m_k}|m_k\sim N\left(\boldsymbol{\alpha}_{m_k},\Sigma^2\boldsymbol{V}_{m_k}\right)$，并且 $\nu\lambda/\Sigma^2\sim\chi^2_\nu$。在这种构造下，式 (8.21) 中的 $f(\boldsymbol{y}|m_k)$ 可以被证明为非中心 t 密度 (习题 8.1)。对于棒球数据，其超参数设定如下。首先，令 $\nu=2.58$ 和 $\lambda=0.28$。接下来，$\boldsymbol{\alpha}=(\hat{\beta}_0,0,\cdots,0)$ 是长为 p_{m_k} 的向量，其中第一个元素等于全模型的截距的最小二乘估计。最后，$\boldsymbol{V}_{m_k}$ 为对角矩阵，对角元素为 $(s^2_{\boldsymbol{y}},c^2/s^2_1,\cdots,c^2/s^2_p)$，其中 $s^2_{\boldsymbol{y}}$ 为 $\boldsymbol{y}$ 的样本方差，s^2_i 为第 i 个预测变量的样本方差，并

且 $c = 2.58$。其他细节在文献 [527] 中给出。

我们运行 200 000 次 RJMCMC 循环。表 8.2 给出了概率最大的后验模型中的五个。如果目的是选择最好的模型，则应选择预测变量为 3，8，10，13 和 14 的模型，这些标号对应的预测变量在表 3.2 中给出。

表 8.2 关于棒球例子的 RJMCMC 模型选择结果:后验模型概率 (PMP) 最高的五个模型。黑色的圆点表示在给定的模型中相应的预测变量，标号对应的预测变量在表 3.2 中给出

预测变量							
3	4	8	10	13	14	24	PMP
•		•	•	•	•		0.22
	•	•	•	•	•		0.08
	•	•		•	•		0.05
•	•	•	•	•	•		0.04
•		•	•	•	•	•	0.03

表 8.3 中给出后验效应概率 $P(\beta_i \neq 0|\boldsymbol{y})$ 大于 0.10 的预测变量。每一个元素都是示性变量的加权平均，其中只有当系数在模型中时，示性变量等于 1，其中加权对应式 (8.22) 中的后验模型概率。结果表明，自由球员、仲裁地位以及跑进垒的次数很大程度上决定垒球运动员的薪金。

表 8.3 棒球例子中的 RJMCMC 结果: 大于 0.01 的估计的后验效应概率 $P(\beta_i \neq 0|\boldsymbol{y})$。标号对应的预测变量在表 3.2 中给出

标号	预测变量	$P(\beta_i \neq 0\|\boldsymbol{y})$
13	自由队员	1.00
14	仲裁	1.00
8	击球跑垒得分	0.97
10	三击未中出局	0.78
3	跑垒数	0.55
4	安打数	0.52
25	SBs×OBP	0.13
24	SOs×失误	0.12
9	跑垒数	0.11

通过变换式 (8.22) 还可以计算我们感兴趣的其他量，如每个回归系数的模型平均后验期望和方差，或者各种后验薪金的预测。 □

还有一些其他的方法模拟维数不等的马氏链。一种方法是根据连续时间的马尔科夫生灭过程进行构造[89,613]。这种方法通过点过程对参数建模。RJMCMC 算法的一般形式可以将许多现存的评估参数空间维数不确定性的方法统一起来[261]。这些领域内持续有用的发展见文献 [318，428，603]。一个有前途的领域是结合 RJMCMC 和 AMCMC。

8.3 辅助变量方法

MCMC 方法发展的一个重要方面是辅助变量方法。在很多情况中，如 Bayes 空间格子模型，标准的 MCMC 方法由于充分混合的时间太长而不适合实际应用。在这种情形下，一种潜在的补救方法是增大我们感兴趣的变量的状态空间。这种方法可以使链快速混合并且比第 7 章中给出的标准的 MCMC 方法要求的调节更少。

这里我们继续沿用第 7 章中的记号，令 $\boldsymbol{X}$ 为一随机变量，在其状态空间中，我们模拟一马氏链，通常用其估计随机变量 $\boldsymbol{X}$ 函数的期望，其中 $\boldsymbol{X} \sim f(\boldsymbol{x})$。在 Bayes 应用中，重要的一点是要记住在 MCMC 过程中模拟的随机变量 $\boldsymbol{X}^{(t)}$ 通常为参数向量，而我们最感兴趣的是它的后验分布。考虑一可估但不容易抽样的目标函数 f。我们给 $\boldsymbol{X}$ 的状态空间增加辅助向量 $\boldsymbol{U}$ 的状态空间来构造一种辅助变量算法。然后我们在联合状态空间 $(\boldsymbol{X},\boldsymbol{U})$ 中构造一条马氏链，其平稳分布为 $(\boldsymbol{X},\boldsymbol{U}) \sim f(\boldsymbol{x},\boldsymbol{u})$，将平稳分布边际化可以得到目标分布 $f(\boldsymbol{x})$。当模拟完成时，仅根据 $\boldsymbol{X}$ 的边际分布做出推断。例如，$\mu = \int h(\boldsymbol{x})f(\boldsymbol{x})\mathrm{d}\boldsymbol{x}$ 的蒙特卡罗估计为 $\hat{\mu} = (1/n)\sum_{t=1}^{n} h(\boldsymbol{X}^{(t)})$，其中 $(\boldsymbol{X}^{(t)},\boldsymbol{U}^{(t)})$ 在扩充后的链中被模拟，但是 $\boldsymbol{U}^{(t)}$ 被去除。

辅助变量 MCMC 方法是在统计物理学的文献中给出的[174,621]。这种方法的潜在用途引起 Besag 和 Green 的注意，并且很多这种方法的精制策略已经得到了充分地发展[41,132,328]。对于解决在其他领域中具有挑战性的统计问题，增加我们感兴趣的变量不失为一种有效方法，比如在第 4 章中给出的 EM 算法以及在 8.2 节中给出的可逆跳跃算法。对于 EM 算法与 M-CMC 算法中辅助变量方法的联系将在文献 [640] 中有进一步的探讨。

下面我们给出模拟回火作为说明辅助变量方法的例子。另外一个重要的例子切片模拟将在下一节中讨论。在 8.7.2 节中我们给出辅助变量在分析空间或图像数据中的应用。

8.3.1 模拟回火

在高维、多峰或 MCMC 混合缓慢等问题中，有可能要运行极长的链以获得感兴趣的量的估计。模拟回火方法有可能解决这一问题[235,438]。模拟回火是基于一系列常见样本空间上的非规范化密度 f_i，$i = 1,\cdots,m$。这些密度被看作从冷 $(i = 0)$ 到热 $(i = m)$ 的变化。我们通常只要求推断冷密度，同时研究其他的密度以提高混合性。事实上，我们给出的密度越暖，应使得 MCMC 对其混合的速度相比 f_1 而言越快。

考虑扩充后的变量 $(\boldsymbol{X},I)$，其中温度 I 为随机变量，其先验分布为 $I \sim p(i)$。令起始值为 $(\boldsymbol{x}^{(0)},i^{(0)})$，我们在扩充后的空间中构造 Metropolis-Hastings 抽样如下:

1. 从平稳分布为 $f_{i^{(t)}}$ 的链中利用 Metropolis-Hasting 或 Gibbs 更新方法抽取 $\boldsymbol{X}^{(t+1)}\big|i^{(t)}$。

2. 从提案密度 $g\left(\cdot|i^{(t)}\right)$ 中生成 I^*。一种简单做法为

$$g\left(i^*|i^{(t)}\right)=\begin{cases}1, & \text{如果 } (i^{(t)},i^*)=(1,2) \text{ 或者 } (i^{(t)},i^*)=(m,m-1)\\ \frac{1}{2}, & \text{如果 } \left|i^*-i^{(t)}\right|=1 \text{ 并且 } i^{(t)}\in\{2,\cdots,m-1\}\\ 0, & \text{否则}\end{cases}$$

3. 接受或拒绝候选值 I^*。定义 Metropolis-Hastings 比率为 $R_{\mathrm{ST}}\left(i^{(t)},I^*,\boldsymbol{X}^{(t+1)}\right)$，其中

$$R_{\mathrm{ST}}(\boldsymbol{u},\boldsymbol{v},\boldsymbol{z})=\frac{f_{\boldsymbol{v}}(\boldsymbol{z})p(\boldsymbol{v})g(\boldsymbol{u}|\boldsymbol{v})}{f_{\boldsymbol{u}}(\boldsymbol{z})p(\boldsymbol{u})g(\boldsymbol{v}|\boldsymbol{u})} \tag{8.23}$$

并且以概率 $\min\{R_{\mathrm{ST}}(i^{(t)},I^*,\boldsymbol{X}^{(t+1)}),1\}$ 接受 $I^{(t+1)}=I^*$。否则，保留当前状态的另外一个副本，令 $I^{(t+1)}=i^{(t)}$。

4. 返回第 1 步。

在冷分布下最简单的估计期望的方法是将由冷分布生成的值平均，同时去除由其他 f_i 生成的值。为更充分地利用这些数据，注意到从扩充后的链的平稳分布中抽取的状态 $(\boldsymbol{x},i)$ 的密度与 $f_i(\boldsymbol{x})p(i)$ 成比例。因此，重要性加权 $w^*(\boldsymbol{x})=\tilde{f}(\boldsymbol{x})/[f_i(\boldsymbol{x})p(i)]$ 可用来估计期望，其中 $\tilde{f}$ 为目标密度; 见第 6 章。

p 的先验分布由使用者设定，其理想的选择是要使得 m 个回火分布(即对 i 而言有 m 个状态) 被访问的可能性大致相等。为使所有的回火分布在可接受的一段运行时间内被访问，m 必须相当的小。另一方面，每对相邻的回火分布在扩充后的链上一定要有充分的重叠，才能较容易地从一个分布移到另一个分布，而这就要求一个较大的 m。为平衡这两方面的要求，我们建议 m 的选择要使得接受率在 7.3.1.3 节给出的范围之内。对此问题的改进，推广及相关技术在文献 [232，235，339，417，480] 给出。回火模拟和其他 MCMC 方法的关系在文献 [433，682] 中讨论。

我们可由第 3 章的模拟退火最优算法联想到这里的模拟回火。假设我们在 $\boldsymbol{\theta}$ 的状态空间中进行模拟回火。令 $L(\boldsymbol{\theta})$ 和 $q(\boldsymbol{\theta})$ 分别为 $\boldsymbol{\theta}$ 的似然分布和先验分布。如果我们令 $f_i(\boldsymbol{\theta})=\exp\{(1/\tau_i)\log\{q(\boldsymbol{\theta})L(\boldsymbol{\theta})\}\}$，其中 $\tau_i=i$ 和 $i=1,2,\cdots$，则 $i=1$ 将冷分布与 $\boldsymbol{\theta}$ 的后验分布联系起来，并且 $i>1$ 产生日益平坦的加热分布来提高混合性。式 (8.23) 使我们回忆起 3.3 节中模拟退火算法的第 2 步，最小化负对数后验分布。我们之前已经注意到模拟退火在寻找最优值的过程中生成了一个时间非齐次的马氏链 (3.3.1.2 节)。而模拟回火同样得到一条马氏链，只是模拟回火并不像模拟退火那样有系统地冷却。模拟回火和模拟退火两个过程都使用了暖分布帮助研究状态空间。

8.3.2 切片抽样机

一项重要的辅助变量 MCMC 技术称为*切片抽样机*[132,328,481]。对一元变量考虑使用 M-CMC 方法，$X\sim f(x)$，并且假设从 f 中不能直接抽样。引进一元辅助变量 U 使我们可以考虑目标密度 $(X,U)\sim f(x,u)$。由 $f(x,u)=f(x)f(u|x)$ 说明一个辅助变量 Gibbs 抽样方法是在 X 和 U 的更新值间交替进行的[328]。此方法的关键是对于 X 选择一个加速 MCMC 混合

的变量 U。在切片抽样机的 $t+1$ 次迭代中，我们根据下式交替生成 $X^{(t+1)}$ 和 $U^{(t+1)}$

$$U^{(t+1)}|x^{(t)} \sim \text{Uinf}\left(0, f\left(x^{(t)}\right)\right) \tag{8.24}$$

$$X^{(t+1)}|u^{(t+1)} \sim \text{Uinf}\left\{x : f(x) \geqslant u^{(t+1)}\right\} \tag{8.25}$$

图 8.3 说明上述方法。顶部面板表示在 $t+1$ 次迭代时，算法从 $x^{(t)}$ 开始。然后从 $\text{Uinf}(0, f(x^{(t)}))$ 中抽取 $U^{(t+1)}$。顶部面板对应的是沿竖直条形阴影中抽样。$X^{(t+1)}|\left(U^{(t+1)} = u^{(t+1)}\right)$ 均匀抽取自使得 $f(x) \geqslant u^{(t+1)}$的 x 值的集合。底部面板对应的是沿水平条形阴影中抽样。

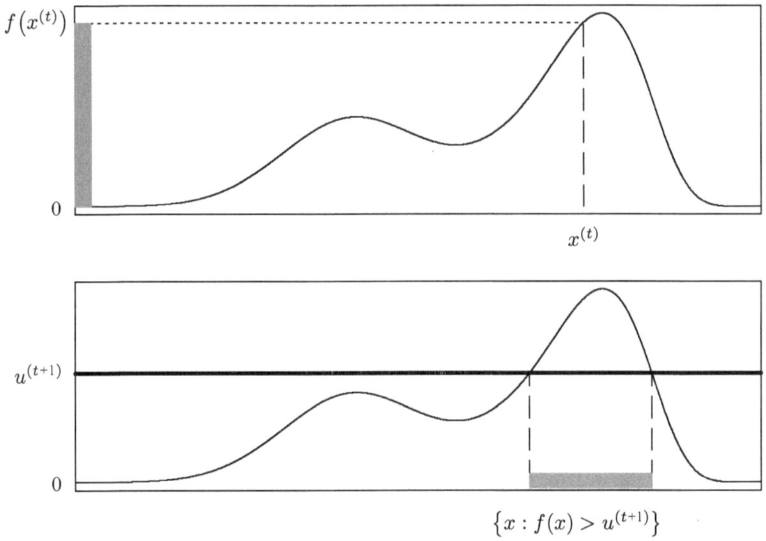

图 8.3 对目标分布 f 的一元切片抽样机的两个步骤

在本例中，我们可以直接模拟式 (8.25)，然而在其他设置中集合 $\{x : f(x) \geqslant u^{(t+1)}\}$ 可以更为复杂。特别地，如果 f 不可逆，则式 (8.25) 中的抽样 $X^{(t+1)}|\left(U^{(t+1)} = u^{(t+1)}\right)$ 可能并不容易。一种实现式 (8.25) 的方法是采用拒绝抽样方法，见 6.2.3 节。

例 8.4 (远距离峰之间的移动) 当目标分布是多峰时，切片抽样机的一个优势就越发明显。图8.4 表示一个一元多峰目标函数。如果使用标准的 Metropolis-Hastings 算法生成目标分布的样本，则算法可以找到分布的一个峰。然而，除非提案分布调节得非常好，寻找分布的其他峰可能要经过很多次迭代。即使找到了两个峰，也几乎不可能从一个峰跳到另一个峰。随着维数的增加，问题将更加严重。反之，我们考虑构造切片抽样机对图 8.4 中所示密度进行抽样。水平的阴影区域代表在式 (8.25) 中定义的集合，其中 $X^{(t+1)}|u^{(t+1)}$ 为均匀抽样。于是在每一次迭代中切片抽样机有 50% 的可能性从一个峰到另一个峰。因此切片抽样机用很少的迭代次数使得混合性更好。 □

切片抽样机已经被证明有很好的理论性质[467,543]，然而将其应用于实际仍存在有一定困难[481,543]。上述基本切片抽样方法可以推广到包含多个辅助变量 $U_1, \cdots, U_k$ 以及 $\boldsymbol{X}$ 是多维的情况[132,328,467,543]。同时还可以构造一种切片抽样算法保证抽样取自马氏链的平稳分布[98,466]。

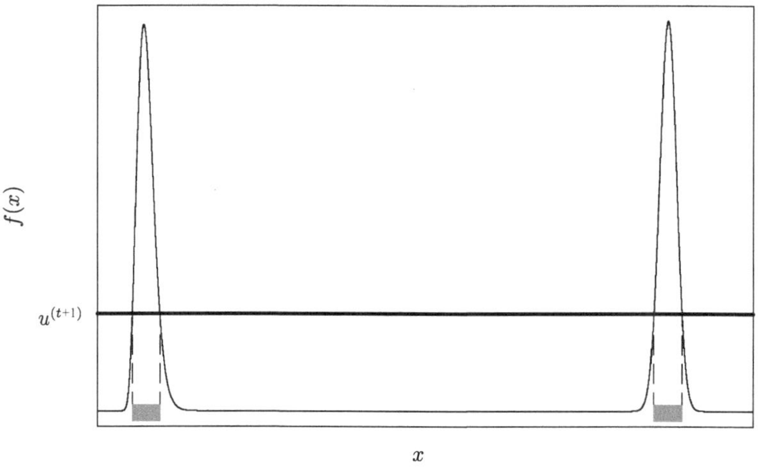

图 8.4 针对多峰目标分布的切片抽样机，其由两个水平阴影区域所对应的集合中均匀地抽取 $X^{(t+1)}|u^{(t+1)}$

这其实是一种变化的*完美抽样机*，对完美抽样机的讨论将在 8.5 节中给出。

8.4 其他 METROPOLIS-HASTINGS 算法

8.4.1 Hit-and-Run 算法

7.1 节给出的 Metropolis-Hastings 算法是时齐的，在这个意义上认为提案分布不随 t 的增加而改变。构造依赖时间变化的提案分布 $g^{(t)}(\cdot|\boldsymbol{X}^{(t)})$ 的 MCMC 方法是有可能的。这种方法可能非常有效，但是由于时异性它们的收敛性质通常难于确定[462]。8.1 节的自适应 MCMC 算法是时异算法的例子。

像一个随机游走链的这种策略称之为*hit-and-run 算法*[105]。在这种方法里，提案从 $\boldsymbol{x}^{(t)}$ 离开并在两个阶段生成：选择一个方向移动，然后移动一段距离到达选定方向。在 $\boldsymbol{x}^{(0)}$ 初始化后，链从 $t=0$ 开始由下列步骤生成。

1. 选择一个随机方向 $\boldsymbol{\rho}^{(t)} \sim h(\boldsymbol{\rho})$，这里 h 是定义在 p 维单位球面表面的一个密度。
2. 寻找满足 $\boldsymbol{x}^{(t)} + \lambda\boldsymbol{\rho}^{(t)}$ 在 $\boldsymbol{X}$ 的状态空间的所有实数 λ 的集合。定义这个有符号长度的集合为 $\Lambda^{(t)}$。
3. 抽取一个随机符号长度 $\lambda^{(t)}|\left(\boldsymbol{x}^{(t)}, \boldsymbol{\rho}^{(t)}\right) \sim g_\lambda^{(t)}\left(\lambda|\boldsymbol{x}^{(t)}, \boldsymbol{\rho}^{(t)}\right)$，这里密度 $g_\lambda^{(t)}(\lambda\,|\boldsymbol{x}^{(t)}, \boldsymbol{\rho}^{(t)}) = g^{(t)}\left(\boldsymbol{x}^{(t)} + \lambda\boldsymbol{\rho}^{(t)}\right)$ 定义在 $\Lambda^{(t)}$ 上。提案分布仅通过依赖于 $\Lambda^{(t)}$ 可能一次迭代与下一次迭代是不同的。
4. 对于提案 $\boldsymbol{X}^* = \boldsymbol{x}^{(t)} + \lambda^{(t)}\boldsymbol{\rho}^{(t)}$，计算 Metropolis-Hastings 比率

$$R\left(\boldsymbol{x}^{(t)}, \boldsymbol{X}^*\right) = \frac{f(\boldsymbol{X}^*)g^{(t)}(\boldsymbol{x}^{(t)})}{f(\boldsymbol{x}^{(t)})g^{(t)}(\boldsymbol{X}^*)}$$

5. 令

$$\boldsymbol{X}^{(t+1)}=\begin{cases}\boldsymbol{X}^*, & \text{概率为}\min\{R(\boldsymbol{x}^{(t)},\boldsymbol{X}^*),1\}\\ \boldsymbol{x}^{(t)}, & \text{其他}\end{cases}$$

6. 增加 t 并返回步骤 1。

上述算法是几种常见的 hit-and-run 方法的一种变形[105]。

方向分布 h 经常选为单位球面上的均匀分布。在 p 维空间，抽取来自标准正态分布 $\boldsymbol{Y}\sim N(\boldsymbol{0},\boldsymbol{I})$ 然后进行变换 $\boldsymbol{\rho}=\boldsymbol{Y}\sqrt{\boldsymbol{Y}^{\mathrm{T}}\boldsymbol{Y}}$ 得到该分布的一个随机变量。

该方法的性能已经与其他简单的 MCMC 方法做了比较[104]。可以指出当 $\boldsymbol{X}$ 的状态空间受到严格的限制时，hit-and-run 算法可以给出特殊的优势[29]，此时使用其他方法很难有效地探究状态空间的所有区域。h 的选择对该算法的性能和收敛率有着很强的影响，最好的选择经常依赖于 f 的形状和状态空间的几何性质 (包括限制条件和 $\boldsymbol{X}$ 的坐标轴上单位的选择)[366]。

8.4.2 多次尝试 Metropolis-Hastings 算法

如果 Metropolis-Hastings 算法不能成功地解决某个问题，可能因为链收敛很慢或者陷入 f 的某个局部峰值。为了克服该困难，可能需要扩大类似 $g(\cdot|\boldsymbol{x}^{(t)})$ 描绘的提案的区域。然而这个策略经常导致很小的 Metropolis-Hastings 比率，因此具有较差的混合性。Liu，Liang 和 Wong 提出了一个名为*多次尝试 Metropolis-Hastings 抽样*的可选策略，该策略不妨碍混合性可以有效地扩展提案区域以提高性能[420]。

该方法产生大量的候选值，因而能在 $\boldsymbol{x}^{(t)}$ 附近较好地考察 f。在这些提案中选择的方式是确保链能保持正确地极限平稳分布。我们仍然使用提案分布 g，以及可选择的非负权重 $\lambda(\boldsymbol{x}^{(t)},\boldsymbol{x}^*)$，这里对称函数 λ 在下面进一步讨论。为了确保正确的极限平稳分布，必须要求 $g(\boldsymbol{x}^*|\boldsymbol{x}^{(t)})>0$ 当且仅当 $g(\boldsymbol{x}^{(t)}|\boldsymbol{x}^*)>0$，以及只要 $g(\boldsymbol{x}^*|\boldsymbol{x}^{(t)})>0$ 时有 $\lambda(\boldsymbol{x}^{(t)},\boldsymbol{x}^*)>0$。

令 $\boldsymbol{x}^{(0)}$ 表示起始值，并定义

$$\omega(\boldsymbol{u},\boldsymbol{v})=f(\boldsymbol{v})g(\boldsymbol{u}|\boldsymbol{v})\lambda(\boldsymbol{u},\boldsymbol{v})\tag{8.26}$$

那么，对于 $t=0,1,\cdots$，算法执行如下：

1. 从 $g(\cdot|\boldsymbol{x}^{(t)})$ 中抽取独立同分布的 k 个提案 $\boldsymbol{X}_1^*,\cdots,\boldsymbol{X}_k^*$。
2. 从提案集合中随机选取单个提案 $\boldsymbol{X}_j^*$，其概率正比于 $\omega(\boldsymbol{x}^{(t)},\boldsymbol{X}_j^*)$，$j=1,\cdots,k$。
3. 给定 $\boldsymbol{X}_j^*=\boldsymbol{x}_j^*$，从提案密度 $g(\cdot|\boldsymbol{x}_j^*)$ 里随机抽取独立同分布的 $k-1$ 个随机变量 $\boldsymbol{X}_1^{**},\cdots,\boldsymbol{X}_{k-1}^{**}$，令 $\boldsymbol{X}_k^{**}=\boldsymbol{x}^{(t)}$。
4. 计算*广义 Metropolis-Hastings 比率*

$$R_g=\sum_{i=1}^{k}\omega(\boldsymbol{x}^{(t)},\boldsymbol{X}_i^*)\Big/\sum_{i=1}^{k}\omega(\boldsymbol{X}_j^*,\boldsymbol{X}_i^{**})\tag{8.27}$$

5. 令

$$\boldsymbol{X}^{(t+1)}=\begin{cases}\boldsymbol{X}_j^*, & \text{概率为}\min\{R_g,1\}\\ \boldsymbol{x}^{(t)}, & \text{其他}\end{cases} \tag{8.28}$$

6. 增加 t 并返回步骤 1 。

可以容易地证明该算法生成的可逆马尔可夫链的极限平稳分布等于 f。该方法的效率依赖于 k，f 的形状以及 g 相对于 f 的散度。建议目标接受率是 40% ~ 50% [420]。在实际应用中，多次尝试 Metropolis-Hastings 算法时，在每次迭代中可以从许多提案选择一个提案，这样会使链有较低的相关性。当通过其他方法不能达到该步长时，较大的步长可以找到局部众数或者在有益的方向增加移动，这会使混合性较好。

权重函数 λ 可以用来进一步激励某种提案。最简单的选择是 $\lambda(\boldsymbol{x}^{(t)},\boldsymbol{x}^*)=1$。在文献 [203] 中建议了一种"定向有偏" 方法 $\lambda(\boldsymbol{x}^{(t)},\boldsymbol{x}^*)=\{[g(\boldsymbol{x}^*|\boldsymbol{x}^{(t)})+g(\boldsymbol{x}^{(t)}|\boldsymbol{x}^*)]/2\}^{-1}$。另外一个吸引人的选择是 $\lambda(\boldsymbol{x}^{(t)},\boldsymbol{x}^*)=[g(\boldsymbol{x}^*|\boldsymbol{x}^{(t)})g(\boldsymbol{x}^{(t)}|\boldsymbol{x}^*)]^{-\alpha}$，定义在 $g(\boldsymbol{x}^*|\boldsymbol{x}^{(t)})>0$ 的区域上。当 $\alpha=1$ 时，权重 $\omega(\boldsymbol{x}^{(t)},\boldsymbol{x}^*)$ 对应于使用 g 尝试从 f 中抽样时赋予 $\boldsymbol{x}^*$ 的重要性权重 $f(\boldsymbol{x}^*)|g(\boldsymbol{x}^*|\boldsymbol{x}^{(t)})$ 和重要性包络（见 6.4.1 节）。

8.4.3 郎之万 Metropolis-Hastings 算法

在 7.2.1 节我们讨论了随机游走链，它是由 Metropolis-Hastings 算法的一个简单变形生成的一类马尔科夫链。更复杂的版本，称为带有漂移的随机游走，可以通过如下的提案产生

$$\boldsymbol{X}^*=\boldsymbol{x}^{(t)}+\boldsymbol{d}^{(t)}+\sigma\boldsymbol{\epsilon}^{(t)} \tag{8.29}$$

其中

$$\boldsymbol{d}^{(t)}=\left(\frac{\sigma^2}{2}\right)\frac{\partial\log f(\boldsymbol{x})}{\partial\boldsymbol{x}}\Big|_{\boldsymbol{x}=\boldsymbol{x}^{(t)}} \tag{8.30}$$

$\boldsymbol{\epsilon}^{(t)}$ 是 p 维标准正态随机变量。标量 σ 是一个可调参数，它是由用户选择的固定值用来控制提案步骤的幅度。标准 Metropolis-Hastings 比率用来决定是否接受这个提案，使用

$$g(\boldsymbol{x}^*|\boldsymbol{x}^{(t)})\propto\exp\left\{-\frac{1}{2\sigma^2}(\boldsymbol{x}^*-\boldsymbol{x}^{(t)}-\boldsymbol{d}^{(t)})^{\mathrm{T}}-(\boldsymbol{x}^*-\boldsymbol{x}^{(t)}-\boldsymbol{d}^{(t)})\right\} \tag{8.31}$$

理论结果表明应该选择参数 σ 使得用式 (8.31) 计算的 Metropolis-Hastings 比率的接受率是 0.574[548]。

该方法提案分布的想法来自于以 f 为平稳分布的随机微分方程生成的扩散过程 (也即是连续时间随机过程)[283,508]。为了确保由离散时间马尔可夫过程描述的该过程的离散化拥有正确的平稳分布，Besag 使用了 Metropolis-Hastings 的接受策略[37]。

需要知道目标式 (8.30) 的梯度不像看起来那么难。当使用导数时 f 中任意未知的乘性常数被消去。并且，当精确的导数难以获得时，可以使用数值近似。

与随机游走不同，该算法引进了一个漂移项使得提案倾向于向目标分布的峰值移动。普通的 Metropolis-Hastings (包括随机游走链和独立链) 通常由提案驱动并与 f 的形状独立，因

此容易执行但是有时较慢地趋近平稳分布或者充分地探究 f 的支撑区域。当一般的算法性能较差时，经常需要开发针对具体问题的 Metropolis-Hastings 算法，该算法具有特定的提案分布并可以充分探究目标分布的特性。郎之万 Metropolis-Hastings 算法也提供了基于 f 形状的提案，但是*自我目标*通常通过使用梯度实现。这些方法能较好地探究目标分布并较快地收敛。

在一些应用中，式 (8.29) 给出的更新马尔科夫链在运行合理的长度后不能成功地收敛，并且不能探究 f 的多于一个的峰值。Stramer 和 Tweedie[618]推广了式 (8.29) 具有稍微不同的漂移和标度项，则提高了性能。郎之万方法的进一步研究见文献 [547，548，617，618]。

8.5 完美抽样

由于 MCMC 方法在第 i 次迭代时产生一个随机抽样 $\boldsymbol{X}^{(t)}$ ，当 $t \to \infty$ 时其分布近似于目标分布，因此 MCMC 方法是十分有用的。因为实际中运行长度是有限的，在近似非常好的情况下第 7 章关于评价方法给出了很多的讨论。例如，7.3 节给出了确定运行长度和去除迭代次数 (即预烧) 的方法。然而，这些收敛性的诊断都有各种各样的缺点。*完美抽样* 算法通过生成有确切平稳分布的链解决了所有问题。这点看上去很奇妙，但在实现上却有一定的困难。

8.5.1 历史数据配对

Propp 和 Wilson 给出了一种完美抽样 MCMC 算法，称之为*历史数据配对法* (CFTP)[520]。在文献 [96，165，519] 中包含着其他关于 CFTP 的研究。在 Wilson 的网站上可以找到关于 CFTP 的大量早期文献和相关方法[667]。

CFTP 方法源于一种说法，即链的起始点为 $t=-\infty$ 并向 $t=0$ 运行。当这种说法成立时，收敛不会在从 $t=-1$ 到 $t=0$ 的步骤中突然发生，在计算时你不需要设法令 $t=-\infty$。相反，我们要寻找一个从 $t=\tau<0$ 到 $t=0$ 的时间窗，使其与 τ 以前的状态无关，在 τ 之前的链的无限长过程意味着链在 0 时刻达到平稳分布。

这种方法在外部看起来是合理的，而实际中不可能知道链在 τ 时刻位于什么状态。因此，我们必须考虑多重链: 事实上，一条链在 τ 时刻可以在每一个可能的状态开始。每一条链可以从 $t=\tau$ 向 $t=0$ 运行。由这些链的马尔科夫性质，链在 $\tau+1$ 的结果仅依赖于它们在 τ 时刻的状态。所以这些链的集合完全代表了所有可能从过去无穷远运行来的链。

接下来的问题是我们现在不再仅考虑单一一条链，而且在 0 时刻开始的链似乎是有所不同。我们依靠*配对*的想法解决这一多重性问题。如果在相同状态空间有相同转移概率的两条链在 t 时刻有相同的状态，则两条链在 t 时刻配对 (或者*接合*)。在这一时刻，由马尔科夫性质和相等的转移概率知，两条链有相同的概率性质。第三条这样的链可以在 t 时刻或者以后的任意时刻和这两条链配对。这样，为消除上述多重链，我们使用的算法要保证一旦将链配对以后它们就得到相同的样本路径。进一步，我们要求所有链到 0 时刻必须配对。因此这种算法产生一条链，从 $t=0$ 时刻开始均服从我们希望的平稳分布。

为简化表示，我们假设 X 为一维的并具有有限的 k 个状态的空间。下面给出对 CFTP 方法的最一般和必要的假设。

我们考虑一个遍历马氏链，有确定的转移法则 q 更新马氏链的当前值 $x^{(t)}$，而 $x^{(t)}$ 是某些随机变量 $U^{(t+1)}$ 的函数。因此，

$$X^{(t+1)}=q\left(x^{(t)},U^{(t+1)}\right) \tag{8.32}$$

例如，来自一个 Metropolis-Hastings 提案的累积分布函数 F ，可以用 $q(x,u)=F^{-1}(u)$ 生成，而一个随机游动提案可以由 $q(x,u)=x+u$ 生成。在式 (8.13) 中，我们使用一个一元变量 $U^{(t+1)}$，但是更一般的，链的转移可以由多元向量 $\boldsymbol{U}^{(t+1)}$ 所控制。以后我们将采用一般的形式。

在状态空间的某一时刻 $\tau<0$，CFTP 从每个状态出发一条链，并且每条链向由 q 产生的提案值移动。利用标准 Metropolis-Hastings 比率接受提案。我们的目标是寻找一个起始时刻 τ 使得当从 $t=\tau$ 按步骤运行时，链在 $t=0$ 时刻全部配对。这种方法从我们希望得到的平稳分布 f 中抽出一个 $X^{(0)}$。

下面给出寻找 τ 和得到我们希望的链的算法。令 $X_k^{(t)}$ 为起始于状态 k 的马氏链在 t 时刻的随机状态，其中 $k=1,\cdots,K$。

1. 令 $\tau=-1$，生成 $\boldsymbol{U}^{(0)}$。在 -1 时刻状态空间的每一个状态下开始一条链，即 $x_1^{(-1)},\cdots,x_K^{(-1)}$，并且每一条链向 0 时刻运行，其更新值为 $X_k^{(0)}=q\left(x_k^{(-1)},\boldsymbol{U}^{(0)}\right)$，$k=1,\cdots,K$。如果所有 K 条链在 0 时刻有相同的状态，则链完成配对并且 $X^{(0)}$ 抽取自 f; 算法停止。
2. 如果链没有配对，则令 $\tau=-2$，生成 $\boldsymbol{U}^{(-1)}$。在 -2 时刻状态空间的每一个状态下开始一条链，并且每一条链向 0 时刻运行。为此，令 $X_k^{(-1)}=q\left(x_k^{(-2)},\boldsymbol{U}^{(-1)}\right)$。接下来，重新使用在第 1 步中生成的 $\boldsymbol{U}^{(0)}$，有 $X_k^{(0)}=q\left(x_k^{(0)},\boldsymbol{U}^{(0)}\right)$。如果所有 K 条链在 0 时刻有相同的状态，则链完成配对并且 $X^{(0)}$ 抽取自 f; 算法停止。
3. 如果链没有配对，将起始时刻向后移至时刻 $\tau=-3$ 并且更新如上。我们继续将链的起始时刻后移一步并且向 0 时刻运行，直到 τ 时刻开始链时，到 $t=0$ 时刻所有 K 条链都完成配对。此时算法停止。在每一次尝试下，随机更新变量必须要重复使用。特别地，当在 τ 时刻开始链时，要再次使用之前抽取的随机数更新 $\boldsymbol{U}^{(\tau+1)},\boldsymbol{U}^{(\tau+2)},\cdots,\boldsymbol{U}^{(0)}$。还要注意的是在第 i 次迭代时更新所有 K 条链使用的是相同的 $\boldsymbol{U}^{(t)}$。

Propp 和 Wilson 指出对于合适的 q，CFTP 算法返回的 $X^{(0)}$ 值是马氏链的平稳分布的随机变量的实现，并且配对值将在有限的时间内产生[520]。即使在 0 时刻前所有链都配成对，你也必须用 $X^{(0)}$ 作为完美抽样，否则会产生抽样的偏差。

从 f 中获得完美抽样 $X^{(0)}$ 对于大部分应用而言还是不够的。通常我们想要来自 f 的 n 个 i.i.d. 样本作模拟或者用于某些期望的蒙特卡洛估计，$\mu=\int h(x)f(x)\mathrm{d}x$。一个来自 f 的完

美 i.i.d. 样本可以通过运行 n 次 CFTP 算法对 $X^{(0)}$ 生成 n 个独立的值来获得。如果你只想确定算法抽样取自 f，而不要求独立性，则你可以运行 CFTP 一次并且从 $t=0$ 时刻的状态出发继续运行此链。第一种选择可能更可取，而第二种在实际中却可能更合理，特别是对于在完成配对前，CFTP 算法需要很多次迭代的情况。对于使用完美抽样算法我们只有两种最简单的方法; 详见文献 [474] 及 [667] 中的参考文献。

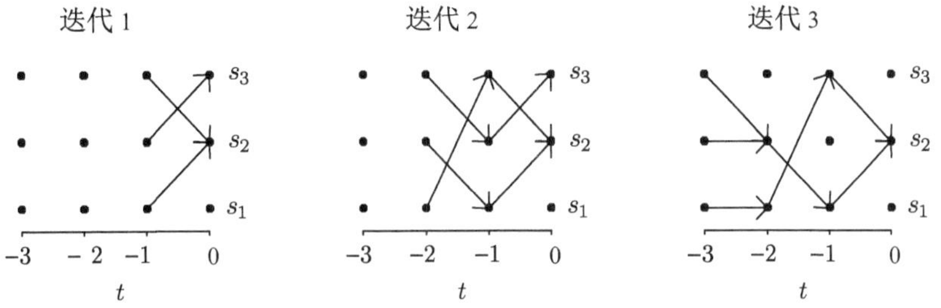

图 8.5 完美抽样的抽样路径示例。见例 8.5 中的详细描述

例 8.5 (在小状态空间的样本路径) 我们用图 8.5 表示本例的三个可能状态 s_1, s_2, s_3。在迭代 1 中，在 $\tau=-1$ 时刻从三个状态出发。选择一个随机更新 $U^{(0)}$，并且 $X_k^{(0)}=q\left(s_k, U^{(0)}\right)$，$k=1,2,3$。在 $t=0$ 时刻路径没有完全配对，于是算法进行迭代 2。在迭代 2 中，算法从 $\tau=-2$ 时刻开始。从 $t=-2$ 到 $t=-1$ 步的转移法则是基于一个更新抽样变量，$U^{(-1)}$。而从 $t=-1$ 到 $t=0$ 步的转移法则要依靠之前在迭代 1 中获得的 $U^{(0)}$。$t=0$ 时刻路径没有完全配对，于是算法进行迭代 3。在这里，要再次使用之前抽取的 $U^{(0)}$ 和 $U^{(-1)}$ 并且选出新的 $U^{(-2)}$。在迭代 3 中，在 $t=0$ 时刻，所有三条样本路径到达状态 s_2，因此路径完成配对，同时 $X^{(0)}=s_2$ 为平稳分布 f 的抽样。 □

几个 CFTP 优化的细节实现了前面提到的优点。首先，注意到 CFTP 需要再次用到之前生成的变量 $\boldsymbol{U}^{(t)}$ 并且在 t 时刻共同使用相同的 $\boldsymbol{U}^{(t)}$ 的实现来更新所有的链。如果 $\boldsymbol{U}^{(t)}$ 没有被再次使用，样本将是有偏的。Propp 和 Wilson 用实例说明在每 时刻重新生成 $\boldsymbol{U}^{(l)}$ 会使链偏向有序状态空间中的极端状态[520]。对历史的 $\boldsymbol{U}^{(t)}$ 再利用和共享使得在任何 $\tau' \leqslant \tau$ 时刻开始的所有链到 $t=0$ 时刻都可以配成对，其中 τ 是由 CFTP 选择的起始时刻。并且这种做法使得在给定的运行下，所用这些链的 0 时刻的配对状态都相同，这就可以证明 CFTP 生成了一个来自 f 的确切抽样。

其次，CFTP 导致了 τ 和选择的 $X^{(0)}$ 之间的相关性。因此，如果在确定配对时刻之前提前终止一次 CFTP 运行就可能导致有偏。假设一个 CFTP 算法运行了很长的时间，没有发生配对。如果计算机故障或者缺乏耐心的使用者终止并重新开始算法寻找配对时间，则一般会使得抽样偏向那些较早出现配对的状态。为避免这一问题，文献 [193] 设计了一种可供选择的完美抽样方法，称之为 Fill 算法。

第三，我们在 CFTP 算法的描述中对于连续 CFTP 迭代用到了一列起始时间 $\tau=-1,-2,\cdots$，这在很多问题中是无效的。使用序列 $\tau=-1,-2,-4,-8,-16,\cdots$，可能更为有效，这样做可以最大限度地减少最差情况下所需的模拟步骤，并且近似最小化所需步骤的期望数量[520]。

最后，如果链从 t 时刻向前运行代替向后运行，则配对策略似乎仍然适用，而实际上情况并非如此。要理解原因，考虑一马氏链在某一状态 x' 有唯一的前身。x' 不可能出现在首次配对的随机时刻。如果 x' 出现，则链一定在早些时候已经配对，因为所有的链一定到过之前的状态。因此在首次配对时刻链的边缘分布中 x' 的概率为 0，不能成为平稳分布。虽然这种向前配对的方法行不通，对于只按时间向前运行的马氏链，仍有一种巧妙的方法改变 CFTP 的构造生成一个完美抽样算法[666]。

8.5.1.1 随机单调性和夹层法

当对状态空间很大或是无限状态 (如连续的) 空间的一条链应用 CFTP 时，监控从状态空间的所有可能元素出发的样本路径在 0 时刻是否配对有一定的困难。然而，如果状态空间依照某种方法排序使得确定的转移法则 q 保持状态空间的序，那么样本路径只能开始于最小状态并且只需要监控排序中的最大状态。

令 $\boldsymbol{x}, \boldsymbol{y} \in \mathcal{S}$ 为一马氏链的任意两个可能的状态，其中 $\mathcal{S}$ 可能是一个很大的状态空间。正式地，称 $\mathcal{S}$ 为自然按分量方式偏序，如果 $x_i \leqslant y_i$， $i = 1, \cdots, n$，并且 $\boldsymbol{x}, \boldsymbol{y} \in \mathcal{S}$，则 $\boldsymbol{x} \leqslant \boldsymbol{y}$。当 $\boldsymbol{x} \leqslant \boldsymbol{y}$ 时，如果对所有的 $\boldsymbol{u}$ 有 $q(\boldsymbol{x}, \boldsymbol{u}) \leqslant q(\boldsymbol{y}, \boldsymbol{u})$，则对于此偏序，转移法则 q 是单调的。现在，如果存在状态空间 $\mathcal{S}$ 的最小和最大元素，对所有的 $\boldsymbol{x} \in \mathcal{S}$ 有 $\boldsymbol{x}_{\min} \leqslant \boldsymbol{x} \leqslant \boldsymbol{x}_{\max}$ 并且转移法则是单调的，则使用法则 q 的 MCMC 过程在每个时刻都保持状态的序。因此，使用单调转移法则的 CFTP 只要模拟两条链就可以实现: 一条起始于 $\boldsymbol{x}_{\min}$，另一条起始于 $\boldsymbol{x}_{\max}$。起始于其他状态的链的样本路径被夹在起始于最小和最大的状态的路径之间。当起始于最小和最大的状态的路径在 0 时刻配对时，就可以保证所有其他中间的链配成对。因此，在 $t = 0$ 时刻， CFTP 抽样取自平稳分布。有很多问题都满足这些单调性质，在 8.7.3 节中给出一个这样的例子。

针对有些问题中没有这种单调性的形式，出现了一些其他相关的方法[468,473,666]。大量的工作集中在研究方法将完美抽样应用到特殊问题中，如完美 Metropolis-Hastings 独立链[123]、完美切片抽样[466] 和 Bayes 模型选择的完美抽样算法[337,575]。

完美抽样法是目前非常活跃的领域，人们对我们这里提到的很多想法已经展开深入研究。被认为大有潜力的完美算法仍没有被广泛应用于容量较实际的问题。执行困难和长的配对时间有时使得大尺度的实际问题难以应用这些算法。不过，完美抽样算法极具吸引力的性质以及在这一领域的不断研究将很有可能激发新的解决实际问题的 MCMC 算法。

8.6 马尔科夫链极大似然

在蒙特卡洛积分的章节中我们已经给出了马尔科夫链蒙特卡洛方法，并且有许多贝叶斯例子。然而，MCMC 技术对极大似然估计也很有用，特别是对于指数分布族[234,505]。考虑从

一个指数族模型 $\boldsymbol{X} \sim f(\cdot|\boldsymbol{\theta})$ 生成的数据，其中

$$f(\boldsymbol{x}|\boldsymbol{\theta}) = c_1(\boldsymbol{x})c_2(\boldsymbol{\theta})\exp\{\boldsymbol{\theta}^{\mathrm{T}}\boldsymbol{s}(\boldsymbol{x})\} \tag{8.33}$$

这里 $\boldsymbol{\theta} = (\theta_1, \cdots, \theta_p)$ 和 $\boldsymbol{s}(\boldsymbol{x}) = (s_1(\boldsymbol{x}), \cdots, s_p(\boldsymbol{x}))$ 分别是典则参数向量和充分统计量。对于许多问题，$c_2(\boldsymbol{\theta})$ 不能给出理论表达式，因此似然不能直接最大化。

假设我们用 MCMC 方法生成 $\boldsymbol{X}^{(1)}, \cdots, \boldsymbol{X}^{(n)}$，平稳分布为 $f(\cdot|\boldsymbol{\psi})$。这里 $\boldsymbol{\psi}$ 是关于 $\boldsymbol{\theta}$ 的任意一个特殊的选择使得 $f(\cdot|\boldsymbol{\psi})$ 与数据密度具有相同的指数分布族。然后容易证明

$$c_2(\boldsymbol{\theta})^{-1} = c_2(\boldsymbol{\psi})^{-1}\int \exp\{(\boldsymbol{\theta}-\boldsymbol{\psi})^{\mathrm{T}}\boldsymbol{s}(\boldsymbol{x})\}f(\boldsymbol{x}|\boldsymbol{\psi})\mathrm{d}\boldsymbol{x} \tag{8.34}$$

尽管 MCMC 的生成是相关的，并且不是精确地来自 $f(\cdot|\boldsymbol{\psi})$，但是当 $n \to \infty$ 时，根据式 (1.46) 的强大数定律有

$$\hat{k}\boldsymbol{\theta} = \frac{1}{n}\sum_{t=1}^{n}\exp\left\{(\boldsymbol{\theta}-\boldsymbol{\psi})^{\mathrm{T}}\boldsymbol{s}(\boldsymbol{X}^{(t)})\right\} \to \frac{c_2(\boldsymbol{\psi})}{c_2(\boldsymbol{\theta})} \tag{8.35}$$

因此对于给定数据 $\boldsymbol{x}$ 的对数似然的一个蒙特卡洛估计，相差的一个加性常数是

$$\hat{l}(\boldsymbol{\theta}|\boldsymbol{x}) = \boldsymbol{\theta}^{\mathrm{T}}\boldsymbol{s}(\boldsymbol{x}) - \log\hat{k}(\boldsymbol{\theta}) \tag{8.36}$$

当 $n \to \infty$ 时，最大化 $\hat{l}(\boldsymbol{\theta}|\boldsymbol{x})$ 收敛到真实的对数似然。因此我们取 $\boldsymbol{\theta}$ 的蒙特卡洛最大似然估计是式 (8.38) 的最大值点，记为 $\hat{\boldsymbol{\theta}}_{\boldsymbol{\psi}}$。

因此我们可以通过蒙特卡洛生成的来自 $f(\cdot|\boldsymbol{\psi})$ 的模拟近似 $\hat{\boldsymbol{\theta}}$ 的极大似然估计。当然，$\hat{\boldsymbol{\theta}}_{\boldsymbol{\psi}}$ 很大程度上依赖于 $\boldsymbol{\psi}$。与重要抽样类似，$\boldsymbol{\psi} = \hat{\boldsymbol{\theta}}$ 是最好的。然而，在实际中，我们必须明智地选择一个或者多个值，也许需要通过自适应或者经验估计[234]。

8.7 例子:马尔科夫随机域上的 MCMC 算法

这里我们介绍马尔科夫随机域模型的 Bayes 分析，重点是对空间或者图像数据的分析。这个主题对于本章中讨论的很多方法给出了有趣的例子。

一个马尔科夫随机域对于参考的空间随机变量指定了概率分布。马尔科夫随机域相当常用并且可以用于很多格子型结构，如正规的长方形、六角形和不正规的网格结构[128,635]。还有很多用马尔科夫随机域建构的复杂问题，我们在这里不作研究。Besag 关于空间统计量和图像分析中的马尔科夫随机域发表了大量关键的论文，包括他在 1974 年发表的经典的文章 [35，36，40-43]。此外关于马尔科夫随机域的全面介绍在文献 [128，377，412，668] 中给出。

为简单起见，我们这里主要考虑马尔科夫随机域在正规长方形格子中的应用。例如，我们可以在一幅地图上或者图像上覆盖一长方形格子并且标注格子中的每一个像素或单元。格子中第 i 个像素的值记为 x_i，$i = 1, \cdots, n$，其中 n 是有限的。我们关注二元随机域，其中 x_i 只能取 0 和 1 两个值，$i = 1, \cdots, n$。我们可以直接推广这种方法到 x_i 是连续的或者是可以取两个以上离散值的情况[128]。

令 $\boldsymbol{x}_{\delta_i}$ 为在像素 i 附近像素 x 值的集合。定义为 δ_i 的像素被称为像素 i 的邻域。像素 x_i 不在 δ_i 中。一个正确的邻域定义需要满足的条件是如果像素 i 为像素 j 的邻点，则像素 j 为像素 i 的邻点。在长方形的格子中，一阶邻域为我们感兴趣的像素附近垂直方向和水平方向的像素集合 (见图 8.6)。二阶邻域还包括像素附近对角线方向的像素。

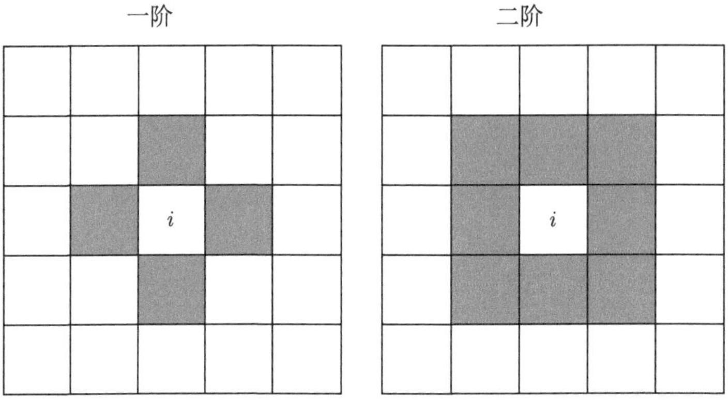

图 8.6 阴影像素表示像素 i 的长方形格子中的一阶和二阶像素邻域

假设第 i个像素的值 x_i 是随机变量 X_i 的实现。一个局部依赖的马尔科夫随机域规定在给定其他像素 $\boldsymbol{X}_{-i}$ 的条件下的 $\boldsymbol{X}_i$ 的分布仅依赖于相邻像素。因此，对于 $\boldsymbol{X}_{-i}=\boldsymbol{x}_{-i}$，

$$f\left(x_i|\boldsymbol{x}_{-i}\right)=f\left(x_i|\boldsymbol{x}_{\delta_i}\right) \tag{8.37}$$

$i=1,\cdots,n$。假设每个像素在等于 0 或者 1 时有非零概率，这就意味着满足所谓的正条件：$\boldsymbol{X}$ 的最小状态空间等于其成分的状态空间的笛卡尔乘积。正条件可以使得本节中后面考虑的条件分布有较好的定义。

Hammersley-Clifford 定理证明式 (8.37) 中的条件分布可以一起指定 $\boldsymbol{X}$ 的联合分布到达一个规范化的常数[35]。在我们的离散二元状态空间中，这个规范化常数为 $f(\boldsymbol{x})$ 取遍状态空间所有 $\boldsymbol{x}$ 的和。由于其中的项数很多，这个和一般不能通过直接计算得到。即使对于不现实的包含 40×40 像素的小图像，在和式中仍有 $2^{1600}=4.4\times 10^{181}$ 个项，这里像素取两个值。尽管有上述困难，Bayes MCMC 方法还是对于图像推断提供了一个蒙特卡洛基础。下面我们给出对于马尔科夫随机域模型进行 MCMC 分析的几种方法。

8.7.1 马尔科夫随机域的 Gibbs 抽样机

最开始，我们通过采用一个 Bayes 模型分析一个二元马尔科夫随机域。在前面对马尔科夫随机域的介绍中，我们使用 x_i 定义第 i 个像素的值。这里我们令 X_i 为第 i 个像素的未知的真实值，其中 X_i 可以作为 Bayes 范式中的一个随机变量。令 y_i 为第 i 个像素的观测值。因此 $\boldsymbol{X}$ 是一个参数向量，$\boldsymbol{y}$ 是数据。在图像分析的应用中，$\boldsymbol{y}$ 为退化的图像而 $\boldsymbol{X}$ 为未知真实图像。在植物或者动物种群的分布图形中应用空间统计，$y_i=0$ 可以表明抽样过程中在像素 i 的位置没有观测到种群，并且 X_i 可以表示在像素 i 的位置上种群出现或未出现的真实

的情况 (并无观测)。

有三个假设是表述这种模型的基础。首先，我们假设在给定真实像素值的条件下观测是相互独立的。因此当 $\boldsymbol{X}=\boldsymbol{x}$ 时，$\boldsymbol{Y}$ 的联合条件密度为

$$f\left(y_1,\cdots,y_n|x_1,\cdots,x_n\right)=\prod_{i=1}^{n} f\left(y_i|x_i\right) \tag{8.38}$$

其中 $f\left(y_i|x_i\right)$ 是给定真实值条件下，像素 i 中观测数据的密度。于是，作为 $\boldsymbol{x}$ 函数的式 (8.38) 为似然函数。其次，我们采用一个局部依赖的马尔科夫随机域式 (8.37) 对真实图像建模。最后，按照前面的定义，假设正条件。

模型中的参数为 $x_1,\cdots,x_n$，并且分析的目的是要估计这些真实值。为此我们采用一种 Gibbs 抽样机方法。假设参数的先验分布为 $\boldsymbol{X}\sim f(\boldsymbol{x})$。而 Gibbs 抽样机的目标是为了从 $\boldsymbol{X}$ 的后验密度中获得样本。

$$f(\boldsymbol{x}|\boldsymbol{y})\propto f(\boldsymbol{y}|\boldsymbol{x})f(\boldsymbol{x}) \tag{8.39}$$

$\boldsymbol{X}$ 的一类先验分布为

$$f(\boldsymbol{x})\propto\exp\left\{-\sum_{i\sim j}^{n}\phi\left(x_i-x_j\right)\right\} \tag{8.40}$$

其中 $i\sim j$ 表示像素 i 为像素 j 的邻点的所有对，并且 ϕ 是某个关于 0 对称的函数，并且 $\phi(\boldsymbol{z})$ 随 $|\boldsymbol{z}|$ 增大而增大。称式 (8.40) 为*成对差先验*。基于成对交互作用采用这种先验可以简化计算，但这样处理可能并不现实。推广到较高序交互作用的这种方法已在文献 [635] 中给出。

Gibbs 抽样机需要从前面式 (8.37) 到式 (8.39) 中得到的一元条件分布的导数。因此，第 t 次迭代的 Gibbs 抽样更新为

$$X_i^{(t+1)}\Big|\left(\boldsymbol{x}_{-i}^{(t)},\boldsymbol{y}\right)\sim f\left(x_i|\boldsymbol{x}_{-i}^{(t)},\boldsymbol{y}\right) \tag{8.41}$$

一个常见方法是依次更新每一个 X_i，然而在独立的区组中更新像素在计算上会更有效率。而区组是由对特定问题定义的邻域决定的[40]。另一种对马尔科夫随机域模型更新区组的方法在文献 [382，563] 中给出。

例 8.6 (犹他花楸树分布图) 生态学中一个重要问题是在一个自然地区标出物种分布[286,584]。这种分布图有很多用途，范围从最小化人类发展对稀有物种影响的局部土地使用规划，到对世界范围的气候建立模型等。这里我们考虑一种生长在科罗拉多州被称为犹他花楸树*Amelanchier utahensis*的落叶灌木[414]。

我们仅考虑科罗拉多州最西部的区域 (大约在西经 104°)，这一区域包含落基山在内。我们将出现–未出现的信息分成近似 8 千米乘 8 千米的像素。这一网格由 46×54 个像素的格子构成。已知像素总数为 $n=2484$。图 8.7 中左图表示观测出现和未出现，其中黑色像素表示我们在这一位置观测到物种。

一般在应用这种模型时往往是无法获得真实图像的。然而已知真实图像可以使我们能够对下面将要给出的二元空间数据模型展开多方面的研究。因此，为了说明，我们采用这些出现–未出现的成对数据作为真实图像并且考虑从图像退化的形式估计真实图像。一个退化图

图 8.7　犹他花楸树在科罗拉多州西部的分布。左图是物种的真实分布图，右图是例 8.6 中观测的物种的分布。黑色像素表示观测出现

像在图 8.7 的右图中给出。我们利用这个退化图像寻找图形重建物种的真实分布，其中退化图像可以看作是观测数据 $\boldsymbol{y}$。观测数据通过随机选择 30% 的像素并且交换其颜色生成。卫星图像可能产生误差，并且在物种制图中还有一些其他的可能产生的误差。

令 $x_i = 1$ 表示在像素 i 的位置上此物种真实出现。在这样一个物种制图问题中，这样简单的编号可能并不完全合适。例如，一个物种可能只在像素 i 中的一部分出现，或是一个像素中可能包括几个位置，于是我们可能要考虑在每个像素中对观测到的物种的几个位置建立模型。为了简化，我们假设这种马尔科夫随机域的应用问题更像是一个图像分析问题，其中 $x_i = 1$ 表示黑色的像素。

我们考虑由数据密度得到的简单似然函数

$$f(\boldsymbol{y}|\boldsymbol{x}) \propto \exp\left\{\alpha \sum_{i=1}^{n} 1_{\{y_i = x_i\}}\right\} \tag{8.42}$$

其中 $x_i \in \{0, 1\}$。参数 α 可以规定为用户选择的常数或者是通过选择一个先验然后估计得到。这里我们采用前者，设 $\alpha = 1$。

我们假设 $\boldsymbol{X}$ 的成对差先验密度函数为

$$f(\boldsymbol{x}) \propto \exp\left\{\beta \sum_{i \sim j} 1_{\{x_i = x_j\}}\right\} \tag{8.43}$$

其中 $\boldsymbol{x} \in \mathcal{S} = \{0, 1\}^{46 \times 54}$。我们考虑一个一阶邻域，于是式 (8.43) 中所有 $i \sim j$ 的和表示所有像素 i 水平方向和垂直方向附近的像素的和，$i = 1, \cdots, n$。式 (8.43) 中引入超参数 β，其中可以指定给 β 一个超先验分布，或者规定其为一个常数。为促使相似颜色的像素聚集，通常 β 被限定为正的，这里我们令 $\beta = 0.8$。我们建议对选择的 α 和 β 的值作敏感度分析以确定它们的影响。

假设有式 (8.42) 和式 (8.43)，$X_i|\boldsymbol{x}_{-i}, \boldsymbol{y}$ 的一元条件分布是 Bernoulli 分布。于是在 Gibbs

抽样机的第 $i+1$ 次循环中，设第 i 个像素值等于 1 的概率为

$$P\left(X_i^{(t+1)}=1|\boldsymbol{x}_{-i}^{(t)},\boldsymbol{y}\right)$$
$$=\left(1+\exp\left\{\alpha\left(1_{\{y_i=0\}}-1_{\{y_i=1\}}\right)+\beta\sum_{i\sim j}\left(1_{\{x_j^{(t)}=0\}}-1_{\{x_j^{(t)}=1\}}\right)\right\}\right)^{-1} \tag{8.44}$$

$i=1,\cdots,n$。回忆

$$\boldsymbol{x}_{-i}^{(t)}=(x_1^{(t+1)},\cdots,x_{i-1}^{(t+1)},x_{i+1}^{(t)},\ldots,x_p^{(t)})$$

因此在 Gibbs 循环中只要能够获得相邻像素，往往分配给它们最近的值。

图 8.8 给出了在科罗拉多西部犹他花楸树出现的后验均值概率，它就是用上述 Gibbs 抽样机的方法估计得到的。图 8.9 说明来自 Gibbs 抽样的均值后验估计可以成功区别实际中物种是否存在。事实上，如果后验均值大于或等于 0.5 的像素换成黑色并且后验均值小于 0.5 的像素换成白色，则 86% 的像素将被正确标记。 □

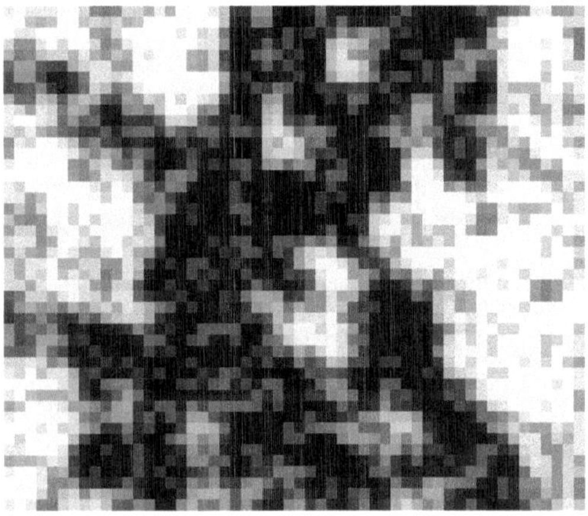

图 8.8 例 8.6 Gibbs 抽样分析中 $\boldsymbol{X}$ 的估计得到的后验均值

例 8.6 中的模型是很基础的，忽略了很多在分析空间格子数据时产生的重要问题。例如，当通过从空间上划分参考的数据来创建像素时，如果物种在像素的某些部分出现而在其他部分不出现，我们就不知道如何对像素 i 中观测到的响应编号。

考虑到上述问题，一个模型在我们感兴趣的区域中用到一个潜在的二元空间过程[128,217]。令 $\lambda(\boldsymbol{s})$ 为一个图像区域的一个二元过程，其中 $\boldsymbol{s}$ 为坐标。我们要研究的物种在像素 i 出现的比例为

$$p_i=\frac{1}{|A_i|}\int_{\text{在像素 } i \text{ 中的 } \boldsymbol{s}} 1_{\{\lambda(\boldsymbol{s})=1\}}\mathrm{d}\boldsymbol{s} \tag{8.45}$$

其中 $|A_i|$ 表示像素 i 的区域。令 $Y_i|x_i$ 为独立的条件 Bernoulli 试验，其中观测到物种出现的概率为 p_i，因此 $P\left[Y_i=1|X_i=1\right]=p_i$。这一公式允许在像素包含几个抽样位置时直接建模。这一模型更复杂的形式在文献 [217] 中给出。我们还可以结合协变量提高对物种分布的估计。

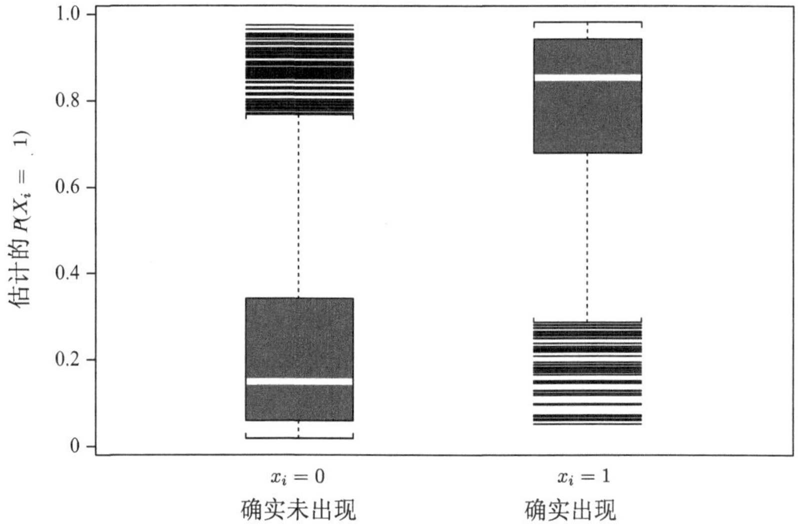

图 8.9 例 8.6 中 $P[X_i = 1]$ 的后验均值估计的盒子图。平均 Gibbs 抽样中特定像素的样本路径，对于每一个 i 给出一个 $P[X_i = 1]$ 的估计。盒子图说明这些估计分成两组分别对应表示确实出现犹他花楸树的像素及犹他花楸树未出现的像素

例如，对参数为 p_i 的 Bernoulli 试验建立模型

$$\log\left\{\frac{p_i}{1-p_i}\right\} = \boldsymbol{w}_i^{\mathrm{T}}\boldsymbol{\beta} + \gamma_i \tag{8.46}$$

其中 $\boldsymbol{w}_i$ 为第 i 个像素的协变量向量，$\boldsymbol{\beta}$ 为协变量的系数向量，γ_i 为一个空间相关随机效应。这种模型在空间流行病学的领域是很常用的，见文献 [44，45，411，503]。

8.7.2 马尔科夫随机域的辅助变量方法

在 8.7.1 中给出的实现 Gibbs 抽样机的方法虽然操作方便，但是其收敛性可能很差。在 8.3 节中我们曾经介绍过可以提高收敛性质的结合辅助变量的方法以及混合马氏链算法。对于二元马尔科夫随机模型，上述改善方法同样是十分有意义的。

有一项著名的辅助变量技术称为 Swendsen-Wang 算法[174,621]。将这种方法应用到二元马尔科夫随机域，通过聚集颜色相近的相邻像素可以得到一个较粗糙的图像。每个聚类通过一个合适的 Metropolis-Hastings 步骤进行更新。而这种图像粗糙技术在某些应用中可以快速寻找到参数空间[328]。

在 Swendsen-Wang 算法中，通过对图像中每对相邻的像素 $i \sim j$ 引入一个连接变量，U_{ij}，获得聚类。所有连接的像素构成一个聚类。颜色相近的相邻像素是否连接，取决于 U_{ij}。令 $U_{ij} = 1$ 表示像素 i 和 j 连接，而 $U_{ij} = 0$ 则表示它们没有连接。假设连接变量 U_{ij} 在 $\boldsymbol{X} = \boldsymbol{x}$ 的条件下相互独立。令 $\boldsymbol{U}$ 为所有 U_{ij} 的向量。

宽泛地讲，Swendsen-Wang 算法是在生成聚类和标记像素颜色之间交替进行。图 8.10 表示对于一个 4×4 像素的图像算法的一次循环。图 8.10 中的左图表示当前图像和一个 4×4

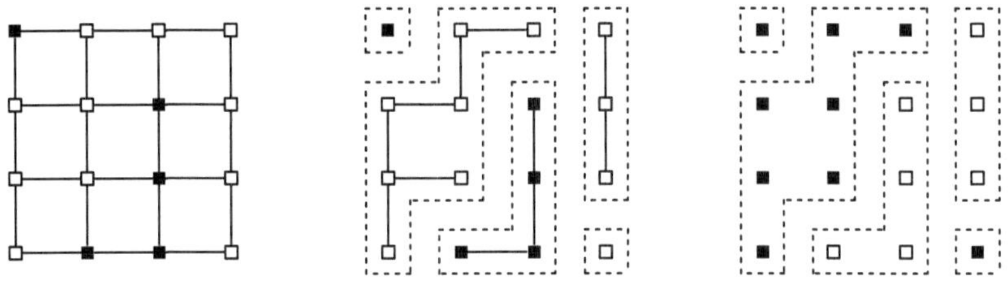

图 8.10 Swendsen-Wang 算法的说明

的图形中所有可能的连接构成的集合。中间的图表示 Swendsen-Wang 算法的下一次迭代开始时生成的所有连接。下面我们将看到颜色相近的像素之间以 $1-\exp\{-\beta\}$ 的概率连接起来，因此颜色相近的相邻像素并非是强制连接起来的。连接的像素构成连通的集合形成聚类。在图 8.10 的中间的图上，我们用框线围起五个聚类。这表明 Swendsen-Wang 算法允许图像粗糙。在每次迭代的最后，更新所有聚类的颜色: 依照图像的后验分布决定的某种方式随机给聚类重新着色。图 8.10 的右边的图表示的就是颜色更新后产生的新的图像。这里没有表示出观测数据 $\boldsymbol{y}$。

从严格意义上讲，Swendsen-Wang 算法是 Gibbs 抽样机的特例，在更新 $\boldsymbol{X}|\boldsymbol{u}$ 和 $\boldsymbol{U}|\boldsymbol{x}$ 之间交替进行。算法过程如下:

1. 抽取相互独立的连接变量

$$U_{ij}^{(t+1)}|x^{(t)} \sim \text{Unif}\left(0, \exp\left\{\beta 1_{\left\{x_i^{(t)}=x_j^{(t)}\right\}}\right\}\right)$$

对于所有的 $i \sim j$ 相邻像素。注意到仅当 $x_i^{(t)} = x_j^{(t)}$ 时，$U_{ij}^{(t+1)}$ 可能大于 1，并且此时 $U_{ij}^{(t+1)} > 1$ 的概率为 $1-\exp\{-\beta\}$。当 $U_{ij}^{(t+1)} > 1$ 时，我们称像素 i 和像素 j 在第 $t+1$ 次迭代时连接。

2. 抽样 $\boldsymbol{X}^{(t+1)}|\boldsymbol{u}^{(t+1)} \sim f\left(\cdot|u^{(t+1)}\right)$，其中

$$f\left(\boldsymbol{x}|\boldsymbol{u}^{(t+1)}\right) \propto \exp\left\{\alpha \sum_{i=1}^{n} 1_{\{y_i=x_i\}}\right\} \times \prod_{i\sim j} 1_{\left\{0\leqslant u_{ij}^{(t+1)}\leqslant \exp\left\{\beta 1_{\{x_i=x_j\}}\right\}\right\}} \tag{8.47}$$

注意到式 (8.47) 使得每个聚类的颜色作为一个整体单位被更新。

3. 增加 t，返回第一步。

于是对简单的模型，颜色相同的像素对以概率 $1-\exp\{-\beta\}$ 连接。连接变量定义像素的聚类，每个聚类由至少一个连接变量所连通的像素的集合构成。每个聚类独立更新并且在同一聚类中的像素着相同的颜色。通过模拟 Bernoulli 分布，我们实现式 (8.47) 中的更新步骤，其中给一个像素聚类 C 着黑色的概率为

$$\frac{\exp\left\{\alpha \sum_{i\in C} 1_{\{y_i=1\}}\right\}}{\exp\left\{\alpha \sum_{i\in C} 1_{\{y_i=0\}}\right\} + \exp\left\{\alpha \sum_{i\in C} 1_{\{y_i=1\}}\right\}} \tag{8.48}$$

马尔科夫随机域的局部相关的结构根据式 (8.48) 决定的着色可以进行分离，因此有可能加速算法的混合。

例 8.7 (犹他花楸树分布，续) 为比较 Gibbs 抽样机和 Swendsen-Wang 算法的表现，我们回到例 8.6。在这一问题中，似然函数对于后验分布有主要的影响。因此为了强调两种算法之间的区别，了解 Swendsen-Wang 算法可以实现怎样的混合，我们令 $\alpha = 0$。在图 8.11 中，两种算法在相同的图像中开始第一次迭代，并且接下来三次迭代也在图中给出。Swendsen-Wang 算法每次迭代产生的图像变化很大，而 Gibbs 抽样机产生的图像则相当近似。在 Swendsen-Wang 迭代中，较大的像素聚类转换颜色很突然，因此可以加速算法的混合。

当包含似然函数时，用 Swendsen-Wang 算法分析例 8.6 的数据就几乎无任何优势了。对于选定的 α 和 β，聚类变大，并且比图 8.11 的颜色变化的频率要低。在该问题的应用中，由 Swendsen-Wang 算法获得的一系列图像看起来与 Gibbs 抽样机得到的图像相当近似，此时由 Swendsen-Wang 算法和 Gibbs 抽样机得到的结果差别很小。 □

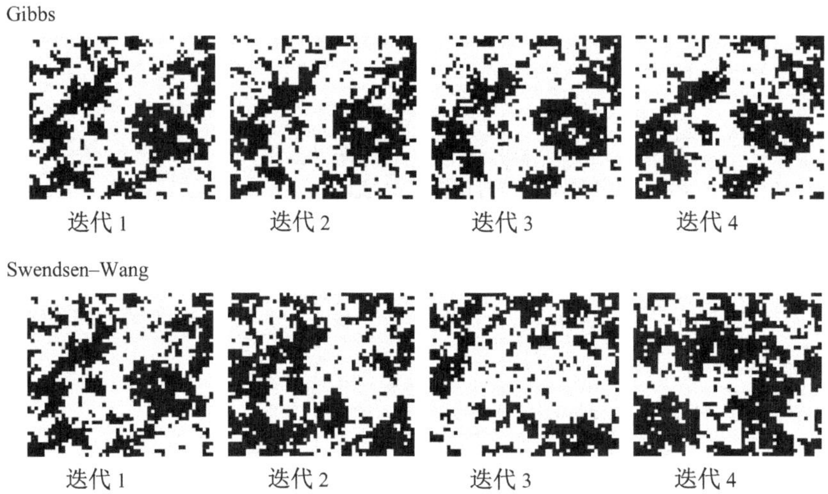

图 8.11 Gibbs 抽样机和 Swendsen-Wang 算法模拟一个马尔科夫随机域的比较。两种算法的迭代 1 是相同的。详见例 8.7

利用称为分离的性质，Swendsen-Wang 算法不考虑以 $\boldsymbol{X}^{(t)}$ 为条件的似然函数而生成聚类。似然函数和图像的先验分布在算法的第 1 步和第 2 步被分开。这一性质很吸引人，因为它可以提高 MCMC 算法的混合速度。然而除非认真选取 α 和 β，分离性质也可能没有用处。如果聚类变大而颜色变化不频繁，则样本路径中将几乎没有剧烈的图像变化，这就造成混合性差。进一步，当后验分布是多峰的时候，如果链运行得不够长，Gibbs 抽样机和 Swendsen-Wang 算法可能错失潜在的峰。为解决这些问题，一种部分分离方法被提出，同时这种方法对于解决比较困难的图像问题也有一些潜在的优势[327,328]。

8.7.3 马尔科夫随机域的完美抽样

对一个二元图像问题实现标准的完美抽样需要监控从所有可能的图像出发的样本路径。很明显地，即使对于一般大小的二元图像问题这都不可能做到。在 8.5.1.1 节中，我们介绍了处理很大状态空间的随机单调性方法。我们可以应用这种方法对马尔科夫随机域的 Bayes 分析实现完美抽样。

为研究随机单调性方法，要求状态是半序的，因此如果 $x_i \leqslant y_i$，$i = 1, \cdots, n$，则 $\boldsymbol{x} \leqslant \boldsymbol{y}$，$\boldsymbol{x}, \boldsymbol{y} \in \mathcal{S}$。在二元图像问题中，很容易就可以验证满足半序的条件。如果 $\mathcal{S} = \{0,1\}^n$ 并且只要 $x_i = 1$，$i = 1, \cdots, n$，就有 $y_i = 1$，则定义 $\boldsymbol{x} \leqslant \boldsymbol{y}$。如果确定的转移法则 q 可以保持状态的半序性质，则我们只需要监控从全黑和全白的图像出发的样本路径的配对情况。

例 8.8 (夹层二元图像) 图 8.12 表示对一个 4×4 二元图像的 Gibbs 抽样机 CFTP 算法的五次迭代，其中像素对的更新值保持顺序不变。在上面一行的样本路径起始于第 $\tau = -1000$ 次迭代，其中图像是全黑的。换言之，$x_i^{(-1000)} = 1$，$i = 1, \cdots, 16$。下面一行的样本路径从全白的图像出发。从全黑的图像出发的样本路径是夹层的上界，同时从全白的图像出发的样本路径是夹层的下界。

在初始迭代后，我们检查在 $t = -400$ 时的路径。在下方的样本路径中，从 $t = -400$ 时的迭代到 $t = -399$ 时的迭代，画圈的像素由白色变成黑色。单调性要求这一像素在上方的路径中也变成黑色，这一要求可以通过单调更新函数 q 直接实现。然而还要注意到在上方的图像中从白到黑的改变并不能强制要求下方图像作相同的改变，例如，画圈像素右边的像素。

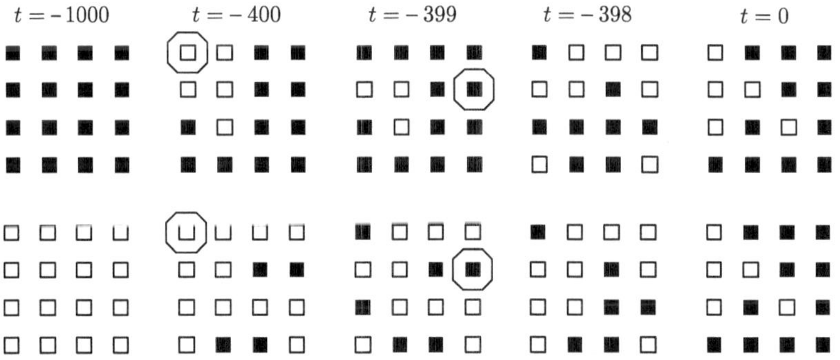

图 8.12 一个二元图像问题的完美抽样算法的图像序列。详见例 8.8

在上方的图像中从黑到白的改变强制要求下方图像作相同的改变。例如，从 $t = -399$ 到 $t = -398$ 时，上方样本路径中的画圈像素由黑色变化成白色。因此迫使下方的样本路径中相应的像素也由黑色变化成白色，而在下方图像中像素由黑到白的改变也不能强制上方的图像作相同的变化。

对一系列图像中像素的检查表明模拟过程保持了成对像素图像的半序性质。在 $t = 0$ 时的迭代，两样本路径配对。因此在 $\tau = -1000$ 时的任意图像出发的一条链一定也会在 $t = 0$

迭代时与相同的图像配对。在 $t=0$ 时表示的图像是链的平稳分布的一次实现。 □

例 8.9 (犹他花楸树分布，续) 对于物种分布图问题，在例 8.6 中给出的 Gibbs 抽样机之后，紧接着我们建立了 CFTP 算法。为在第 $t+1$ 次迭代中更新第 i 个像素，我们从 Unif(0,1) 中生成 $U^{(t+1)}$，则更新值为

$$\begin{aligned} X_i^{(t+1)}, &= q\left(\boldsymbol{x}_{-i}^{(t)}, U^{(t+1)}\right) \\ &= \begin{cases} 1, & \text{如果 } U^{(t+1)} < P\left(X_i^{(t+1)} = 1 \middle| \boldsymbol{x}_{-i}^{(t)}, \boldsymbol{y}\right) \\ 0, & \text{其他} \end{cases} \end{aligned} \tag{8.49}$$

其中 $P\left[X_i^{(t+1)} = 1 \middle| \boldsymbol{x}_{-i}^{(t)}, \boldsymbol{y}\right]$ 在式 (8.44) 中给出，这些更新值仍保持状态空间的半序性质。因此，实现 CEFP 算法要从两个初始图像出发，即从全黑和全白的图像出发。我们只需监控这两个图像，并且继续 CFTP 算法直到两图像在 $t=0$ 迭代时配对。关于 CFTP 算法在类似二元图像问题中的应用，见文献 [165，166]。 □

习题

8.1 在 8.2.1 节中曾给过一个在线性模型中进行 Bayes 变量选择的方法，并且这种方法在例 8.3 中得到进一步的验证。对于式 (8.20) 中的 Bayes 分析，我们可以使用正态–伽玛分布的先验共扼族 $\boldsymbol{\beta}|m_k \sim N(\boldsymbol{\alpha}_{m_k}, \sigma^2 \boldsymbol{V}_{m_k})$ 和 $v\lambda/\sigma^2 \sim \chi_v^2$。证明 $\boldsymbol{Y}|m_k$ 的边际密度为

$$\frac{\Gamma\left((v+n)/2\right)(v\lambda)^{v/2}}{\pi^{n/2}\Gamma\left(v/2\right)\left[\boldsymbol{I} + \boldsymbol{X}_{m_k}\boldsymbol{V}_{m_k}\boldsymbol{X}_{m_k}^{\mathrm{T}}\right]^{1/2}} \times \left[\lambda v + (\boldsymbol{Y} - \boldsymbol{X}_{m_k}\boldsymbol{\alpha}_{m_k})^{\mathrm{T}}\left(\boldsymbol{I} + \boldsymbol{X}_{m_k}\boldsymbol{V}_{m_k}\boldsymbol{X}_{m_k}^{\mathrm{T}}\right)^{-1}(\boldsymbol{Y} - \boldsymbol{X}_{m_k}\alpha_{m_k})\right]^{-(v+n)/2}$$

其中 $\boldsymbol{X}_{m_k}$ 为设计矩阵，$\boldsymbol{\alpha}_{m_k}$ 为均值向量，$\boldsymbol{V}_{m_k}$ 为模型 m_k 中 $\boldsymbol{\beta}_{m_k}$ 的协变量矩阵。

8.2 考虑 8.5 节中给出的 CFTP 算法。

- **a.** 构造一个有限状态空间的例子，利用 Metropolis-Hastings 算法以及 CFTP 算法模拟多元平稳分布 f。针对你给出的例子，定义式 (7.1) 中的 Metropolis-Hastings 比率以及式 (8.32) 中的确定转移法则，并且说明二者之间有何联系。
- **b.** 构造一个二元状态空间的例子，使得可以应用 CFTP 算法模拟平稳分布 f。按照式 (8.32) 的形式，定义两个确定转移法则。其中一个转移法则 q_1，可以在某一次迭代时配对，而另一个转移法则 q_2，不能配对。CFTP 算法中的哪条假设与法则 q_2 相违背?
- **c.** 构造一个二元状态空间的例子说明为什么 CFTP 算法不能在 $\tau=0$ 时开始并且完成配对。你所作的解释同样可以说明例 8.5 中讨论过的问题。

8.3 假设我们希望从 X 的边缘分布抽样，其中 $\theta \sim \text{Beta}(\alpha,\beta)$，并且 $X|\theta \sim \text{Bin}(\text{n},\theta)$ [96]。

a. 证明 $\theta|x \sim \text{Beta}(\alpha+x, \beta+n-x)$。

b. 求出 X 的边际期望值。

c. 使用 Gibbs 抽样机获得 (θ, X) 的联合样本，令 $x^{(0)}=0$，$\alpha=10$，$\beta=5$ 和 $n=10$。

d. 令 $U^{(t+1)}$ 和 $V^{(t+1)}$ 为两个服从 Unif(0,1) 分布的相互独立的随机变量，则从 $X^{(t)}=x^{(t)}$ 到 $X^{(t+1)}$ 的转移法则可以写为

$$X^{(t+1)} = q\left(x^{(t)}, U^{(t+1)}, V^{(t+1)}\right)$$
$$= F_{\text{Bin}}^{-1}\left(V^{(t+1)}; n, F_{\text{Beta}}^{-1}\left(U^{(t+1)}; \alpha+x^{(t)}; \beta+n-x^{(t)}\right)\right) \tag{8.50}$$

其中 $F_d^{-1}(p;\mu_1,\mu_2)$ 是参数为 μ_1 和 μ_2 的分布 d 的可逆累积分布函数，其中变量为 p。利用式 (8.50) 中的转移法则，实现 8.5.1 节中的 CFTP 算法，针对本问题进行完美抽样。每次样本路径在 $t=0$ 时没有配对，则 τ 就减少一个单位。运行函数 100 次，对平稳分布抽样 100 次，其中 $\alpha=10$，$\beta=5$，$n=10$。做一个 100 个起始时刻的直方图 (使得其终点时刻均为 $t=0$)。做一个 100 个 $X^{(0)}$ 实现值的直方图，并讨论你的结果。

e. 对于 $\alpha=1.001$，$\beta=1$，$n=10$，运行几次 (d) 中的函数。选择一次运行，要求链在 $\tau=-15$ 或者更早的时刻开始。画出从所有起始时刻 (11 个起始值) 到 $t=0$ 时刻的样本路径，即顺序连接状态的线路。如同图 8.5 的右图一样，观察链的配对情况，并说明图中我们感兴趣的性质。

f. 运行几次 (d) 中的算法。每次运行，选择一个长度为 20 的完美链 (即，一旦完成配对，算法并不在 $t=0$ 时刻停止，而是从 $t=0$ 时刻继续链的运行直到 $t=19$ 时刻)。选择一个这样的链，其中 $x^{(0)}=0$，并且画出 $t=0,\cdots,19$ 的样本路径。接下来，从 $x^{(0)}=0$ 出发经过 $t=19$ 时刻，运行 (c) 中的 Gibbs 抽样机。在已画好的图上用虚线迭加上这条链的样本路径。

i. 在 Gibbs 抽样机中预烧 $t=2$ 是否充分？请说明原因。

ii. (以 $x^{(0)}=0$ 为条件的 CFTP 算法和从 $x^{(0)}=0$ 开始的 Gibbs 抽样产生的)两条链中，哪一条生成的随机变量序列 $X^{(t)}$，$t=1,2,\cdots$，的分布更接近目标分布？为什么这种带条件的 CFTP 链不能产生一个完美抽样呢？

8.4 考虑一维黑白图像，并用 0 和 1 构成的向量表示。对于 35 个像素 $\boldsymbol{y}=(y_1,\cdots,y_{35})$ 的观测数据(观测图像)为

10101111010000101000010110101001101

假设真实图像 $\boldsymbol{x}$ 的后验密度为

$$f(\boldsymbol{x}|\boldsymbol{y}) \propto \exp\left\{\sum_{i=1}^{35}\alpha(x_i,y_i)\right\}\exp\left\{\sum_{i\sim j}\beta 1_{\{x_i=x_j\}}\right\}$$

其中

$$\alpha(x_i,y_i) = \begin{cases} \log\{2/3\}, & \text{如果 } x_i = y_i \\ \log\{1/3\}, & \text{如果 } x_i \neq y_i \end{cases}$$

对本问题考虑使用 Swendsen-Wang 算法，其中根据 $U_{ij}|\boldsymbol{x} \sim \text{Uinf}\left(0, \exp\left\{\beta 1_{\{\mathrm{x_i=x_j}\}}\right\}\right)$ 抽取连接

变量。

a. 实现上述 Swendsen-Wang 算法，其中 $\beta = 1$。创建一条长度为 40 的链，并要求起始图像 $\boldsymbol{x}^{(0)}$ 为观测数据。

注意到一系列完整的图像可以如图 8.13 所示在一个二维图中表示出来。图 8.13 中使用的是 Gibbs 抽样机。利用从 Swendsen-Wang 算法中得到的输出结果，为 Swendsen-Wang 迭代创建一个类似 8.13 的图，并指出你所给出的图与图 8.13 的区别。

b. 分别对于 $\beta = 0.5$ 和 $\beta = 2$ 时重复 (a)，研究 β 的作用，并指出你所给出的图与 (a) 中结果的区别。

c. 通过对于三个不同的起始值重复 (a)，研究起始值的作用；首先令 $\boldsymbol{x}^{(0)} = (0, \cdots, 0)$，其次令 $\boldsymbol{x}^{(0)} = (1, \cdots, 1)$，最后令 $\boldsymbol{x}_i^{(0)} = 0$，$i = 1, \cdots, 17$ 和 $\boldsymbol{x}_i^{(0)} = 1$，$i = 18, \cdots, 35$。将这三个试验的结果与 (a) 中的结果作比较。

d. 有什么好的方法可以产生一个单一的最好的图像代表你对真实图像的估计?

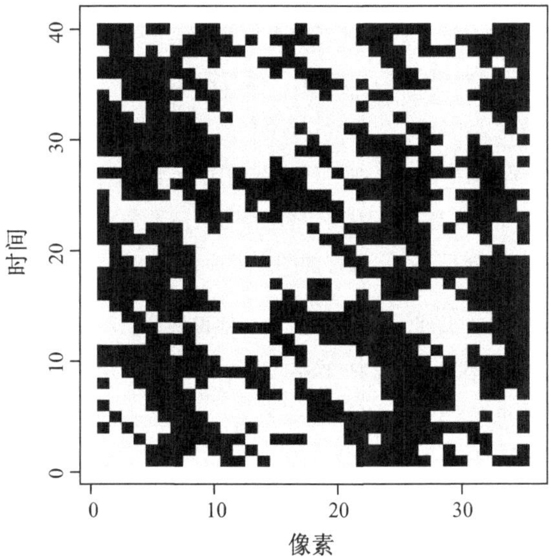

图 8.13 习题 8.4 的 40 次 Gibbs 抽样迭代，其中 $\beta = 1$

8.5 图 8.14 中给出的真实图像以及观测图像的数据可以在本书的网站上获得。这里的真实图像是一个二元的 20×20 的像素图像，其先验密度为

$$f(x_i|\boldsymbol{x}_{\delta_i}) = N\left(\bar{x}_{\delta_i}, \frac{\sigma^2}{v_i}\right)$$

$i = 1, \cdots, n$，其中 v_i 为 x_i 的邻域 δ_i 中邻点的个数，而 $\bar{x}_{\delta_i}$ 为第 i 个像素的邻点的均值。先验密度使得局部相关。观测图像是带有噪声的真实图像的退化形式，用灰色标注，并可通过一个正态分布建立模型。假设似然方程为

$$f(y_i|x_i) = N(x_i, \sigma^2)$$

其中 $i=1,\cdots,n$。

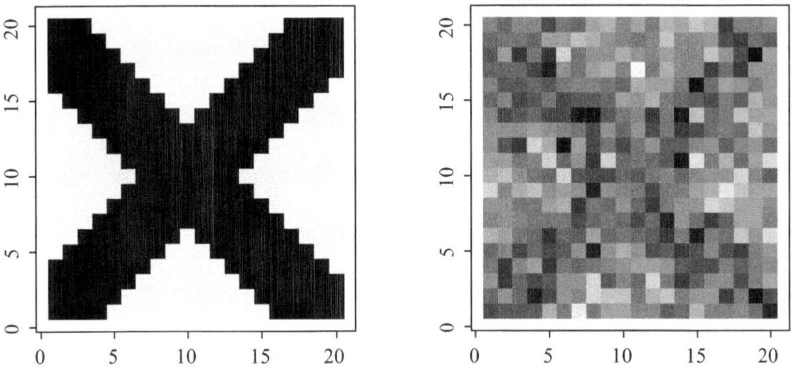

图 8.14　习题 8.5 的图像。左图是真实图像，右图是一个观测图像

a. 对本问题使用 Gibbs 抽样机，证明其中一元条件后验分布为

$$f(x_i|\boldsymbol{x}_{-i},\boldsymbol{y})=N\left(\frac{1}{v_i+1}y_i+\frac{v_i}{v_i+1}\bar{x}_{\delta_i},\frac{\sigma^2}{v_i+1}\right)$$

b. 假设算法的起始点等于观测数据图像的初始图像 $\boldsymbol{x}^{(0)}$，并且 $\sigma=5$，利用一个二阶邻域，使用 Gibbs 抽样机 (没有预烧期或是次抽样)从后验分布中生成 100 个图像的集合，其中不要将图像看作是新图像，除非每一个像素都完成更新 (即一次完整的循环)。记录完成后面的图需要的数据：数据图像，第一次从后验分布 ($\boldsymbol{X}^{(1)}$) 中抽得的样本图像，最后一次从后验分布 ($\boldsymbol{X}^{(100)}$) 中抽得的样本图像，以及均值图像。

提示：

- 由于邻域大小的变化，处理边界是比较困难的。而创建一个 22 行、22 列的矩阵，其中观测数据的四周是全为零的行或者列，是比较容易做到的。如果你使用这种方法，要确保边缘区域不影响你的分析。
- 画出一次完整循环中最后的 $\boldsymbol{X}^{(t)}$ 图，使得可以更好地理解你所构造的链的表现。

c. 仿照 (b) 的方法运行 2×3 析因设计，要求填充设计的剩余部分，其中设计的因子和水平如下：

- 选择的相邻结构为 (i) 一阶邻域或者 (ii) 二阶邻域。
- 选择像素误差的变化率为 (i) $\sigma=2$，(ii) $\sigma=5$，或者 (iii) $\sigma=15$。

作图并详细比较试验中每个设计点的结果。

d. 仿照 (b) 的方法再重复一次运行，但是这次起始图像 $\boldsymbol{x}^{(0)}$ 等于 57.5 (真实后验平均像素颜色)，其中 $\sigma=5$ 并使用到一阶邻域。讨论你的结果并通过结果说明链的表现。

第三部分

Bootstrapping

在前面四章，我们讨论了如何估计随机变量的期望。然而知道均值是远远不够的。在理想的状态下，我们希望知道变量完整的概率分布。

Bootstrapping 是一种计算密集型方法，研究者可以利用它模拟统计量的分布。该方法的思想是对观测值重复抽样，每次用重抽样数据生成一个经验分布函数。对每个重抽样数据集或者等价地经验分布函数，可以计算统计量的一个新的取值，收集这些值可以给出受关注的统计量的抽样分布的一个估计。在这种方式下，该方法允许你“凭自己的力量重新振作起来”(一个古老的习语，在美国很流行，意思是没有外界的帮助改善你的状况)。Bootstrapping 本质上是非参数方法，这种让数据自由地“说话”的方法会有一定的吸引力。

Bootstrapping 首先从独立同分布的数据发展起来，但是这个假设可以放宽至不独立的数据，比如回归残差或者时间序列数据。本部分我们将研究独立与不独立情形下的 Bootstrapping 方法，以及使用更复杂的变形以提高性能的其他方法。

第 9 章 Bootstrapping

9.1 Bootstrap 的基本原则

令 $\theta = T(F)$ 为我们感兴趣的分布函数 F 的某一特征，表示为 F 的函数。比如，$T(F) = \int z\mathrm{d}F(z)$ 是分布的期望。令 $\boldsymbol{x}_1, \cdots, \boldsymbol{x}_n$ 为观测数据，可认为它是随机变量 $\boldsymbol{X}_1, \cdots, \boldsymbol{X}_n \sim$ i.i.d.F 的实现。在本章中，我们用 $\boldsymbol{X} \sim F$ 表示 $\boldsymbol{X}$ 服从密度函数为 f 的分布，其对应的累积分布函数为 F。令 $\mathcal{X} = \{\boldsymbol{X}_1, \cdots, \boldsymbol{X}_n\}$ 表示整个数据集。

如果 $\widehat{F}$ 是观测数据的经验分布函数，则 θ 的一个估计为 $\widehat{\theta} = T(\widehat{F})$。比如，当 θ 是一元总体均值，则其估计就是样本均值，$\widehat{\theta} = \int z\mathrm{d}\widehat{F}(z) = \sum_{i=1}^{n} X_i/n$。

统计推断的问题通常是根据 $T(\widehat{F})$ 或某个 $R(\mathcal{X}, F)$ 提出来的，这里 $R(\mathcal{X}, F)$ 是依赖于数据和它们的未知分布函数 F 的统计函数。举例来说，一个一般的检验统计量可以是 $R(\mathcal{X}, F) = [T(\widehat{F}) - T(F)]/S(\widehat{F})$，其中 S 为估计量 $T(\widehat{F})$ 标准差的函数。

随机变量 $R(\mathcal{X}, F)$ 的分布可能难以处理或根本就是未知的，该分布也可能依赖于未知分布 F。*Bootstrap* 方法提供了关于 $R(\mathcal{X}, F)$ 的分布的一种近似，其是由观测数据的经验分布函数 (本身是 F 的估计) 所导出的[175,177]。关于 bootstrap 的详尽回顾可参见文献 [142, 181, 183]。

令 $\mathcal{X}^*$ 表示一伪数据 *bootstrap* 样本，这里我们称其为伪数据集。$\mathcal{X}^* = \{\boldsymbol{X}_1^*, \cdots, \boldsymbol{X}_n^*\}$ 的元素是独立同分布于 $\widehat{F}$ 的随机变量。Bootstrap 的策略就是考察 $R(\mathcal{X}^*, \widehat{F})$ 的分布，也就是在 R 中使用 $\mathcal{X}^*$ 所得到的随机变量。在某些特殊情况下，我们有可能通过解析方法推导或估计 $R(\mathcal{X}^*, \widehat{F})$ (见例 9.1 及问题 9.1 和 9.2)，但是通常所使用的是如同在 9.2.1 节中所描述的模拟方法。

例 9.1 (简单描述) 假设有 $n = 3$ 个一元数据点，也就是 $\{x_1, x_2, x_3\} = \{1, 2, 6\}$，是从均值为 θ 的分布 F 中观测到的独立同分布样本。在每个观测点，$\widehat{F}$ 给予其 $\frac{1}{3}$ 的密度。假设我们想要 bootstrap 的估计是样本均值 $\widehat{\theta}$，也就是可以写成 $T(\widehat{F})$ 或者 $R(\mathcal{X}, F)$，其中 R 不依赖于 F。

令 $\mathcal{X}^* = \{X_1^*, X_2^*, X_3^*\}$ 为从 $\widehat{F}$ 中抽取出的独立同分布的元素，对于 $\mathcal{X}^*$ 总共有 $3^3 = 27$ 种可能结果。令 $\widehat{F}^*$ 表示这个样本的经验分布函数，其相应的估计为 $\widehat{\theta}^* = T(\widehat{F}^*)$。因为 $\widehat{\theta}^*$ 不

依赖于数据的顺序，则总共只有 10 种不同的结果。表 9.1 列出了这些结果。

表 9.1 由 $\{1,2,6\}$ 所可能得到的 bootstrap 伪数据集 (忽略顺序)，相应的 $\widehat{\theta}^* = T(\widehat{F}^*)$，在 bootstrap 实验中每一种结果的概率 ($P^*[\widehat{\theta}^*]$)，以及 1000 次 bootstrap 迭代所观测到的相对频率

$\mathcal{X}^*$			$\widehat{\theta}^*$	$P^*[\widehat{\theta}^*]$	观测频率
1	1	1	3/3	1/27	36/1000
1	1	2	4/3	3/27	101/1000
1	2	2	5/3	3/27	123/1000
2	2	2	6/3	1/27	25/1000
1	1	6	8/3	3/27	104/1000
1	2	6	9/3	6/27	227/1000
2	2	6	10/3	3/27	131/1000
1	6	6	13/3	3/27	111/1000
2	6	6	14/3	3/27	102/1000
6	6	6	18/3	1/27	40/1000

在表 9.1 中，$P^*[\widehat{\theta}^*]$ 表示以原始观测为条件抽取 $\mathcal{X}^*$ 的 bootstrap 实验中 θ^* 的概率分布。为与 F 区分，当涉及到该条件概率或矩的时候，我们用星号来表示，如 $P^*\left[\widehat{\theta}^* < \frac{6}{3}\right] = \frac{8}{27}$。

Bootstrap 的基本原则就是视 $R(\mathcal{X}^*, \widehat{F})$ 和 $R(\mathcal{X}, F)$ 是等同的。在这个例子中，这就意味着我们基于 $\widehat{\theta}^*$ 的分布来进行推断，该分布归纳在表 9.1 的列 $\widehat{\theta}^*$ 和 $P^*[\widehat{\theta}^*]$ 中。所以，举例来说，利用 $\widehat{\theta}^*$ 的分布的分位数，我们可以得到对于 θ 的一简单 bootstrap $\frac{25}{27}$ (大约 93%) 置信区间为 $(\frac{4}{3}, \frac{14}{3})$。点估计仍然通过原始观测数据来获得，即 $\widehat{\theta} = \frac{9}{3}$。 □

9.2 基本方法

9.2.1 非参数 bootstrap

通常对于一个实际问题的样本容量，可能的 bootstrap 伪数据集的个数是非常大的，所以完全列举这些概率是不现实的。作为替代，我们可从观测数据的经验分布函数即 $\widehat{F}$ 中随机抽取 B 个独立的 bootstrap 伪数据集，将他们定义为 $\mathcal{X}_i^* = \{\boldsymbol{X}_{i1}^*, \cdots, X_{in}^*\}, i = 1, \cdots, B$。$R(\mathcal{X}_i^*, \widehat{F}), i = 1, \cdots, B$ 的经验分布函数可用于近似 $R(\mathcal{X}, F)$ 的分布并进行推断。这样避免了完全列举 bootstrap 伪数据，却产生了模拟误差，但我们可通过增大 B 使这个误差任意地小。 Bootstrap 使得我们的分析和推断不需要进行参数假设，它为那些不大可能得到解析方案的问题提供了解决方法，并且可以给出比应用传统标准参数理论所得到的结果更加精确的回答。

例 9.2 (简单描述，续) 我们继续研究例 9.1 中的数据，在那个例子中观测数据的经验分布

函数 $\widehat{F}$ 在 1，2，和 6 上分别置予 $\frac{1}{3}$ 的密度。非参数 bootstrap 通过从 $\widehat{F}$ 中独立同分布地抽取 X_{i1}^*，X_{i2}^*，和 X_{i3}^* 来构成 $\mathcal{X}_i^*$。换言之就是从 $\{1,2,6\}$ 中等概率可放回地抽取 X_{ij}^*。然后每一个 bootstrap 伪数据集产生相应的估计 θ^*。表 9.1 中给出了由 $B=1000$ 随机抽取的 bootstrap 伪数据集 $\mathcal{X}_i^*$ 观测得到的 $\widehat{\theta}^*$ 可能值的相对频率。这些相对频率可用于近似 $P^*[\widehat{\theta}^*]$，反过来 bootstrap 思想说明我们可用 $P^*[\widehat{\theta}^*]$ 来近似 $\widehat{\theta}$ 的抽样分布。

对于这个简单描述中的问题，所有可能的 bootstrap 伪数据集空间可以完全地列举出来，因此 $P^*[\widehat{\theta}^*]$ 可通过推导精确地给出。因此，对于该问题我们可以不使用模拟方法。然而，在实际的应用中，样本容量可能太大以至于不可能完全列举出 bootstrap 的样本空间。因此，在真实的应用问题中 (见 9.2.3 节)，通常只有一小部分伪数据集会被抽取到，得到的只是对于估计量可能值的一个子集。 □

对于 bootstrap 方法的一个基本要求是被重抽样的数据本身是一个独立同分布的样本。如果样本不是独立同分布的， $R(\mathcal{X}^*,\widehat{F})$ 对于 $R(\mathcal{X},F)$ 的分布近似则不再成立。我们将在 9.2.3 节中说明使用者必须谨慎地考虑生成观测数据的随机机制和所使用的 bootstrap 重抽样策略之间的关系。9.5 节给出了对于相关数据的 bootstrap 方法。

9.2.2 参数化 bootstrap

前面所描述的典型的非参数 bootstrap 方法是从 $\widehat{F}$ 中抽取独立同分布的 $\boldsymbol{X}_1^*,\cdots,\boldsymbol{X}_n^*$ 来生成伪数据集 $\mathcal{X}^*$。当数据可以被模型化或者本身就是来自于一参数分布的时候，即 $\boldsymbol{X}_1,\cdots,\boldsymbol{X}_n\sim$ i.i.d. $F(\boldsymbol{x},\boldsymbol{\theta})$，我们可采用 F 的另一种估计。假设观测数据是用来获得 $\widehat{\boldsymbol{\theta}}$ 以估计 $\boldsymbol{\theta}$，则我们可通过抽取 $\boldsymbol{X}_1^*,\cdots,\boldsymbol{X}_n^*\sim$ i.i.d. $F(\boldsymbol{x},\widehat{\boldsymbol{\theta}})$ 来生成参数化 *bootstrap* 伪数据集 $\mathcal{X}^*$。当模型已知或者可以很好地表示真实情况的时候，参数化 bootstrap 将会成为一个强有力的工具，它能够对那些难以处理的问题给出推断，并且其产生的置信区间会比用标准极限理论所得到的精确很多。

然而，在这些情形下，到底 bootstrap 基于什么模型实现往往是事后决定的。举例来说，一确定性的生物学种群模型，基于生物学参数以及初始种群大小，可以预测种群数量随时间的变化。假设我们在不同的时间点上用不同的方法获取动物的数量，我们可用观测到的数量与模型预测的数量进行比较，从而判断模型参数是否产生良好的拟合效果。之后我们可以再建立第二个模型，认为观测值是来自于对数正态分布，其期望等于由生物学模型所得到的预测值，而其变差是预先决定的一系数。这样就形成了一个参数和数据之间方便的联系——如果可以近似地说明有效。我们通过从对数正态分布抽取 bootstrap 伪数据来对第二个模型使用参数化 bootstrap 方法。在这种情况下，观测数据的抽样分布很难被认为是服从对数正态模型的。

只有在迫不得已的情形下才使用这样的依赖于自组织误差模型的方法进行分析。使用方便但不适当的模型经常是相当诱人的。如果模型不能够很好地拟合数据的生成机制，参数化 bootstrap 方法就会得到错误的推断结果。然而，在没有其他合适的推断方法可用的场合下，我们也可一试。

9.2.3 Bootstrapping 回归

考虑如下典型多重回归模型，$Y_i = \boldsymbol{x}_i^{\mathrm{T}}\boldsymbol{\beta} + \epsilon_i, i = 1, \cdots, n$，其中假设 ϵ_i 是均值为零、方差为常数的独立同分布随机变量，这里，$\boldsymbol{x}_i$ 和 $\boldsymbol{\beta}$ 分别是 p维的预测值和参数。一种简单但是错误的 bootstrap 方法描述如下，我们从响应值集合中重抽样来构成一个新的伪数据，也就是对于每一个观测值 $\boldsymbol{x}_i$ 对应一个伪数据 Y_i^*，从而可得到一个新的回归数据集。然后可以由这些伪数据来计算 bootstrap 参数向量估计 $\widehat{\boldsymbol{\beta}}^*$。重复重抽样和估计的步骤进行很多次后，$\widehat{\boldsymbol{\beta}}^*$ 的经验分布可用于推断 $\boldsymbol{\beta}$。这样做之所以错误的原因是 $Y_i|\boldsymbol{x}_i$ 不是独立同分布的——它们具有不同的条件均值。因此，用这种方生成 bootstrap 回归数据集是不恰当的。

为了确定一个正确的 bootstrap 方法，我们必须要找到合适的独立同分布的变量。上述模型中的 ϵ_i 是独立同分布的。因此，更恰当的策略是如下所描述的*bootstrap 残差法*。

我们先由观测数据拟合回归模型，然后获得响应 $\widehat{y}_i$ 和残差 $\widehat{\epsilon}_i$。从拟合残差集合中有放回随机抽取得到 bootstrap 残差集合 $\widehat{\epsilon}_1^*, \cdots, \widehat{\epsilon}_n^*$ (注意实际上 $\widehat{\epsilon}_i^*$ 不是独立的，尽管通常来说它们近似独立)， 生成一个伪响应 bootstrap 集合，$Y_i^* = \widehat{y}_i + \widehat{\epsilon}_i^*, i = 1, \cdots, n$。拟合 Y^* 对 $\boldsymbol{x}$ 的回归方程从而获得 bootstrap 参数估计 $\widehat{\boldsymbol{\beta}}^*$。重复多次该过程可得到 $\widehat{\boldsymbol{\beta}}^*$ 的经验分布函数，然后我们用它进行推断。

对于设计好的实验或者 $\boldsymbol{x}_i$ 值是预先固定的数据，这种方法是最适合的。对于其他模型，如自回归模型、非参数回归和广义线性模型的简单 bootstrap 方法，其核心都是 bootstrap 残差的策略。

Bootstrap 残差依赖于选定模型对观测数据适当的拟合，以及残差具有常数方差的假设。如果我们对这些条件的成立没有足够信心的话，则可能需要其他的 bootstrap 方法。

假设数据是从观察研究中得到的，其中响应变量和预测量都是从一群个体中随机选出并测量得到的。在这种情形下，我们可将数据对 $\boldsymbol{z}_i = (\boldsymbol{x}_i, y_i)$ 视作是从响应–预测变量联合分布中得到的随机变量 $\boldsymbol{Z}_i = (\boldsymbol{X}_i, Y_i)$ 的观测值。为了完成 bootstrap，随机有放回地从观测数据 $\{\boldsymbol{z}_1, \cdots, \boldsymbol{z}_n\}$ 中抽取样本 $\boldsymbol{Z}_1^*, \cdots, \boldsymbol{Z}_n^*$。对所得到的伪随机数据集拟合回归模型以获得 bootstrap 参数估计 $\widehat{\boldsymbol{\beta}}^*$。多次重复这些步骤，然后如第一种方法中介绍的进行推断。这种情形的 bootstrap 方法有时也被称作成对 *bootstrap*。

如果对回归模型的适当性，残差方差的稳定性，或者其他回归假设有疑问的话，成对 bootstrap 对不满足这些假设的情形要比 bootstrap 残差方法更加稳健。在预测变量不是固定的情形下，成对 bootstrap 更加直接地匹配了原始数据的生成机制。

还有一些其他更加复杂的用于处理 bootstrap 回归问题的方法见文献 [142，179，183，330]。

例 9.3 (铜–镍合金数据) 表 9.2 中给出了在铜–镍合金中 13 个腐蚀损失测量值 (y_i)，每一个对应一特定的含铁量 (x_i) [170]。我们感兴趣的是相对于不含铁时铜–镍合金的腐蚀损失，随着含铁量的增加，该合金腐蚀损失的变化情况。因此，考虑简单线性模型中 $\theta = \beta_1/\beta_0$ 的估计。

表 9.2 示例方法中用于获得 $\boldsymbol{\beta}_1/\boldsymbol{\beta}_0$的 **bootstrap** 置信区间方法的铜-镍合金数据

x_i	0.01	0.48	0.71	0.95	1.19	0.01	0.48
y_i	127.6	124.0	110.8	103.9	101.5	130.1	122.0
x_i	1.44	0.71	1.96	0.01	1.44	1.96	
y_i	92.3	113.1	83.7	128.0	91.4	86.2	

令 $\boldsymbol{z}_i = (x_i, y_i), i = 1, \cdots, 13$，假设采用成对 bootstrap 方法进行计算。通过观测数据得到估计 $\widehat{\theta} = \widehat{\beta}_1/\widehat{\beta}_0 = -0.185$。对于 $i = 2, \cdots, 10\ 000$，我们随机有放回地从 13 个数据对 $\{\boldsymbol{z}_1, \cdots, \boldsymbol{z}_{13}\}$ 重抽样得到 bootstrap 数据集 $\{\boldsymbol{Z}_1^*, \cdots, \boldsymbol{Z}_{13}^*\}$。图 9.1 是由 bootstrap 数据集回归所得到的估计的直方图，这个直方图归纳了 θ 的估计 $\widehat{\theta}$ 的抽样变差。 □

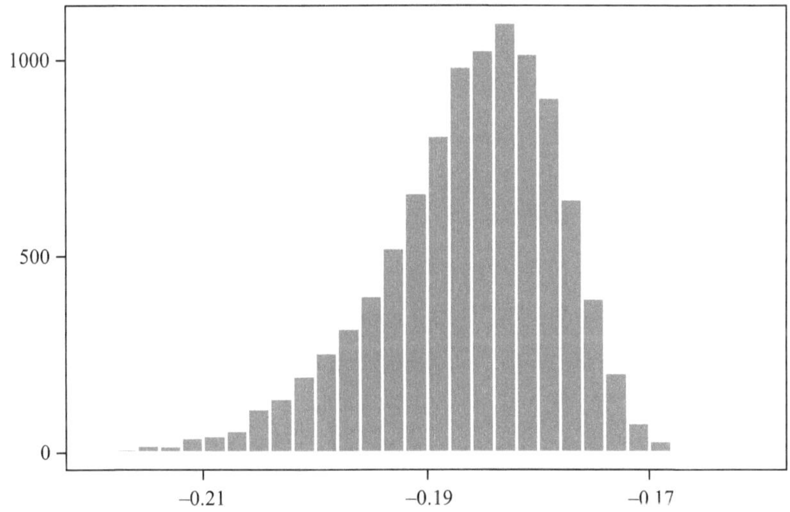

图 9.1 铜–镍合金数据的非参数成对 bootstrap 分析得到的 β_1/β_0 的 10 000 次 bootstrap 估计的直方图

9.2.4 Bootstrap 偏差修正

当 $T(F) = \theta$ 时，在 bootstrap 分析中我们特别感兴趣的量是 $R(\mathcal{X}, F) = T(\widehat{F}) - T(F)$。这个量代表的是 $T(\widehat{F}) = \widehat{\theta}$ 的偏差，其均值等于 $E\{\widehat{\theta}\} - \theta$。这个偏差的 bootstrap 估计是 $\sum_{i=1}^{B}(\widehat{\theta}_i^* - \widehat{\theta})/B = \bar{\theta}^* - \widehat{\theta}$。

例 9.4 (铜–镍合金数据，续) 对于例 9.3 的铜–镍合金回归数据，由 bootstrap 伪数据集所得的 $\widehat{\theta}^* - \widehat{\theta}$ 均值为 -0.00125，也就是该数据有一个比较小的负偏差。因此，β_1/β_0 的偏差修正后的 bootstrap 估计为 $-0.18507-(-0.00125)=-0.184$。通过 9.3.2.4 节中的 bootstrap 嵌套方法可以很自然地将偏差估计包含入区间估计中。 □

我们通过很少的额外工作就可得到一个改进的偏差估计。令 $\widehat{F}_j^*$ 表示第 j 个 bootstrap 伪数据集的经验分布，且定义 $\bar{F}^*(\boldsymbol{x})=\sum_{j=1}^{B}\widehat{F}_j^*(\boldsymbol{x})/B$，则 $\bar{\theta}^*-T(\bar{F}^*)$ 就是一个更好的偏差估计。我们将在 9.7 节中讨论该策略与 bootstrap 打包法的不同。通过对这些方法以及其他一些偏差修正方法的研究显示，使用 $\bar{\theta}^*-T(\bar{F}^*)$ 具有较出色的效果及更快的收敛速度 [183]。

9.3 Bootstrap 推断

9.3.1 分位点方法

用 bootstrap 模拟对一元参数 θ 进行推断的最简单方法是使用分位点方法构造一个置信区间，也就是从 bootstrap 所得到的关于 $\widehat{\theta}^*$ 的直方图上读取分位点。实际上这种方法已经隐含在前面的讨论中了。

例 9.5 (铜–镍合金数据，续) 回到例 9.3 介绍的铜–镍合金回归数据中对 $\theta=\beta_1/\beta_0$ 的估计问题，图 9.1 给出了用 $\widehat{\theta}$ 的抽样方差作为 θ 的估计。基于分位点方法我们可通过在直方图上找到 $[(1-\alpha/2)100]$ 和 $[(\alpha/2)100]$ 的经验分位点来构造 bootstrap $(1-\alpha)$ 置信区间。使用简单的 bootstrap 分位点方法所得的到关于 β_1/β_0 的 95% 置信区间为 $(-0.205,-0.174)$。 □

进行假设检验与估计置信区间密切相关。使用 bootstrap 进行假设检验，最简单的方法就是基于 bootstrap 置信区间的 p值。具体来说，考虑对某一参数的原假设，其中该参数的估计可以被 bootstrap，如果该参数的 $(1-\alpha)100\%$ bootstrap 置信区间不能够覆盖原假设值，则原假设以不超过 α 的 p值被拒绝。置信区间本身可以通过分位点方法或者下面讨论的一些更优越的方法来获得。

用 bootstrap 置信区间来进行假设检验通常会导致统计势略有损失。如果 bootstrap 模拟是通过使用一个与原假设相合的抽样分布而进行的话，得到更高的势是有可能的[589]。使用检验统计量在原假设下的抽样分布是假设检验的基本原则。不幸的是，与给定的原假设相合的许多不同的 bootstrap 抽样策略都需要添加各种比原假设本身需要的更多的限制。这些不同的抽样模型就会得到不同效果的假设检验。我们需要更多关于如何进行 bootstrap 假设检验的经验和理论，尤其是在原假设下的适当的 bootstrap 抽样方法。对于一些特定情形下的策略可参见文献 [142，183] 中所描述的方法。

尽管 bootstrap 分位点方法使用简单，但是其容易得到有偏的不精确的覆盖率。当 θ 是位置参数的时候，bootstrap 方法具有更好的效果，这一点对于使用分位点方法来说格外重要。为确保 bootstrap 的最好效果，bootstrap 统计量应该是近似枢轴的: 它的分布不依赖于 θ 的真值。因为方差–稳定化变换 g 自然地使得 $g(\widehat{\theta})$ 的方差与 θ 独立，所以它经常能提供良好的枢轴性。9.3.2 节中将讨论一些依赖于枢轴量来改进 bootstrap 效果的方法。

9.3.1.1 分位点方法的合理性

我们可考虑通过一个连续严格单增的变换 ϕ 和一个连续对称的分布函数 H (也就是 $H(z) = 1 - H(-z)$) 来验证分位点方法的合理性。ϕ 和 H 具有如下的性质：

$$P\left[h_{\alpha/2} \leqslant \phi(\widehat{\theta}) - \phi(\theta) \leqslant h_{1-\alpha/2}\right] = 1 - \alpha \tag{9.1}$$

其中，h_α 是 H 的 α 分位点。举例来说，如果 ϕ 是一个标准化的且方差稳定化的变换，则 H 是标准正态分布。原则上，当 F 连续时我们利用单调变换 $G^{-1}(F(x))$ 可将任意随机变量 $X \sim F$ 变换至我们想要的分布 G，所以对于标准化没有特别之处。事实上，分位点方法的显著之处在于我们从来都不真正需要显式地确定 ϕ 和 H。

对式 (9.1) 使用 bootstrap 原则，有

$$\begin{aligned}1 - \alpha &\approx P^*\left[h_{\alpha/2} \leqslant \phi(\widehat{\theta}^*) - \phi(\widehat{\theta}) \leqslant h_{1-\alpha/2}\right] \\ &= P^*\left[h_{\alpha/2} + \phi(\widehat{\theta}) \leqslant \phi(\widehat{\theta}^*) \leqslant h_{1-\alpha/2} + \phi(\widehat{\theta})\right] \\ &= P^*\left[\phi^{-1}\left(h_{\alpha/2} + \phi(\widehat{\theta})\right) \leqslant \widehat{\theta}^* \leqslant \phi^{-1}\left(h_{1-\alpha/2} + \phi(\widehat{\theta})\right)\right]\end{aligned} \tag{9.2}$$

由于 bootstrap 分布是观测得到的，其分位点就是已知的分位数 (除了一定程度的 Monte Carlo 变差，而这样的变差可通过增加伪数据集的数目 B 而变得任意小)。令 ξ_α 表示 $\widehat{\theta}^*$ 的经验分布函数的 α 分位点，则 $\phi^{-1}\left(h_{\alpha/2} + \phi(\widehat{\theta})\right) \approx \xi_{\alpha/2}$ 以及 $\phi^{-1}\left(h_{1-\alpha/2} + \phi(\widehat{\theta})\right) \approx \xi_{1-\alpha/2}$。

接下来，我们重新表示用于构建置信区间的原始概率等式 (9.1) 以使其与 θ 无关。使用对称性 $h_{\alpha/2} = -h_{1-\alpha/2}$ 可得到

$$P\left[\phi^{-1}\left(h_{\alpha/2} + \phi(\widehat{\theta})\right) \leqslant \theta \leqslant \phi^{-1}\left(h_{1-\alpha/2} + \phi(\widehat{\theta})\right)\right] = 1 - \alpha \tag{9.3}$$

上式中置信区间的边界与式 (9.2) 中的正好吻合，而我们已经得到了估计 $\xi_{\alpha/2}$ 和 $\xi_{1-\alpha/2}$。因此，我们可以简单地从 bootstrap 分布中读取 $\widehat{\theta}^*$ 的分位数，然后用它们作为 θ 的置信限。注意到分位点方法是变换保持的，也就是说 θ 的单调变换的置信区间与 θ 本身的区间的变换是一样的[183]。

9.3.2 枢轴化

9.3.2.1 加速偏差修正分位点方法，BC_a

加速偏差修正分位点方法，BC_a，通常能够对简单分位点方法提供重要的改进[163,178]。若想要基本的分位点方法很有效，那么我们必须要求变换后的估计 $\phi(\widehat{\theta})$ 是无偏的，且其方差不依赖于 θ。BC_a 用两个参数增大 ϕ 来更好地满足这些条件，因此确保了统计量的近似枢轴性。

假设存在一个单调递增的函数 ϕ 以及常数 a 和 b，使得

$$U = \frac{\phi(\widehat{\theta}) - \phi(\theta)}{1 + a\phi(\theta)} + b \tag{9.4}$$

服从 $N(0,1)$ 分布，其中 $1+a\phi(\theta)>0$。注意如果 $a=b=0$，这个变换就是简单分位点方法。

使用 bootstrap 原则，有

$$U^*=\frac{\phi(\widehat{\theta}^*)-\phi(\widehat{\theta})}{1+a\phi(\widehat{\theta})}+b \tag{9.5}$$

近似地服从标准正态分布。对于任意标准正态分布的分位点，即 z_α，

$$\begin{aligned}\alpha &\approx P^*[U^*\leqslant z_\alpha]\\ &=P^*\left[\widehat{\theta}^*\leqslant \phi^{-1}\left(\phi(\widehat{\theta})+(z_\alpha-b)[1+a\phi(\widehat{\theta})]\right)\right]\end{aligned} \tag{9.6}$$

然而，$\widehat{\theta}^*$ 的经验分布的 α 分位点，记作 ξ_α，可从 bootstrap 分布中观测得到。因此

$$\phi^{-1}\left(\phi(\widehat{\theta})+(z_\alpha-b)[1+a\phi(\widehat{\theta})]\right)\approx\xi_\alpha \tag{9.7}$$

为了使用式 (9.7)，考虑 U 本身：

$$\begin{aligned}1-\alpha &= P[U>z_\alpha]\\ &=P\left[\theta<\phi^{-1}\left(\phi(\widehat{\theta})+u(a,b,\alpha)[1+a\phi(\widehat{\theta})]\right)\right]\end{aligned} \tag{9.8}$$

其中 $u(a,b,\alpha)=(b-z_\alpha)/[1-a(b-z_\alpha)]$。注意到式 (9.6) 和式 (9.8) 的相似性，如果我们可以找一个 β 使得 $u(a,b,\alpha)=z_\beta-b$，那么我们就可使用 bootstrap 原则认为 $\theta<\xi_\beta$ 近似是 $1-\alpha$ 的置信上限。使用这个条件的逆函数可得

$$\beta=\Phi(b+u(a,b,\alpha))=\Phi\left(b+\frac{b+z_{1-\alpha}}{1-a(b+z_{1-\alpha})}\right) \tag{9.9}$$

其中 Φ 是标准正态分布的累积分布函数，而最后的等式是由对称性得到的。因此，如果我们有适当的 a 和 b，则为了得到 $1-\alpha$ 的置信上限，我们可先计算 β，然后使用 bootstrap 伪数据集找到 $\widehat{\theta}^*$ 的经验分布的 β 分位点，也就是 ξ_β。

对于双边 $1-\alpha$ 置信区间，使用该方法得到 $P\left[\xi_{\beta_1}\leqslant\theta\leqslant\xi_{\beta_2}\right]\approx 1-\alpha$，其中

$$\beta_1=\phi\left(b+\frac{b+z_{\alpha/2}}{1-a(b+z_{\alpha}/2)}\right) \tag{9.10}$$

$$\beta_2=\phi\left(b+\frac{b+z_{1-\alpha/2}}{1-a(b+z_{1-\alpha/2})}\right) \tag{9.11}$$

并且 ξ_{β_1} 和 ξ_{β_2} 是 $\widehat{\theta}^*$ 的 bootstrap 值所对应的分位点。

作为分位点方法，上述 BC_a 方法的优势在于不需要变换 ϕ 的显示表达。进而，由于 BC_a 方法仅仅修正了用于决定从 bootstrap 分布中读取的置信区间端点的分位数水平，所以它具有简单分位点方法的变换保持性质。

现在剩下的问题就是关于 a 和 b 的选择。最简单的非参数选择是 $b=\Phi^{-1}\left(\widehat{F}^*(\widehat{\theta})\right)$ 以及

$$a=\frac{1}{6}\sum_{i=1}^{n}\psi_i^3\bigg/\left(\sum_{i=1}^{n}\psi_i^2\right)^{3/2} \tag{9.12}$$

其中

$$\psi_i = \hat{\theta}_{(\cdot)} - \hat{\theta}_{(-i)} \tag{9.13}$$

而 $\hat{\theta}_{(-i)}$ 表示舍去第 i 个观测值计算得到的统计量，且 $\hat{\theta}_{(\cdot)} = (1/n)\sum_{i=1}^{n}\hat{\theta}_{(-i)}$。一个相近的方案是令

$$\psi_i = \lim_{\epsilon \to 0} \frac{1}{\epsilon}\left(T\left((1-\epsilon)\widehat{F} + \epsilon\delta_i\right) - T\left(\widehat{F}\right)\right) \tag{9.14}$$

其中 δ_i 表示观测值 x_i 从 0 跳至 1 的分布函数 (即在 x_i 的单位质量)。式 (9.14) 中的 ψ_i 可以通过有限差分来近似。文献 [589] 给出了寻找这些量的动机及其他一些 a 和 b 的选择方法。

例 9.6 (铜–镍合金数据，续) 我们继续探讨例 9.3 中所介绍的铜–镍合金数据的回归问题，利用式 (9.13) 我们可得 $a = 0.0486$ 及 $b = 0.008\,02$，则调整后的分位数为 $\beta_1 = 0.038$ 和 $\beta_2 = 0.986$，因此 BC_a 的主要效果就是将置信区间略微地右移，最终所得的置信区间为 (−0.203, −0.172)。 □

9.3.2.2 Bootstrap t

另一种非常容易实现的近似枢轴方法是*bootstrapt*方法，又称作学生化 *bootstrap*[176,183]。假设 $\theta = T(F)$ 由 $\widehat{\theta} = T(\widehat{F})$ 估计，而 $V(\widehat{F})$ 估计 $\widehat{\theta}$ 的方差，则使用 $R(\mathcal{X}, F) = [T(\widehat{F}) - T(F)]/\sqrt{V(\widehat{F})}$ 作为一个粗略的枢轴量是较为合理的。对 $R(\mathcal{X}, F)$ 使用 bootstrap 则可得到一组 $R(\mathcal{X}^*, \widehat{F})$。

定义 $\widehat{G}$ 和 $\widehat{G}^*$ 分别为 $R(\mathcal{X}, F)$ 和 $R(\mathcal{X}^*, \widehat{F})$ 的分布。由定义，θ 的 $1-\alpha$ 置信区间可由如下关系获得

$$\begin{aligned} &P[\xi_{\alpha/2}(\widehat{G}) \leqslant R(\mathcal{X}, F) \leqslant \xi_{1-\alpha/2}(\widehat{G})] \\ &\quad = P\left[\widehat{\theta} - \sqrt{V(\widehat{F})}\xi_{1-\alpha/2}(\widehat{G}) \leqslant \theta \leqslant \widehat{\theta} - \sqrt{V(\widehat{F})}\xi_{\alpha/2}(\widehat{G})\right] \\ &\quad = 1 - \alpha \end{aligned}$$

其中 $\xi_\alpha(\widehat{G})$ 为 $\widehat{G}$ 的 α 分位点。由于 F 是未知的 (因此 $\widehat{G}$ 也是未知的)，这些分位点也是未知的。然而，bootstrap 原则意味着 $\widehat{G}$ 和 $\widehat{G}^*$ 应该大致相同，所以对任意的 α，有 $\xi_\alpha(\widehat{G}) \approx \xi_\alpha(\widehat{G}^*)$。因此，可构建如下的 bootstrap 置信区间

$$\left(T(\widehat{F}) - \sqrt{V(\widehat{F})}\xi_{1-\alpha/2}(\widehat{G}^*), T(\widehat{F}) - \sqrt{V(\widehat{F})}\xi_{\alpha/2}(\widehat{G}^*)\right) \tag{9.15}$$

其中，$\widehat{G}^*$ 的分位点可由 $R(\mathcal{X}^*, \widehat{F})$ 的 bootstrap 值的直方图得到。由于这些分位点位于分布的尾部，所以为了达到足够的精度，至少需要数千的 bootstrap 伪数据。

例 9.7 (铜–镍合金数据，续) 我们继续探讨例 9.3 中所介绍的铜–镍合金数据的回归问题，基于 delta 方法的 $\widehat{\beta}_1/\widehat{\beta}_0$ 的一个方差估计 $V(\widehat{F})$ 为

$$\left(\frac{\widehat{\beta}_1}{\widehat{\beta}_0}\right)^2 \left(\frac{\widehat{\mathrm{var}}\{\widehat{\beta}_1\}}{\widehat{\beta}_1^2} + \frac{\widehat{\mathrm{var}}\{\widehat{\beta}_0\}}{\widehat{\beta}_0^2} - \frac{2\widehat{\mathrm{cov}}\{\widehat{\beta}_0, \widehat{\beta}_1\}}{\widehat{\beta}_0\widehat{\beta}_1}\right) \tag{9.16}$$

其中估计的方差和协方差都可由基本的回归结果得到。使用 bootstrap t 方法则可得到图 9.2 所示 $\widehat{G}^*$ 对应的直方图。由图知 $\widehat{G}^*$ 的 0.025 和 0.975 分位点分别为 -5.77 和 4.44，且 $\sqrt{V(\widehat{F})} = 0.00\,273$。因此，95% 的 bootstrap t 置信区间为 $(-0.198, -0.169)$。 □

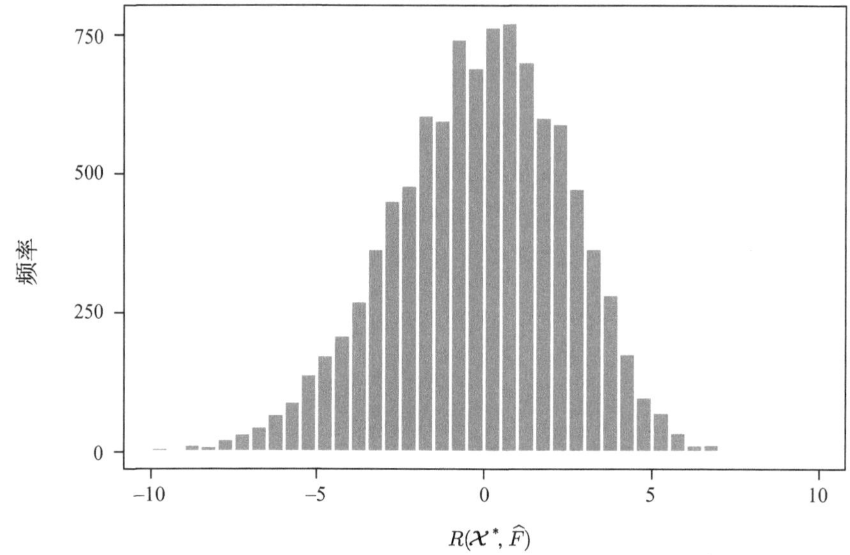

图 9.2 铜–镍合金数据的学生化 bootstrap 分析中由 10 000 个 $R(\mathcal{X}^*, \widehat{F})$ 所得到的直方图

这种方法需要 $\widehat{\theta}$ 的一个方差估计，即 $V(\widehat{F})$。如果没有合适的估计，我们可以使用文献 [142] 中的 delta 方法来近似。

使用 bootstrap t 方法通常能够得到非常接近名义置信水平的置信区间覆盖率。当 $T(\widehat{F})$ 近似地是一个位置统计量时 (也就是若对所有数据执行一常数位移，则 $T(\widehat{F})$ 会体现出同样的位移)，bootstrap t 方法是最可靠的。该方法对于方差–稳定化的估计也是很有效的，但是 bootstrap t 区间的覆盖率对数据中的异常点是比较敏感的，在这样的情况下使用该方法应当更加小心。另外 bootstrap t 没有分位点方法所具有的变换保持的性质。

9.3.2.3 经验方差稳定化

方差–稳定化变换通常是良好枢轴的基础。估计 $\widehat{\theta}$ 的方差–稳定化变换就是为了变换后估计的抽样方差不依赖于 θ。通常准备 bootstrap 的统计量的方差–稳定化变换是未知的，但我们可以用 bootstrap 来估计它。

我们先抽取 B_1 个 bootstrap 伪数据集 $\mathcal{X}_j^*, j = 1, \cdots, B_1$。对每个 bootstrap 伪数据集计算 $\widehat{\theta}_j^*$，且令 $\widehat{F}_j^*$ 为第 j 个 bootstrap 伪数据集的经验分布函数。

接下来对于每个 $\mathcal{X}_j^*$，从 $\widehat{F}_j^*$ 中抽取 B_2 个 bootstrap 伪数据集 $\mathcal{X}_{j1}^{**}, \cdots, \mathcal{X}_{jB_2}^{**}$。对于每个 j，

令 $\widehat{\theta}_{jk}^{**}$ 表示由第 k 个子样本得到的参数估计，且令 $\bar{\theta}_j^{**}$ 为 $\widehat{\theta}_{jk}^{**}$ 的均值，则

$$\widehat{s}(\widehat{\theta}_j^*) = \frac{1}{B_2-1}\sum_{k=1}^{B_2}\left(\widehat{\theta}_{jk}^{**} - \bar{\theta}_j^{**}\right)^2 \tag{9.17}$$

为给定 $\theta = \widehat{\theta}_j^*$ 时 $\widehat{\theta}$ 标准误的估计。

对点集 $\{\widehat{\theta}_j^*, \widehat{s}(\widehat{\theta}_j^*)\}, j = 1, \cdots, B_1$，拟合一曲线，可参见第 11 章中许多灵活的非参数方法。拟合曲线估计的是 θ 和它的估计的标准误之间的关系。我们试图寻找一个方差–稳定化变换来消除这种关系。

回想如果 Z 是一均值为 θ、标准差为 $s(\theta)$ 的随机变量，则由 Taylor 展开 (也就是 delta 方法) 可得 $\mathrm{var}\{g(Z)\} \approx g'(\theta)^2 s^2(\theta)$。若想使得 $g(Z)$ 的方差为常数，我们需要

$$g(z) = \int_a^z \frac{1}{s(u)}\mathrm{d}u \tag{9.18}$$

其中 a 是任意方便的常数，使得 $1/s(u)$ 在 $[a, z]$ 上是连续的。因此，我们可以对 bootstrap 数据使用式 (9.18)，进而通过前一步的拟合曲线得到一个 $\widehat{\theta}$ 的近似方差-稳定化变换。积分可由第 5 章中的数值积分技术来近似，记结果为 $\widehat{g}(\theta)$。

现在我们已经估计了一个近似方差–稳定化变换，接下来就可在变换后的尺度上使用 bootstrap t 方法。从 $\widehat{F}$ 中抽取 B_3 个新的 bootstrap 数据集，然后使用 bootstrap t 方法来找到 $\widehat{g}(\theta)$ 的一个置信区间。但是要注意，$\widehat{g}(\theta)$ 的标准误约为一个常数，所以我们可以使用 $R(\mathcal{X}^*, \widehat{F}) = \widehat{g}(\hat{\theta}^*) - \widehat{g}(\hat{\theta})$ 来计算 bootstrap t 置信区间。最终，所得区间的端点值可通过使用变换 $\widehat{g}^{-1}$ 转回到 θ 的尺度上。

这种从每一个原始伪数据集抽取迭代 bootstrap 伪数据集的方法在很多情形下都是相当有用的。事实上，它是下面描述的置信区间构造方法的基础。

9.3.2.4 嵌套 Bootstrap 及预枢轴化

另一种枢轴化的方式是嵌套 bootstrap [26,27]，有时也称为迭代或者双重 bootstrap。

给定由模型 $\boldsymbol{X}_1, \cdots, \boldsymbol{X}_n \sim \text{i.i.d. } F$ 观测得到的数据 $\boldsymbol{x}_1, \cdots, \boldsymbol{x}_n$，考虑基于检验统计量 $R_0(\mathcal{X}, F)$ 构造置信区间或者进行假设检验。令 $F_0(q, F) = P[R_0(\mathcal{X}, F) \leqslant q]$，由 F_0 的定义可看出 R_0 分布显式地依赖于 R_0 中所用数据的分布。我们可由下面的式子来获得一个双边的置信区间

$$P[F_0^{-1}(\alpha/2, F) \leqslant R_0(\mathcal{X}, F) \leqslant F_0^{-1}(1-\alpha/2, F)] = 1-\alpha \tag{9.19}$$

及基于下式的假设检验

$$P[R_0(\mathcal{X}, F) \leqslant F_0^{-1}(1-\alpha, F)] = 1-\alpha \tag{9.20}$$

当然，这些概率依赖于 F_0 的未知的分位数。在估计问题中，F 未知；对于假设检验问题，F 的原假设是给定的。而在上述两种情况中，R_0 的分布都是未知的。我们可以利用 bootstrap 方法近似 F_0 及其分位数。

Bootstrap 方法开始时先从经验分布 $\widehat{F}$ 中抽取 B 个 bootstrap 伪数据集，$\mathcal{X}_1^*, \cdots, \mathcal{X}_B^*$。对

于第 j 个 bootstrap 伪数据集，计算统计量 $R_0(\mathcal{X}_j^*, \widehat{F})$。令 $\widehat{F}_0(q, \widehat{F}) = (1/B)\sum_{j=1}^{B} 1_{\{R_0(\mathcal{X}_j^*, \widehat{F})<q\}}$，其中如果 A 为真，则 $1_A = 1$，否则 $1_A = 0$。因此根据 bootstrap 原则我们用 $P^*\left[R_0\left(\mathcal{X}^*, \widehat{F}\right) \leqslant q\right]$ 估计 $P\left[R_0(\mathcal{X}, F) \leqslant q\right] = F_0(q, F)$。这样置信区间上界的估计为 $\widehat{F}_0^{-1}\left(1-\alpha/2, \widehat{F}\right)$，或者当 $R_0\left(\{\boldsymbol{x}_1, \cdots, \boldsymbol{x}_n\}, F\right) > \widehat{F}_0^{-1}\left(1-\alpha/2, \widehat{F}\right)$ 时，拒绝原假设，这就是一般的非参数 bootstrap 方法。

然而我们注意到按照这种方法构造的置信区间覆盖率不能恰好等于 $1-\alpha$，这是由于 $\widehat{F}_0$ 仅是 $R_0(\mathcal{X}, F)$ 分布的一个 bootstrap 近似。同样的道理，由于 $F_0(q, F) \neq \widehat{F}_0(q, \widehat{F})$，我们得到的假设检验的大小为 $P\left[R_0(\mathcal{X}, F) > \widehat{F}_0^{-1}\left(1-\alpha, \quad \widehat{F}\right)\right] \neq \alpha$。

分布 F_0 未知还使我们失去了一个非常好的枢轴量：随机变量 $R_1(\mathcal{X}, F) = F_0(R_0(\mathcal{X}, F), F)$ 服从标准均匀分布并与 F 相互独立。bootstrap 原则用 $\widehat{F}_0$ 近似 F_0，并因此用 $\widehat{R}_1(\mathcal{X}, F) = \widehat{F}_0\left(R_0(\mathcal{X}, F), \widehat{F}\right)$ 近似 $R_1(\mathcal{X}, F)$。于是我们可以基于 $\widehat{R}_1(\mathcal{X}, F)$ 与一个均匀分布的分位数的比较作出 bootstrap 推断。在假设检验问题中，这就意味着我们可以基于 bootstrap 的 p 值接受或者拒绝原假设。

然而，我们可以用 $\widehat{R}_1(\mathcal{X}, F) \sim F_1$ 来代替 $R_1(\mathcal{X}, F)$ (其中 F_1 是非均匀分布)。令 $F_1(q, F) = P[R_1(\mathcal{X}, F) \leqslant q]$。则当 $\widehat{R}_1 > F_1^{-1}(1-\alpha, F)$ 时，满足条件的检验拒绝原假设。具有正确覆盖率下的置信区间可由 $P\left[F_1^{-1}(\alpha/2, F) \leqslant \widehat{R}_1(\mathcal{X}, F) \leqslant \ F_1^{-1}(1-\alpha/2, F)\right] = 1-\alpha$ 得到。和之前一样，F_1 是未知的但是可以利用 bootstrap 近似。现在 $\widehat{R}_1$ 的随机性来自两个方面：(1) 观测数据是对 F 的随机观测以及 (2) 在给定观测数据 (给定 $\widehat{F}$) 的条件下，$\widehat{R}_1$ 是通过 $\widehat{F}$ 的随机再抽样计算得到的。为获得这两种随机性，我们使用下面的嵌套 bootstrap 算法：

1. 生成 bootstrap 伪数据集 $\mathcal{X}_1^*, \cdots, \mathcal{X}_{B_0}^*$，其中每一个数据集都可以看作是有放回地从原始数据中抽取的独立同分布的随机样本。
2. 计算 $R_0(\mathcal{X}_j^*, \widehat{F})$，$j = 1, \cdots, B_0$。
3. 对于 $j = 1, \cdots, B_0$，有

   a. 令 $\widehat{F}_j$ 为 $\mathcal{X}_j^*$ 的经验分布函数。重复抽取 B_1 个 bootstrap 伪数据集，$\mathcal{X}_{j1}^{**}, \cdots, \mathcal{X}_{jB_1}^{**}$，其中每一个数据集都可以看作是抽取自 $\widehat{F}_j$ 的独立同分布的随机样本。

   b. 计算 $R_0\left(\mathcal{X}_{jk}^{**}, \widehat{F}_j\right)$，$k = 1, \cdots, B_1$。

   c. 计算

$$\widehat{R}_1(\mathcal{X}_j^*, \widehat{F}) = \widehat{F}_0(R_0(\mathcal{X}_j^*, \widehat{F}), \widehat{F}) = \frac{1}{B_1}\sum_{k=1}^{B_1} 1_{\{R_0(\mathcal{X}_{jk}^{**}, \widehat{F}_j) \leqslant R_0(\mathcal{X}_j^*, \widehat{F})\}} \tag{9.21}$$

4. 记 $\widehat{R}_1(\mathcal{X}_j^*, \widehat{F})$ 的抽样结果样本的经验分布函数为 $\widehat{F}_1$。

5. 利用 $\widehat{R}_1(\{\boldsymbol{x}_1,\cdots,\boldsymbol{x}_n\},F)$ 和 $\widehat{F}_1$ 的分位数构造置信区间或假设检验。

第 1 步和第 2 步通过应用 bootstrap 原则用 $\widehat{F}$ 近似 F，从而获得第一种随机性。第 3 步获得第二种随机性，而第二种随机性是当 R_0 以 $\widehat{F}$ 为条件作 bootstrap 抽样时，在 $\widehat{R}_1$ 中引入的。

例 9.8 (铜–镍合金，续) 回到例 9.3 中介绍的回归问题，令 $R_0(\{\boldsymbol{x}_1,\cdots,\boldsymbol{x}_{13}\},F)=\widehat{\beta}_1/\widehat{\beta}_0-\beta_1/\beta_0$，图 9.3 表示的是由嵌套 bootstrap 方法获得的 $\widehat{R}_1$ 值的直方图，其中 $B_0=B_1=300$。图中的分布表明 $\widehat{F}_1$ 与均匀分布存在着很大的差异。实际上，嵌套 bootstrap 方法给出 $\widehat{R}_1$ 的 0.025 和 0.975 的分位数分别为 0.0316 和 0.990。因此我们可以找到 $R_0(\mathcal{X}^*,F)$ 的 3.16% 和 99.0% 的分位点，并可以用其构造 β_1/β_0 的置信区间，即 $(-0.197,-0.168)$。 □

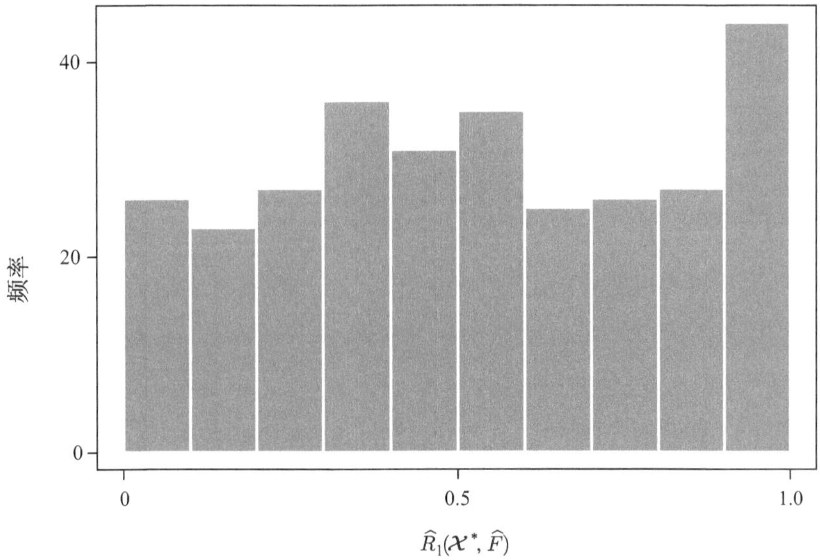

图 9.3 嵌套 bootstrap 方法分析铜–镍合金数据所得 300 个 $\widehat{R}_1(\mathcal{X}^*,\widehat{F})$ 值的直方图

嵌套环路使得双重 bootstrap 方法比其他的枢轴方法要慢得多: 在这种情况下，bootstrap 方法比前面的方法要多抽取九次样本。也有一些重新加权的方法，比如可以重复使用初始样本的 bootstrap 循环方法，从而可以减少计算量[141,484]。

9.3.3 假设检验

前面关于 bootstrap 构造置信区间的讨论与假设检验也密切相关。一个原假设下的参数值落在置信度为 $(1-\alpha)100\%$ 的置信区间外，则在 p值为 α 的水平下被拒绝。Hall 和 Wilson 对于提高 bootstrap 假设检验的势和精度给出了一些建议[302]。

首先，实施 bootstrap 重抽样应以反映原假设的方式进行。为理解这句话的意思，我们考虑一个一元参数 θ 的值为 θ_0 的原假设。令检验统计量为 $R(\mathcal{X},F)=\hat{\theta}-\theta_0$。若样本本倾向于简

单双边备择假设，即与基准的分布比较，$|\hat{\theta}-\theta_0|$ 很大时，将拒绝原假设。为获得基准分布，我们认为通过 bootstrap 再次抽样 $R(\mathcal{X}^*,F)=\theta^*-\theta_0$ 应该是可行的。但是，如果原假设是错误的，则此统计量没有正确的基准分布。如果 θ_0 距离真实值 θ 很远，则与 $|\theta^*-\theta_0|$ 的 bootstrap 分布比较，$|\hat{\theta}-\theta_0|$ 就不会有那么大的距离。而一种更好的方法是使用 $R(\mathcal{X}^*,\widehat{F})=\hat{\theta}^*-\hat{\theta}$ 的值产生 $R(\mathcal{X},F)$ 原假设的一个 bootstrap 估计。当 θ_0 远离真实值 θ 时，相比 $|\hat{\theta}-\theta_0|$，$|\hat{\theta}^*-\hat{\theta}|$ 的 bootstrap 值非常小。因此，$\hat{\theta}-\theta_0$ 与 $\hat{\theta}^*-\hat{\theta}$ 的 bootstrap 分布比较，可以得到更大的势。

其次，我们再次强调使用恰当枢轴量的重要性。使用枢轴量最好的做法往往是基于 $(\hat{\theta}^*-\hat{\theta})/\sigma^*$ 的 bootstrap 分布进行假设检验，其中 $\hat{\sigma}^*$ 为 $\hat{\theta}^*$ 的标准差的一个估计值，$\hat{\theta}^*$ 是由一个 bootstrap 伪数据集计算得到的。这种枢轴量方法通常优于根据 $(\hat{\theta}^*-\hat{\theta})/\hat{\sigma}$，$(\hat{\theta}^*-\theta_0)/\hat{\sigma}$，$\hat{\theta}^*-\hat{\theta}$ 或者 $\hat{\theta}^*-\theta_0$ 的 bootstrap 分布进行假设检验的方法，其中 $\hat{\sigma}$ 是由原始数据集计算得到的估计 $\hat{\theta}$ 的标准差。

9.4 缩减蒙特卡洛误差

9.4.1 平衡 bootstrap

考虑一个样本均值的 bootstrap 偏差的修正。因为 $\overline{\boldsymbol{X}}$ 是真实均值 $\boldsymbol{\mu}$ 的无偏估计，这时偏差的修正值应该等于 0。现有，$R(\mathcal{X},F)=\overline{\boldsymbol{X}}-\boldsymbol{\mu}$，且其对应的 bootstrap 值为 $R(\mathcal{X}_j^*,\widehat{F})=\overline{\boldsymbol{X}}_j^*-\overline{\boldsymbol{X}}$，其中 $j=1,\cdots,B$。尽管 $\overline{\boldsymbol{X}}$ 是无偏的，随机选择的伪数据集不可能得到一个均值正好为 0 的 $R(\mathcal{X}^*,\widehat{F})$ 值的集合。在此情况下，一般的 bootstrap 方法出现了不必要的蒙特卡洛变差。

然而，如果每个数据值出现在 bootstrap 伪数据集的联合集合中的频率和在观测数据中的相同，则 bootstrap 偏差的估计 $(1/B)\sum_{j=1}^{R}R(\mathcal{X}_j^*,\widehat{F})$ 一定等于 0。通过这种方式平衡 bootstrap 数据，潜在的蒙特卡洛误差出现的根源就被去除了。

达到平衡的最简单方法是连接观测值的 B 个副本，随机排列这些序列，并且依次读入 B 组大小为 n 的数据，第 j 组数据作为 $\mathcal{X}_j^*$。这种方法即为*平衡 bootstrap 方法*，有时也被称为*排列 bootstrap 方法*[143]。当前还有很多改进的平衡算法[253]，而其他一些缩减蒙特卡洛误差的方法可能更容易或者更有效[183]。

9.4.2 反向 Bootstrap 方法

一元数据样本，$x_1,\cdots,x_n$，按大小顺序排列后，定义为 $x_{(1)},\cdots,x_{(n)}$，其中 $x_{(i)}$ 为第 i 个次序统计量的值 (即第 i 小的数据值)。令 $\pi(i)=n-i+1$ 为次序统计量反方向排序的算子，则对于每一个 bootstrap 数据集 $\mathcal{X}^*=\{\mathcal{X}_1^*,\cdots,\mathcal{X}_n^*\}$，令 $\mathcal{X}^{**}=\{\mathcal{X}_1^{**},\cdots,\mathcal{X}_n^{**}\}$ 为 $\mathcal{X}^*$ 中的每一个 $X_{(i)}$ 替换成 $X_{(\pi(i))}$ 而获得的数据集。举个例子，如果 $\mathcal{X}^*$ 中较大的观测值占主导地位，则在 $\mathcal{X}^{**}$ 中较小的观测值将占据主导地位。

用这种方法，每一个 bootstrap 抽样可以给出两个估计：$R(\mathcal{X}^*, \widehat{F})$ 和 $R(\mathcal{X}^{**}, \widehat{F})$。这两个估计常常是负相关的。例如，在样本均值中 R 是单调统计量，则这两个估计可能是负相关的[409]。

令 $R_a(\mathcal{X}^*, \widehat{F}) = \frac{1}{2}(R(\mathcal{X}^*, \widehat{F}) + R(\mathcal{X}^{**}, \widehat{F}))$，则 R_a 有很好的性质，如果协方差为负，其方差为

$$\begin{aligned}\operatorname{var}\{R_a(\mathcal{X}^*, \widehat{F})\} =& \frac{1}{4}(\operatorname{var}\{R(\mathcal{X}^*, \widehat{F})\} + \operatorname{var}\{R(\mathcal{X}^{**}, \widehat{F})\} \\ &+ 2\operatorname{cov}\{R(\mathcal{X}^*, \widehat{F}), R(\mathcal{X}^{**}, \widehat{F})\}) \\ \leqslant& \operatorname{var}\{R(\mathcal{X}^*, \widehat{F})\} \end{aligned} \tag{9.22}$$

还有一些方法针对多元数据排序，从而也可以使用反向 bootstrap 方法[294]。

9.5 相依数据的 Bootstrapping

使用上述方法有一个重要的要求是必须假设 bootstrap 的量是独立同分布的。对于相依数据，因为不能得到 F 的协变量结构的本质，上述方法生成的 bootstrap 分布 $\widehat{F}^*$ 不能很好地模拟 F。

假设数据 $\boldsymbol{x}_1, \cdots, \boldsymbol{x}_n$ 是静态时间序列随机变量 $\boldsymbol{X}_1, \cdots, \boldsymbol{X}_n, \cdots$ 的部分实现，随机变量 $(\boldsymbol{X}_1, \cdots, \boldsymbol{X}_n)$ 的有限维联合分布函数记为 F。对于时间序列 $(\boldsymbol{X}_1, \cdots, \boldsymbol{X}_n, \cdots)$ 来说，静态意味着 $\{\boldsymbol{X}_t, \boldsymbol{X}_{t+1}, \cdots, \boldsymbol{X}_{t+k}\}$ 的联合分布对于任意的 $k \geqslant 0$ 不依赖于 t。我们也假设过程是弱相依的，如果对于任意的 τ 当 $k \to \infty$ 时 $\{\boldsymbol{X}_t : t \leqslant \tau\}$ 与 $\{\boldsymbol{X}_t : t \geqslant \tau + k\}$ 独立。令 $\mathcal{X} = (\boldsymbol{X}_1, \cdots, \boldsymbol{X}_n)$ 表示 bootstrap 的时间序列，用 $(\cdot)$ 表示序列，用 $\{\cdot\}$ 表示无序集合。

因为 $\mathcal{X}$ 中的元素是相依的，所以应用独立同分布数据的一般的 bootstrap 方法是不适合的。因为在相依的情形下很明显有 $F_{\boldsymbol{X}_1, \cdots, \boldsymbol{X}_n} \neq \prod_{i=1}^n F_{\boldsymbol{X}_i}$。这里给出一个具体的例子，考虑均值为 μ 的 $\overline{X}$ 的 bootstrap。在相依数据的情形下，$n\operatorname{var}\{\overline{X} - \mu\}$ 等于 $\operatorname{var}\{X_1\}$ 加上一些协变量的项。然而当 $n \to \infty$ 时 $n\operatorname{var}^*\{\overline{X}^* - \overline{X}\} \to \operatorname{var}X_1$，其中 var^* 表示对于分布 $\hat{F}$ 取方差。因此协变量项在独立同分布的 bootstrap 情形下将消失，也可参考例 9.9。因此，对相依数据应用独立同分布的 bootstrap 方法不能保证一致性[601]。

对于相依数据，已经提出了几种 bootstrap 方法。相依数据的 bootstrap 理论和方法比独立同分布情形下更复杂，但是重抽样数据生成 $T(\hat{F}^*)$ 以近似 $T(\hat{F})$ 的抽样分布是相同的。有关相依数据 bootstrap 方法的深入讨论参见文献 [402]。文献 [81，93，94，396，425，498，512，513，529，590，591] 也介绍了许多方法。

9.5.1 基于模型的方法

对于相依数据的 bootstrap 最简单的方法可能是时间序列从一个已知的具体的模型中产

生，比如一阶静态自回归过程，也即是 AR(1) 模型。这个模型由下式给出

$$X_t = \alpha X_{t-1} + \epsilon_t \tag{9.23}$$

这里 $|\alpha| < 1$，ϵ_t 是具有零均值和常数方差的独立同分布的随机变量。如果数据服从或者可以假设服从 AR(1) 过程，那么可以应用与 bootstrap 线性回归（9.2.3 节）的残差类似的方法。

特别地，使用一个标准的方法估计 α 后 (见文献 [129])，定义估计的更新是 $\hat{e}_t = X_t - \hat{\alpha}X_{t-1}$ ，这里 $t = 2, \cdots, n$ ，并令 $\bar{e}$ 为它们的均值。$\hat{e}$ 可以通过定义 $\hat{\epsilon} = \hat{e} - \bar{e}$ 重新回到零均值。Bootstrap 迭代可以对集合 $\{\hat{\epsilon}_2, \cdots, \hat{\epsilon}_n\}$ 以等概率重新抽取 $n+1$ 个值生成一个伪更新集合 $\{\epsilon_0^*, \cdots, \epsilon_n^*\}$。给定该模型（其中 $|\hat{\alpha}| < 1$），可以使用 $X_0^* = \epsilon_0^*$ 和 $X_t^* = \alpha X_{t-1}^* + \epsilon_t^*, t = 1, \cdots, n$，重新构建一个伪数据集。

当使用这种方法生成伪数据序列时，它不是静态的。一个补救的方法是从一个大量的伪更新里抽样并“较早”地开始生成数据序列，也即是从 X_k^*中生成数据序列，这里 k 远小于 0，生成序列 $(t = k, \cdots, 0)$ 的第一部分作为一个燃烧周期可以被舍弃[402]。对于任意的基于模型的 bootstrap 过程，该方法良好的性能依赖于正确的模型。

9.5.2 分块 Bootstrap

大多数情况下，基于模型的方法不能使用，因此需要一个更一般的方法。许多最常用的相依数据的 bootstrap 方法依赖于数据分块的概念，目的是在每块里保持协变量结构，尽管当重新抽样时该结构在分块间会消失。我们从介绍*非移动*和*移动分块 bootstrap* 开始。需要指出的是我们这里开始介绍的这些方法忽略了几种加强形式，比如额外分块、中心化和学生化，这些方法可以使得潜在的性能达到最优。我们将在 9.5.2.3 节和 9.5.2.4 节介绍这些方法。

9.5.2.1 非移动分块 Bootstrap

考虑使用统计量 $\hat{\theta} = T(\hat{F})$ 估计未知参数 $\theta = T(F)$，这里 $\hat{F}$ 是数据的经验分布函数。通过使用 bootstrap 伪估计 $\hat{\theta}_i^*(i = 1, \cdots, m)$ 的集合可以采用 bootstrap 重抽样方法估计 $\hat{\theta}$ 的抽样分布。计算得到的 $\hat{\theta}_i^*$ 作为 $T(\hat{F}_i^*)$ ，这里 $\hat{F}_i^*$ 是伪数据集 $\mathcal{X}_i^*$ 的经验分布函数。这些 $\mathcal{X}_i^*$ 的生成必须考虑与生成原始数据 $\mathcal{X}$ 的随机过程具有相似的结构。达到这个目标的一个简单的近似方法是*非移动分块 Bootstrap*[93]。

考虑把 $\mathcal{X} = (\boldsymbol{X}_1, \cdots, \boldsymbol{X}_n)$ 分割成 b 个长度为 l 的互不重叠的块，这里为了方便起见我们假设 $lb = n$。对于 $i = 1, \cdots, b$，定义这些块为 $\mathcal{B}_i = (\boldsymbol{X}_{(i-1)l+1}, \cdots, \boldsymbol{X}_{il})$。最简单的非移动分块 bootstrap 是独立可重复地从 $\{\mathcal{B}_1, \cdots, \mathcal{B}_b\}$ 抽取 $\{\mathcal{B}_1^*, \cdots, \mathcal{B}_b^*\}$。然后把这些块结合在一起组成一个伪数据集 $\mathcal{X}^* = (\mathcal{B}_1^*, \cdots, \mathcal{B}_b^*)$。重复这个过程 B 次生成一个 bootstrap 伪数据集合，定义为 $\mathcal{X}_i^*$ ，这里 $i = 1, \cdots, B$。每个 bootstrap 伪值 $\hat{\theta}_i^*$ 由相应的 $\mathcal{X}_i^*$ 计算得到，这 B 个伪值的分布可以近似于 $\hat{\theta}$ 的分布。尽管这个 bootstrap 过程很简单，但是我们将简要地说明为什么它不是最好的方法。

首先，我们考虑一个简单的例子。假设 $n = 9$，$l = 3$，$b = 3$，以及 $\mathcal{X} = (X_1, \cdots, X_9) =$

$(1,2,3,4,5,6,7,8,9)$。分块为 $\mathcal{B}_1=(1,2,3)$，$\mathcal{B}_2=(4,5,6)$ 和 $\mathcal{B}_3=(7,8,9)$。独立可重复地从这些块里抽样并重新组织结果生成 $\mathcal{X}^*=(4,5,6,1,2,3,7,8,9)$。块内部的顺序依然保持，但是块间的顺序重新排列，因为 $\mathcal{X}$ 是静态的，所以不影响结果。另一个可能的 bootstrap 样本是 $\mathcal{X}^*=(1,2,3,1,2,3,4,5,6)$。

例 9.9 (工业国家的 GDP) 该书的网站上给出了从 1871 年到 1910 年 $n=40$ 年间 16 个工业国家的平均国民生产总值（GDP）百分比变化的数据，该数据来自文献 [431]。图 9.4 给出了该数据的图示。

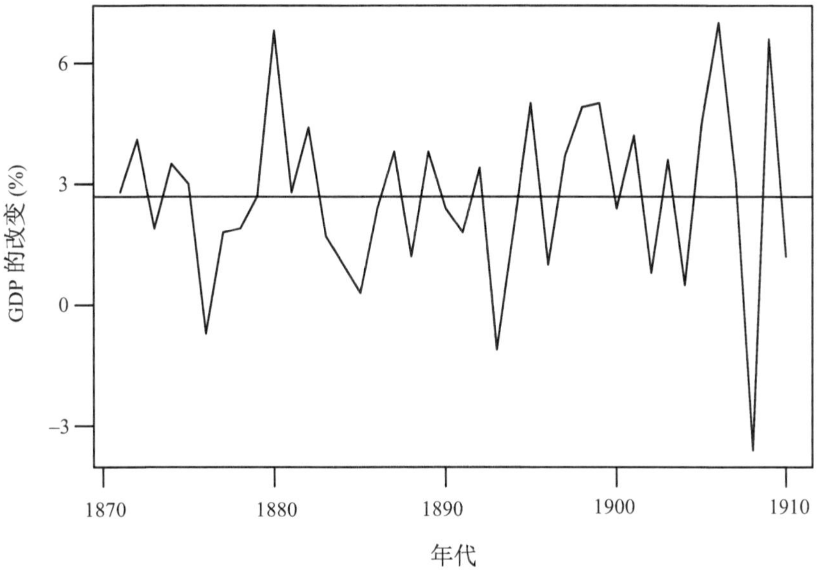

图 9.4 16 个工业国家 1871–1910 年国民生产总值（GDP）的平均变化的时间序列(水平线是总平均值，$\overline{X}=2.6875$)

令 $\hat{\theta}=\overline{X}$ 估计该周期内的平均 GDP 的改变。该估计的方差是

$$\mathrm{var}\{X\}=\frac{1}{n}\left(\mathrm{var}\{X_i\}+2\sum_{i=1}^{n-1}\left(1-\frac{i}{n}\right)\mathrm{cov}\{X_1,X_{1+i}\}\right) \tag{9.24}$$

令 $b=5$ 和 $l=8$。图 9.5 给出了 $B=10\ 000$ 个 bootstrap 估计 $\overline{X}_i^*$ 的直方图，这里 $i=1,\cdots,B$，使用的是非移动分块 bootstrap 方法。这些值的样本标准差是 0.196。

因为在式 (9.24) 里多数协方差项是负的，所以由独立同分布方法生成的样本标准差大于分块 bootstrap 方法生成的标准差。本例中，独立同分布方法 (相应于 $l=1,b=40$) 生成的标准差是 0.332。 □

9.5.2.2 移动分块 Bootstrap

非移动分块 bootstrap 方法使用的是分割 $\mathcal{X}$ 的互不相交的块，这种选择不如采用*移动分块 Bootstrap*[396] 里更广泛的策略。使用这种方法时，考虑 $\boldsymbol{X}_t$ 的所有 l 个邻接分块，而不管

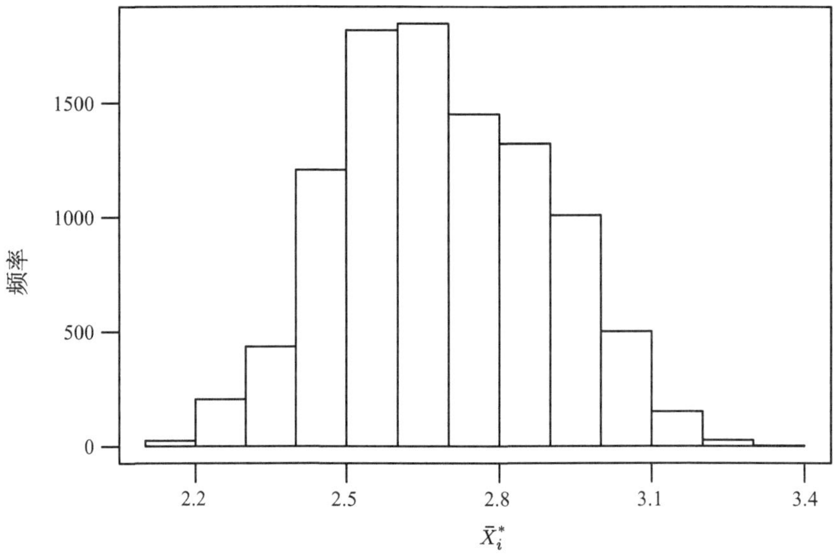

图 9.5 例 9.9 的 $B=10000$ 个 bootstrap 估计 $\overline{X}_i^*$ 的直方图

这些块是否重叠。因此我们定义 $\mathcal{B}_i=(\boldsymbol{X}_i,\cdots,\boldsymbol{X}_{i+l-1})$，这里 $i=1,\cdots,n-l+1$。独立可重复地对这些块进行重抽样，得到 $\mathcal{B}_1^*,\cdots,\mathcal{B}_b^*$，这里我们为方便起见再次假设 $n=lb$。首尾相连地排列 B_i^* 使它生成 $\mathcal{X}^*$，则生成一个伪估计 $\hat{\theta}^*=T(\hat{F}^*)$。重复该过程 B 次生成 $\hat{\theta}^*$ 的一个 bootstrap 样本值，这里 $i=1,\cdots,B$。对于 $\mathcal{X}=(1,\cdots,9)$ 的情形，一个可能的 bootstrap 序列 $\mathcal{X}^*$ 是 $(1,2,3,2,3,4,6,7,8)$，该序列由两个重叠的块 $(1,2,3)$ 和 $(2,3,4)$ 以及另外的一个块 $(6,7,8)$ 组成。

例 9.10 (工业国家的 GDP, 续) 对于前面的 GDP 数据，采用 $l=8$ 的移动分块 bootstrap 方法生成的一个估计标准差是 0.188。为了进行比较，移动和非移动 bootstrap 方法分别重复了 20 000 次估计各自的期望性能。非移动和移动分块方法标准差的 bootstrap 估计的中位数（标准差）分别为 0.187 (0.001 25) 和 0.196 (0.001 31)。原则上，移动分块 bootstrap 优于非移动分块 bootstrap，详见 9.6.2 节。 □

9.5.2.3 迭代分块 Bootstrap

上面的叙述我们避开了分块 bootstrap 的一个关键因素。一般情况下我们的例子使用 $\overline{X}$ 是不足够的，因为样本均值的分布仅依赖于 X_t 的一维边缘分布。对于相依数据问题，许多令我们感兴趣的重要参数与多个 X_t 的联合分布的内在协变量结构有关。

注意在 $\mathcal{X}$ 中的连续的相关性经常会在 $\mathcal{X}^*$ 中破坏，$\mathcal{X}^*$ 中相邻的重抽样块组成了 $\mathcal{X}^*$ 中的点。如果参数 $\theta=T(F)$ 与 p 维分布函数相关联，简单的移动或非移动分块 bootstrap 不能复制目标协变量的结构，因为伪数据集更像是白噪声而不是原始序列本身。

例如，考虑时滞为 2 的自协方差 $\rho_2=E\{(X_t-EX_t)(X_{t+2}-EX_t)\}$，它依赖于三维随机变量 (X_t,X_{t+1},X_{t+2}) 的分布函数。一个适宜的分块 bootstrap 技术会确保每个伪估计 ρ_2^* 来

自于该三维随机变量，这将消除在原始数据中临近的 X_t^* 和 X_{t+2}^* 时滞不是 2 的情况。如果不采用这种策略，那么将有 $b-1$ 个不适宜的量用来估计 ρ_2^*。

一种补救的方法是迭代分块 bootstrap。令 $\boldsymbol{Y}_j=(X_j,\cdots,X_{j+p-1})$，这里 $j=1,\cdots,n-p+1$。现将这些 $\boldsymbol{Y}_j$ 组成一个新的 p维随机变量序列，对它可以应用分块 bootstrap。另外序列 $\mathcal{Y}=\{\boldsymbol{Y}_t\}$ 是静态的，并且我们可以把 θ 和 $\hat{\theta}$ 分别重新表示为 $T_Y(F_Y)$ 和 $T_Y(\hat{F}_Y)$，这里 F_Y 是 $\mathcal{Y}$ 的分布函数，T_Y 是 T 的另一种表达形式，它确保能写成 $\hat{F}_Y$ 的函数，使得可以使用 $\mathcal{Y}$ 计算估计量而不是使用 $\mathcal{X}$。

对于非移动分块 bootstrap，$\mathcal{Y}=(Y_1,\cdots,Y_{n-p+1})$ 被分解为 b 个长度为 l 的相邻的块。定义这些块为 $\mathcal{B}_1',\cdots,\mathcal{B}_b'$，将这些块进行可重复地再抽样，并且首尾相连地组成一个伪数据集 $\mathcal{Y}^*$。每个 $\mathcal{Y}^*$ 生成一个伪估计 $\hat{\theta}^*=T_Y(\hat{F}_Y^*)$，这里 $\hat{F}_Y^*$ 是 $\mathcal{Y}^*$ 的经验分布函数。

例如，令 $n=13,b=4,l=3,p=2$ 以及 $\mathcal{X}=(1,2,\cdots,13)$，那么

$$\mathcal{Y}=\left(\begin{pmatrix}1\\2\end{pmatrix},\begin{pmatrix}2\\3\end{pmatrix},\cdots,\begin{pmatrix}12\\13\end{pmatrix}\right)$$

对于非移动迭代分块方法，四个不相重叠的块是

$$\mathcal{B}_1'=\left\{\begin{pmatrix}1\\2\end{pmatrix},\begin{pmatrix}2\\3\end{pmatrix},\begin{pmatrix}3\\4\end{pmatrix}\right\},\cdots,\mathcal{B}_4'=\left\{\begin{pmatrix}10\\11\end{pmatrix},\begin{pmatrix}11\\12\end{pmatrix},\begin{pmatrix}12\\13\end{pmatrix}\right\}$$

一个可用的迭代分块非移动 bootstrap 数据集是

$$\mathcal{Y}^*=\left\{\begin{pmatrix}7\\8\end{pmatrix},\begin{pmatrix}8\\9\end{pmatrix},\begin{pmatrix}9\\10\end{pmatrix},\begin{pmatrix}1\\2\end{pmatrix},\begin{pmatrix}2\\3\end{pmatrix},\begin{pmatrix}3\\4\end{pmatrix},\right.$$
$$\left.\begin{pmatrix}1\\2\end{pmatrix},\begin{pmatrix}2\\3\end{pmatrix},\begin{pmatrix}3\\4\end{pmatrix},\begin{pmatrix}10\\11\end{pmatrix},\begin{pmatrix}11\\12\end{pmatrix},\begin{pmatrix}12\\13\end{pmatrix}\right\}$$

对于移动分块 bootstrap 的迭代分块方法的过程与此类似。在这种情形下，存在 $n-p+1$ 个大小为 p 的块。这些块相重叠，所以这些相邻的块看起来像 $(X_t,\cdots,X_{t+p-1})$ 和$(X_{t+1},\cdots,X_{t+p})$。在上面的例子中，10 个迭代分块中的前两个是

$$\mathcal{B}_1'=\left\{\begin{pmatrix}1\\2\end{pmatrix},\begin{pmatrix}2\\3\end{pmatrix},\begin{pmatrix}3\\4\end{pmatrix}\right\},\quad \mathcal{B}_2'=\left\{\begin{pmatrix}2\\3\end{pmatrix},\begin{pmatrix}3\\4\end{pmatrix},\begin{pmatrix}4\\5\end{pmatrix}\right\}$$

一个可用的伪数据集是

$$\mathcal{Y}^*=\left\{\begin{pmatrix}7\\8\end{pmatrix},\begin{pmatrix}8\\9\end{pmatrix},\begin{pmatrix}9\\10\end{pmatrix},\begin{pmatrix}8\\9\end{pmatrix},\begin{pmatrix}9\\10\end{pmatrix},\begin{pmatrix}10\\11\end{pmatrix},\right.$$
$$\left.\begin{pmatrix}3\\4\end{pmatrix},\begin{pmatrix}4\\5\end{pmatrix},\begin{pmatrix}5\\6\end{pmatrix},\begin{pmatrix}1\\2\end{pmatrix},\begin{pmatrix}2\\3\end{pmatrix},\begin{pmatrix}3\\4\end{pmatrix}\right\}$$

迭代分块策略会在下面的分块 bootstrap 方法中隐含地讨论。然而，向量化这些数据，然

后用 $\boldsymbol{Y}_t$ 或者把 T 重新表示成 T_Y 是很困难且难以操作的。如果这些困难太大，一个实用的解决方法是采用对应于 $p=1$ 的简单方法。

例 9.11 (树的年轮) 本书的网站给出了一个生长在加利福尼亚州 Campito 山上名叫刺果松的长寿命狐尾松数据集。图 9.6 给出了一个年轮为 $n=452$ 从 1532 年到 1983 年的树的底部面积增长图形，这里考虑的时间序列消除了长期趋势并进行了标准化[277]。

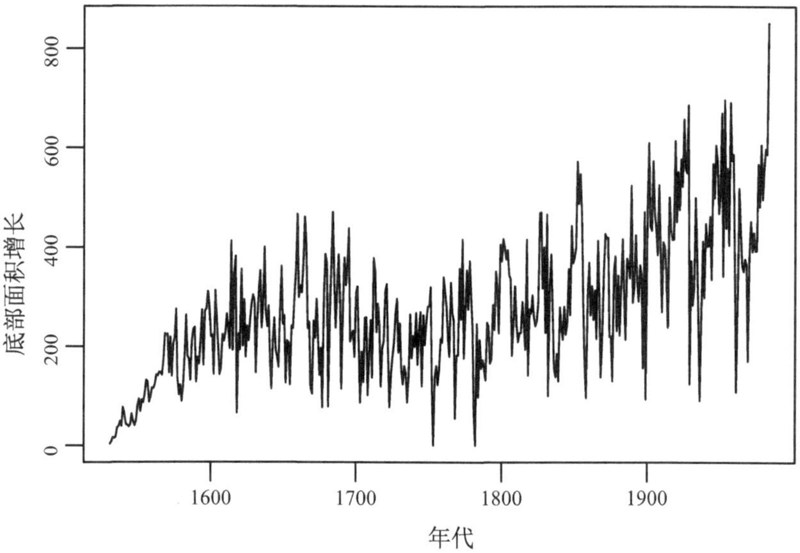

图 9.6 例 9.11 讨论的狐尾松底部面积在 1532–1983 年的增长图形

考虑估计时滞为 2 的自相关树底面积增量的标准误，也即是 X_t 和 X_{t+2} 的相关关系。时滞为 2 的样本的自相关系数是 $\hat{r}=0.183$。为了应用迭代分块方法我们必须使用 $p=3$ 使得每个小块包含 X_t 和 X_{t+2}，这里 $t=1,\cdots,450$。

因此 $\mathcal{X}$ 生成 450 个三维向量 $\boldsymbol{Y}_t=(X_t,X_{t+1},X_{t+2})$ 并且向量化序列是 $\mathcal{Y}=(\boldsymbol{Y}_1,\cdots,\boldsymbol{Y}_{450})$。从这 450 个块中，我们可以重新再抽样。令这些块中的每一个由 25 个小块组成，时滞为 2 的相关系数可以通过下式估计

$$\hat{r}=\sum_{t=1}^{450}(Y_{t,1}-M)(Y_{t,3}-M)/\sum_{t=1}^{452}(X_t-M)^2$$

这里 $Y_{t,j}$ 是 $\boldsymbol{Y}_t$ 的第 j 个元素，M 是 $X_1,\cdots,X_n$ 的均值。为了简化表达式，这里分母和 M 用 $\mathcal{X}$ 表示，但是它们也可以重新用 $\mathcal{Y}$ 表示使得 $\hat{r}=T_Y(\hat{F}_Y)$。

通过对 $\boldsymbol{Y}_t$ 的重抽样应用移动迭代分块 bootstrap 方法并组成一个伪数据集 $\mathcal{Y}_i^*$，则对每个 $i=1,\cdots,B$ 生成一个 bootstrap 估计 $\hat{r}_i^*$ 。那么 r_i^* 的标准差，也即是 $\hat{r}$ 的估计的标准误是0.51。Bootstrap 估计的偏度是 -0.008（见 9.2.4 节）。 □

9.5.2.4 中心化和学生化

移动和非移动分块 bootstrap 方法生成不同的 $\hat{\theta}_n^*$ 的 bootstrap 分布。为了观察这点，考虑 $\theta = EX_t$ 和 $\hat{\theta} = \overline{X}$ 的情形。假设 $n = lb$ 并注意 B_i^* 是独立同分布的，且每个的概率为 $1/b$。令 E^* 表示分块 bootstrap 分布的期望，那么

$$E^*(\hat{\theta}^*) = E^*\left\{\frac{1}{l}\sum_{j=1}^{l} X_j^*\right\} = \frac{1}{b}\sum_{i=1}^{b}\left(\frac{1}{l}\sum_{j=1}^{l} X_{(i-1)l+j}^*\right) = \frac{n\overline{X}}{lb} = \overline{X} \tag{9.25}$$

然而，对于移动分块 bootstrap 方法期望如下

$$\begin{aligned} E^*(\hat{\theta}^*) &= E^*\left\{\frac{1}{l}\sum_{j=1}^{l} X_j^*\right\} \\ &= \frac{1}{n-l+1}\sum_{i=1}^{n-l+1}\left(\frac{1}{l}\sum_{j=1}^{l} X_{i+j-1}^*\right) \\ &= \frac{1}{n-l+1}\left\{n\overline{X} - \frac{1}{l}\sum_{i=1}^{l-1}(l-i)(X_i + X_{n-i+1})\right\} \end{aligned} \tag{9.26}$$

式 (9.26) 大括号里的第二项说明在任何一个序列的结尾 l 个位置的观测值出现在较少的块上，因此对上面和式的贡献相对较少。换句话说，移动分块 bootstrap 方法具有边际效应。需要指出的是 bootstrap 均值间的均方差是 $\mathcal{O}(l/n^2)$，因此当 $n \to \infty$ 时，它们的差异将消失。

这里有一个重要的事实是 $\hat{\theta}^*$ 既是非移动分块 bootstrap 的无偏估计，也是移动分块 bootstrap 的有偏估计。假设我们想对一个枢轴量比如 $\hat{\theta} - \theta$ 应用移动分块 bootstrap，一个很自然的考虑是 bootstrap 版本的 $\hat{\theta}^* - \hat{\theta}$。然而 $E^*\{\hat{\theta}^* - \hat{\theta}\} \neq 0$，该误差以很慢的速度收敛于零，下一段将说明没有必要采用这种方法。

改进的方法是使用 $\hat{\theta}^* - E^*\hat{\theta}^*$ 进行中心化处理。对于样本均值，$E^*\hat{\theta}^*$ 由式（9.26）给出。这种可选的中心化方法对于更一般的统计量 $\hat{\theta} = T(\hat{F})$ 使用移动分块 bootstrap 时有一个显著的新的壁垒，即难以计算 $E^*\hat{\theta}^*$。幸运的是可以证明在合适的条件下，如果 $\hat{\theta}$ 是光滑函数，当 bootstrap 可以表示成 $\hat{\theta} = \hat{\theta}(\overline{X})$ 的任意的统计量时应用枢轴方法是足够的[140,275,398]。这称为**光滑函数模型**，它是在研究和总结分块 bootstrap 方法的渐近性质时常见的内容。

当用估计的标准差去标度统计量进行学生化时会遇到类似的问题。重新回到上面的光滑函数的结果，我们做一个简单的假设，即 $\hat{\theta} = \overline{X}$ 并限制所考虑的问题是非移动 bootstrap。一个显然的学生化是 $(\overline{X}^* - E^*\overline{X}^*)/(s^*/\sqrt{n})$，这里 s^* 是 bootstrap 数据 $\mathcal{X}^*$ 的标准差。然而 s^* 不是 $\mathrm{var}^*\{\overline{X}^* - E^*\overline{X}^*\}$ 一个好的近似[296,312]，它的改进是

$$\tilde{s}_{*,1}^2 = \frac{1}{n}\sum_{i=1}^{b}\sum_{j=1}^{l}\sum_{k=1}^{l}(X_{il+j} - \overline{X})(X_{il+k} - \overline{X}) \tag{9.27}$$

和

$$\tilde{s}_{*,2}^2 = \frac{1}{n}\sum_{i=0}^{b-1}\sum_{j=1}^{l}\sum_{k=1}^{l}(X_{il+j} - \overline{X}^*)(X_{il+k} - \overline{X}^*) \tag{9.28}$$

它们在文献 [275，312，399] 中是建议可选的，两者都是可行的。

另外一种改正边际效应的方法是*循环分块 bootstrap*[512]。这种方法通过定义“新”的观测值 $\boldsymbol{X}_{n+i}^{(\text{new})} = \boldsymbol{X}_i, 1 \leqslant i \leqslant b-1$，扩展观测时间序列，该观测值被连接到原始序列的尾部。然后对于移动分块 bootstrap ，“卷起来”的序列以相同的方式组成重叠的块。这些块以相同的概率进行独立可重复再抽样。因为原始 $\mathcal{X}$ 里每个 $\boldsymbol{X}_i(1 \leqslant i \leqslant n)$ 在扩展的块集合里恰好出现 n 次，所以消除了边际效应。

稳态分块 bootstrap 通过使用具有随机长度的块解决了相同的边际效应问题[513]。分块的起始点在集合 $1,\cdots,n$ 上独立同分布地选择，结束点根据几何分布 $P[\text{结束点} = j] = p(1-p)^{j-1}$ 选择。因此，块的长度是随机的并具有条件均值 $1/p$。p 的选择是一个比较困难的问题，然而模拟结果表明稳态分块 bootstrap 的结果对 p 的敏感性远低于移动分块 bootstrap 对 l 的选择 [513]。理论上讲，当 $n \to \infty$ 时有 $p \to 0$ 和 $np \to \infty$ 就足够了。从实际应用的观点来看，推荐使用 $p = 1/l$。名词*稳态分块 bootstrap* 用来描述这种方法是因为它生成一个稳态时间序列，而移动和非移动分块 bootstrap 不能生成。

9.5.2.5 分块大小

分块 bootstrap 方法的性能依赖于块的长度 l。当 $l = 1$ 时，该方法对应于独立同分布 bootstrap，同时所有的相关结构都消失。对于很大的 l，自相关被最大程度地保留，但是只能抽样很少的块。渐近结果表明，对于分块 bootstrap，如果该方法生成矩的相合估计、置信区间的正确覆盖概率以及假设检验适宜的误判概率 (见 9.6.2 节)，那么块的长度随着时间序列的长度增加。在实际应用中已经有几种选择块的长度的方法。这里我们的讨论限制在与移动分块 bootstrap 相关的两种方法。

选择块的长度的一个合理的依据是考虑 bootstrap 估计的均方误差 (MSE)。本章我们已经考虑 $\theta = T(F)$ 作为分布 F 的一个有趣的特征，并且 $\hat{\theta}$ 作为 θ 的一个估计。统计量 $\hat{\theta}$ 具有的某些性质 (它的抽样分布的特征) 依赖于未知的 F，比如 $\text{var}\{\hat{\theta}\}$ 或者 $\text{MSE}\{\hat{\theta}\}$，bootstrap 用来估计这些量。然而，bootstrap 估计本身有它自己的偏度、方差和均方误差且又依赖于 F。这些可以作为评价分块 bootstrap 性能的准则，并据此可以比较不同的块的长度的选择。

Bootstrap 估计的均方误差可以通过 bootstrap 估计得到。尽管下面讨论的两种方法执行嵌套的策略都没有 9.3.2.4 节描述的方法浅显，但是它们都采用启发式多层重抽样估计最优分块长度，定义为 l_{opt}。一个可供选择的方法在文献 [83] 里做了探讨。

子抽样加上 bootstrap 当 $\hat{\theta}$ 是均值或者有关的光滑函数时，这里描述的方法是分块 bootstrap 估计的均方误差的估计[297]。定义 $\phi_b = \text{bias}\{\hat{\theta}\} = E(\hat{\theta} - \theta)$ 以及 $\phi_v = \text{var}\{\hat{\theta}\} = E\{\hat{\theta}^2\} - (E\hat{\theta})^2$，令 $\hat{\phi}_b = \text{bias}^*\{\hat{\theta}^*\}$ 和 $\hat{\phi}_v = \text{var}^*\{\hat{\theta}^*\}$ 是 ϕ_b 和 ϕ_v 的分块 bootstrap 估计。例如，

在光滑函数模型下，μ 表示真实的均值，$\theta = H(\mu), \hat{\phi}_b = \sum_{i=1}^{B}(H(\overline{X}_i^*) - H(\overline{X}))/B$，这里 $\overline{X}_i^*$ 是第 i 个伪数据集的均值，H 是光滑函数。注意因为每个 $\phi_j, j \in \{b, v\}$ 依赖于 l，因此我们把这些量写为 $\phi_j(l)$。在合适的条件下可以证明对于 $j \in \{b, v\}$ 有

$$\text{var}\{\hat{\phi}_j(l)\} = \frac{c_1 l}{n^3} + o\frac{l}{n^3} \tag{9.29}$$

$$\text{bias}\{\hat{\phi}_j(l)\} = \frac{c_2}{nl} + o\frac{1}{nl} \tag{9.30}$$

因此，

$$\text{MSE}\{\hat{\phi}(l)_j\} = \frac{c_1 l}{n^3} + \frac{c_2^2}{n^2 l^2} + o\left(\frac{l}{n^3} + \frac{1}{n^2 l^2}\right) \tag{9.31}$$

这里 c_1 和 c_2 依赖于 j。对最后一个表达式进行微分并求解 l，使得 MSE 最小化，得到

$$l_{\text{opt}} \sim \left(\frac{2c_2^2}{c_1}\right)^{1/3} n^{1/3} \tag{9.32}$$

这里符号 $\sim$ 定义为如果 $\lim_{n\to} a_n/b_n = 1$，则有 $a_n \sim b_n$。为了简化本节余下的部分，我们关注估计的偏度，令 $\phi = \phi_b$。后面我们将指出对于不同的估计方法有相同的结果。

目标是推出块的长度求解 l，使得最小化 $\text{MSE}\{\hat{\phi}(l)\}$。我们通过几个可选的 l 值估计 MSE $\{\hat{\phi}(l)\}$ 并选择最优的。首先，选择一个试用的块大小为 l_0 并采用常用的分块 bootstrap 得到 $\hat{\phi}(l_0)$。其次，考虑一个小的子数据集大小为 $m < n$，该子数据集对于某个 l' 可以得到一个类似的估计 $\hat{\phi}_m(l')$。$\text{MSE}\{\hat{\phi}(l)\}$ 的估计依赖于这些 $\hat{\phi}_m(l')$ 的集合和 $\hat{\phi}(l_0)$。

令 $\mathcal{X}_i^{(m)} = (X_i, \cdots, X_{i+m-1})$ 定义为 $\mathcal{X}$ 的一个长度为 m 的子序列，其中 $i = 1, \cdots, n - m + 1$。对 $\mathcal{X}_i^{(m)}$ 应用分块 bootstrap 使用 B 次迭代并选择试验块的长度为 l'，进而生成 ϕ 的一个点估计，对每个 i 记为 $\hat{\phi}_{i,m}(l')$。对于上面有偏的例子，$\hat{\phi}_{i,m} = \sum_{j=1}^{B}(H(\overline{X}_{i,j}^*) - H(\overline{X}_i))/B$，这里 $\overline{X}_i$ 是 $\mathcal{X}_i^{(m)}$ 的均值，$\overline{X}_{i,j}^*$ 是从 $\mathcal{X}_i^{(m)}$ 中生成的第 j 个 bootstrap 伪数据集的均值，$j = 1, \cdots, B$。那么基于大小为 m 的子数据集的分块 bootstrap 估计 $\hat{\phi}_m(l')$，它的均方误差的一个估计是

$$\widehat{\text{MSE}}_m\{\hat{\phi}_m(l')\} = \frac{1}{n - m + 1} \sum_{i=1}^{n-m+1} \left(\hat{\phi}_{i,m}(l') - \hat{\phi}(l_0)\right)^2 \tag{9.33}$$

其中 $\hat{\phi}(l_0)$ 是使用试验的分块长度 l_0 得到的 bootstrap 全数据集的估计。

令 $\hat{l}_{\text{opt}}^{(m)}$ 是最小化 $\widehat{\text{MSE}}_m\{\hat{\phi}(l')\}$ 的 l' 的取值，这个最小值可以通过试验一系列 l' 的值并选取最优的而获得，那么对于长度为 m 的序列 $\hat{l}_{\text{opt}}^{(m)}$ 估计最优的块大小。因为实际的数据序列长度为 n 并且最优块大小是 $n^{1/3}$ 阶，我们必须相应地标度 $\hat{l}_{\text{opt}}^{(m)}$ 生成 $\hat{l}_{\text{opt}} = \hat{l}_{\text{opt}}^{(n)} = (n/m)^{1/3}\hat{l}_{\text{opt}}^{(m)}$。

这里描述的过程应用于当 ϕ 是偏度或者方差函数的情况。为了估计一个分布函数，使用类似的方法可以给出一个合适的标度因子 $\hat{l}_{\text{opt}} = (n/m)^{1/4}\hat{l}_{\text{opt}}^{(m)}$。

如何给出 m 和 l 的好的选择是不清楚的。文献 [297，402] 的几个例子选择比如 $m \approx 0.25n$ 和 $l_0 \approx 0.05n$ 能产生合理的模拟结果。重要的是试验值 l_0 似乎是可行的，但是 l_0 的效

果通过迭代可能会减少。具体地说，使用一个初始试验值 l_0 应用该过程后，通过使用当前估计 $\hat{l}_{\mathrm{opt}}^{(n)}$ 替换先前的试验值并重复该过程可以使迭代结果的性能增强。

刀切法加上 bootstrap 文献 [404] 介绍了一种可以替代上述方法的经验插入方法。这里应用 bootstrap 后用刀切 (jackknife-after-bootstrap) 方法[180,401]估计 bootstrap 估计量的性质。

回忆式 (9.31) 和 (9.32) 中 $\mathrm{MSE}\{\hat{\phi}(l)\}$ 和 l_{opt} 的表达式。方程 (9.32) 给出最优比率是块的大小应该随着样本容量的增加而增加，即正比于 $n^{1/3}$。然而没有 c_1 和 c_2 的值不能确定 l_{opt} 的具体取值。重新组织式 (9.29) 和 (9.30) 的项得到

$$c_1 \sim n^3 l^{-1} \mathrm{var}\{\hat{\phi}(l)\} \tag{9.34}$$

$$c_2 \sim nl \mathrm{bias}\{\hat{\phi}(l)\} \tag{9.35}$$

因此如果 $\mathrm{var}\{\hat{\phi}(l)\}$ 和 $\mathrm{bias}\{\hat{\phi}(l)\}$ 可以用相合估计 $\hat{V}$ 和 $\hat{B}$ 近似，那么我们可以估计 c_1、c_2，进而估计 $\mathrm{MSE}\{\hat{\phi}(l)\}$。另外方程 (9.32) 可以用来估计 l_{opt}。

核心问题是估计 $\hat{V}$ 和 $\hat{B}$。可以证明估计量

$$\hat{B} = 2(\hat{\phi}(l') - \hat{\phi}(2l')) \tag{9.36}$$

在适当的条件下是偏度 $\{\hat{\phi}(l')\}$ 的相合估计，其中 l' 是一个选定的分块长度。l' 的选择决定了估计量 $\hat{B}$ 的精度。

$\hat{V}$ 的计算依赖于 bootstrap 后用刀切的方法[180]。应用迭代分块里的内容，该方法消除了分块的临近集合并对剩余的再抽样，由再抽样可以计算 $\hat{\phi}$。在 $\mathcal{X}$ 中重复进行从一个块到另一个块的消除块的过程，一次一个块，生成 $\hat{\phi}$ 的 bootstrap 伪值的完整集合，可以算出它的方差并进行标度用来估计 $\mathrm{var}\{\hat{\phi}\}$。

详细过程如下：当对一个数据序列 $(X_1, \cdots, X_n)$ 应用移动分块 bootstrap 时，有 $n-l+1$ 个块 $B_1, \cdots, B_{n-l+1}$ 可以进行再抽样，这些块是 $B_j = (X_j, \cdots, X_{j+l-1})$，$j = 1, \cdots, n-l+1$。假设从这些块的集合里消除 d 个邻接块，可以采取 $n-l-d+2$ 个可能的方法消除 $(B_i, \cdots, B_{j+l-1})$，$i = 1, \cdots, n-l-d+2$。第 i 个这样的消除导致第 i 个块的数据集减少，称为一个块消除数据集。在第 i 个块消除数据集上使用移动分块 bootstrap 方法，块的长度为 l'，第 i 个块消除的值 $\hat{\phi}_i$ 可以通过 $\hat{\phi}_i = \phi(\hat{F}_i^*)$ 计算，其中 $\hat{F}_i^*$ 是移动分块 bootstrap 方法中第 i 个块消除数据集的样本的经验分布函数。

然而，上面考虑的 $n-l-d+2$ 个分离的块消除 bootstrap 可以在没有明显的块消除步骤时进行。对于每个 i，可以搜索原始 bootstrap 的伪数据集的集合以确认在所有的 $\mathcal{X}^*$ 里没有第 i 个消除的块出现。然后可以用原始 bootstrap 的伪数据集的子集合来计算 $\hat{\phi}_i$。基于块消除数据的一个合适的方差估计量是

$$\hat{V} = \frac{d}{n-l-d+1} \sum_{i=1}^{n-l-d+2} \frac{(\tilde{\phi}_i - \hat{\phi})^2}{n-l-d+2} \tag{9.37}$$

其中

$$\tilde{\phi}_i = \frac{(n-l+1)\hat{\phi} - (n-l-d-1)\hat{\phi}_i}{d} \tag{9.38}$$

$\hat{\phi}$ 是使用原始 bootstrap 的结果的 ϕ 的估计。最后 l_{opt} 可以通过式 (9.32) 求得。这种方式下，重复再抽样的计算量被寻找每个 i 的合适的伪数据集时增加的代码的复杂度替代。注意 d 的选择会对 $\text{var}\{\hat{\phi}(l_{\text{opt}})\}$ 的估计量 $\hat{V}$ 的性能产生很大的影响。

在合适的条件下，当 $d \to \infty$ 并且在 $n \to \infty$ 条件下 $d/n \to 0$ 时，$\hat{B}$ 是 $\text{bias}\{\hat{\phi}\}$ 的相合估计，$\hat{V}$ 是 $\text{var}\{\hat{\phi}\}$ 的相合估计[404]。这种方法还剩余一个关键的部分：d 和 l_0 的选择。基于启发式的观点和模拟建议采用值 $l_0 = n^{1/5}$ 和 $d = n^{1/3}l^{2/3}$ [401,403,404]。利用迭代的策略更新 l_0 也是可行的。

这些结果是有关 bootstrap 估计量的偏度和方差的最优长度的估计问题。类似的结果可以用来表述当 ϕ 表示分位数的情形。在这种情况下，假设进行学生化，$l_{\text{opt}} \sim (c_2^2/c_1)^{1/4}n^{1/4}$ 并建议初始值为 $l_0 = n^{1/6}$ 和 $d = 0.1n^{1/3}l^{2/3}$ [404]。

9.6 Bootstrap 的性质

9.6.1 独立数据的情形

本章介绍的所有 bootstrap 依赖的一个原则是 bootstrap 的分布应该近似于目标量的真实分布。标准的参数方法比如 t 检验以及卡方分布的对数似然比也依赖于分布的近似。

我们已经讨论了独立同分布 bootstrap 近似失败的一种情形：相依数据。Bootstrap 对于极值的估计也会失败。例如，bootstrap 样本最大值可能得到非常糟糕的结果；详见文献 [142]。最后，bootstrap 方法还不能用于厚尾分布。此时，bootstrap 抽样的异常点出现得过于频繁。

关于 bootstrap 方法的相合性和收敛速率有非常重要的极限理论，由此可以给出bootstrap 形式化的近似阶。这些结论超出了本书讨论的范围，下面我们只介绍一些主要的想法。

首先，独立同分布的 bootstrap 在适当的条件下是相合的[142]。具体地说，考虑一个包含 F 的分布函数的适当空间，并令 $\mathcal{N}_F$ 表示 F 的邻域， $\hat{F}$ 最终以概率1落入该邻域。如果当 $\mathcal{X}$ 中的元素抽样自任意的 $G \in \mathcal{N}_F$ 时，标准化 $R(\mathcal{X}, G)$ 的分布是一致弱收敛的，并且如果从 G 到相应的 R 的极限分布的映射是连续的，那么对于任意的 ϵ 和任意的 q，当 $n \to \infty$ 时有 $P^*\left[\left|P[R(\mathcal{X}^*, \hat{F}) \leqslant q] - P[R(\mathcal{X}, F) \leqslant q]\right| > \epsilon\right] \to 0$。

Edgeworth 展开来也可以用来衡量收敛率[295]。当 $R(\mathcal{X}, F)$ 是渐近正态分布时，假设 $R(\mathcal{X}, F)$ 是标准化的并且为渐近枢轴量，那么 bootstrap 的常用收敛率为 $P^*[R(\mathcal{X}^*, \widehat{F}) \leqslant q] - P[R(\mathcal{X}, F) \leqslant q] = \mathcal{O}_p\left(n^{-1}\right)$。若没有枢轴化，收敛率一般仅为 $\mathcal{O}(n^{-1/2})$。换言之，用基本的、未枢轴化的分位点方法得到的单边置信区间的覆盖率的精度为 $\mathcal{O}(n^{-1/2})$，而用 BC_a 和 bootstrap t 方法得到的精度为 $\mathcal{O}(n^{-1})$。使用嵌套 bootstrap 方法提高精度主要依靠的是原始区间的精度和

区间的类型。一般来说，嵌套 bootstrap 方法可将覆盖概率的收敛率减少额外的 $n^{-1/2}$ 或 n^{-1} 倍。这些收敛结果对大部分常见的推断问题都适用，其中包括样本矩的光滑函数的估计以及光滑极大似然函数的解等问题。

重要的是需要指出渐近方法，比如通过中心极限定理的正态近似的精度是 $\mathcal{O}(n^{-1/2})$。这个结果展示了当使用 bootstrap 方法时标准化的好处，因为这种情况下使用 bootstrap 的收敛率优于使用常规的渐近方法。用 BC_a、嵌套 bootstrap，以及其他改进的 bootstrap 方法提高收敛率的讨论在文献 [142，183] 中给出。进一步的理论研究参见文献 [47，295，589]。

9.6.2 相依数据情形

在适当的条件下，这里讨论的相依数据的 bootstrap 方法也是相合的。这些方法的收敛性质依赖于块长度 l 是否具有正确的阶数 (例如对于偏度和方差估计 $l \propto n^{1/3}$)。一般来说，当利用学生化时，分块 bootstrap 方法的性能优于利用中心极限定理的正态近似方法，但是不如独立同分布数据的 bootstrap 的性能。

并不是所有的相依数据的 bootstrap 方法都具有相等的效率。相对于均方误差，移动分块 bootstrap 优于非移动分块 bootstrap。假设 bootstrap 关注于一个潜在估计量的偏度或者方差的估计，那么当对每种方法使用最优的渐近分块大小时，非移动分块 bootstrap 渐近均方误差 (AMSE) 比移动分块 bootstrap 大 $1.5^{2/3}$ [297,400]。差异是因为对于方差的 AMSE 的贡献不同，对于两种方法的偏度的 AMSE 是一样的，均以相同的速率收敛于零。

对于相依数据的更高级的 bootstrap 方法可以给出更好的渐近性质，但是更繁琐甚至有时只能限制使用于某些特殊情况，而不像上面描述的任何一种分块方法可以适用于一般情形。*细化分块 bootstrap* (tapered block bootstrap) 通过减少块边界观测值的权重减少方差估计的偏度[498,499]。*筛选 bootstrap* (sieve bootstrap) 通过初始拟合一个自回归过程近似数据的生成过程。中心化残差然后再抽样并通过递归方法从拟合模型里生成 bootstrap 数据集 $\mathcal{X}^*$，这样初始化过程的影响随着迭代过程的增加逐渐消失[81,82,393]。*相依 wild bootstrap* (dependent wild bootstrap) 拥有细化分块 bootstrap 的良好的渐近性质并能推广到非规则的空间时间序列[590]。

9.7 Bootstrap 方法的其他用途

将 $\mathcal{X}^*$ 看作分布 $\widehat{F}$ 的一个随机样本，$\widehat{F}$ 中含有未知参数 $\widehat{\theta}$，bootstrap 原则可以被看作是近似似然函数的工具。*Bootstrap 似然*[141]是与经验似然密切联系的一种方法。通过给似然成分随机加权的方法，我们可以得到一种*Bayes bootstrap*方法[558]。这种方法的进一步推广称为*加权似然 bootstrap*方法，它是一种在某些困难的情况下近似似然曲面的有效方法[485]。

Bootstrap 方法通常用于评价一个估计的统计精度以及准确性。*Bootstrap 聚集方法*，或者*打包方法*，用 bootstrap 方法提高本身的估计[63]。假设 $R(\mathcal{X}, F)$ 是一个使用 bootstrap 方法抽样的量，并且仅通过 $\boldsymbol{\theta}$ 依赖于 F。于是我们有，$R(\mathcal{X},\boldsymbol{\theta})$ 的 bootstrap 值为 $R(\mathcal{X}^*,\widehat{\boldsymbol{\theta}})$。在有些情况中，$\boldsymbol{\theta}$ 是执行一次模型模拟的结果，其中模型是不确定或者不稳定的。例如，分类和回归树、神经网络以及线性回归中的子集选择等这些依赖于模型的问题，当数据发生微小变化时，它们的模型形式可能发生很大变化。

这时，预测或者估计中变差的主要来源可能来自于模型形式。打包方法是用 $\overline{\boldsymbol{\theta}}^* = (1/B)\sum_{j=1}^{B}\widehat{\boldsymbol{\theta}}_j^*$ 代替 $\widehat{\boldsymbol{\theta}}$，其中 $\widehat{\boldsymbol{\theta}}_j^*$ 为第 j 个 bootstrap 伪数据集得到的参数估计。由于每个 bootstrap 伪数据集表示原始数据的一种扰动形式，拟合每一个伪数据集的模型在形式上可能变化非常大。因此 $\overline{\boldsymbol{\theta}}^*$ 提供了某种模型平均的效果，从而当扰动数据可能给 $\widehat{\boldsymbol{\theta}}$ 带来很大改变时，可减少估计的均方误差。要回顾模型平均化的思想，请参见文献 [331]。

另一个相关的方法称为*模型参数的 bootstrap 伞或者凸点方法*[632]。使用打包方法处理问题时，注意用打包后得到的估计均值作为估计的模型并不总是与拟合数据的模型同类，如分类树的均值就不是分类树。凸点方法则不存在这一问题。

假设 $h(\boldsymbol{\theta},\mathcal{X})$ 是对应估计的某个目标函数，这个目标函数的意思是说 h 的值越大其所对应的 θ 就与 $\mathcal{X}$ 更加一致。例如，h 可以是对数似然函数。凸点方法通过 $\widehat{\boldsymbol{\theta}}_j^* = \arg\max_{\boldsymbol{\theta}} h(\boldsymbol{\theta},\mathcal{X}_j^*)$ 生成 bootstrap 伪数据值。原始数据集包含在 bootstrap 伪数据集之中，并且 $\boldsymbol{\theta}$ 的最终估计为最大化 $h(\boldsymbol{\theta},\mathcal{X})$ 的 $\widehat{\boldsymbol{\theta}}_j$。因此，凸点方法可看作是一种为寻找产生好估计的模型而搜索整个模型空间 (或者将其参数化) 的方法。

9.8 置换检验

除 bootstrap 外，还有一些其他重要的技术，同样是基于试验获得的观测数据集来做出统计推断。这些技术中最重要的一项可能就是传统的置换检验了，其历史可以追溯到 Fisher[194] 和 Pitman[509,510] 的时代。关于置换检验的综合介绍见文献 [173，271，439]，而其基本方法很容易通过一个假设检验的例子给予说明。

例 9.12 (相互独立的组均值的比较) 一个医学实验中，作为实验对象的老鼠被随机分成治疗组和对照组。观测值 X_i 是对 i 只老鼠的测量值。在原假设下，观测值与老鼠是否属于治疗组或是对照组无关。在备择假设下，对属于治疗组的老鼠的观测值应比较大。

检验统计量 T 用来测量两个组观测值的差别。比如，T 可以为两个组观测值均值的差，对于已经观测到的数据集，T 的取值为 t_1。

在原假设下，给老鼠个体贴上标签"治疗组"或是"对照组" 是没有意义的，因为这不会影响最后观测的结果。由于这样做没有意义，我们可以随机给老鼠换标签而不改变数据的原假设的联合分布。而重换标签可以创建一个新的数据集：虽然我们得到原始观测的一组值，然而重新分配后得到的不同的治疗组和对照组又会带来新的结果。由于实验是随机分配的，因此每个置换数据集被观测到的可能性与实际数据被观测到的可能性相同。

令 t_2 是从第一次置换标签得到的数据集中计算出的检验统计量的值。假设对所有的 M

种可能的标签置换 (或是大量的随机选择的置换) 计算检验统计量的值，从而得到 $t_2,\cdots,t_M$。

在原假设下，产生 $t_2,\cdots,t_M$ 的分布与产生 t_1 的分布相同。因此，t_1 可以和 $t_2,\cdots,t_M$ 的经验分位数比较来检验假设或者构造置信限。 □

为更严格地说明这种方法，我们假设一个检验统计量 T 的观测值为 t，在原假设下其密度函数为 f。假设 T 值很大表示原假设错误。Monte Carlo 假设检验从 f 中抽取一个容量为 $M-1$ 的 T 的随机样本。如果观测值 t 为所有 M 个值中第 k 大的值，则在显著性水平为 k/M 下，拒绝原假设。如果检验统计量的分布是高度离散的，那么当对 t 排序时出现结点可以通过报告 p 值的取值范围来处理。Barnard[22]就是以上述方式给出的置换检验，关于置换检验的进一步展开参见文献 [38，39]。

目前有很多从检验统计量的原假设分布抽样的方法。例 9.12 中的置换方法之所以有效，原因是在原假设下"治疗组"和"对照组"的标签没有实际意义，可以完全随机分配并且与所得结果独立。这种简单的置换方法可以被推广应用到多种更复杂的情况。而在任何情况下，置换检验都在很大程度上依赖于可交换的条件。如果不论观测值的顺序如何，任一特定的联合输出结果的概率都是相同的，则称数据可交换。

相比 bootstrap 方法，置换检验存在两个优势。首先，如果置换数据的基础是随机分配的，则所得 p 值是精确的 (如果考虑到所有置换)。对于这样的试验，此方法通常被称为随机化检验。反之，标准的参数方法和 bootstrap 方法是建立在渐近理论基础上的，相应需要容量很大的样本。其次，置换检验与 bootstrap 相比往往有更大的势。然而，置换检验是一种专门用来比较分布的工具，而 bootstrap 检验的是关于参数的假设，因此后者需要的条件没有那么严格，同时有着更大的灵活性。相比置换检验给出的纯粹的 p 值，bootstrap 方法可以给出更可靠的置信区间和标准误差。而置换分布中观测的标准差并不是一个可靠的标准误差估计。其他关于选择置换检验或者 bootstrap 方法的指导参见文献 [183，271，272]。

习题

9.1 令 $X_1,\cdots,X_n\sim$ i.i.d. Bernoulli (θ)。定义 $R(\mathcal{X},F)=\overline{X}-\theta$ 以及 $R^*=R(\mathcal{X}^*,\widehat{F})$，其中 $\mathcal{X}^*$ 是一个 bootstrap 伪数据集，$\widehat{F}$ 是数据的经验分布，求出精确的 $E^*\{R^*\}$ 和 $\mathrm{var}^*\{R^*\}$。

9.2 假设 $\theta=g(\mu)$，其中 g 是一个光滑函数并且 μ 是产生数据的分布的均值。考虑 bootstrap $R(\mathcal{X},F)=g(\overline{X})-g(\mu)$。

a. 证明 $E^*\{\overline{X}^*\}=\overline{x}$ 和 $\mathrm{var}^*\{\overline{X}^*\}=\widehat{\mu}_2/n$，其中 $\widehat{\mu}_k=\sum_{i=1}^n(x_i-\overline{x})^k$。

b. 利用 Taylor 展开证明

$$E^*\{R(\mathcal{X}^*,\widehat{F})\}=\frac{g''(\overline{x})\widehat{\mu}_2}{2n}+\frac{g'''(\overline{x})\widehat{\mu}_3}{6n^2}+\cdots$$

和

$$\mathrm{var}^*\{R(\mathcal{X}^*,\widehat{F})\} = \frac{g'(\overline{x})^2\widehat{\mu}_2}{n} - \frac{g''(\overline{x})^2}{4n^2}\left(\widehat{\mu}_2 - \frac{\widehat{\mu}_4}{n}\right) + \cdots$$

9.3 对于 9.3.2.1 节中 BC_a，说明选择 b 的理由。

9.4 表 9.3 给出了一个鲑鱼种群 40 年的新生幼鱼和产卵雌鱼的数量。以每千条鱼为单位，新生幼鱼指可以捕捉的鱼，产卵雌鱼是指将要产卵的鱼。产卵雌鱼在产卵后死去。

表 9.3　40 年的鱼群数据：新生幼鱼的数量 ($\boldsymbol{R}$) 和产卵雌鱼的数量 ($\boldsymbol{S}$)

R	S	R	S	R	S	R	S
68	56	222	351	311	412	244	265
77	62	205	282	166	176	222	301
299	445	233	310	248	313	195	234
220	279	228	266	161	162	203	229
142	138	188	256	226	368	210	270
287	428	132	144	67	54	275	478
276	319	285	447	201	214	286	419
115	102	188	186	267	429	275	490
64	51	224	389	121	115	304	430
206	289	121	113	301	407	214	235

刻画新生幼鱼和产卵雌鱼数量关系的经典 Beverton-Holt 模型可以表述如下

$$R = \frac{1}{\beta_1 + \beta_2/S},\ \beta_1 \geqslant 0, \beta_2 \geqslant 0$$

其中 R 和 S 分别为新生幼鱼和产卵雌鱼的数量[46]。此模型可以用变换后的变量 $1/R$ 和 $1/S$ 的线性回归来拟合。

考虑一个维持鱼群可持续发展的问题。鱼群总体的丰度仅在 $R = S$ 时才能达到稳定。如果新生幼鱼的数量少于产卵雌鱼产卵后死掉的数量，则总体数量减少。如果新生幼鱼过多，总体数量最终也会减少，这是由于鱼群不能获得足够的食物。因此，只有新生幼鱼的数量达到某个中等水平才能够保证维持总体数量在一个稳定的状态，这个稳定的总体水平出现在 45° 直线与 R 和 S 对应曲线的交点处。

a. 拟合 Beverton-Holt 模型，并寻找稳定总体水平在 $R = S$ 处的点估计。利用 bootstrap 方法获得一个与你的估计对应的 95% 的置信区间和标准误差，要求使用两种方法：bootstrap 残差以及 bootstrap 观测。画出每一个 bootstrap 分布的直方图，并且说明所得结果之间的区别。

b. 给出一个偏差修正的估计以及该修正估计对应的标准误差。

c. 利用嵌套 bootstrap 寻找稳定点的 95% 的置信区间。

9.5 利用抗坏血酸治疗胃癌及乳腺癌晚期患者以延长其生存时间[87]。表 9.4 给出的是生存时间 (天数)，使用数据时，数据取对数。

表 9.4 两种类型癌症晚期患者的生存时间 (天数)

胃癌	25	42	45	46	51	103	124
	146	340	396	412	876	1112	
乳腺癌	24	40	719	727	791	1166	1235
	1581	1804	3460	3808			

a. 利用 bootstrap t 和 BC_a 方法构造每一组患者生存时间均值的 95% 置信区间。

b. 利用置换检验方法检验两组患者的生存时间均值没有差别的假设。

c. 对于已经计算得到 (a) 中的一个可靠置信区间，我们再来研究其中一些可能失误的地方。对乳腺癌生存时间均值构造一个 95% 的置信区间，可以采用一般的 bootstrap 方法，数据取对数并且将得到的区间边界的结果再作指数变换。对于原始数据应用一般的 bootstrap 方法对乳腺癌生存时间均值构造另一个 95% 的置信区间。将这两个置信区间与 (a) 中的置信区间作比较。

9.6 国家地震信息中心提供了从 1900 年到 1998 年间每年震幅超过 7.0 的地震数目的数据[341]，这些数据可以从本书的网站获取。对这些数据进行差分运算使得每年的数据表示与前一年的改变量。

a. 在这个问题中确定适合的块的长度进行 bootstrap。

b. 估计每年改变量的 90 分位数。估计使用移动分块 bootstrap 估计的标准误。

c. 假设有一个 AR(1) 模型，使用 5.1 节基于模型的方法，估计 (b) 部分的标准误。

d. 估计每年改变量时滞为 1 的自相关系数。计算使用合适的迭代分块策略的移动分块 bootstrap 估计的标准误和 bootstrap 偏度。

9.7 用估计一个标准 Cauchy 分布均值的问题说明 bootstrap 方法不能用于厚尾分布。用估计 $\mathrm{Unif}(0,\theta)$ 分布的参数 θ 的问题说明 bootstrap 方法不能用于极值。

9.8 自己设计一个问题进行模拟试验，比较分位数方法、BC_a 方法以及 bootstrap t 方法的覆盖率和 95% 的 bootstrap 置信区间的长度。讨论你的结果。

9.9 利用前述问题的思想设计一个试验研究相依数据的 bootstrap，考察下列问题：

a. 比较移动和非移动分块 bootstrap 的性能。

b. 比较不同分块长度 l (包括选择的最优长度) 的移动分块 bootstrap 的性能。

c. 比较学生化和无学生化的移动分块 bootstrap 的性能。

第四部分

密度估计和光滑方法

这里有三个概念把本书余下的三章联系在一起。首先是一般的非参数方法，在具体计算时不同于直接的参数方法，这些方法没有正式的统计模型。

其次，这些方法侧重于描述而不是具体的推断。我们希望描述某个随机变量的概率分布或者估计几个随机变量之间的关系。

统计学里最有意思的问题是一个事情如何依赖于另外一个。表述该问题的所有的统计策略的典范是回归分析的概念 (包括它的所有形式、广义形式、类似形式)，它描述了一些随机变量的条件分布如何依赖于其他变量的值。

标准的回归方法是参数回归：假设变量之间的联系是显式的参数化的函数，然后使用数据估计参数。这个方法需要对预先给出的回归函数的形式有严格的假设以使得潜在的运算变得简单。通常利用所有的数据进行参数估计，因此是全局拟合。当然，相反的折衷也是有可能的。为了更灵活地表示变量之间的关系我们可以拒绝参数的假设，但是估计的关系可能更复杂。

一般地，我们称这种方法为*光滑*，这就引出来了下面章节的第三个主题：经常使用的基于*局部平均*的概念的方法。在预测变量的一个小的领域里，反应变量的值的概括统计量 (比如均值) 用来描述变量之间的关系。我们将会看到局部平均的概念也隐含地出现在该书本部分最初的密度估计这一章。非参数密度估计是很有用的，因为对于大多数实际问题，密度的合适的参数形式是不知道的或者不存在的。

因此，剩余的章节主要关注使用局部平均原理，采用非参数方法描述和估计密度或者变量间的关系。顺着这个思路，我们探讨一些相关的论题，它们在一些可选的有趣的方向上扩展了这些概念。

第 10 章　非参密度估计

本章考虑用来自于密度函数 f 的独立随机变量 $\boldsymbol{X}_1,\cdots,\boldsymbol{X}_n$ 的一组观测对 f 进行估计。本章首先关注单变量密度估计，第 10.4 节介绍一些多变量密度函数估计的方法。

在探索性数据分析中，密度函数估计常用来估计多峰性、偏度、尾部行为等。在推断中，密度估计对作决策、分类和汇总 Bayes 后验也很有帮助。密度估计也是一个很好的表示工具，因为它对分布提供了一个简洁美观的汇总。最后，密度估计也可以做为其他计算方法的工具，包括一些模拟算法和 MCMC 方法。关于密度估计的综合性专著包括文献 [581，598，651]。

密度估计问题的参数解首先假设一个参数模型，$\boldsymbol{X}_1,\cdots,\boldsymbol{X}_n \sim$ i.i.d. $f_{\boldsymbol{X}|\boldsymbol{\theta}}$，其中 $\boldsymbol{\theta}$ 是低维参数向量。参数估计 $\hat{\boldsymbol{\theta}}$ 可通过一些估计方法得到，如极大似然、Bayes 或矩方法估计。在 $\boldsymbol{x}$ 点处导出的密度估计是 $f_{\boldsymbol{X}|\boldsymbol{\theta}}(\boldsymbol{x}|\hat{\boldsymbol{\theta}})$。该方法的危险性在于起点：依赖于一个不正确的模型 $f_{\boldsymbol{X}|\boldsymbol{\theta}}$ 可能导致严重的推断错误，不管由模型生成 $\hat{\boldsymbol{\theta}}$ 时使用的估计方法如何。

本章中，我们主要讨论密度估计的非参方法，其对 f 形式的假设很少。这些方法主要用在 $\boldsymbol{x}$ 点处的局部信息来估计 f。关于为什么称估计量是非参的，在文献 [581，628] 中有更加准确的观点。

一类常见的非参密度估计是直方图，它是一种分段常数的密度估计，多数软件包都可自动生成。人们例行地使用直方图，以致于很少考虑其背后的复杂性。位置、宽度及柱子个数的最优选择都要基于复杂的理论分析。

另一类基本的密度估计可以通过考虑密度函数如何将概率分配到各区间上而受到启发。现观测到一个数据点 $X_i = x_i$，如果 f 足够光滑，我们假设 f 不但将密度赋予 x_i 点，而且赋予 x_i 周围的一个区域。因此，要从 $X_1,\cdots,X_n \sim$ i.i.d. f 估计 f，将 X_i 周围区域的概率密度累加起来是合理的。

具体来说，要估计 x 点的密度，假设我们考虑以 x 为中心，宽度为 $\mathrm{d}x = 2h$ 的区域，其中 h 是某固定值，那么落入区间 $\gamma = [x-h, x+h]$ 的观测的比例显示了 x 处的密度。更精确地，我们取 $\widehat{f(x)\mathrm{d}x} = (1/n)\sum_{i=1}^{n} 1_{\{|x-X_i|<h\}}$，即

$$\hat{f}(x) = \frac{1}{2hn}\sum_{i=1}^{n} 1_{\{|x-X_i|<h\}} \tag{10.1}$$

其中当 A 为真时 $1_{\{A\}}=1$，否则为 0。

令 $N_\gamma(h,n)=\sum_{i=1}^n 1_{\{|x-X_i|<h\}}$ 表示落入区间 γ 的样本点个数，则 N_γ 是服从 $\text{Bin}(n,p(\gamma))$ 的随机变量，其中 $p(\gamma)=\int_{x-h}^{x+h}f(t)\text{d}t$。因此 $E\{N_\gamma/n\}=p(\gamma),\text{Var}\{N_\gamma/n\}=p(\gamma)(1-p(\gamma))/n$。若要式 (10.1) 是一个合理的估计量，显然 nh 要随着 N_γ 的增加而增加。但是更精确地，我们可以分别考虑 n 和 h 的要求。用落入区间 γ 的点的比例来估计 f 分给 γ 的概率。为近似在 x 点的密度，我们必须令 $h\to 0$ 来收缩 h。于是 $\lim_{h\to 0}E\{\hat{f}(x)\}=\lim_{h\to 0}[p(\gamma)/(2h)]=f(x)$。同时由于 $n\to\infty$ 时 $\text{var}\{\hat{f}(x)\}\to 0$，所以我们需要增加总样本数。因此式 (10.1) 中估计量 $\hat{f}$ 逐点相容的基本要求是当 $n\to\infty$ 时 $nh\to\infty,h\to 0$。以后我们会看到，这些要求在更一般的意义下也是成立的。

10.1 绩效度量

为更好地理解密度估计的好坏，我们必须首先考虑如何评价密度估计量的性质。令 $\hat{f}$ 表示给定常数 h 时 f 的估计量，该 h 用来控制构造 $\hat{f}$ 时对概率密度的局部贡献程度。小的 h 表示 $\hat{f}(x)$ 应该更多地依赖 x 附近观测的数据点，而大的 h 表示远的数据和 x 附近的观测有几乎相等的权重。

$\hat{f}$ 作为整个支撑区域上 f 的估计量，要评价其好坏，我们应该用积分平方误差

$$\text{ISE}(h)=\int_{-\infty}^{\infty}(\hat{f}(x)-f(x))^2\text{d}x \tag{10.2}$$

注意，ISE(h) 通过 $\hat{f}(x)$ 是观测数据的函数。因此它在观测样本的条件下总结了 $\hat{f}$ 的表现。在不考虑特定样本的情况下，如果我们想讨论估计量的一般性质，那么在所有可能观测的样本上对 ISE(h) 进行平均是比较合理的。积分均方误差是

$$\text{MISE}(h)=E\{\text{ISE}(h)\} \tag{10.3}$$

其中期望是关于分布 f 求解的。因此 MISE(h) 可以看成是误差(即 ISE(h))关于抽样密度的整体度量的平均值。又由期望和积分的可交换性，

$$\text{MISE}(h)=\int \text{MSE}_h(\hat{f}(x))\text{d}x \tag{10.4}$$

其中

$$\text{MSE}_h(\hat{f}(x))=E\{(\hat{f}(x)-f(x))^2\}=\text{var}\{\hat{f}(x)\}+(\text{bias}\{\hat{f}(x)\})^2 \tag{10.5}$$

且 $\text{bias}\{\hat{f}(x)\}=E\{\hat{f}(x)\}-f(x)$。式 (10.4) 表明 MISE$(h)$ 也可以看成是在每个点 x 处对局部均方误差进行累积。

对多元密度估计，ISE(h) 和 MISE(h) 可类似定义。具体来说，$\text{ISE}(h)=\int[\hat{f}(\boldsymbol{x})-f(\boldsymbol{x})]^2\text{d}\boldsymbol{x}$，$\text{MISE}(h)=E\{\text{ISE}(h)\}$。

MISE(h) 和 ISE(h) 都是度量估计 $\hat{f}$ 性能的，而且每个都可用来研究选择 h 值的准则。关于这两个方法的好坏一直是争论的一个焦点[284,299,357]。损失和风险这两个统计概念之

间的区别是关键的。使用 ISE(h) 从概念上来说是很好的，因为它用观测数据来评价估计量的表现。然而，MISE(h) 是一种基于 ISE 评价的近似，同时又是反映在许多数据集平均意义上寻找最优表现这一目标的有效方式。在以后的章节中，这两个方法都会遇到。

虽然为了简单和习惯，我们只关注基于平方误差的表现准则，但是平方误差并不是唯一的合理选择。比如，用 L_1 范数 $\int|\hat{f}(x)-f(x)|\mathrm{d}x$ 及其相应的期望替换积分平方误差和 MISE(h) 也有很多合理的理由。特别地，L_1 范数在单调连续的尺度变换下是不变的。L_1 这种与尺度无关的性质使它成为 $\hat{f}$ 和 f 靠近程度的一种整体度量。Devroye 和 Györfi 研究了用 L_1 进行密度估计的理论，并提出该方法的其他优点[159,160]。原则上，估计量的最优性依赖于评价表现时所采用的尺度。因此采用不同的尺度支持不同类型的估计量。然而实际上，除尺度外很多其他因素一般也会影响密度估计的质量。

10.2 核密度估计

式 (10.1) 中给出的密度估计把 x 附近 h 范围内的所有点施以同样的权重。一元核密度估计允许更加灵活的加权方案，即拟合

$$\hat{f}(x)=\frac{1}{nh}\sum_{i=1}^{n}K(\frac{x-X_i}{h}) \tag{10.6}$$

其中 K 是核函数，h 为固定值，通常称为窗宽。

根据 X_i 和 x 的接近程度，核函数把每个 X_i 对核密度估计 $\hat{f}(x)$ 的贡献给出权重。通常，核函数处处为正且关于零点对称。K 通常表示密度，如正态或学生氏 t 密度。其他流行的选择包括三权重 (triweight) 核和艾氏 (Epanechnikov) 核(见 10.2.2 节)，它们和我们熟悉的密度并不一致。注意，一元均匀核，即 $K(z)=\frac{1}{2}1_{\{|z|<1\}}$，产生式 (10.1) 中给出的估计量。限制 K 满足 $\int z^2K(z)\mathrm{d}z=1$ 可使 h 具有密度 K 的尺度参数的作用，但这不是必须的。

图 10.1 阐明了如何从四个一元观测，$x_1,\cdots,x_4$ 的样本构造核密度估计。以每个观测数据点为中心是一个尺度核，本例中即为正态密度函数除以 4。这些贡献用虚线来表示，各贡献相加就得到实线表示的估计 $\hat{f}$。

精确地讲，式 (10.6) 的估计量称为固定窗宽核密度估计，因为 h 是常数。窗宽值的选择对估计量 $\hat{f}$ 有很大的影响。如果 h 太小，那么密度估计偏向于把概率密度分配得太局限于观测数据附近，致使估计密度函数有很多错误的峰值。如果 h 太大，那么密度估计就把概率密度贡献散得太开。在很大的邻域里求平均会光滑掉 f 的一些重要特征。

注意，针对大小为 n 的一组样本在每个观测样本点计算核密度估计时都需要对 K 进行 $n(n-1)$ 次计算。因此，$\hat{f}$ 的计算量随着 n 的增加而迅速增加。然而对多数实际问题，像对密度作图，就不必在每个点 X_i 上计算估计。实际的方法是在 x 值的格子点上计算 $\hat{f}(x)$，然后在格子点间线性内插。几百个值的格子点通常足够使 $\hat{f}$ 的图形看上去比较光滑了。计算核密度估计一个更快更近似的方法是要把数据先合并成几组，然后把每个值四舍五入到最近组的

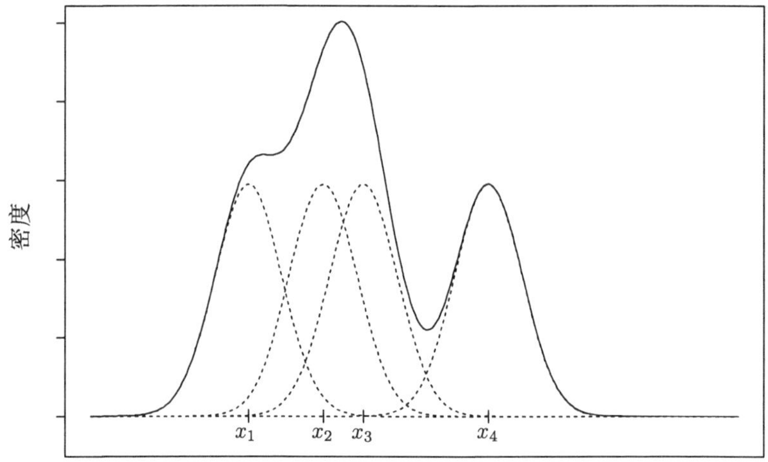

图 10.1 正态核密度估计 (实线) 及样本 $x_1, \cdots, x_4$ 的核贡献 (虚线)。任意 x 的核密度估计是以每个 x_i 为中心的核贡献之和

中心[315]。这样，核只需要在每个非空组的中心计算就行了，其中密度贡献用每组的计数来加权。这样当 n 非常大以至于难以计算每个以 X_i 为中心对 $\hat{f}$ 的单独贡献时，可以大大减少计算时间。

10.2.1 窗宽的选择

窗宽参数控制密度估计的光滑度。由式 (10.4) 和 (10.5) 我们看到，MISE(h) 等于积分均方误差。这表明窗宽的选择是 $\hat{f}$ 的偏差和方差之间的一个折中。这种折中几乎是所有模型选择中普遍存在的问题，包括回归、密度估计和光滑技术 (见第 11 章和 12 章)。小窗宽得到的密度估计会有很多摆动，这表明是由于不够光滑而产生的高度变异。大窗宽会光滑掉 f 很多重要的特征，因此会有偏差。

例 10.1 (双峰密度) 窗宽的效果见图 10.2。该直方图画的是来自于 $N(4, 1^2)$ 和 $N(9, 2^2)$ 两密度等权重混合的 100 个点的样本。采用标准正态核的三个密度估计同时也附在图中，其中 $h = 1.875$ (虚线)，$h = 0.625$ (粗线)，$h = 0.3$ (实线)。窗宽 $h = 1.875$ 显然太大，因为它产生一个过度光滑的密度估计，不能显示出 f 的双峰来。另一方面，$h = 0.3$ 的窗宽又太小，它光滑不足。密度估计波动太厉害，出现很多错误的峰值。窗宽 $h = 0.625$ 是恰当的，正确地表示了 f 的主要特征又抑制了抽样变异性的众多影响。 □

在接下来的几节中我们将讨论选择 h 的几种方法。当密度估计主要用作探索性数据分析时，基于目测的跨度选择也是可以的，而且导致你最终选择的这一探索过程的本身也可能对密度估计中观测到的特征的稳定性有更深入的了解。实际上，我们只需对 h 试一串值，然后选一个能足以超过某阈值的值，其中比阈值更小的窗宽使得密度估计的特征变得不稳定或者密度估计呈现明显的局部摆动以致于未必表示 f 的峰值。虽然密度估计对窗宽的选择是敏感的，但是需要强调的是在任何应用中都不止有一种正确选择。实际上，每个在 10% ~ 20% 范

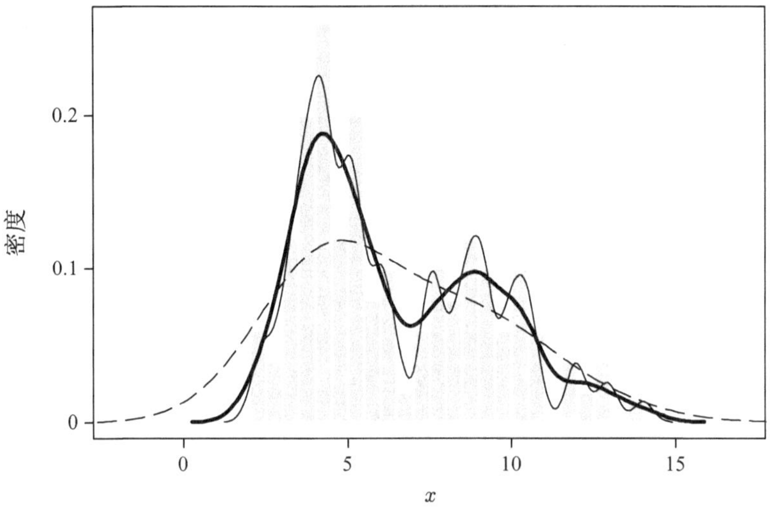

图 10.2 来自例 10.1 中双峰分布的 100 个数据点的直方图及三个正态核密度估计。估计分别对应于窗宽 $h = 1.875$ (虚线)，$h = 0.625$ (粗线)和 $h = 0.3$ (实线)

围内的窗宽从定性上常常会得出相似的结果。

以下情况都会用到相对正规的窗宽选择程序：比如在对自动算法，或者在对数据分析初学者时，又或者在很大程度上对客观性或形式有要求时，都需要选择这种程序。文献 [360] 在方法上给出了全面的综述，其他比较好的综述包括文献 [32，88，359，500，581，592，598]。

要理解窗宽的选择，进一步分析 MISE(h) 是有必要的。假设 K 是对称连续的概率密度函数，均值为零，方差 $0 < \sigma_K^2 < \infty$。令 $R(g)$ 表示给定函数 g 的粗糙度的度量，定义为

$$R(g) = \int g^2(z)\mathrm{d}z \tag{10.7}$$

然后假设 $R(K) < \infty$ 且 f 足够光滑。本节中，这就意味着 f 有二阶有界连续导数且 $R(f'') < \infty$；对以后讨论的某些方法还要求有高阶光滑导数。注意

$$\mathrm{MISE}(h) = \int \mathrm{MSE}_h(\hat{f}(x))\mathrm{d}x = \int \left(\mathrm{var}\{\hat{f}(x)\} + \left(\mathrm{bias}\{\hat{f}(x)\}\right)^2\right)\mathrm{d}x \tag{10.8}$$

如果允许当 $n \to \infty$ 时，$nh \to \infty, h \to 0$，我们将进一步分析该表达式。

要计算式 (10.8) 中的偏差项，注意到应用变量变换有

$$\begin{aligned} E\{\hat{f}(x)\} &= \frac{1}{h}\int K\left(\frac{x-u}{h}\right)f(u)\mathrm{d}u \\ &= \int K(t)f(x-ht)\mathrm{d}t \end{aligned} \tag{10.9}$$

然后在式 (10.9) 中用 Taylor 级数展开

$$f(x-ht) = f(x) - htf'(x) + \frac{1}{2}h^2t^2f''(x) + o(h^2) \tag{10.10}$$

替换并注意到 K 关于零点对称可得

$$E\{\hat{f}(x)\} = f(x) + \frac{1}{2}h^2\sigma_K^2 f''(x) + o(h^2) \tag{10.11}$$

其中 $o(h^2)$ 是当 $h \to 0$ 时趋向于零比 h^2 速度更快的一个量。因此

$$\left(\text{bias}\{\hat{f}(x)\}\right)^2 = \frac{1}{4}h^4\sigma_K^4[f''(x)]^2 + o(h^4) \tag{10.12}$$

且该表达式对 x 积分可得

$$\int\left(\text{bias}\{\hat{f}(x)\}\right)^2 \mathrm{d}x = \frac{1}{4}h^4\sigma_K^4 R(f'') + o(h^4) \tag{10.13}$$

计算式 (10.8) 中的方差项可采用类似的方法：

$$\begin{aligned}
\text{var}\{\hat{f}(x)\} &= \frac{1}{n}\text{var}\left\{\frac{1}{h}K\left(\frac{x-X_i}{h}\right)\right\} \\
&= \frac{1}{nh}\int K(t)^2 f(x-ht)\mathrm{d}t - \frac{1}{n}\left[E\left\{\frac{1}{h}K\left(\frac{x-X_i}{h}\right)\right\}\right]^2 \\
&= \frac{1}{nh}\int K(t)^2[f(x)+o(1)]\mathrm{d}t - \frac{1}{n}[f(x)+o(1)]^2 \\
&= \frac{1}{nh}f(x)R(K) + o\left(\frac{1}{nh}\right)
\end{aligned} \tag{10.14}$$

将其对 x 积分得

$$\int \text{var}\{\hat{f}(x)\}\mathrm{d}x = \frac{R(K)}{nh} + o\left(\frac{1}{nh}\right) \tag{10.15}$$

因此

$$\text{MISE}(h) = \text{AMISE}(h) + o\left(\frac{1}{nh} + h^4\right) \tag{10.16}$$

其中

$$\text{AMISE}(h) = \frac{R(K)}{nh} + \frac{h^4\sigma_K^4 R(f'')}{4} \tag{10.17}$$

称作渐近均方积分误差。如果当 $n \to \infty$ 时，$nh \to \infty, h \to 0$ ，则 $\text{MISE}(h) \to 0$ ，这证实了我们在本章介绍中讨论均匀核估计时的直观印象。可以证明，式 (10.16) 中的误差项等于 $\mathcal{O}(n^{-1} + h^5)$。关于平方偏差更详尽的分析见文献 [580]，但我们最感兴趣的是 AMISE。

要关于 h 最小化 AMISE(h)，我们必须把 h 设在某个中间值，这样可以避免 $\hat{f}$ 过大的偏差以及过大的变异性。关于 h 最小化 AMISE(h)，最好是精确地平衡式 (10.17) 中偏差项和方差项的阶数。最优的窗宽是

$$h = \left(\frac{R(K)}{n\sigma_K^4 R(f'')}\right)^{1/5} \tag{10.18}$$

但该结果用处并不是很大，因为它依赖于未知密度 f 。

注意最优窗宽有 $h=\mathcal{O}(n^{-1/5})$ ，这种情况下 $\mathrm{MISE}=\mathcal{O}(n^{-4/5})$。该结果显示了随着样本量的增加窗宽缩小的速度，但对给定的数据集来说它并未指明窗宽具体取多少对密度估计是合适的。下面的章节提出了多种自动窗宽选择策略。在实际应用中，它们的表现随着 f 的性质以及观测数据的不同也有所不同，没有一个绝对最好的方法。

很多窗宽选择方法依赖于优化或找到关于 h 的函数的根——例如，最小化 AMISE(h) 的一个近似量。这种情况下，可能会在 50 或更多个值的对数间隔格子点上搜索，格子点之间进行线性插值。如果存在多个根或多个局部极小值，那么格子点搜索比自动优化或寻根算法更有助于理解窗宽选择问题。

10.2.1.1 交叉验证

很多窗宽选择策略的出发点是把 $\hat{f}$ 作为 f 估计量时的某个质量度量和 h 发生联系。该质量用某个 $Q(h)$ 量化，优化其估计 $\hat{Q}(h)$ 以寻找 h 。

如果 $\hat{Q}(h)$ 在某种意义上根据对观测数据的拟合程度来评价 $\hat{f}$ 的质量，那么观测数据就使用了两次：一次是通过数据计算 $\hat{f}$ ，另一次是求 $\hat{f}$ 作为 f 估计量的质量。这样两次使用数据对估计量的质量提供了一个过于乐观的观点。当选择的估计量以这种方式误导时，该估计量倾向于带有太多的摆动或虚假峰值而出现过度拟合 (即光滑不足)。

交叉验证可以对该问题作出纠正。计算 $\hat{f}$ 在第 i 个数据点的质量时，模型用除第 i 个点之外的所有数据去拟合。令

$$\hat{f}_{-i}(X_i)=\frac{1}{h(n-1)}\sum_{j\neq i}K\left(\frac{X_i-X_j}{h}\right) \tag{10.19}$$

表示在 X_i 点处核密度估计量用除 X_i 外所有数据估计的密度。选 $\hat{Q}$ 作为 $\hat{f}_{-i}(X_i)$ 的函数，以便把拟合 $\hat{f}$ 来选择 h 和评价 $\hat{f}$ 来选择 h 区分开来。

虽然交叉验证在散点光滑的跨度选择策略中非常成功 (见第 11 章)，但对密度估计的窗宽选择并不总是有效的。通过交叉验证方法估计的 h 可能对抽样变异性非常敏感。尽管在实际和某些软件中一直使用这些方法，但复杂的插入法是一个更加可靠的方法，像 Sheather-Jones 方法 (第 10.2.1.2 节)。然而交叉验证方法介绍的思想在很多情况下都是有用的。

交叉验证中一种简单的选择是令 $\hat{Q}(h)$ 为文献 [171，289] 中提出的伪似然

$$\mathrm{PL}(h)=\prod_{i=1}^{n}\hat{f}_{-i}(X_i) \tag{10.20}$$

通过最大化该伪似然来选择窗宽。尽管该方法简单直观，但其得到的密度估计常常有太多摆动且对异常值过于敏感[582]。通过最小化 PL(h) 获得跨度的核密度估计，其理论极限表现也不好。很多时候估计量不是相合的[578]。

另一种方法是把积分平方误差重新写成

$$\begin{aligned}\mathrm{ISE}(h) &= \int \hat{f}^2(x)\mathrm{d}x - 2E\{\hat{f}(x)\} + \int f(x)^2\mathrm{d}x \\ &= R(\hat{f}) - 2E\{\hat{f}(x)\} + R(f) \end{aligned} \tag{10.21}$$

该表达式的最后一项是常数且中间项可以用 $(2/n)\sum_{i=1}^{n}\hat{f}_{-i}(X_i)$ 来估计。因此，通过关于 h 最小化

$$\mathrm{UCV}(h) = R(\hat{f}) - \frac{2}{n}\sum_{i=1}^{n}\hat{f}_{-i}(X_i) \tag{10.22}$$

应该得到较好的窗宽[56,561]。 UCV(h) 称作*无偏交叉验证准则*，因为 $E\{\mathrm{UCV}(h) + R(f)\} = \mathrm{MISE}(h)$。该方法也称作*最小二乘交叉验证*，因为最小化 UCV(h) 选的 h 实际上最小化了 $\hat{f}$ 和 f 之间的积分平方误差。

如果不能解析计算 $R(\hat{f})$，那么计算式 (10.22) 最好的方式可能是另外找一个核来简化解析。对正态核 ϕ，根据习题 10.3 描述的步骤可以证明

$$\mathrm{UCV}(h) = \frac{R(\phi)}{nh} + \frac{1}{n(n-1)h}\sum_{i=1}^{n}\sum_{j\neq i}\left[\frac{1}{(8\pi)^{1/4}}\phi^{1/2}\left(\frac{X_i - X_j}{h}\right) - 2\phi\left(\frac{X_i - X_j}{h}\right)\right] \tag{10.23}$$

该表达式不用数值近似就可以有效地计算出来。

虽然关于 h 最小化 UCV(h) 得到的窗宽渐近地和最好的可能窗宽一样好[293,614]，但是它收敛到最优值的速度非常慢[298,583]。在实际问题中，使用无偏交叉验证是有风险的，因为导出的窗宽可能对观测数据有很强的依赖性。换句话说，当对来自于同一分布的不同数据集应用无偏交叉验证时，可能得到的答案非常不同。在实际应用中，其表现是不稳定的且经常发生光滑不足的情况。

和 MISE(h) 不一样，目标表现准则 $Q(h) = \mathrm{ISE}(h)$ 本身是随机的，这是导致无偏交叉验证高抽样变异性的主要原因。Scott 和 Terrell 提出一个*有偏交叉验证准则*[BCV(h)]，其最小化 AMISE(h) 的一个估计[583]。实际上，该方法一般不如最优插入法，而且可能得到过大的窗宽和过度光滑的密度估计。

例 10.2 (鲸的洄游) 2001 年春天在阿拉斯加巴罗附近的海冰边缘对弓头鲸幼仔做了一个目测调查，图 10.3 显示了 121 头弓头鲸幼仔被观测的次数。调查的目的是为了拯救该濒临灭绝的鲸鱼种群而同时又允许沿岸因纽皮特居民为维持生计小范围的猎杀，该调查是为了达到该目的所采取的全球行动的主要部分[156,249,528]。

向东北方向春季洄游的时间选择带有惊人的规律性，搞清洄游模式的特征对将来这些动物的科学研究计划是很重要的。有一个猜想就是，洄游可能会按照某个大致的节奏出现。如果真的如此，将对研究非常重要，因为它可以使我们对弓头鲸的生态及储量结构有新的认识。

图 10.4 显示了用正态核对这些数据进行核密度估计的结果，其中用三种不同的交叉验证准则选择 h 。关于 h 最大化交叉验证的 PL(h) 得到 $h = 9.75$ ，其密度估计在图中用短划线表示。该密度估计差得很远，在好几个区域似乎都有虚假的峰值。在应用中，通过关于 h 最

小化 UCV(h) 得到 $h = 5.08$ 。其结果甚至更糟，相应的密度估计见图中的虚线。该窗宽显然太小。最后关于 h 最小化 BCV(h) 得到 $h = 26.52$ ，其密度估计见图中的实线。显然，三个选择中最好的密度估计只强调了数据分布中最显著的特征，但看上去好像过度光滑了，也许在 10 和 26 之间的某个窗宽会更好。 □

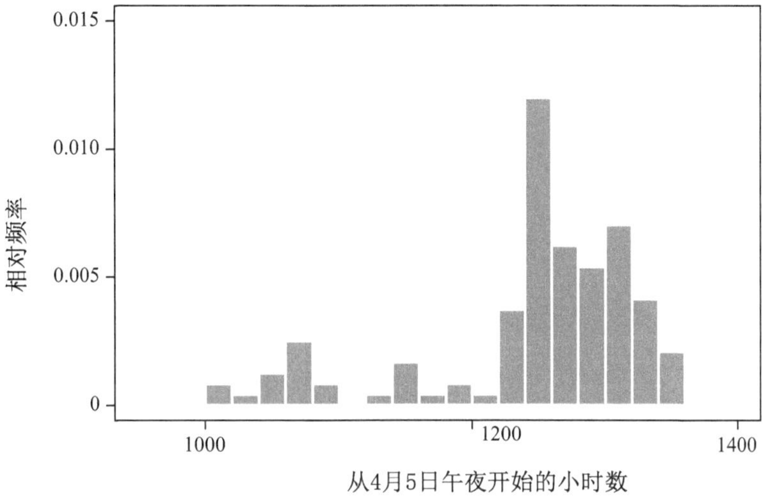

图 10.3 例 10.2 中讨论的 2001 年春季洄游期间 121 头弓头鲸幼仔被观测的次数。每个观测数据用 4 月 5 日午夜从看到第一个成年鲸开始的小时数来表示

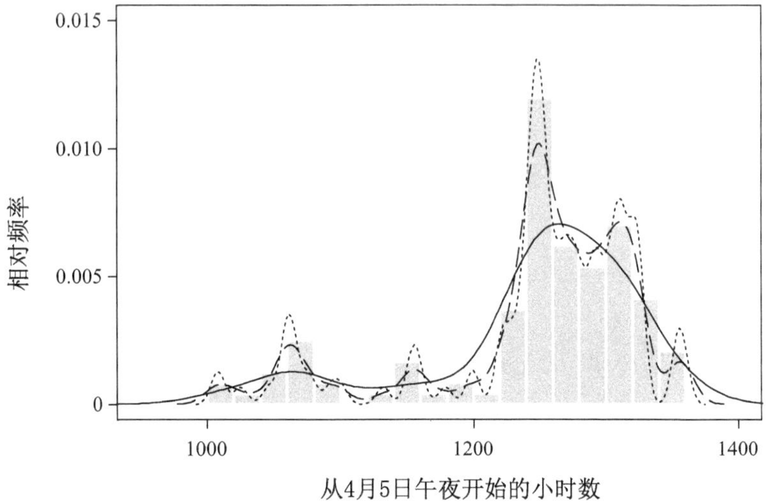

图 10.4 用正态核对例 10.2 中鲸鱼幼仔洄游数据的核密度估计，其中窗宽分别用三种不同的交叉验证准则选择。用 PL(h) 时窗宽为 9.75 (短划线)，用 UCV(h) 时为 5.08 (虚线)，用 BCV(h) 时为 26.52 (实线)

10.2.1.2 插入法

插入法应用导频带宽来估计 f 的一个或多个重要特征。然后在第二阶段应用基于估计特征的准则去估计 f 本身的带宽。最优插入法已经被证实在不同应用中都非常有效，而且比交叉验证方法更为流行。然而 Loader 提出观点，反对对交叉验证方法不加鉴别的否定[422]。

对一维核密度估计我们知道，回忆最小化 AMISE 得到的窗宽为

$$h = \left(\frac{R(K)}{n\sigma_K^4 R(f'')}\right)^{1/5} \tag{10.24}$$

其中 σ_K^2 是把 K 看成一个密度时 K 的方差。乍一看，式 (10.24) 好像并无大用，因为最优窗宽通过其二阶导数的粗糙度依赖于未知密度 f 。现已提出多种方法估计 $R(f'')$ 。

Silverman 提出一种初等的方法：把 f 用方差和样本方差相匹配的正态密度替换[598]。这就等于用 $R(\phi'')/\hat{\sigma}^5$ 估计 $R(f'')$ ，其中 ϕ 为标准正态密度函数。因此根据 Silverman 的大拇指法则得到

$$h = \left(\frac{4}{3n}\right)^{1/5} \hat{\sigma} \tag{10.25}$$

如果 f 是多峰的，那么 $R(f'')$ 对 $\hat{\sigma}$ 的比值可能要比正态分布数据时大，这就导致了过度光滑。比较好的窗宽可以通过考虑四分位区间距 (IQR) 得到，IQR 是一个比 $\hat{\sigma}$ 更加稳健的散度度量。因此，Silverman 建议在式 (10.25) 中用 $\tilde{\sigma} = \min\{\hat{\sigma}, \mathrm{IQR}/(\Phi^{-1}(0.75) - \Phi^{-1}(0.25))\} \approx \min\{\hat{\sigma}, \mathrm{IQR}/1.35\}$ 替换 $\hat{\sigma}$ ，其中 Φ 是标准正态累积分布函数。虽然简单，但该方法不建议通用，因为它往往过度光滑。然而作为产生近似窗宽的一种方法，Silverman 的大拇指法则还是很有价值的，这种窗宽对复杂的插入方法中使用的各量的导航估计是有效的。

式 (10.24) 中 $R(f'')$ 的经验估计是比 Silverman 的大拇指法则更好的选择。基于核的估计量为

$$\begin{aligned} \hat{f}''(x) &= \frac{\mathrm{d}^2}{\mathrm{d}x^2}\left\{\frac{1}{nh_0}\sum_{i=1}^{n} L\left(\frac{x-X_i}{h_0}\right)\right\} \\ &= \frac{1}{nh_0^3}\sum_{i=1}^{n} L''\left(\frac{x-X_i}{h_0}\right) \end{aligned} \tag{10.26}$$

其中 h_0 为窗宽，L 是估计 f'' 的充分可微的核函数。$R(f'')$ 的估计可从式 (10.26) 得到。

估计 f 的最优窗宽和估计 f'' 或 $R(f'')$ 的最优窗宽是不同的。认识到这一点很重要，因为估计 f'' 时 $\mathrm{var}\{\hat{f}''\}$ 对均方误差贡献的比例比估计 f 时 $\mathrm{var}\{\hat{f}\}$ 对均方误差贡献的比例大得多。从而估计 f'' 要求比较大的窗宽。因此我们预计 $h_0 > h$ 。

假设我们用窗宽为 h_0 的核 L 来估计 $R(f'')$ ，用窗宽为 h 的核 K 来估计 f。那么当 $h_0 \propto n^{-1/7}$ 时用核 L 估计 $R(f'')$ 的渐近均方误差最小。要确定 h_0 和 h 之间具体关系如何，我们注意估计 f 的最优窗宽有 $h \propto n^{-1/5}$。对 n 解这个表达式并在方程 $h_0 \propto n^{-1/7}$ 中替换 n ，我

们可以证明

$$h_0 = C_1(R(f''), R(f'''))C_2(L)h^{5/7} \tag{10.27}$$

其中 C_1 和 C_2分别为依赖于 f 导数的函数和依赖于核 L 的函数。式 (10.27) 仍旧依赖于未知的 f，但如果用相对简单的估计设定 h_0 来找 C_1 和 C_2 的话，用 h_0 和 L 产生的 $R(f'')$ 估计的质量也不会太坏。实际上，我们可以用 Silverman 的大拇指法则选择的窗宽来估计 C_1 和 C_2 。

找窗宽是一个两阶段的过程，称作*Sheather-Jones 方法*[359,593]。在第一阶段，用简单的大拇指法则计算窗宽 h_0。该窗宽用来估计 $R(f'')$，这是最优窗宽表达式 (10.24) 中唯一未知的。然后通过式 (10.24) 计算窗宽 h 并产生最后的核密度估计。

对用导航核 $L=\phi$ 的一元核密度估计，Sheather-Jones 窗宽是解如下方程得到的 h 值

$$\left(\frac{R(K)}{n\sigma_K^4 \hat{R}_{\hat{\alpha}(h)}(f'')}\right)^{1/5} - h = 0 \tag{10.28}$$

其中

$$\hat{R}_{\hat{\alpha}(h)}(f'') = \frac{1}{n(n-1)\alpha^5}\sum_{i=1}^{n}\sum_{j=1}^{n}\phi^{(4)}\left(\frac{X_i - X_j}{\alpha}\right)$$

$$\hat{\alpha}(h) = \left(\frac{6\sqrt{2}h^5\hat{R}_a(f'')}{\hat{R}_b(f''')}\right)^{1/7}$$

$$\hat{R}_a(f'') = \frac{1}{n(n-1)a^5}\sum_{i=1}^{n}\sum_{j=1}^{n}\phi^{(4)}\left(\frac{X_i - X_j}{a}\right)$$

$$\hat{R}_b(f''') = \frac{1}{n(n-1)b^7}\sum_{i=1}^{n}\sum_{j=1}^{n}\phi^{(6)}\left(\frac{X_i - X_j}{b}\right)$$

$$a = \frac{0.920(\mathrm{IQR})}{n^{1/7}}$$

$$b = \frac{0.912(\mathrm{IQR})}{n^{1/9}}$$

$\phi^{(i)}$ 为正态密度函数的 i 阶导数，IQR 为数据的四分位区间距。式 (10.28) 的解可以通过格子点搜索或第 2 章中的寻根策略如 Newton 方法得到。

一般情况下 Sheather-Jones 方法表现非常好[359,360,501,592]。还有很多其他的方法，它们基于对 MISE(h) 或其极小值进行精心选择的近似值[88,300,301,358,500]。每种情况下，仔细选择各个量的导航估计对保证最终窗宽的良好表现起了至关重要的作用。有些方法给出的窗宽渐近收敛到最优窗宽的速度甚至比 Sheather-Jones 方法还要快很多，这些方法在某种情况下都可能是有用的选择。然而，这些方法在实际中没有一个能比 Sheather-Jones 方法更容易操作或性能更好。

例 10.3 (鲸鱼洄游，续) 图 10.5 解释了对例 10.2 中介绍的弓头鲸洄游数据如何使用 Silverman 的大拇指法则和 Sheather-Jones 方法。Sheather-Jones 方法给出的窗宽是 10.22，相应密度估计见图中实线。这个窗宽看上去很窄，得到的密度估计摆动太多。Silverman 的大拇指法则给出 32.96 的窗宽，比以前任何方法给的窗宽都大。导出的密度估计可能太光滑了，隐藏了分布的很多重要特征。 □

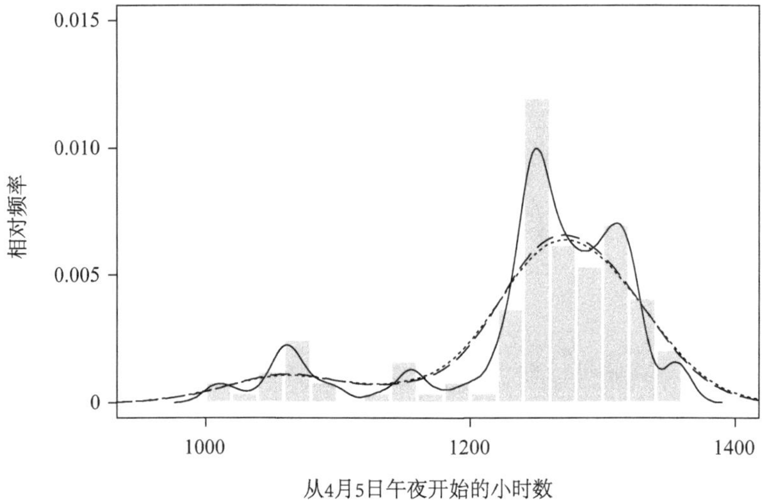

图 10.5 对鲸鱼幼仔洄游数据用正态核及三种不同准则选择的窗宽得到的核密度估计。用 Sheather-Jones 方法得到的窗宽为 10.22 (实线)，用 Silverman 的大拇指法则得到的窗宽为 32.96 (短划线)，用 Terrell 的极大光滑跨度得到的窗宽为 35.60 (虚线)

10.2.1.3 极大光滑原则

再次回忆，当

$$h=\left(\frac{R(K)}{n\sigma_K^4 R(f'')}\right)^{1/5} \tag{10.29}$$

时 AMISE 达到最小，但 f 未知。Silverman 大拇指法则用 $R(\phi'')$ 替换 $R(f'')$。Sheather-Jones 方法估计 $R(f'')$。Terrell 的极大光滑方法用最保守的 (最小) 可能值替换 $R(f'')$ [627]。

具体来说，Terrell 考虑对所有 f 都最小化式 (10.29) 的所有 h，并建议选择这种最大的窗宽。换句话说，式 (10.29) 的右端应该关于 f 最大化。这使窗宽选择不易出现拟合不足的情况。由于当 f 的方差趋于零时 $R(f'')$ 也趋于零，因此最大化是在 f 的方差和样本方差 $\hat{\sigma}^2$ 成比例的条件下进行的。

式 (10.29) 关于 f 限制下的最大化是变量微积分的一种应用。最大化式 (10.29) 的 f 是一个多项式。用其粗糙度替换式 (10.29) 中的 $R(f'')$ 可得

$$h=3\left(\frac{R(K)}{35n}\right)^{1/5}\hat{\sigma} \tag{10.30}$$

为选择的窗宽。表 10.1 给出了常用核的 $R(K)$ 值。

Terrell 提出极大光滑原则促使了该窗宽的选择。当解释密度估计时，分析者的目光自然关注众数。而且，众数通常有重要的科学含义。因此窗宽的选择应该能避免虚假众数，产生只有在数据本身确实存在众数的地方有众数的估计。

极大光滑方法因为其计算快速简单而吸引人。实际中，导出的核密度估计常常是过于光滑。当密度估计用于推断时我们将不愿用极大光滑窗宽。对探索性数据分析来说，极大光滑窗宽可能相当有用，其允许分析者关注密度的主要特征而不会被虚假众数的变量暗示所误导。

表 10.1 文中讨论的一些核选择及相关的量。核按照粗糙度 $\boldsymbol{R(K)}$ 由低到高排列。除了在整个实值线上都有正支撑的正态核以外，所有核都应对 $\boldsymbol{K(z)}$ 乘以 $1_{\{|\boldsymbol{z}|<1\}}$ 。**RE** 是第 **10.2.2.1** 节中描述的渐近相对效率

名称	$K(z)$	$R(K)$	$\delta(K)$	RE
正态核	$\exp\{-z^2/2\}/\sqrt{2\pi}$	$1/(2\sqrt{\pi})$	$(1/(2\sqrt{\pi}))^{1/5}$	1.051
均匀核	$1/2$	$1/2$	$(9/2)^{1/5}$	1.076
艾氏核	$(3/4)(1-z^2)$	$3/5$	$15^{1/5}$	1.000
三角核	$1-\|z\|$	$2/3$	$24^{1/5}$	1.014
双权重核	$(15/16)(1-z^2)^2$	$5/7$	$35^{1/5}$	1.006
三权重核	$35/32\ (1-z^2)^3$	$350/429$	$(9450/143)^{1/5}$	1.013

例 10.4 (鲸鱼洄游，续) 图 10.5 中虚线表示的是用 35.60 的极大光滑窗宽得到的密度估计。比 Silverman 的窗宽还大，该选择对鲸鱼数据好像太大了。总的来说，Silverman 的大拇指法则和 Terrell 的极大光滑原则都倾向于产生过度光滑的密度估计。 □

10.2.2 核的选择

核密度估计要求指明两个部分：核及窗宽。结果证明，核的形状对结果的影响比窗宽要小得多。表 10.1 对各种核函数列出了几种选择。

10.2.2.1 艾氏核

假设 K 为各阶距有限、方差为 1 的有界对称密度。Epanechnikov 证明了关于 K 最小化 AMISE 等价于在这些限制条件下关于 K 最小化 $R(K)$ [186]。该变分学问题的解是密度为 $\frac{1}{\sqrt{5}}K^*(z/\sqrt{5})$ 的核，其中 K^* 为艾氏核

$$K^*(z)=\begin{cases}\frac{3}{4}(1-z^2), & \text{如果 } |z|<1\\ 0, & \text{其他}\end{cases} \tag{10.31}$$

这是以零为中心的对称二次函数，其众数在中心处达到且在支撑的边界下降到零。

从式 (10.17) 和 (10.18) 我们看的，对用正核 K 的核密度估计，最小的 AMISE 为 $\frac{5}{4}[\sigma_K$

$R(K)/n]^{4/5}R(f'')^{1/5}$。从而换成使 $\sigma_K R(K)$ 加倍的 K 后要求把 n 也加倍才能使 AMISE 保持同样的最小值。因此，$\sigma_{K_2}R(K_2)/(\sigma_{K_1}R(K_1))$ 度量了 K_2 和 K_1 的渐近相对效率。表 10.1 列出了多种核对艾氏核的相对效率。注意到，相对效率都很接近于 1，这又重新验证了核的选择不是太重要。

10.2.2.2 典则核及刻度再调整

遗憾的是，一个特定的 h 值对应于不同程度的光滑，这依赖于使用哪个核。例如，$h=1$ 对应于正态核时的核标准差比对应于三权重核时大九倍。

令 h_K 和 h_L 分别表示使用对称核密度 K 和 L 时最小化 AMISE(h) 的窗宽，其中 K 和 L 都是均值为零且有有限正方差。那么由式 (10.29) 显然有

$$\frac{h_K}{h_L}=\frac{\delta(K)}{\delta(L)} \tag{10.32}$$

其中对任意的核都有 $\delta(K)=(R(K)/\sigma_K^4)^{1/5}$。因此要想达到和核为 K 时的窗宽 h 同等的光滑度，那么核为 L 时的窗宽应取 $h\delta(L)/\delta(K)$。表 10.1 对一些常见的核给出 $\delta(K)$ 的值。

进一步假设我们把表 10.1 中每个核的形状重新调整刻度，使得 $h=1$ 相当于 $\delta(K)$ 的窗宽。那么核密度估计可以写成

$$\hat{f}_X(x)=\frac{1}{n}\sum_{i=1}^{n}K_{h\delta(K)}(x-X_i)$$

其中

$$K_{h\delta(K)}(z)=\frac{1}{h\delta(K)}K(\frac{z}{h\delta(K)})$$

且 K 代表表 10.1 中某个原始核的形状和尺度。按照这种方式给核调整刻度可以给出每种形状的典则核$K_{\delta(K)}$ [440]。这种观点的好处主要在于，单独的 h 值可以对每个典则核交换使用而不影响密度估计的光滑程度。

注意到，对窗宽 h 的典则核(即表 10.1 中窗宽为 $h\delta(K)$ 的核) 及 $C(K_{\delta(K)})=(\sigma_K R(K))^{4/5}$ 时得到的估计来说，

$$\mathrm{AMISE}(h)=C(K_{\delta(K)})\left(\frac{1}{nh}+\frac{h^4R(f'')}{4}\right) \tag{10.33}$$

这就意味着由因子 $(nh)^{-1}+h^4R(f'')/4$ 决定的方差和平方偏差之间的平衡不再受所选核的影响了。同时，这也意味着在 AMISE(h) 中核对方差项的贡献及对平方偏差项的贡献是一样的。因此，最优核的形状并不依赖于窗宽的选择：艾氏核的形状对任何我们希望的光滑程度都是最优的[440]。

例 10.5 (双峰密度，续) 图 10.6 显示了例 10.1 中数据的核密度估计，该数据是两个正态密度 $\mathrm{N}(4,1^2)$ 和 $\mathrm{N}(4,2^2)$ 等权重混合生成的。对每种形状的典则核，窗宽都设为 0.69 ，这是正态核的 Sheather-Jones 窗宽。由于其不连续性，均匀核得到一个明显粗糙的结果。艾氏核和

均匀核都提供了少许的 (错误的) 信息，即较低的峰值包含两个小的局部峰值。除了这些小的区别外，所有这些核的结果从性质上都是一样的。该例子说明，即使差别很大的核也可以重新调整刻度以得到如此相似的结果，以至于核的选择显得不太重要了。 □

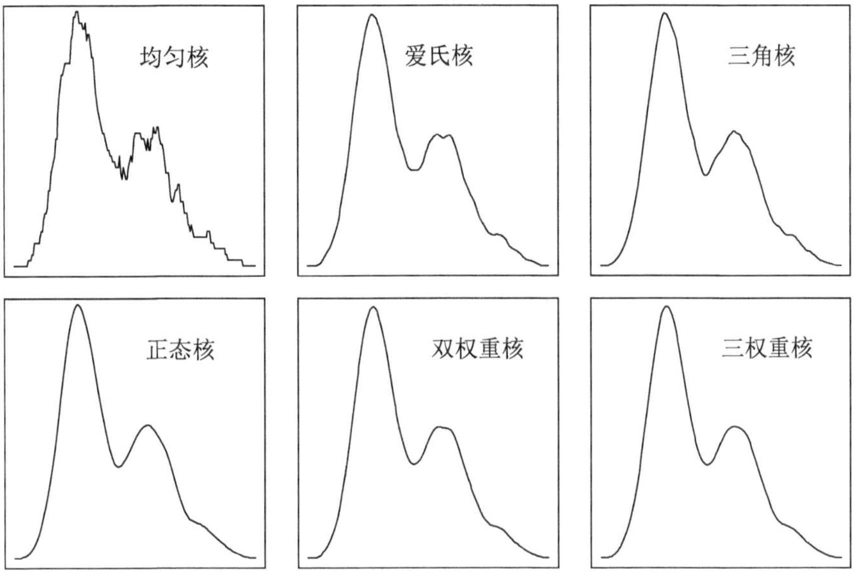

图 10.6　例 10.1 中数据的核密度估计，其中表 10.1 中的六个核都用典则形式来表示且 $h=0.69$ (虚线)

10.3 非核方法

10.3.1 对数样条

三次样条是处处二次连续可微，但三阶导数可能在有限个给定的节点上不连续的分段三次函数。我们可以把三次样条看成是每两个节点之间为三次多项式，在各节点处二次连续可微地粘在一起的函数。Kooperberg 和 Stone 的对数样条密度估计方法是通过某种形式的三次样条估计 f 的对数的[389,615]。

该方法提供了区间 (L,U) 上的一元密度估计，其中每个终点可能是无穷。假设有 $M\geqslant 3$ 个节点 $t_j, j=1,\cdots,M$ ，其中 $L<t_1<t_2<\cdots<t_M<U$ 。节点的选择将在后面讨论。

令 $\mathcal{S}$ 为包含节点在 $t_1,\cdots,t_M$ 上的三次样条且在 $(L,t_1]$ 和 $[t_M,U)$ 上为线性的 M 维空间。令 $\mathcal{S}$ 的基表示为 $\{1,B_1,\cdots,B_{M-1}\}$ 。某些类型的基有数值上的优势，更详尽的细节请参考关于样条方面的书籍及本节中涉及的其他参考文献 [144，577]。也许会选基函数使得在 $(L,t_1]$ 上 B_1 是负斜率的线性函数而其他 B_i 都是常数，或者使得在 $[t_M,U)$ 上 B_{M-1} 是正斜率的线性函数而其他 B_i 都是常数。

现在考虑用如下定义的参数化的密度 $f_{X|\boldsymbol{\theta}}$ 对 f 建模，

$$\log f_{X|\boldsymbol{\theta}}(X|\boldsymbol{\theta}) = \theta_1 B_1(x) + \cdots + \theta_{M-1} B_{M-1}(x) - c(\boldsymbol{\theta}) \tag{10.34}$$

其中

$$\exp\{c(\boldsymbol{\theta})\} = \int_L^U \exp\{\theta_1 B_1(x) + \cdots + \theta_{M-1} B_{M-1}(x)\}\mathrm{d}x \tag{10.35}$$

且 $\boldsymbol{\theta} = (\theta_1, \cdots, \theta_{M-1})$ 。这要成为一个密度的合理模型，我们要求 $c(\boldsymbol{\theta})$ 是有限的，这可以通过以下两个条件来保证：(i) $L > -\infty$ 或 $\theta_1 < 0$ ；(ii) $U < \infty$ 或 $\theta_{M-1} < 0$ 。对给定的观测数据值 $x_1, \cdots, x_n$ ，在该模型下 $\boldsymbol{\theta}$ 的对数似然为

$$l(\boldsymbol{\theta}|x_1, \cdots, x_n) = \sum_{i=1}^{n} \log f_{X|\boldsymbol{\theta}}(x_i|\boldsymbol{\theta}) \tag{10.36}$$

只要节点的位置使得在每个区间段都有足够多的观测用来估计，那么在 $c(\boldsymbol{\theta})$ 有限这一限制条件下最大化式 (10.36) 可得极大似然估计 $\hat{\boldsymbol{\theta}}$ 。该估计是唯一的，因为 $l(\boldsymbol{\theta}|x_1, \cdots, x_n)$ 为凹函数。估计了模型参数，我们取

$$\hat{f}(x) = f_{X|\boldsymbol{\theta}}(x|\hat{\boldsymbol{\theta}}) \tag{10.37}$$

作为 $f(x)$ 的极大似然对数样条密度估计。

$\boldsymbol{\theta}$ 的极大似然估计是在已知节点个数及其摆放方式条件下求得的。Kooperberg 和 Stone 对给定个数节点的摆放提出一种自动的策略[390]。他们这种策略的做法是在最小和最大观测数据点处放置节点，其他节点放在关于中位数对称分布的其他位置，但不是等间距的。

要放置给定个数的节点，令 $x_{(i)}$ 表示数据的第 i 个次序统计量，$i = 1, \cdots, n$ ，因此 $x_{(1)}$ 为最小的观测值。定义一个近似分位数函数

$$q\left(\frac{i-1}{n-1}\right) = x_{(i)}$$

这里 $1 \leqslant i \leqslant n$, 其中非整数 i , q 的值通过线性内插得到。

对一列数 $0 < r_2 < r_3 < \cdots < r_{M-1} < 1$ ，将 M 个节点放在 $x_{(1)}$, $x_{(n)}$ 及由 $q(r_2), \cdots, q(r_{M-1})$ 标记的次序统计量的位置上。

当 $(L, U) = (-\infty, \infty)$ 时，内部节点的放置由下列对节点间距的限制所决定：对 $1 \leqslant i \leqslant M/2$,

$$n(r_{i+1} - r_i) = 4 \cdot \max\{4 - \epsilon, 1\} \cdot \max\{4 - 2\epsilon, 1\} \cdots \max\{4 - (i-1)\epsilon, 1\}$$

其中 $r_1 = 0$ 且 ϵ 的选择满足当 M 为奇数时 $r_{(M+1)/2} = \frac{1}{2}$ ，或当 M 为偶数时 $r_{M/2} + r_{M/2+1} = 1$。其余节点的放置应保证分位数的对称，于是对 $M/2 \leqslant i \leqslant M-1$,

$$r_{M+1-i} - r_{M-i} = r_{i+1} - r_i \tag{10.38}$$

其中 $r_M = 1$ 。

当 (L, U) 至少一端有限时，也提出了类似的节点放置方法。特别地，如果 (L, U) 为有限长度区间时，选择 $r_2, \cdots, r_{M-1}$ 为等距离放置，因此 $r_i = (i-1)/(M-1)$ 。

前面几段假设节点个数 M 是预先给定的。实际上可能有多种选择 M 的方法，但是选择节点个数的方法涉及到一点，其中对介绍方法的完整描述超出了我们的讨论范围。粗略地讲，该过程如下。首先把少量节点放在上面给定的位置上。建议的最小值为超过 $\min\{2.5n^{1/5}, n/4, n^*, 25\}$ 的第一个整数，其中 n^* 为不同数据点的个数。然后其他的节点一次一个地加到现存的集合中。每次循环中，在该节点不存在时模型满足的 Rao 检验统计量的最大值的位置增加一个节点[391,615]。无需检验显著水平，该过程直到节点总数达到 $\min\{4n^{1/5}, n/4, n^*, 30\}$ 或者由于对节点的位置或对节点附近的限制而没有新的节点可以添加为止。

然后，各节点依次逐个删除。删除一个节点相当于移除一个基函数。令 $\hat{\boldsymbol{\theta}} = (\hat{\theta}_1, \cdots, \hat{\theta}_{M-1})$ 表示当前模型中参数的极大似然估计，那么检验第 i 个基函数贡献显著性的 Wald 统计量为 $\hat{\theta}_i/\mathrm{SE}\{\hat{\theta}_i\}$，其中 $\mathrm{SE}\{\hat{\theta}_i\}$ 为观测的信息矩阵逆矩阵 $-\boldsymbol{I}''(\hat{\boldsymbol{\theta}})^{-1}$ 第 i 个对角元的平方根[391,615]。使 Wald 统计量的值达到最小的节点将被删掉。序贯删除一直到大概只有三个节点时停止。

序贯地删除节点之后紧接着就是序贯地添加节点，这产生一列共 S 个模型，其中节点个数各不相同。对 $s = 1, \cdots, S$，令 m_s 表示第 s 个模型的节点个数。为选择序列中的最优模型，令

$$\mathrm{BIC}(s) = -2l(\hat{\boldsymbol{\theta}}_s|x_1, \cdots, x_n) + (m_s - 1)\log n \tag{10.39}$$

度量第 s 个模型的质量，其中该模型相应参数向量的 MLE 为 $\hat{\boldsymbol{\theta}}_s$。量 $\mathrm{BIC}(s)$ 是模型比较的*Bayes* 信息准则[365,579]，模型质量的其他度量也可以去研究。模型序列中，$\mathrm{BIC}(s)$ 最小的模型给出了选择的节点个数。

节点选择过程的其他细节请参考文献 [391，615]。关于应用 R 语言进行对数样条密度估计的说明见文献 [388]。节点的逐步添加和逐步删除是一种并不能保证找到最优节点集合的贪婪搜索策略。其他搜索策略也是有效的，包括 MCMC 策略[305,615]。

对数样条方法是根据样条近似进行密度估计的几种有效方法之一，另一种在文献 [285] 中给出。

例 10.6 (鲸鱼洄游，续) 图 10.7 显示了例 10.2 中鲸鱼幼仔洄游数据的对数样条密度估计(实线)。采用上面所示的过程，选出了一个具有七个节点的模型。这七个节点的位置见图中实点所示。在初始节点放置、逐步节点添加及逐步节点删除的各种阶段考虑过四个其他节点，但根据 BIC 准则在最终选择的模型中没有使用，这些抛弃的节点见图中的空心点。图 10.7 中所见的光滑度是典型的对数样条估计的特点，因为样条是逐段三次和二次连续可微的。

有时如果节点个数不足或放置不好的话，对局部峰值的估计也是一个问题。图 10.7 中其他线条显示的是两种其他节点选择的对数样条密度估计。非常不好的估计 (短划线) 是用六个节点得到的，另一个估计 (虚线) 是用图中带有中空点或实点的总共十一个节点得到的。 □

10.4 多元方法

密度函数 f 的多元密度估计是基于从 f 中抽得的 i.i.d. 随机变量得到的。我们用 $\boldsymbol{X}_i =$

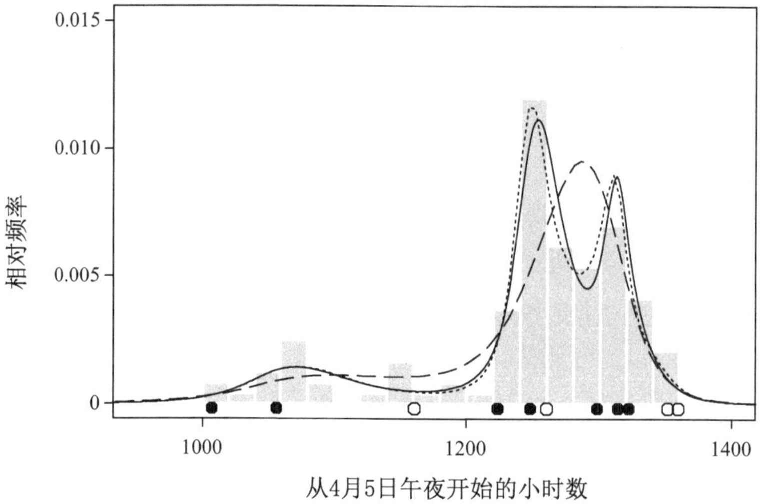

图 10.7　例 10.6 中弓头鲸幼仔洄游数据的对数样条密度估计(实线)。直方图下面的点表示哪儿使用了节点 (实点) 和哪儿考虑了但被拒绝使用的节点 (中空点)。两种其他节点选择的对数样条密度估计用虚线和短划线表示，详见正文

$(X_{i1},\cdots,X_{ip})$ 表示 p 维变量。

10.4.1　问题的本质

多元密度估计是和一元密度估计显著不同的工作。当支撑区域超过两三维时，对任何导出的密度估计可视化都是非常困难的。因此除非采取某些降维措施，否则作为一种探索性数据分析的工具，多元密度估计的用处大减。然而，多元密度估计在很多更加精细的统计计算算法中是非常有用的一部分，其中对估计的可视化不做要求。

多元密度估计也受维数祸根的限制。高维空间和 1、2 或 3 维空间有很大的不同。用不严谨的说法来讲，高维空间浩瀚无边，空间中的点只有寥寥无几的几个临近点。为了解释方便，Scott 定义了标准 p 维正态密度的尾部区域，即包含概率密度小于众数密度百分之一的所有点[581]。尽管当 $p=1$ 时，只有 0.2% 的概率密度落入该尾部区域，而当 $p=10$ 时有一半多的概率密度落入该尾部区域，当 $p=20$ 时竟达 98% 都落入该区域。

维数的祸根对密度估计有重要的含义。比方说，考虑基于来自 p 维标准正态分布的 n 个点的随机样本得到的核密度估计。下面我们通过几种方法来构造这种估计量，这里我们采用共同窗宽正态核的所谓的乘积核方法，但是即使跟着我们的讨论也未必能理解该方法。定义原点处的最优相对根均方误差 (ORRMSE) 为

$$\mathrm{ORRMSE}(p,n)=\frac{\sqrt{\min_h\{\mathrm{MSE}_h(\hat{f}(\mathbf{0}))\}}}{f(\mathbf{0})}$$

其中 $\hat{f}$ 从 n 个点的一组样本用最好的可能窗宽来估计 f 。该量度量了在真实众数处多元密度估计的质量。当 $p=1$，$n=30$ 时，$\mathrm{ORRMSE}(1,30)=0.1701$。表 10.2 对 p 的不同值列

出了要和 ORRMSE(p,n) 达到同样低的值所需要的样本量。表中的样本量显示到三位有效数字。对每个不同的 n 和 p 用不同的窗宽最小化 ORRMSE(p,n) ，因此表中的元素是通过固定 p 对 n 进行搜索计算得到的，其中对每个试验的 n 值都需要对 h 进行优化。该表进一步证明了理想的样本量随着 p 的增加而迅速增加。在实际应用中，情况并不像表 10.2 显示的那么差。有时可以用多种方法得到充分的估计，尤其是那些试图通过降维来简化问题的方法。

表 10.2 和 $n=30$ 的一维数据在原点处取得的最优相对根均方误差一样时所需要的样本量。这些结果适合于 p 元正态密度的估计，其中每种情况下使用具有能最小化原点处相对根均方误差的窗宽的正态乘积核密度估计

p	n
1	30
2	180
3	806
5	17 400
10	112 000 000
15	2 190 000 000 000
30	806 000 000 000 000 000 000 000 000

10.4.2 多元核估计

式 (10.6) 中一元核密度估计到 p 维密度估计最直接的推广是广义多元核估计

$$\hat{f}(\boldsymbol{x})=\frac{1}{n|\boldsymbol{H}|}\sum_{i=1}^{n}K(\boldsymbol{H}^{-1}(\boldsymbol{x}-\boldsymbol{X}_i)) \tag{10.40}$$

其中 $\boldsymbol{H}$ 为 $p\times p$ 的非奇异常数阵，其行列式值用 $|\boldsymbol{X}|$ 表示。函数 K 为实值多元核函数且 $\int K(\boldsymbol{z})\mathrm{d}\boldsymbol{z}=1,\int \boldsymbol{z}K(\boldsymbol{z})\mathrm{d}\boldsymbol{z}=0,\int \boldsymbol{z}\boldsymbol{z}^{\mathrm{T}}K(\boldsymbol{z})\mathrm{d}\boldsymbol{z}=\boldsymbol{I}_p$, 其中 $\boldsymbol{I}_p$ 为 $p\times p$ 的单位阵。

该估计量比通常要求的更加灵活，它可以使用任何形状的 p 维核以及通过 $\boldsymbol{H}$ 允许任意的线性旋转和调整刻度。指定 $\boldsymbol{H}$ 中大量的窗宽参数以及在 p 维空间上指定核的形状，这都是很不方便的。比较实际的是寻求 $\boldsymbol{H}$ 和 K 有较少参数的具体形式。

乘积核方法大大简化了计算。密度估计为

$$\hat{f}(\boldsymbol{x})=\frac{1}{n}\sum_{i=1}^{n}\prod_{j=1}^{p}\frac{1}{h_j}K\left(\frac{x_i-X_{ij}}{h_j}\right) \tag{10.41}$$

其中 $K(z)$ 为一元核函数， $\boldsymbol{x}=(x_1,\cdots,x_p)$ ，$\boldsymbol{X}_i=(X_{i1},\cdots,X_{ip})$ ，h_j 对每个坐标为固定窗宽， $j=1,\cdots,p$ 。

另外一种简化方法允许 K 为 p 维对称单峰密度函数，且令

$$\hat{f}(\boldsymbol{x})=\frac{1}{nh^p}\sum_{i=1}^{n}K\left(\frac{\boldsymbol{x}-\boldsymbol{X}_i}{h}\right) \tag{10.42}$$

这种情况下，多元艾氏核的形状

$$K(\boldsymbol{z})=\begin{cases}\frac{(p+2)\Gamma(1+p/2)}{2\pi^{p/2}}(1-\boldsymbol{z}^{\mathrm{T}}\boldsymbol{z}), & \text{如果 } \boldsymbol{z}^{\mathrm{T}}\boldsymbol{z}\leqslant 1\\ 0, & \text{其他}\end{cases} \tag{10.43}$$

在渐近积分均方误差下是最优的。然而和一元核密度估计情况类似，很多其他核得到的结果基本上是等价的。

式 (10.42) 中唯一的固定窗宽意味着和每个观测数据点相关的概率分布向各个方向均匀散开。当数据在不同方向上有不同的变异性，或数据几乎位于一个低维流形上时，认为各个方向都有同样的尺度得到的估计往往不太理想。Fukunaga[211]建议把数据做线性变换使其有单位协方差阵，然后用一个完全对称的核由式 (10.42) 对变换后的数据进行密度估计，再变换回去得到最终的估计。为进行变换，对样本协方差矩阵进行特征值特征向量分解使得 $\hat{\boldsymbol{\Sigma}}=\boldsymbol{P}\boldsymbol{\Lambda}\boldsymbol{P}^{\mathrm{T}}$，其中 $\boldsymbol{\Lambda}$ 为特征值按降序排列的 $p\times p$ 的对角阵，$\boldsymbol{P}$ 为正交的 $p\times p$ 矩阵且列为 $\boldsymbol{\Lambda}$ 中特征值相应的特征向量。令 $\bar{\boldsymbol{X}}$ 为样本均值，那么 $\boldsymbol{Z}_i=\boldsymbol{\Lambda}^{-1/2}\boldsymbol{P}^{\mathrm{T}}(\boldsymbol{X}_i-\bar{\boldsymbol{X}})$，$i=1,\cdots,n$ 给出了变换后的数据。该过程通常称为白化或球化数据。对于对称核 K，对变换后的数据用式 (10.42) 中的核密度估计等价于在原始数据用密度估计

$$\frac{|\hat{\boldsymbol{\Sigma}}|^{-1/2}}{nh^p}\sum_{i=1}^{n}K\left(\frac{(\boldsymbol{x}-\boldsymbol{X}_i)^{\mathrm{T}}\hat{\boldsymbol{\Sigma}}^{-1}(\boldsymbol{x}-\boldsymbol{X}_i)}{h}\right) \tag{10.44}$$

在如上各种选择提供的复杂性范围内，从表现和灵活性来看，式 (10.41) 中的乘积核方法通常优于式 (10.42) 和 (10.44)。乘积核的使用也简化了数值计算及核的刻度调整。

和一元情况类似，对乘积核密度估计也可能得出渐近积分均方误差的表达式。最小化窗宽 $h_1,\cdots,h_p$ 为 p 个非线性方程组的解。最优的 h_i 都是 $\mathcal{O}(n^{-1/(p+4)})$，且对这些最优的 h_i 有 $\mathrm{AMISE}(h_1,\cdots,h_p)=\mathcal{O}(n^{-1/(p+4)})$。对乘积核密度估计的窗宽选择及其他多元方法的研究远不如对一元情况的研究深入。

这种情况下窗宽选择最简单的方法可能是假设 f 为正态的，从而简化了关于 $h_1,\cdots,h_p$ 最小化 $\mathrm{AMISE}(h_1,\cdots,h_p)$ 的计算。这提供了一个和一元情况下 Silverman 的大拇指法则类似的窗宽选择的理论基础。对正态乘积核方法，得到的窗宽为

$$h_i=\left(\frac{4}{n(p+2)}\right)^{1/(p+4)}\hat{\sigma}_i,\ i=1,\cdots,p \tag{10.45}$$

其中 $\hat{\sigma}_i$ 为第 i 个坐标方向上标准差的估计。和一元情形类似，使用稳健尺度估计可以改善表现情况。当使用非正态核时，正态核的窗宽可以用式 (10.32) 和表 10.1 重新调整刻度以给出和所选核类似的窗宽。

Terrell 的极大光滑原则也能用于 p 维问题。假设我们用式 (10.40) 给出的一般的核密度估计，其中核函数为具有单位协方差阵的密度函数，那么极大光滑原则表明选择的窗宽矩阵 $\boldsymbol{H}$

应满足

$$\boldsymbol{H}\boldsymbol{H}^{\mathrm{T}} = \left[\frac{(p+8)^{(p+6)/2}\pi^{p/2}R(K)}{16n(p+2)\Gamma((p+8)/2)}\right]^{2/(p+4)} \hat{\boldsymbol{\Sigma}} \tag{10.46}$$

其中 $\hat{\boldsymbol{\Sigma}}$ 为样本协方差阵。利用该结果我们可以对正态乘积核找到极大光滑窗宽。然后如果想用另一个乘积核形状，再用式 (10.32) 和表 10.1 对逐个坐标的窗宽重新调整刻度。

像其他一些自动窗宽选择程序一样，交叉验证方法也可以推广到多元情形。然而，在一般 p 维问题中这种方法总的表现并没有完全被证明。

10.4.3 自适应核及最近邻

采用普通的固定核密度估计，K 的形状及窗宽都是固定的，这决定了一种不变的邻近观念。$\boldsymbol{X}_i$ 附近加权的贡献确定了 $\hat{f}(\boldsymbol{x})$，其中权重是根据 $\boldsymbol{X}_i$ 和 $\boldsymbol{x}$ 的临近程度确定的。比方说采用均匀核，估计是根据在一个固定形状滑动窗口内观测的变量数来确定的。

换个角度考虑也是很有价值的：允许区域变换大小，但要求 (某种意义下) 有固定个数的观测值落入其中。那么较大的区域对应于低密度的范围，较小的区域对应于高密度的范围。

可以证明，由该原则得到的估计量可以写成带有变窗宽的核估计的形式，该变窗宽自适应于观测数据点的局部密度。这种方法冠以各种名称，如自适应核估计、变窗宽核估计或变核估计。下面我们回忆三种特别的策略。

自适应方法的动机在于，固定窗宽可能并不会处处合适。在数据稀少的区域，较宽的窗宽有助于防止对异常值过于局部敏感。相反，在数据充足的地方，较窄的窗宽有助于防止过度光滑带来的偏差。用固定 Sheather-Jones 窗宽再次考虑图 10.5 给出的弓头鲸幼仔洄游次数的核密度估计。对少于 1200 和多于 1270 小时的洄游次数，估计表现出很多峰值，然而这些中有多少是真实的，有多少是抽样变异性引起的假象，这并不清楚。要想增加窗宽以光滑掉尾部一些小的峰值，同时还不要光滑掉 1200 和 1270 之间主要的双峰，这是不可能的。只有窗宽局部的变化才能得到改善。

理论上来说，当 $p=1$ 时自适应方法比简单的方法没什么优越性，但实际上在某些例子中某些自适应方法表现得相当有效。对中等或较大的 p 值，理论分析表明自适应方法的表现可能比标准核估计方法要好得多，但这种情况下自适应方法的实际表现并没有被完全理解。关于自适应方法一些表现的比较可以参看文献 [356，581，628]。

10.4.3.1 最近邻方法

k 最近邻密度估计

$$\hat{f}(\boldsymbol{x}) = \frac{k}{nV_p d_k(\boldsymbol{x})^p} \tag{10.47}$$

是第一个明确采用变窗宽观点的方法[423]。该估计量中，$d_k(\boldsymbol{x})$ 为 $\boldsymbol{x}$ 到第 k 个最近观测数据点的欧氏距离，V_p 为 p 维单位球体的体积，其中 p 为数据的维数。由于 $V_p = \pi^{p/2}/\Gamma(p/2+1)$，注

意到 $d_k(\boldsymbol{x})$ 为式 (10.47) 中唯一的随机变量，因为它依赖于 $\boldsymbol{X}_1,\cdots,\boldsymbol{X}_n$ 。从概念上来讲，$\boldsymbol{x}$ 点处密度的 k 最近邻估计为 k/n 除以以 $\boldsymbol{x}$ 为中心包含 n 个观测数据值中 k 个数据的最小球体的体积。最近邻中数字 k 起到和窗宽类似的作用：大的 k 值得到光滑的估计，小的 k 值得到弯曲的估计。

估计式 (10.47) 可以看成是核估计量，其中窗宽随 $\boldsymbol{x}$ 的变化而变化，核函数为 p 维单位球体上均匀分布的密度函数。对任意核，最近邻估计可以写成

$$\hat{f}(\boldsymbol{x})=\frac{1}{nd_k(\boldsymbol{x})^p}\sum_{i=1}^{n}K\left(\frac{\boldsymbol{x}-\boldsymbol{X}_i}{d_k(\boldsymbol{x})}\right) \tag{10.48}$$

如果 $d_k(\boldsymbol{x})$ 用任意函数 $h_k(x)$ 代替，这可能不会明确表示距离，那么建议使用名称球状估计，因为窗宽通过依赖于 $\boldsymbol{x}$ 的函数膨胀或收缩[628]。最近邻估计渐近地属于这种类型：例如，用 $d_k(\boldsymbol{x})$ 作为均匀核最近邻估计的窗宽渐近地等价于用 $h_k(\boldsymbol{x})=[k/(nV_pf(\boldsymbol{x}))]^{1/p}$ 的球形估计窗宽，因为当 $n\to\infty,k\to\infty$ 且 $k/n\to 0$ 时，

$$\frac{k}{nV_pd_k(\boldsymbol{x})^p}\to f(\boldsymbol{x})$$

最近邻估计和球形估计都表现出很多令人吃惊的性质。首先，选择 K 为密度并不能保证 $\hat{f}$ 也是一个密度；例如，式(10.47) 中的估计量并没有有穷积分。其次，当 $p=1$ 且 K 为零均值和单位方差的密度时，不管 k 如何选择，选择 $h_k(x)=k/[2nf(x)]$ 比标准的核估计并不能给出任何渐近的改进[581]。最后，可以证明当

$$h_k(x)=h(x)=\left(\frac{f(x)R(K)}{nf''(x)}\right)^{1/5}$$

时，一元球形估计的逐点渐近均方误差达到最小。然而，即使采用最优的逐点自适应窗宽，当 f 大概为对称和单峰时，一元球形估计的渐近效率比普通固定窗宽核估计的渐近效率也没有改善太多[628]。因此看来当 $p=1$ 时，最近邻估计和球形估计都不是一个好的选择。

另一方面，对多元数据，球形估计的表现要好得多。球形估计的渐近效率大大超过标准多元核估计的渐近效率，即便是对相对较小的 p 值及对称单峰的数据[628]。如果进一步把式 (10.48) 推广为

$$\hat{f}(\boldsymbol{x})=\frac{1}{n|\boldsymbol{H}(\boldsymbol{x})|}\sum_{i=1}^{n}K(\boldsymbol{H}(\boldsymbol{x})^{-1}(\boldsymbol{x}-\boldsymbol{X}_i)) \tag{10.49}$$

其中 $\boldsymbol{H}(\boldsymbol{x})$ 为随着 $\boldsymbol{x}$ 的变化而变化的窗宽矩阵，那么我们有效地允许核形式的贡献随 $\boldsymbol{x}$ 的变化而变化。当 $\boldsymbol{H}(\boldsymbol{x})=h_k(\boldsymbol{x})\boldsymbol{I}$ 时，一般形式又变回到了球形估计。进一步，令 $h_k(\boldsymbol{x})=d_k(\boldsymbol{x})$ 得到式 (10.48) 中的最近邻估计。关于 $\boldsymbol{H}(\boldsymbol{x})$ 更一般的选择在文献 [628] 中有所提及。

10.4.3.2 变核方法及变换

变核或样本点自适应估计可以写成

$$\hat{f}(\boldsymbol{x})=\frac{1}{n}\sum_{i=1}^{n}\frac{1}{h_i^p}K\left(\frac{\boldsymbol{x}-\boldsymbol{X}_i}{h_i}\right) \tag{10.50}$$

其中 K 为多元核，h_i 是以 $\boldsymbol{X}_i$ 为中心的核贡献的窗宽[66]。例如，h_i 可能设为从 $\boldsymbol{X}_i$ 到第 k 个最近的其他观测数据点的距离，这样 $h_i = d_k(\boldsymbol{X}_i)$ 。更一般的窗宽矩阵 $\boldsymbol{H}_i$ 依赖于第 i 个抽样点的变核估计，这也是可能的 (见式 (10.49))，但这里我们只关注较简单的形式。

式 (10.50) 中的变核估计是形状相同但尺度不同且以各个观测为中心的多个核的混合。令窗宽作为 $\boldsymbol{X}_i$ 的函数而不是 $\boldsymbol{x}$ 的函数来变化，这可以保证不管 K 是不是一个密度，$\hat{f}$ 都是一个密度。

变核方法的最优窗宽依赖于 f，f 的导航估计可以用来指导窗宽的调整。考虑下面的一般策略。

1. 构造一个导航估计 $\tilde{f}(\boldsymbol{x})$，其对所有观测 $\boldsymbol{x}_i$ 都是严格正的。例如，导航估计可以采用根据式 (10.45) 选择窗宽的正态乘积核密度估计。如果 $\tilde{f}$ 是以在某个 x_i 可能等于或接近于零的估计为基础的，那么当估计超过 ϵ 时，令 $\tilde{f}(\boldsymbol{x})$ 等于估计的密度；否则令 $\tilde{f}(\boldsymbol{x}) = \epsilon$。选择任意小的常数 $\epsilon > 0$，通过对自适应选择的窗宽给出一个上界来进行改善。
2. 令自适应窗宽为 $h_i = h/\tilde{f}(\boldsymbol{X}_i)^\alpha$，其中敏感参数 $0 \leqslant \alpha \leqslant 1$。参数 h 承担窗宽参数的作用，即可以通过调整来控制最终估计的总体光滑度。
3. 对窗宽为第 2 步找的 h_i 应用式 (10.50) 的变核估计得到最终的估计。

参数 α 影响局部自适应性的程度通过控制窗宽变化的快慢对 f 的可疑变化做出反应。渐近观点和实际经验都支持 $\alpha = \frac{1}{2}$ ，这得到 Abramson 的方法[3]。很多研究者发现该方法在实际中表现很好[598,674]。

另一种方法是令 $\alpha = 1/p$ ，这得到一种和 Breiman，Meisel 以及 Purcell[66]的自适应核估计渐近等价的方法。这种选择保证了尺度核获得的观测数据点的个数大概处处相等[598]。在他们的算法中，这些作者对 $\tilde{f}$ 用了最近邻方法并对可能依赖于 k 的光滑参数 h 设为 $h_i = hd_k(\boldsymbol{X}_i)$ 。

例 10.7 (二元 t 分布) 为说明自适应方法潜在的好处，考虑从容量为 $n = 500$ 的一个样本估计二元 t 分布 (有两个自由度)。在非自适应方法中，我们采用正态乘积核，其中每个窗宽由 Sheather-Jones 方法选择。在自适应方法中，我们用具有正态乘积核的 Abramson 的变核方法 ($\alpha = \frac{1}{2}$)，导航估计取非自适应方法的结果，$\epsilon = 0.005$，且 h 设为非自适应方法中各个坐标窗宽的均值乘以 $\tilde{f}(\boldsymbol{X}_i)^{1/2}$ 的几何均值。

图 10.8 中左边的面板显示了沿 $x_2 = 0$ 这条线上具有两个自由度的二元 t 分布 f 的真实值。换句话说，该图显示了真实密度的一个切片。图 10.8 中间的面板显示了非自适应方法的结果。估计的尾部表现出令人讨厌的波动，这是由于位于尾部区域处较窄的窗宽的几个异常值所引起的。图 10.8 中右边的面板显示了 Abramson 方法的结果。窗宽在尾部非常宽，因此在这些区域得到的估计比固定窗宽方法得到的光滑得多。Abramson 方法在估计的众数附近也用了较窄的窗宽。这对我们的随机样本表现出轻微的迹象，但有时这种效果是很好的。□

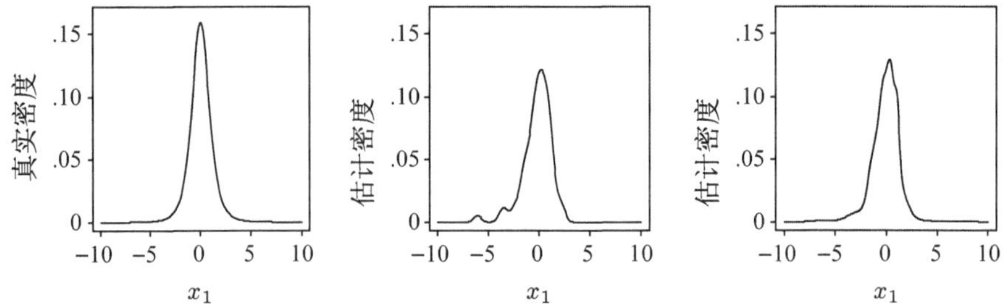

图 10.8 例 10.7 的结果。图中三个面板显示了在 $x_2 = 0$ 的一维切片上的二元密度值，从左到右的顺序依次为：两个自由度的真实二元 t 分布，用固定窗宽乘积核方法得到的二元估计，用文中描述的 Abramson 的自适应方法得到的二元估计

讨论了变核方法并关注了它在高维中的应用，接下来我们考虑一种主要用于一元数据的相关方法。该方法说明了密度估计中数据变换潜在的好处。

Wand，Marron 和 Ruppert 注意到，对非线性变换的数据进行固定窗宽核密度估计等价于对原始数据用变窗宽核估计[652]。变换导致在每个数据点上不同的窗宽 h_i。

假设一元数据 $X_1, \cdots, X_n$ 是来自于密度 f_X 的观测。令

$$y = t_{\boldsymbol{\lambda}}(x) = \frac{\sigma_X t^*_{\boldsymbol{\lambda}}(x)}{\sigma_{t^*_{\boldsymbol{\lambda}}(X)}} \tag{10.51}$$

表示一个变换，其中 $t^*_{\boldsymbol{\lambda}}$ 为 f 的支撑到以 $\boldsymbol{\lambda}$ 为参数的实直线的单调递增映射，σ^2_X 和 $\sigma^2_{t^*_{\boldsymbol{\lambda}}(X)}$ 分别为 X 和 $Y = t^*_{\boldsymbol{\lambda}}(X)$ 的方差。那么 $t_{\boldsymbol{\lambda}}$ 是一种保刻度变换，它把随机变量 $X \sim f_X$ 映到具有如下密度的 Y：

$$g_{\boldsymbol{\lambda}}(y) = f_X(t^{-1}_{\boldsymbol{\lambda}}(y)) \left| \frac{\mathrm{d}}{\mathrm{d}y} t^{-1}_{\boldsymbol{\lambda}}(y) \right| \tag{10.52}$$

例如，如果 X 为标准正态随机变量且 $t^*_{\boldsymbol{\lambda}}(X) = \exp\{X\}$，那么 Y 和 X 有同样的方差。然而，以任何 y 值为中心、固定窗宽为 0.3 的 Y 尺度，当变回到 X 尺度时就有变窗宽：当 $x = -1$ 时窗宽大概为 2.76，当 $x = 1$ 时窗宽只有 0.24。实际上，在 $t_{\boldsymbol{\lambda}}$ 中可以使用样本标准差或散布的稳健度量来保持尺度不变。

假设我们用 $t_{\boldsymbol{\lambda}}$ 对数据变换得到 $Y_1, \cdots, Y_n$，然后对这些变换后的数据构造一个固定窗宽核密度估计，然后再把得到的估计变回到原来的尺度以得到 f_X 的估计。从式 (10.18) 我们知道对任何给定的 $\boldsymbol{\lambda}$，对 $g_{\boldsymbol{\lambda}}$ 的核估计最小化 AMISE(h) 的窗宽为

$$h_{\boldsymbol{\lambda}} = \left(\frac{R(K)}{n\sigma^4_K R(g''_{\boldsymbol{\lambda}})} \right)^{1/5} \tag{10.53}$$

由于 $h_{\boldsymbol{\lambda}}$ 依赖于未知的密度 $g_{\boldsymbol{\lambda}}$，所以插入法建议用 $\hat{R}(g''_{\boldsymbol{\lambda}}) = R(\hat{g}''_{\boldsymbol{\lambda}})$ 来估计 $R(g''_{\boldsymbol{\lambda}})$，其中 $\hat{g}$ 为用导航窗宽 h_0 得到的核估计。Wand，Marron 和 Ruppert 提出用 Silverman 大拇指法

则的正态核来确定 h_0，从而得到估计

$$\hat{R}(g_{\boldsymbol{\lambda}}'') = \frac{1}{n^2h_0^5}\sum_{i\neq j}\sum\phi^{(4)}\left(\frac{Y_i-Y_j}{h_0}\right) \tag{10.54}$$

其中 $h_0=\sqrt{2}\hat{\sigma}_X[84\sqrt{\pi}/(5n^2)]^{1/13}$ 且 $\phi^{(4)}$ 为标准正态密度的四阶导数[652]。由于 $t_{\boldsymbol{\lambda}}$ 是保尺度的，所以 $X_1,\cdots,X_n$ 的样本标准差，设为 $\hat{\sigma}_X$，对 h_0 的表达式中使用的 Y 的标准差提供了一个估计。相关导出估计的思想在文献 [298，581] 中有所讨论。

我们熟悉的 Box-Cox 变换[57]

$$t_\lambda(x)=\begin{cases}(x^\lambda-1)/\lambda, & \text{如果 } \lambda\neq 0\\ \log x, & \text{如果 } \lambda=0\end{cases} \tag{10.55}$$

属于式 (10.51) 中可以利用的参数化的变换族。当好的变换可用或是在多元情形下，变换应使数据更接近于对称和单峰，基于这种观点是很有好处的，因为在这种情况下显然固定窗宽核密度估计表现很好。

一元偏态单峰密度情况下，对变核密度估计的这种变换方法表现很好。到多元数据的扩展还是很有挑战性的，而且对多峰密度得到的估计也不好。如果不拘泥于上面所述的形式，数据分析家通常会用像对数这样的函数把变量变为合适的尺度，并记住所用的变换以便描述结果甚至进行推断。当需要对原始数据进行推断时，我们可以根据对称性及单峰性的图形评价或定量评价寻找一种变换策略，而不是像上面所描述的那样在一类函数中进行优化。

10.4.4 探索性投影追踪

探索性投影追踪主要研究高维密度中的低维结构。最终的密度估计通过修改标准的多元正态分布以反映发现的结构来构造。下面描述的方法来自于 Friedman[206]，它推广了以前的工作[210,318]。

本节中将会遇到多种变量的各种密度函数。因此为了标记清楚，我们把密度函数加一个下标以识别所讨论的密度函数是哪个随机变量的。

假设数据包含 p 维变量 $\boldsymbol{X}_1,\cdots,\boldsymbol{X}_n\sim$ i.i.d. $f_{\boldsymbol{X}}$ 的 n 个观测。开始探索性投影追踪之前，首先对数据变换使其均值为 $\mathbf{0}$，协方差阵为 $\boldsymbol{I}_p$，这可以通过第 10.4.2 节所示的白化或球化变换来完成。令 $f_{\boldsymbol{Z}}$ 表示变换后变量 $\boldsymbol{Z}_1,\cdots,\boldsymbol{Z}_n$ 对应的密度函数。$f_{\boldsymbol{Z}}$ 和 $f_{\boldsymbol{X}}$ 都是未知的。要估计 $f_{\boldsymbol{X}}$，只需估计 $f_{\boldsymbol{Z}}$ 然后再反变换得到 $f_{\boldsymbol{X}}$ 的估计。因此我们主要关心 $f_{\boldsymbol{Z}}$ 的估计。

过程中的几步还依赖于另外一种基于 Legendre 多项式展开的密度估计技巧。Legendre 多项式是 $[-1,1]$ 上定义为 $P_0(u)=1, P_1(u)=u$ 且对 $j\geqslant 2$，$P_j(u)=[(2j-1)uP_{j-1}(u)-(j-1)P_{j-2}(u)]/j$ 的一列正交多项式，其有如下性质：即对所有 j 有 L_2 范数 $\int_{-1}^1 P_j^2(u)\mathrm{d}u=2/(2j+1)$，见文献 [2，568]。这些多项式可以用作一组基来表示 $[-1,1]$ 上的函数。特别地，我们可以用 Legendre 多项式展开

$$f(x)=\sum_{j=0}^{\infty}a_jP_j(x) \tag{10.56}$$

表示只在 $[-1,1]$ 上有支撑的一元密度 f，其中

$$a_j = \frac{2j+1}{2}E\{P_j(X)\} \tag{10.57}$$

且式 (10.57) 中的期望是关于 f 求的。等式 (10.57) 的成立只需注意到正交性及 P_j 的 L_2 范数即可。如果我们观测到 $X_1,\cdots,X_n\sim$ i.i.d. f，那么 $(1/n)\sum_{i=1}^n P_j(X_i)$ 是 $E\{P_j(X)\}$ 的一个估计。因此可用

$$\hat{a}_j = \frac{2j+1}{2n}\sum_{i=1}^n P_j(X_i) \tag{10.58}$$

作为 f 的 Legendre 展开中系数的估计。截去式 (10.56) 中 $J+1$ 项以后的和得到估计

$$\hat{f}(x) = \sum_{j=0}^J \hat{a}_j P_j(x) \tag{10.59}$$

描述完这种 Legendre 展开方法，我们现在可以开始研究探索性投影追踪了。

探索性数据追踪的第一步是投影步。如果 $Y_i=\boldsymbol{\alpha}^{\mathrm{T}}\boldsymbol{Z}_i$，那么我们说 Y_i 是 $\boldsymbol{Z}_i$ 在 $\boldsymbol{\alpha}$ 方向上的一维投影。第一步的目标是把多元观测数据投影到一维直线上，使得在该直线上投影数据的分布有最多的结构。

投影数据中结构的程度用和正态性的偏离量来度量。令 $U(y)=2\Phi(y)-1$，其中 Φ 为标准正态累积分布函数。如果 $Y\sim N(0,1)$，那么 $U(Y)\sim \mathrm{Unif}(-1,1)$。要度量 Y 分布的结构，只需度量 $U(Y)$ 的密度和 $\mathrm{Unif}(-1,1)$ 偏离的程度即可。

定义结构指标为

$$S(\boldsymbol{\alpha}) = \int_{-1}^1 \left[f_U(u)-\frac{1}{2}\right]^2 \mathrm{d}u = R(f_U)-\frac{1}{2} \tag{10.60}$$

其中 f_U 为当 $\boldsymbol{Z}\sim f_{\boldsymbol{Z}}$ 时 $U(\boldsymbol{\alpha}^{\mathrm{T}}\boldsymbol{Z})$ 的概率密度函数。当 $S(\boldsymbol{\alpha})$ 较大时，投影数据中存在大量的非正态结构。当 $S(\boldsymbol{\alpha})$ 接近于零时，投影数据几乎正态。注意到 $S(\boldsymbol{\alpha})$ 依赖于 f_U，$S(\boldsymbol{\alpha})$ 必须是要估计的。

要从观测数据估计 $S(\boldsymbol{\alpha})$，用 f_U 的 Legendre 展开重新把式 (10.60) 中的 $R(f_U)$ 表示为

$$R(f_U) = \sum_{j=0}^{\infty}\frac{2j+1}{2}[E\{P_j(U)\}]^2 \tag{10.61}$$

其中期望是关于 f_U 取的。由于 $U(\boldsymbol{\alpha}^{\mathrm{T}}\boldsymbol{Z}_1),\cdots,U(\boldsymbol{\alpha}^{\mathrm{T}}\boldsymbol{Z}_n)$ 代表从 f_U 中抽得的样本，故式 (10.61) 中的期望可以用样本矩来估计。如果在式 (10.61) 的求和中也截去 $J+1$ 后的各项，我们得到

$$\hat{S}(\boldsymbol{\alpha}) = \sum_{j=0}^J \frac{2j+1}{2}\left(\frac{1}{n}\sum_{i=1}^n P_j(2\Phi(\boldsymbol{\alpha}^{\mathrm{T}}\boldsymbol{Z}_i)-1)\right)^2-\frac{1}{2} \tag{10.62}$$

作为 $S(\boldsymbol{\alpha})$ 的一个估计。

因此，要估计有最大非正态结构的投影方向，我们需要关于 $\boldsymbol{\alpha}$ 在 $\boldsymbol{\alpha}^{\mathrm{T}}\boldsymbol{\alpha}=1$ 的限制下最大化 $\hat{S}(\boldsymbol{\alpha})$。用 $\hat{\boldsymbol{\alpha}}_1$ 表示求得的方向。虽然 $\hat{\boldsymbol{\alpha}}_1$ 是由数据估计得到的，但是当讨论随机向量在该

方向投影的分布时我们还把它看成是一个固定量。例如，当 $\boldsymbol{Z} \sim f_{\boldsymbol{Z}}$ 时令 $f_{\hat{\boldsymbol{\alpha}}_1^{\mathrm{T}}\boldsymbol{Z}}$ 表示 $\hat{\boldsymbol{\alpha}}_1^{\mathrm{T}}\boldsymbol{Z}$ 的一元边际密度，其中把 $\boldsymbol{Z}$ 看成是随机的，把 $\hat{\boldsymbol{\alpha}}_1$ 看成是固定的。

探索性投影追踪的第二步是结构移除步骤。目标是对 $\boldsymbol{Z}_1, \cdots, \boldsymbol{Z}_n$ 应用一种变换使 $f_{\boldsymbol{Z}}$ 到 $\hat{\boldsymbol{\alpha}}_1$ 的投影密度为标准的正态密度，而沿其他任何正交方向上的投影分布都不变。为此，令 $\boldsymbol{A}_1$ 为标准正交阵且第一行为 $\hat{\boldsymbol{\alpha}}_1^{\mathrm{T}}$。同时，对来自于随机向量 $\boldsymbol{V} = (V_1, \cdots, V_p)$ 的观测，定义向量变换 $\boldsymbol{T}(\boldsymbol{v}) = (\Phi^{-1}(F_{V_1}(v_1)), v_2, \cdots, v_p)$，其中 F_{V_1} 为 $\boldsymbol{V}$ 中第一个元素的累积分布函数。那么对 $i = 1, \cdots, n$，令

$$\boldsymbol{Z}_i^{(1)} = \boldsymbol{A}_1^{\mathrm{T}}\boldsymbol{T}(\boldsymbol{A}_1\boldsymbol{Z}_i) \tag{10.63}$$

就可得到想用的变换。式 (10.63) 中的变换并不能直接达到结构移除的目标，因为它依赖于和$f_{\hat{\boldsymbol{\alpha}}_1^{\mathrm{T}}\boldsymbol{Z}}$ 相应的累积分布函数。要解决这个问题，只需要把累积分布函数用 $\hat{\boldsymbol{\alpha}}_1^{\mathrm{T}}\boldsymbol{Z}_1, \cdots, \hat{\boldsymbol{\alpha}}_1^{\mathrm{T}}\boldsymbol{Z}_n$ 相应的经验分布函数替换就行了，另一种替换方法见文献 [340]。

我们可以把 $\boldsymbol{Z}_i^{(1)}, i = 1, \cdots, n$ 看成是一种新的数据集。该数据集包含随机变量 $\boldsymbol{Z}_1^{(1)}, \cdots, \boldsymbol{Z}_n^{(1)}$ 的观测值，其未知分布 $f_{\boldsymbol{Z}^{(1)}}$ 依赖于 $f_{\boldsymbol{Z}}$。给定到 $\hat{\boldsymbol{\alpha}}_1$ 的投影下，$f_{\boldsymbol{Z}^{(1)}}$ 和 $f_{\boldsymbol{Z}}$ 决定的条件分布有重要的联系。具体来说，给定 $\hat{\boldsymbol{\alpha}}_1^{\mathrm{T}}\boldsymbol{Z}_i^{(1)}$ 后 $\boldsymbol{Z}_i^{(1)}$ 的条件分布等于给定 $\hat{\boldsymbol{\alpha}}_1^{\mathrm{T}}\boldsymbol{Z}_i$ 后 $\boldsymbol{Z}_i$ 的条件分布，因为在生成 $\boldsymbol{Z}_i^{(1)}$ 的结构移除步移除了 $\boldsymbol{Z}_i$ 的所有坐标，只有第一个没变。因此

$$f_{\boldsymbol{Z}^{(1)}}(\boldsymbol{z}) = \frac{f_{\boldsymbol{Z}}(\boldsymbol{z})\phi(\hat{\boldsymbol{\alpha}}_1^{\mathrm{T}}\boldsymbol{z})}{f_{\boldsymbol{\alpha}_1^{T}\boldsymbol{Z}}(\hat{\boldsymbol{\alpha}}_1^{\mathrm{T}}\boldsymbol{z})} \tag{10.64}$$

式 (10.64) 并没有给出直接的方式来估计 $f_{\boldsymbol{Z}}$，但最终证明，重复上面描述的整个过程还是很有成效的。

假设进行第二个投影步。当前工作变量 $\boldsymbol{Z}_1^{(1)}, \cdots, \boldsymbol{Z}_n^{(1)}$ 投影到一个新方向上是想分出尽可能多的一维结构。找这个方向要求根据变换后的样本 $\boldsymbol{Z}_1^{(1)}, \cdots, \boldsymbol{Z}_n^{(1)}$ 计算一个新的结构指数，这导致估计 $\hat{\boldsymbol{\alpha}}_2$ 作为反映最大结构的投影方向。

进行第二个结构移除步要求对一个合适的矩阵 $\boldsymbol{A}_2$ 重新应用式 (10.63)，产生新的工作变量 $\boldsymbol{Z}_1^{(2)}, \cdots, \boldsymbol{Z}_n^{(2)}$。

重复和式 (10.64) 表达的同样的条件分布项使我们把新工作变量产生的密度写为

$$f_{\boldsymbol{Z}^{(2)}}(\boldsymbol{z}) = f_{\boldsymbol{Z}}(\boldsymbol{z})\frac{\phi(\hat{\boldsymbol{\alpha}}_1^{\mathrm{T}}\boldsymbol{z})\phi(\hat{\boldsymbol{\alpha}}_2^{\mathrm{T}}\boldsymbol{z})}{f_{\hat{\boldsymbol{\alpha}}_1^{\mathrm{T}}\boldsymbol{Z}}(\hat{\boldsymbol{\alpha}}_1^{\mathrm{T}}\boldsymbol{z})f_{\hat{\boldsymbol{\alpha}}_2^{\mathrm{T}}\boldsymbol{Z}^{(1)}}(\hat{\boldsymbol{\alpha}}_2^{\mathrm{T}}\boldsymbol{z})} \tag{10.65}$$

其中 $f_{\hat{\boldsymbol{\alpha}}_2^{\mathrm{T}}\boldsymbol{Z}^{(1)}}$ 是当 $\boldsymbol{Z}^{(1)} \sim f_{\boldsymbol{Z}^{(1)}}$ 时 $\hat{\boldsymbol{\alpha}}_2^{\mathrm{T}}\boldsymbol{Z}^{(1)}$ 的边际密度。

假设投影步和结构移除步都重复迭代了几次。在某个时刻，结构的识别及移除都会导致新变量的分布有很少或没有残留结构。换句话说，它们的分布在任何可能的一元投影上几乎都是近似正态的。此时，迭代停止。假设共进行了 M 次迭代，那么式 (10.65) 推广得到

$$f_{\boldsymbol{Z}^{(M)}}(\boldsymbol{z}) = f_{\boldsymbol{Z}}(\boldsymbol{z})\prod_{m=1}^{M}\frac{\phi(\hat{\boldsymbol{\alpha}}_m^{\mathrm{T}}\boldsymbol{z})}{f_{\hat{\boldsymbol{\alpha}}_m^{\mathrm{T}}\boldsymbol{Z}^{(m-1)}}(\hat{\boldsymbol{\alpha}}_m^{\mathrm{T}}\boldsymbol{z})} \tag{10.66}$$

其中 $f_{\hat{\boldsymbol{\alpha}}_m^{\mathrm{T}}\boldsymbol{Z}^{(m-1)}}$ 是当 $\boldsymbol{Z}^{(m-1)} \sim f_{\boldsymbol{Z}^{(m-1)}}$ 且 $\boldsymbol{Z}^{(0)} \sim f_{\boldsymbol{Z}}$ 时 $\hat{\boldsymbol{\alpha}}_m^{\mathrm{T}}\boldsymbol{Z}^{(m-1)}$ 的边际密度。

现在，式 (10.66) 可以用来估计 $f_{\boldsymbol{Z}}$，因为已经从工作变量 $\boldsymbol{Z}_i^{(M)}$ 的分布中排除了所有的结构，我们可以令 $f_{\boldsymbol{Z}^{(M)}}$ 等于 p 维多元正态密度，记为 ϕ_p。解 $f_{\boldsymbol{Z}}$ 可得

$$f_{\boldsymbol{Z}}(\boldsymbol{z}) = \phi_p(\boldsymbol{z}) \prod_{m=1}^{M} \frac{f_{\hat{\boldsymbol{\alpha}}_m^{\mathrm{T}}\boldsymbol{Z}^{(m-1)}}(\hat{\boldsymbol{\alpha}}_m^{\mathrm{T}}\boldsymbol{z})}{\phi(\hat{\boldsymbol{\alpha}}_m^{\mathrm{T}}\boldsymbol{z})} \tag{10.67}$$

尽管该等式仍然依赖于未知密度 $f_{\hat{\boldsymbol{\alpha}}_m^{\mathrm{T}}\boldsymbol{Z}^{(m-1)}}$，但这些可以用 Legendre 近似策略去估计。注意到，如果对 $\boldsymbol{Z}^{(m-1)} \sim f_{\boldsymbol{Z}^{(m-1)}}$ 有 $U^{(m-1)} = 2\Phi(\hat{\boldsymbol{\alpha}}_m^{\mathrm{T}}\boldsymbol{Z}^{(m-1)}) - 1$，那么

$$f_{U^{(m-1)}}(u) = \frac{f_{\hat{\boldsymbol{\alpha}}_m^{\mathrm{T}}\boldsymbol{Z}^{(m-1)}}\left(\Phi^{-1}((u+1)/2)\right)}{2\phi(\Phi^{-1}((u+1)/2))} \tag{10.68}$$

通过 $\boldsymbol{Z}_1^{(m-1)}, \cdots, \boldsymbol{Z}_n^{(m-1)}$ 得到的 $U_1^{(m-1)}, \cdots, U_n^{(m-1)}$，用 $f_{U^{(m-1)}}$ 的 Legendre 展开及样本矩来估计

$$\hat{f}_{U^{(m-1)}}(u) = \sum_{j=0}^{J} \left\{ \frac{2j+1}{2} P_j(u) \sum_{i=1}^{n} \frac{P_j(U_i^{(m-1)})}{n} \right\} \tag{10.69}$$

用 $\hat{f}_{U^{(m-1)}}$ 替换式 (10.68) 中的 $f_{U^{(m-1)}}$ 并分离出 $f_{\hat{\boldsymbol{\alpha}}_m^{\mathrm{T}}\boldsymbol{Z}^{(m-1)}}$，可以得到

$$\hat{f}_{\hat{\boldsymbol{\alpha}}_m^{\mathrm{T}}\boldsymbol{Z}^{(m-1)}}(\hat{\boldsymbol{\alpha}}_m^{\mathrm{T}}\boldsymbol{z}) = 2\hat{f}_{U^{(m-1)}}(2\Phi(\hat{\boldsymbol{\alpha}}_m^{\mathrm{T}}\boldsymbol{z}) - 1)\phi(\hat{\boldsymbol{\alpha}}_m^{\mathrm{T}}\boldsymbol{z}) \tag{10.70}$$

因此，由式 (10.67) 得 $f_{\boldsymbol{Z}}(\boldsymbol{z})$ 的估计为

$$\hat{f}(\boldsymbol{z}) = \phi_p(\boldsymbol{z}) \prod_{m=1}^{M} \left\{ \sum_{j=0}^{J} (2j+1) P_j\left(2\Phi(\hat{\boldsymbol{\alpha}}_m^{\mathrm{T}}\boldsymbol{z}) - 1\right) \bar{P}_{jm} \right\} \tag{10.71}$$

其中

$$\bar{P}_{jm} = \frac{1}{n} \sum_{i=1}^{n} P_j\left(2\Phi(\hat{\boldsymbol{\alpha}}_m^{\mathrm{T}}\boldsymbol{Z}_i^{(m-1)}) - 1\right) \tag{10.72}$$

是用结构移除过程中储存的工作变量估计的，且 $\boldsymbol{Z}_i^{(0)} = \boldsymbol{Z}_i$。通过对 $\hat{f}_{\boldsymbol{Z}}$ 应用变量变换 $\boldsymbol{X} = \boldsymbol{P}\boldsymbol{\Lambda}^{1/2}\boldsymbol{Z} + \bar{\boldsymbol{x}}$ 进行球化变换的逆变换可以得到估计 $\hat{f}_{\boldsymbol{X}}$。

估计 $\hat{f}_{\boldsymbol{Z}}$ 受数据中心部分的影响最强，因为变换 U 把 $f_{\boldsymbol{Z}}$ 尾部的信息压缩到区间 $[-1,1]$ 端点的部分。在该区间这么窄的范围内，低阶 Legendre 多项式展开很难获得 f_U 的大量特征。进一步，影响每个 $\hat{\boldsymbol{\alpha}}_m$ 选择的结构指数对只有投影尾部行为是非正态的方向不会赋以很高的结构。因此，探索性投影追踪是提取密度的重要低维特征的一种方法，该特征可以通过数据的大小尺寸表现出来，并重新构造反映这些重要特征的密度估计。

例 10.8 (二元旋转) 为说明探索性投影追踪，我们试图重新构造一些二元数据的密度。假设 $\boldsymbol{W} = (W_1, W_2)$，其中 $W_1 \sim \text{Gamma}(4,2)$，$W_2 \sim N(0,1)$ 且 W_1 和 W_2 独立。那么 $E\{\boldsymbol{W}\} = (2,0)$，$\text{var}\{\boldsymbol{W}\} = \boldsymbol{I}$。我们用

$$\boldsymbol{R} = \begin{pmatrix} -0.581 & -0.814 \\ -0.814 & 0.581 \end{pmatrix}$$

对 $\boldsymbol{W}$ 进行旋转生成数据 $\boldsymbol{X}=\boldsymbol{R}\boldsymbol{W}$。令 $f_{\boldsymbol{X}}$ 表示 $\boldsymbol{X}$ 的密度，我们试图从 $f_{\boldsymbol{X}}$ 中抽得的 $n=500$ 个样本点去估计。由于 $\mathrm{var}\{\boldsymbol{X}\}=\boldsymbol{R}\boldsymbol{R}^{\mathrm{T}}=\boldsymbol{I}$，故白化变换几乎只是平移(除理论方差协方差阵和样本方差协方差阵存在稍微差别外)。

白化后的数据 $\boldsymbol{z}_1,\cdots,\boldsymbol{z}_{500}$，在图 10.9 左上角的面板中画出。从图中可以看出有潜在的 Gamma 结构，因为在该图右上角的点的频率突然下降： $\boldsymbol{Z}$ 和 $\boldsymbol{X}$ 关于 $\boldsymbol{W}$ 逆时针旋转大约 135 度。

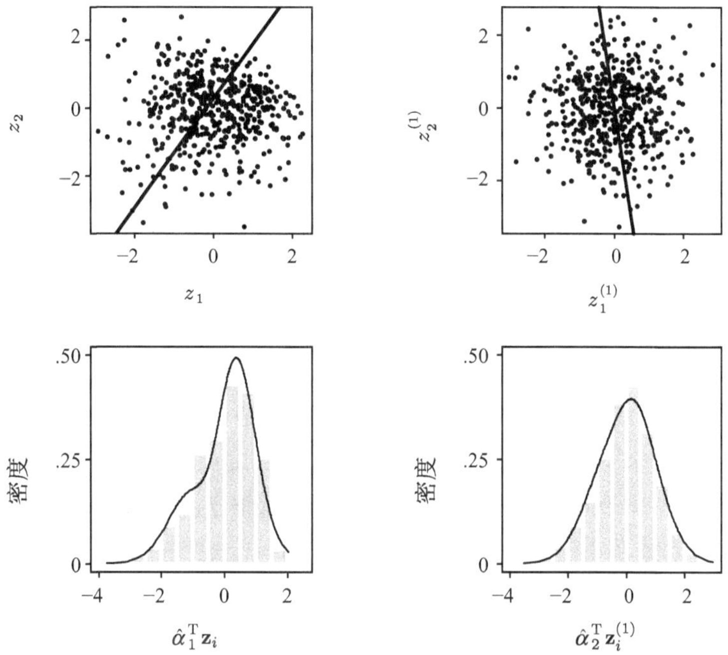

图 10.9　例 10.8 中前两个投影步和结构移除步，见文中的描述

最重要的一元投影结构方向 $\hat{\boldsymbol{\alpha}}_1$ 用图 10.9 左上角面板中的直线画出。显然该方向大概对应原始 Gamma 分布的坐标。图 10.9 左下角显示了 $\boldsymbol{z}_i$ 值投影到 $\hat{\boldsymbol{\alpha}}_1$ 上的直方图，有点儿非正态分布的样子。附在该直方图上的曲线为对 $\hat{\boldsymbol{\alpha}}_1^{\mathrm{T}}\boldsymbol{Z}$ 用 Legendre 展开策略得到的一元密度估计。该例子中，Legendre 多项式的个数设为 $J+1=4$。

把向 $\hat{\boldsymbol{\alpha}}_1$ 方向投影所解释的结构去掉得到新的工作数据值，$\boldsymbol{z}_1^{(1)},\cdots,\boldsymbol{z}_{500}^{(1)}$，见图 10.9 右上角面板。显示最多的非正态结构的投影方向， $\hat{\boldsymbol{\alpha}}_2$，还是用直线表示。右下角的面板显示了 $\hat{\boldsymbol{\alpha}}_2^{\mathrm{T}}\boldsymbol{z}^{(1)}$ 的直方图及相应的 Legendre 密度估计。

此时，没什么必要再进行额外的投影步和结构移除步了：工作数据几乎是多元正态的。用式 (10.71) 重新构造 $f_{\boldsymbol{Z}}$ 的估计得到图 10.10 所示的密度估计。图中可以明显看出旋转后的 Gamma 正态结构，其中较重的 Gamma 分布的尾部向左侧延伸而陡峭的尾部在右侧终止。应用的最后步骤是用 $\boldsymbol{X}$ 的密度而不是 $\boldsymbol{Z}$ 的密度重新描述该结果。 □

习题

10.1 Sanders 等人对我们银河系外物体的红外发射及其他特征提供了一个全面的数据集[567]，这些数据可以从这本书的主页上得到。令 X 表示标为 F12 的变量的对数，这是对每个物体 12 微米波段总的流量测量。

a. 分别用 UCV(h) 准则、Silverman 的大拇指法则、Sheather-Jones 方法、Terrell 的极大光滑原则及其他任何你想用的方法得到的窗宽，对 X 拟合一个正态核密度估计。对这些数据从直观上评价每个窗宽的合适性。

b. 对 X 分别用均匀核、正态核、艾氏核及三权核拟合核密度估计，每个都用和正态核时 Sheather-Jones 窗宽等价的窗宽，并加以评论。

c. 对 X 像式 (10.48) 那样用均匀核和正态核拟合最近邻密度估计。接下来用正态核并令 h 等于固定窗宽估计的 Sheather-Jones 窗宽乘以 $\tilde{f}_{\boldsymbol{X}}(\boldsymbol{x}_i)^{1/2}$ 的几何均值，对 X 拟合 Abramson 自适应估计。

d. 如果对数样条密度估计的代码是可以利用的，请用这种方法估计 X 的密度。

e. 令 $\hat{f}_X$ 表示用 Sheather-Jones 窗宽计算的 X 的正态核密度估计。注意该窗宽和 Silverman 的大拇指法则给出窗宽的比例。把数据变回到原来的尺度 (即 $Z = \exp\{X\}$)，并拟合正态核密度估计 $\hat{f}_Z$ ，其中窗宽等于按以前比例缩小后的 Silverman 大拇指法则(这是稳健尺度度量远好于样本标准差的一个例子)。然后用密度的变量变换公式把 $\hat{f}_X$ 变回到原来的尺度，并在 0 到 8 之间的区域上比较 Z 的两种密度估计。进一步尝试着研究密度估计和非线性尺度变换之间的关系。发表自己的看法。

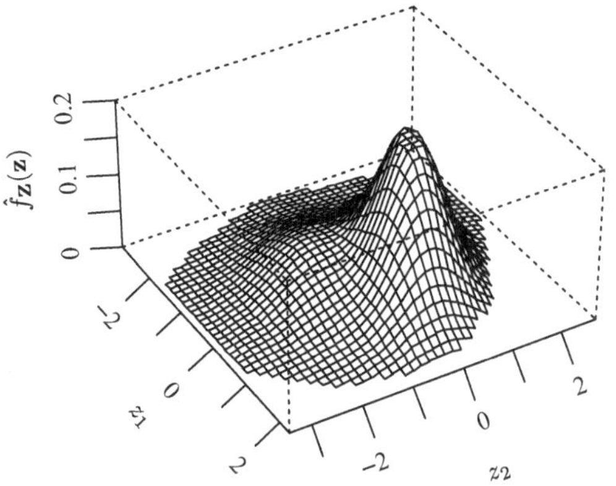

图 10.10 例 10.8 中探索性投影追踪的密度估计 $\hat{f}_{\mathbf{Z}}$

10.2 本问题继续使用银河系外物体的红外线数据及问题 10.1 中的变量 X (12 微米波段流量测量的对数)。数据集也包括 F100 数据：每个物体 100 微米波段总的流量测量。用 Y 表示该变量的对数，用下面的方法对 X 和 Y 的联合密度构造二元密度估计。

a. 使用标准二元正态核，其中窗宽矩阵为 $h\boldsymbol{I}_2$。描述你如何选择 h。

b. 使用二元正态核，其中窗宽矩阵 $\boldsymbol{H}$ 由 Terrell 的极大光滑原则给出。找一个常数 c 使得窗宽矩阵 $c\boldsymbol{H}$ 给出优良的密度估计。

c. 使用正态乘积核，其中每个坐标的窗宽由 Sheather-Jones 方法选择。

d. 使用正态核的最近邻估计式 (10.48)。描述你如何选择 k。

e. 使用带有正态乘积核的 Abramson 自适应估计，其中按照例 10.7 的方法选择窗宽。

10.3 由式 (10.22) 出发，当 $K(z)=\phi(z)=\exp\{-z^2/2\}/\sqrt{2\pi}$ 时，按照下列步骤简化 $\mathrm{UCV}(h)$：

a. 证明

$$\begin{aligned}\mathrm{UCV}(h) &= \frac{1}{n^2h^2}\sum_{i=1}^{n}\int K^2\left(\frac{x-X_i}{h}\right)\mathrm{d}x \\ &\quad+\frac{1}{n(n-1)h^2}\sum_{i=1}^{n}\sum_{j\neq i}\int K\left(\frac{x-X_i}{h}\right)K\left(\frac{x-X_j}{h}\right)\mathrm{d}x \\ &\quad-\frac{2}{n(n-1)h}\sum_{i=1}^{n}\sum_{j\neq i}K\left(\frac{X_i-X_j}{h}\right) \\ &= A+B+C\end{aligned}$$

其中 A,B 和 C 分别表示上面给出的三项。

b. 证明

$$A=\frac{1}{2nh\sqrt{\pi}}$$

c. 证明

$$B=\frac{1}{2n(n-1)h\sqrt{\pi}}\sum_{i=1}^{n}\sum_{j\neq i}\exp\left\{\frac{-1}{4h^2}(X_i-X_j)^2\right\} \tag{10.73}$$

d. 通过式 (10.23) 完成证明。

10.4 重复表 10.2 的前四行。现假设 $\hat{f}$ 是乘积核估计，你会发现从表达式 $\mathrm{MSE}_h(\hat{f}(\boldsymbol{x}))=\mathrm{var}\{\hat{f}(\boldsymbol{x})\}+(\mathrm{bias}\{\hat{f}(x)\})^2$ 出发并用如下结果是很有帮助的，

$$\begin{aligned}\phi(x;\mu,\sigma^2)\phi(x;\nu,\tau^2) = &\ \phi\left(x,\frac{\mu\tau^2+\nu\sigma^2}{\sigma^2+\tau^2},\frac{\sigma^2\tau^2}{\sigma^2+\tau^2}\right) \\ &\times\left(\frac{\exp\left\{-(\mu-\nu)^2/[2(\sigma^2+\tau^2)]\right\}}{\sqrt{2\pi(\sigma^2+\tau^2)}}\right)\end{aligned}$$

其中 $\phi(x;\alpha,\beta^2)$ 表示均值为 α、方差为 β^2 的一元正态密度函数。

10.5 本书的主页上有多方面的数据，它们都有很强的结构。具体来说，这些四维数据来自于一个混合分布，该分布是几乎位于一个三维流形上的密度和一个填满四维空间的厚尾分布的混合，且前者权重较低，后

者权重较高。

a. 估计数据的最小正态一元投影方向。用一系列的图来猜测一个非正态投影方向，或根据执行投影追踪时投影步描述的方法。

b. 估计在(a)中找到方向的投影数据的一元密度，方法不限。

c. 用本章的思想通过任何有价值的方式估计并 (或) 描述这些数据的密度，讨论你所遇到的困难。

第 11 章　二元光滑方法

考虑图 11.1 所示的二元数据。如果需要的话，直观上谁都可以画一条光滑的曲线把数据拟合得很好，然而多数人可能发现要想确切地描述它们是如何做到的却非常困难。为此我们关注几种方法，称作散点光滑。

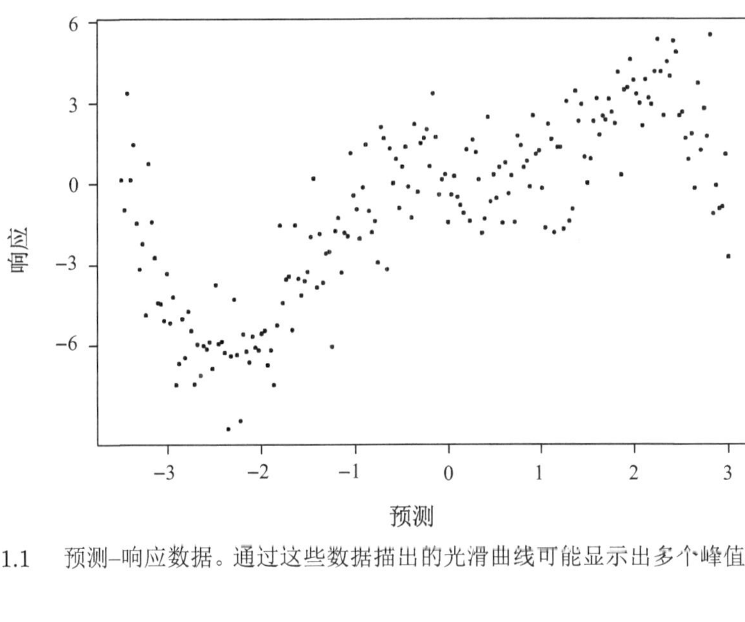

图 11.1　预测–响应数据。通过这些数据描出的光滑曲线可能显示出多个峰值和凹点

二元数据有效的光滑方法通常比高维问题中更简单，因此一开始我们只考虑 n 个二元数据点 $(x_i, y_i), i = 1, \cdots, n$ 的情况。第 12 章涵盖多元数据的光滑方法。

光滑的目标对预测–响应数据和一般的二元数据是不同的。对预测–响应数据，假定随机响应变量 Y 是预测变量 X 值的一个函数 (可能是随机的)。比方说，对预测–响应数据通常假设的模型是 $Y_i = s(x_i) + \epsilon_i$，其中 ϵ_i 是零均值的随机噪声，s 是一个光滑函数。这种情况下，$Y|x$ 的条件分布描述了 Y 如何依赖于 $X = x$ 。穿过该数据的一个合理的光滑曲线要和预测变量观测值范围内 $Y|x$ 的条件均值联系起来。

和预测–响应数据不同，一般的二元数据有这样的特点，即 X 或 Y 都不会明显地作为响应变量出现。这种情况下，总结 (X,Y) 的联合分布是比较明智的。一个能抓住 X 与 Y 之间关系的主要方面的光滑曲线应该和它们联合密度的脊顶相符合，当然也有其他合理的选择。估计这种关系可能比光滑预测–响应数据更有挑战性，见第 11.6 和 12.2.1 节。

关于光滑技巧的详细讨论的文献包括 [101，188，308，309，314，322，573，599，642，651]。

11.1 预测–响应数据

现假设对某个光滑函数 s 有 $E\{Y|x\}=s(x)$ 。因为预测–响应数据的光滑通常集中在条件均值函数 s 的估计上，因此光滑常称作*非参回归*。

对给定的点 x ，假定 $\hat{s}(x)$ 是 $s(x)$ 的估计。那么什么估计是最好的呢？一个自然的方法是用 x 处 (估计) 的均方误差来评价 x 处 $\hat{s}(x)$ 作为 $s(x)$ 估计的质量，即 $\mathrm{MSE}(\hat{s}(x))=E\{[\hat{s}(x)-s(x)]^2\}$, 其中期望是关于响应的联合分布求取的。通过在该表达式的平方项中加减一项 $E\{\hat{s}(x)|x\}$, 就可以直接得到我们熟悉的结果

$$\mathrm{MSE}(\hat{s}(x))=(\mathrm{bias}\{\hat{s}(x)\})^2+\mathrm{var}\{\hat{s}(x)\} \tag{11.1}$$

其中 $\mathrm{bias}\{\hat{s}(x)\}=E\{\hat{s}(x)\}-s(x)$ 。

虽然我们是通过在平方误差损失下考虑条件均值的估计来研究光滑方法的，但其他一些观点也是合理的。例如，采用绝对误差损失漂移将会注重 $\mathrm{median}\{Y|x\}$ 。因此，可以把光滑更一般地看成是描述 $Y|x$ 分布的中心如何随着 x 的变化而变化的一种尝试，这种想法类似于考虑是什么构成分布中心的。

光滑函数 $\hat{s}(x)$ 通常不仅依赖于观测数据 $(x_i,y_i),i=1,\cdots,n$，也依赖于一个用户指定的*光滑参数* λ，该参数的选择是用来控制光滑函数总体表现的。因此，以后我们常写成 $\hat{s}_\lambda$ 和 $\mathrm{MSE}_\lambda(\hat{s}_\lambda(x))$。

考虑使用光滑函数 $\hat{s}_\lambda$ 在新的一点 x^* 处响应的预测。我们引入 $\mathrm{MSE}_\lambda(\hat{s}_\lambda(x^*))$ 来评价 $\hat{s}_\lambda(x^*)$ 作为真实条件均值 $s(x^*)=E\{Y|X=x^*\}$ 的估计量的质量。现在要评价光滑函数在 $X=x^*$ 处响应预测的质量，我们采用 x^* 处的*均方预测误差*，即

$$\begin{aligned}\mathrm{MSPE}_\lambda(\hat{s}_\lambda(x^*)) &= E\{(Y-\hat{s}_\lambda(x^*))^2|X=x^*\}\\ &= \mathrm{var}\{Y|X=x^*\}+\mathrm{MSE}_\lambda(\hat{s}_\lambda(x^*))\end{aligned} \tag{11.2}$$

除了要在个别的 x^* 处有好的预测以外，对 $\hat{s}_\lambda$ 还有更多的要求。如果 $\hat{s}_\lambda$ 是一个好的光滑函数，那么它应该在 x 的范围内达到 $\mathrm{MSPE}_\lambda(\hat{s}_\lambda(x))$ 的极限。对观测的数据集， $\hat{\boldsymbol{s}}_\lambda=(\hat{s}_\lambda(x_1),\cdots,\hat{s}_\lambda(x_n))$，质量好的全局度量应该是 $\overline{\mathrm{MSPE}}_\lambda(\hat{\boldsymbol{s}}_\lambda)=(1/n)\sum_{i=1}^n\mathrm{MSPE}_\lambda(\hat{s}_\lambda(x_i))$，即平均均方预测误差。对光滑函数的质量也有一些其他好的全局度量，但多数情况下各种选择在某种意义下渐近地不重要了，即它们都对最优光滑给出等价的渐近指导[313]。

已经讨论了光滑函数表现的理论度量，现在我们把焦点转向构造性能较好的光滑函数的实际方法。对预测–响应数据来说，很难违背的一个观念就是，光滑函数应该根据某个位置度量，如条件均值，来汇总给定 $X_i=x_i$ 时 Y_i 的条件分布，即便没有明确假定模型 $Y_i=$

$s(x_i)+\epsilon_i$。实际上，不管数据的类型如何，几乎所有的光滑函数都依赖于*局部平均*的概念：x 附近 x_i 相应的 Y_i 应该按照某种方式进行平均以搜集 x 处光滑函数合适值的信息。

一般的局部平均光滑函数可以写成

$$\hat{s}(x) = \text{ave}\{Y_i | x_i \in \mathcal{N}(x)\} \tag{11.3}$$

其中“ave”为某个广义的平均函数，$\mathcal{N}(x)$ 为 x 的某个邻域。选择不同的平均函数 (如平均、加权平均、中位数或 M 估计) 和不同的邻域 (如最近的几个相邻点或某距离内的所有点) 可以产生不同的光滑函数。一般来说，$\mathcal{N}(x)$ 的形式可能随 x 而变化，从而在数据的不同区域使用不同的邻域大小或形状。

邻域最重要的特征是它的*跨度*，这用光滑参数 λ 表示。一般意义下，邻域的跨度度量了它的涵盖性：小跨度的邻域有很强的局部性，只包含很临近的点；而大跨度的邻域包含较广的范围。有多种方法度量邻域的涵盖性，包括它的*大小*(点的个数)、*跨度* (包含样本点的比例)、*窗宽*(邻域的物理长度或体积) 及一些以后要讨论的其他概念。我们用 λ 表示对每个光滑函数究竟哪个概念是最自然的。

光滑参数控制 $\hat{s}_\lambda$ 的波动性。小跨度的光滑函数往往可以很好地再生局部形态，但从较远的数据几乎得不到什么信息。若忽略具有局部响应有用信息的远处数据，这些光滑函数会比不忽略时有较大的变异性。比较来说，当做局部预测时，大跨度的光滑函数从远处数据可以得到许多信息。当这些数据之间有某些关联时就引入了潜在的偏差。调整 λ 可以控制偏差和方差之间的一种平衡。

下面我们介绍构造局部平均光滑函数的一些策略。本章我们集中研究预测–响应数据的光滑方法，但第 11.6 节简单涉及一般二元数据的光滑问题，这在第 12 章会进一步考虑。

11.2 线性光滑函数

一类重要的光滑函数是*线性光滑函数*。对这种光滑函数，在任意点 x 的预测是响应值的一个线性组合。线性光滑函数比非线性光滑函数计算更快，分析更容易。

通常只在观测的 x_i 点上考虑光滑函数的估计就足够了。对一个预测值向量 $\boldsymbol{x} = (x_1, \cdots, x_n)$，用 $Y = (Y_1, \cdots, Y_n)^{\mathrm{T}}$ 表示相应响应变量的向量，并定义 $\hat{\boldsymbol{s}} = (\hat{s}(x_1), \cdots, \hat{s}(x_n))^{\mathrm{T}}$。那么对元素不依赖于 $\boldsymbol{Y}$ 的 $n \times n$ 的*光滑矩阵* $\boldsymbol{S}$，线性光滑函数可以用 $\hat{\boldsymbol{s}} = \boldsymbol{SY}$ 来表示。下面介绍多种线性光滑函数。

11.2.1 常跨度移动平均

一种非常简单的光滑函数是取 k 个附近点的样本均值：

$$\hat{s}_k(x_i) = \sum_{\{j:\ x_j \in \mathcal{N}(x_i)\}} \frac{Y_i}{k} \tag{11.4}$$

我们要求用奇数 k，并定义 $\mathcal{N}(x_i)$ 包含 x_i 本身、预测值小于 x_i 的最近的 $(k-1)/2$ 个点以

及预测值大于 x_i 的最近的 $(k-1)/2$ 个点。这个 $\mathcal{N}(x_i)$ 称作对称最近邻，光滑函数常称作移动平均。

不失一般性，今后我们假设数据对已按 x_i 升序排序，那么常跨度移动平均光滑函数可以写作

$$\hat{s}_k(x_i) = \text{mean}\left\{Y_j : \max\left(i-\frac{k-1}{2},1\right) \leqslant j \leqslant \min\left(i+\frac{k-1}{2},n\right)\right\} \tag{11.5}$$

为了作图或预测，我们可以在每个 x_i 处计算 $\hat{s}$ 并在中间进行线性内插。注意到根据 i 一步步来，我们可以用如下的迭代更新有效地计算 x_{i+1} 处的 $\hat{s}_k$：

$$\hat{s}_k(x_{i+1}) = \hat{s}_k(x_i) - \frac{Y_{i-(k-1)/2}}{k} + \frac{Y_{i+(k+1)/2}}{k} \tag{11.6}$$

这避免了在每个点重新计算均值。类似的更新对预测值位于数据边缘的点也成立。

常跨度移动平均光滑函数是一种线性光滑函数。光滑矩阵 $\boldsymbol{S}$ 的中间几行都像 $(0\ \cdots\ 0\ \frac{1}{k}\ \cdots\ \frac{1}{k}\ 0\ \cdots\ 0)$ 。多数光滑问题中一件重要的事情就是如何计算数据边缘附近的 $\hat{s}_k(x_i)$ 。例如，x_1 的左边没有 $(k-1)/2$ 个近邻。$\boldsymbol{S}$ 的前 $(k-1)/2$ 行和后 $(k-1)/2$ 行必须进行某种调整。三种可能选择 (例如对 $k=5$) 分别是：用

$$\boldsymbol{S} = \begin{pmatrix} 1 & 0 & 0 & 0 & 0 & 0 & \cdots & 0 \\ \frac{1}{3} & \frac{1}{3} & \frac{1}{3} & 0 & 0 & 0 & \cdots & 0 \\ \frac{1}{5} & \frac{1}{5} & \frac{1}{5} & \frac{1}{5} & \frac{1}{5} & 0 & \cdots & 0 \\ 0 & \frac{1}{5} & \frac{1}{5} & \frac{1}{5} & \frac{1}{5} & \frac{1}{5} & \cdots & 0 \\ \vdots & \vdots & \vdots & \vdots & \vdots & \vdots & & \vdots \end{pmatrix} \tag{11.7}$$

来收缩对称近邻；用

$$\boldsymbol{S} = \begin{pmatrix} \frac{1}{3} & \frac{1}{3} & \frac{1}{3} & 0 & 0 & 0 & \cdots & 0 \\ \frac{1}{4} & \frac{1}{4} & \frac{1}{4} & \frac{1}{4} & 0 & 0 & \cdots & 0 \\ \frac{1}{5} & \frac{1}{5} & \frac{1}{5} & \frac{1}{5} & \frac{1}{5} & 0 & \cdots & 0 \\ 0 & \frac{1}{5} & \frac{1}{5} & \frac{1}{5} & \frac{1}{5} & \frac{1}{5} & \cdots & 0 \\ \vdots & \vdots & \vdots & \vdots & \vdots & \vdots & & \vdots \end{pmatrix} \tag{11.8}$$

来修剪近邻；或者只在循环数据情况下用

$$\boldsymbol{S} = \begin{pmatrix} \frac{1}{5} & \frac{1}{5} & \frac{1}{5} & 0 & 0 & 0 & \cdots & 0 & \frac{1}{5} & \frac{1}{5} \\ \frac{1}{5} & \frac{1}{5} & \frac{1}{5} & \frac{1}{5} & 0 & 0 & 0 & \cdots & 0 & \frac{1}{5} \\ \frac{1}{5} & \frac{1}{5} & \frac{1}{5} & \frac{1}{5} & \frac{1}{5} & 0 & 0 & 0 & \cdots & 0 \\ 0 & \frac{1}{5} & \frac{1}{5} & \frac{1}{5} & \frac{1}{5} & \frac{1}{5} & 0 & 0 & \cdots & 0 \\ \vdots & \vdots & \vdots & \vdots & \vdots & \vdots & \vdots & \vdots & & \vdots \end{pmatrix} \tag{11.9}$$

来环盖近邻。通常修剪选择是首选的，在式 (11.5) 中就已暗含了。由于 k 往往是 n 中相当小的一部分，光滑给出的总的图像受边缘处理的影响并不大，但不管这件事情如何解释，读者应该意识到在数据边缘处 $\hat{s}$ 的可靠性已经降低。

例 11.1 (简单数据) 图 11.2 显示了本章开头介绍的数据的常跨度移动平均光滑。该数据用我们讨论过的多种方法都可以很容易并且很好地进行光滑。这些数据是来自于模型 $Y_i = s(x_i) + \epsilon_i$ 的 $n = 200$ 个等间距的点，其中误差项是零均值、标准差为 1.5 的 i.i.d. 的正态噪声。该数据可以从本书的主页上下载。在图中真实的关系 $s(x) = x^3 \sin\{(x + 3.4)/2\}$ 用虚线表示；估计 $\hat{s}_k(x)$ 用实线所示。对 $k = 13$ 我们用一个和式 (11.8) 等价的光滑矩阵。从直观上看，结果不太理想：也许这正强调了当用手画一条光滑曲线时不管人们采用什么方法都是极其复杂的。 □

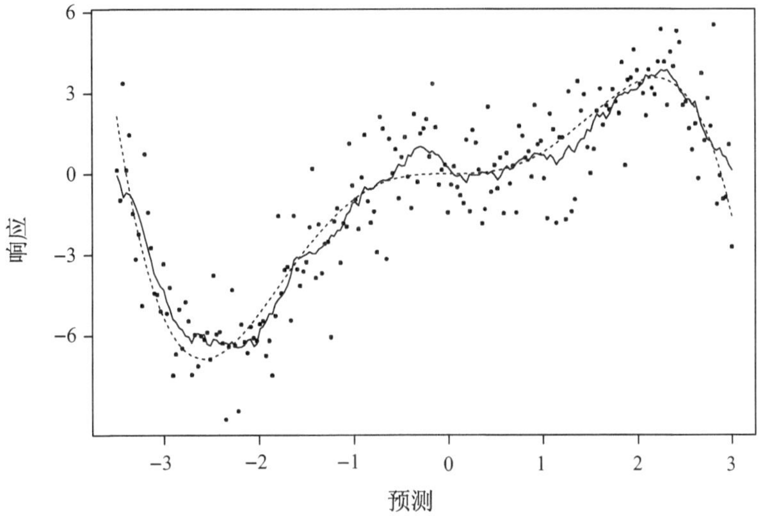

图 11.2 $k = 13$ 时常跨度移动平均光滑函数的结果 (实线)，与真实的潜在曲线 (虚线) 比较

11.2.1.1 跨度的影响

常跨度移动平均光滑函数中一个自然的光滑参数是 $\lambda = k$ 。和所有光滑函数一样，该参数控制波动性，这里是通过直接控制任何邻域中包含的数据点的个数达到的。对排序数据和邻域不受数据边缘影响的内点 x_i , 式 (11.5) 给出的 k 跨度移动平均光滑函数有

$$\mathrm{MSE}_k(\hat{s}_k(x_i)) = E\left\{\left(s(x_i) - \frac{1}{k}\sum_{j=i-(k-1)/2}^{i+(k-1)/2} Y_j\right)^2\right\} \tag{11.10}$$

其中 $s(x_i) = E\{Y|X = x_i\}$ 。显然这可以重新表示为

$$\mathrm{MSE}_k(\hat{s}_k(x_i)) = (\mathrm{bias}\{\hat{s}_k(x_i)\})^2 + \frac{1}{k^2}\sum_{j=i-(k-1)/2}^{i+(k-1)/2} \mathrm{var}\{Y|X = x_j\} \tag{11.11}$$

其中

$$\mathrm{bias}\{\hat{s}_k(x_i)\} = s(x_i) - \frac{1}{k}\sum_{j=i-(k-1)/2}^{i+(k-1)/2} s(x_j) \tag{11.12}$$

为理解均方预测误差是如何依赖于光滑跨度的，我们使用式 (11.11) 并作如下简化的假设：对所有 $x_j \in \mathcal{N}(x_i)$ 有 $\text{var}\{Y|X=x_j\}=\sigma^2$ ，那么

$$\begin{aligned}\text{MSPE}_k(\hat{s}_k(x_i)) &= \text{var}\{Y|X=x_i\}+\text{MSE}_k(\hat{s}_k(x_i)) \\ &= (1+\frac{1}{k})\sigma^2+(\text{bias}\{\hat{s}_k(x_i)\})^2 \end{aligned} \tag{11.13}$$

因此，随着邻域大小 k 的增加，式 (11.13) 中的方差项将会减小，但是偏差项将会明显增加，因为 $s(x_i)$ 不大可能和远处 j 的 $s(x_j)$ 类似。同样地，如果 k 减小，那么方差项将会增加，但偏差项通常将会更小。

例 11.2 (简单数据，续) 图 11.3 显示了 k 如何影响 $\hat{s}_k$ 。图中， $k=3$ 导致一个波动过大的结果。相反， $k=43$ 导致过于光滑的结果，但存在系统偏差。偏差的产生主要是因为当邻域太大时，邻域边缘的响应值并不能代表中间的响应值。这往往会消蚀掉峰值，填充掉凹点并在预测值区域边缘附近把趋势抹平。

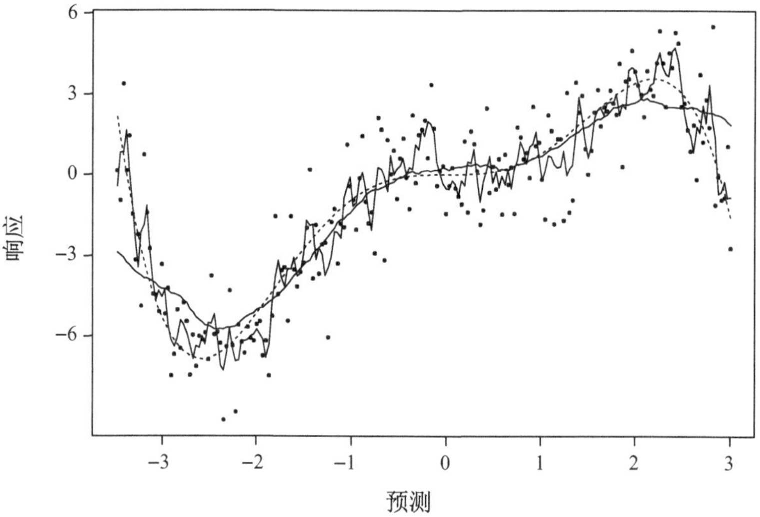

图 11.3 $k=3$ (波动较大的实线) 和 $k=43$ (较光滑的实线) 时常跨度移动平均光滑函数的结果。潜在的真实曲线用虚线表示

11.2.1.2 线性光滑函数的跨度选择

显然 k 的最优选择必须在偏差和方差之间找一个平衡。对于较小的 k , 估计的曲线是波动的，但太忠实于数据。对于较大的 k , 估计的曲线是光滑的，但某些区域偏差过大。对所有光滑函数，光滑参数的作用都是控制偏差和方差之间的一种平衡。

$\overline{\text{MSPE}}_k(\hat{\boldsymbol{s}}_k)$ 的表达式可以通过对所有 x_i 平均式 (11.13) 的值得到，但不能通过最小化该表达式来选择 k , 因为它依赖于未知的期望值。而且，选择对观测数据最优的跨度可能更加合理，而不是对可能观测但没被观测到的数据集选择平均最优的跨度。从而，我们要考虑选择最小化如下残差均方误差的 k

$$\frac{\mathrm{RSS}_k(\hat{\boldsymbol{s}}_k)}{n}=\frac{1}{n}\sum_{i=1}^{n}(Y_i-\hat{s}_k(x_i))^2 \tag{11.14}$$

然而，

$$E\left\{\frac{\mathrm{RSS}_k(\hat{\boldsymbol{s}}_k)}{n}\right\}=\overline{\mathrm{MSPE}}_k(\hat{\boldsymbol{s}}_k)-\frac{1}{n}\sum_{i\neq j}\mathrm{cov}\{Y_i,\hat{s}_k(x_j)\} \tag{11.15}$$

对常跨度移动平均来说，对内点 x_j 有 $\mathrm{cov}\{Y_i,\hat{s}_k(x_j)\}=\mathrm{var}\{Y|X=x_j\}/k$ 。因此，$\mathrm{RSS}_k(\hat{\boldsymbol{s}}_k)/n$ 是 $\overline{\mathrm{MSPE}}_k(\hat{\boldsymbol{s}}_k)$ 的一个下偏估计量。

想要去除 Y_i 和 $\hat{s}_k(x_i)$ 的相关性，当计算 x_i 处的光滑值时可以忽略掉第 i 个点。该过程称作交叉验证[616]；这只用来评价光滑的表现，而不用作评价光滑本身拟合的好坏。用 $\hat{s}_k^{(-i)}(x_i)$ 表示拟合时去掉第 i 个数据在 x_i 处的光滑函数值。 $\overline{\mathrm{MSPE}}_k(\hat{\boldsymbol{s}}_k)$ 一个更好的 (实际上悲观的) 估计是

$$\frac{\mathrm{CVRSS}_k(\hat{\boldsymbol{s}}_k)}{n}=\frac{1}{n}\sum_{i=1}^{n}\left(Y_i-\hat{s}_k^{(-i)}(x_i)\right)^2 \tag{11.16}$$

其中 $\mathrm{CVRSS}_k(\hat{\boldsymbol{s}}_k)$ 称作交叉验证残差平方和。一般用 $\mathrm{CVRSS}_k(\hat{\boldsymbol{s}}_k)$ 对 k 作图。

例 11.3 (简单数据，续) 图 11.4 对光滑例 11.1 介绍的数据显示了 $\mathrm{CVRSS}_k\ (\hat{\boldsymbol{s}}_k)$ 对 k 的变化图。该图通常对小的 k，由于方差的增加而使 $\mathrm{CVRSS}_k(\hat{\boldsymbol{s}}_k)$ 迅速增加。对大的 k ，由于偏差的增加而使 $\mathrm{CVRSS}_k(\hat{\boldsymbol{s}}_k)$ 逐渐增加。表现最好的区域位于曲线最低的部分，该区域常常很宽并相当平坦。在本例中，k 比较好的选择位于 11 和 23 之间，其中 $k=13$ 是最优的。关于 k 最小化 $\mathrm{CVRSS}_k(\hat{\boldsymbol{s}}_k)$ 最终得到的光滑函数常常波动太大。在交叉验证图 $\mathrm{CVRSS}_k(\hat{\boldsymbol{s}}_k)$ 表现较好的低谷范围内选一个较大的 k 值可以减少光滑不足的发生。本例中，$k=13$ 值得一试。 □

去掉一个的这种交叉验证方法非常耗费时间，即便对线性光滑函数也是如此，因为它要求对稍微不同的数据集分别计算 n 个光滑函数。有两种捷径值得一提。

第一，考虑具有光滑矩阵 $\boldsymbol{S}$ 的线性光滑函数。当从数据集中忽略第 i 个数据对时，在 x_i 处的正确拟合是一个有点含糊的概念，即使对常跨度移动平均光滑函数也是如此，因为光滑函数有代表性的计算只是在数据集的 x_i 处。光滑函数是不是应该在删除的 x_i 附近的两个数据点进行拟合，在此之间进行线性内插，或者试试其他的一些方法，最明显的一种方法是定义

$$\hat{s}_k^{(-i)}(x_i)=\sum_{\substack{j=1\\ j\neq i}}^{n}\frac{Y_jS_{ij}}{(1-S)_{ii}} \tag{11.17}$$

其中 S_{ij} 是 $\boldsymbol{S}$ 的第 (i,j) 个元素。换句话说，把 $\boldsymbol{S}$ 的 (i,j) 元替换为零并把行中其余元素重新调整刻度以使行和为 1，通过这种方式来改变 $\boldsymbol{S}$ 的第 i 行。这种情况下，要计算 $\mathrm{CVRSS}_k(\hat{\boldsymbol{s}}_k)$ 实际上就没有必要删除第 i 个观测并对每个 i 重新计算光滑函数值。根据式 (11.17)，对线性光滑函数可以证明，式 (11.16)可以重新表达为

$$\frac{\mathrm{CVRSS}_k(\hat{\boldsymbol{s}}_k)}{n}=\frac{1}{n}\sum_{i=1}^{n}\left(\frac{y_i-\hat{s}_k(x_i)}{1-S_{ii}}\right)^2 \tag{11.18}$$

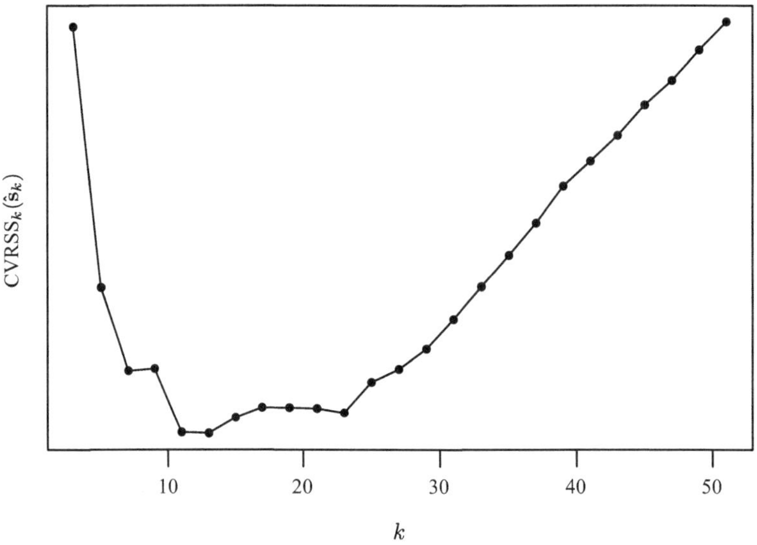

图 11.4　对图 11.1 中数据用常跨度移动平均光滑函数得到的 $\text{CVRSS}_k(\hat{\boldsymbol{s}}_k)$ 对 k 的图。k 较好的选择大概位于 11 和 23 之间。该范围内较小的值特别有利于减少偏差，而较大的值将会得到更光滑的拟合

该方法和线性回归中计算删除的残差时使用的著名的简便算法类似[483]，并在文献 [322] 中作了进一步的证实。

第二，我们希望通过生成较少的部分数据集，每个数据集都删除较多的数据点，以此来减少交叉验证计算的次数。比如，我们可以把观测数据集随机地分成 10 份，然后每次丢掉一部分。那么交叉验证的残差平方和由每部分中丢掉的点的残差进行累积。该方法往往会高估真实的预测误差，而只丢一个的方法偏差较小但更不稳定；一般建议选用 5 或 10 部分的交叉验证 (即分成 5 到 10 份)[323]。

上面我们提到，不同的光滑函数用不同的光滑参数控制波动性。到目前为止，我们主要关注最近邻的个数(k)或部分(k/n)。另一种合适的选择是，$\mathcal{N}(x)=\{x_i:|x_i-x|<h\}$，使用正的实值距离 h 作为光滑参数。也有方案是根据和 x 的接近程度给数据点加权的，这种情况下光滑参数可能和这些权重有关。通常在数据的边界附近，邻域中点的个数较少，这意味着任何通过交叉验证或其他方法给出的固定跨度在边界附近可能比在数据的中部拟合得更糟。跨度也允许局部变动。对这种邻域参数化来说，画交叉验证残差平方图和关于方差–偏差之间的平衡做决定都与前面讨论的方式类似。

交叉验证跨度选择并非仅限于常跨度移动平均光滑函数。同样的策略对本章中讨论的多数其他光滑都是有效的。偏差和方差之间的权衡在统计的许多领域都是一个基本的问题：前面在密度估计中出现过 (第 10 章)，当然它也是所有类型光滑问题的一个主要考虑因素。

有多种其他方法可以选择散点光滑的跨度，这导致偏差–方差间不同的折中方式[309,310,314,322,323]。一种直接的方法就是把 CVRSS 用另一个准则代替，如 C_p，AIC 或 BIC[323]。其他两个流行的选择是广义交叉验证和插入法[311,564,599]。在广义交叉验证中，式 (11.16) 替换为

$$\text{GCVRSS}_k(\hat{\boldsymbol{s}}_k) = \frac{\text{RSS}_k(\hat{\boldsymbol{s}}_k)}{(1 - \text{tr}\{\boldsymbol{S}\}/n)^2} \tag{11.19}$$

其中 $\text{tr}\{\boldsymbol{S}\}$ 表示 $\boldsymbol{S}$ 对角元素之和。对等间距的 x_i , CVRSS 和 GCVRSS 给出的结果类似。当数据不是等间距时，对拟合有强影响的观测对根据 GCVRSS 选择的跨度影响比较小。尽管广义交叉验证有这种潜在的优势，但依靠 GCVRSS 常常会导致严重的光滑不足。插入法一般对期望的均方预测误差或某个其他拟合准则得出一个表达式，结果发现其理论最小值依赖于光滑的类型、真实曲线的波动性以及 $Y|x$ 的条件方差。通过使用非正式选择的跨度 (或通过交叉验证) 完成初始的光滑。然后用该光滑来估计最优跨度表达式中的未知量并在最终的光滑中使用该结果。

选择一种跨度使得选择的方法产生的图形能在肉眼看上去最舒服，这是很好的，但预先值得承认的是统计中散点图光滑常常是描述性统计而不是推断性的结论。因此从试错法或简单的 CVRSS 图选择你最喜欢的跨度，其合理性和随机选择任何一种技术方法差不多。由于交叉验证方法选择的跨度随观测的随机数据集而变化，有时还会光滑不足，因此对使用者来说，根据亲自分析和实践经验来发展自己的专长是很重要的。

11.2.2 移动直线和移动多项式

对任何合理的 k , 常跨度移动平均光滑函数在直观上都表现出令人讨厌的波动性。同时在边界处可能有很强的偏差，因为它不能识别数据的局部趋势。移动直线光滑函数可以同时减轻这两个问题的影响。

考虑对 $\mathcal{N}(x_i)$ 中 k 个数据点拟合一个线性回归模型，那么在 x 处的最小二乘线性回归预测为

$$\ell_i(x) = \bar{Y}_i + \hat{\beta}_i(x - \bar{x}_i) \tag{11.20}$$

其中 $\bar{Y}_i, \bar{x}_i$ 和 $\hat{\beta}_i$ 分别为 $\mathcal{N}(x_i)$ 中数据的平均响应、平均预测变量值和估计的回归直线斜率。x_i 处的移动直线光滑为 $\hat{s}_k(x_i) = \ell_i(x_i)$。

令 $\boldsymbol{X}_i = (\boldsymbol{1} \quad \boldsymbol{x}_i)$, 其中 $\boldsymbol{1}$ 为全 1 的列且 $\boldsymbol{x}_i$ 为 $\mathcal{N}(x_i)$ 中预测数据的列向量，并令 $\boldsymbol{Y}_i$ 为响应数据相应的列向量。注意到，在 x_i 处的光滑的 $\ell_i(x_i)$ 可以通过 $\boldsymbol{H}_i = \boldsymbol{X}_i(\boldsymbol{X}_i^{\mathrm{T}}\boldsymbol{X}_i)^{-1}\ \boldsymbol{X}_i^{\mathrm{T}}$ 的一行乘以 $\boldsymbol{Y}_i$ 而得到。通常称 $\boldsymbol{H}_i$ 为第 i 个帽子矩阵。因此该光滑函数是线性的，其带状光滑矩阵 $\boldsymbol{S}$ 的非零元素来自于每个 $\boldsymbol{H}_i$ 适当的行。直接从 $\boldsymbol{S}$ 计算光滑函数不是非常有效。对按照 x_i 排序的数据，较快的方法是依次更新回归的充分统计量，这类似于对移动平均讨论的方法。

例 11.4 (简单数据，续) 图 11.5 显示了例 11.1 介绍的数据的移动直线光滑函数，其中交叉验证选择的跨度 $k = 23$ 。边界影响比较小，而且光滑函数与常跨度移动平均光滑相比有较轻的锯齿状。由于即使在较宽的邻域内真实曲线也往往可以通过直线很好地近似，因此 k 可以从常跨度移动平均光滑的最优值适当加大，这样既降低了方差也没有严重增加偏差。 □

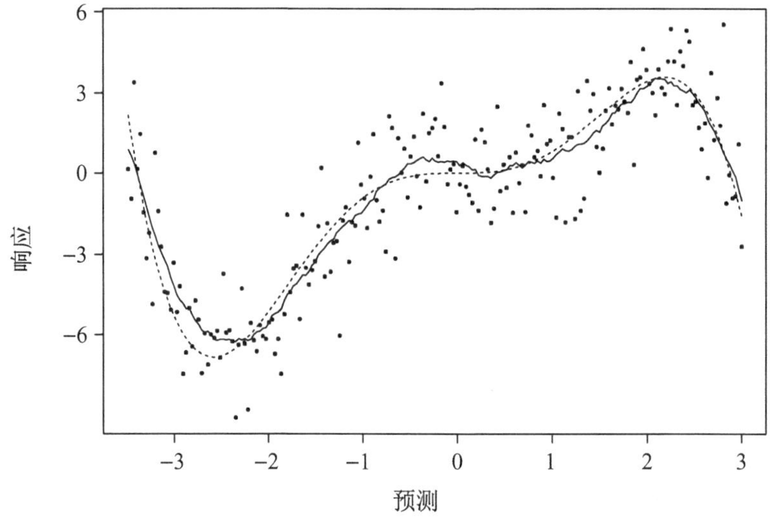

图 11.5 $k=23$ 的移动直线光滑曲线 (实线) 及潜在的真实曲线 (虚线)

讨论中并不把局部拟合限制为简单的线性回归。移动多项式光滑令 $\hat{s}_k(x_i)$ 为 $\mathcal{N}(x_i)$ 中数据的最小二乘多项式回归拟合在 x_i 处的值，这样可以得到移动多项式光滑函数。这种光滑函数有时也称作*局部回归光滑函数*(见第 11.2.4 节)。奇数阶的多项式比较受欢迎[192,599]。由于光滑函数大致是局部线性的，因此高阶局部多项式回归常常并不优于简单的线性拟合，除非真实曲线有非常剧烈的摆动。

11.2.3 核光滑函数

就目前为止提出的光滑函数而言，每当邻域内成员发生变化时，拟合函数都有不连续的变化。因此它们往往从统计上拟合得很好，但直观上表现得过于敏感或出现令人讨厌的波动。

增加光滑性的一种方法是重新定义邻域，使得各点只是逐渐增加或减少其中的元素数。令 K 是以 0 为中心的对称核。核函数本质上是一个权函数——这种情况下核函数对邻域成员加权。一种合理的核选择为标准正态密度，$K(z)=(1/\sqrt{2\pi})\exp\{-z^2/2\}$ 。然后令

$$\hat{s}_h(x)=\sum_{i=1}^{n}Y_i\frac{K((x-x_i)/h)}{\sum_{j=1}^{n}K((x-x_j)/h)} \tag{11.21}$$

其中光滑参数 h 称作*窗宽*。注意到对许多常用核函数如正态核，所有的数据点都用来计算每点的光滑值，只是很远的数据点权重很小而已。临近性使一个数据点对局部拟合的影响有所增加；在这种意义下，局部平均的概念依然存在。因为在光滑范围内数据点的权重变化较小，所以大窗宽得到的结果非常光滑。小窗宽保证临近点非常强大的优势，因此产生较多的波动。

光滑核的选择远不如窗宽的选择重要。不同的核形状往往会产生相似的光滑函数。尽管核函数不一定是密度函数，但实际中一般最好还是选择光滑、对称、尾部连续地趋向于零的非负函数。因此没什么理由找正态核以外的核，尽管很多渐近观点支持更多的奇特选择。

核光滑显然是线性光滑。然而光滑的计算不能像以前有效的方法那样序贯地更新，因为每当 x 变化时所有点的权重就发生变化。在等距数据这一特殊情况下，快速 Fourier 变换方法是很有帮助的[307,596]。关于核光滑更深入的背景请参考文献 [573，581，599，651]。

例 11.5 (简单数据，续) 图 11.6 显示了例 11.1 介绍的数据的核光滑，其中使用正态核及交叉验证得到的 $h = 0.16$ 。由于进出邻域是逐步的，故结果表现出圆滑的特点。然而注意到在边界处核光滑并没有去除系统偏差，移动直线光滑也是如此。 □

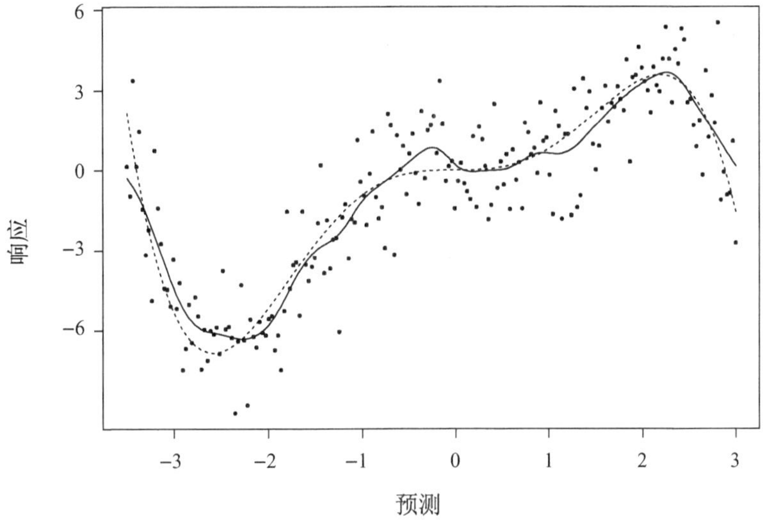

图 11.6 使用由交叉验证得到 $h = 0.16$ 的正态核的核光滑曲线 (实线) 及潜在的真实曲线 (虚线)

11.2.4 局部回归光滑

移动多项式光滑和核光滑有很多重要的联系[10,308,599]。假设数据来源于一个随机设计，因此它们是来自于模型 $(X_i, Y_i) \sim$ i.i.d. $f(x, y)$ 的一组随机样本。非随机的设计将预先给定 x_i 值。我们记

$$s(x) = E\{Y|x\} = \int yf(y|x)\mathrm{d}y = \int y\frac{f(x,y)}{f(x)}\mathrm{d}y \tag{11.22}$$

其中 $X \sim f(x)$ 。用第 10 章中介绍的核密度估计方法 (及估计 $f(x, y)$ 的乘积核)，对合适的核 K_x 及 K_y 和相应的窗宽 h_x 及 h_y ，我们可以估计

$$\hat{f}(x,y) = \frac{1}{nh_xh_y}\sum_{i=1}^{n} K_x\left(\frac{x - X_i}{h_x}\right)K_y\left(\frac{y - Y_i}{h_y}\right) \tag{11.23}$$

及

$$\hat{f}(x) = \frac{1}{nh_x}\sum_{i=1}^{n} K_x\left(\frac{x - X_i}{h_x}\right) \tag{11.24}$$

通过在式 (11.22) 中替换 $\hat{f}(x,y)$ 及 $\hat{f}(x)$ 可以得到 $s(x)$ 的 Nadaraya-Watson 估计量[476,655]，即

$$\widehat{s_{h_x}}(x)=\sum_{i=1}^{n}Y_i\frac{K_x((x-X_i)/h_x)}{\sum_{i=1}^{n}K_x((x-X_i)/h_x)} \tag{11.25}$$

注意到这和核光滑的形式是一致的 (见式 (11.21))。

容易证明，Nadaraya-Watson 估计量关于 β_0 最小化了

$$\sum_{i=1}^{n}(Y_i-\beta_0)^2K_x\left(\frac{x-X_i}{h_x}\right) \tag{11.26}$$

这是用常数来局部近似 $s(x)$ 的最小二乘问题。很自然地，该局部常数模型也可以用局部高阶多项式模型代替。根据某核函数设置的权重进行加权回归来拟合局部多项式就得到*局部加权回归光滑*，也简称为*局部回归光滑*[118,192,651]。p 阶局部多项式回归光滑函数加权的最小二乘准则为

$$\sum_{i=1}^{n}[Y_i-\beta_0-\beta_1(x-X_i)-\cdots-\beta_p(x-X_i)^p]^2K_x\left(\frac{x-X_i}{h_x}\right) \tag{11.27}$$

并可用每个 x 处的加权多项式回归去拟合，其中权重根据和 x 的接近程度由核函数 K_x 决定。这仍然是一个线性光滑函数，其中光滑矩阵包括每个加权多项式回归使用的帽子矩阵中的一行。

最小二乘准则也可以由其他选择来代替。见第 11.4.1 节关于该技巧的推广，其依赖于稳健拟合方法。

11.2.5 样条光滑

也许你已发现，到目前为止本章给出的光滑曲线从视觉上有点不太令人满意，因为它们波动得比直接用手画出来的还厉害。它们表现出小尺度的变异，用肉眼很容易把这种变异归结为随机噪声而不是信号。那么光滑样条可能更适合你的口味。

假设数据按照预测变量的升序排列，从而 x_1 是最小的预测变量值，x_n 是最大的预测变量值。定义

$$Q_\lambda(\hat{s})=\sum_{i=1}^{n}(Y_i-\hat{s}(x_i))^2+\lambda\int_{x_1}^{x_n}\hat{s}''(x)^2\mathrm{d}x \tag{11.28}$$

其中 $\hat{s}''(x)$ 为 $\hat{s}(x)$ 的二阶导数。求和构成对拟合不足的惩罚，而积分是对波动性的惩罚。参数 λ 控制这两个惩罚的相对权重。

给定 λ，对所有二次可微函数 $\hat{s}$ 最小化 $Q_\lambda(\hat{s})$，这是变分法的一种应用。结果是*三次光滑样条* $\hat{s}_\lambda(x)$。该函数在每个区间 $[x_i,x_{i+1}]$ 上都是三次多项式，$i=1,\cdots,n-1$，且这些多项式在每个 x_i 处二次连续可微的逐条粘在一起。尽管在实际中通常并不可取，但光滑样条也可定义在数据边界以外的区域。这种情况下，光滑函数的外插部分是线性的。

结果证明三次样条是线性光滑函数，故 $\hat{s}_\lambda=\boldsymbol{SY}$。文献 [322] 中清楚地给出该结果，而文

献 [144, 597] 中包含了有效的计算方法。其他关于光滑样条的参考文献有 [164, 188, 280, 649]。

$\boldsymbol{S}$ 的第 i 行包括权重 $S_{i1}, \cdots, S_{in}$，图 11.7 描述了它们和 x_i 之间的关系 (在第 11.3 节讨论)。这种权重类似于核函数并不总取正值的核光滑，但这种情况下当以不同点为中心时核函数不会保持同一形状。

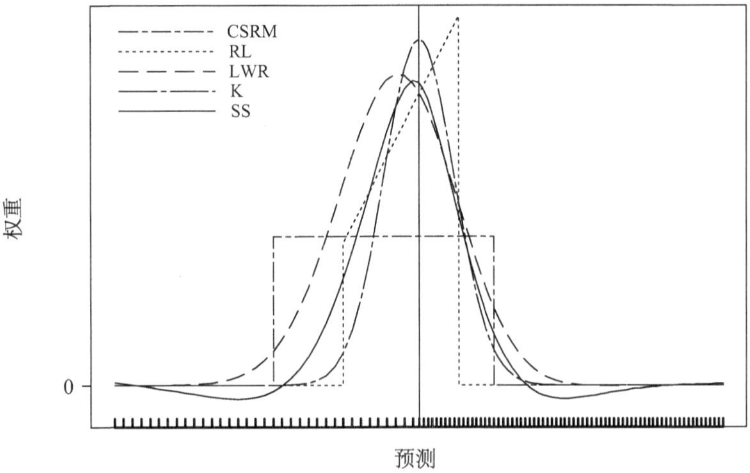

图 11.7 $\mathrm{tr}\{\boldsymbol{S}\} = 7$ 的五种不同线性光滑方法的等价核。这些方法是：对称邻域的常跨度移动平均 (CSRM)，对称邻域的移动直线 (RL)，局部加权回归 (LWR)，高斯核光滑 (K) 及三次光滑样条 (SS)。内点 (用垂直线表示) 的光滑权和 $\boldsymbol{S}$ 的第 36 行对应。所有的 105 个 x_i 值在水平轴上用短划线表示：它们在两边等距分布，但右边的密度是左边的两倍

例 11.6 (简单数据，续) 图 11.8 显示了对例 11.1 介绍的数据使用交叉验证得到的 $\lambda = 0.066$ 时的样条光滑。该结果中的曲线和直接用手画出来的非常相似。 □

11.2.5.1 惩罚的选择

光滑样条依赖于光滑参数 λ，该参数和邻域大小的关系不像以前讨论过的光滑函数那样直接。我们已经注意到，λ 控制着偏差–方差的折中。当 $\lambda \to \infty$ 时，$\hat{s}_\lambda$ 趋向于最小二乘直线。当 $\lambda = 0$ 时，$\hat{s}_\lambda$ 为只是把数据点连接起来的内插样条。

由于光滑样条是线性光滑函数，因此在第 11.2.1 节讨论的跨度选择方法仍然适用。通过式 (11.18) 计算 $\mathrm{CVRSS}_\lambda(\hat{s}_\lambda)$ 需要 S_{ii}，这可以通过文献 [496] 中的方法有效地计算出来。计算 $\mathrm{GCVRSS}_\lambda(\hat{s}_\lambda)$ 需要求 $\mathrm{tr}\{\boldsymbol{S}\}$，这也可以有效地计算出来[145]。

11.3 线性光滑函数的比较

尽管到目前为止描述的光滑函数看起来大不相同，但它们都依赖于局部平均原则。每个拟合都依赖于一个光滑矩阵 $\boldsymbol{S}$，其行确定了在响应值局部平均中使用的权重。对不同光滑函

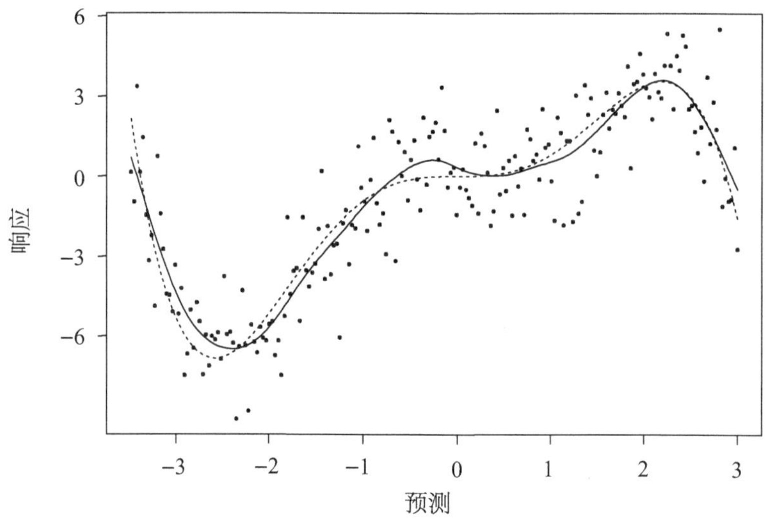

图 11.8　使用由交叉验证选得的 $\lambda = 0.066$ 的三次光滑样条曲线 (实线) 及潜在的真实曲线 (虚线)

数比较 $\boldsymbol{S}$ 有代表性的行是理解不同技巧间区别的有用的方式。

当然，在 $\boldsymbol{S}$ 中有代表性的行的权重依赖于光滑参数。一般情况下，足够光滑相应的 λ 值使得 $\boldsymbol{S}$ 的行中权重分配得比较分散，而不是只在少数几个元素上集中较高的权重。因此要想进行公平的比较，有必要在不同技巧使用的各种光滑参数间找一种共同的联系。比较的共同基础是光滑的等价自由度，对线性光滑函数最简单地可以定义为 $\mathrm{df} = \mathrm{tr}\{\boldsymbol{S}\}$ 。几种其他的定义及对非线性光滑函数的推广见文献 [322]。

对固定的自由度来说， $\boldsymbol{S}$ 行中的元素为由 x_i 、间距及其对数据边界的接近程度组成的函数。如果把 $\boldsymbol{S}$ 行中权重对预测变量值作图，我们可以把该结果看成是等价核，其权重和核光滑中明确使用的权重是类似的。图 11.7 对具有七个自由度的各种光滑函数比较了等价核。显示的核是针对 105 个排序的预测变量值中的第 36 个，其中有 35 个等距地分布在左边，有 69 个以两倍的密度等距地分布在右边。注意到这些核可能是偏斜的，这依赖于 x_i 的间距，而且核不必处处为正。图 11.7 中，光滑样条的等价核在某些区域就赋以负的权重。尽管没在图中显示，但核的形状和数据边界附近点的明显不同。对这种点一般接近边界时权重增加，而远离边界时权重下降。

11.4　非线性光滑函数

非线性光滑函数计算起来慢得多，而且通常情况下它们比简单方法也改进不了多少，但简单的方法对某些类型的数据表现很差。在普通的光滑中异常值会引入大量的噪声，而*loess*光滑对异常值的稳健性有所改进。我们也研究了*超光滑*，它允许光滑跨度发生变化来最好地满足光滑的局部需要。当 $\mathrm{var}\{Y|x\}$ 随 x 变化时这种光滑也是很有用处的。

11.4.1 Loess

Loess(局部加权散点光滑) 光滑是广泛使用的一种具有良好稳健性质的方法[116,117]。本质上这是一种加权移动直线光滑，除非每条局部直线都用稳健方法而不是最小二乘去拟合。该光滑是非线性的。

Loess 是迭代拟合的，令 t 表示迭代次数，从 $t = 0$ 开始，我们令 $d_k(x_i)$ 表示 x_i 到它第 k 个近邻的距离，其中 k (或 k/n)为光滑参数。点 x_i 附近局部加权使用的核是

$$K_i(x) = K\left(\frac{x - x_i}{d_k(x_i)}\right) \tag{11.29}$$

其中

$$K(z) = \begin{cases} (1 - |z|^3)^3, & \text{当 } |z| \leqslant 1 \\ 0, & \text{其他} \end{cases} \tag{11.30}$$

为 *tricube* 核。

在第 t 步迭代中通过最小化加权平方和

$$\sum_{j=1}^{n}(Y_j - (\beta_{0,i}^{(t)} + \beta_{1,i}^{(t)}x_j))^2 K_i(x_j) \tag{11.31}$$

可得到第 i 个点局部加权回归的估计参数。我们把这些估计记为 $\hat{\beta}_{m,i}^{(t)}$ ，其中 $m = 0, 1$ 且 $i = 1, \cdots, n$。建议用线性——而不是多项式——回归，但到多项式的推广要求对式 (11.31) 直接变化就行。局部回归得到的响应变量拟合值为 $\hat{Y}_i^{(t)} = \hat{\beta}_{0,i}^{(t)} + \hat{\beta}_{1,i}^{(t)}x_i$。此时 t 步迭代结束。

为准备下一步迭代，根据残差大小把观测赋以新的权重，目的是使显然的异常值权重下降。如果 $e_i^{(t)} = Y_i - \hat{Y}_i^{(t)}$，那么定义稳健权重为

$$r_i^{(t+1)} = B\left(\frac{e_i^{(t)}}{6 \times \text{median}|e_i^{(t)}|}\right) \tag{11.32}$$

其中 $B(z)$ 为如下定义的双权重核

$$B(z) = \begin{cases} (1 - z^2)^2, & \text{当 } |z| \leqslant 1 \\ 0, & \text{其他} \end{cases} \tag{11.33}$$

把式 (11.31) 中的权 $K_i(x_j)$ 替换为 $r_i^{(t+1)}K_i(x_j)$ 就得到新的局部加权拟合。对每个 i 生成的估计给出 $\hat{Y}_i^{(t+1)}$ 。默认情况下 $t = 3$ 以后过程终止[116,117]。

例 11.7 (简单数据，续) 图 11.9 显示了例 11.1 介绍的数据的 loess 光滑，其中 $k = 30$ 由交叉验证得到。结果和移动直线光滑非常相似。

图 11.10 显示了异常值的影响。每个面板中的虚线表示最初的 loess 和移动直线光滑；实线表示在数据集 $(1, -8)$ 插入三个额外数据点后的结果。每个光滑的跨度保持不变。Loess 对异常值非常稳健以至于两条曲线几乎重合了。移动直线光滑对异常值表现得比较敏感。 □

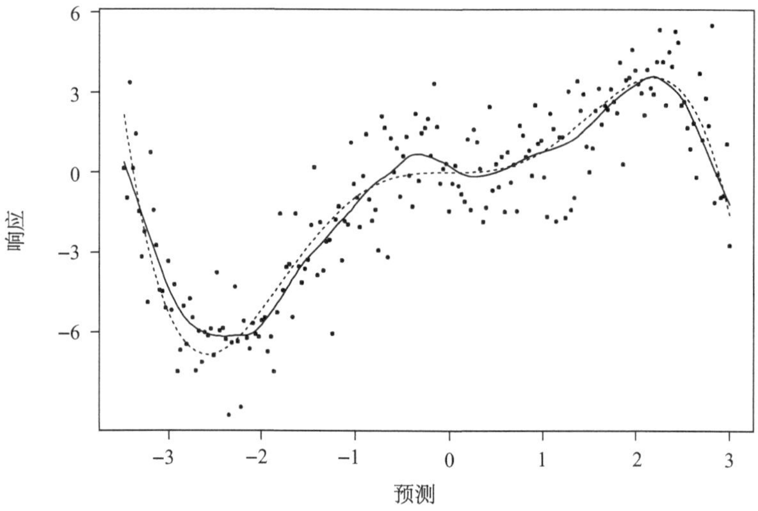

图 11.9 使用交叉验证得到的 $k = 30$ 的 loess 光滑曲线 (实线) 及潜在的真实曲线 (虚线)

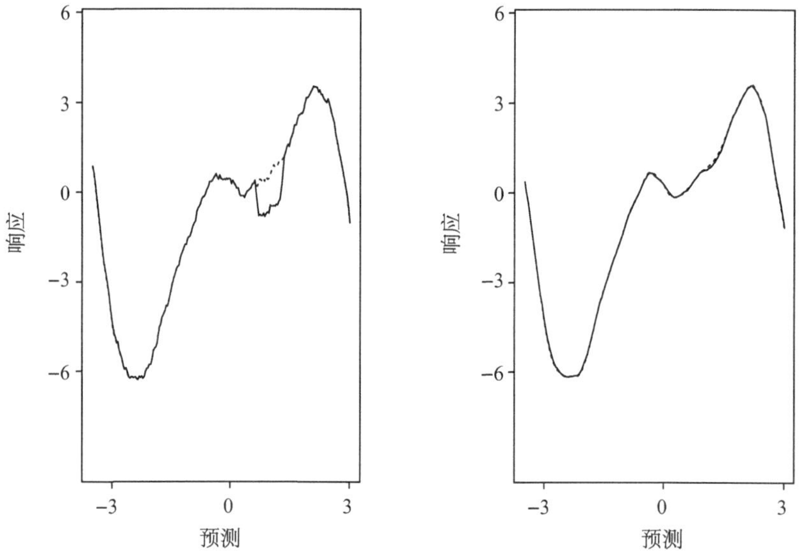

图 11.10 使用 $k = 23$ 的移动直线光滑曲线 (左) 及使用 $k = 30$ 的 loess 光滑曲线 (右)。每个面板中，虚线是原始数据的光滑，实线是在数据集 $(1, -8)$ 处插入三个新的异常点后的光滑

11.4.2 超光滑

以前的方法都采用固定跨度，然而有的情况采取变跨度可能会更合适。

例 11.8 (困难数据) 考虑图 11.11 所示的曲线和数据。这些数据可从本书主页上下载。假设这些数据的真实的条件均值函数是图中所示的曲线，因此光滑的目标是用观测的数据估计该曲线。曲线在图形的右边波动厉害，但这些波动可以通过适当小跨度的光滑比较好地识别出来，因为数据的变异性非常小。在左边，曲线非常光滑，但数据的方差大得多，从而在该区域

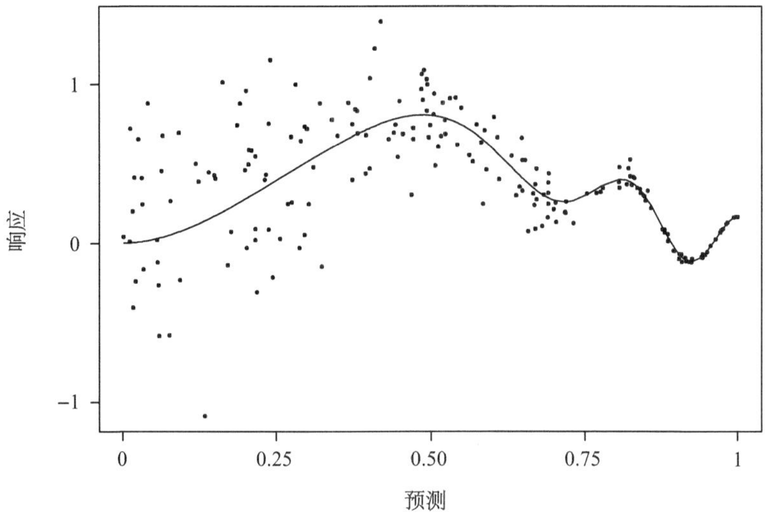

图 11.11 这些变化的二元频率和振幅数据，具有非常数方差和波动，用多数固定跨度光滑将拟合得非常糟糕。真实的 $E\{Y|x\}$ 用实线表示

需要大跨度来充分地光滑受干扰的数据。因此在一个区域需要小跨度来最小化偏差，而在另一区域需要大跨度来控制方差。超光滑[205,208]旨在解决这种问题。 □

超光滑方法首先用 m 个不同的跨度，记为 $h_1,\cdots,h_m$，计算 m 个不同的光滑，记为 $\hat{s}_1(x)$, $\cdots,\hat{s}_m(x)$。对 $m=3$ 建议用跨度 $h_1=0.05n, h_2=0.2n, h_3=0.5n$。每个光滑应该在数据的整个范围上计算。为简单起见，用移动直线光滑生成 $\hat{s}_j(x), j=1,2,3$。图 11.12 显示了这三个光滑。

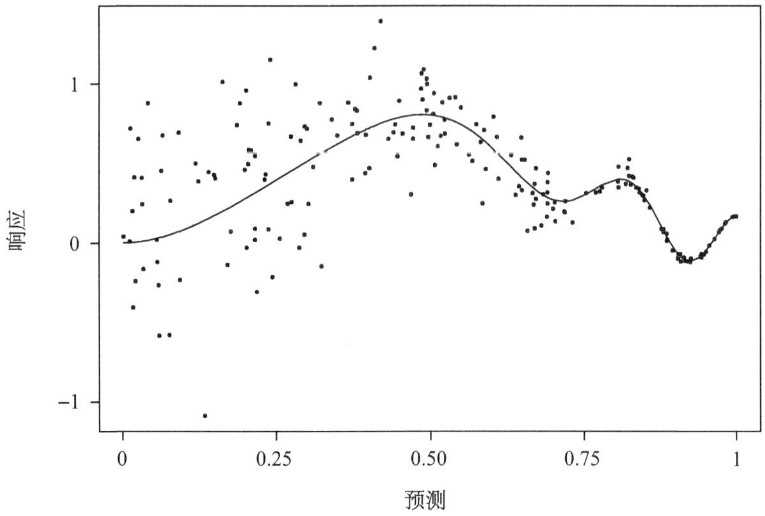

图 11.12 超光滑使用的三个初始的固定窗宽光滑。窗宽分别是 $0.05n$ (虚线)，$0.2n$ (点线)和 $0.5n$ (实线)。数据点的颜色减弱以使光滑看得更清楚

接下来，定义 $p(h_j, x)$ 为第 j 个光滑在点 x 处表现的度量，$j = 1, \cdots, m$。理想情况下，我们想根据 $E\left\{g(Y - \hat{s}_j^{(i)}(x_i))|X = x_i\right\}$ 评价在点 x_i 的表现，其中 g 是惩罚大偏差的对称函数，$\hat{s}_j^{(i)}(x_i)$ 是用去掉 x_i 的交叉验证数据集估计的在 x_i 的第 j 个光滑。当然该期望值是未知的，所以根据局部平均的范例，我们用

$$\hat{p}(h_j, x_i) = \hat{s}^* \left(g(Y_i - \hat{s}_j^{(i)}(x_i))\right) \tag{11.34}$$

估计它，其中 $\hat{s}^*$ 为某固定跨度光滑。为采用文献 [205] 中的建议，令 $\hat{s}^* = \hat{s}_2$ 且 $g(z) = |z|$。图 11.13 对三种不同的光滑给出了光滑的绝对交叉验证残差 $\left|Y_i - \hat{s}_j^{(i)}(x_i)\right|$ 。图中的曲线代表 $\hat{p}(h_j, x_i), j = 1, 2, 3$。每个光滑中使用的数据分别来自于跨度为 $0.05n$ (虚线)，$0.2n$ (点线) 和 $0.5n$ (实线) 的光滑的残差，但每个绝对残差集用 $0.2n$ 的跨度进行光滑以生成图中所示的曲线。

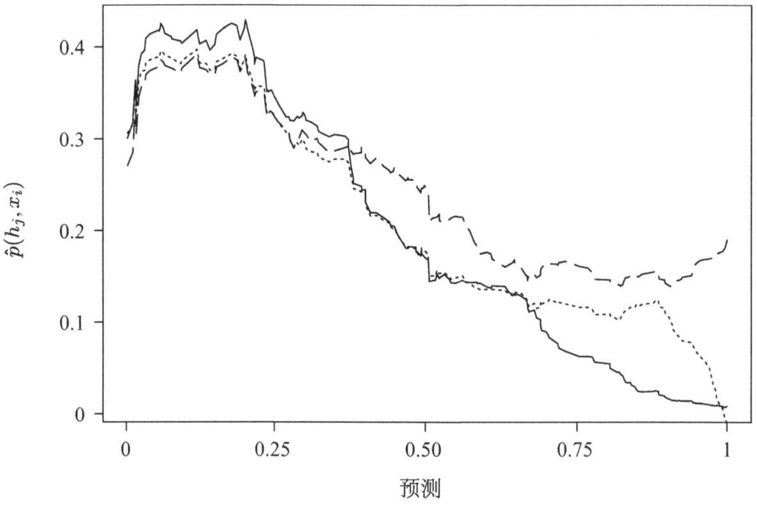

图 11.13 $\hat{p}(h_j, x_i)$，$j = 1$ (点线)，2 (虚线) 和 3 (实线)。对每个 j，曲线是绝对交叉验证残差的光滑

在每个 x_i 可以用 $\hat{p}(h_j, x_i)$ 来评价三个光滑的表现，$j = 1, 2, 3$。用 $\hat{h}_i$ 表示 x_i 处这些跨度中最好的一个，即 h_1, h_2, h_3 中给出最小 $\hat{p}(h_j, x_i)$ 的某个特定的跨度。图 11.14 对我们的例子画出了 $\hat{h}_i$ 对 x_i 的图。即使是对临近的 x_i ，最好的跨度也变化剧烈，因此接下来图 11.4 中的数据通过固定跨度光滑 (也即是 $\hat{s}_2$) 进行过滤来估计作为 x 函数的最优跨度。用 $\hat{h}(x)$ 表示该光滑。图 11.14 也画出了 $\hat{h}(x)$ 。

现在对任何给定的 x 我们有原始数据和最优跨度的概念可用：即 $\hat{h}(x)$ 。剩下的就是建立最终总的光滑。在此可能用到的几种策略中，文献 [205] 推荐设 $\hat{s}(x_i)$ 等于 $\hat{s}_{h^-(x_i)}(x_i)$ 和 $\hat{s}_{h^+(x_i)}(x_i)$ 的线性内插，其中在试过的 m 个固定跨度中，$h^-(x_i)$ 是小于 $\hat{h}(x_i)$ 的最大跨度，且 $h^+(x_i)$ 是大于 $\hat{h}(x_i)$ 的最小跨度。因此

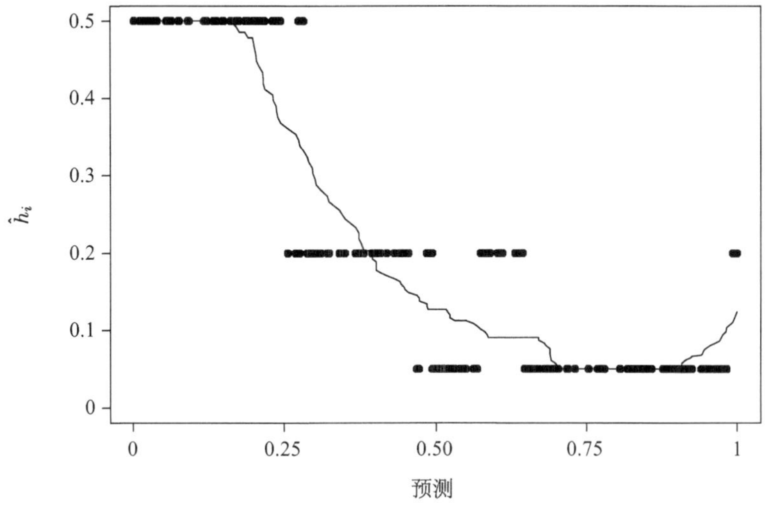

图 11.14　作为 x 函数的最优跨度的超光滑估计。点对应于 $(x_i, \hat{h}_i)$。这些点的光滑，即 $\hat{h}(x)$，用曲线表示

$$\hat{s}(x_i) = \frac{\hat{h}(x_i) - h^-(x_i)}{h^+(x_i) - h^-(x_i)}\hat{s}_{h^+(x_i)}(x_i) + \frac{h^+(x_i) - \hat{h}(x_i)}{h^+(x_i) - h^-(x_i)}\hat{s}_{h^-(x_i)}(x_i) \tag{11.35}$$

图 11.5 显示了最终结果。超光滑根据数据的局部变异明智地调整跨度。比较来看，对由交叉验证选择的固定 λ，图中所示的样条光滑在左边光滑不足而在右边过度光滑。

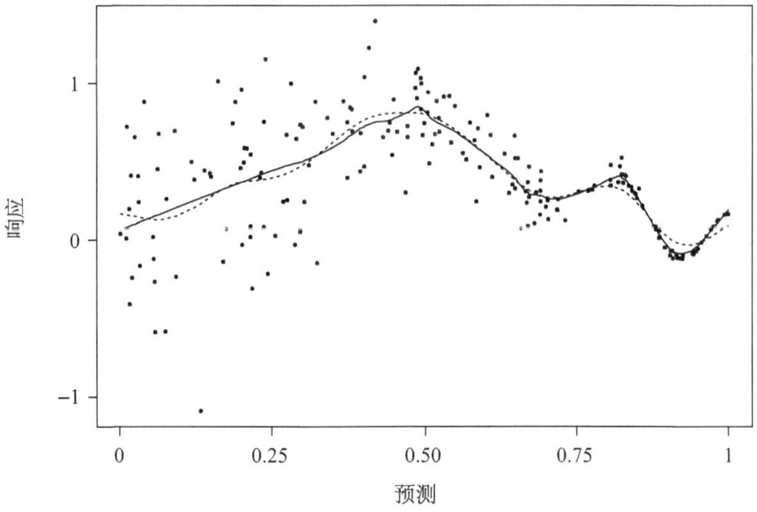

图 11.15　超光滑拟合 (实线)。同时也给出样条光滑拟合 (λ 由交叉验证选择) (点线)

尽管超光滑是一种非线性光滑，但和多数其他非线性光滑包括 loess 相比，速度还是非常快的。

11.5 置信带

对光滑产生可靠的置信带并不是很直接的一件事。直观上，期望的图像要能描述从数据本身可能得到的那种光滑曲线的范围和变化。Bootstrap 方法 (第 9 章) 给出一种不用参数假设的方法，但它并没有明确说明哪种区域应该作图。

首先考虑*逐点置信带*的概念。对残差进行 bootstrap 抽样的过程如下：令 $\boldsymbol{e}$ 表示残差向量 (因此对线性光滑来说 $\boldsymbol{e} = (\boldsymbol{I} - \boldsymbol{S})\boldsymbol{Y}$)。从 $\boldsymbol{e}$ 中有放回地抽取元素，得到 bootstrap 的残差 $\boldsymbol{e}^*$。把这些加到拟合值上得到 bootstrap 的响应 $\boldsymbol{Y}^* = \hat{\boldsymbol{Y}} + \boldsymbol{e}^*$。在 $\boldsymbol{x}$ 上光滑 $\boldsymbol{Y}^*$ 得到 bootstrap 的拟合光滑 $\hat{\boldsymbol{s}}^*$。重新开始并多次重复 bootstrap。然后对数据集中的每个 x，通过在该点删除最大的和最小的几个 bootstrap 拟合，$\hat{s}(x)$ 的 bootstrap 置信区间都可以用分位数方法 (第 9.3.1 节) 产生。如果这些逐点置信区间的上界和每个 x 相关，那么该结果是位于 $\hat{s}(x)$ 上方的一个带。同时画出上带和相应的下带就给出一个视觉上很吸引人的置信带。

尽管该方法很诱人，但它很可能会使人误解。首先，置信带由未对同时推断做出调整的逐点置信区间构成。为把联合覆盖率修正到 95%，每个单独的区间要代表比 95% 多得多的置信度。结果将使逐点的置信带大大加宽。

其次，逐点置信带对所有数据支持的光滑所共有的特征包含的信息量不够。比如说，所有的光滑可能在同一点都有一个重要的弯曲，但逐点置信带不一定强化此特点。换句话说，有可能画出光滑曲线使其完全位于没有这种弯曲的逐点区域内，或者甚至是在该点有相反弯曲的区域。类似地，假设所有的光滑都有同样的曲线形状，且线性拟合明显较差。如果置信带较宽或曲线不太苛刻的话，有可能描出一线性拟合使其完全位于置信带内。这种情况下，逐点置信带不能表达重要的推断信息，即线性拟合应该拒绝。

例 11.9 (置信带) 对真实条件均值函数为 $E\{Y|x\} = x^2$ 的一些数据，图 11.16 解释了逐点置信带的缺点。移动直线光滑的光滑跨度通过交叉验证选择，且逐点 95% 置信带由图中阴影区域表示。注意置信带在数据的边界附近进行了适当的加宽，以便在有较少邻域观测的这些区域内反映增加的光滑的不确定性。不幸的是，原模型 $E\{Y|x\} = 0$ 完全位于逐点置信带内部。例 11.11 为我们介绍了另外一种拒绝原模型的方法。 □

逐点置信带不能获得正确的联合覆盖率，这可以通过多种方法进行修正。一个直接的方法是把普通的逐点置信带记为 $(\hat{s}(x)-\hat{L}(x), \hat{s}(x)+\hat{U}(x))$，其中 $\hat{L}(x)$ 和 $\hat{U}(x)$ 表示在 x 点处上逐点置信带和下逐点置信带离 $\hat{s}(x)$ 有多远。于是通过寻找至少包含全部 $(1-\alpha)100\%$ bootstrap 曲线的置信带 $(\hat{s}(x)-\omega\hat{L}(x), \hat{s}(x)+\omega\hat{U}(x))$ 中最小的 ω 可以使置信带变宽，其中 $(1-\alpha)100\%$ 是期望的置信水平。作为替换的方法，$\hat{s}(x)$ 可以用逐点中位值 bootstrap 曲线替换，对于假设检验使用逐点中位值原带宽。第二种粗糙的方法是简单地加上逐点带宽向外的漂移直到期望的 bootstrap 曲线的百分比完全包含在内。

例 11.10 (置信带，续) 对例 11.9 应用该方法，我们发现 $\omega = 1.61$。置信带的结果如图 11.16 的点线所示。该方法改善了联合覆盖概率。 □

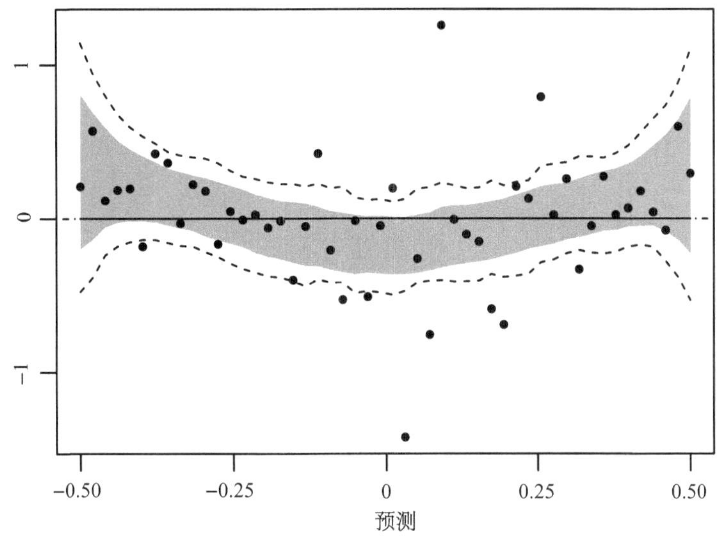

图 11.16　来自 $E\{Y|x\}=x^2$ 的一些数据的移动直线光滑，其中跨度由交叉验证选择。阴影区域表示文中描述的逐点 95% 置信带。注意直线 $Y=0$ 完全包含在置信带内部。点线是例 11.9 中描述的扩展方法的结果

逐点置信带不能正确地表示 bootstrap 置信集的形状，这不能归咎于置信带逐点的本质；更确切地说，这是因为试图把 n 维置信集降为二维图像所产生的。即使使用具有正确联合覆盖率的带宽，同样的问题也依然存在。基于这个理由，添加属于联合置信集的多条光滑曲线可能是更加合理的，而不是尽力去画集合本身的边界。下面我们给出另一种适合线性光滑的 bootstrap 方法。

假设响应变量有常方差。在具有该方差的估计量中，Hastie 和 Tibshirani [322]建议

$$\hat{\sigma}^2=\frac{\mathrm{RSS}_\lambda(\hat{\boldsymbol{s}}_\lambda)}{n-2\mathrm{tr}\{\boldsymbol{S}\}+\mathrm{tr}\{\boldsymbol{S}\boldsymbol{S}^{\mathrm{T}}\}} \tag{11.36}$$

其中 $\hat{\boldsymbol{s}}_\lambda$ 和 RSS_λ 分别表示使用跨度 λ 时估计的光滑度和残差平方和。量

$$V=(\hat{\boldsymbol{s}}_\lambda-\boldsymbol{s})^{\mathrm{T}}\left(\hat{\sigma}^2\boldsymbol{S}\boldsymbol{S}^{\mathrm{T}}\right)^{1}(\hat{\boldsymbol{s}}_\lambda-\boldsymbol{s}) \tag{11.37}$$

是渐近枢轴的，因此其分布粗略地和真实的潜在曲线独立。像上面那样对残差进行 bootstrap 抽样，每次计算 bootstrap 拟合向量 $\hat{\boldsymbol{s}}^*$，相应的值为

$$V^*=(\hat{\boldsymbol{s}}_\lambda^*-\hat{\boldsymbol{s}}_\lambda)^{\mathrm{T}}\left(\hat{\sigma}^{*2}\boldsymbol{S}\boldsymbol{S}^{\mathrm{T}}\right)^{-1}(\hat{\boldsymbol{s}}_\lambda^*-\hat{\boldsymbol{s}}_\lambda) \tag{11.38}$$

用 V^* 值的集合去构造 V^* 的经验分布。删除那些 V^* 值位于经验分布上侧尾部的 bootstrap 拟合。叠加地画出余下的光滑或余下光滑的子集。这对光滑的不确定性提供了一个有用的图像。

例 11.11 (置信带，续)　用移动直线光滑对例 11.9 描述的数据应用上面的方法得到图 11.17。该图显示的逐点区域和图 11.16 中逐点置信带基本相同，但图 11.17 可以确定光滑是如同 $y=x^2$ 一样的曲线。实际上在 1000 次 bootstrap 迭代中，只有 3 个光滑像是具有非正二阶导数的函数。因此，这种 bootstrap 方法强烈拒绝原关系 $Y=0$ ，而逐点置信带不能将其排除。 □

文献 [192，309，322，436] 中对评价光滑结果的不确定性给出了多种其他的 bootstrap 和非参方法。

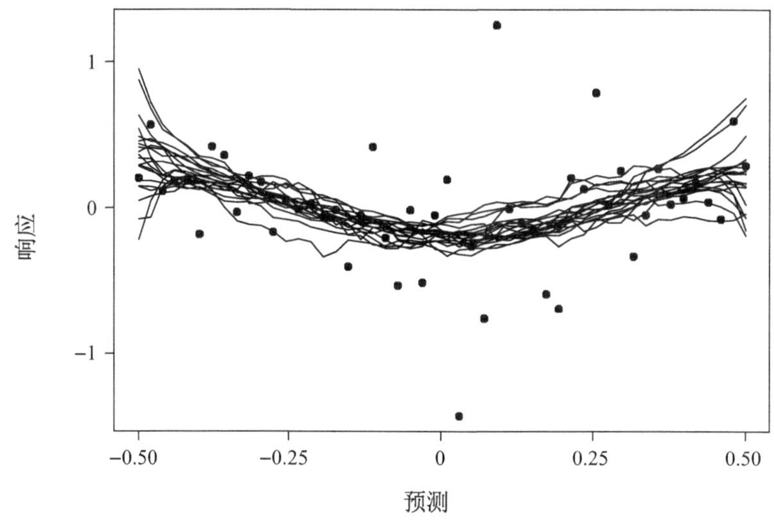

图 11.17 图 11.16 中数据的 20 个 bootstrap 光滑，其中 V^* 值都位于 bootstrap 分布的 95% 中心区域内；见例 11.11

11.6 一般二元数据

对于一般二元数据，预测变量和响应变量之间没有明显的区别，即使这两个变量表现出很强的关系。因此把变量记为 X_1 和 X_2 更加合理。作为这种数据的例子，我们考虑散点图如图 11.18 所示的两个变量。该例子中，要估计的曲线同 X_1 和 X_2 联合分布的曲线顶部一致。

这种问题中随意把一个变量标为预测变量，把另一个变量标为响应变量是达不到预期目标的。例如，图 11.18 左边的面板显示了由普通的五阶多项式回归得到的两个拟合。每条线都是通过最小化一组残差而得到的，这些残差平行于响应轴且度量了数据点和拟合曲线间的距离。一种情况是把 X_1 当作响应变量，另一种情况是把 X_2 当作响应变量。结果出现非常不同的答案，且在这种情况下它们都对真实关系拟合得非常糟。

图 11.18 右边的面板显示了这些数据的另一种曲线拟合。这里，曲线是通过最小化数据点和曲线的正交距离而得到的，并没有指定任何变量为响应变量。这种方法和任何局部邻域的数据点应该落在曲线附近这一局部平均的观点是相符合的。正式描述这种想法的方法在第 12.2.1 节给出，那里将讨论对没有明显预测和响应变量区别的一般 p 维数据进行光滑的主曲线方法。令 $p=2$ 就给出了这里的二元情形。

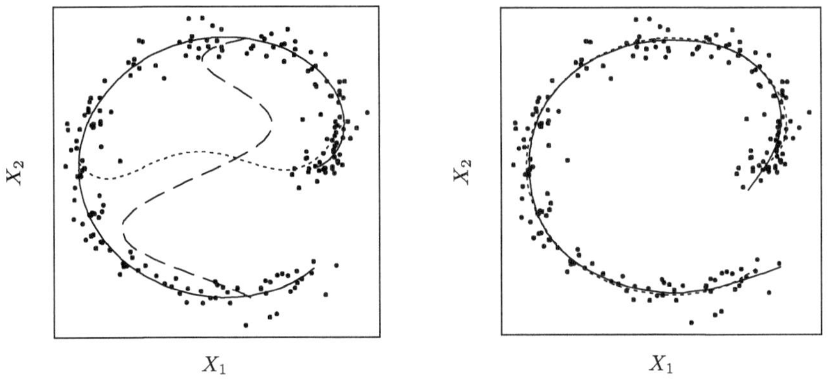

图 11.18 左边面板显示的数据分散在如下给定的以时间为参数的曲线周围，$(x(\tau), y(\tau)) = ((1-\cos\tau)\cos\tau, (1-\cos\tau)\sin\tau)$，其中 $\tau \in [0, 3\pi/2]$，该曲线用实线表示。点线表示 X_2 对 X_1 的五阶多项式回归的结果，虚线表示 X_1 对 X_2 的五阶多项式回归的结果。右边面板显示的是这些数据的主曲线 (实线) 以及真实曲线 (点线)。它们几乎是重叠的

习题

11.1 从下面模型中生成 100 个随机点：$X \sim \text{Unif}(0, \pi)$ 和 $Y = g(X) + \epsilon$ ，其中 $\epsilon | x$ 独立地服从 $N(0, g(x)^2/64)$，$g(x) = 1 + \sin\{x^2\}/x^2$。用常跨度 (对称最近邻) 移动平均光滑对你的数据进行光滑。采用交叉验证选从 $2k+1$ 中选择一个跨度，$1 \leqslant k \leqslant 11$。具有相同跨度的移动中位数光滑有很大不同吗？

11.2 按照下面描述的用问题 11.1 中的数据来研究核光滑：

a. 用正态核光滑对数据进行光滑。使用交叉验证选择核的最优标准偏差。

b. 定义对称三角分布为

$$f(x; \mu, h) = \begin{cases} 0, & \text{当 } |x-\mu| > h \\ (x-\mu+h)/a^2, & \text{当 } \mu - h \leqslant x < \mu \\ (\mu+h-x)/a^2, & \text{当 } \mu \leqslant x \leqslant \mu + h \end{cases}$$

该分布的标准差为 $a/\sqrt{6}$ 。用对称三角核光滑对数据进行光滑。用交叉验证对第一种情形使用的同样的标准差进行搜索并选出最优值。

c. 令

$$f(x; \mu, h) = c(1 + \cos\{2\pi z \log\{|z|+1\}\}) \exp\left\{-\frac{1}{2}z^2\right\}$$

其中 $z = (x-\mu)/h$，且 c 为常数，画出该密度函数。该密度的标准差大约为 $0.90h$，对数据使用该核进行核光滑。用交叉验证对前面使用的同样的标准差进行搜索并选出最优值。

d. 比较用这三种核产生的光滑。比较它们在最优跨度的 CVRSS 值。比较最优跨度本身。对核光滑来说，对核和跨度的相对重要性有什么要说的？

11.3 用习题 11.1 的数据按照下面的描述研究移动直线和移动多项式光滑：

a. 用具有对称最近邻的移动直线光滑对数据进行光滑。采用交叉验证从 $2k+1$ 中选择一个跨度，$1 \leqslant k \leqslant 11$。

b. 对三阶和五阶移动局部多项式光滑重复该过程；每次在 k 合适的范围内用交叉验证选择最优跨度(提示：你可能需要对多项式各项进行正交化，同时对数据边缘附近较大的跨度要尽可能地降低多项式的次数)。

c. 对这三种光滑 (局部线性、三次和五次) 的质量和特点进行评价。

d. 多项式的阶数和最优跨度之间看上去有关系吗？

e. 对这三个 CVRSS 图作评价。

11.4 本书的主页上提供了火星大气的温度–压力轮廓图数据，这是 2003 年由火星全球探测者号太空船用无线电掩星技术测量的[638]。气温一般会随着行星中心半径 (海拔) 的升高而降低。

a. 把气温作为半径的函数分别用光滑样条、loess，及至少一个其他的技术进行光滑。对每个程序说明所选的跨度是合理的。

b. 数据集也包含了气温测量的标准误。对 (a) 部分考虑的光滑分别用合理的加权方案产生加权光滑。把这些结果和以前的结果进行比较并讨论。

c. 对你的光滑构造置信带并讨论。

d. 这些数据来源于太空船七个不同的轨道。这些轨道在火星中穿过的区域有点儿不同。更加完整的数据集包括轨道号、大气压力、经度、纬度及其他变量，这可以从本书主页的文件 mars-all.dat 中得到。初级的学生可以光滑一些其他感兴趣的变量对。高级的学生可以试图改进以前的分析，比如通过调整轨道号或经度和纬度，这种分析可能包含参数和非参的模型成分。

11.5 重新生成图 11.8 (提示：样条光滑的核可以用合适的响应数据向量由任何软件包生成的拟合反向操作得到)。

a. 对第二个最小预测值的光滑生成类似于图 11.8 的图，将其和第一个图做比较。

b. 对不同的 x_i 和 λ，从图形上比较三次光滑样条的等价核。

11.6 图 11.19 显示了在强力空气爆炸中暴露的钢板上两个传感器间显示的压力差[342]。就在爆炸前后的这段时间有 161 个观测值。图 11.19 中的噪声可归于瞬时清晰度不足及传感器和记录设备的误差；产生这些数据的潜在物理冲击波是光滑的。这些数据可以从本书的主页上得到。

a. 对这些数据构造一个移动直线光滑，跨度用肉眼选择。

b. 对 $k \in \{3, 5, 7, 11, 15, 20, 30, 50\}$ 做出 $\mathrm{CVRSS}_k(\hat{\boldsymbol{s}}_k)$ 对 k 的图并作评论。

c. 对这些数据用任何你想用的光滑和跨度生成最令人满意的光滑。你为什么喜欢它？

d. 对这些数据进行光滑和跨度选择中的困难进行评价。

11.7 对习题 11.6 中的数据及你最喜欢的线性光滑方法，分别用第 11.5 节给出的每种方法对光滑构造置信带，并进行讨论(使用样条光滑是非常有趣的)。

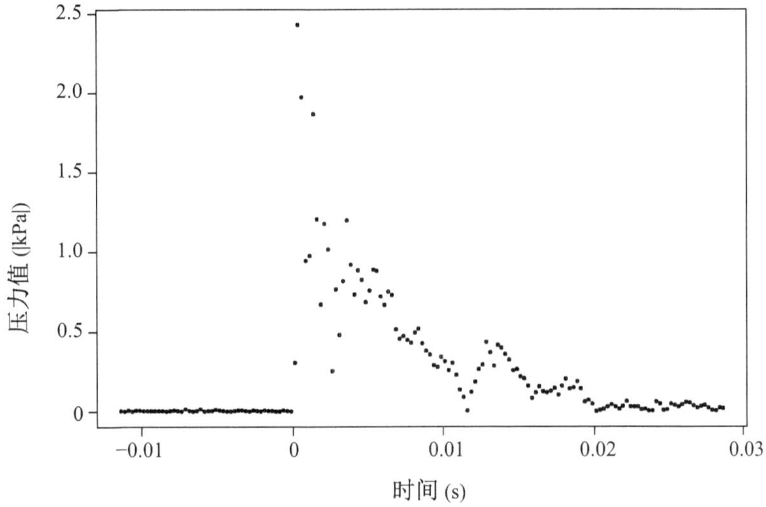

图 11.19　习题 11.6 中空气爆炸压力差别的数据

第 12 章　多元光滑方法

12.1　预测–响应数据

多元预测–响应光滑方法是对观测 $(\boldsymbol{x}_i, y_i)$ 拟合光滑的曲面，其中 $\boldsymbol{x}_i$ 是有 p 个预测变量的向量，y_i 是相应的响应值。数值 $y_1, \cdots, y_n$ 看作是随机变量 $Y_1, \cdots, Y_n$ 的观测，其中 Y_i 的分布依赖于第 i 个预测变量的向量。

第 11 章讨论的许多二元光滑方法都可以推广到几个预测变量的情形。移动直线可以用移动平面代替。一元核可以用多元核代替。样条光滑的一个推广是薄板样条[280,451]。除了实际执行这些方法时重大的复杂性外，在使用超过一个预测变量时光滑问题的本质也有基本的变化。

维数祸根指高维空间是广阔的且数据点没有几个近邻。当应用多元密度估计时第 10.4.1 节讨论了同样的问题。考虑体积为 $\pi^{p/2}/\Gamma(p/2+1)$ 的 p 维单位球面。假设几个 p 维预测变量点均匀地分布在半径为 4 的球内，一维情况下，有 25% 的预测变量期望落在单位球内，因此单位球对光滑可能是合理的邻域。表 12.1 表明随着 p 的增加该比例迅速地趋于零。当全组数据都落在半径为 4 的球内时，为保持有 25% 的点在邻域内，若 $p = 20$ ，那么邻域球的半径将为 3.73，因此局部邻域的概念就失效了。

表 12.1　p 维单位球面的体积和半径为 4 的球面的体积之间的比值

p	比例
1	0.25
2	0.063
3	0.016
4	0.0039
5	0.00098
10	9.5×10^{-7}
20	9.1×10^{-13}
100	6.2×10^{-61}

维数祸根使人们开始关心多元数据光滑的有效性。有效的局部平均要求在每个邻域内有大量的数据点，而要找到这种点，邻域必须伸向大部分的预测空间。文献 [322，323，573] 中描述了多种有效的多元曲面光滑方法。

在地质统计学和空间统计学的研究中发展了大量适合二维和三维情况的光滑方法。特别地，岭方法比许多这里考虑的一般光滑有更原则性的推断基础。我们不深入考虑该方法，但读者可参考关于空间统计学的书籍，如文献 [128，291]。

12.1.1 可加模型

简单线性回归是基于模型 $E\{Y|x\} = \beta_0 + \beta_1 x$ 的。二元预测–响应数据的非参光滑将其推广为 $E\{Y|x\} = s(x)$ ，其中 s 为某光滑函数。现在我们试图类推到有 p 个预测变量的情形。多元回归使用模型 $E\{Y|\boldsymbol{x}\} = \beta_0 + \sum_{k=1}^{p} \beta_k x_k$，其中 $\boldsymbol{x} = (x_1, \cdots, x_p)^{\mathrm{T}}$。对光滑的推广是*可加模型*

$$E\{Y|\boldsymbol{x}\} = \alpha + \sum_{k=1}^{p} s_k(x_k) \tag{12.1}$$

其中 s_k 是 k 个预测变量的光滑函数。因此，总模型是由对平均响应具有可加影响的一元效应构成。

拟合这种模型依赖于关系

$$s_k(x_k) = E\{Y - \alpha - \sum_{j \neq k} s_j(x_j)|\boldsymbol{x}\} \tag{12.2}$$

其中 x_k 是 $\boldsymbol{x}$ 的第 k 个成分。假设我们希望在 x_k^* 处估计 s_k 且假设在该 x_k^* 处观测了第 k 个预测变量的许多重复值。进一步假设除 s_k 外所有的 s_j $(j \neq k)$ 都是已知的，那么式 (12.2) 右边的期望值可以用和指标 i 相应的 $Y_i - \alpha - \sum_{j \neq k} s_j(x_{ij})$ 值的平均去估计，其中第 k 个变量的第 i 个观测满足 $x_{ik} = x_k^*$。然而对实际数据来说很可能没有这种重复。该问题可以通过光滑来解决：对第 k 个坐标在 x_k^* 邻域内的所有点上取平均。另一个问题——即实际上所有的 s_j 都是未知的—— 可以通过光滑步循环迭代来解决，即根据式 (12.2) 那样的分解对所有 $j \neq k$ 的 s_j 用当前最好的猜测更新 s_k。

这种迭代方法称为*后退拟合算法*。令 $\boldsymbol{Y} = (Y_1, \cdots, Y_n)^{\mathrm{T}}$ 且对每个 k，令 $\hat{\boldsymbol{s}}_k^{(t)}$ 表示在第 t 次迭代中 $s_k(x_{ik})$ 的估计值构成的向量，$i = 1, \cdots, n$。每个观测上估计光滑值的 n 维向量按如下步骤更新：

1. 令 $\hat{\boldsymbol{\alpha}}$ 为 n 维向量 $(\overline{Y}, \cdots, \overline{Y})^{\mathrm{T}}$，某些其他的响应值广义平均可以替代样本均值 $\overline{Y}$。令 $t = 0$，其中 t 表示迭代次数。
2. 令 $\hat{\boldsymbol{s}}_k^{(0)}$ 代表在观测数据上对逐个坐标光滑的初步猜测。一种合理的初步猜测是令 $\hat{\boldsymbol{s}}_k^{(0)} = (\hat{\beta}_k x_{1k}, \cdots, \hat{\beta}_k x_{nk})^{\mathrm{T}}$，$k = 1, \cdots, p$，其中 $\hat{\beta}_k$ 是 $\boldsymbol{Y}$ 对预测变量回归时的线性回归系数。

3. 依次对 $k=1,\cdots,p$，令

$$\hat{\boldsymbol{s}}_k^{(t+1)} = \mathrm{smooth}_k(\boldsymbol{r}_k) \tag{12.3}$$

其中

$$\boldsymbol{r}_k = \boldsymbol{Y} - \boldsymbol{\alpha} - \sum_{j<k} \hat{\boldsymbol{s}}_j^{(t+1)} - \sum_{j>k} \hat{\boldsymbol{s}}_j^{(t)} \tag{12.4}$$

且 $\mathrm{smooth}_k(\boldsymbol{r}_k)$ 表示通过对预测变量的第 k 个坐标值，即 $x_{1k},\cdots,x_{nk}$，光滑 $\boldsymbol{r}_k$ 的元素并求在 x_{ik} 的光滑值所得到的向量。对第 k 个光滑所采用的光滑技术可能随着 k 的不同而不同。

4. 增加 t 并转入第 3 步。

当 $\hat{\boldsymbol{s}}_k^{(t)}$ 变化都不大时算法终止——也许是当

$$\sum_{k=1}^{p}\left(\hat{\boldsymbol{s}}_k^{(t+1)}-\hat{\boldsymbol{s}}_k^{(t)}\right)^{\mathrm{T}}\left(\hat{\boldsymbol{s}}_k^{(t+1)}-\hat{\boldsymbol{s}}_k^{(t)}\right)\Big/\sum_{k=1}^{p}\left(\hat{\boldsymbol{s}}_k^{(t)}\right)^{\mathrm{T}}\left(\hat{\boldsymbol{s}}_k^{(t)}\right)$$

非常小时。

要理解为什么该算法可用，回忆在给定矩阵 $\boldsymbol{A}$ 和常数向量 $\boldsymbol{b}$ 后解 $\boldsymbol{z}$ 的线性系统 $\boldsymbol{Az}=\boldsymbol{b}$ 的 Gauss-Seidel 算法 (第 2.2.5 节)。Gauss-Seidel 程序用初值 $\boldsymbol{z}_0$ 进行初始化。然后，在给定其他成分的当前值后依次解 $\boldsymbol{z}$ 的每个成分。该过程一直迭代到收敛为止。

假设只用线性光滑来拟合可加模型，且令 $\boldsymbol{S}_k$ 为第 k 个光滑成分的 $n\times n$ 光滑阵，那么后退拟合算法解由 $\hat{\boldsymbol{s}}_k=\boldsymbol{S}_k\left(\boldsymbol{Y}-\sum_{j\neq k}\hat{\boldsymbol{s}}_j\right)$ 给定的方程组。用矩阵形式写出该方程组为

$$\begin{pmatrix} \boldsymbol{I} & \boldsymbol{S}_1 & \boldsymbol{S}_1 & \cdots & \boldsymbol{S}_1 \\ \boldsymbol{S}_2 & \boldsymbol{I} & \boldsymbol{S}_2 & \cdots & \boldsymbol{S}_2 \\ \vdots & \vdots & \vdots & & \vdots \\ \boldsymbol{S}_p & \boldsymbol{S}_p & \boldsymbol{S}_p & \cdots & \boldsymbol{I} \end{pmatrix}\begin{pmatrix} \hat{\boldsymbol{s}}_1 \\ \hat{\boldsymbol{s}}_2 \\ \vdots \\ \hat{\boldsymbol{s}}_p \end{pmatrix} = \begin{pmatrix} \boldsymbol{S}_1\boldsymbol{Y} \\ \boldsymbol{S}_2\boldsymbol{Y} \\ \vdots \\ \boldsymbol{S}_p\boldsymbol{Y} \end{pmatrix} \tag{12.5}$$

这具有形式 $\boldsymbol{Az}=\boldsymbol{b}$，其中 $\boldsymbol{z}=(\hat{\boldsymbol{s}}_1,\hat{\boldsymbol{s}}_2,\cdots,\hat{\boldsymbol{s}}_p)^{\mathrm{T}}=\hat{\boldsymbol{s}}$。注意到 $\boldsymbol{b}=\boldsymbol{\Lambda Y}$，其中 $\boldsymbol{\Lambda}$ 是对角线上为矩阵 $\boldsymbol{S}_k$ 的分块对角矩阵。由于后退拟合算法作为单独的块依次更新每个向量 $\hat{\boldsymbol{s}}_k$，故更正式地应称为分块 *Gauss-Seidel* 算法。迭代的后退拟合算法更受欢迎，因为它比直接求 $\boldsymbol{A}$ 逆的方法更快。

现在我们转向后退拟合算法的收敛性及解的唯一性问题。这里回顾一下类似的多元回归是很有帮助的。令 $\boldsymbol{D}$ 表示 $n\times p$ 的设计阵，其第 i 行为 $\boldsymbol{x}_i^{\mathrm{T}}$，从而 $\boldsymbol{D}=(\boldsymbol{x}_1,\cdots,\boldsymbol{x}_n)^{\mathrm{T}}$。考虑解 $\boldsymbol{\beta}$ 的多元回归正则方程 $\boldsymbol{D}^{\mathrm{T}}\boldsymbol{D\beta}=\boldsymbol{D}^{\mathrm{T}}\boldsymbol{Y}$。当任何预测变量线性相关时，或等价地，如果 $\boldsymbol{D}^{\mathrm{T}}\boldsymbol{D}$ 的列是线性相关时，$\boldsymbol{\beta}$ 的元素就不能唯一确定。这种情况下，存在向量 $\boldsymbol{\gamma}$ 使得 $\boldsymbol{D}^{\mathrm{T}}\boldsymbol{D\gamma}=\boldsymbol{0}$。因此，如果 $\hat{\boldsymbol{\beta}}$ 是正则方程的解，那么对任何的 c，$\hat{\boldsymbol{\beta}}+c\boldsymbol{\gamma}$ 也是一个解。

类似地，如果存在 $\boldsymbol{\gamma}$ 使得 $\boldsymbol{A\gamma}=\boldsymbol{0}$，那么后退拟合估计方程 $\boldsymbol{A}\hat{\boldsymbol{s}}=\boldsymbol{\Lambda Y}$ 也没有唯一解。令 $\mathcal{I}_k$ 表示通过第 k 个未变化光滑的向量所张成的空间。如果这些空间是线性相关的，那么

存在 $\boldsymbol{\gamma}_k \in \mathcal{I}_k$ 使得 $\sum_{k=1}^{p} \boldsymbol{\gamma}_k = \mathbf{0}$ 。这种情况下， $\boldsymbol{A}\boldsymbol{\gamma} = \mathbf{0}$，其中 $\boldsymbol{\gamma} = (\boldsymbol{\gamma}_1, \boldsymbol{\gamma}_2, \cdots, \boldsymbol{\gamma}_p)^{\mathrm{T}}$ ，因此不存在唯一解 (见习题 12.1)。

该话题更加完整的讨论见 Hastie 和 Tibshirani[322]，从中可以得到如下结果。假设 p 个光滑是线性的，且每个 $\boldsymbol{S}_k$ 为特征值在 $[0,1]$ 取值的对称矩阵。于是 $\boldsymbol{A}\boldsymbol{\gamma} = \mathbf{0}$ 当且仅当存在线性相关的 $\boldsymbol{\gamma}_k \in \mathcal{I}_k$ 经过第 k 个未变化的光滑。这种情况下，有很多解满足 $\boldsymbol{A}\hat{\boldsymbol{s}} = \boldsymbol{\Lambda}Y$ 且根据初值的选择，后退拟合收敛到其中的一个，否则后退拟合收敛到唯一解。

允许模型的加法成分为多元的且对不同的成分允许不同的光滑方法，这可以进一步提高可加模型的灵活性。例如，假设有七个预测变量 $x_1, \cdots, x_7$，其中 x_1 是水平取 $1, \cdots, c$ 的离散变量，那么估计 $E\{Y|\boldsymbol{x}\}$ 的加法模型可以用后退拟合法去拟合：

$$\hat{\alpha} + \sum_{i=1}^{c-1} \hat{\delta}_i 1_{\{x_1=i\}} + \hat{s}(x_2) + \hat{p}(x_3) + \hat{t}(x_4, x_5) + \hat{f}(x_6, x_7) \tag{12.6}$$

其中 $\hat{\delta}_i$ 对 X_1 的每个水平允许单独可加的效应，$\hat{s}(x_2)$ 是对 x_2 的样条光滑，$\hat{p}(x_3)$ 是对 x_3 的三次多项式回归，$\hat{t}(x_4, x_5)$ 是第 12.1.4 节中递归分块的回归树，$\hat{f}(x_6, x_7)$ 是二元核光滑。按这种方式对几个预测变量进行分组提供了 Gauss-Seidel 算法执行中的粗糙分块。

例 12.1 (挪威纸) 我们考虑来自挪威哈尔登某纸厂的一些数据[9]。响应是纸中瑕疵的度量，有两个预测变量，这里的 Y, x_1 和 x_2 分别相当于作者原文中的 $16 - Y_5, X_1$ 和 X_3 。图 12.1 的左边面板显示的是用没有交互项的普通线性模型拟合的响应曲面。右边面板显示的是对同样数据拟合的可加模型。估计的 $\hat{s}_k$ 见图 12.2。显然 x_1 对响应有非线性效应，在这种意义下可加模型是对线性回归拟合的一种改进。 □

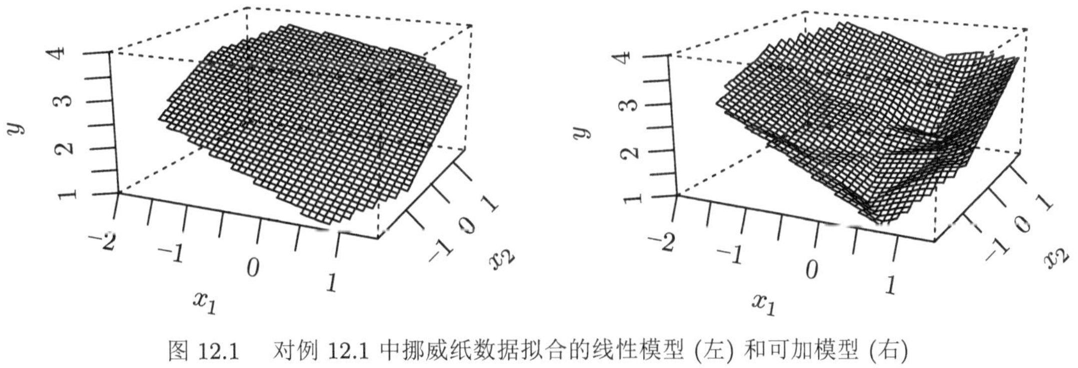

图 12.1 对例 12.1 中挪威纸数据拟合的线性模型 (左) 和可加模型 (右)

12.1.2 广义可加模型

线性回归模型可按几种方式进行推广。上面我们已经把线性预测变量用光滑的非线性函数替代。对线性回归的不同推广是广义线性模型的方向[446]。

假设 $Y|\boldsymbol{x}$ 有指数族分布。令 $\mu = E\{Y|\boldsymbol{x}\}$，广义线性模型假设 μ 的某函数是预测变量的线性函数。换句话说，模型为 $g(\mu) = \alpha + \sum_{k=1}^{p} \beta_k x_k$，其中 g 称为*连接函数*。例如，单

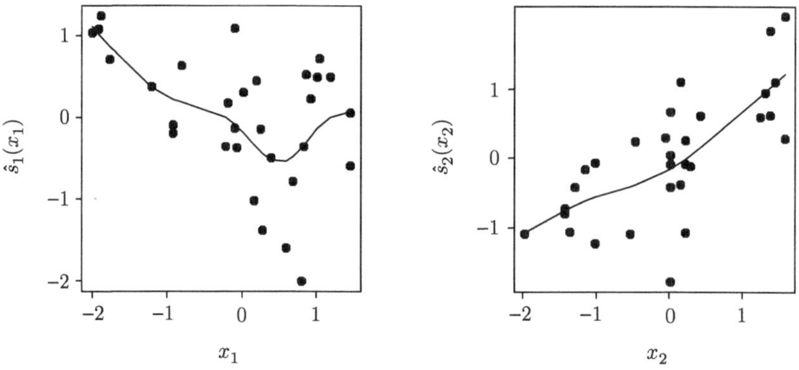

图 12.2 对例 12.1 中挪威纸数据用可加模型拟合的光滑 $\hat{s}_k(x_k)$。各点是如式 (12.3) 右边给出的偏残差，即 $\hat{s}_k(x_{ik})$ 加上最终光滑的总残差

位联系 $g(\mu)=\mu$ 用来对高斯分布响应的建模，$g(\mu)=\log\mu$ 用作对数线性模型，而 $g(\mu)=\log\{\mu/(1-\mu)\}$ 用作对 Bernoulli 数据建模的连接函数。

广义可加模型(GAMs) 按照类似于广义线性模型推广线性模型的方式推广了第 12.1.1 节的可加模型。对指数族的响应数据，选择连接函数 g 且模型为

$$g(\mu)=\alpha+\sum_{k=1}^{p}s_k(x_k) \tag{12.7}$$

其中 s_k 是第 k 个预测变量的光滑函数。式 (12.7) 的右边记为 η 并称为可加预测。GAMs 在可加预测中具有非线性光滑效应额外的灵活性，提供了广义线性模型发展的范围和多样性。

对广义线性模型来说，$\mu=E\{Y|\boldsymbol{x}\}$ 的估计通过迭代再加权最小二乘去实现。粗略地讲，算法在以下两步中交替进行：(i) 构造调整的响应值及相应的权重；(ii) 用调整的响应对预测变量拟合加权最小二乘。这些步骤一直重复到拟合收敛为止。

具体来说，我们在第 2.2.1.1 节描述了拟合指数族广义线性模型的迭代再加权最小二乘法为什么实际上就是 Fisher 得分法。Fisher 得分法基本上受启发于估计参数时对产生更新方程的得分函数的线性化。更新通过加权线性回归获得。调整的响应和权重定义见式 (2.41)。更新的参数向量包括对调整的响应进行加权线性最小二乘回归得到的系数。

对拟合 GAM 来说，用加权光滑来替换加权线性回归。导出的程序称为局部得分，描述如下。首先令 μ_i 为观测 i 的平均响应，故 $\mu_i=E\{Y_i|\boldsymbol{x}_i\}=g^{-1}(\eta_i)$，其中 η_i 称为可加预测变量的第 i 个值；令 $V(\mu_i)$ 为方差函数，即 $\text{var}\{Y_i|\boldsymbol{x}_i\}$ 表示成 μ_i 的函数。算法如下进行：

1. 在 $t=0$ 初始化算法。对 $k=1,\cdots,p$，令 $\hat{\alpha}^{(0)}=g(\bar{Y})$，$\hat{s}_k^{(0)}(\cdot)=0$。这也初始化了和每个观测相应的可加预测变量值 $\hat{\eta}_i^{(0)}=\hat{\alpha}^{(0)}+\sum_{k=1}^{p}\hat{s}_k^{(0)}(x_{ik})$ 及拟合值 $\hat{\mu}_i^{(0)}=g^{-1}(\hat{\eta}_i^{(0)})$ 。
2. 对 $i=1,\cdots,n$，构造调整的响应值

$$z_i^{(t+1)}=\hat{\eta}_i^{(t)}+\left(Y_i-\hat{\mu}_i^{(t)}\right)\left(\left.\frac{\mathrm{d}\mu}{\mathrm{d}\eta}\right|_{\eta=\hat{\eta}_i^{(t)}}\right)^{-1} \tag{12.8}$$

3. 对 $i=1,\cdots,n$，构造相应的权重

$$\omega_i^{(t+1)}=\left(\left.\frac{\mathrm{d}\mu}{\mathrm{d}\eta}\right|_{\eta=\hat{\eta}_i^{(t)}}\right)^2\left(V\left(\hat{\mu}_i^{(t)}\right)\right)^{-1} \tag{12.9}$$

4. 用第 12.1.1 节中后退拟合算法的加权版本去估计新的可加预测 $\hat{s}_k^{(t+1)}$。在这一步中，对调整的响应值 $z_i^{(t+1)}$ 用权重 $w_i^{(t+1)}$ 拟合形如式 (12.7) 的加权可加模型，可得 $\hat{s}_k^{(t+1)}(x_{ik}), i=1,\cdots,n, k=1,\cdots,p$。下面还会详细描述，该步也可以计算新的 $\hat{\eta}_i^{(t+1)}$ 和 $\hat{\mu}_i^{(t+1)}$。
5. 计算形如

$$\sum_{k=1}^{p}\sum_{i=1}^{n}\left(\hat{s}_k^{(t+1)}(x_{ik})-\hat{s}_k^{(t)}(x_{ik})\right)^2\Big/\sum_{k=1}^{p}\sum_{i=1}^{n}\left(\hat{s}_k^{(t)}(x_{ik})\right)^2 \tag{12.10}$$

的收敛准则。当其较小时停止迭代，否则转入第 2 步。

要回到标准的广义线性模型，唯一需要变换的是把第 4 步中的光滑用加权最小二乘替换。

第 4 步中加权可加模型的拟合要求加权的光滑方法。对线性光滑来说，引入权重的一种方法是对每个 i 用 $w_i^{(t+1)}$ 乘以 $\boldsymbol{S}$ 第 i 列中的元素。然后对每行标准化使其求和为 1 。还有些其他更自然的方法对线性光滑 (如样条光滑) 和非线性光滑进行加权。关于加权光滑和局部得分的进一步细节请参考文献 [322，574]。

和可加模型一样，GAMs 中的线性预测变量不必只包含同种类型的一种光滑。在第 12.1.1 节中关于更一般更灵活的模型构建想法在此也同样适用。

例 12.2 (药物滥用) 本书的主页上提供了对药物滥用接受社区治疗的 575 位病人的数据[336]。响应变量是二元的，其中 $Y=1$ 表示一年内未使用任何药物的病人，否则 $Y=0$ 。我们调查两个预测变量：以前药物治疗的次数 (x_1) 和病人的年龄 (x_2)。一种简单的广义可加模型为 $Y_i|\boldsymbol{x}_i\sim \text{Bernoulli}(\pi_i)$ ，其中

$$\log\left\{\frac{\pi_i}{1-\pi_i}\right\}=\alpha+\beta_1 s_1(x_{i1})+\beta_2 s_2(x_{i2}) \tag{12.11}$$

在拟合算法的第 4 步使用样条光滑。图 12.3 显示了以概率为尺度画出的拟合响应曲面。图 12.4 显示了 logit 尺度的拟合光滑 $\hat{s}_k$。原始的响应数据用短的竖直线沿每个面板的底部 ($y_i=0$) 和顶部 ($y_i=1$) 显示。 □

12.1.3 和可加模型有关的其他方法

广义可加模型不是推广可加模型的唯一途径，其他一些方法对预测变量或响应做变换以便对数据提供更加有效的模型。下面我们描述四种这样的方法。

12.1.3.1 投影寻踪回归

可加模型产生由 p 个可加曲面构成的节点，每个曲面沿一个坐标轴有非线性轮廓而在正交方向上为常值。这有助于模型的解释，因为每个非线性光滑反映一个预测变量的可加效应。

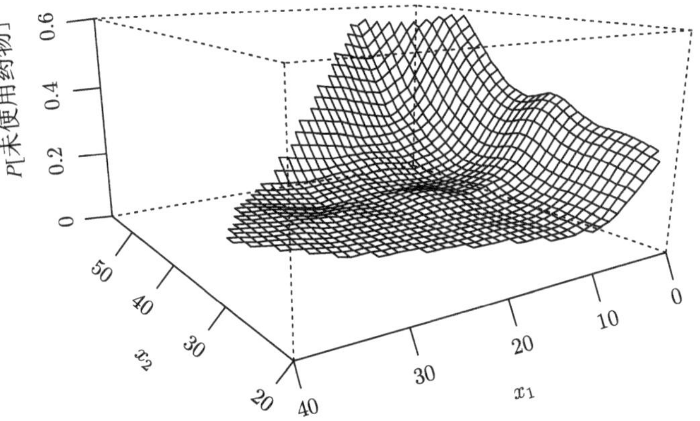

图 12.3 对例 12.2 中描述的药物滥用数据的广义可加模型拟合。纵轴对应其余一年内未使用任何药物的预测概率

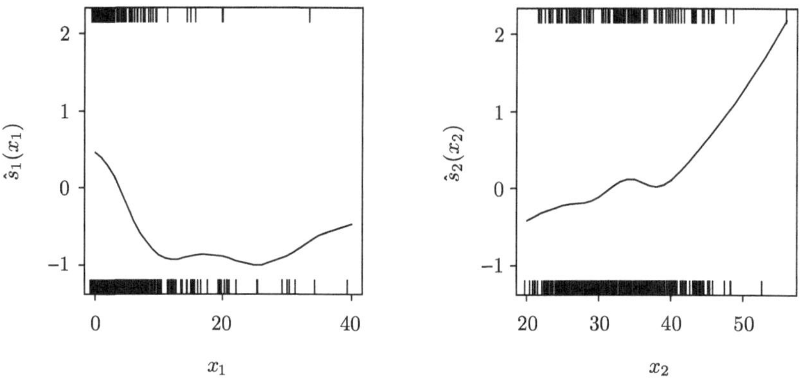

图 12.4 对例 12.2 中药物滥用数据用广义可加模型拟合的光滑函数 $\hat{s}_k$ 。沿每个面板的底部（ $y_i = 0$ ）和顶部（ $y_i = 1$ ）在相应预测变量值观测的位置用短的竖直线显示原始的响应数据

但是，这也限制了对不具有可加贡献的单个预测变量拟合更一般曲面和交互效应的能力。投影寻踪回归允许效应为预测变量一元线性投影的光滑函数而排除了这一限制[209,380]。

具体来说，这些模型的形式取为

$$E\{Y|\boldsymbol{x}\} = \alpha + \sum_{k=1}^{M} s_k(\boldsymbol{a}_k^{\mathrm{T}}\boldsymbol{x}) \tag{12.12}$$

其中每项 $\boldsymbol{a}_k^{\mathrm{T}}\boldsymbol{x}$ 是预测向量 $\boldsymbol{x} = (x_1, \cdots, x_p)^{\mathrm{T}}$ 的一维投影。因此每个 s_k 具有由 s_k 沿 $\boldsymbol{a}_k$ 方向决定的轮廓，而在所有其他正交方向上保持常数。在投影寻踪方法中，对 $k = 1, \cdots, M$ 估计 x_k 及投影向量 $\boldsymbol{a}_k$ 以得到最优拟合。对充分大的 M，式 (12.12) 中的表达式可以近似为预测变量的任意连续函数[161,380]。

要拟合这种模型，必须选择投影数 M。当 $M > 1$ 时，模型包含不同线性组合 $\boldsymbol{a}_k^{\mathrm{T}}\boldsymbol{x}$ 的几个光滑函数。因此尽管模型对预测很有用，结果可能很难解释。M 的选择是和多元回归模型中选择各项类似的一个模型选择问题，因此类似的推理应该也成立。一种方法是首先拟合一个较小 M 的模型，然后重复地添加最有效的下一项并重新拟合。从而可以产生一列模型，直到没有进一步的额外项可以大大改善拟合为止。

对给定的 M，拟合式 (12.12) 可以用下列算法来实现：

1. 从 $m=0$ 开始并令 $\hat{\alpha}=\bar{Y}$ 。
2. 增加 m 。对观测 i 定义当前工作残差为
$$r_i^{(m)}=Y_i-\hat{\alpha}-\sum_{k=1}^{m-1}\hat{s}_k(\boldsymbol{a}_k^{\mathrm{T}}\boldsymbol{x}_i),\ i=1,\cdots,n \tag{12.13}$$
其中当 $m=1$ 时求和为零。这些当前的残差用来拟合第 m 个投影。
3. 对任何 p 维向量 $\boldsymbol{a}$ 及光滑 s_m ，定义拟合优度度量为
$$Q(\boldsymbol{a})=1-\frac{\sum_{i=1}^{n}\left(r_i^{(m)}-\hat{s}_m(\boldsymbol{a}^{\mathrm{T}}\boldsymbol{x}_i)\right)^2}{\sum_{i=1}^{n}\left(r_i^{(m)}\right)^2} \tag{12.14}$$
4. 对选择的光滑类型，关于 $\boldsymbol{a}$ 最大化 $Q(\boldsymbol{a})$ 得到 $\boldsymbol{a}_m$ 和 $\hat{s}_m$ 。如果 $m=M$ 则停止，否则转入第 2 步。

例 12.3 (挪威纸，续) 我们转向例 12.1 中挪威纸的数据。图 12.5 显示了对 $M=2$ 用投影寻踪回归拟合的响应曲面。对每个投影使用了超光滑 (第 11.4.2 节)。拟合曲面显示出预测变量间的某些交互效应，而这些效应在图 12.1 中的两个模型都没有被抓到。可加模型对这些预测变量并非完全适合。图 12.5 中的粗线显示了二元预测数据投影的两个线性方向。第一个投影方向，记为 $\boldsymbol{a}_1^{\mathrm{T}}\boldsymbol{x}$，和任何一个坐标轴的平行方向都差得很远。这使两个预测变量的交互效应拟合得比较好。第二个投影几乎就是 x_1 贡献的额外效应。为进一步理解拟合的曲面，我们单独研究 $\hat{s}_k$，见图 12.6。这些效应及选择的方向给出了比回归模型或可加模型更一般的拟合。 □

除了预测–响应光滑外，投影寻踪的想法也应用到很多其他领域，包括多元响应数据的光滑[9] 及密度估计[205]。另一种方法，称为多元自适应回归样条 (MARS)，和投影寻踪回归、样条光滑 (第 11.2.5 节) 及回归树 (第 12.1.4.1 节) 等都有联系[207]。MARS 对某些数据集可能表现得非常好，但近来的模拟结果发现对高维数据很有前途的结果不多[21]。

12.1.3.2 神经网络

神经网络对连续响应或离散响应都是一种非线性建模方法，且生成回归模型或分类模型[50,51,323,540]。对连续响应 Y 及预测变量 $\boldsymbol{x}$，一类神经网络模型，称作前馈网络，可以写为
$$g(Y)=\beta_0+\sum_{m=1}^{M}\beta_m f(\boldsymbol{\alpha}_m^{\mathrm{T}}\boldsymbol{x}+\gamma_m) \tag{12.15}$$
其中 $\beta_0,\beta_m,\boldsymbol{\alpha}_m,\gamma_m$，要从数据去估计，其中 $m=1,\cdots,M$ 。我们可以把 $f(\boldsymbol{\alpha}_m^{\mathrm{T}}\boldsymbol{x}+\gamma_m),\ m=$

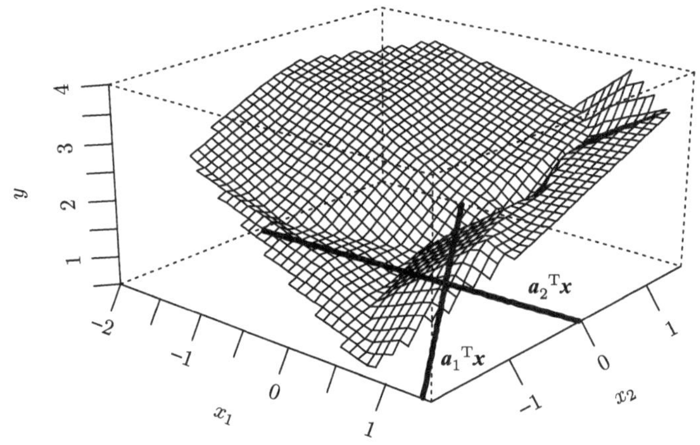

图 12.5 对挪威纸数据用 $M=2$ 的投影寻踪回归拟合的曲面，见例 12.3 的描述

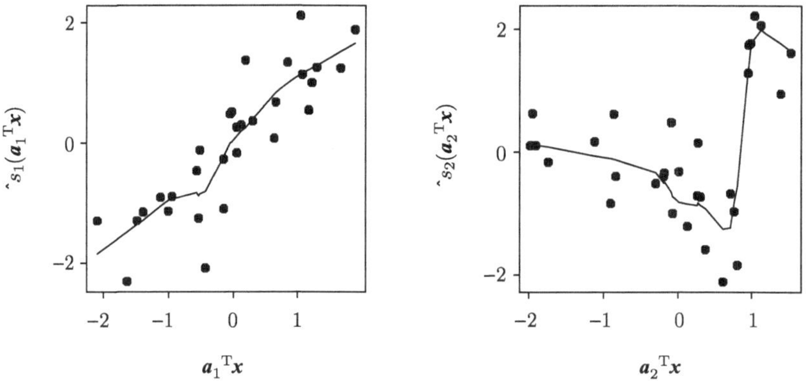

图 12.6 对挪威纸数据用投影寻踪回归模型拟合的光滑函数 $\hat{s}_k$ 。当前残差，即成分拟合的光滑加上总残差，用点表示并对每个投影 $\boldsymbol{a}_k^{\mathrm{T}}\boldsymbol{x}$ 作图，$k=1,2$

$1,\cdots,M$，看成类似于预测变量空间的一组基函数。这些不可直接观测的 $f(\boldsymbol{\alpha}_m^{\mathrm{T}}\boldsymbol{x}+\gamma_m)$ 构成神经网络，专业术语称之为*隐层*。通常，分析者事先选好 M，但数据驱动的选择也有可能。在式 (12.15) 中，*激活函数* f 的形式将选为 logistic 函数，即 $f(z)=1/[1+\exp\{-z\}]$ 。我们用 g 作连接函数。参数通过最小化平方误差去估计，即基于梯度的优化。

神经网络和投影寻踪回归有联系，其中式 (12.12) 中的 s_k 用式 (12.15) 中的参数函数 f 替换，如 logistic 函数。对上面给出的简单神经网络模型可以进行很多扩展，如用不同的激活函数考虑另外的隐层，设为 h 。该层是由 h 在 $f(\boldsymbol{\alpha}_m^{\mathrm{T}}\boldsymbol{x}+\gamma_m),m=1,\cdots,M$ 的许多线性组合上的估计构成的，其粗略地作为第一个隐层的一组基。神经网络在某些领域非常普及，而且有大量的软件可以用来拟合这些模型。

12.1.3.3 交替条件期望

交替条件期望 (ACE) 拟合如下形式的模型

$$E\{g(Y)|\boldsymbol{x}\} = \alpha + \sum_{k=1}^{p} s_k(x_k) \tag{12.16}$$

其中 g 是响应的光滑函数[64]。和本章中多数其他的方法不同，ACE 把预测变量看成是随机变量 $\boldsymbol{X}$ 的观测，而模型拟合是由考虑 Y 和 $\boldsymbol{X}$ 的联合分布所驱动的。具体来说，ACE 的想法是对 $k=1,\cdots,p$ 估计 g 和 s_k 使得 $g(Y)$ 和 $\sum_{k=1}^{p} s_k(x_k)$ 之间相关性的强度在限制 $\mathrm{var}\{g(Y)\}=1$ 下达到最大。常数 α 不影响该相关，故可以忽略。

拟合 ACE 模型需要使用下面的迭代算法：

1. 初始化算法，令 $t=0$ 且 $\hat{g}^{(0)}(Y_i)=(Y_i-\bar{Y})/\hat{\sigma}_Y$，其中 $\hat{\sigma}_Y$ 为 Y_i 值的样本标准差。
2. 用 $\hat{g}^{(t)}(Y_i)$ 值作为响应且 $\hat{s}_k^{(t+1)}(X_{ik})$ 值作为预测变量对可加模型进行拟合，生成可加预测函数 $\hat{s}_k^{(t+1)}$ 的更新估计，$k=1,\cdots,p$。第 12.1.1 节中的后退拟合算法可以用来拟合该模型。
3. 通过在 Y_i (看作预测变量)上光滑 $\sum_{k=1}^{p} \hat{s}_k^{(t+1)}(X_{ik})$ (看作响应) 的值来估计 $\hat{g}^{(t+1)}$ 。
4. 通过除以 $\hat{g}^{(t+1)}(Y_i)$ 值的样本标准差对 $\hat{g}^{(t+1)}$ 重新调整刻度。该步是必要的，否则不管数据怎么样，通常情况下，令 $\hat{g}^{(t+1)}$ 和 $\sum_{k=1}^{p} \hat{s}_k^{(t+1)}$ 都为零函数就得到零残差。
5. 根据相对收敛准则，如果 $\sum_{i=1}^{n}\left[\hat{g}^{(t+1)}(Y_i)-\sum_{k=1}^{p}\hat{s}_k^{(t+1)}(X_{ik})\right]^2$ 已经收敛了，则停止迭代。否则，增加 t 并转入第 2 步。

最大化 $\sum_{i=1}^{p} s_k(X_k)$ 和 $g(Y)$ 之间的相关性等价于在 $\mathrm{var}\{g(Y)\}=1$ 的限制条件下关于 g 和 $\{s_k\}$ 最小化 $E\{[g(Y)-\sum_{k=1}^{p} s_k(X_k)]^2\}$ 。对 $p=1$ ，该目标关于 X 和 Y 是对称的：如果这两个变量是可交换的，那么结果是同一个常数。

ACE 没有给出直接建立 $E\{Y|\boldsymbol{X}\}$ 和预测变量之间联系的拟合模型成分，这影响了模型的预测。因此 ACE 和我们讨论过的其他预测–响应光滑有很大的不同，因为它放弃了估计回归函数，而给出相关分析。因此，ACE 可以得到令人意外的结果，尤其是当变量之间相关性较弱时。关于这种问题以及拟合算法的收敛性质的讨论，请参考文献 [64，84，322]。

12.1.3.4 可加性及方差平稳化

依赖于响应变换的另一种不同的可加模型是可加性及方差平稳化 (AVAS) [631]。模型和式 (12.16) 完全一样，只是限制 g 为严格单调的且对某常数 C 有

$$\mathrm{var}\left\{g(Y)\middle|\sum_{k=1}^{p} s_k(x_k)\right\} = C \tag{12.17}$$

拟合该模型需要使用下面的迭代算法：

1. 初始化算法：令 $t=0$ 且 $\hat{g}^{(0)}(Y_i)=(Y_i-\bar{Y})/\hat{\sigma}_Y$，其中 $\hat{\sigma}_Y$ 为 Y_i 值的样本标准差。
2. 初始化预测函数：对 $\hat{g}^{(0)}(Y_i)$ 和预测数据拟合可加模型，得到 $\hat{s}_k^{(0)}$，$k=1,\cdots,p$。这和 ACE 做法一样。
3. 记当前的均值函数为 $\hat{\mu}(t)=\sum_{k=1}^{p}\hat{s}_k^{(t)}(X_k)$。要估计方差平稳变换，首先我们必须估计给定 $\hat{\mu}^{(t)}=u$ 时 $\hat{g}^{(t)}(Y)$ 的条件方差函数。该函数 $\hat{V}^{(t)}(u)$ 通过将当前的对数平方残差对 u 进行光滑并将结果取指数进行估计。
4. 给定 $\hat{V}^{(t)}(u)$，计算相应的方差平稳变换 $\psi^{(t)}(z)=\int_0^z\hat{V}^{(t)}(u)^{-1/2}\mathrm{d}u$。该积分可以通第 5 章的数值方法去实现。
5. 更新并标准化响应变换：定义 $\hat{g}^{(t+1)}(y)=[\psi^{(t)}(\hat{g}^{(t)}(y))-\bar{\psi}^{(t)}]/\hat{\sigma}_{\psi^{(t)}}$，其中 $\bar{\psi}^{(t)}$ 和 $\hat{\sigma}_{\psi^{(t)}}$ 分别表示 $\psi^{(t)}(\hat{g}^{(t)}(Y_i))$ 值的样本均值和样本标准差。
6. 更新预测函数：对 $\hat{g}^{(t+1)}(Y_i)$ 和预测数据拟合可加模型，得到 $\hat{s}_k^{(t+1)}$，$k=1,\cdots,p$。这和 ACE 做法一样。
7. 根据相对收敛准则，如果 $\sum_{i=1}^{n}\left[\hat{g}^{(t+1)}(Y_i)-\sum_{k=1}^{p}\hat{s}_k^{(t+1)}(X_{ik})\right]^2$ 已经收敛了，则停止迭代。否则，增加 t 并转入第 3 步。

和 ACE 不同，AVAS 程序非常适合预测–响应回归问题。关于该方法详细的细节请参考文献[322，631]。

ACE 和 AVAS 都可以对标准多元回归建模提出参数变换。特别地，通过将 ACE 或 AVAS 变换后的预测对未变换的预测作图，有时可以对标准回归建模给出简单的逐段线性或其他类型的变换[157,332]。

12.1.4 树状方法

树状方法根据和响应变量的相似程度把预测变量空间迭代地划分成几个子区域。这种方法一种重要的吸引力在于节点往往描述和解释起来非常容易。基于马上要讨论的原因，这些节点加在一起称作树。

统计学家最熟悉的树状方法是 Breiman，Friedman，Olshen 和 Stone[65]描述的分类与回归树 (CART) 方法。执行树状建模的所有权软件和开放源码软件是容易得到的[115,228,612,629,643]。尽管执行细节不同，但所有这些方法基本上都是基于迭代分类这一思想的。

可以用下面两种信息的集合对树进行总结：

- 一系列二元 (是–否) 问题的答案，其中每个问题是根据单一的预测变量值设计的；
- 一组基于这些问题的答案对响应变量进行预测的值。

一个例子将会讲清楚树的本质。

例12.4 (河流监控) 在称为地层的河床上生存着各种大型无脊椎动物。为监控河流健康，生态学家使用生物完整性指数 (IBI) 这一度量对河流维持自然生物群落的能力进行量化。IBI 是基于人为或其他潜在的应激源对河流的影响而进行的有意义的测量[363]。在这个例子中，我们考虑从人口密度和地层的岩块尺寸这两个预测变量对大型无脊椎动物的 IBI 进行预测。第一个预测变量是河流流域内的人口密度 (每平方千米的人数)。为改善图形的表示，下面分析中使用的是人口密度的对数，但选择的树和对预测变量不做变换时是完全一样的。第二个预测变量是在地层抽样位置搜集的岩块直径的几何平均，其中数据是以毫米为单位进行测量并取对数变换。这些数据，在问题 12.5 中还会进一步考虑，它们是由环保局从 1993 年到 1998 年在美国东部中大西洋高地区域 353 个位置研究的一部分中搜集得到的[185]。

图 12.7 显示了一个典型的树。四个二元问题用树中的剖分表示。每个剖分都是根据一个预测变量的值进行的。当答案为“是”即标识该剖分的条件满足时取剖分的左支。比方说，顶部的剖分表示树的左部分是那些岩块尺寸小于 0.4 (沙粒或更小) 的那些观测。树中剖分的每个位置称作*父节点*。最顶部的父节点也称作*根节点*。除根节点外的所有父节点都是*内节点*。根据在父节点所做的决定，数据在树的底部被分成五个*终端节点*。和每个终端节点联系在一起的是该节点内所有观测的 IBI 的均值。我们将用该值作为预测变量进入该节点的任何观测的预测值。例如，对分到 $\mathcal{N}_1$ 中的任何观测我们预测 IBI = 20 。 □

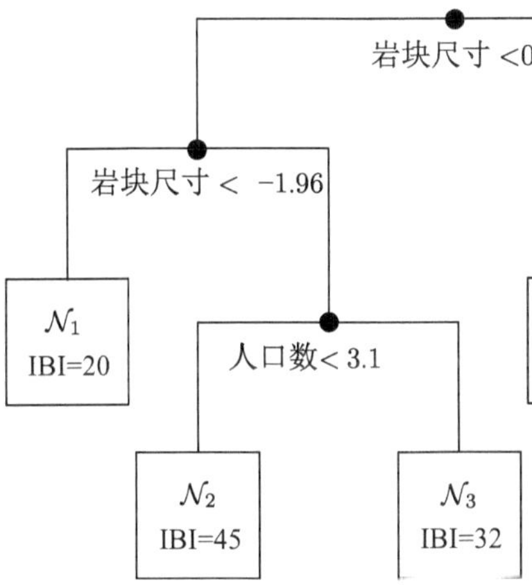

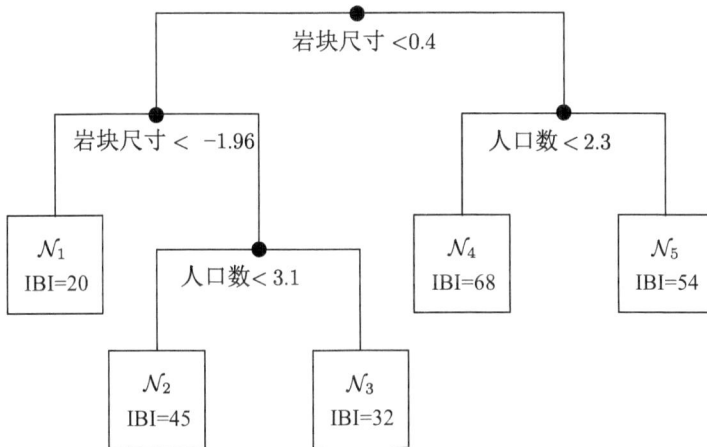

图 12.7 例 12.4 中预测 IBI 的树拟合。根节点是树的顶部节点，父节点是用 • 符号表示的其他节点，而终端节点是 $\mathcal{N}_1, \cdots, \mathcal{N}_5$ 。当所示准则为真时沿父节点的左支走，为假时沿右支走

12.1.4.1 迭代分类回归树

开始假设响应变量是连续的，那么将树型光滑称为*迭代分类回归*。第 12.1.4.3 节将讨论分类响应的预测。

考虑预测–响应数据，其中 $\boldsymbol{x}_i$ 是和响应 Y_i 相应的 p 个预测变量的向量，$i = 1, \cdots, n$。为简单起见，假设 p 个预测变量都是连续的，令 q 表示要拟合的树中终端节点的个数。

树型预测是逐段常数的。如果第 i 个观测的预测变量值落入第 j 个终端节点，那么第 i 个预测的响应等于常数 $\hat{a}_j$ 。因此树型光滑为

$$\hat{s}(\boldsymbol{x}_i)=\sum_{j=1}^{q}\hat{a}_j 1_{\{\boldsymbol{x}_i\in\mathcal{N}_j\}} \tag{12.18}$$

该模型用一种划分过程去拟合，该过程自适应地把预测变量空间分成超矩形，每个超矩形对应一个终端节点。一旦划分完成，就令 $\hat{a}_j$ 等于落入第 j 个终端节点观测的平均响应值。

注意到这一框架意味着只要 n 和 (或) p 不是一般的小就存在大量可能的树。任何终端节点可以剖分以形成更大的树。任何一个父节点的两个分支可以合并使父节点变成终端节点，形成原树的一个子树。任何分支本身可以用一个基于不同预测变量和 (或) 不同准则的分支来替换。下面描述拟合一颗树使用的划分过程。

最简单的情况下，假设 $q=2$。然后我们试图用一个平行轴边界把 $\Re^p$ 分成两个超矩形。选择可以用剖分坐标 $c\in\{1,\cdots,p\}$ 和一个剖分点或阈值 $t\in\Re$ 来刻画，那么两个终端节点是 $\mathcal{N}_1=\{\boldsymbol{x}_i:x_{ic}<t\}$ 和 $\mathcal{N}_2=\{\boldsymbol{x}_i:x_{ic}\geqslant t\}$。用 $\mathcal{S}_1$ 和 $\mathcal{S}_2$ 分别表示落入两个节点内观测的指标集。用节点指定的样本平均得到拟合

$$\hat{s}(\boldsymbol{x}_i)=1_{\{i\in\mathcal{S}_1\}}\sum_{j\in\mathcal{S}_1}\frac{Y_j}{n_1}+1_{\{i\in\mathcal{S}_2\}}\sum_{j\in\mathcal{S}_2}\frac{Y_j}{n_2} \tag{12.19}$$

其中 n_j 是落入第 j 个终端节点的观测数。

对连续的预测变量和排序的离散预测变量，可以按照这种方式直接定义剖分。未排序分类变量的处理有所不同。假设这种变量的每个观测可以取几个类别中的一个。所有这种类别的集合肯定可以分成两个子集。幸运的是，我们可以不必考虑所有可能的分法。首先，按每类中平均响应的顺序对各类进行排序。然后，把这些排序的类别看成是排序的离散预测变量的观测。这一策略允许最优的剖分[65]。也有些自然的方法处理具有某些缺失预测变量值的观测。最后选择预测变量的变换通常不是问题：树型模型对预测变量的单调变换是不变的，因为多数软件包中剖分点是由预测变量的秩决定的。

要找到 $q=2$ 个终端节点的最好的树，我们试图关于 c 和 t 最小化残差平方和

$$\mathrm{RSS}(c,t)=\sum_{j=1}^{q}\sum_{i\in\mathcal{S}_j}(Y_i-\hat{a}_j)^2 \tag{12.20}$$

其中 $\hat{a}_j=\sum_{i\in\mathcal{S}_j}Y_i/n_j$ 。注意到 $\mathcal{S}_j$ 是用 c 和 t 的值定义的且只有当集合 $\mathcal{S}_j$ 中的成员发生变化时 $\mathrm{RSS}(c,t)$ 才改变，因此最小化式 (12.20) 是一个组合优化问题。对每个坐标，我们至多需要试 $n-1$ 个剖分，而且如果坐标的预测变量值中有结的话次数会更少。因此最多搜索 $p(n-1)$ 次树就可找到最小的 $\mathrm{RSS}(c,t)$，当 $q=2$ 时寻找最优树的穷尽搜索是可行的。

现在假设 $q=3$。第一个剖分坐标和剖分点把 $\Re^p$ 分成两个超矩形。然后再用第二个剖分坐标和剖分点将其中一个超矩形分成两个部分，这个剖分坐标和剖分点仅在这个超矩形内适用。结果就得到三个终端节点。对第一次剖分至多需做 $p(n-1)$ 次选择。对任何不同于第一次剖分使用的坐标进行第二次剖分时，对每个选择的第一次可能剖分至多存在 $p(n-1)$ 次选

择。对第一次剖分使用的同一个坐标进行第二次剖分时，至多存在 $p(n-2)$ 次选择。对较大的 q 继续进行这种逻辑，我们发现大约有 $(n-1)(n-2)\cdots(n-q+1)p^{q-1}$ 棵树需要搜索。这一庞大的数字使得穷尽搜索无法进行。

取而代之，我们采用贪婪搜索算法 (见第 3.2 部分)。序贯地对待每一个剖分。选择最好的一个剖分来剖分根节点。对每个子节点，分别选择剖分将其最优的剖开。注意，这样得到的 q 个终端节点常常不会在所有有 q 个终端节点的可能树中有最小的残差平方误差。

例 12.5 (河流监控，续) 为理解树中的终端节点如何相当于预测空间中的超矩形，我们回忆例 12.4 中介绍的河流监控数据。图 12.7 中树的另外一种表示见图 12.8。该图显示了由岩块尺寸和人口密度变量的取值决定的预测空间的划分。每个圆圈以观测 $\boldsymbol{x}_i$ 为中心 ($i=1,\cdots,n$)，每个圆圈的面积反映了那个观测 IBI 值的强度，较大的圈对应于较大的 IBI 值。图中标为 $\mathcal{N}_1,\cdots,\mathcal{N}_5$ 的矩形区域相当于图 12.7 中的终端节点。第一个剖分 (关于阈值为 $t=0.4$ 的岩块尺寸坐标) 在图的中间用竖线表示。接下来的剖分仅仅划分部分预测空间。例如，对于岩块尺寸超过 0.4 的区域根据人口密度变量的值被分成两个节点，$\mathcal{N}_4$ 和 $\mathcal{N}_5$。注意到序贯的剖分有如下缺点：本来数据可以基于人口密度是否超过 2.5 进行明显的自然划分，但是这里用两个有点儿搭配不当的剖分来表示，因为前面的剖分在岩块尺寸变量的 0.4 处出现过。第 12.1.4.4 节将进一步讨论树结构的不确定性。

拟合树的逐段常数模型见图 12.9，其中 IBI 为纵轴。为最好地展示曲面，各轴和图 12.8 相比已经做了旋转。 □

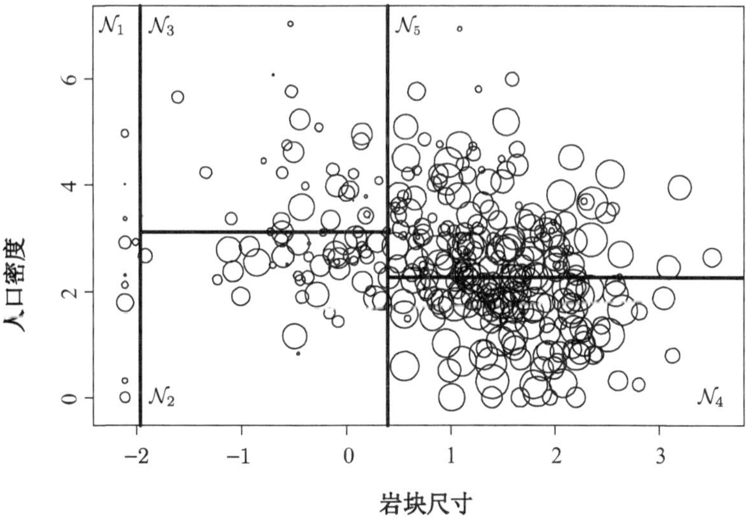

图 12.8 例 12.4 和例 12.5 中讨论的预测 IBI 时的预测空间 (岩块尺寸和人口密度变量) 的划分

12.1.4.2 树的修剪

给定 q，贪婪搜索可以用来拟合树模型。注意到 q 本质上是光滑参数，大的 q 值对观测

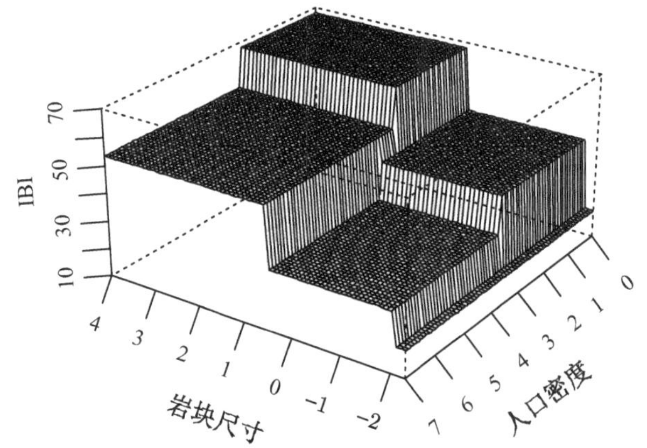

图 12.9 例 12.5 中讨论的对 IBI 的逐段常数的树模型预测

数据保留了较高的忠实度，但得到的树在预测方面有较高的潜在变异性。这种精细的模型可能要牺牲解释性。小 q 值因为只有少数几个终端节点而有小的预测变异性，但如果响应和每个终端节点不一致时可能引入预测偏差。现在我们讨论如何选择 q。

选择 q 的一种简单的方法是，继续剖分终端节点直到再没有剖分可使总的残差平方和大大减少为止。该方法可能错过数据中重要的结构，因为即使当前的剖分没什么改进，后续的剖分也可能很有价值。例如，考虑由 X_1 和 X_2 为 $[-1,1]$ 上均匀分布的独立预测变量且 $Y = X_1X_2$ 得到的鞍型响应曲面。其中对任何一个预测变量的单独剖分都没有太大用处，但任何第一个剖分都使接下来的两个剖分将残差平方和大大地减少。

选择 q 更加有效的方法是从生成树开始，对每个终端节点进行剖分，直到每个包含的观测数都不多于某预先给定的最小数或其残差平方误差不超过根节点平方误差的某预先给定的百分比。在该全树中终端节点的个数可能大大超过 q 。接下来，终端节点再从底部往上按照不使残差平方和大大增加的方式序贯地进行合并。将这种方法的一种实现称作成本–复杂性修剪算法[65,540]。最后的树是全树的一个子树，是根据预测误差的惩罚和树复杂性的惩罚之间的平衡准则进行选择的结果。

令 T_0 表示全树，且 T 表示可以通过剪掉 T_0 某些父节点以下所有东西所得到的 T_0 的某子树。令 $q(T)$ 表示树 T 中终端节点的个数，则成本–复杂性准则为

$$R_\alpha(T) = r(T) + \alpha q(T) \tag{12.21}$$

其中 $r(T)$ 为树 T 的残差平方和或预测误差的其他某度量，α 为用户提供的惩罚树复杂性的参数。对给定的 α，最优树是最小化 $R_\alpha(T)$ 的 T_0 的子树。当 $\alpha = 0$ 时，全树 T_0 将被选为最优的。当 $\alpha = \infty$ 时，只有根节点的树将被选为最优的。如果 T_0 有 $q(T_0)$ 个终端节点，那么通过选择不同的 α 值至多可以得到 $q(T_0)$ 个子树。

选择式 (12.21) 中参数 α 值的最好方法是交叉验证。将数据集分成 V 个大小相同各自分开的部分，其中 V 一般在 3 和 10 之间取值。对 α 值的有限序列，算法如下进行：

1. 去掉数据集 V 部分中的一个，该子集被称作验证集。

2. 用数据集中剩下的 $V-1$ 部分对序列中的每个 α 值寻找最优的子树。
3. 对每个最优子树预测训练集的响应，并根据这些训练集预测计算交叉验证的误差平方和。

对数据的 V 个部分都重复该过程。对每个 α，计算所有 V 部分数据总的交叉验证平方和。选择最小化交叉验证平方和的 α 值，记为 $\hat{\alpha}$。估计完复杂性参数的最优值，现在我们可以对所有数据将全树修剪到由 $\hat{\alpha}$ 决定的子树。

对一系列 α 值寻找最优树的有效算法 (见上面第 2 步) 是可以得到的[65,540]。实际上，对应 α 序列值的一组最优树是嵌套的，较小的树对应于较大的 α 值，而且通过从底部往上将终端节点序贯地进行重组可以访问到序列中所有的成员。文献 [629] 对该交叉验证策略提出了各种扩展，包括上面方法的一种变体，即从几乎达到最小交叉验证平方和的那些树中选择最简单的树。

例 12.6 (河流监控，续) 让我们回到例 12.4 中河流生态学的例子。通过进行剖分直到每个终端节点少于 10 个观测或残差平方误差少于根节点残差平方误差的 1% 为止，可以得到这些数据的全树。该过程得到具有 53 个终端节点的全树。图 12.10 显示了作为终端节点个数函数的总的交叉验证残差平方误差。该图是用 10 折交叉验证 ($V=10$) 得到的。可以从底部对全树进行修剪，把最没用的终端节点重新合并直到达到 $R_\alpha(T)$ 的最小值为止。注意到 α 值和树的大小之间的对应关系意味着，我们只需考虑有限个 α 值即可，因此将 $R_\alpha(T)$ 对 $q(T)$ 作图比对 α 作图更直接。利用具有五个终端节点的树得到了最小的交叉验证平方和；实际上，这就是图 12.7 中所示的树。

在这个例子中，最优 α 的选择，因此也即最终树的选择，随着数据的不同随机划分也不同。一般最优树有 3 到 13 个终端节点。这种不确定性加强了树型模型结构的潜在不稳定性，尤其是对信号不强的数据集。 □

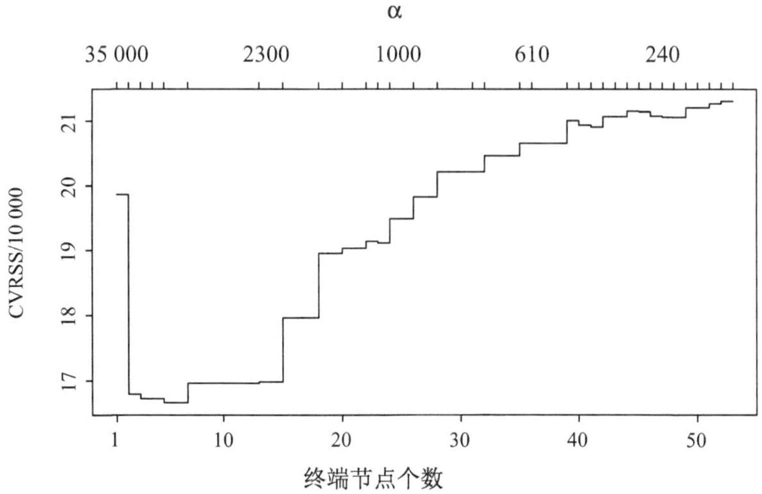

图 12.10 例 12.6 中交叉验证残差平方和对节点大小的影响图。顶部的水平线表示成本-复杂性参数 α

12.1.4.3 分类树

短暂岔开本章讨论的光滑这一焦点，我们有必要在这里快速总结一下分类响应变量的树型方法。

用于预测分类响应变量的迭代分类模型一般称为分类树[65,540]。假设每个响应变量 Y_i 取 M 类中的一个。令 $\hat{p}_{jm}$ 表示终端节点 $\mathcal{N}_j$ 中属于 m 类观测的比例（$m=1,\cdots,M$）。不严格地说，$\hat{p}_{jm}$ 中所有的观测都被预测为主要构成该节点的一类。节点内按多数投票的这种预测可以按照以下两种方式进行改进。首先，可以对投票进行加权以反映每类总的优势的先验信息。这使预测偏于在数量上占优势的类别。其次，可以对投票进行加权以反映不同误判类型的不同损失[629]。例如，如果各个类别对应于医疗诊断，那么假阳性或假阴性诊断可能是重大错误，而其他的错误可能只产生较轻的后果。

分类树的构造依赖于用类似于迭代分类回归中使用的贪婪策略对预测空间进行划分。对回归树的剖分来说，通过最小化左右子节点内总的残差平方和来选择剖分坐标 c 和剖分点 t。对分类树来说，需要不同的误差度量。残差平方误差替换为节点不纯度这一度量。

有多种方法可以度量节点不纯度，但多数都基于以下原则。当节点 j 内的观测集中于一类时，该节点的不纯度应该比较小；当观测在所有 M 个类上均匀地分布时，该节点的不纯度应该比较大。两个常用的不纯度度量为熵，对节点 j 用 $\sum_{m=1}^{M}\hat{p}_{jm}\log\hat{p}_{jm}$ 给出，基尼指数用 $\sum_{l\neq m}\hat{p}_{jl}\hat{p}_{jm}$ 给出。这些方法比简单地计算误判数更有效，因为剖分可以大大提高节点的纯度，而不用改变任何分类。例如，如果剖分双方的多数选票和不剖分的选票有同样结果，但在某个子区域中成功程度远远小于其他区域，这时就会出现以上的情况。

树的成本–复杂性修剪可以按第 12.1.4.2 节描述的策略进行。熵或基尼指数可以用作式 (12.21) 中的成本度量 $r(T)$，或者也可以令 $r(T)$ 等于一种 (可能加权的) 误判率来进行相应的修剪。

12.1.4.4 树型方法的其他问题

树型方法比其他更加传统的建模方法有更多的优点。首先，树型模型可以拟合预测变量间的交互效应及其他不可加行为，而不要求用户明确指定交互效应的形式。其次，使用带有某些缺失预测变量值的数据时更加自然，无论是在拟合模型还是在作预测。一些策略在文献 [65, 540] 中进行了研究。

缺点之一是树可能不稳定，因此必须注意不要过度解释某些特殊的剖分。例如，如果图 12.8 的 $\mathcal{N}_1$ 中最小的两个 IBI 值再增加点，那么当用修改后的数据构造新树时该节点将被删除。新数据常常会选择明显不同的剖分，即使预测相对保持不变。例如，从图 12.8 容易推测，数据稍有不同就可能导致根节点按人口密度在 2.5 的剖分点进行剖分，而不是按岩块大小在 0.4 进行剖分。修剪之前把全树建成不同大小可以使得修剪后选择不同的最优树，在这方面树也可能不稳定。

另外一个问题是不确定性的评价具有挑战性。没有一种简单的方式来对树结构本身总结出一置信区域。树预测的置信区间可以用 bootstrap 得到 (第 9 章)。

树型方法在计算机科学中非常流行，尤其是分类[522,540]。同时也提出了 Bayesian 的树型方法[112,151]。树型方法的医学应用也尤为普遍，这也许是因为作为疾病诊断的工具，二元决策树解释和应用起来都非常简单[65,114]。

12.2 一般多元数据

最后，我们考虑几乎位于低维流形如曲线或曲面上的高维数据。对这种数据，可能没有预测变量和响应变量这种概念上的明显区别。然而，我们可能对估计变量之间的光滑关系比较感兴趣。本节中，我们给出一种光滑多元数据的方法，称之为主曲线。其他研究变量之间关系的方法，如关联规则和聚类分析，见文献 [323]。

12.2.1 主曲线

主曲线是一类专门对一般 p 维多元数据集进行的一维非参汇总。不太严谨地说，主曲线上的每个点都是投影到曲线上该点的所有数据的平均。第 11.6 节就开始促使我们研究主曲线。图 11.8 中的数据不适合用预测–响应光滑，然而使光滑的概念适合于一般多元数据可得到如图 11.8 右边面板所示的非常好的拟合。现在我们更具体地描述主曲线的概念及其估计[321]。相关软件包括文献 [319，367，644]。

12.2.1.1 定义和动机

一般的多元数据可能位于 $\Re^p$ 中迂回连续的一维曲线附近，这就是我们要估计的曲线。下面我们采用曲线的时间–速度参数化来适应最一般的情形。

我们可以把 $\Re^p$ 中的一维曲线记为 $\boldsymbol{f}(\tau)=(f_1(\tau),\cdots,f_p(\tau))$，其中 τ 位于 τ_0 和 τ_1 之间。这里 τ 用来表示 p 维空间中沿一维曲线的距离。曲线 $\boldsymbol{f}$ 的弧长为 $\int_{\tau_0}^{\tau_1}\parallel \boldsymbol{f}'(\tau)\parallel \mathrm{d}\tau$，其中

$$\parallel \boldsymbol{f}'(\tau)\parallel=\sqrt{\left(\frac{\mathrm{d}f_1(\tau)}{\mathrm{d}\tau}\right)^2+\cdots+\left(\frac{\mathrm{d}f_p(\tau)}{\mathrm{d}\tau}\right)^2}$$

如果对所有 $\tau\in[\tau_0,\tau_1]$ 有 $\parallel \boldsymbol{f}'(\tau)\parallel=1$，那么沿曲线任何两点 τ_a 和 τ_b 之间的弧长为 $|\tau_a-\tau_b|$。此时称 $\boldsymbol{f}$ 有单位–速度参数化。设想一只小虫沿曲线以速度 1 向前走，或以速度 −1 向后走 (向前或向后的指定是任意的)，这通常是很有帮助的。这样小虫在两点之间走动所花费的时间量就相当于弧长，正负号相当于所取的方向。对于所有 $\tau\in[\tau_0,\tau_1]$ 都有 $\parallel \boldsymbol{f}'(\tau)\parallel>0$ 的任何光滑曲线都可以重参数化到单位速度。如果单位–速度曲线的坐标函数是光滑的，那么 $\boldsymbol{f}$ 本身也是光滑的。

我们感兴趣的要估计的曲线类型是光滑没有交叉且波动不太大的曲线。具体来说，我们假设 $\boldsymbol{f}$ 是 $\Re^p$ 中光滑的单位–速度曲线，其参数化到闭区间 $[\tau_0,\tau_1]$ 上使得对所有的 $r,t\in$

$[\tau_0, \tau_1]$ 且 $r \neq t$ 有 $\boldsymbol{f}(t) \neq \boldsymbol{f}(r)$，而且假设 $\boldsymbol{f}$ 在 $\Re^p$ 任何闭球内有有限长度。

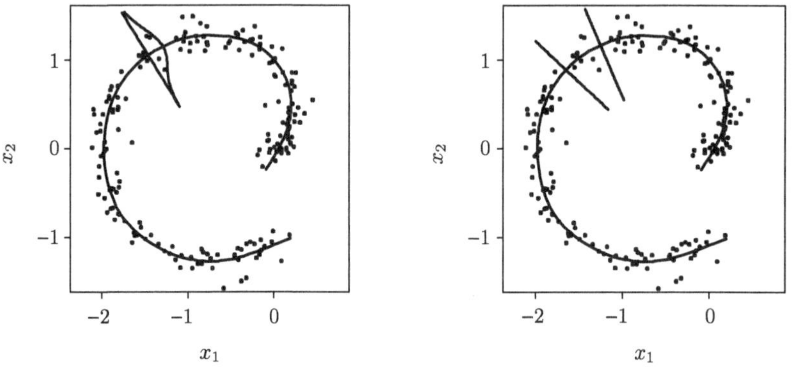

图 12.11 解释主曲线定义及其估计的两个面板。左边面板中，曲线 $\boldsymbol{f}$ 在某 τ^* 处与正交于 $\boldsymbol{f}$ 的轴相交。该轴上描出了条件密度曲线；如果 $\boldsymbol{f}$ 是主曲线，那么该条件密度的均值一定等于 $\boldsymbol{f}(\tau^*)$ 。右边面板中画出了 τ^* 附近的一个邻域。边界内所有点都投影到 τ^* 附近的 $\boldsymbol{f}$ 上。这些点的样本均值应该是左边面板中真实条件密度均值的一个很好近似

任给点 $\boldsymbol{x} \in \Re^p$，定义投影指标函数 $\tau_{\boldsymbol{f}}(\boldsymbol{x}) : \Re^p \to \Re^1$ 为

$$\tau_{\boldsymbol{f}}(\boldsymbol{x}) = \sup_{\tau} \left\{ \tau : \ \|\boldsymbol{x} - \boldsymbol{f}(\tau)\| = \inf_{r} \|\boldsymbol{x} - \boldsymbol{f}(r)\| \right\} \tag{12.22}$$

因此 $\tau_{\boldsymbol{f}}(\boldsymbol{x})$ 为最接近 $\boldsymbol{x}$ 的 $\boldsymbol{f}(\tau)$ 中 τ 的最大值。具有类似投影指标的点正交地投影到曲线 $\boldsymbol{f}$ 的一小部分上。以后投影指标将用来定义邻域。

假设 $\boldsymbol{X}$ 为 $\Re^p$ 中一个具有有限二阶矩的随机向量。和前面各节不同，我们不区分预测变量和响应变量。

我们定义 $\boldsymbol{f}$ 为*主曲线*，如果对所有 $\tau^* \in [\tau_0, \tau_1]$ 有 $\boldsymbol{f}(\tau^*) = E\{\boldsymbol{X} | \tau_{\boldsymbol{f}}(\boldsymbol{X}) = \tau^*\}$。这一要求有时称作*自我一致性*。图 12.11 解释了这一想法，即在某 τ 正交于曲线的点的分布的均值一定等于该点曲线本身的值。左边面板中，在 τ^* 处沿正交于 $\boldsymbol{f}$ 的轴描出了一个分布。该分布的均值为 $\boldsymbol{f}(\tau^*)$ 。注意到对于椭球分布，主成分直线就是主曲线，主成分见文献 [471]。

主曲线受局部平均概念的启发：主曲线和邻域内各点的平均有关。对预测–响应光滑来说，沿预测变量坐标轴定义邻域。对主曲线来说，沿曲线本身定义邻域。投影在曲线附近的点属于同一邻域。图 12.11 右边的面板解释了沿曲线局部邻域的概念。

12.2.1.2 估计

用迭代算法可以从一组 p 维样本数据 $\boldsymbol{X}_1, \cdots, \boldsymbol{X}_n$ 来估计主曲线。算法在 $t = 0$ 选择一简单初始曲线 $\hat{\boldsymbol{f}}^{(0)}(\tau)$ 并根据式 (12.22) 令 $\tau^{(0)}(\boldsymbol{X}) = \tau_{\hat{\boldsymbol{f}}^{(0)}}(\boldsymbol{x})$ 进行初始化。一种合理的选择是令 $\hat{\boldsymbol{f}}^{(0)}(\tau) = \bar{\boldsymbol{X}} + \boldsymbol{a}\tau$ ，其中 $\boldsymbol{a}$ 是从数据中估计的第一个线性主成分。算法如下进行：

1. 光滑数据的第 k 个坐标。具体来说，对 $k=1,\cdots,p$，用具有跨度 $h^{(t)}$ 的标准二元预测–响应光滑将 X_{ik} 对 $\tau^{(t)}(\boldsymbol{X}_i)$ 进行光滑。点 $\boldsymbol{X}_i$ 到 $\hat{\boldsymbol{f}}^{(t)}$ 投影得到预测变量 $\tau^{(t)}(\boldsymbol{X}_i)$，$i=1,\cdots,n$，响应为 X_{ik}。结果是 $\hat{\boldsymbol{f}}^{(t+1)}$，其作为 $E\{\boldsymbol{X}|\tau^{(t)}(\boldsymbol{x})\}$ 的估计。这实现了对几乎投影到主曲线同一点的所有点进行局部平均的散点光滑策略。
2. 在 $\hat{\boldsymbol{f}}^{(t+1)}(\boldsymbol{X}_i)$，$i=1,\cdots,n$，之间进行内插并计算 $\tau_{\hat{\boldsymbol{f}}^{(t+1)}}(\boldsymbol{X}_i)$ 作为和 $\hat{\boldsymbol{f}}^{(t+1)}$ 间的距离。注意到某些 $\boldsymbol{X}_i$ 可能投影到和以前循环中完全不同的部分。
3. 令 $\tau^{(t+1)}(\boldsymbol{X})$ 等于变换到单位速度的 $\tau_{\hat{\boldsymbol{f}}^{(t+1)}}(\boldsymbol{X})$，这等于调节 $\tau_{\hat{\boldsymbol{f}}^{(t+1)}}(\boldsymbol{X}_i)$ 使得每个 $\tau^{(t+1)}(\boldsymbol{X})$ 都等于沿多边形曲线到达的总距离。
4. 计算 $\hat{\boldsymbol{f}}^{(t+1)}$ 的收敛性，如果可能则停止；否则，增加 t 并转入第 1 步。可以根据总误差 $\sum_{i=1}^{n}\|\boldsymbol{X}_i-\hat{\boldsymbol{f}}^{(t+1)}(\tau^{(t+1)}(\boldsymbol{X}_i))\|$ 构造一个相对的收敛准则。

算法的结果是逐段线性多项式曲线作为主曲线的估计。

主曲线的概念可以推广到多元响应中。为此，和上面类似地可以定义*主曲面*。曲面用向量 $\boldsymbol{\tau}$ 进行参数化，并将数据点投影到曲面上。任何投影到 $\boldsymbol{\tau}^*$ 附近曲面上的点都控制 $\boldsymbol{\tau}^*$ 处的局部光滑。

例 12.7 (二元数据的主曲线) 图 12.12 解释了拟合主曲线迭代过程的几个步骤，按照从左上到右下的顺序来看图中的各个面板。在第一个面板中描出了各数据点。形状像方形字母 C 的实线是 $\hat{\boldsymbol{f}}^{(0)}$。每个数据点用一条表示其正交投影的线和 $\hat{\boldsymbol{f}}^{(0)}$ 发生联系。当小虫沿 $\hat{\boldsymbol{f}}^{(0)}(\tau)$ 从右上角走到右下角时，$\tau^{(0)}(\boldsymbol{x})$ 从 0 增加到 7 。第二和第三个面板显示了数据每个坐标对投影指标 $\tau^{(0)}(\boldsymbol{x})$ 的图形。这些逐个坐标的光滑相当于估计算法的第 1 步。每个面板中使用了光滑样条，且生成的总的估计 $\hat{\boldsymbol{f}}^{(1)}$ 见第四个面板。第五个面板显示了 $\hat{\boldsymbol{f}}^{(2)}$ 。第六个面板给出收敛后的最终结果。 □

12.2.1.3 跨度选择

主曲线算法在每步迭代中都依赖于跨度 $h^{(t)}$ 的选择。由于是逐个坐标进行光滑的，所以在每次迭代时每个坐标都可以使用不同的跨度，但实际上在分析之前是先将数据标准化然后再用共同的 $h^{(t)}$，这样更合理些。

然而，从一个迭代到下一个迭代中 $h^{(t)}$ 的选择依然是个问题。一个明显的解决办法是在每次迭代中通过交叉验证选择 $h^{(t)}$。奇怪的是，这种方法并不怎么管用，因为坐标函数误差项的自相关性产生了普遍的光滑不足。于是更加合理的做法是我们取 $h^{(t)}=h$，并保持不变，直到收敛。这样，步骤 1 中附加的迭代可以用交叉验证选择的跨度来完成。

这种跨度选择方法是令人担忧的，因为初始的跨度选择显然可以影响算法收敛时曲线的形状。如果收敛以后再对跨度进行交叉验证，那么对这类错误再纠正 $\hat{\boldsymbol{f}}$ 就为时已晚了。然而，该算法对许多例子表现都很好，而普通光滑技巧将会得到灾难性的后果。

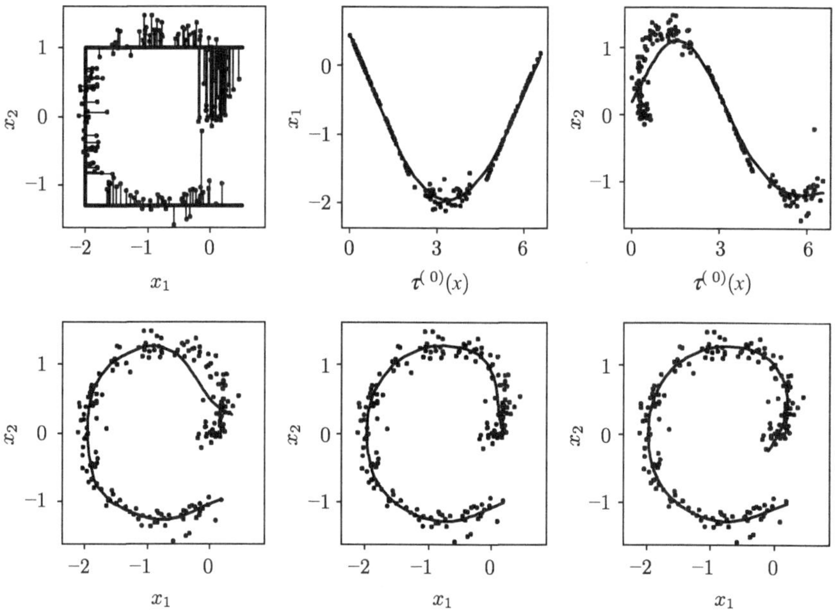

图 12.12　这些面板解释了主曲线迭代拟合的过程。详见例 12.7

习题

12.1 对如式 (12.5)定义的 $\boldsymbol{A}$，光滑矩阵 $\boldsymbol{S}_k$ 及 n 维向量 γ_k，$k=1,\cdots,p$，令 $\mathcal{I}_k$ 表示由经过 $\boldsymbol{S}_k$ 而保持不变的向量 (即满足 $\boldsymbol{S}_k\boldsymbol{v}=\boldsymbol{v}$ 的向量) 所张成的空间。证明 $\boldsymbol{A\gamma}=\boldsymbol{0}$ (其中 $\boldsymbol{\gamma}=(\gamma_1,\cdots,\gamma_p)^{\mathrm{T}}$) 当且仅当对所有 k ，$\gamma_k\in\mathcal{I}_k$ 且 $\sum_{k=1}^{p}\gamma_k=\boldsymbol{0}$。

12.2 对体脂的精确测量可能既费钱又耗时。用标准测量对体脂进行精确预测的模型在多数情况下是非常有用的。一项研究打算用 251 位男性的 13 项简单身体测量指标来预测体脂。对每个受试者记录了由水下称重法测得的体脂百分比、年龄、体重、身高及十项人体周长测量 (表 12.2)。该研究深入的细节见文献 [331，354]，这些数据可从本书主页上下载。本题的目的是应用这些数据比较和对比几种多元光滑方法。

表 12.2　体脂的潜在预测变量。预测变量 4～13 是以厘米给出的周长测量

1. 年龄(岁)	8. 大腿
2. 体重(磅)[a]	9. 膝
3. 身高(英尺)[b]	10. 踝
4. 颈	11. 伸展的二头肌
5. 胸	12. 前臂
6. 腹部	13. 手腕
7. 臀部	

[a] 1 磅=453.59 克。——编者注
[b] 1 英尺=0.3048 米。——编者注

a. 用你自己选择的光滑，发展后退拟合算法，并对这些数据按照第 12.1.1 节的描述拟合可加模型。将可加模型的结果和多元回归的结果进行比较。

b. 用如下五种方法对这些数据估计模型 (任何软件都行)：(1) 标准的多元线性回归模型 (MLR)；(2) 可加模型 (AM)；(3) 投影寻踪回归 (PPR)；(4) 交替条件期望程序 (ACE) ；(5) 可加性及方差平稳化方法 (AVAS)。

i. 对 MLR，AM，ACE 及 AVAS，画出第 k 个估计的坐标光滑对第 k 个预测变量观测值的图， $k=1,\cdots,13$ 。换句话说，像图 12.2 那样对 $i=1,\cdots,251$ 作出 $\hat{s}_k(\boldsymbol{x}_{ik})$ 值对 $\boldsymbol{x}_{ik}$ 的图。对 PPR，模仿图 12.6 做出每个成分光滑对投影坐标的图像。对所有方法在每个图中以合适的方式把观测数据点加进去，对这些方法间的所有差别做评价。

ii. 进行逐一交叉验证分析，其中第 i 个交叉验证残差是第 i 个观测响应和从数据集中去掉第 i 个数据点拟合的模型后得到的第 i 个预测响应的差。用这些结果比较 MLR、AM 和 PPR 在使用类似于式 (11.16) 的交叉验证残差平方和时的预测表现。

12.3 对问题 12.2 中的体脂数据，比较在形如式 (12.3) 的可加预测模型中使用的至少三种不同光滑的表现。对不同的光滑逐一比较交叉验证均方预测误差。在可加模型中是否一种光滑优于另一种光滑？

12.4 例 2.5 对检验人类脸谱识别算法中得到的数据描述了广义线性模型，数据可从本书主页上下载。响应变量是二元的，其中如果同一人的两个图像匹配正确，则 $Y_i=1$，否则 $Y_i=0$。共有三个预测变量：第一个是第 i 个人的两个图像中眼区平均像素强度的绝对差别，第二个是两个图像中鼻子脸颊区域平均像素强度的绝对差别，第三个预测变量比较了两个图像像素强度的变异性。对第 i 个人的每个图像，在两个区域计算了像素强度的绝对中位差 (一个稳健的散度度量)：前额区域及鼻子脸颊区域。第三个预测变量是图像内的比值在两个图像间的比值。对这些数据拟合一广义可加模型，画出你的结果并给出解释。将你的结果和普通 logistic 回归模型的拟合进行比较。

12.5 考虑例 12.4 中的大型无脊椎动物的生物完整性指数的一组河流监控预测变量。这 21 个预测变量，在本书的主页上有详细描述，被分成以下四组：

现场化学特性度量：酸中和能力、氯化物、电导率、总氮、pH、总磷、硫酸盐

现场栖地度量：地层直径、禁水百分比、中央航道上的树冠疏密度、河道坡度

现场地理度量：海拔、经度、纬度、平均地面坡度

流域度量：地面流域面积、人口密度、农业百分比、矿业、林业、市区用地

a. 构造回归树来预测 IBI。

b. 比较树的几种修剪方法的表现。比较每种技巧选择的最终树的 10 折叠交叉验证均方预测误差。

c. 变量被分成以上四组。依次只用上面的一组变量建立回归树。对每组预测变量最终选择的树比较10 折叠交叉验证均方预测误差。

12.6 讨论第 3 章中的组合优化方法如何用来改进树型方法。

12.7 找一个 $\boldsymbol{X}=\boldsymbol{f}(\tau)+\boldsymbol{\epsilon}$ 的例子，其中 $\boldsymbol{\epsilon}$ 是零均值的随机向量，但 $\boldsymbol{f}$ 不是 $\boldsymbol{X}$ 的主曲线。

12.8 本书主页上提供了一些适合拟合主曲线的人造数据。对一个二元变量有 50 个观测且每个坐标已经标准化。把这些数据记为 $\boldsymbol{x}_1, \cdots, \boldsymbol{x}_{50}$。

a. 画出数据的散点图。令 $\hat{\boldsymbol{f}}^{(0)}$ 表示数据投影到经过原点且斜率为 1 的直线部分。在图上附上该直线。模仿图 12.12 中的左上角的面板，说明数据是如何投影到 $\hat{\boldsymbol{f}}^{(0)}$ 上的。

b. 对每一数据点 $\boldsymbol{x}_i$ 计算 $\tau^{(0)}(\boldsymbol{x}_i)$，变换到单位速度。提示：说明变换 $\boldsymbol{a}^{\mathrm{T}}\boldsymbol{x}_i$ 为什么管用，其中 $\boldsymbol{a} = (\sqrt{2}/2, \sqrt{2}/2)^{\mathrm{T}}$。

c. 对数据的每个坐标，依次画出那个坐标的数据值 (即 x_{ik} 值，$i = 1, \cdots, 50$，并且 $k = 1$ 或者 $k = 2$) 对投影指标值 $\tau^{(0)}(\boldsymbol{x}_i)$ 的散点图。光滑每个图中的点并在每个图上附上所得的光滑。这很像图 12.12 中中上和右上的面板。

d. 在数据的散点图上附上 $\hat{\boldsymbol{f}}^{(1)}$，正如图 12.12 中左下角的面板那样。

e. 高级读者可以考虑使这些步骤自动运行并进行推广得到迭代算法，使其收敛到估计的主曲线。R 中有拟合主曲线的一些相关软件包 (`www.r-project.org`)。

数据致谢

本书例子和练习中使用的数据集可从本书主页www.colostate.edu/computationalstatistics上下载。其中很多数据是由各个领域的科研人员搜集的，其余数据归我们所有或是出于讲解的目的模拟得到的。下面给出数据所有权的详细情况。

感谢新西兰纽西兰大学统计系的 Richard Barker 为我们提供第 7.6 节使用的海狗幼犬数据并在休年假期间的盛情款待。

感谢科罗拉多州立大学计算机科学系的 Ross Beveridge 和 Bruce Draper 提供例 2.5 中使用的脸谱识别数据并提供机会就这一有趣的项目与他们合作。

感谢科罗拉多州立大学渔业与野生动物生物学系的 Gordon Reese 帮助提取第 8 章使用的犹他州花楸果数据。

感谢俄勒冈州立大学渔业与野生动物学系的 Alan Herlihy 为我们提供例 12.4 中的河流监控数据并帮助解释这些结果。这些数据及问题 12.5 中使用的数据是由美国环保局通过环境监测与评价程序 (EMAP)产生的[185,639]。

问题 2.3 中的白血病数据是经授权使用的，来自于文献 [202]。版权所有：美国血液学会，1963。

问题 2.5 中溢油数据来源于文献 [11] 中的数据，并经 Elsevier 授权使用。版权所有: Elsevier 2000。

第 5 章使用的老年痴呆症数据是从文献 [155] 中授权复印的。版权所有: CRC 出版社，博卡拉顿，佛罗里达，2002。

问题 7.8 中的颜料湿气数据是经 John Wiley & Sons, Inc 授权从文献 [58] 复印的。版权所有: John Wiley & Sons，Inc. 1978。

第 9 章使用的铜镍合金数据是经John Wiley & Sons，Inc 授权从文献 [170] 复印的。版权所有: John Wiley & Sons，Inc. 1966。

问题 11.6 中空中爆炸数据是经 Elsevier 授权从文献 [342] 复印的。版权所有：Elsevier 2001。

第 12 章中挪威纸数据是经 Elsevier 授权从文献 [9] 中复印的。版权所有: Elsevier 1996。

公共领域内其他真实的数据集的致谢在文中第一次使用的地方给出。我们感谢所有这些作者和研究者。

参考文献

[1] E. H. L. Aarts and P. J. M. van Laarhoven. Statistical cooling: A general approach to combinatorial optimization problems. *Philips Journal of Research*, 40:193 - 226, 1985.

[2] M. Abramowitz and I. A. Stegun, editors. *Handbook of Mathematical Functions.* National Bureau of Standards Applied Mathematics Series, No. 55. U.S. Government Printing Office, Washington, DC, 1964.

[3] I. S. Abramson. On bandwidth variation in kernel estimates—a square root law. *Annals of Statistics*, 10:1217 - 1223, 1982.

[4] D. Ackley. *A Connectionist Machine for Genetic Hillclimbing.* Kluwer, Boston, 1987.

[5] D. H. Ackley. An empirical study of bit vector function optimization. In L. Davis, editor. *Genetic Algorithms and Simulated Annealing.* Morgan Kauffman, Los Altos, CA, 1987.

[6] R. P. Agarwal, M. Meehan, and D. O'Regan. *Fixed Point Theory and Applications.* Cambridge University Press, Cambridge, 2001.

[7] H. Akaike. Information theory and an extension of the maximum likelihood principle. In B. N. Petrox and F. Caski, editors. *Proceedings of the Second International Symposium on Information Theory.* Akedemia Kiaodo, Budapest, 1973.

[8] J. T. Alander. On optimal population size of genetic algorithms. In *Proceedings of CompEuro* 92, pages 65 - 70. IEEE Computer Society Press. The Hague, The Netherlands, 1992.

[9] M. Aldrin. Moderate projection pursuit regression for multivariate response data. *Computational Statistics and Data Analysis*, 21:501 - 531, 1996.

[10] N. S. Altman. An introduction to kernel and nearest-neighbor nonparametric regression. *The American Statistican*, 46:175 - 185, 1992.

[11] C. M. Anderson and R. P. Labelle. Update of comparative occurrence rates for offshore oil spills. *Spill Science and Technology Bulletin*, 6:303 - 321, 2000.

[12] C. Andrieu and J. Thoms. A tutorial on adaptive MCMC. *Statistics and Computing*, 18(4):343 - 373, 2008.

[13] J. Antonisse. A new interpretation of schema notation that overturns the binary encoding constraint. In J. D. Schaffer, editor. *Proceedings of the 3rd International Conference on Genetic Algorithms*. Morgan Kaufmann, Los Altos, CA, 1989.

[14] L. Armijo. Minimization of functions having Lipschitz-continuous first partial derivatives. *Pacific Journal of Mathematics*, 16:1 - 3, 1966.

[15] K. Arms and P. S. Camp. *Biology*, 4th ed. Saunders College Publishing, Fort Worth, TX, 1995.

[16] Y. Atchadé, G. Fort, E. Moulines, and P. Priouret. Adaptive Markov chain Monte Carlo: Theory and methods. In *Bayesian Time Series Models*. Cambridge University Press. Cambridge, UK, 2011.

[17] T. Bäck. *Evolutionary Algorithms in Theory and Practice*. Oxford University Press, New York, 1996.

[18] J. E. Baker. Adaptive selection methods for genetic algorithms. In J. J. Grefenstette, editor. *Proceedings of an International Conference on Genetic Algorithms and Their Applications*. Lawrence Erlbaum Associates, Hillsdale, NJ, 1985.

[19] J. E. Baker. Reducing bias and inefficiency in the selection algorithm. In J. J. Grefenstette, editor. *Proceedings of the 2nd International Conference on Genetic Algorithms and Their Applications*. Lawrence Erlbaum Associates, Hillsdale, NJ, 1987.

[20] S. G. Baker. A simple method for computing the observed information matrix when using the EM algorithm with categorical data. *Journal of Computational and Graphical Statistics*, 1:63 - 76, 1992.

[21] D. L. Banks, R. T. Olszewski, and R. Maxion. Comparing methods for multivariate nonparametric regression. *Communications in Statistics—Simulation and Computation*, 32:541 - 571, 2003.

[22] G. A. Barnard. Discussion of paper by M. S. Bartlett. *Journal of the Royal Statistical Society, Series B*, 25:294, 1963.

[23] O. E. Barndorff-Nielsen and D. R. Cox. *Inference and Asymptotics*. Chapman & Hall, London, 1994.

[24] R. R. Barton and J. S. Ivey, Jr. Nelder-Mead simplex modifications for simulation optimization. *Management Science*, 42:954 - 973, 1996.

[25] L. E. Baum, T. Petrie, G. Soules, and N.Weiss.Amaximization technique occurring in the statistical analysis of probabilistic functions of Markov chains. *Annals of Mathematical Statistics*, 41:164 - 171, 1970.

[26] R. Beran. Prepivoting to reduce level error of confidence sets. *Biometrika*, 74:457 - 468, 1987.

[27] R. Beran. Prepivoting test statistics: A bootstrap view of asymptotic refinements. *Journal of the American Statistical Association*, 83:687 - 697, 1988.

[28] J. O. Berger. *Statistical Decision Theory: Foundations, Concepts, and Methods.* Springer, New York, 1980.

[29] J. O. Berger and M.-H. Chen. Predicting retirement patterns: Prediction for a multinomial distribution with constrained parameter space. *The Statistician*, 42(4):427 - 443, 1993.

[30] N. Bergman. Posterior Cramér-Rao bounds for sequential estimation. In A. Doucet, N. de Freitas, and N. Gordon, editors. *Sequential Monte Carlo Methods in Practice.* Springer, New York, 2001.

[31] N. Bergman, L. Ljung, and F. Gustafsson. Terrain navigation using Bayesian statistics. *IEEE Control Systems*, 19:33 - 40, 1999.

[32] A. Berlinet and L. Devroye. A comparison of kernel density estimates. *Publications de l'Institute de Statistique de l'Université de Paris*, 38:3 - 59, 1994.

[33] D. Bertsimas and J. Tsitsiklis. Simulated annealing. *Statistical Science*, 8:10 - 15, 1993.

[34] C. Berzuini, N. G. Best,W. R. Gilks, and C. Larizza. Dynamic conditional independence models and Markov chain Monte Carlo methods. *Journal of the American Statistical Association*, 87:493 - 500, 1997.

[35] J. Besag. Spatial interaction and the statistical analysis of lattice systems (with discussion). *Journal of the Royal Statistical Society, Series B*, 36:192 - 236, 1974.

[36] J. Besag. On the statistical analysis of dirty pictures (with discussion). *Journal of the Royal Statistical Society, Series B*, 48:259 - 302, 1986.

[37] J. Besag. Comment on "Representations of knowledge in complex systems" by Grenander and Miller. *Journal of the Royal Statistical Society, Series B*, 56:591 - 592, 1994.

[38] J. Besag and P. Clifford. Generalized Monte Carlo significance tests. *Biometrika*, 76:633 - 642, 1989.

[39] J. Besag and P. Clifford. Sequential Monte Carlo p-values. *Biometrika*, 78:301 - 304, 1991.

[40] J. Besag, P. Green, D. Higdon, and K. Mengersen. Bayesian computation and stochastic systems (with discussion). *Statistical Science*, 10:3 - 66, 1995.

[41] J. Besag and P. J. Green. Spatial statistics and Bayesian computation. *Journal of the Royal Statistical Society, Series B*, 55(1):25 - 37, 1993.

[42] J. Besag and C. Kooperberg. On conditional and intrinsic autoregressions. *Biometrika*, 82:733 - 746, 1995.

[43] J. Besag, J. York, and A. Mollié. Bayesian image restoration, with two applications in spatial statistics (with discussion). *Annals of the Institute of Statistical Mathematics*, 43:1 - 59, 1991.

[44] N. Best, S. Cockings, J. Bennett, J.Wakefield, and P. Elliott. Ecological regression analysis of environmental benzene exposure and childhood leukaemia: Sensitivity to data inaccuracies, geographical scale and ecological bias. *Journal of the Royal Statistical Society, Series A*, 164(1):155 - 174, 2001.

[45] N. G. Best, R. A. Arnold, A. Thomas, L. A. Waller, and E. M. Conlon. Bayesian models for spatially correlated disease and exposure data. In J. O. Berger, J. M. Bernardo, A. P. Dawid, D. V. Lindley, and A. F. M. Smith, editors. *Bayesian Statistics* 6, pages 131 - 156. Oxford University Press, Oxford, 1999.

[46] R. J. H. Beverton and S. J. Holt.*On the Dynamics of Exploited Fish Populations*, volume 19 of Fisheries Investment Series 2.UK Ministry of Agriculture and Fisheries, London, 1957.

[47] P. J. Bickel and D. A. Freedman. Some asymptotics for the bootstrap. *Annals of Statistics*, 9:1196 - 1217, 1981.

[48] C. Biller. Adaptive Bayesian regression splines in semiparametric generalized linear models. *Journal of Computational and Graphical Statistics*, 9(1):122 - 140, 2000.

[49] P. Billingsley. *Probability and Measure*, 3rd ed. Wiley, New York, 1995.

[50] C. M. Bishop. *Neural Networks for Pattern Recognition.* Oxford University Press. Oxford, UK, 1995.

[51] C. M. Bishop, editor. *Neural Networks and Machine Learning.* Springer, 1998.

[52] F. Black and M. Scholes. The pricing of options and corporate liabilities. *Journal of Political Economy*, 81:635 - 654, 1973.

[53] C. L. Blake and C. J. Merz. UCI Repository of Machine Learning Databases, University of California, Irvine, Dept. of Information and Computer Sciences. Available from http://www.ics.uci.edu/~mlearn/MLRepository.html, 1998.

[54] L. B. Booker. Improving search in genetic algorithms. In L. Davis, editor. *Genetic Algorithms and Simulated Annealing.* Morgan Kauffman, Los Altos, CA, 1987.

[55] D. L. Borchers, S. T. Buckland, and W. Zucchini. *Estimating Animal Abundance.* Springer, London, 2002.

[56] A. Bowman. An alternative method of cross-validation for the smoothing of density estimates. *Biometrika*, 71:353 - 360, 1984.

[57] G. E. P. Box and D. R. Cox. An analysis of transformations. *Journal of the Royal Statistical Society, Series B*, 26:211 - 246, 1964.

[58] G. E. P. Box, W. G. Hunter, and J. S. Hunter. *Statistics for Experimenters.* Wiley, New York, 1978.

[59] P. Boyle, M. Broadie, and P. Glasserman. Monte Carlo methods for security pricing. *Journal of Economic Dynamics and Control*, 21:1267 - 1321, 1997.

[60] R. A. Boyles. On the convergence of the EM algorithm. *Journal of the Royal Statistical Society, Series B*, 45:47 - 50, 1983.

[61] C. J. A. Bradshaw, R. J. Barker, R. G. Harcourt, and L. S. Davis. Estimating survival and capture probability of fur seal pups using multistate mark - recapture models. *Journal of Mammalogy*, 84(1):65 - 80, 2003.

[62] C. J. A. Bradshaw, C. Lalas, and C. M. Thompson. Cluster of colonies in an expanding population of New Zealand fur seals (Arctocephalus fosteri). *Journal of Zoology*, 250: 41 - 51, 2000.

[63] L. Breiman. Bagging predictors. *Machine Learning*, 24:123 - 140, 1996.

[64] L. Breiman and J. H. Friedman. Estimating optimal transformations for multiple regression and correlation (with discussion). *Journal of the American Statistical Association*, 80:580 - 619, 1985.

[65] L. Breiman, J. H. Friedman, R. A. Olshen, and C. J. Stone. *Classification and Regression Trees*. Wadsworth. Boca Raton, FL, 1984.

[66] L. Breiman,W. Meisel, and E. Purcell. Variable kernel estimates of multivariate densities. *Technometrics*, 19:135 - 144, 1977.

[67] P. Brémaud. *Markov Chains: Gibbs Fields, Monte Carlo Simulation, and Queues*. Springer, New York, 1999.

[68] R. P. Brent. *Algorithms for Minimization without Derivatives*. Prentice-Hall, Englewood Cliffs, NJ, 1973.

[69] N. E. Breslow and D. G. Clayton. Approximate inference in generalized linear mixed models. *Journal of the American Statistical Association*, 88:9 - 25, 1993.

[70] S. P. Brooks. Markov chain Monte Carlo method and its application. *The Statistician*, 47:69 - 100, 1998.

[71] S. P. Brooks and A. Gelman. General methods for monitoring convergene of iterative simulations. *Journal of Computational and Graphical Statistics*, 7:434 - 455, 1998.

[72] S. P. Brooks and P. Giudici. Markov chain Monte Carlo convergence assessment via two-way analysis of variance. *Journal of Computational and Graphical Statistics*, 9(2): 266 - 285, 2000.

[73] S. P. Brooks, P. Giudici, and A. Philippe. Nonparametric convergence assessment for MCMC model selection. *Journal of Computational and Graphical Statistics*, 12(1):1 - 22, 2003.

[74] S. P. Brooks, P. Giudici, and G. O. Roberts. Efficient construction of reversible jump Markov chain Monte Carlo proposal distributions. *Journal of the Royal Statistical Society*, Series B, 65(1):3 - 39, 2003.

[75] S. P. Brooks and B. J. T. Morgan. Optimization using simulated annealing. *The Statistican*, 44:241 - 257, 1995.

[76] S. P. Brooks and G. O. Roberts. Assessing convergence of Markov chain Monte Carlo algorithms. *Statistics and Computing*, 8:319 - 335, 1999.

[77] W. J. Browne, F. Steele, M. Golalizadeh, and M. J. Green. The use of simple reparameterizations to improve the efficiency of Markov chain Monte Carlo estimation for multilevel models with applications to discrete time survival models. *Journal of the Royal Statistical Society: Series A (Statistics in Society)*, 172(3):579 - 598, 2009.

[78] C. G. Broyden. Quasi-Newton methods and their application to function minimization. *Mathematics of Computation*, 21:368 - 381, 1967.

[79] C. G. Broyden. The convergence of a class of double-rank minimization algorithms. *Journal of the Institute of Mathematics and Its Applications*, 6:76 - 90, 1970.

[80] C. G. Broyden. Quasi-Newton methods. In W. Murray, editor. *Numerical Methods for Unconstrained Optimization*, pages 87 - 106. Academic, New York, 1972.

[81] P. Bühlmann. Sieve bootstrap for time series. *Bernoulli*, 3:123 - 148, 2007.

[82] P.Bühlmann. Sieve bootstrap for smoothing nonstationary time series. *Annals of Statistics*, 26:48 - 83, 2008.

[83] P. Bühlmann and H. R. Künsch. Block length selection in the bootstrap for time series. *Computational Statistics and Data Analysis*, 31:295 - 310, 2009.

[84] A. Buja. Remarks on functional canonical variates, alternating least squares methods, and ACE. *Annals of Statistics*, 18:1032 - 1069, 1989.

[85] A′ . Bu ¨ rmen, J. Puhan, and T. Tuma. Grid restrained Nelder - Mead algorithm. *Computational Optimization and Applications*, 34:359 - 375, 2006.

[86] K. P. Burnham and D. R. Anderson. *Model Selection and Inference: A Practical Information Theoretic Approach*, 2nd ed. Springer, New York, 2002.

[87] E. Cameron and L. Pauling. Supplemental ascorbate in the supportive treatment of cancer: Reevaluation of prolongation of survival times in terminal human cancer. *Proceedings of the National Academy of Sciences of the USA*, 75(9):4538 - 4542, 1978.

[88] R. Cao, A. Cuevas, andW. González-Mantiega.Acomparative study of several smoothing methods in density estimation. *Computational Statistics and Data Analysis*, 17:153 - 176, 1994.

[89] O. Cape, C. P. Rober, and T. Ryden. Reversible jump, birth-and-death and more general continuous time Markov chain Monte Carlo sampler. *Journal of the Royal Statistical Society, Series B*, 65(3):679 - 700, 2003.

[90] O. Cappé, S. J. Godsill, and E. Moulines. An overview of existing methods and recent advances in sequential Monte Carlo. *Procedings of the IEEE*, 95:899 - 924, 2007.

[91] B. P. Carlin, A. E. Gelfand, and A. F. M. Smith. Hierarchical Bayesian analysis of changepoint problems. *Applied Statistics*, 41:389 - 405, 1992.

[92] B. P. Carlin and T. A. Louis. *Bayes and Empirical Bayes Methods for Data Analysis.* Chapman & Hall, London, 1996.

[93] E. Carlstein. The use of subseries methods for estimating the variance of a general statistic from a stationary time series. *Annals of Statistics*, 14:1171 - 1179, 1986.

[94] E. Carlstein, K.-A. Do, P. Hall, T. Hesterberg, and H. R.K ¨ unsch. Matched-block bootstrap for dependent data. *Bernoulli*, 4:305 - 328, 1998.

[95] J. Carpenter, P. Clifford, and P. Fernhead. Improved particle filter for nonlinear problems. *IEE Proceedings Radar, Sonar, & Navigation*, 146:2 - 7, 1999.

[96] G. Casella and R. L. Berger. *Statistical Inference*, 2nd ed. Brooks/Cole, Pacific Grove, CA, 2001.

[97] G. Casella and E. I. George. Explaining the Gibbs sampler. *The American Statistican*, 46(3):167 - 174, 1992.

[98] G. Casella, K. L. Mengersen, C. P. Robert, and D. M. Titterington. Perfect samplers for mixtures of distributions. *Journal of the Royal Statistical Society, Series B*, 64(4):777 - 790, 2002.

[99] G. Casella and C. Robert. Rao - Blackwellization of sampling schemes. *Biometrika*, 83:81 - 94, 1996.

[100] G. Casella and C. P. Robert. Post-processing accept - reject samples: Recycling and rescaling. *Journal of Computational and Graphical Statistics*, 7:139 - 157, 1998.

[101] J. M. Chambers and T. J. Hastie, editors. *Statistical Models in S.* Chapman & Hall, New York, 1992.

[102] K. S. Chan and J. Ledholter. Monte Carlo EM estimation for time series models involving counts. *Journal of the American Statistical Association*, 90:242 - 252, 1995.

[103] R. N. Chapman. The quantitative analysis of environmental factors. *Ecology*, 9:111 - 122, 1928.

[104] M.-H. Chen and B. W. Schmeiser. Performance of the Gibbs, hit-and-run, and Metropolis samplers. *Journal of Computational and Graphical Statistics*, 2:251 - 272, 1993.

[105] M.-H. Chen and B. W. Schmeiser. General hit-and-run Monte Carlo sampling for evaluating multidimensional integrals. *Operations Research Letters*, 19:161 - 169, 1996.

[106] M.-H. Chen, Q.-M. Shao, and J. G. Ibrahim. *Monte Carlo Methods in Bayesian Computation.* Springer, New York, 2000.

[107] M. H. Chen and Q. M. Shao. Monte Carlo estimation of Bayesian credible and HPD intervals. *Journal of Computational and Graphical Statistics*, 8(1):69 - 92, 1999.

[108] Y. Chen, P. Diaconis, S. P. Holmes, and J. S. Liu. Sequential Monte Carlo methods for statistical analysis of tables. *Journal of the American Statistical Association*, 100:109 - 120, 2005.

[109] Y. Chen, I. H. Dinwoodie, and S. Sullivant. Sequential importance sampling for multiway tables. *Annals of Statistics*, 34:523 - 545, 2006.

[110] S. Chib and B. P. Carlin. On MCMC sampling in hierarchical longitudinal models. *Statistics and Computing*, 9(1):17 - 26, 1999.

[111] S. Chib and E. Greenberg. Understanding the Metropolis - Hastings algorithm. *The American Statistican*, 49(4):327 - 335, 1995.

[112] H. A. Chipman, E. I. George, and R. E. McCulloch. Bayesian CART model search (with discussion). *Journal of the American Statistical Association*, 93:935 - 960, 1998.

[113] N. Chopin. A sequential particle filter method for static models. *Biometrika*, 89:539 - 551, 2002.

[114] A. Ciampi, C.-H. Chang, S. Hogg, and S. McKinney. Recursive partitioning: A verstatile method for exploratory data analysis in biostatistics. In I. B. MacNeil and G. J. Umphrey, editors. *Biostatistics*, pages 23 - 50. Reidel, Dordrecht, Netherlands, 1987.

[115] L. A. Clark and D. Pregiborn. Tree-based models. In J. M. Chambers and T. Hastie, editors. *Statistical Models in S*, pages 377 - 419. Duxbury, New York, 1991.

[116] W. S. Cleveland. Robust locally weighted regression and smoothing scatter plots. *Journal of the American Statistical Association*, 74:829 - 836, 1979.

[117] W. S. Cleveland, E. Grosse, andW. M. Shyu. Local regression models. In J. M. Chambers and T. J. Hastie, editors. *Statistical Models in S.* Chapman & Hall, New York, 1992.

[118] W. S. Cleveland and C. Loader. Smoothing by local regression: Principles and methods (with discussion). In W. H. H ¨ ardle and M. G. Schimek, editors. *Statistical Theory and Computational Aspects of Smoothing.* Springer, New York, 1996.

[119] M. Clyde. Discussion of "Bayesian model averaging: A tutorial" by Hoeting, Madigan, Raftery and Volinsky. *Statistical Science*, 14(4):382 - 417, 1999.

[120] A. R. Conn, N. I. M. Gould, and P. L. Toint. Convergence of quasi-Newton matrices generated by the symmetric rank one update. *Mathematical Programming*, 50:177 - 195, 1991.

[121] S. D. Conte and C. de Boor. *Elementary Numerical Analysis: An Algorithmic Approach.* McGraw-Hill, New York, 1980.

[122] J. Corander and M. J. Sillanpaa. A unified approach to joint modeling of multiple quantitative and qualitative traits in gene mapping. *Journal of Theoretical Biology*, 218(4):435 - 446, 2002.

[123] J. N. Corcoran and R. L. Tweedie. Perfect sampling from independent Metropolis - Hastings chains. *Journal of Statistical Planning and Inference*, 104(2):297 - 314, 2002.

[124] M. K. Cowles. Efficient model-fitting and model-comparison for high-dimensional Bayesian geostatistical models. *Journal of Statistical Planning and Inference*, 112:221 - 239, 2003.

[125] M. K. Cowles and B. P. Carlin. Markov chain Monte Carlo convergence diagnostics: A comparative review. *Journal of the American Statistical Association*, 91(434):883 - 904, 1996.

[126] M. K. Cowles, G. O. Roberts, and J. S. Rosenthal. Possible biases induced by MCMC convergence diagnostics. *Journal of Statistical Computing and Simulation*, 64(1):87 - 104, 1999.

[127] D. R. Cox and D. V. Hinkley. *Theoretical Statistics.* Chapman & Hall, London, 1974.

[128] N. A. C. Cressie. *Statistics for Spatial Data.* Wiley, New York, 1993.

[129] J. D. Cryer and K. Chan. *Time Series Analysis: With Applications in R.* Springer, New York, 2008.

[130] V. Cĕrny. A thermodynamical approach to the travelling salesman problem: An efficient simulation algorithm. *Journal of Optimization Theory and Applications*, 45:41 - 55, 1985.

[131] G. Dahlquist and Å . Björck, translated by N. Anderson. *Numerical Methods.* Prentice- Hall, Englewood Cliffs, NJ, 1974.

[132] P. Damien, J. Wakefield, and S. Walker. Gibbs sampling for Bayesian non-conjugate and hierarchical models by using auxiliary variables. *Journal of the Royal Statistical Society*, Series B, 61:331 - 344, 1999.

[133] G. B. Dantzig. *Linear Programming and Extensions.* Princeton University Press, Princeton, NJ, 1963.

[134] W. C. Davidon. Variable metric methods for minimization. AEC Research and Development Report ANL-5990, Argonne National Laboratory. Argonne, IL, 1959.

[135] L. Davis. Applying adaptive algorithms to epistatic domains. In *Proceedings of the 9th Joint Conference on Artificial Intelligence*, pages 162 - 164, 1985.

[136] L. Davis. Job shop scheduling with genetic algorithms. In *Proceedings of the 1st International Conference on Genetic Algorithms and Their Applications*, pages 136 - 140, 1985.

[137] L. Davis. Adapting operator probabilities in genetic algorithms. In J. D. Schaffer, editor. *Proceedings of the 3rd International Conference on Genetic Algorithms.* Morgan Kaufmann, San Mateo, CA, 1989.

[138] L. Davis, editor. *Handbook of Genetic Algorithms.* Van Nostrand Reinhold, New York, 1991.

[139] P. J. Davis and P. Rabinowitz. *Methods of Numerical Integration. Academic*, New York, 1984.

[140] A. C. Davison and P. Hall. On studentizing and blocking methods for implementing the bootstrap with dependent data. *Australian Journal of Statistics*, 35:215 - 224, 1993.

[141] A. C. Davison, D. Hinkley, and B. J.Worton. Bootstrap likelihoods. *Biometrika*, 79:113 - 130, 1992.

[142] A. C. Davison and D. V. Hinkley. *Bootstrap Methods and Their Applications*. Cambridge University Press, Cambridge, 1997.

[143] A. C. Davison, D. V. Hinkley, and E. Schechtman. Efficient bootstrap simulation. *Biometrika*, 73:555 - 566, 1986.

[144] C. de Boor. *A Practical Guide to Splines*. Springer, New York, 1978.

[145] F. R. de Hoog and M. F. Hutchinson. An efficient method for calculating smoothing splines using orthogonal transformations. *Numerische Mathematik*, 50:311 - 319, 1987.

[146] K. A. DeJong. An Analysis of the Behavior of a Class of Genetic Adaptive Systems. Ph.D. thesis, University of Michigan, 1975.

[147] P. Dellaportas and J. J. Forster. Markov chain Monte Carlo model determination for hierarchical and graphical log-linear models. *Biometrika*, 86(3):615 - 633, 1999.

[148] P. Dellaportas, J. J. Forster, and I. Ntzoufras. On Bayesian model and variable selection

[149] B. Delyon, M. Lavielle, and E. Moulines. Convergence of a stochastic approximation version of the EM algorithm. *Annals of Statistics*, 27:94 - 128, 1999.

[150] A. P. Dempster, N. Laird, and D. B. Rubin. Maximum likelihood from incomplete data via the EM algorithm. *Journal of the Royal Statistical Society, Series B*, 39:1 - 38, 1977.

[151] D. G. T. Denison, B. K. Mallick, and A. F. M. Smith. A Bayesian CART algorithm. *Biometrika*, 85:363 - 377, 1998.

[152] J. E. Dennis, Jr., D. M. Gay, and R. E. Welsch. An adaptive nonlinear least-squares algorithm. *ACM Transactions on Mathematical Software*, 7:369 - 383, 1981.

[153] J. E. Dennis, Jr. and R. B. Schnabel. *Numerical Methods for Unconstrained Optimization and Nonlinear Equations*. Prentice-Hall, Englewood Cliffs, NJ, 1983.

[154] J. E. Dennis, Jr. and D. J. Woods. Optimization on microcomputers: The Nelder - Mead simplex algorithm. In A. Wouk, editor. *New Computing Environments*, pages 116 - 122. SIAM, Philadelphia, 1987.

[155] G. Der and B. S. Everitt. *A Handbook of Statistical Analyses Using SAS*, 2nd ed. Chapman & Hall/CRC, Boca Raton, FL, 2002.

[156] E. H. Dereksdóttir and K. G. Magnússon. A strike limit algorithm based on adaptive Kalman filtering with application to aboriginal whaling of bowhead whales. *Journal of Cetacean Research and Management*, 5:29 - 38, 2003.

[157] R. D. Deveaux. Finding transformations for regression using the ACE algorithm. *Sociological Methods & Research*, 18(2 - 3):327 - 359, 1989.

[158] L. Devroye. *Non-uniform Random Variate Generation.* Springer, New York, 1986.

[159] L. Devroye. *A Course in Density Estimation.* Birkhäuser, Boston, 1987.

[160] L. Devroye and L. Györfi. *Nonparametric Density Estimation: The L_1 View.* Wiley, New York, 1985.

[161] P. Diaconis and M. Shahshahani. On non-linear functions of linear combinations. SIAM *Journal of Scientific and Statistical Computing*, 5:175 - 191, 1984.

[162] R. Dias and D. Gamerman. A Bayesian approach to hybrid splines non-parametric regression. *Journal of Statistical Computation and Simulation*, 72(4):285 - 297, 2002.

[163] T. J. DiCiccio and B. Efron. Bootstrap confidence intervals (with discussion). *Statistical Science*, 11:189 - 228, 1996.

[164] P. Dierckx. *Curve and Surface Fitting with Splines.* Clarendon, New York, 1993.

[165] X. K. Dimakos. A guide to exact simulation. *International Statistical Review*, 69(1):27 - 48, 2001.

[166] P. Djuric,Y. Huang, and T. Ghirmai. Perfect sampling:Areviewand applications to signal processing. *IEEE Transaction on Signal Processing*, 50(2):345 - 356, 2002.

[167] A. Doucet, N. de Freitas, and N. Gordon. *Sequential Monte Carlo Methods in Practice.* Springer, New York, 2001.

[168] A. Doucet, S. Godsill, and C. Andrieu. On sequential Monte Carlo sampling methods for Bayesian filtering. *Statistics and Computing*, 10:197 - 208, 2000.

[169] K. A. Dowsland. Simulated annealing. In C. R. Reeves, editor. *Modern Heuristic Techniques for Combinatorial Problems.* Wiley, New York, 1993.

[170] N. R. Draper and H. Smith. *Applied Regression Analysis.* Wiley, New York, 1966.

[171] R. P.W. Duin. On the choice of smoothing parameter for Parzen estimators of probability density functions. *IEEE Transactions on Computing*, C-25:1175 - 1179, 1976.

[172] R. Durbin, S. Eddy, A. Krogh, and G. Mitchison. *Biological Sequence Analysis: Probabilistic Models of Proteins and Nucleic Acids.* Cambridge University Press, Cambridge, 1998.

[173] E. S. Edgington. *Randomization Tests*, 3rd ed. Marcel Dekker, New York, 1995.

[174] R. G. Edwards and A. D. Sokal. Generalization of the Fortuin - Kasteleyn - Swendsen - Wang representation and Monte Carlo algorithm. *Physical Review D*, 38(6):2009 - 2012, 1988.

[175] B. Efron. Bootstrap methods: Another look at the jackknife. *Annals of Statistics*, 7:1 - 26, 1979.

[176] B. Efron. Nonparametric standard errors and confidence intervals (with discussion). *Canadian Journal of Statistics*, 9:139 - 172, 1981.

[177] B. Efron. *The Jackknife, the Bootstrap, and Other Resampling Plans.* Number 38 in CBMS - NSF Regional Conference Series in Applied Mathematics. SIAM, Philadelphia, 1982.

[178] B. Efron. Better bootstrap confidence intervals (with discussion). *Journal of the American Statistical Association*, 82:171 - 200, 1987.

[179] B. Efron. Computer-intensive methods in statistical regression. *SIAM Review*, 30:421 - 449, 1988.

[180] B. Efron. Jackknife-after-bootstrap standard errors and influence functions (with discussion). *Journal of the Royal Statistical Society, Series B*, 54:83 - 111, 1992.

[181] B. Efron and G. Gong.Aleisurely look at the bootstrap, the jackknife, and cross-validation. *The American Statistican*, 37:36 - 48, 1983.

[182] B. Efron and D. V. Hinkley. Assessing the accuracy of the maximum likelihood estimator: Observed versus expected Fisher information. *Biometrika*, 65:457 - 482, 1978.

[183] B. Efron and R. J. Tibshirani. *An Introduction to the Bootstrap.* Chapman & Hall, New York, 1993.

[184] R. J. Elliott and P. E. Kopp. *Mathematics of Financial Markets.* Springer, New York, 1999.

[185] Environmental Monitoring and Assessment Program, Mid-Atlantic Highlands Streams Assessment, EPA-903-R-00-015, US Environmental Protection Agency, National Health and Environmental Effects Research Laboratory, Western Ecology Division, Corvallis, OR, 2000.

[186] V. A. Epanechnikov. Non-parametric estimation of a multivariate probability density. *Theory of Probability and Its Applications*, 14:153 - 158, 1969.

[187] L. J. Eshelman, R. A. Caruana, and J. D. Schaffer. Biases in the crossover landscape. In J. D. Schaffer, editor. *Proceedings of the 3rd International Conference on Genetic Algorithms.* Morgan Kaufmann, Los Altos, CA, 1989.

[188] R. L. Eubank. *Spline Smoothing and Nonparametric Regression.* Marcel Dekker, New York, 1988.

[189] M. Evans. Adaptive importance sampling and chaining. *Contemporary Mathematics*, 115 (*Statistical Multiple Integration*):137 - 143, 1991.

[190] M. Evans and T. Swartz. *Approximating Integrals via Monte Carlo and Deterministic Methods.* Oxford University Press, Oxford, 2000.

[191] U. Faigle and W. Kern. Some convergence results for probabilistic tabu search. *ORSA Journal on Computing*, 4:32 - 37, 1992.

[192] J. Fan and I. Gijbels. *Local Polynomial Modelling and Its Applications.* Chapman & Hall, New York, 1996.

[193] J. A. Fill. An interruptible algorithm for perfect sampling via Markov chains. *Annals of Applied Probability*, 8(1):131 - 162, 1998.

[194] R. A. Fisher. *Design of Experiments*. Hafner, New York, 1935.

[195] G. S. Fishman. *Monte Carlo*. Springer, New York, 1996.

[196] J. M. Flegal, M. Haran, and G. L. Jones. Markov chain Monte Carlo: Can we trust the third significant figure. *Statistical Science*, 23(2):250 - 260, 2008.

[197] R. Fletcher. A new approach to variable metric algorithms. *Computer Journal*, 13:317 - 322, 1970.

[198] R. Fletcher. *Practical Methods of Optimization*, 2nd ed. Wiley, Chichester, UK, 1987.

[199] R. Fletcher and M. J. D. Powell. A rapidly convergent descent method for minimization. *Computer Journal*, 6:163 - 168, 1963.

[200] D. B. Fogel. *Evolutionary Computation: Toward a New Philosophy of Machine Intelligence*, 2nd ed. IEEE Press, Piscataway, NJ, 2000.

[201] B. L. Fox. Simulated annealing: Folklore, facts, and directions. In H. Niederreiter and P. J. Shiue, editors. *Monte Carlo and Quasi-Monte-Carlo Methods in Scientific Computing*. Springer, New York, 1995.

[202] E. J. Freireich, E. Gehan, E. Frei III, L. R. Schroeder, I. J. Wolman, R. Anabari, E. O. Burgert, S. D. Mills, D. Pinkel, O. S. Selawry, J. H. Moon, B. R. Gendel, C. L. Spurr, R. Storrs, F. Haurani, B. Hoogstraten, and S. Lee. The effect of 6-mercaptopurine on the duraction of steriod-induced remissions in acute leukemia: A model for evaluation fo other potentially useful therapy. *Blood*, 21(6):699 - 716, June 1963.

[203] D. Frenkel and B. Smit. *Understanding Molecular Simulation*. Academic, New York, 1996.

[204] H. Freund and R. Wolter. Evolution of bit strings II: A simple model of co-evolution. *Complex Systems*, 7:25 - 42, 1993.

[205] J. H. Friedman.Avariable span smoother. Technical Report 5, Dept. of Statistics, Stanford University, Palo Alto, CA, 1984.

[206] J. H. Friedman. Exploratory projection pursuit. *Journal of the American Statistical Association*, 82:249 - 266, 1987.

[207] J. H. Friedman. Multivariate additive regression splines (with discussion). *Annals of Statistics*, 19(1):1 - 141, 1991.

[208] J. H. Friedman andW. Steutzle. Smoothing of scatterplots. Technical Report ORION-003, Dept. of Statistics, Stanford University, Palo Alto, CA, 1982.

[209] J. H. Friedman and W. Stuetzle. Projection pursuit regression. *Journal of the American Statistical Association*, 76:817 - 823, 1981.

[210] J. H. Friedman, W. Stuetzle, and A. Schroeder. Projection pursuit density estimation. *Journal of the American Statistical Association*, 79:599 - 608, 1984.

[211] K. Fukunaga. *Introduction to Statistical Pattern Recognition*. Academic, NewYork, 1972.

[212] W. A. Fuller. *Introduction to Statistical Time Series*. Wiley, New York, 1976.

[213] G. M. Furnival and R. W. Wilson, Jr. Regressions by leaps and bounds. *Technometrics*, 16:499 - 511, 1974.

[214] M. R. Garey and D. S. Johnson. *Computers and Intractability: A Guide to the Theory of NP-Completeness*. Freeman, San Francisco, 1979.

[215] C. Gaspin and T. Schiex. Genetic algorithms for genetic mapping. In J.-K. Hao, E. Lutton, E. Ronald, M. Schoenauer, and D. Snyers, editors. *Artificial Evolution* 1997, pages 145 - 156. Springer, New York, 1997.

[216] A. Gelfand and A. F. M. Smith. Sampling based approaches to calculating marginal densities. *Journal of the American Statistical Association*, 85:398 - 409, 1990.

[217] A. E. Gelfand, J. A. Silander, Jr., S. Wu, A. Latimer, P. O. Lewis, A. G. Rebelo, and M. Holder. Explaining species distribution patterns through hierarachical modeling. *Bayesian Analysis*, 1(1):41 - 92, 2006.

[218] A. E. Gelfand, S. K. Sahu, and B. P. Carlin. Efficient parametrisations for normal linear mixed models. *Biometrika*, 82(3):479 - 488, 1995.

[219] A. E. Gelfand, S. K. Sahu, and B. P. Carlin. Efficient parametrizations for generalized linear mixed models, (with discussion). In *Bayesian Statistics* 5. Oxford University Press. Oxford, UK, 1996.

[220] A. Gelman. Iterative and non-iterative simulation algorithms. *Computing Science and Statistics*, 24:433 - 438, 1992.

[221] A. Gelman, J. B. Carlin, H. S. Stern, and D. B. Rubin. *Bayesian Data Analysis*, 2nd ed. Chapman & Hall, London, 2004.

[222] A. Gelman and X.-L. Meng. Simulating normalizing constants: From importance sampling to bridge sampling to path sampling. *Statistical Science*, 13:163 - 185, 1998.

[223] A. Gelman, G. Roberts, andW. Gilks. Efficient Metropolis jumping rules. *Bayesian statistics*, 5:599 - 608, 1996.

[224] A. Gelman and D. B. Rubin. Inference from iterative simulation using multiple sequences (with discussion). *Statistical Science*, 7:457 - 511, 1992.

[225] A. Gelman, D. A. Van Dyk, Z. Huang, and W. J. Boscardin. Using redundant parameterizations to fit hierarchical models. *Journal of Computational and Graphical Statistics*, 17(1):95 - 122, 2008.

[226] S. Geman and D. Geman. Stochastic relaxation, Gibbs distributions, and the Bayesian restoration of images. *IEEE Transactions on Pattern Analysis and Machine Intelligence*, PAMI-6(6):721 - 741, 1984.

[227] J. E. Gentle. *Random Number Generation and Monte Carlo Methods.* Springer, New York, 1998.

[228] R. Gentleman and R. Ihaka. The Comprehensive R Archive Network. Available at http://lib.stat.cmu.edu/R/CRAN/, 2003.

[229] E. I. George and R. E. McCulloch. Variable selection via Gibbs sampling. *Journal of the American Statistical Association*, 88:881 - 889, 1993.

[230] E. I. George and C. P. Robert. Capture - recapture estimation via Gibbs sampling. *Biometrika*, 79(4):677 - 683, 1992.

[231] C. J. Geyer. Burn-in is unneccessary. Available at http://www.stat.umn.edu/~charlie/ mcmc/burn.html.

[232] C. J. Geyer. Markov chain Monte Carlo maximum likelihood. In E. Keramigas, editor. *Computing Science and Statistics: The 23rd Symposium on the Interface. Interface Foundation*, Fairfax Station, VA, 1991.

[233] C. J. Geyer. Practical Markov chain Monte Carlo (with discussion). *Statistical Science*, 7:473 - 511, 1992.

[234] C. J. Geyer and E. A. Thompson. Constrained Monte Carlo maximum likelihood for dependent data. *Journal of the Royal Statistical Society, Series B*, 54:657 - 699, 1992.

[235] C. J. Geyer and E. A. Thompson. Annealing Markov chain Monte Carlo with applications to ancestral inference. *Journal of the American Statistical Association*, 90:909 - 920, 1995.

[236] Z. Ghahramani. An introduction to hidden Markov models and Bayesian networks. *International Journal of Pattern Recognition and Artificial Intelligence*, 15:9 - 42, 2001.

[237] W. R. Gilks. Derivative-free adaptive rejection sampling for Gibbs sampling. In J. M. Bernardo, J. O. Berger, A. P. Dawid, and A. F. M. Smith, editors. *Bayesian Statistics* 4. Oxford, Clarendon. Oxford, UK, 1992.

[238] W. R. Gilks. Adaptive rejection sampling, MRC Biostatistics Unit, Software from the BSU. Available at http://www.mrc-bsu.cam.ac.uk/BSUsite/Research/software.shtml, 2004.

[239] W. R. Gilks and C. Berzuini. Following a moving target—Monte Carlo inference for dynamic Bayesian systems. *Journal of the Royal Statistical Society, Series B*, 63:127 - 146, 2001.

[240] W. R. Gilks, N. G. Best, and K. K. C. Tan. Adaptive rejection Metropolis sampling within Gibbs sampling. *Applied Statistics*, 44:455 - 472, 1995.

[241] W. R. Gilks, S. Richardson, and D. J. Spiegelhalter. *Markov Chain Monte Carlo Methods in Practice*. Chapman & Hall/CRC, London, 1996.

[242] W. R. Gilks and G. O. Roberts. Strategies for improving MCMC. In W. R. Gilks, S. Richardson, and D. J. Spiegelhalter, editors. *Markov Chain Monte Carlo in Practice*, pages 89 - 114. Chapman & Hall/CRC, London, 1996.

[243] W. R. Gilks, A. Thomas, and D. J. Spiegelhalter. A language and program for complex Bayesian modeling. *The Statistician*, 43:169 - 178, 1994.

[244] W. R. Gilks and P.Wild. Adaptive rejection sampling for Gibbs sampling. *Applied Statistics*, 41:337 - 348, 1992.

[245] P. E. Gill, G. H. Golub, W. Murray, and M. A. Saunders. Methods for modifying matrix factorizations. *Mathematics of Computation*, 28:505 - 535, 1974.

[246] P. E. Gill andW. Murray. Newton-type methods for unconstrained and linearly constrained optimization. *Mathematical Programming*, 28:311 - 350, 1974.

[247] P. E. Gill,W. Murray, and M. Wright. Practical Optimization. Academic, London, 1981.

[248] P. Giudici and P. J. Green. Decomposable graphical Gaussian model determination. *Biometrika*, 86(4):785 - 801, 1999.

[249] G. H. Givens. Empirical estimation of safe aboriginal whaling limits for bowhead whales. *Journal of Cetacean Research and Management*, 5:39 - 44, 2003.

[250] G. H. Givens, J. R. Beveridge, B. A. Draper, P. Grother, and P. J. Phillips. How Features of the Human Face Affect Recognition: a Statistical Comparison of Three Face Recognition Algorithms. *IEEE Conference on Computer Vision and Pattern Recognition*, pages 381 - 388, June 2004.

[251] G. H. Givens, J. R. Beveridge, B. A. Draper, and D. Bolme. A statistical assessment of subject factors in the PCA recognition of human faces. In *IEEE Conference on Computer Vision and Pattern Recognition*. December 2003.

[252] G. H. Givens and A. E. Raftery. Local adaptive importance sampling for multivariate densities with strong nonlinear relationships. *Journal of the American Statistical Association*, 91:132 - 141, 1996.

[253] J. R. Gleason. Algorithms for balanced bootstrap simulations. *The American Statistican*, 42:263 - 266, 1988.

[254] F. Glover. Tabu search, Part I. *ORSA Journal on Computing*, 1:190 - 206, 1989.

[255] F. Glover. Tabu search, Part II. *ORSA Journal on Computing*, 2:4 - 32, 1990.

[256] F. Glover and H. J. Greenberg. New approaches for heuristic search: A bilateral link with artificial intelligence. *European Journal of Operational Research*, 39:119 - 130, 1989.

[257] F. Glover and M. Laguna. Tabu search. In C. R. Reeves, editor. *Modern Heuristic Techniques for Combinatorial Problems.* Wiley, New York, 1993.

[258] F. Glover and M. Laguna. *Tabu Search.* Kluwer, Boston, 1997.

[259] F. Glover, E. Taillard, and D. deWerra. A user' s guide to tabu search. *Annals of Operations Research*, 41:3 - 28, 1993.

[260] S. Godsill and T. Clapp. Improvement strategies for Monte Carlo particle filters. In A. Doucet, N. de Freitas, and N. Gordon, editors. *Sequential Monte Carlo Methods in Practice*, pages 139 - 158. Springer, New York, 2001.

[261] S. J. Godsill. On the relationship between Markov chain Monte Carlo methods for model uncertainty. *Journal of Computational and Graphical Statistics*, 10(2):230 - 248, 2001.

[262] D. E. Goldberg. *Genetic Algorithms in Search, Optimization, and Machine Learning.* Addison-Wesley, Reading, MA, 1989.

[263] D. E. Goldberg. A note on Boltzmann tournament selection for genetic algorithms and population-oriented simulated annealing. *Complex Systems*, 4:445 - 460, 1990.

[264] D. E. Goldberg and K. Deb. A comparative analysis of selection schemes used in genetic algorithms. In G. Rawlins, editor. *Foundations of Genetic Algorithms and Classifier Systems.* Morgan Kaufmann, San Mateo, CA, 1991.

[265] D. E. Goldberg, K. Deb, and B. Korb. Messy genetic algorithms revisited: Studies in mixed size and scale. *Complex Systems*, 4:415 - 444, 1990.

[266] D. E. Goldberg, K. Deb, and B. Korb. Don' t worry, be messy. In R. K. Belew and L. B. Booker, editors. *Proceedings of the 4th International Conference on Genetic Algorithms.* Morgan Kaufmann, San Mateo, CA, 1991.

[267] D. E. Goldberg, B. Korb, and K. Deb. Messy genetic algorithms: Motivation, analysis, and first results. *Complex Systems*, 3:493 - 530, 1989.

[268] D. E. Goldberg and R. Lingle. Alleles, loci, and the travelling salesman problem. In J. J. Grefenstette, editor. *Proceedings of an International Conference on Genetic Algorithms and Their Applications*, pages 154 - 159. Lawrence Erlbaum Associates, Hillsdale, NJ, 1985.

[269] D. Goldfarb. A family of variable metric methods derived by variational means. *Mathematics of Computation*, 24:23 - 26, 1970.

[270] A. A. Goldstein. On steepest descent. *SIAM Journal on Control and Optimization*, 3:147 - 151, 1965.

[271] P. I. Good. *Permutation Tests: A Practical Guide to Resampling Methods for Testing Hypotheses*, 2nd ed. Springer, New York, 2000.

[272] P. I. Good. *Resampling Methods: A Practical Guide to Data Analysis*, 2nd ed. Birkh ¨ auser, Boston, 2001.

[273] N. J. Gordon. A hybrid bootstrap filter for target tracking in clutter. *IEEE Transactions on Aerospace and Electronic Systems*, 33:353 - 358, 1997.

[274] N. J. Gordon, D. J. Salmon, and A. F. M. Smith. A novel approach to nonlinear/non- Gaussian Bayesian state estimation. *IEEE Proceedings in Radar and Signal Processing*, 140:107 - 113, 1993.

[275] F. Götze and H. R. Künsch. Second-order correctness of the blockwise bootstrap for stationary observations. *Annals of Statistics*, 24:1914 - 1933, 1996.

[276] B. S. Grant and L. L.Wiseman. Recent history of melanism in American peppered moths. *Journal of Heredity*, 93:86 - 90, 2002.

[277] D. Graybill. Campito mountain data set. igbp pages/world data center for paleoclimatology data contribution series 1983-ca533.rwl. NOAA/NCDC Paleoclimatology Program, Boulder, CO, 1983.

[278] P. J. Green. Reversible jump Markov chain Monte Carlo computation and Bayesian model determination. B*iometrika*, 82:711 - 732, 1995.

[279] P. J. Green. Trans-dimensional Markov chain Monte Carlo. In P. J. Green, N. L. Hjort, and S. Richardson, editors. *Highly Structured Stochastic Systems*, pages 179 - 198. Oxford University Press, Oxford, 2003.

[280] P. J. Green and B. W. Silverman. *Nonparametric Regression and Generalized Linear Models*. Chapman & Hall, New York, 1994.

[281] J.W. Greene and K. J. Supowit. Simulated annealing without rejected moves. In *Proceedings of the IEEE International Conference on Computer Design*, 1984.

[282] J. W. Greene and K. J. Supowit. Simulated annealing without rejected moves. *IEEE Transactions on Computer-Aided Design*, CAD-5:221 - 228, 1986.

[283] U. Grenander and M. Miller. Representations of knowledge in complex systems (with discussion). *Journal of the Royal Statistical Society, Series B*, 56:549 - 603, 1994.

[284] B. Grund, P. Hall, and J. S. Marron. Loss and risk in smoothing parameter selection. *Journal of Nonparametric Statistics*, 4:107 - 132, 1994.

[285] C. Gu. Smoothing spline density estimation: A dimensionless automatic algorithm. *Journal of the American Statistical Association*, 88:495 - 504, 1993.

[286] A. Guisan, T. C. Edwards, Jr., and T. Hastie. Generalized linear and generalized additive models in studies of speices distributions: Setting the scene. *Ecological Modelling*, 157:89 - 100, 2002.

[287] F. Gustafsson, F. Gunnarsson, N. Bergman, U. Forssell, J. Jansson, R. Karlsson, and P-J. Nordlund. Particle filters for positioning, navigation, and tracking. *IEEE Transactions on Signal Processing*, 50:425 - 437, 2002.

[288] H. Haario, E. Saksman, and J. Tamminen. An adaptive Metropolis algorithm. *Bernoulli*, 7(2):223 - 242, 2001.

[289] J. D. F. Habbema, J. Hermans, and K. Van Der Broek. A stepwise discriminant analysis program using density estimation. In G. Bruckman, editor.COMPSTAT 1974, *Proceedings in Computational Statistics*. Physica, Vienna, 1974.

[290] S. Haber. Numerical evaluation of multiple integrals. *SIAM Review*, 12:481 - 526, 1970.

[291] R. P. Haining. *Spatial Data Analysis: Theory and Practice*. Cambridge University Press, Cambridge, 2003.

[292] B. Hajek. Cooling schedules for optimal annealing. *Mathematics of Operations Research*, 13:311 - 329, 1988.

[293] P. Hall. Large sample optimality of least squares cross-validation in density estimation. *Annals of Statistics*, 11:1156 - 1174, 1983.

[294] P. Hall. Antithetic resampling for the bootstrap. *Biometrika*, 76:713 - 724, 1989.

[295] P. Hall. *The Bootstrap and Edgeworth Expansion*. Springer, New York, 1992.

[296] P. Hall and J. L. Horowitz. Bootstrap critical values for tests based on generalized-methodofmoments estimators. *Econometrica*, 64:891 - 916, 1996.

[297] P. Hall, J. L. Horowitz, and B.-Y. Jing. On blocking rules for the bootstrap with dependent data. *Biometrika*, 82:561 - 574, 1995.

[298] P. Hall and J. S. Marron. Extent to which least squares cross-validation minimises integrated squared error in nonparametric density estimation. *Probability Theory and Related Fields*, 74:567 - 581, 1987.

[299] P. Hall and J. S. Marron. Lower bounds for bandwidth selection in density estimation. *Probability Theory and Related Fields*, 90:149 - 173, 1991.

[300] P. Hall, J. S. Marron, and B. U. Park. Smoothed cross-validation. *Probability Theory and Related Fields*, 92:1 - 20, 1992.

[301] P. Hall, S. J. Sheather, M. C. Jones, and J. S. Marron. On optimal data-based bandwidth selection in kernel density estimation. *Biometrika*, 78:263 - 269, 1991.

[302] P. Hall and S. R. Wilson. Two guidelines for bootstrap hypothesis testing. *Biometrics*, 47:757 - 762, 1991.

[303] J. Hammersley and K. Morton. Poor man' s Monte Carlo. *Journal of the Royal Statistical Society, Series B*, 16:23 - 28, 1954.

[304] J. M. Hammersley and K.W. Morton. A new Monte Carlo technique: Antithetic variates. *Proceedings of the Cambridge Philosophical Society*, 52:449 - 475, 1956.

[305] M. H. Hansen and C. Kooperberg. Spline adaptation in extended linear models (with discussion). *Statistical Science*, 17:2 - 51, 2002.

[306] P. Hansen and B. Jaumard. Algorithms for the maximum satisfiability problem. *Computing*, 44:279 - 303, 1990.

[307] W. Härdle. Resistant smoothing using the fast Fourier transform. *Applied Statistics*, 36:104 - 111, 1986.

[308] W. Härdle. *Applied Nonparametric Regression.* Cambridge University Press, Cambridge, 1990.

[309] W. Härdle. *Smoothing Techniques: With Implementation in S.* Springer, New York, 1991.

[310] W.Härdle, P. Hall, and J. S. Marron. Howfar are automatically chosen regression smoothing parameters from their optimum? (with discussion). *Journal of the American Statistical Association*, 83:86 - 99, 1988.

[311] W. Härdle, P. Hall, and J. S. Marron. Regression smoothing parameters that are not far from their optimum. *Journal of the American Statistical Association*, 87:227 - 233, 1992.

[312] W. Härdle, J. Horowitz, and J-P. Kreiss. Bootstrap methods for time series. *International Statistical Review*, 71:435 - 459, 2003.

[313] W.Härdle and J. S. Marron. Random approximations to an error criterion of nonparametric statistics. *Journal of Multivariate Analysis*, 20:91 - 113, 1986.

[314] W. Härdle and M. G. Schimek, editors. *Statistical Theory and Computational Aspects of Smoothing.* Physica, Heidelberg, 1996.

[315] W. Härdle and D. Scott. Smoothing by weighted averaging using rounded points. *Computational Statistics*, 7:97 - 128, 1992.

[316] G. H. Hardy. Mendelian proportions in a mixed population. *Science*, 28:49 - 50, 1908.

[317] J. A. Hartigan and M. A. Wong. A k-means clustering algorithm. *Applied Statistics*, 28:100 - 108, 1979.

[318] D. I. Hastie and P. J. Green. Model choice using reversible jump Markov chain Monte Carlo. *Statistica Neerlandica*, 66(3):309 - 338, 2012.

[319] T. J. Hastie. Principal curve library for S. Available at http://lib.stat.cmu.edu/, 2004.

[320] T. J. Hastie and D. Pregibon. Generalized linear models. In J. M. Chambers and T. J. Hastie, editors. *Statistical Models in S.* Chapman & Hall, New York, 1993.

[321] T. J. Hastie and W. Steutzle. Principal curves. *Journal of the American Statistical Association*, 84:502 - 516, 1989.

[322] T. J. Hastie and R. J. Tibshirani. *Generalized Additive Models.* Chapman & Hall, New York, 1990.

[323] T. J. Hastie, R. J. Tibshirani, and J. Friedman. *The Elements of Statistical Learning: Data Mining, Inference, and Prediction.* Springer, New York, 2001.

[324] W. K. Hastings. Monte Carlo sampling methods using Markov chains and their applications. *Biometrika*, 57:97 - 109, 1970.

[325] P. Henrici. *Elements of Numerical Analysis.* Wiley, New York, 1964.

[326] T. Hesterberg. Weighted average importance sampling and defensive mixture distributions. *Technometrics*, 37:185 - 194, 1995.

[327] D. Higdon. Comment on "Spatial statistics and Bayesian computation," by Besag and Green. *Journal of the Royal Statistical Society, Series B*, 55(1):78, 1993.

[328] D. M. Higdon. Auxiliary variable methods for Markov chain Monte Carlo with applications. *Journal of the American Statistical Association*, 93:585 - 595, 1998.

[329] M. D. Higgs and J. A. Hoeting. A clipped latent variable model for spatially correlated ordered categorical data. *Computational Statistics & Data Analysis*, 54(8):1999 - 2011, 2010.

[330] J. S. U. Hjorth. *Computer Intensive Statistical Methods: Validation, Model Selection, and Bootstrap.* Chapman & Hall, New York, 1994.

[331] J. A. Hoeting, D. Madigan, A. E. Raftery, and C. T. Volinsky. Bayesian model averaging: A tutorial (with discussion). *Statistical Science*, 14:382 - 417, 1999.

[332] J. A. Hoeting, A. E. Raftery, and D. Madigan. Bayesian variable and transformation selection in linear regression. *Journal of Computational and Graphical Statistics*, 11(3):485 - 507, 2002.

[333] J. H. Holland. *Adaptation in Natural and Artificial Systems.* University of Michigan Press, Ann Arbor, 1975.

[334] C. C. Holmes and B. K. Mallick. Generalized nonlinear modeling with multivariate freeknot regression splines. *Journal of the American Statistical Association*, 98(462):352 - 368, 2003.

[335] A. Homaifar, S. Guan, and G. E. Liepins. Schema analysis of the traveling salesman problem using genetic algorithms. *Complex Systems*, 6:533 - 552, 1992.

[336] D. W. Hosmer and S. Lemeshow. *Applied Logistic Regression.* Wiley, New York, 2000.

[337] Y. F. Huang and P. M. Djuric. Variable selection by perfect sampling. *EURASIP Journal on Applied Signal Processing*, 1:38 - 45, 2002.

[338] P. J. Huber. Projection pursuit. *Annals of Statistics*, 13:435 - 475, 1985.

[339] K. Hukushima and K. Nemoto. Exchange Monte Carlo method and application to spin glass simulations. *Journal of the Physical Society of Japan*, 64:1604 - 1608, 1996.

[340] J. N. Hwang, S. R. Lay, and A. Lippman. Nonparametric multivariate density estimation: A comparative study. *IEEE Transactions on Signal Processing*, 42:2795 - 2810, 1994.

[341] R. J. Hyndman. Time series data library. Available at http://robjhyndman.com/TSDL, 2011.

[342] A. C. Jacinto, R. D. Ambrosini, and R. F. Danesi. Experimental and computational analysis of plates under air blast loading. *International Journal of Impact Engineering*, 25:927 - 947, 2001.

[343] M. Jamshidian and R. I. Jennrich. Conjugate gradient acceleration of the EM algorithm. *Journal of the American Statistical Association*, 88:221 - 228, 1993.

[344] M. Jamshidian and R. I. Jennrich. Acceleration of the EM algorithm by using quasi-Newton methods. *Journal of the Royal Statistical Society, Series B*, 59:569 - 587, 1997.

[345] M. Jamshidian and R. I. Jennrich. Standard errors forEMestimation. *Journal of the Royal Statistical Society, Series B*, 62:257 - 270, 2000.

[346] C. Z. Janikow and Z. Michalewicz. An experimental comparison of binary and floating point representations in genetic algorithms. In R. K. Belewand L. B. Booker, editors. *Proceedings of the 4th International Conference on Genetic Algorithms*. Morgan Kaufmann, San Mateo, CA, 1991.

[347] B. Jansen. *Interior Point Techniques in Optimization: Complementarity, Sensitivity and Algorithms*. Kluwer, Boston, 1997.

[348] P. Jarratt. A review of methods for solving nonlinear algebraic equations in one variable. In P. Rabinowitz, editor. *Numerical Methods for Nonlinear Algebraic Equations*. Gordon and Breach, London, 1970.

[349] R. G. Jarrett. A note on the intervals between coal-mining disasters. *Biometrika*, 66:191 - 193, 1979.

[350] H. Jeffreys. *Theory of Probability*, 3rd ed. Oxford University Press, New York, 1961.

[351] D. S. Johnson. Bayesian Analysis of State-Space Models for Discrete Response Compositions. Ph.D. thesis, Colorado State University, 2003.

[352] D. S. Johnson, C. R. Aragon, L. A. McGeoch, and C. Schevon. Optimization by simulated annealing: An experimental evaluation; Part I, graph partitioning. *Operations Research*, 37:865 - 892, 1989.

[353] L. W. Johnson and R. D. Riess. *Numerical Analysis.* Addison-Wesley, Reading, MA, 1982.

[354] R. W. Johnson. Fitting percentage of body fat to simple body measurements. *Journal of Statistics Education*, 4(1):265 - 266, 1996.

[355] G. L. Jones, M. Haran, B. S. Caffo, and R. Neath. Fixed-width output analysis for Markov chain Monte Carlo. *Journal of the American Statistical Association*, 101(476):1537 - 1547, 2006.

[356] M. C. Jones. Variable kernel density estimates. *Australian Journal of Statistics*, 32:361 - 371, 1990.

[357] M. C. Jones. The roles of ISE and MISE in density estimation. *Statistics and Probability Letters*, 12:51 - 56, 1991.

[358] M. C. Jones, J. S. Marron, and B. U. Park. A simple root n bandwidth selector. *Annals of Statistics*, 19:1919 - 1932, 1991.

[359] M. C. Jones, J. S. Marron, and S. J. Sheather. A brief survey of bandwidth selection for density estimation. *Journal of the American Statistical Association*, 91:401 - 407, 1996.

[360] M. C. Jones, J. S. Marron, and S. J. Sheather. Progress in data-based bandwidth selection for kernel density estimation. *Computational Statistics*, 11:337 - 381, 1996.

[361] B. H. Juang and L. R. Rabiner. Hidden Markov models for speech recognition. *Technometrics*, 33:251 - 272, 1991.

[362] N. Karmarkar.Anewpolynomial-time algorithm for linear programming. *Combinatorica*, 4:373 - 395, 1984.

[363] J. R. Karr and D. R. Dudley. Ecological perspectives onwater quality goals. *Environmental Management*, 5(1):55 - 68, 1981.

[364] R. E. Kass, B. P. Carlin, A. Gelman, and R. M. Neal. Markov chain Monte Carlo in practice: A roundtable discussion. *American Statistican*, 52:93 - 100, 1998.

[365] R. E. Kass and A. E. Raftery. Bayes factors. *Journal of the American Statistical Association*, 90:773 - 795, 1995.

[366] D. E. Kaufman and R. L. Smith. Direction choice for accelerated convergence in hit-andrun sampling. *Operations Research*, 46:84 - 95, 1998.

[367] B. Kégl. Principal curve webpage. Available at http://www.iro.umontreal.ca/~kegl/ research/pcurves/.

[368] C. T. Kelley. Detection and remediation of stagnation in the Nelder-Mead algorithm using a sufficient decrease condition. *SIAM Journal on Optimization*, 10:43 - 55, 1999.

[369] C. T.Kelley. *Iterative Methods for Optimization.* Society for Industrial and Applied Mathematics, Philadelphia, PA, 1999.

[370] A. G. Z. Kemna and A. C. F. Vorst. A pricing method for options based on average asset values. *Journal of Banking and Finance*, 14:113 - 129, 1990.

[371] M.Kendall and A. Stuart. *The Advanced Theory of Statistics*, volume 1, 4th ed. Macmillan, New York, 1977.

[372] J. Kennedy and R. Eberhart. Particle swarm optimization. In Neural Networks, 1995. *Proceedings, IEEE International Conference on*, vol. 4, pages 1942 - 1948, vol.4. Nov/Dec 1995.

[373] J. Kennedy and R. C. Roberts. *Swarm Intelligence*. Morgan Kaufmann, San Francisco, 2001.

[374] W. J. Kennedy, Jr., and J. E. Gentle. *Statistical Computing*. Marcel Dekker, New York, 1980.

[375] H. F. Khalfan, R. H. Byrd, and R. B. Schnabel. A theoretical and experimental study of the symmetric rank-one update. *SIAM Journal of Optimization*, 3:1 - 24, 1993.

[376] D. R. Kincaid and E. W. Cheney. *Numerical Analysis*. Wadsworth, Belmont, CA, 1991.

[377] R. Kindermann and J. L. Snell. *Markov Random Fields and Their Applications*, volume 1 of Contemporary Mathematics. American Mathematical Society, Providence, 1980.

[378] S. Kirkpatrick, C. D. Gellat, and M. P. Vecchi. Optimization by simulated annealing. *Science*, 220:671 - 680, 1983.

[379] G. Kitagawa. Monte Carlo filter and smoother for non-Gaussian nonlinear state space models. *Journal of Computational and Graphical Statistics*, 5:1 - 25, 1996.

[380] S. Klinke and J. Grassmann. Projection pursuit regression. In M. G. Schimek, editor. *Smoothing and Regression: Approaches, Computation, and Application*, pages 277 - 327. Wiley, New York, 2000.

[381] T. Kloek and H. K. Van Dijk. Bayesian estimates of equation system parameters: An application of integration by Monte Carlo. *Econometrica*, 46:1 - 20, 1978.

[382] L. Knorr-Held and H. Rue. On block updating in Markov random field models for disease mapping. *Scandinavian Journal of Statistics*, 29(4):567 - 614, 2002.

[383] D. Knuth. *The Art of Computer Programming 2: Seminumerical Algorithms*, 3rd ed. Addison-Wesley, Reading, MA, 1997.

[384] M. Kofler. *Maple: An Introduction and Reference*. Addison-Wesley, Reading, MA, 1997.

[385] T. G.Kolda, R. M. Lewis, andV.Torczon. Optimization by direct search: Newperspectives on some classical and modern methods. *SIAM Review*, 45:385 - 482, 2003.

[386] A. Kong, J. S. Liu, and W. H. Wong. Sequential imputations and Bayesian missing data problems. *Journal of the American Statistical Association*, 89:278 - 288, 1994.

[387] A. S. Konrod. *Nodes and Weights of Quadrature Formulas*. Consultants Bureau Enterprises, New York, 1966.

[388] C. Kooperberg. Polspline. Available at http://cran.r-project.org/src/contrib/Descriptions/ polspline, 2004.

[389] C. Kooperberg and C. J. Stone. Logspline density estimation. *Computational Statistics and Data Analysis*, 12:327 - 347, 1991.

[390] C. Kooperberg and C. J. Stone. Logspline density estimation for censored data. *Journal of Computational and Graphical Statistics*, 1:301 - 328, 1992.

[391] C. Kooperberg, C. J. Stone, and Y. K. Truong. Hazard regression. *Journal of the American Statistical Association*, 90:78 - 94, 1995.

[392] T. Koski. *Hidden Markov Models of Bioinformatics*. Kluwer, Dordrecht, Netherlands, 2001.

[393] J.-P. Kreiss. Bootstrap procedures for AR(∞)-processes. In K.-H. J¨ockel, G. Rothe, and W. Sendler, editors. *Bootstrapping and Related Techniques*, pages 107 - 113. Springer, Berlin, 1992.

[394] K. Kremer and K. Binder. Monte Carlo simulation of lattice models for macromolecules. *Computer Physics Reports*, 7:259 - 310, 1988.

[395] V. I. Krylov, translated by A. H. Stroud. *Approximate Calculation of Integrals*. Macmillan, New York, 1962.

[396] H. R. Künsch. The jackknife and the bootstrap for general stationary observations. *Annals of Statistics*, 17:1217 - 1241, 1989.

[397] J. C. Lagarias, J. A. Reeds, M. H. Wright, and P. E. Wright. Convergence properties of the Nelder-Mead simplex algorithm in low dimensions. *SIAM Journal of Optimization*, 9:112 - 147, 1998.

[398] S. N. Lahiri. Edgeworth correction by "moving block" bootstrap for stationary and nonstationary data. In R. LePage and L. Billard, editors. *Exploring the Limits of the Bootstrap*, pages 183 - 214. Wiley, New York, 1992.

[399] S. N. Lahiri. On Edgeworth expansion and moving block bootstrap for studentized Mestimators in multiple linear regression models. *Journal of Multivariate Analysis*, 56:42 - 59, 1996.

[400] S. N. Lahiri. Theoretical comparisons of block bootstrap methods. *Annals of Statistics*, 27:386 - 404, 1999.

[401] S. N. Lahiri. On the jackknife-after-bootstrap method for dependent data and its consistency properties. *Econometric Theory*, 18:79 - 98, 2002.

[402] S. N. Lahiri. *Resampling Methods for Dependent Data*. Springer, New York, 2003.

[403] S. N. Lahiri. Consistency of the jackknife-after-bootstrap variance estimator for block bootstrap quantiles of a studentized statistic. *Annals of Statistics*, 33:2475 - 2506, 2005.

[404] S. N. Lahiri, K. Furukawa, and Y.-D. Lee. A nonparametric plug-in rule for selecting optimal block lengths for block bootstrap methods. *Statistical Methodology*, 4:292 - 321, 2007.

[405] C. Lalas and B. Murphy. Increase in the abundance of NewZealand fur seals at the Catlins, South Island, New Zealand. *Journal of the Royal Society of New Zealand*, 28:287 - 294, 1998.

[406] D. Lamberton and B. Lapeyre. *Introduction to Stochastic Calculus Applied to Finance*. Chapman & Hall, London, 1996.

[407] K. Lange. A gradient algorithm locally equivalent to the EM algorithm. *Journal of the Royal Statistical Society, Series B*, 57:425 - 437, 1995.

[408] K. Lange. A quasi-Newton acceleration of the EM algorithm. *Statistica Sinica*, 5:1 - 18, 1995.

[409] K. Lange. *Numerical Analysis for Statisticians*. Springer, New York, 1999.

[410] K. Lange, D. R. Hunter, and I. Yang. Optimization transfer using surrogate objective functions (with discussion). *Journal of Computational and Graphical Statistics*, 9:1 - 59, 2000.

[411] A. B. Lawson. *Statistical Methods in Spatial Epidemiology*. Wiley, New York, 2001.

[412] S. Z. Li. *Markov Random Field Modeling in Image Analysis*. Springer, Tokyo, 2001.

[413] R. J. A. Little and D. B. Rubin. *Statistical Analysis with Missing Data*, 2nd ed. Wiley, Hoboken, NJ, 2002.

[414] E. L. Little, *Jr. Atlas of United States Trees, Minor Western Hardwoods*, volume 3 of Miscellaneous Publication 1314. U.S. Department of Agriculture, 1976.

[415] C. Liu and D. B. Rubin. The ECME algorithm: A simple extension of EM and ECM with faster monotone convergence. *Biometrika*, 81:633 - 648, 1994.

[416] J. S. Liu. Nonparametric hierarchical Bayes via sequential imputations. *Annals of Statistics*, 24:910 - 930, 1996.

[417] J. S. Liu. *Monte Carlo Strategies in Scientific Computing*. Springer, New York, 2001.

[418] J. S. Liu and R. Chen. Blind deconvolution via sequential imputations. *Journal of the American Statistical Association*, 90:567 - 576, 1995.

[419] J. S. Liu and R. Chen. Sequential Monte Carlo methods for dynamical systems. *Journal of the American Statistical Association*, 93:1032 - 1044, 1998.

[420] J. S. Liu, F. Liang, and W. H. Wong. The multiple-try method and local optimization in Metropolis sampling. *Journal of the American Statistical Association*, 95:121 - 134, 2000.

[421] J. S. Liu, D. B. Rubin, and Y. Wu. Parameter expansion to accelerate EM: The PX-EM algorithm. *Biometrika*, 85:755 - 770, 1998.

[422] C. R. Loader. Bandwidth selection: Classical or plug-in? *Annals of Statistics*, 27:415 - 438, 1999.

[423] P. O. Loftsgaarden and C. P. Quesenberry. A nonparametric estimate of a multivariate probability density function. *Annals of Mathematical Statistics*, 28:1049 - 1051, 1965.

[424] T. A. Louis. Finding the observed information matrix when using the EM algorithm. *Journal of the Royal Statistical Society, Series B*, 44:226 - 233, 1982.

[425] R. Y. Lui and K. Singh. Moving blocks jackknife and bootstrap capture weak dependence. In R. LePage and L. Billard, editors. *Exploring the Limits of the Bootstrap*, pages 225 - 248. Wiley, New York, 1992.

[426] M. Lundy and A. Mees. Convergence of an annealing algorithm. *Mathematical Programming*, 34:111 - 124, 1986.

[427] D. J. Lunn, N. Best, and J. C. Whittaker. Generic reversible jump MCMC using graphical models. *Statistics and Computing*, 19(4):395 - 408, 2009.

[428] D. J. Lunn, N. Best, and J. C. Whittaker. Generic reversible jump MCMC using graphical models. *Statistics and Computing*, 19(4):395 - 408, 2009.

[429] S. N. MacEachern and L. M. Berliner. Subsampling the Gibbs sampler. *American Statistican*, 48(3):188 - 190, 1994.

[430] S. N. MacEachern, M. Clyde, and J. S. Liu. Sequential importance sampling for nonparametric Bayes models: The next generation. *Canadian Journal of Statistics*, 27:251 - 267, 1999.

[431] A. Maddison. *Dynamic Forces in Capitalist Development: A Long-Run Comparative View.* Oxford University Press, New York, 1991.

[432] N. Madras. *Lecture Notes on Monte Carlo Methods.* American Mathematical Society, Providence, RI, 2002.

[433] N. Madras and M. Piccioni. Importance sampling for families of distributions. *Annals of Applied Probability*, 9:1202 - 1225, 1999.

[434] B. A. Maguire, E. S. Pearson, and A. H. A. Wynn. The time intervals between industrial accidents. *Biometrika*, 39:168 - 180, 1952.

[435] C. L. Mallows. Some comments on Cp. *Technometrics*, 15:661 - 675, 1973.

[436] E. Mammen. Resampling methods for nonparametric regression. In M. G. Schimek, editor. *Smoothing and Regression: Approaches, Computation, and Application.* Wiley, New York, 2000.

[437] J.-M. Marin and C. Robert. Importance sampling methods for Bayesian discrimination between embedded models. In *Frontiers of Statistical Decision Making and Bayesian Analysis*, pages 513 - 527. Springer, New York, 2010.

[438] E. Marinari and G. Parisi. Simulated tempering: A new Monte Carlo scheme. *Europhysics Letters*, 19:451 - 458, 1992.

[439] J. S. Maritz. *Distribution Free Statistical Methods*, 2nd ed. Chapman & Hall, London, 1996.

[440] J. S. Marron and D. Nolan. Canonical kernels for density estimation. *Statistics and Probability Letters*, 7:195 - 199, 1988.

[441] G. Marsaglia. Random variables and computers. In *Transactions of the Third Prague Conference on Information Theory, Statistical Decision Functions and Random Processes.* Czechoslovak Academy of Sciences, Prague, 1964.

[442] G. Marsaglia. The squeeze method for generating gamma variates. *Computers and Mathematics with Applications*, 3:321 - 325, 1977.

[443] G. Marsaglia. The exact-approximation method for generating random variables in a computer. *Journal of the American Statistical Association*, 79:218 - 221, 1984.

[444] G. Marsaglia and W. W. Tsang. A simple method for generating gamma variables. *ACM Transactions on Mathematical Software*, 26:363 - 372, 2000.

[445] W. L. Martinez and A. R. Martinez. *Computational Statistics Handbook with MATLAB.* Chapman & Hall/CRC, Boca Raton, FL, 2002.

[446] P. McCullagh and J. A. Nelder. *Generalized Linear Models.* Chapman & Hall, New York, 1989.

[447] S. McGinnity and G. W. Irwin. Multiple model bootstrap filter for maneuvering target tracking. *IEEE Transactions on Aerospace and Electronic Systems*, 36:1006 - 1012, 2000.

[448] K. I. M. McKinnon. Convergence of the Nelder-Mead simplex method to a nonstationary point. *SIAM Journal on Optimization*, 9:148 - 158, 1998.

[449] G. J. McLachlan and T. Krishnan. *The EM Algorithm and Extensions.* Wiley, New York, 1997.

[450] I. Meilijson. A fast improvement to the EM algorithm on its own terms. *Journal of the Royal Statistical Society, Series B*, 51:127 - 138, 1989.

[451] J. Meinguet. Multivariate interpolation at arbitrary points made simple. *Journal of Applied Mathematics and Physics*, 30:292 - 304, 1979.

[452] X.-L. Meng. On the rate of convergence of the ECM algorithm. *Annals of Statistics*, 22:326 - 339, 1994.

[453] X.-L. Meng and D. B. Rubin. Using EM to obtain asymptotic variance - covariance matrices: The SEM algorithm. *Journal of the American Statistical Association*, 86:899 - 909, 1991.

[454] X.-L. Meng and D. B. Rubin. Maximum likelihood estimation via the ECM algorithm: A general framework. *Biometrika*, 80:267 - 278, 1993.

[455] X.-L. Meng and D. B. Rubin. On the global and componentwise rates of convergence of the EM algorithm. *Linear Algebra and Its Applications*, 199:413 - 425, 1994.

[456] X.-L. Meng and D. van Dyk. The EM algorithm—an old folk-song sung to a fast new tune. *Journal of the Royal Statistical Society, Series B*, 59:511 - 567, 1997.

[457] X.-L. Meng and W. H. Wong. Simulating ratios of normalizing constants via a simple identity: A theoretical exploration. *Statistica Sinica*, 6:831 - 860, 1996.

[458] K. L. Mengersen, C. P. Robert, and C. Guihenneuc-Jouyaux. MCMC convergence diagnostics: A "reviewwww" (with discussion). In J. O. Berger, J. M. Bernardo, A. P. Dawid, D. V. Lindley, and A. F. M. Smith, editors. *Bayesian Statistics* 6, pages 415 - 440. Oxford University Press, Oxford, 1999.

[459] R. C. Merton. Theory of rational option pricing. *Bell Journal of Economics and Management Science*, 4:141 - 183, 1973.

[460] N. Metropolis, A.W. Rosenbluth, M. N. Rosenbluth, A. H. Teller, and E. Teller. Equation of state calculation by fast computing machines. *Journal of Chemical Physics*, 21:1087 - 1091, 1953.

[461] N. Metropolis and S. Ulam. The Monte Carlo method. *Journal of the American Statistical Association*, 44:335 - 341, 1949.

[462] S. P. Meyn and R. L. Tweedie. *Markov Chains and Stochastic Stability.* Springer, New York, 1993.

[463] Z. Michalewicz. *Genetic Algorithms + Data Structures = Evolution Programs.* Springer, New York, 1992.

[464] Z. Michalewicz and D. B. Fogel. *How to Solve It: Modern Heuristics.* Springer, New York, 2000.

[465] A. J. Miller. *Subset Selection in Regression*, 2nd ed. Chapman & Hall/CRC, Boca Raton, FL, 2002.

[466] A. Mira, J. Mϕler, and G. O. Roberts. Perfect slice samplers. *Journal of the Royal Statistical Society, Series B*, 63(3):593-606, 2001.

[467] A. Mira and L. Tierney. Efficiency and convergence properties of slice samplers. *Scandinavian Journal of Statistics*, 29(1):1-12, 2002.

[468] J. Mϕler. Perfect simulation of conditionally specified models. *Journal of the Royal Statistical Society, Series B*, 61(1):251-264, 1999.

[469] J. F. Monahan. *Numerical Methods of Statistics.* Cambridge University Press, Cambridge, 2001.

[470] A. M. Mood, F. A. Graybill, and D. C. Boes. *Introduction to the Theory of Statistics*, 3rd ed. McGraw-Hill, New York, 1974.

[471] R. J. Muirhead. *Aspects of Multivariate Statistical Theory.* Wiley, New York, 1982.

[472] P. Müller. A generic approach to posterior integration and Gibbs sampling. Technical Report, Statistics Department, Technical Report 91-09. Purdue University, 1991.

[473] D. J. Murdoch and P. J. Green. Exact sampling from a continuous state space. *Scandinavian Journal of Statistics*, 25(3):483-502, 1998.

[474] D. J. Murdoch and J. S. Rosenthal. Efficient use of exact samples. *Statistics and Computing*, 10:237-243, 2000.

[475] W. Murray, editor. *Numerical Methods for Unconstrained Optimization.* Academic, New York, 1972.

[476] E. A. Nadaraya. On estimating regression. *Theory of Probability and Its Applications*, 10:186-190, 1964.

[477] Y. Nagata and S. Kobayashi. Edge assembly crossover: A high-power genetic algorithm for the traveling salesman problem. In T.Bäck, editor. *Proceedings of the 7th International Conference on Genetic Algorithms.* Morgan Kaufmann, Los Altos, CA, 1997.

[478] J. C. Naylor and A. F. M. Smith. Applications of a method for the efficient computation of posterior distributions. *Applied Statistics*, 31:214-225, 1982.

[479] L. Nazareth and P. Tseng. Gilding the lily: A variant of the Nelder-Mead algorithm based on golden-section search. *Computational Optimization and Applications*, 22:133-144, 2002.

[480] R. Neal. Sampling from multimodal distributions using tempered transitions. *Statistics and Computing*, 6:353-366, 1996.

[481] R. M. Neal. Slice sampling. *Annals of Statistics*, 31(3):705-767, 1999.

[482] J. A. Nelder and R. Mead. A simplex method for function minimization. *Computer Journal*, 7:308-313, 1965.

[483] J. Neter, M. H. Kutner, C. J. Nachtsheim, and W. Wasserman. *Applied Linear Statistical Models.* Irwin, Chicago, 1996.

[484] M. A. Newton and C. J. Geyer. Bootstrap recycling: A Monte Carlo alternative to the nested bootstrap. *Journal of the American Statistical Association*, 89:905-912, 1994.

[485] M. A. Newton and A. E. Raftery. Approximate Bayesian inference with the weighted likelihood bootstrap (with discussion). *Journal of the Royal Statistical Society, Series B*, 56:3 - 48, 1994.

[486] J. Nocedal and S. J. Wright. *Numerical Optimization.* Springer, New York, 1999.

[487] I. Ntzoufras, P. Dellaportas, and J. J. Forster. Bayesian variable and link determination for generalised linear models. *Journal of Statistical Planning and Inference*, 111(1 - 2):165 - 180, 2003.

[488] J. Null. Golden Gate Weather Services, Climate of San Francisco. Available at http://ggweather.com/sf/climate.html.

[489] Numerical Recipes Home Page. Available at http://www.nr.com, 2003.

[490] M. S. Oh and J. O. Berger. Adaptive importance sampling in Monte Carlo integration. *Journal of Statistical Computation and Simulation*, 41:143 - 168, 1992.

[491] M. S. Oh and J. O. Berger. Integration of multimodal functions by Monte Carlo importance sampling. *Journal of the American Statistical Association*, 88:450 - 456, 1993.

[492] I. Oliver, D. Smith, and J. R. Holland. A study of permutation crossover operators on the traveling salesman problem. In J. J. Grefenstette, editor. *Proceedings of the 2nd International Conference on Genetic Algorithms*, pages 224 - 230. Lawrence Erlbaum Associates, Hillsdale, NJ, 1987.

[493] D. M. Olsson and L. S. Nelson. The Nelder - Mead simplex procedure for function minimization. *Technometrics*, 17:45 - 51, 1975.

[494] J. M. Ortega, W. C. Rheinboldt, and J. M. Orrega. *Iterative Solution of Nonlinear Equations in Several Variables.* SIAM, Philadelphia, 2000.

[495] A. M. Ostrowski. *Solution of Equations and Systems of Equations*, 2nd ed. Academic, New York, 1966.

[496] F. O' Sullivan. Discussion of "Some aspects of the spline smoothing approach to nonparametric regression curve fitting" by Silverman. *Journal of the Royal Statistical Society, Series B*, 47:39 - 40, 1985.

[497] C. H. Papadimitriou and K. Steiglitz. *Combinatorial Optimization: Algorithms and Complexity.* Prentice-Hall, Englewood Cliffs, NJ, 1982.

[498] E. Paparoditis and D. N. Politis. Tapered block bootstrap. *Biometrika*, 88:1105 - 1119, 2001.

[499] E. Paparoditis and D. N. Politis. The tapered block bootstrap for general statistics from stationary sequences. *Econometrics Journal*, 5:131 - 148, 2002.

[500] B. U. Park and J. S. Marron. Comparison of data-driven bandwidth selectors. *Journal of the American Statistical Association*, 85:66 - 72, 1990.

[501] B. U. Park and B. A. Turlach. Practical performance of several data driven bandwidth selectors. *Computational Statistics*, 7:251 - 270, 1992.

[502] J. M. Parkinson and D. Hutchinson. An investigation of into the efficiency of variants on the simplex method. In F. A. Lootsma, editor. *Numerical Methods for Nonlinear Optimization*, pages 115 - 135. Academic, New York, NY, 1972.

[503] C. Pascutto, J. C. Wakefield, N. G. Best, S. Richardson, L. Bernardinelli, A. Staines, and P. Elliott. Statistical issues in the analysis of disease mapping data. *Statistics in Medicine*, 19:2493 - 2519, 2000.

[504] J. J. Pella and P. K. Tomlinson. A generalized stock production model. *Inter-American Tropical Tuna Commission Bulletin*, 13:419 - 496, 1969.

[505] A. Penttinen. Modelling Interaction in Spatial Point Patterns: Parameter Estimation by the Maximum Likelihood Method. Ph.D. thesis, University of Jyväskylä, 1984.

[506] A. Philippe. Processing simulation output by Riemann sums. *Journal of Statistical Computation and Simulation*, 59:295 - 314, 1997.

[507] A. Philippe and C. P. Robert. Riemann sums for MCMC estimation and convergence monitoring. *Statistics and Computing*, 11:103 - 115, 2001.

[508] . D. B. Phillips and A. F. M. Smith. Bayesian model comparison via jump diffusions. In S. T. RichardsonW. R. Gilks and D. J. Spiegelhalter, editors. *Markov Chain Monte Carlo in Practice*, pages 215 - 240. Chapman & Hall/CRC, London, 1996.

[509] E. J. G. Pitman. Significance tests which may be applied to samples from any population. *Royal Statistical Society Supplement*, 4:119 - 130, 225 - 232, 1937.

[510] E. J. G. Pitman. Significance tests which may be applied to samples from any population. Part iii. The analysis of variance test. *Biometrika*, 29:322 - 335, 1938.

[511] M. Plummer, N. Best, K. Cowles, and K. Vines. Coda: Convergence diagnosis and output analysis for MCMC. *R News*, 6(1):7 - 11, 2006.

[512] D. N. Politis and J. P. Romano. A circular block—Resampling procedure for stationary data. In R. LePage and L. Billard, editors. *Exploring the Limits of the Bootstrap*, pages 263 - 270. Wiley, New York, 1992.

[513] D. N. Politis and J. P. Romano. The stationary bootstrap. *Journal of the American Statistical Association*, 89:1303 - 1313, 1994.

[514] M. J. D. Powell. A view of unconstrained optimization. In L. C. W. Dixon, editor. *Optimization in Action*, pages 53 - 72. Academic, London, 1976.

[515] M. J. D. Powell. Direct search algorithms for optimization calculations. *Acta Numerica*, 7:287 - 336, 1998.

[516] G. Pozrikidis. *Numerical Computation in Science and Engineering*. Oxford University Press, New York, 1998.

[517] W. H. Press, S. A. Teukolsky, W. T. Vetterling, and B. P. Flannery. *Numerical Recipes: The Art of Scientific Computing*. Cambridge University Press, Cambridge, UK, 2007.

[518] C. J. Price, I. D. Coope, and D. Byatt.Aconvergent variant of the Nelder - Mead algorithm. *Journal of Optimization Theory and Applications*, 113:5 - 19, 2002.

[519] J. Propp and D.Wilson. Coupling from the past:Auser' s guide. In D. Aldous and J. Propp, editors. *Microsurveys in Discrete Probability*, volume 41 of DIMACS Series in Discrete Mathematics and Theoretical Computer Science, pages 181 - 192. American Mathematical Society. Princeton, NJ, 1998.

[520] J. G. Propp and D. B. Wilson. Exact sampling with coupled Markov chains and applications to statistical mechanics. *Random Structures and Algorithms*, 9:223 - 252, 1996.

[521] M. H. Protter and C. B. Morrey. *A First Course in Real Analysis.* Springer, New York, 1977.

[522] J. R. Quinlan. *C4.5 : Programs for Machine Learning.* Morgan Kaufmann, San Mateo, CA, 1993.

[523] L. R. Rabiner and B. H. Juang. An introduction to hidden Markov models. *IEEE Acoustics, Speech, and Signal Processing Magazine*, 3:4 - 16, 1986.

[524] N. J. Radcliffe. Equivalence class analysis of genetic algorithms. *Complex Systems*, 5:183 - 205, 1991.

[525] A. E. Raftery and V. E. Akman. Bayesian analysis of a Poisson process with a change point. *Biometrika*, 73:85 - 89, 1986.

[526] A. E. Raftery and S. M. Lewis. How many iterations in the Gibbs sampler? In J. M. Bernardo, J. O. Berger, A. P. Dawid, and A. F. M. Smith, editors. *Bayesian Statistics* 4, pages 763 - 773. Oxford University Press, Oxford, 1992.

[527] A. E. Raftery, D. Madigan, and J. A. Hoeting. Bayesian model averaging for linear regression models. *Journal of the American Statistical Association*, 92:179 - 191, 1997.

[528] A. E. Raftery and J. E. Zeh. Estimating bowhead whale, Balaena mysticetus, population size and rate of increase from the 1993 census. *Journal of the American Statistical Association*, 93:451 - 463, 1998.

[529] M. B. Rajarshi. Bootstrap in Markov Sequences based on estimates of transition density. *Annals of the Institute of Statistical Mathematics*, 42:253 - 268, 1990.

[530] R. A. Redner and H. F. Walker. Mixture densities, maximum likelihood and the EM algorithm. *SIAM Review*, 26:195 - 239, 1984.

[531] C. R. Reeves. Genetic algorithms. In C. R. Reeves, editor. *Modern Heuristic Techniques for Combinatorial Problems.* Wiley, New York, 1993.

[532] C. R. Reeves. A genetic algorithm for flowshop sequencing. *Computers and Operations Research*, 22(1):5 - 13, 1995.

[533] C. R. Reeves and J. E. Rowe. *Genetic Algorithms—Principles and Perspectives.* Kluwer, Norwell, MA, 2003.

[534] C. R. Reeves and N. C. Steele. A genetic algorithm approach to designing neural network architecture. In *Proceedings of the 8th International Conference on Systems Engineering*. 1991.

[535] J. R. Rice. *Numerical Methods, Software, and Analysis*. McGraw-Hill, New York, 1983.

[536] S. Richardson and P. J. Green. On Bayesian analysis of mixtures with an unknown number of components (with discussion). *Journal of the Royal Statistical Society, Series B*, 59:731 - 792, 1997. Correction, p. 661, 1998.

[537] C. J. F. Ridders. 3-Point iterations derived from exponential curve fitting. *IEEE Transactions on Circuits and Systems*, 26:669 - 670, 1979.

[538] B. Ripley. Computer generation of random variables. *International Statistical Review*, 51:301 - 319, 1983.

[539] B. Ripley. *Stochastic Simulation*. Wiley, New York, 1987.

[540] B. D. Ripley. *Pattern Recognition and Neural Networks*. Cambridge University Press, 1996.

[541] C. Ritter and M. A. Tanner. Facilitating the Gibbs sampler: The Gibbs stopper and the griddy-Gibbs sampler. *Journal of the American Statistical Association*, 87(419):861 - 868, 1992.

[542] C. P. Robert. *Discretization and MCMC Convergence Assessment*, volume 135 of Lecture Notes in Statistics. Springer, New York, 1998.

[543] C. P. Robert and G. Casella. *Monte Carlo Statistical Methods*, 2nd ed. Springer, New York, 2004.

[544] C. P. Robert and G. Casella. Convergence monitoring and adaptation for MCMC algorithms. *Introducing Monte Carlo Methods with R*, pages 237 - 268. Springer New York, 2010.

[545] G. O. Roberts, A. Gelman, and W. R. Gilks. Weak convergence and optimal scaling or random walk Metropolis algorithms. *Annals of Probability*, 7(1):110 - 120, 1997.

[546] G. O. Roberts and S. K. Sahu. Updating schemes, correlation structure, blocking and parameterization for the Gibbs sampler. *Journal of the Royal Statistical Society, Series B*, 59(2):291 - 317, 1997.

[547] G. O. Roberts and R. L. Tweedie. Exponential convergence of Langevin diffusions and their discrete approximations. *Bernoulli*, 2:344 - 364, 1996.

[548] G. O. Roberts and J. S. Rosenthal. Optimal scaling of discrete approximations to Langevin diffusions. *Journal of the Royal Statistical Society: Series B (Statistical Methodology)*, 60(1):255 - 268, 1998.

[549] G. O. Roberts and J. S. Rosenthal. Optimal scaling for various Metropolis-Hastings algorithms. *Statistical Science*, 16(4):351 - 367, 2001.

[550] G. O. Roberts and J. S. Rosenthal. Coupling and ergodicity of adaptive Markov chain Monte Carlo algorithms. *Journal of Applied Probability*, 44(2):458, 2007.

[551] G. O. Roberts and J. S. Rosenthal. Examples of adaptive MCMC. *Journal of Computational and Graphical Statistics*, 18(2):349 - 367, 2009.

[552] C. Roos, T. Terlaky, and J. P. Vial. *Theory and Algorithms for Linear Optimization: An Interior Point Approach.* Wiley, Chichester, UK, 1997.

[553] M. Rosenbluth and A. Rosenbluth. Monte Carlo calculation of the average extension of molecular chains. *Journal of Chemical Physics*, 23:356 - 359, 1955.

[554] Jeffrey S. Rosenthal. Optimal proposal distributions and adaptive MCMC. In *Handbook of Markov Chain Monte Carlo Methods.* Chapman & Hall/CRC, Hoboken, NJ, 2011.

[555] S. M. Ross. *Simulation*, 2nd ed. Academic, San Diego, CA, 1997.

[556] S. M. Ross. *Introduction to Probability Models*, 7th ed. Academic, 2000.

[557] R. Y. Rubenstein. *Simulation and the Monte Carlo Method.* Wiley, New York, 1981.

[558] D. B. Rubin. The Bayesian bootstrap. *Annals of Statistics*, 9:130 - 134, 1981.

[559] D. B. Rubin. A noniterative sampling/importance resampling alternative to the data augmentation algorithm for creating a fewimputations when fractions of missing information are modest: The SIR algorihm. Discussion of M. A. Tanner and W. H. Wong. *Journal of the American Statistical Association*, 82:543 - 546, 1987.

[560] D. B. Rubin. Using the SIR algorithm to simulate posterior distributions. In J. M. Bernardo, M. H. DeGroot, D. V. Lindley, and A. F. Smith, editors. *Bayesian Statistics* 3, pages 395 - 402. Clarendon, Oxford, 1988.

[561] M. Rudemo. Empirical choice of histograms and kernel density estimators. *Scandinavian Journal of Statistics*, 9:65 - 78, 1982.

[562] W. Rudin. *Principles of Mathematical Analysis*, 3rd ed. McGraw-Hill, New York, 1976.

[563] H. Rue. Fast sampling of Gaussian Markov random fields. *Journal of the Royal Statistical Society, Series B*, 63:325 - 338, 2001.

[564] D. Ruppert, S. J. Sheather, and M. P. Wand. An effective bandwidth selector for local least squares regression. *Journal of the American Statistical Association*, 90:1257 - 1270, 1995.

[565] A. S. Rykov. Simplex algorithms for unconstrained minimization. *Problems of Control and Information Theory*, 12:195 - 208, 1983.

[566] S. M. Sait and H. Youssef. *Iterative Computer Algorithms with Applications to Engineering: Solving Combinatorial Optimization Problems.* IEEE Computer Society Press, Los Alamitos, CA, 1999.

[567] D. B. Sanders, J. M. Mazzarella, D. C. Kim, J. A. Surace, and B. T. Soifer. The IRAS revised bright galaxy sample (RGBS). *Astronomical Journal*, 126:1607 - 1664, 2003.

[568] G. Sansone. *Orthogonal Functions*. Interscience Publishers, New York, 1959.

[569] D. J. Sargent, J. S. Hodges, and B. P. Carlin. Structured Markov chain Monte Carlo. *Journal of Computational and Graphical Statistics*, 9(2):217 - 234, 2000.

[570] L. Scaccia and P. J. Green. Bayesian growth curves using normal mixtures with nonparametric weights. *Journal of Computational and Graphical Statistics*, 12(2):308 - 331, 2003.

[571] J. D. Schaffer, R. A. Caruana, L. J. Eshelman, and R. Das. A study of control parameters affecting online performance of genetic algorithms for function optimization. In J. D. Schaffer, editor. *Proceedings of the 3rd International Conference on Genetic Algorithms*. Morgan Kaufmann, Los Altos, CA, 1989.

[572] T. Schiex and C. Gaspin. CARTHAGENE: Constructing and joining maximum likelihood genetic maps. In T. Gaasterland, P. D. Karp, K. Karplus, C. Ouzounis, C. Sander, and A. Valencia, editors. *Proceedings of the 5th International Conference on Intelligent Systems for Molecular Biology*, pages 258 - 267. Menlo Park, CA, 1997. Association for Artificial Intelligence (AAAI).

[573] M. G. Schimek, editor. *Smoothing and Regression: Approaches, Computation, and Application*. Wiley, New York, 2000.

[574] M. G. Schimek and B. A. Turlach. Additive and generalized additive models. In M. G. Schimek, editor. *Smoothing and Regression: Approaches, Computation, and Application*, pages 277 - 327. Wiley, New York, 2000.

[575] U. Schneider and J. N. Corcoran. Perfect simulation for Bayesian model selection in a linear regression model. *Journal of Statistical Planning and Inference*, 126(1):153 - 171, 2004.

[576] C. Schumacher, D. Whitley, and M. Vose. The no free lunch and problem description length. In *Genetic and Evolutionary Computation Conference*, GECCO-2001, pages 565 - 570. Morgan Kaufmann, San Mateo, CA, 2001.

[577] L. L. Schumaker. *Spline Functions: Basic Theory*. Wiley, New York, 1993.

[578] E. F. Schuster and G. G. Gregory. On the nonconsistency of maximum likelihood density estimators. In W. G. Eddy, editor. *Proceedings of the Thirteenth Interface of Computer Science and Statistics*, pages 295 - 298. Springer, New York, 1981.

[579] G. Schwartz. Estimating the dimension of a model. *Annals of Statistics*, 6:497 - 511, 1978.

[580] D. W. Scott. Average shifted histograms: Effective nonparametric estimators in several dimensions. *Annals of Statistics*, 13:1024 - 1040, 1985.

[581] D.W. Scott. *Multivariate Density Estimation: Theory, Practice, and Visualization*. Wiley, New York, 1992.

[582] D.W. Scott and L. E. Factor. Monte Carlo study of three data-based nonparametric density estimators. *Journal of the American Statistical Association*, 76:9 - 15, 1981.

[583] D.W. Scott and G. R. Terrell. Biased and unbiased cross-validation in density estimation. *Journal of the American Statistical Association*, 82:1131 - 1146, 1987.

[584] J. M. Scott, P. J. Heglund, M. L. Morrison, J. B. Haufler, M. G. Raphael,W. Q.Wall, and F. B. Samson, editors. *Predicting Species Occurrences—Issues of Accuracy and Scale. Island Press*, Washington, DC, 2002.

[585] G. A. F. Seber. *The Estimation of Animal Abundance and Related Parameters*, 2nd ed. Charles Griffin, London, 1982.

[586] R. Seydel. *Tools for Computational Finance.* Springer, Berlin, 2002.

[587] K. Shahookar and P. Mazumder. *VLSI cell placement techniques. ACM Computing Surveys*, 23:143 - 220, 1991.

[588] D. F. Shanno. Conditioning of quasi-Newton methods for function minimization. *Mathematics of Computation*, 24:647 - 657, 1970.

[589] J. Shao and D. Tu. *The Jackknife and Bootstrap.* Springer, New York, 1995.

[590] X. Shao. The dependent wild bootstrap. *Journal of the American Statistical Association*, 105:218 - 235, 2010.

[591] X. Shao. Extended tapered block bootstrap. *Statistica Sinica*, 20:807 - 821, 2010.

[592] S. J. Sheather. The performance of six popular bandwidth selection methods on some real data sets. *Computational Statistics*, 7:225 - 250, 1992.

[593] S. J. Sheather and M. C. Jones. A reliable data-based bandwidth selection method for kernel density estimation. *Journal of the Royal Statistical Society, Series B*, 53:683 - 690, 1991.

[594] Y. Shi and R. Eberhart.Amodified particle swarm optimizer. In *Evolutionary Computation Proceedings, 1998. IEEE World Congress on Computational Intelligence, The 1998 IEEE International Conference on*, pages 69 - 73. May 1998.

[595] G. R. Shorack. *Probability for Statisticians.* Springer, New York, 2000.

[596] B. W. Silverman. Kernel density estimation using the fast Fourier transform. *Applied Statistics*, 31:93 - 99, 1982.

[597] B. W. Silverman. Some aspects of the spline smoothing approach to non-parametric regression curve fitting (with discussion). *Journal of the Royal Statistical Society, Series B*, 47:1 - 52, 1985.

[598] B. W. Silverman. *Density Estimation for Statistics and Data Analysis.* Chapman & Hall, London, 1986.

[599] J. S. Simonoff. *Smoothing Methods in Statistics.* Springer, New York, 1996.

[600] S. Singer and S. Singer. Efficient implementation of the Nelder - Mead search algorithm. *Applied Numerical Analysis and Computational Mathematics*, 1:524 - 534, 2004.

[601] K. Singh. On the asymptotic accuracy of efron' s bootstrap. *Annals of Statistics*, 9:1187 - 1195, 1981.

[602] D. J. Sirag and P. T. Weisser. Towards a unified thermodynamic genetic operator. In J. J. Grefenstette, editor. *Proceedings of the 2nd International Conference on Genetic Algorithms and Their Applications*. Lawrence Erlbaum Associates, Hillsdale, NJ, 1987.

[603] S. A. Sisson. Transdimensional markov chains. *Journal of the American Statistical Association*, 100(471):1077 - 1089, 2005.

[604] S. A. Sisson. Transdimensional Markov chains: A decade of progress and future perspectives. *Journal of the American Statistical Association*, 100(471):1077 - 1090, 2005.

[605] A. F. M. Smith and G. O. Roberts. Bayesian computation via the Gibbs sampler and related Markov chain Monte Carlo methods (with discussion). *Journal of the Royal Statistical Society, Series B*, 55:3 - 23, 1993.

[606] A. F. M. Smith, A. M. Skene, J. E. H. Shaw, and J. C. Naylor. Progress with numerical and graphical methods for practical Bayesian statistics. *The Statistician*, 36:75 - 82, 1987.

[607] B. J. Smith. boa: An R package for MCMC output convergence assessment and posterior inference. *Journal of Statistical Software*, 21(11):1 - 37, 2007.

[608] P. J. Smith, M. Shafi, and H. Gao. Quick simulation: A review of importance sampling techniques in communications systems. *IEEE Journal on Selected Areas in Communications*, 15:597 - 613, 1997.

[609] D. Sorenson and D. Gianola. *Likelihood, Bayesian and MCMC Methods in Quantitative Genetics*. Springer, New York, 2002.

[610] D. Spiegelhalter, D. Thomas, N. Best, and D. Lunn. WinBUGS User Manual, Version 1.4. MRC Biostatistics Unit, Institute of Public Health, Cambridge, 2003. Available at http://www.mrc-bsu.cam.ac.uk/bugs.

[611] P. Stavropoulos and D. M. Titterington. Improved particle filters and smoothing. In A. Doucet, N. de Freitas, and N. Gordon, editors. *Sequential Monte Carlo Methods in Practice*, pages 295 - 317. Springer, New York, 2001.

[612] D. Steinberg. Salford Systems. Available at http://www.salford-systems.com, 2003.

[613] M. Stephens. Bayesian analysis of mixture models with an unknown number of components—an alternative to reversible jump methods. *Annals of Statistics*, 28(1):40 - 74, 2000.

[614] C. J. Stone.Anasymptotically optimal windowselection rule for kernel density estimation. *Annals of Statistics*, 12:1285 - 1297, 1984.

[615] C. J. Stone, M. Hansen, C. Kooperberg, and Y. K. Truong. Polynomial splines and their tensor products in extended linear modeling (with discussion). *Annals of Statistics*, 25:1371 - 1470, 1997.

[616] M. Stone. Cross-validatory choice and assessment of statistical predictions. *Journal of the Royal Statistical Society, Series B*, 36:111 - 147, 1974.

[617] O. Stramer and R. L. Tweedie. Langevin-type models I: Diffusions with given stationary distributions, and their discretizations. *Methodology and Computing in Applied Probability*, 1:283 - 306, 1999.

[618] O. Stramer and R. L. Tweedie. Langevin-type models II: Self-targeting candidates for MCMC algorithms. *Methodology and Computing in Applied Probability*, 1:307 - 328, 1999.

[619] A. H. Stroud. *Approximate Calculation of Multiple Integrals.* Prentice-Hall, Englewood Cliffs, NJ, 1971.

[620] A. H. Stroud and D. Secrest. *Gaussian Quadrature Formulas. Prentice-Hall*, Englewood Cliffs, NJ, 1966.

[621] R. H. Swendsen and J.-S. Wang. Nonuniversal critical dynamics in Monte Carlo simulations. *Physical Review Letters*, 58(2):86 - 88, 1987.

[622] G. Syswerda. Uniform crossover in genetic algorithms. In J. D. Schaffer, editor. *Proceedings of the 3rd International Conference on Genetic Algorithms*, pages 2 - 9. Morgan Kaufmann, Los Altos, CA, 1989.

[623] G. Syswerda. Schedule optimization using genetic algorithms. In L. Davis, editor. *Handbook of Genetic Algorithms*, pages 332 - 349. Van Nostrand Reinhold, New York, 1991.

[624] M. A. Tanner. *Tools for Statistical Inference: Methods for the Exploration of Posterior Distributions and Likelihood Functions*, 2nd ed. Springer, New York, 1993.

[625] M. A. Tanner. *Tools for Statistical Inference: Methods for the Exploration of Posterior Distributions and Likelihood Functions*, 3rd ed. Springer, New York, 1996.

[626] R Development Core Team. *R: A Language and Environment for Statistical Computing. R Foundation for Statistical Computing*, Vienna, Austria, 2012.

[627] G. R. Terrell. The maximal smoothing principle in density estimation. *Journal of the American Statistical Association*, 85:470 - 477, 1990.

[628] G. R. Terrell and D. W. Scott. Variable kernel density estimation. *Annals of Statistics*, 20:1236 - 1265, 1992.

[629] T. Therneau and B. Atkinson. An introduction to recursive partitioning using the RPART routines. Technical Report, Mayo Clinic, 1997. Available at http://lib.stat.cmu.edu, 1997.

[630] R. A. Thisted. *Elements of Statistical Computing: Numerical Computation*. Chapman & Hall, New York, 1988.

[631] R. Tibshirani. Estimating optimal transformations for regression via additivity and variance stabilization. *Journal of the American Statistical Association*, 82:559 - 568, 1988.

[632] R. Tibshirani and K. Knight. Model search by bootstrap "bumping." *Journal of Computational and Graphical Statistics*, 8:671 - 686, 1999.

[633] L. Tierney. Markov chains for exploring posterior distributions (with discussion). *Annals of Statistics*, 22:1701 - 1786, 1994.

[634] D. M. Titterington. Recursive parameter estimation using incomplete data. *Journal of the Royal Statistical Society, Series B*, 46:257 - 267, 1984.

[635] H. Tjelmeland and J. Besag. Markov random fields with higher-order interactions. *Scandinavian Journal of Statistics*, 25:415 - 433, 1998.

[636] P. Tseng. Fortified-descent simplicial search method: A general approach. *SIAM Journal on Optimization*, 10:269 - 288, 2000.

[637] E. Turro, A. Lewin, A. Rose, M. J. Dallman, and S. Richardson. Mmbgx: A method for estimating expression at the isoform level and detecting differential splicing using whole-transcript affymetrix arrays. *Nucleic Acids Research*, 38(1):e4 - e4, 2010.

[638] G. L. Tyler, G. Balmino, D. P. Hinson, W. L. Sjogren, D. E. Smith, R. Woo, J. W. Armstrong, F. M. Flasar, R. A. Simpson, S. Asmar, A. Anabtawi, and P. Priest. Mars Global Surveyor Radio Science Data Products. Data can be obtained at http://wwwstar. stanford.edu/projects/mgs/public.html, 2004.

[639] U.S. Environmental Protection Agency, Environmental Monitoring and Assessment Program (EMAP). Available at http://www.epa.gov/emap.

[640] D. A. van Dyk and X.-L. Meng. The art of data augmentation (with discussion). *Journal of Computational and Graphical Statistics*, 10(1):1 - 111, 2001.

[641] P. J. M. van Laarhoven and E. H. L. Aarts. *Simulated Annealing: Theory and Applications*. Kluwer, Boston, 1987.

[642] W. N. Venables and B. D. Ripley. *Modern Applied Statistics with S-Plus*. Springer, New York, 1994.

[643] W. N. Venables and B. D. Ripley. *Modern Applied Statistics with S-Plus*, 3rd ed. Springer, New York, 2002.

[644] J. J. Verbeek. Principal curve webpage. Available at http://carol.wins.uva.nl/ ~jverbeek/pc/index en.html.

[645] C. Vogl and S. Xu. QTL analysis in arbitrary pedigrees with incomplete marker information. *Heredity*, 89(5):339 - 345, 2002.

[646] M. D. Vose. *The Simple Genetic Algorithm: Foundations and Theory.* MIT Press, Cambridge, MA, 1999.

[647] M. D. Vose. Form invariance and implicit parallelism. *Evolutionary Computation*, 9:355 - 370, 2001.

[648] R. Waagepetersen and D. Sorensen. A tutorial on reversible jump MCMC with a view toward applications in QTL-mapping. *International Statistical Review*, 69(1):49 - 61, 2001.

[649] G. Wahba. *Spline Models for Observational Data.* SIAM, Philadelphia, 1990.

[650] F. H. Walters, L. R. Parker, S. L. Morgan, and S. N. Deming. *Sequential Simplex Optimization.* CRC Press, Boca Raton, FL, 1991.

[651] M. P. Wand and M. C. Jones. *Kernel Smoothing.* Chapman & Hall, New York, 1995.

[652] M. P.Wand, J. S. Marron, and D. Ruppert. Transformations in density estimation. *Journal of the American Statistical Association*, 86:343 - 353, 1991.

[653] X.Wang, C. Z. He, and D. Sun. Bayesian population estimation for small sample capture - recapture data using noninformative priors. *Journal of Statistical Planning and Inference*, 137(4):1099 - 1118, 2007.

[654] M. R. Watnik. Pay for play: Are baseball salaries based on performance? *Journal of Statistics Education*, 6(2), 1998.

[655] G. S. Watson. Smooth regression analysis. *Sankhyā, Series A*, 26:359 - 372, 1964.

[656] G. C. G. Wei and M. A. Tanner. A Monte Carlo implementation of the EM algorithm and the poor man' s data augmentation algorithms. *Journal of the American Statistical Association*, 85:699 - 704, 1990.

[657] M.West. Modelling with mixtures. In J. M. Bernardo, M. H. DeGroot, and D. V. Lindley, editors. *Bayesian Statistics* 2, pages 503 - 524. Oxford University Press, Oxford, 1992.

[658] M.West. Approximating posterior distributions by mixtures. *Journal of the Royal Statistical Society, Series B*, 55:409 - 422, 1993.

[659] S. R. White. Concepts of scale in simulated annealing. In *Proceedings of the IEEE International Conference on Computer Design.* 1984.

[660] D. Whitley. The GENITOR algorithm and selection pressure: Shy rank-based allocation of reproductive trials is best. In J. D. Schaffer, editor. *Proceedings of the 3rd International Conference on Genetic Algorithms.* Morgan Kaufmann, Los Altos, CA, 1989.

[661] D. Whitley. A genetic algorithm tutorial. *Statistics and Computing*, 4:65 - 85, 1994.

[662] D. Whitley. An overviewof evolutionary algorithms. *Journal of Information and Software Technology*, 43:817 - 831, 2001.

[663] D. Whitley, T. Starkweather, and D. Fuquay. Scheduling problems and traveling salesman: The genetic edge recombination operator. In J. D. Schaffer, editor. *Proceedings of the 3rd International Conference on Genetic Algorithms*, pages 133 - 140. Morgan Kaufmann, Los Altos, CA, 1989.

[664] D. Whitley, T. Starkweather, and D. Shaner. The traveling salesman and sequence scheduling: Quality solutions using genetic edge recombination. In L. Davis, editor. *Handbook of Genetic Algorithms*, pages 350 - 372. Von Nostrand Reinhold, New York, 1991.

[665] P. Wilmott, J. Dewynne, and S. Howison. *Option Pricing: Mathmatical Models and Computation.* Oxford Financial Press, Oxford, 1997.

[666] D. B. Wilson. How to couple from the past using a read-once source of randomness. *Random Structures and Algorithms*, 16(1):85 - 113, 2000.

[667] D. B. Wilson. Web site for perfectly random sampling with Markov chains. Available at http://dbwilson.com/exact, August 2002.

[668] G. Winkler. *Image Analysis, Random Fields and Markov Chain Monte Carlo Methods*, 2nd ed. Springer, Berlin, 2003.

[669] P.Wolfe. Convergence conditions for ascent methods. *SIAM Review*, 11:226 - 235, 1969.

[670] R. Wolfinger and M. O' Connell. Generalized linear models: A pseudo-likelihood approach. *Journal of Computational and Graphical Statistics*, 48:233 - 243, 1993.

[671] S. Wolfram. *Mathematica: A System for Doing Mathematics by Computer.* Addison- Wesley, Redwood City, CA, 1988.

[672] D. H.Wolpert andW. G. Macready. No free lunch theorems for search. Technical Report SFI-TR-95-02-010, Santa Fe Institute, NM, 1995.

[673] M. A.Woodbury. Discussion of "The analysis of incomplete data" by Hartley and Hocking. *Biometrics*, 27:808 - 813, 1971.

[674] B. J. Worton. Optimal smoothing parameters for multivariate fixed and adaptive kernel methods. *Journal of Statistical Computation and Simulation*, 32:45 - 57, 1989.

[675] M. H. Wright. Direct search methods: Once scorned, nowrespectable. In D. F. Griffiths and G. A.Watson, editors. *Numerical Analysis 1995, Proc. 1995 Dundee Bienneal Conference in Numerical Analysis*, pages 191 - 208. Harlow, U.K., Addison-Wesley Longman, 1996.

[676] C. F. J. Wu. On the convergence properties of the EM algorithm. *Annals of Statistics*, 11:95 - 103, 1983.

[677] H. Youssef, S. M. Sait, K. Nassar, and M. S. T. Benton. Performance driven standard-cell placement using genetic algorithm. In GLSVLSI' 95: *Fifth Great Lakes Symposium on VLSI*. 1995.

[678] B. Yu and P. Mykland. Looking at Markov samplers through cusum plots: A simple diagnostic idea. *Statistics and Computing*, 8:275 - 286, 1998.

[679] J. L. Zhang and J. S. Liu.Anewsequential importance sampling method and its application to the two-dimensional hydrophobic-hydrophilic model. *Journal of Chemical Physics*, 117:3492 - 3498, 2002.

[680] P. Zhang. Nonparametric importance sampling. *Journal of the American Statistical Association*, 91:1245 - 1253, 1996.

[681] W. Zhao, A. Krishnaswamy, R. Chellappa, D. L. Swets, and J.Weng. Discriminant analysis of principal components for face recognition. In H.Wechsler, P. J. Phillips, V. Bruce, F. F. Soulie, and T. S. Huang, editors. *Face Recognition: From Theory to Applications*, pages 73 - 85. Springer, Berlin, 1998.

[682] Z. Zheng. On swapping and simulated tempering algorithms. *Stochastic Processes and Their Applications*, 104:131 - 154, 2003.

索　引